生态文明建设理论与实践

谢花林　姚冠荣　等编著

中国财经出版传媒集团
经济科学出版社
Economic Science Press

图书在版编目（CIP）数据

生态文明建设理论与实践／谢花林等编著. —北京：经济科学出版社，2021.11

ISBN 978－7－5218－3022－4

Ⅰ.①生… Ⅱ.①谢… Ⅲ.①生态环境建设－研究－中国 Ⅳ.①X321.2

中国版本图书馆 CIP 数据核字（2021）第 222978 号

责任编辑：白留杰
责任校对：王肖楠
责任印制：范 艳 张佳裕

生态文明建设理论与实践

谢花林 姚冠荣 等编著

经济科学出版社出版、发行 新华书店经销

社址：北京市海淀区阜成路甲 28 号 邮编：100142

教材分社电话：010－88191309 发行部电话：010－88191522

网址：www. esp. com. cn

电子邮箱：bailiujie518@126. com

天猫网店：经济科学出版社旗舰店

网址：http：//jjkxcbs. tmall. com

北京密兴印刷有限公司印装

710×1000 16 开 31.5 印张 530000 字

2021 年 12 月第 1 版 2021 年 12 月第 1 次印刷

ISBN 978－7－5218－3022－4 定价：98.00 元

前 言

当前，全球性生态危机日益严峻，关系各国人民的根本利益和前途命运，成为世界关注的热点。生态问题的实质是发展道路、发展模式问题；应对生态危机，谋求人与自然和谐共生，不只是科技创新的问题，还涉及价值观念、思维方式、生产方式和生活方式的革新问题。生态文明正是人类对传统文明形态特别是工业文明进行深刻反思的成果，是文明发展理念、道路和模式的重大进步。建设生态文明，实现可持续发展，已经成为21世纪人类新的战略选择。

建设生态文明，功在当代、利在千秋。2007年党的十七大首次提出要建设生态文明，党的十八大报告进一步将生态文明建设与经济建设、政治建设、文化建设、社会建设一起构成“五位一体”总体布局，并用专章论述，把生态文明建设放在了突出地位。建设生态文明，是一场涉及生产方式、生活方式、思维方式和价值观念的革命性变革。为此，这些年来，我国开展了一系列根本性、开创性、长远性工作，提出了一系列新理念、新思想、新战略，出台了一系列重大方针政策，推出了一系列重大举措，进行了一系列先行先试的实践探索，推动生态文明建设在理论和实践两个方面取得了一系列重大突破，得到了世界范围的广泛认可。我国正以负责任的大国态度和坚定行动，成为全球生态文明建设的重要参与者、贡献者和引领者。同时，也应清醒地认识到，当前我国进入了生态文明建设的关键时期，既要还清环境污染的历史欠账，又要打通“绿水青山”向“金山银山”的转化路径，还要避免转型过程中出现新的生态问题和社会问题，最终实现保护与发展的双赢，这些目标的实现需要全社会进一步的共同努力和广泛参与。

本书在梳理人地关系演变过程及人类文明演进脉络的基础上，深入研究并系统总结了生态文明建设的思想基础、理论体系、政策工具和中国的实践路径，旨在展现我国生态文明建设的先进思想和创新实践，引导社会各界形成对我国生态文明建设的全面认识和准确判断。

本书是江西财经大学生态文明研究院、江西省生态文明制度建设协同创新中心全体研究人员集体智慧的结晶。生态文明研究院院长、江西省生态文明制度建设协同创新中心主任谢花林教授牵头成立编写组，就编写意义、整体框架、核心内容、写作体例等进行多轮研讨。编写组成员及其负责撰写的章节如下：第一章陈倩茹、第二章姚冠荣、第三章卢华、第四章胡绵好、第五章何亚芬、第六章肖文海、第七章邹金浪、第八章邬志龙、第九章唐文跃、第十章陈拉、第十一章舒成、第十二章李诗元、第十三章张新民，全书由姚冠荣负责统稿。江西财经大学生态文明研究院的研究生朱振宏、成皓、欧阳振益、刘陶红、朱沛阳、段娜、康欢倩、盛美琪、李其珂、董歆彤、邹品健、吴玮等参与了资料收集和校稿工作。

本书充分吸收了国内外众多专家、学者的研究成果，已经在参考文献中注明，一并在此致谢！由于笔者才疏学浅，书中的错误疏漏在所难免，真诚希望专家、学者及使用本书的读者批评指正，相关意见建议可随时发至编写组邮箱：yaoguanrong@ jxufe. edu. cn，以便后续不断完善。

编写组

2021 年 9 月 13 日

目　录

第一章 人类文明的历史演进

生态文明是人类社会进步的重大成果。人类经历了原始文明、农业文明、工业文明，生态文明是工业文明发展到一定阶段的产物，是实现人与自然和谐发展的新要求。历史地看，生态兴则文明兴，生态衰则文明衰。古今中外，这方面的事例众多。

——习近平在十八届中央政治局第六次集体学习时的讲话
（2013 年 5 月 24 日）

近年来关于人类文明演进的研究都与生态环境及生态安全的变化联系在一起。在人类进化和自然界人化所构成的统一过程的不同阶段，产生了不同的人类文明。与此相对应，人和自然的关系也经历了不同的历史阶段，每一阶段都有自己的特质，体现出人对自然观念把握的深化、人和自然的物质关系的变革，以及由此引起的人与自然在其对立统一关系中地位的转化等。

然而，在人类几千年的文明发展史中，人们并没有对自然资源的有限性、环境的制约性和生态的脆弱性给予足够的重视。文明的不断进步，极大地刺激和鼓舞了人类改造自然、进军自然和征服自然的信心，加速了科技进步、社会发展和经济繁荣的步伐，但同时也付出了环境污染加重、资源消耗加速、生态平衡破坏等惨重的代价。在长达二三百万年的原始社会中，受限于石器、木器等简陋的生产工具，人口规模仅 500 万人左右。距今约一万年前，人类逐渐掌握了农耕和畜牧技能，人口规模不断扩张，至 18 世纪上半叶达到了 7 亿人。工业革命以来，机器逐渐代替手工劳动，人类改造与利用自然的能力快速提升，人口规模开始呈现指数型增长，在 300 年的时间里从 7 亿人扩张到 70 亿人，人类足迹遍布世界各个角落。世界经济的飞速发展在极大地满足人类物质生活水平需要的同时，也造成了生态环境的严重破坏，随之而来的是大自然的“报复行动”：自然灾害频发、自然资源耗竭、生物物种灭绝、生物多样性锐减、荒漠化加剧、臭氧层破坏、全球气候变暖、新疫病爆发，等等。随着人口、资源、环境与人类发展的矛盾逐渐突出，人们不得不开始考虑人与自然的协调发展问题。从 20 世纪 80 年代提出的可持续发展理论，到 21 世纪初提出的低碳经济理论，都标志着人类已经对自身的发展历程进行了深刻的反思，并意识到生态安全的威胁，为此提出了全新的绿色发展理念、绿色发展模式和绿色行动纲领。中国也提出了科学发展、和谐发展、协调发展等观点，并正在积极开展人与自然和谐共处的生态文明建设。

人类作为改造自然界的特殊存在，对人与自然关系的调节起到重要作用，正确理解人类文明发展史，回顾人类文明演化和人与自然关系嬗变的历史足迹，有助于我们汲取必要的历史经验，更好地应对今日面临的挑战，以便使人类在与外部自然界相处中获得更大的自由，实现人与自然的和谐发展，迈向生态文明。

第一节　人类文明演进的历程

人类文明史可以说是一部人与自然关系的发展史。狩猎采集的原始文明时期，人类基于对自然的直接依赖，敬畏自然并依附于自然。桑蚕鱼凫的农业文明时期，人类兴修水利、整修土地、发展生产，促进人类社会经济和文化的发展，不仅利用自然，也改造自然。到了近代的工业文明时期，随着技术的进步和生产力的提高，人类对自然的利用和改造达到了前所未有的高度，创造了灿烂的物质文化。但同时，人类对自然的干扰也超过了自然的承受能力，引起严峻的生态和环境问题，反过来影响到人类自身的发展。纵观历史，人类文明的繁荣和衰亡，正是人与自然关系和谐与否的写照。人类社会的发展经历了原始文明、农业文明和工业文明三个阶段，现在又朝着生态文明迈进。不同的文明阶段，由于生产力水平不同、人们的思想意识不同，人与自然的关系也表现出了明显的差别。

一、人类敬畏自然的原始渔猎文明

原始文明，也被称为渔猎文明，是人类文明的第一个阶段。这个时候的人类刚刚从猿转变过来，以区别于其他动物的身份开始了与自然界相互影响的文明史历程。关于原始文明存在的时间节点，人类史研究表明，地球在经历了五次生物大灭绝后的石器时代诞生了人类，以此开始的原始文明一直持续到三百万年后的铁器时代。由于这个时候人类尚处于蒙昧阶段，人与自然总的来说呈现出一种和谐的状态，人被动地从大自然中获取物质资料，人类为了生存所进行的实践活动也没有对自然造成不可逆的破坏。原始文明下的人类会制造和使用简单的工具来获取生存所需的物质资料，实际上来看已经开始了对大自然进行“人化”改造，在自然界留下人类的“烙印”。

首先，原始人类会制造和使用简单的生产工具从大自然获取生存资料。最早期的人类还是像动物一样穴居或构木为巢，生食果实或者茹毛饮血饱腹。为了抵御凶猛野兽的袭击，人类学会用石块相互砸击制作一些简单的工具。到旧石器时代中晚期，人类在与大自然的相处中逐步积累了经验，改进了制作工具的方法，开始使用石球进行捕猎。进入新石器时代后，人类用柔韧的树枝制成弓，用兽骨、羽毛、轻便的石头制作矛，这样的工具能捕到更多的动物。随着技术的进步，人类在矛的尖端绑上攻击性更大的锋利石块，可以围捕一些比较大的动物。其次，人类通过渔猎向大自然直接索取生存资料。采集一直是原始人类获取食物的最主要来源，最初采摘的包括胡桃、松树的果实、豆科植物的种子等都是简单果腹的食物来源。后来利用工具对大型野兽进行捕猎和围猎、在河里叉鱼等活动，使人类对自然的开发又更进了一步。最后，火的发现和使用是人类文明发展史上一件划时代的大事，继石器的使用后，火的使用进一步推进人类对大自然的认识和开发。火除了用来御寒、烘烤食物、照明外，还可以用来帮助捕猎动物、制造工具。石器时代后期，铜的发现以及用火来冶炼铜直接催生了铁器时代的到来，是人类与自然关系更迭的直接物质发现。从人对自然影响的角度来看，原始人类制作和使用简单的工具从自然界获取生存所必需的基本物质资料。但也应该看到，由于当时人类生产力水平极端低下，人类的实践活动对大自然的影响微乎其微。而且，由于人类认识能力的落后，险恶的大自然对人类来说存在种种不确定性，人与自然的关系在和谐共荣的表象之下隐藏的是人类对大自然的畏惧和“臣服”。在人与自然并不对等的关系下，大自然的主导地位使人类甘愿服从自然、顺应自然。

▶ 案例 1.1

原始人类的图腾崇拜

原始人类敬畏自然的表现可以通过图腾崇拜来说明，图腾崇拜是原始人类把大自然神化的表现形式。原始社会早期，人类的生存条件极为艰险，猛兽毒蛇和无常的自然环境是人类最大的威胁。现在出土的旧石器时代的动物化石多有野牛、野猪、黑熊等凶猛野兽，中国古代相关资料也有关于人类生活环境险恶的记载：《庄子·盗拓》中说道“古者，禽兽多而人民少，于是民皆巢居而避之。”在这样的生存环境下，人类除了用简单的工具进行自保外，再就是用图腾崇拜的方式消除心中对大自然的恐惧。原始人类认识能力极其低下，对无法认识的自然界抱有敬畏与好奇之心，由此对大自然萌生神秘感。当遭遇到来自外界对自己生命的威胁时，原始人类会把祈愿寄托在对人类有益的动物或植物身上，渐渐地这些对人类有益的动物和植物被人们制作成图腾物和图腾标志，如广西彝族流传的神话中说，他们的祖先与外族人打仗，因寡不敌众躲进竹林，后来他们的祖先用竹子做箭反败为胜，竹子自此成为彝族图腾。图腾崇拜是人类社会生产力水平以及人类认识能力极其低下而被自然界压迫的必然结果，对大自然的神化是原始人类在险恶生存条件下消极适应自然的表现形式，体现的是人对大自然的敬畏之情与恳切的“臣服”之心。

资料来源：杨娟．人类文明发展视域下人与自然关系的历史演进［J］．实事求是，2019（3）：33.

二、人类初步开发利用自然的农业文明

农业文明是继原始文明之后人类文明的新的阶段，是人类文明发展史上的第一个飞跃，这时候的人类经过原始文明对大自然的探索，已经累积了许多对大自然的认识，在长时间的实践活动中慢慢摆脱对大自然的直接依赖，开始制造更先进的工具耕种土地、饲养动物，将原始文明下人类从大自然直接获取食物的途径转变为有规律、可持续的收获方式。农业文明下人类更广泛、更深入的实践活动是对大自然的初步开发，人类在这一阶段对大自然产生着比原始文明下更深的影响。与原始文明下人类臣服于大自然、恐惧于大自然不同，农业文明下的人类已经开始利用自然规律发展生产。农业文明下人与自然的关系由于人与自然主导性结构的偏移，已经开始显现出初步的对抗性质，但此时由于人类对大自然的破坏力度不强，人与自然总体上还是呈现出和谐的状态。

▶ 案例 1.2

农业生产工具的变革

从拥有悠久农耕文化的文明古国——中国来看，所使用的生产工具种类繁多。古中国人用水车将低处的水引向高处，大大节省了灌溉成本；用来平整土地的农具最普遍使用的是“犁”，古中国人在使用犁之前还使用过“耒耜”。除中国犁之外还有俄罗斯对犁、日耳曼方形犁等。翻耕土地使得农作物更好地生长，有利于农作物增产；“镰”是农业文明下人类最常使用的收获工具，不同于木制工具，镰是用铜或铁等金属制成的，相较于新石器时代人类用贝壳、石料等收割食物的方法，镰的使用能更快地收获农作物，缩短了收获周期，提升了种植效率。金属的发现与使用是人类对大自然开发的又一重大成就，人类在冶炼铜的基础上发现并掌握了铁的冶炼，当时铁主要被用来制造刀刃以及生产工具等。受益于铁器锐利的优点，人类使用铁器能更加快速地开垦耕地、扩大种植面积、改良种植技术等，农作物因此而增产，进一步满足人类生存需要，人类直接向大自然索要现成食物的频率降低，对大自然的依赖度下降，因而人类对大自然的不确定性所表现出来的恐惧感没有原始文明中的人类那么强烈。

资料来源：杨娟．人类文明发展视域下人与自然关系的历史演进［J］．实事求是，2019（3）：34.

从人对自然的影响来看，农业文明下的人类由于对大自然认识程度的深入，获取生存资料的方式更为先进，在制造和使用工具、种植作物和畜牧方面逐渐积累了经验，对大自然规律的掌握使人类慢慢开始向主导自然的方向迈进。首先，在农业对象上，不同于原始文明中仅仅依靠采摘来的果实、树叶等食物，人类发现了能提供给身体更多能量的粮食。粮食的种植让人类慢慢摸索其生长规律，是人类从“刀耕火种”到精耕细作的主要动力，是人类降低对大自然依赖感的物质保障。其次，更加完备与先进的农业工具使人类减少了对大自然的恐惧。人类在石器时代仅仅依靠石料、木头、动物骨骼等来制造工具，粗糙的工具所能捕获的动物非常有限，人类常常食不果腹，生存受限。人类在农业文明阶段所使用的工具主要有灌溉工具、翻耕工具、收获工具等。最后，人类饲养、繁育动物丰富了人类的生产活动，保证了实践方式多样性下人类的安全。与原始社会渔猎的方式不同，饲养与繁育动物大大降低了人类的生存成本。人类正是在这样的过程之中开始掌握自然的规律，逐渐摆脱自然对人类的束缚，慢慢开始以能动的主体改造自然界。

从自然对人的影响来看，人类在开发自然的实践活动中由于认识能力不足，对大自然造成了局部的破坏，例如大量开垦耕地致使一部分森林退化、过度放牧造成个别地区沙漠化等，体现了人与自然关系阶段性的紧张。但是，由于当时人类总数还不够大，对自然造成的伤害是在大自然能够自行消化、恢复的范围以内，人与自然关系并没有形成剑拔弩张的形势，总体上还是和谐的状态。

综观农业文明时代，人类和自然处于初级平衡状态，物质生产活动基本上是利用和强化自然的过程，缺乏对自然实行根本性的变革和改造，对自然的轻度开发没有像后来的工业社会那样造成巨大的生态破坏。但是这一时期社会生产力发展和科学技术进步比较缓慢，没有也不可能给人类带来高度的物质与精神文明和主体的真正解放。从总体上看，农业文明尚属于人类对自然认识和变革的幼稚阶段。所以，尽管农业文明在相当程度上保持了自然界的生态平衡，但这只是一种在落后的经济水平上的生态平衡，是和人类能动性发挥不足与对自然开发能力单薄相联系的生态平衡。从本质上讲，人类还处于被自然生产力支配的阶段，在与自然的相互关系中处于被动地位。

三、人类主导自然的工业文明

随着资本主义生产方式的产生，人类文明出现第二个重大转折，从农业文明转向工业文明。工业文明是人类运用科学技术的武器以控制和改造自然并取得空前胜利的时代。工业文明的出现使人类和自然的关系发生了根本的改变，使人化自然得到了前所未有的拓展。自然界不再具有以往的威力。人类只需凭借知识和理性就足以征服自然，成为自然的主人。

近代工业同古代农业的重要区别就在于它广泛采用机器进行生产，机器成为物质文明的核心。生产的机械化带来了思维方式的机械化，人们把社会、自然和人都当作机器，机械化的思潮统治着人们的自然观、社会观（历史观）和价值观。同时，农业生产一般引起自然界自身的变化，它的产品是在自然状态下也会出现的生物体；而工业生产则引起自然界不可能出现的变化，它的产品是在自然状态下不可能出现的、人工制成的产品。因此，如果说在农业文明中人们力求顺从自然、适应自然，人和自然是相互协调的关系，那么在工业文明中，由于工业生产同农业生产相比，与自然界的距离较远，与自然条件较间接，人们就认为自己是自然的征服者，人和自然只是利用和被利用的关系。

▶ **案例 1.3**

工业革命以来人与自然冲突的历史回顾

18 世纪下半叶至 20 世纪初：以煤炭为主的碳能源推动的制造业发展

19 世纪末 20 世纪初美国的工业中心芝加哥、匹兹堡、辛辛那提的煤烟污染极严重；19 世纪和 20 世纪之交德国工业中心上空长期的灰黄色烟幕导致植物枯死、白昼需要人工照明；19 世纪莱茵河的大量捕捞鲟鱼，致其数量急剧减少，最终捕捞行为全部被禁止；19 世纪末德国汉堡水污染导致霍乱流行，7500 人丧生；明治时期日本铜矿开采导致排出大量毒屑和毒水，导致田园荒芜，几十万人流离失所（足尾铜矿矿毒污染事件）。伴随着经济中心的转移，自然界原有的生态环境失去了平衡并开始遭到破坏，局域生态环境开始恶化。

20 世纪 20 ~40 年代：以石油为主的碳能源推动的化工业发展

1930 年比利时马斯河谷烟雾事件，由于气候异常，工厂排放的二氧化硫等有害气体凝聚在浓雾中无法驱散，造成人畜中毒甚至死亡。类似还有 1943 年美国洛杉矶光化学烟雾事件和 1948 年美国多诺拉烟雾事件。最值得一提的是 1934 年美国黑风暴事件这一典型案例。风暴从美国西部土地破坏最严重的干旱地区刮起，席卷了美国 2/3 的土地。主要原因是美国拓荒时期开垦土地、砍伐森林，造成植被大量破坏、土壤流失、土地沙化而引起的沙尘暴。黑风暴的袭击给美国农牧业生产造成了巨大损失，冲击了经济的发展。沙尘暴也将肥沃的土壤表层刮走，留下贫瘠的沙质土层，土壤结构发生变化，严重制约了后期的农业生产活动。这是大自然对人类文明的一次历史性惩罚。

20 世纪 50 ~70 年代：以石油为主的碳能源推动的多元工业体系

这一时期，人类社会对资源掠夺性开采以及大量排污，已经影响到人类健康。如 1953 ~1965 年日本的甲基汞中毒事件；1952 年有全球影响力的伦敦烟雾事件；1955 ~1972 年日本富山县神通川流域的骨痛病事件；镉中毒、有毒化学物质、致病生物引起的食品污染，如多氯联苯中毒引起 1968 年的日本米糠油事件；由于近海石油开采、石化工业污染排放、远洋运输石油溢出事件频发等复杂原因，世界上如波罗的海、地中海北部、美国东北部海域、日本濑户内近海海域及海洋自然生态开始遭到人类严重破坏。

20 世纪 70 年代至今：能源多元化的工业文明社会

这个时期，全球性的和大尺度的生态与环境问题成为最重要的问题，人与自然关系最主要的问题表现在地球生态系统严重受损，生物多样性快速丧失。生态系统退化表现在森林、草原和湿地面积急剧减少，耕地越来越少，沙漠化严重，海洋生态系统生产力大幅下降；环境恶化主要表现在全球气候变暖、旱涝灾害频发，大气污染有增无减，水资源严重短缺，饮水和粮食安全得不到保证等等。

资料来源：陈家宽，李琴．生态文明：人类历史发展的必然选择［M］．重庆：重庆出版社，2014：143－148.

工业文明的人类具有高度的主体性和能动性，把自然当作可以任意摆布的机器，可以无穷索取的原料库和无限容纳工业废弃物的垃圾箱。忽视了人类自身还有受动性的一面，忽视了自然界对人类的根源性、独立性和制约性，忽视了马克思所说的："人作为自然存在物，而且作为有生命的自然存在物，一方面具有自然力、生命力，是能动的自然存在物；这些力量作为天赋和才能、作为欲望存在于人身上；另一方面，人作为自然的、肉体的、感性的、对象性的存在物，和动植物一样，是受动的、受制约的和受限制的存在物。"① 工业文明对自然的过度开发观念和行为准则违背了人和自然的辩证法，在对自然造成空前严重伤害的同时，也使人类自己面临史无前例的大量危机，如人口危机、环境危机、粮食危机、能源危机、原料危机……这场全球危机程度之深、克服之难，对迄今为止指引人类社会进步的若干基本观念提出了挑战。这就使人类在发展模式的选择上必须改弦更张，即摒弃传统资本主义发展的不可持续性，走可持续发展的生态文明之路。

四、人与自然和谐相处的生态文明

伴随着工业革命的迅猛发展和人口爆炸式增长，许多区域性乃至全球性问题逐渐显现，如气候变化、荒漠化、生物多样性丧失、资源短缺、能源危机以及贫富差距等，对人类的生存与发展带来严峻挑战。从自然系统来看，人类生态足迹不断增加，专家研究认为，1970 年地球开始进入生态赤字状态，目前已经处于超载状态。按照这样的发展趋势，全球约 75% 的农作物授

① 马克思恩格斯全集：第 42 卷［M］．北京：人民出版社，1972：167.

粉昆虫面临生存威胁，食物生产系统和自然生态系统面临崩溃的风险；大气中二氧化碳浓度持续增加，气候灾害越来越严重和频繁，对全球增温的控制前景渺茫。

面对日益严重的生态环境问题，人类早在20世纪50年代起就开始进行了严肃的思考，环保意识开始觉醒。1962年，蕾切尔·卡逊《寂静的春天》以寓言开头，向我们描绘了一个风景怡人、生机勃勃的村庄像魔咒一般陷入死寂的凄惨图景。她十分敏锐地觉察到，这不仅是环境污染的问题，更关系到经济发展模式，她写道："我们长期以来行驶的道路，容易被人误认为是一条可以高速前进的平坦、舒适的超级公路，但实际上，这条路的终点却潜伏着灾难，而另外的道路则为我们提供了保护地球的最后的和唯一的机会"。《寂静的春天》问世以后，受到了以美国化工界科学家、工程师、企业家为中心的社会力量的抨击，但它也唤醒了人们环保意识的觉醒。受到《寂静的春天》的影响，来自10个国家的30位科学家、教育家、经济学家和实业家于1968年成立了"罗马俱乐部"，他们在一起关注、探讨人类面临的共同问题。在1972年发布的研究报告《增长的极限》中提出："地球的支撑力将会由于人口增长、粮食短缺、资源消耗和环境污染等因素在某个时期达到极限，使经济发生不可控制的衰退"，并发出如果不改变既有发展模式地球将于2100年崩溃的警告。1980年，世界自然保护联盟、世界自然基金会和联合国环境规划署共同发布《世界自然保护大纲》，提示人类在谋求经济发展和享受自然财富的过程中，要认识到自然资源和生态系统的支持能力有限，必须考虑子孙后代的需要。1987年，世界环境与发展委员会在《我们共同的未来》报告中提出，环境危机、能源危机和发展危机不能分割，必须为当代人和下代人的利益改变发展模式，并首次定义了可持续发展。生态瓶颈和环境保护的问题逐渐受到重视，经济发展受环境承载力制约的可持续发展思想渐成雏形，保护生态和适度发展的理念逐渐成为人类社会的主流价值观之一。20世纪80年代以来，联合国分别于1992年和2002年召开"环境与发展大会"和"可持续发展高峰会议"等，《联合国气候变化框架公约》《21世纪议程》等一系列重要行动纲领则将生态置于可持续发展的中心位置。

中国在短短30多年的时间里走过了工业发达国家100~200年的工业化历程。快速工业化为中国社会的繁荣和发展做出了巨大的贡献，同时也带来了严重的环境和能源危机，中国也开始寻求建立一种人与自然互惠共生、协调发展的新文明——生态文明。

20 世纪 80 年代以来，中国进入生态建设加速强化期，《中国 21 世纪人口、资源、环境与发展白皮书》首次把可持续发展战略纳入我国经济和社会发展的长远规划，明确了以发展为中心，生态环境、人口、社会协同并重的基调。中共十六届三中全会提出“坚持以人为本，树立全面、协调、可持续的发展观，促进经济社会和人的全面发展”的目标，强调以生态友好的形式发展经济，实现人与自然的和谐。2015 年，国务院出台了生态文明体制改革总体方案，规划了未来生态文明建设的蓝图。2017 年，党的十九大报告进一步明确了绿色发展是生态文明建设的重要路径，从多角度阐述了生态文明的内涵与要求。倡导和发展生态文明成为中国未来健康发展的前途所在，生态文明建设从顺应时代发展要求作出的必然选择和重要战略决策，逐步开始落实到具体的操作与实践层面，并纳入国家总体布局。可以说，在反思过去人与自然关系的基础上正确看待人类发展模式中存在的问题并改变固有的思维方式，寻求人与自然和谐共处的理想状态是生态文明应运而生的重要原因。

缓解人与自然的矛盾，必须从人类文明发展的高度，把社会经济发展与资源环境协调起来，即建立人与自然相互协调发展的新文明——生态文明。从工业文明向生态文明的观念转变是近代机械论自然观向现代科学有机论自然观的根本范式转变，也是传统工业文明发展观向现代生态文明发展观的深刻变革。作为一种全新的人类文明形态，生态文明是人类在审视工业文明时期人与自然的紧张关系后进行协调与整合的结果，是人与自然、人与人、人与社会关系和谐共生的社会形态。人对自然的态度表明了人类文明发展的程度，三百年的工业文明以征服自然为主要发展理念，当自然再也没有能够维持人类社会发展的自然资源和良好的生态环境时，开创生态文明时代迫在眉睫。

第二节　人类文明演进的属性

一、人类文明演进的共生属性

当前关于工业文明界线、生态文明的理论基础、人类文明与生态安全的相互关系等研究表明，探讨产业—生态复合系统中两大子系统相互作用的共生关系，有助于揭示人类文明演化的产业属性。共生理论最初源自生物学和生态学，后来人们发现它是一种具有普遍意义的系统学理论，因此被推广至各类系统共生关系的研究中。将共生理论进行拓展，可以得出如图 1.1 所示的产业与生态共生关系的完整谱系。在图 1.1 中，“（A，B）”表示产业与生态相互作用关系的方向，A 表示产业系统的受力方向，B 表示生态系统的受力方向。“ - ”表示该系统的综合受力为负；“ + ”表示其综合受力为正；“0”表示没有受力，或正负作用力相互抵消。

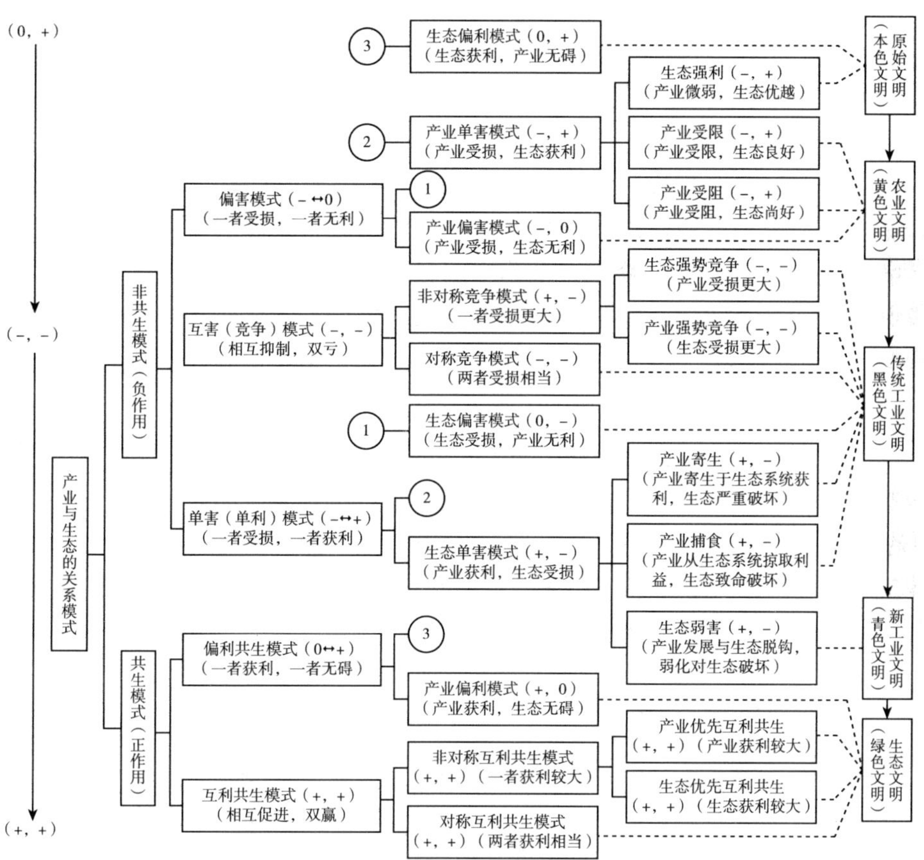

图 1.1 完整的共生谱系及其与文明形态的关系

资料来源：张智光．从产业与生态的共生关系审视生态文明［J］．中南林业科技大学学报，2014，34（7）：108－114．

根据图 1.1 的共生关系，能够明确界定人类文明演进各个时期的产业属性。原始文明时期的共生关系为生态偏利共生（0，+）和生态强利（-，+）的模式，虽然生态安全良好，但处于非稳定的状态，随着人类生产活动的开展，这种安全状态将被打破。农业文明时期表现为产业受限（－，＋）、产业受阻（－，＋）和产业偏害（－，0）的模式，生态系统总体占据上风，生态安全性较好，但随着农业的发展，其生态安全逐步呈下降趋势。在传统工业文明阶段，产业与生态的共生关系属于相互竞争模式（－，－）（具体包含生态强势、产业强势和对称竞争模式）、生态偏害（0，－）、产业寄生（＋，－）、产业捕食（＋，－）等模式。这一时期的生态安全不断降低，甚至出现恶化的状况。进入新工业文明时期后，尽管共生关系仍处于（＋，－）模式，但产业发展对生态的负向影响逐步弱化，属于生态弱害的模式，生态安全性开始朝着好转的方向演变。到了生态文明时期，产业与生态的共生关系首先到达产业偏利共生的模式（＋，0），然后朝着产业与生态系统互利共生模式（＋，＋）的方向发展，这时的生态安全将实现稳定的健康状态。进一步细化，互利共生模式又可以分为产业优先互利共生、生态优先互利共生和对称互利共生 3 种模式，统称为绿色共生模式。总体来说，人类社会在从原始文明向生态文明的演进历程中，产业与生态共生关系经历了从（0，＋）向（－，－）恶化，然后又逐步好转，最终向（＋，＋）的良性状态发展的过程。

人类文明的每一次进步都反映了人类认识自然系统、利用自然资源和改造自然状况能力的提高，从而导致了产业系统与生态系统的共生关系的变化，进而导致生态安全性的变化。因此，为了进一步认清人类文明的演进规律以及生态文明的共生特性，有必要沿着人类文明的发展轨迹去回顾和探索人类文明和生态安全演变的共生路径。

（一）原始文明阶段

在原始文明阶段，由于生产活动十分简单，因此人类活动与自然生态之间的共生关系是生态偏利共生模式（ecological commensalism）和生态强利模式。在生态偏利共生状态下，生态系统得到良好发展，而对原始生产活动几乎没有影响。然后，一方面人们对发展生产的要求逐步增强，另一方面极其微弱的产业萌芽受到了恶劣的原始生态环境的制约，难以发展，这就进入了生态强利的状态。

总体上看，原始文明时期人口规模较小，人类改造自然的作用力很弱，生态系统受到正向的作用力；同时，由于产业系统尚未形成，生态系统对人类生产活动的负向作用力（制约作用）也是很小的。

（二）农业文明阶段

农业文明时期，农业产业的发展对生态系统的破坏不及工业产业严重，尚没有导致生态系统受力变成负值。反过来，由于农业文明时期的产业发展水平总体较低，应对自然变化的能力较弱，因而呈现出产业受限、产业受阻和产业偏害（industrial amensalism）的模式。在产业偏害状态下，产业系统已有较大的发展，它所受到的负向作用力有所减小，而生态系统所受到的正向作用力趋于0。

从原始文明到农业文明，总体上产业系统还不够发达，对环境的干预和资源的掠夺还很有限，生态安全状况尚好，但已经出现了生态下滑的趋势。其生态安全的良好状况属于非稳定的状态，随着工业文明的开启，这种稳定的状态很快将被破坏，随后将产生生态安全下降的状况。

（三）工业文明阶段

大约在16世纪至19世纪中期，人类文明实现了从农业文明向工业化的转变，进入了传统的工业文明时期。这一时期，人类对自然的认识水平和科技水平都有了很大的提高，机器化大工业生产使得生产力得到了高度的发展。人们已不再满足于改造自然，产生了征服自然的欲望，更希望能够成为自然的主宰。于是，产业系统加快了对自然资源的掠夺，对生态系统产生了严重破坏。传统工业文明阶段，产业与生态的共生关系包括竞争模式（competition）、生态偏害模式（ecological amensalism）、产业寄生模式（industrial parasitism）和产业捕食模式（industrial predation）。在竞争模式下，产业系统与生态系统由于共同利用土地、水、生物等资源而相互竞争、相互抑制，双方的受力均为负值。在生态偏害模式下，产业系统一方面对生态系统造成破坏，另一方面它自身并没有因此获利。也就是说，生态受力为负，而产业受力为0。在产业寄生模式和产业捕食模式下，产业受力转为正值，而生态受力仍然为负值。在产业寄生模式下，产业系统“寄生”在生态系统中，并因此获利，同时对生态系统造成严重的破坏。在产业捕食模式下，产业通过对生态系统进行掠夺，并因此而获利，同时对生态系统造成致命的破坏。

传统工业文明社会财富的快速增长，是建立在牺牲自然环境和生态系统的基础上的，也就是说，人类的生产活动扰乱了自然界原有的秩序。一方面，人类在各种超自然成就的面前感到沾沾自喜；另一方面，人类的唯一家园——

地球步入了生态安全危机的深渊。

在传统工业文明经历了蒸汽、电力和信息时代等发展过程后，在20世纪70年代，人类文明步入了新工业文明时期。在漫长的传统工业文明时期，人类征服自然的努力，使生态和环境系统遭受了严重的破坏，这些恶果使人类开始反思，认识到人是自然界的组成部分，人类的活动应当以尊重自然、遵循自然规律为前提，应当尽可能减少对生态环境的破坏。新工业文明时期，科学技术开始朝着保护生态环境和节约自然资源的方向发展。人类开始创造和利用人工化学材料，以减少对自然资源的消耗；循环利用废弃物，既能节约资源，又可以减少污染物的排放；实行清洁生产，以降低对环境的破坏；利用可再生能源，以减少不可再生能源的消耗和温室气体的排放……

通过这些努力，产业与生态的共生关系逐步由生态强害演化为生态弱害的模式，产业系统的发展开始与环境和生态系统的破坏“脱钩”，生态系统的负向受力越来越小，生态安全危机有所减轻。

（四）生态文明阶段

当前，人类社会正处于从新工业文明向生态文明迈进的过程之中。由于长期以来新工业文明和生态文明之间的分界线比较模糊，在传统工业文明后期，机器化生产模式出现了信息化和智能化发展趋势，于是有学者认为信息化预示着生态文明阶段的来临。然而，进一步研究发现，信息化并不能开启一个新的文明形态。其实，信息的收集、传递、加工、储存和使用等过程在各个文明阶段都早已存在，只是信息技术有效地提高了信息系统的运行效率和效果。而且，信息产业对农业、工业和服务业存在着很强的依附性，它可以运用于任何文明形态。因此，有学者认为新工业文明是一种比工业文明更高级的新的文明形态。然而根据以上分析，不得不再次否定这一观点。虽然在新工业文明阶段环境保护受到了重视，但生态系统负向受力的性质还是没有改变，仍然没有进入生态无害的产业偏利共生（industrial commensalism）以及产业和生态双赢的互利共生（mutualism）模式。

总之，只有当生态系统负向受力为0，并开始转入正向受力，人类才真正进入生态文明阶段。也就是说，生态文明的门槛是产业偏利共生模式，这是经过新工业文明时期，生态系统的负向受力逐步减少的由量变到质变的过程。越过该门槛后，生态文明进一步发展，最后到达产业系统与生态系统相互促进的双赢阶段。

二、人类文明演进的科学属性

我们知道，生命的产生与进化经历了物理运动—化学进化—生物进化—人类进化等过程，而人类文明的演进从科学属性上看正好经历了相反的过程：生物文明—化学文明—物理文明—超生物文明等过程。而每一个过程又可分为两个阶段：天然文明和人工文明。关于生物文明和化学文明，现在已有比较完善的研究成果，通过对物理文明和超生物文明进行梳理，得到完整的人类文明演进的科学属性路径图（见图1.2）。

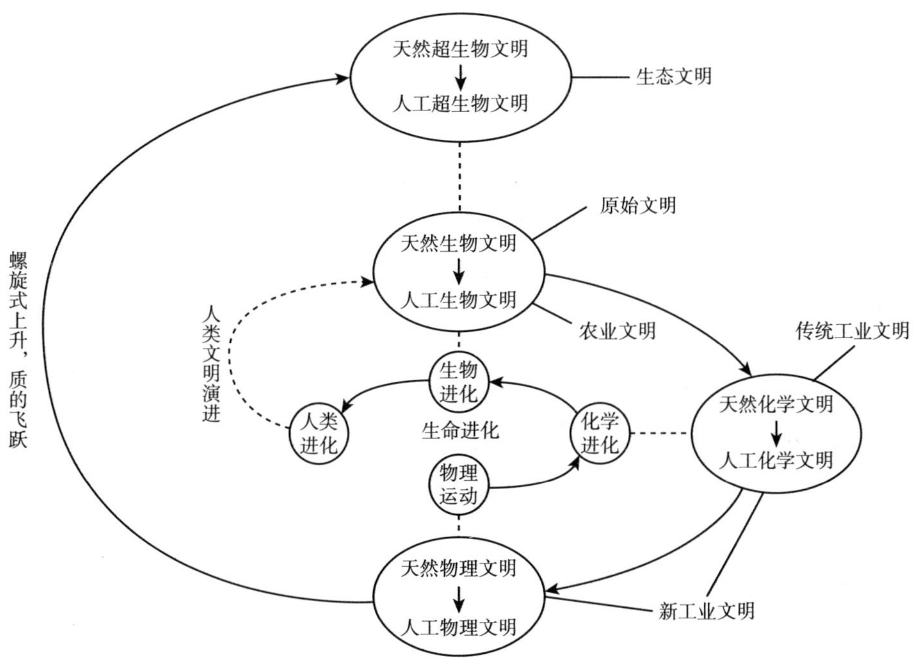

图1.2　人类文明演进的科学属性路径

资料来源：张智光．从产业与生态的共生关系审视生态文明［J］．中南林业科技大学学报，2014，34（7）：108－114.

在原始文明时期，人们通过对天然植物和动物的采猎活动获取天然的生物资源，所以称之为天然生物文明。在农业文明时期，人类用人工方法种植庄稼和养殖牲畜获取人工生物产品，因此属于人工生物文明。在传统工业文明时期，人们大量开采天然的化学资源，加工制造化学材料、机器设备和工业产品，包括获得化学能源，因此属于天然化学文明。新工业文明时期包含了人工化学文明、天然物理文明和人工物理文明 3 个小阶段。在人工化学文明阶段，人们通过制造人工化学材料、废弃物的循环利用等措施减少对不可再生自然资源的消耗，通过采用清洁生产技术和环保工艺等措施降低污染物的发生量，并通过污染治理和合理处置等措施降低污染物的排放量。在物理文明阶段，人们开发利用太阳能、风能、水能等可再生、无污染的天然物理能源，以及信息资源、人工智能资源、核物理能源等人工物理资源，以便在发展经济的同时，降低不可再生化学资源和能源的消耗，并减少环境污染。有学者认为，物理文明阶段已经不属于新工业文明了。但是我们应当看到，物理文明阶段对生态系统的负向作用也不可小觑。例如，水能的过度开发将破坏水资源生态系统，核能的开发对生态环境的威胁更大。依据上面对生态文明共生属性的分析，物理文明时期从本质上看仍然属于新工业文明阶段。

由图 1.2 可见，从生物文明发展到物理文明，人类文明的形态已经经过了一个螺旋式发展周期。此后出现的生态文明将是一个与生物文明相对应的、比新工业文明更高级的质的飞跃阶段，本书中暂将该文明阶段的科学属性称为超生物文明，它又可分为 2 个小的文明阶段：天然超生物文明和人工超生物文明。其中，天然超生物文明在物理文明的基础上进一步降低对生态环境的负向影响，使产业系统对生态系统的负向作用力减小到 0，实现产业偏利共生的状态。这时，生态系统的“病情”将不再加重，可以通过生态系统自身的天然恢复力，一定程度上消除现有的“病害”，或者延迟系统衰退的速度。然而，“不生病”或“控制住病情”并不等于“健康”，生态安全处于安全和不安全之间的临界状态，因此有学者称之为防病式生态文明阶段。人工超生物文明是指人类通过人工作用积极促进生态系统的健康发展，从而使产业和生态实现双赢。目前已经知道的具体措施有：培育近自然人工林、建立和维护自然保护区、大力发展城市森林、对濒危物种进行人工繁育、使这些人工繁育物种逐步回归大自然、对水资源系统进行生态恢复、对自然界碳平衡状况进行人工监测与控制、人工治理荒漠化等，但这些措施目前还不足以抵消工业文明所带来的严重的生态问题，而且，还有许多人类未知的人工方法需要进一步探索。只有当生态系统受到的正向作用力超过了负向作用力，人类的文明才能真正实现互利共生的良性循环状态，生态安全才真正进入了安全稳定区，又称为健康式生态文明阶段。

三、人类文明演进的颜色属性和生态安全属性

将前述对人类文明的产业属性、共生属性和科学属性等的研究结果集成起来，可以得到人类文明演进阶段与各类属性的对应关系（见图 1.3）。图 1.3 中，关于各文明阶段的颜色属性，借鉴了我国著名环境学家曲格平教授在《建立人类新文明》的演说中所提出的观点：就农业文明和工业文明对生态环境的影响而言，可以分别称为黄色文明和黑色文明。今天随着环境保护的绿色浪潮席卷全球，一个人与自然和谐相处的人类新文明——绿色文明即将诞生。据此，我们将农业文明、传统工业文明和生态文明分别称为黄色、黑色和绿色文明。此外，将原始文明称为本色文明，将介于黑色文明和绿色文明之间的新工业文明称为青色文明。

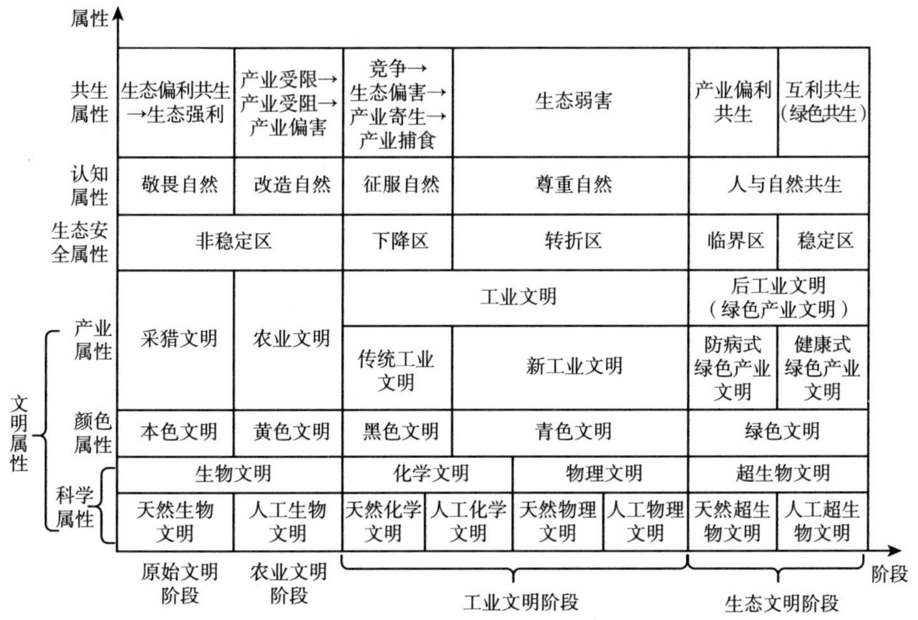

图 1.3　人类文明各演进阶段的属性比较

资料来源：张智光．人类文明与生态安全：共生空间的演化理论［J］．中国人口·资源与环境，2013，23（7）：1－8.

为更加清晰地揭示人类文明与生态安全演化的内在规律，在产业受力和生态受力的二维共生空间中，把图 1.3 的属性关系和前面图 1.1 中产业与生

态共生关系模式的谱系图进行进一步集成，得到了图1.4所示的椭圆演化模型。图1.4中，第二象限为产业单害（或生态单利）区域，加上位于两个坐标轴上的生态偏利共生和产业偏害两个状态，分属于原始文明和农业文明阶段，其生态安全处于非稳定区。第三象限为产业与生态互害（或竞争）区域，加上位于纵坐标轴上的生态偏害状态，属于传统工业文明阶段，其生态安全处于下降区。第四象限为生态单害（或产业单利）区域，分属于传统工业文明和新工业文明阶段。在产业寄生和捕食状态下，生态受力的下降率逐渐减小；在生态弱害状态中，生态安全趋于好转。因此，其生态安全处于转折区。第一象限为互利共生区域，加上位于横坐标轴上的产业偏利共生状态，属于生态文明阶段。其中，产业偏利共生状态位于生态安全的临界区，而互利共生状态已进到生态安全的稳定区。

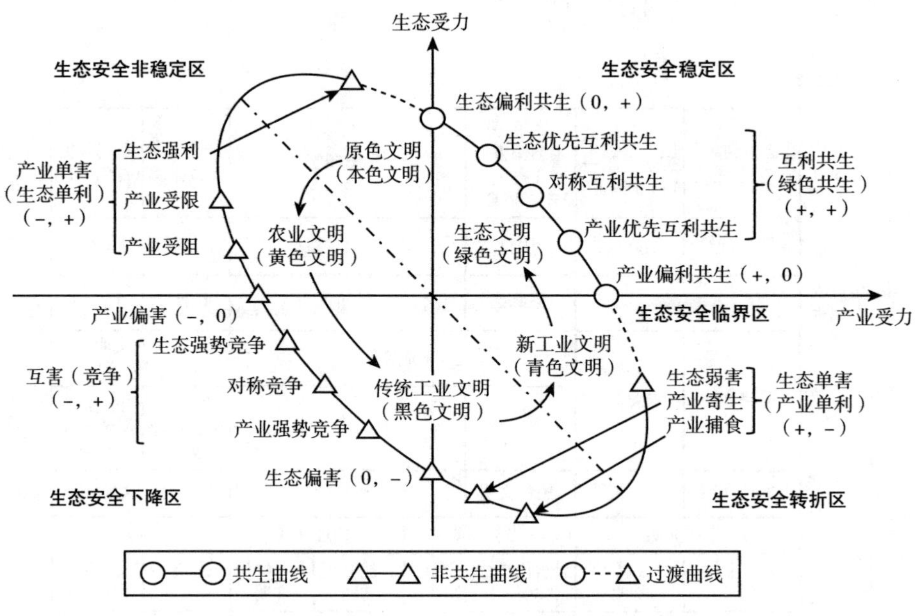

图1.4　产业—生态安全的椭圆演化模型

资料来源：张智光．人类文明与生态安全：共生空间的演化理论［J］．中国人口·资源与环境，2013，23（7）：1-8．

四、人类文明演进的生活属性（碳排放视角）

与生产方式一样，生活方式也与人类文明演进紧密相关，两者基本上构成了人类社会发展的全貌。从生产力与生产关系的角度看，生产与生产力对应，生活与生产关系对应，并且，生产在一定程度上决定生活的水平、层次与发展状态，生活反过来又会影响生产的规模、效率、水平等。所以，探究不同文明形态下人类生活方式的变化，可以更全面地理解不同文明阶段人类活动对自然环境的影响，并概括其碳排放特征（见图1.5）。

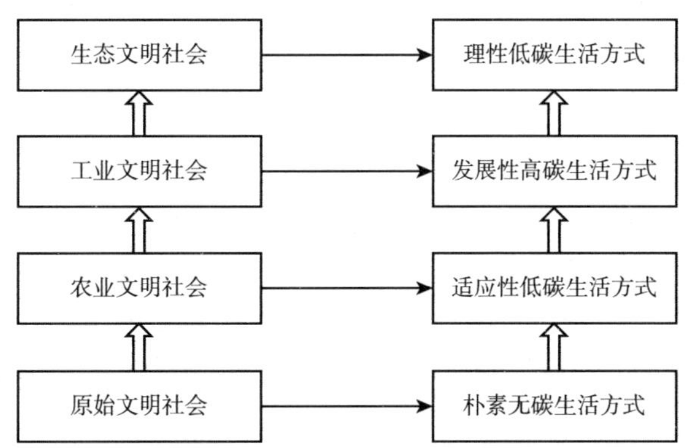

图1.5　人类文明社会演进中的生活方式变革

资料来源：许广月．构建与普及理性低碳生活方式——人类文明社会演进的应然逻辑［J］．西部论坛，2017，27（5）：20-26.

在原始文明社会中，人类基本上没有生产，只有生活，可以说是生产和生活完全融为一体。原始人类的生活异常朴素，只有向大自然低头与适应，适者生存的法则在原始社会表现得淋漓尽致。原始人类以大自然天然的动植物为食物，除了自身产生的以外，人类生活基本上不产生碳排放。综合来看，原始文明社会中人类生活方式具有朴素和无碳的特征，可以称之为“朴素无碳生活方式”。在原始文明社会，人类生产即生活，生活取材于大自然，又回归于大自然。但是，不得不承认生产力的极度低下严重影响着原始人类社会的延续和发展。

随着生产力的发展，人类由原始文明社会过渡到农业文明社会。在生产力显著提高的农业文明社会中，人类才真正算作进入了“家有定居、居有定所、衣有所式、食有所料、行有所载”的文明化状态。在此阶段中，尽管人类有所增加，但是对大自然的资源开采和环境破坏程度十分有限，整个自然的供给远远大于人类的需求，人类生活与自然之间处于一种天然的和谐状态。同时，在人类生活方式变革的背后隐藏着人类用能方式的变化，煤炭开始使用，烹饪过程中也会带来碳排放，如此等等。可见，在人类生活方式进步、生活质量提升的同时，其代价便是产生了少量的碳排放。总体来看，农业文明社会与原始文明社会相比排放了少量的碳，但比工业文明社会碳排放量小得多。因此，可以认为农业文明社会中的人类生活方式以“适应性低碳”为主要特征。

农业文明社会被工业文明社会取而代之后，人类开始构建现代化生活方式：一是衣着实现批量化生产和多样性选择；二是饮食多样化；三是居住由平房向楼房转变，城镇化快速推进；四是出行机动化。蒸汽机等现代化器械的发明与创造打造了工业文明的主骨架，煤炭、石油和电力的使用加速推进了工业文明的势力范围与影响程度，进而带动了人类生活方式突飞猛进的层次升级、水平提高、范围扩展，衣食住行等生活方式发生了翻天覆地的大变化。工业文明社会中人类生活方式呈现出现代化的特质，极大提高了人类生活的质量，并催生了更加便捷舒适的生活方式，但同时也具有高碳特征，可称为“发展性高碳”生活方式。在工业文明社会中，人类生活方式是靠消耗大量的化石能源建立起来的，而由此带来的碳排放量也接近地球的承受临界，这种“发展性高碳”生活方式难以为继，需要彻底改变。

工业文明社会消耗了大量的资源，使全球资源供给受到严重威胁，全球能源需求日益攀升，同时，工业文明社会造成了环境的严重破坏以及温室气体激增引起的全球气候变化。越来越多的证据显示，工业文明社会以来的近300年，是地球所处大气温度上升幅度最为明显、气候变化最为严重、气候灾害频发的时期。根据英国伦敦政治经济学院的斯特恩教授以及IPCC的研究，全球气候变化的结果是由于工业文明社会中人类燃烧化石能源的高碳行为所致。

凡此种种，均表明了工业文明社会中的发展性高碳生活方式不再合适，人类必须主动选择将生活方式从高碳化向低碳化转变，这种选择是人类基于碳排放约束而进行自我认识和自我选择的一种理性选择。生态文明社会的低碳生活方式，不同于原始文明社会的朴素无碳生活方式和农业文明社会的适应性低碳生活方式（是人类社会发展的必由之路，不存在选择），是人类理性选择的结果（人类面临高碳与低碳的选择），因此，生态文明社会生活方式以“理性低碳”为主要特征。

第三节 展望生态文明

人类本身作为调节人与自然关系的根本因素，对于自然具有举足轻重的作用。随着人类文明的发展，人类活动不仅改变了生物圈的面貌，成为生物演化的关键因素，而且已成为地球上最巨大的能动力量。人类因素引起全球变化的后果，一方面使天然自然变成社会自然，使天然生态系统变成人工生态系统，为人类的生存和发展提供了必要条件；另一方面当人类对自然的改造和利用超出自然界能够承受的限度时，它又对自然生态平衡产生了严重的消极作用。恩格斯曾告诫人们："不要过分陶醉于我们对自然界的胜利。对于每一次这样的胜利，自然界都报复了我们。"① 同时，他又充满信心地指出："事实上，我们一天天地学会更加正确地理解自然规律，学会认识我们对自然界的惯常行程的干涉所引起的比较近或比较远的影响。"②

反思过去，展望未来，迄今人类所经历的农业文明和工业文明，在一定程度上都是以牺牲自然环境为代价，去换取经济和社会的发展。生态文明既区别于以牺牲环境为代价的传统工业文明，也不同于以牺牲人的发展而使人被动地从属于自然的早期文明，而是一种追求人的发展与生态环境和谐统一的新型文明。生态文明是对传统发展观的一种革命性变革，它是从生态危机中引发的忧患意识出发，对人类自然观和价值观的深刻反思和变革。它以发展的眼光和动态的观点来看待和处理人与自然的关系以及人与人的关系，兼顾当前与长远，局部与全局的利益，以确保人类社会得以永续发展。通过发挥主观能动性将人与自然过去的对立状态转变为生态文明下人与自然和谐相处的融合状态，是生态文明题中应有之义。

思考题

1. 人类文明演进经历了哪几个阶段？在不同的人类文明形态中，人与自然的关系是如何演化的？

---

① 马克思恩格斯选集：第3卷［M］. 北京：人民出版社，1972：517.

② 马克思恩格斯全集：第20卷［M］. 北京：人民出版社，1971：519.

2. 人类文明具有哪些属性特征？不同文明形态下的属性特征具有怎样的区别与联系？

3. 关于太空资源的开发利用，一些学者认为这是新工业文明的标志之一，但一些学者持有不同观点。如果未来人类通过太空开发可以获取其他星球的天然化学资源，那就是天然化学文明在空间上的延伸。也就是说，人类把进军自然的触角延伸到了外太空，将造成太空垃圾和太空污染。而对于建立空间站，获取人类所需要的信息资源等活动，则属于人工物理文明。你认为太空资源的开发利用属于何种文明形态的人类活动呢？具有何种科学属性？

第二章　生态文明的科学认知和思想基础

我们坚持和发展中国特色社会主义，必须高度重视理论的作用，增强理论自信和战略定力。在新的时代条件下，我们要进行伟大斗争、建设伟大工程、推进伟大事业、实现伟大梦想，仍然需要保持和发扬马克思主义政党与时俱进的理论品格，勇于推进实践基础上的理论创新。

——习近平在省部级主要领导干部“学习习近平总书记重要讲话精神，迎接党的十九大”专题研讨班开班式上的讲话（2017 年 7 月 26 日）

不同文明、制度、道路的多样性及交流互鉴可以为人类社会进步提供强大动力。我们应该少一点傲慢和偏见、多一些尊重和包容，拥抱世界的丰富多样，努力做到求同存异、取长补短，谋求和谐共处、合作共赢。

——习近平在亚太经合组织工商领导人峰会上的演讲（2018 年 11 月 17 日）

伴随着工业革命的迅猛发展和人口爆炸式增长，许多区域性乃至全球性问题逐渐显现，如气候变化、荒漠化、生物多样性丧失、资源短缺、能源危机以及贫富差距等，对人类的生存与发展带来严峻挑战。人类文明演进的历史潮流滚滚向前，对生态危机的深刻反思和对可持续发展目标的追求导致生态文明应运而生。生态文明是发端于 20 世纪 60 年代而确立于 80 年代的新文明观。美国海洋生物学家莱切尔・卡逊 1962 年出版的《寂静的春天》，揭开人们对人类与自然共同生存问题关注的序幕。《寂静的春天》《封闭的循环》《增长的极限》《只有一个地球》《沙乡年鉴》等反思类书籍的发行，人类环境会议（1972）、“罗马俱乐部”（1970）、“绿色和平组织”（1971）等国际会议与组织的努力，使得各国政府逐渐达成共识：自然资源是有限的；经济增长不等于发展；自然环境是人类生存的基础与前提；必须彻底改变粗放式的生产、生活方式，选择可持续发展道路。生态文明以新的伦理视角审视人类行为和工业文明，以可持续发展的目标导向处理人与自然、人与人、人与社会的关系。随着我国政府对资源环境问题的日益重视，2007 年，党的十七大首次提出要建设生态文明，5 年后党的十八大报告将生态文明建设与经济建设、政治建设、文化建设、社会建设一起，构成“五位一体”总体布局，并用专章论述，把生态文明建设放在了突出地位。党的十九大则进一步为未来中国推进生态文明建设和绿色发展指明了路线图。时至今日，生态文明不单是流行于学术界的词汇，而是成为了整个中国为之努力的战略行动。科学阐释生态文明的概念内涵，系统归纳生态文明的结构与特征，追根溯源生态文明的思想基础，对于丰富生态文明理论体系、纵深推进我国生态文明建设实践具有重要意义。

第一节　生态文明的内涵

生态文明作为一个独立词汇，由“家园学”关怀的生态学与揭示人类社会进步的“文明”嫁接而成，有着深刻的历史属性、文化属性与制度属性。生态文明寄托了人类社会对“和合生境”的关怀与思考，是在资源束缚、环境衰退、社会变迁、各种思潮发展中应运而生并不断走向成熟的。中国工程院院士贺克斌认为，生态文明的内涵极为丰富，它既是人类文明形态发展的新阶段（即一种文明形态，历史属性），又是生态哲学、生态伦理学、生态经济学等生态思想的交融与升华（即一种理念与思想，文化属性），还是绿色、循环、低碳、节约资源、保护环境的空间格局、产业结构、生产方式和生活方式（即一种社会发展模式，制度属性）。生态文明的提出是人类思想史上一次伟大的创新。生态文明论将指引人类建设真正可持续的文明，谋求人与自然的和谐共生，谋求人道与天道的融合。

一、生态文明的概念

（一）概念提出

根据对公开文献资料的检索，“生态文明”一词最早由德国学者伊林·费切尔（Iring Fetscher）提出，他在 1978 年发表的“论人类的生存环境——兼论进步的辩证法”一文中指出：“期盼中的、被认为急需的生态文明（ecological civilization）——不像舍尔斯基（Schelsky）的技术国家——预设了一种有意识地调控体制的社会主体。它将以人道的、自由的方式得以实现……如今，热望无限进步的时代即将结束。人类认为自己可以无止境地征服自然的时代业已受到质疑。正因为人类和非人自然之间和平共生的仁慈生活方式是完全可能的，所以对无节制的技术进步才必须加以控制并设限”。[①] 批判了工业文明和技术进步主义，阐述了走向生态文明的必要性，并将生态文明正式定义为工业文明之后的新的文明形态。在国内，“生态文明”概念最早由农学家叶谦吉先生提出。叶谦吉在1986年召开的三峡库区水土保持大会上作了《论生态文明》的报告，这个报告后来以《生态需要与生态文明建设》为题被收录入1988年出版的《中国生态农业》一书中。在该文中，叶谦吉提出“所谓生态文明，就是人类既获利于自然，又还利于自然，在改造自然的同时又保护自然，人与自然之间保持着和谐统一的关系”“生态文明的提出，使建设物质文明的活动成为既改造自然又保护自然的活动。建设精神文明既要建立人与人的同志式的关系，又要建立人与自然的伙伴式的关系”。[②] 之后，叶先生在1987年全国农业生态会议上作了《大力建设生态文明》的发言，同年6月其在接受《中国环境报》记者访谈时，对生态文明的概念又作了一番阐释，即“生态文明时代区别于蒙昧时代、野蛮时代，是人与自然之间建立一种和谐统一的关系，人利用自然，又保护自然，是自然界的精心管理者的时代。”[③] 回溯文献不难发现，对生态文明讨论和研究的热度始于2007年，那一年中国共产党第十七次全国代表大会首次提出要建设生态文明。

（二）词源释义

从词源上正确理解“文明”与“生态”两个词是科学界定“生态文明”概念的前提。

1. “文明”的不同理解

“文明”一词大致有两种用法，一种是当代日常语言中的用法，另一种是历史学家的用法。

---

① Iring Fetscher. Conditions for the survival of humanity：On the dialectics of progress［J］. Universitas，1978，20（3）：161－172.

② 叶谦吉文集［M］. 北京：社会科学文献出版社，2014：80－81.

③ 成亚威. 真正的文明时代才刚刚起步：叶谦吉教授呼吁开展“生态文明建设”［N］. 中国环境报，1987－06－23（1）.

汉语“文明”一词，最早出自《易经·乾卦·文言》，曰“见龙在田、天下文明”。在现代汉语中，“文明”指一种开化、进步、美好的社会状态或人类行为，与“野蛮”一词相对立。我国官方意识形态在列举“物质文明”“精神文明”“政治文明”“社会文明”和“生态文明”时，“文明”一词也是在这种意义上的使用。英文中的文明（civilization）一词源于拉丁文‘civis’，意思是城市的居民，其本质含义为人民生活于城市和社会集团中的能力，引申后意为一种先进的社会和文化发展状态。与汉语“文明”一词的含义基本相同。

历史学家所说的“文明”既蕴含当代日常语言中“文明”一词的基本含义：开化、进步与美好，又指人所特有的生产、生活方式，指社会形态，指人超越非人动物所创造的一切。用19世纪法国著名历史学家、政治家基佐（F. P. G. Guizot）的话说，文明是特定族群创造的世代相传、有增无减的“一个越来越大的团块”[①]，人们创造的一切都在这个“团块”之中。用19世纪日本学者福泽谕吉的话说，文明是“摆脱野蛮状态而逐步前进的东西”，是人类创造的无所不包的“大仓库”，是“人类智德的进步”[②]。20世纪英国著名历史学家汤因比（Arnold Joseph Toynbee）把文明的标准定得高一些，并非属人的一切都是文明的，原始社会不算文明，原始社会和文明社会之间的根本区别是“模仿的方向”，“在原始社会里，模仿的对象是老一辈，是已经死了的祖宗……在这种对过去进行模仿的社会里，传统习惯占着统治地位，社会也就静止了。而在文明社会，模仿的对象是富有创造精神的人物……在这种社会里，那种‘习惯的堡垒’……是被切开了，社会沿着一条变化和生长的道路有力地前进”。[③] 在汤因比的叙事中，“文明”也就是“文明社会”，是历史研究的基本单位，是“可以自行说明问题的单位”。采用汤因比的观点，人类文明由原始社会发展而来，经历了农业文明和工业文明两个阶段。

2. “生态”与生态学

“生态”一词源于西方语境，诞生于“生态学”（ecology），最早由德国学者海克尔（E. H. Haeckel）于1866年提出，按照他的界定，生态学是研究生物有机体与其无机环境之间相互关系的科学。其词根“eco”，指“house”，词缀“logy”意指“逻辑”或“研究”。就“家”（ecosystem）而言，它不仅

① ［法］基佐. 欧洲文明史［M］. 程洪逵，沅芷译. 北京：商务印书馆，1998：4－5.

② ［日］福泽谕吉. 文明论概略［M］. 北京编译社译. 北京：商务印书馆，1995：30－33.

③ ［英］汤因比. 历史研究（上）［M］. 曹未风等译. 上海：上海人民出版社，1997：60.

是形式上的生物居所，更是实质上的处理包括水土、生物和人类及其间相互关系、整体关系的系统。此后，生态学概念不断发展演进。1940 年林德曼（R. L. Lindeman）指出，“生态学是物理学和生物学遗留下来的，并在社会科学中开始成长的中间地带。”20 世纪 80 年代，尤根·奥德姆（E. P. Odum）称生态学是一门独立于生物学甚至自然科学之外，联结生命、环境和人类社会的有关可持续发展的系统科学。我国著名生态学家李文华院士认为，伴随着地球生态问题的日益尖锐，生态学研究的对象正从二元关系链（生物—环境）转向三元关系环（生物—环境—人）和多维关系网（环境—经济—政治—文化—社会）。其组分之间已经不是泾渭分明的因果关系，而是多因多果、连锁反馈的网状关系。生态科学的方法论正在经历一场从物态到生态、从技术到智慧、从还原论到整体论到两论融合的系统论革命：研究对象从物理实体的格“物”走向生态系统的格“无”，辨识方法从物理属性的数量测度走向系统属性的功序测度；调节过程从控制性优化走向适应性进化，分析方法从微分到整合，通过测度复合生态系统的属性、过程、结构与功能去辨识、模拟和调控系统的时、空、量、构、序间的生态耦合关系，化生态复杂性为社会经济的可持续性。人类从认识自然、改造自然、役使自然到保护自然、顺应自然、品味自然，从悦目到感悟，其方法论也在逐渐从单学科跨到多学科的融合。

中国工程院院士钱易教授指出，“生态的”即“自然关系之中的”，自然关系既包括不同物种之间的关系，也包括生物与其物理环境之间的关系。生态文明是以生态学、非线性科学、系统科学、生态哲学为基本指南而谋求人类与地球生物圈协同进化的文明，是自觉运用生态学知识、宏观系统观点和生态智慧指导人类之生产和生活的文明。她认为，未来的人类实践将日益证明，把生态学、非线性科学、系统科学、生态哲学与历史学中的“文明”概念有机地结合起来而提出“生态文明”概念是人类思想史上的一次无比伟大的革命。①

二、生态文明的内涵

当前，人们对生态文明有着不同的理解，学术界对生态文明概念尚未形

---

① 钱易，何建坤，卢风．生态文明理论与实践［M］．北京：清华大学出版社，2018：68－69.

成统一的界定，但主要从以下两个维度进行阐释：一是从社会结构维度进行阐释，强调只有补充了生态文明这个要素，即主要通过生态环境保护和资源的可持续利用，实现人与自然和谐的状态，工业文明才是一种包括物质文明、精神文明、政治文明、社会文明和生态文明在内的完善的文明。这种观点实际上把生态文明看作是工业文明的一项要素。二是从人类社会历史发展的纵向维度进行阐释，认为人类社会必然经历从原始文明、农业文明、工业文明到生态文明的发展演进。从这一维度看，生态文明是人类超越工业文明的一种新的文明形态，是人类充分发挥人的主观能动性，按照自然、经济和社会系统运转的客观规律，建立可持续的生产方式、消费模式和文化制度，实现人与自然、人与人、人与社会和谐发展的文明形态。

（一）“修补论”

“修补论”认为，生态文明只是现代文明的一个要素，正如物质文明、精神文明、政治文明和社会文明都只是现代文明的不同要素。工业文明在过去的发展过程中忽视了人与自然的关系，没有文明地对待生态环境，导致严重的环境污染和生态破坏，只要补充了生态文明这个要素，工业文明就是一种完善的文明。这种观点认为，生态文明建设不过就是节能减排、保护环境，即文明地对待生态环境。

“修补论”将生态文明看作现代文明的内在组成部分，按照这种逻辑，任何一种文明形态都应包括生态文明，无法凸显生态文明的本质特征。更为重要的是，生态文明在哲学世界观、价值观、发展方式、生存方式等方面与工业文明的确存在着本质的区别。具体来说，在哲学世界观上，生态文明否定工业文明所秉承的机械论、还原论，倡导整体论、有机论；在价值观上，生态文明否定工业文明把物质商品占有和消费作为人生目的和意义实现的消费主义价值观，倡导把创造性的劳动作为人生目的和意义实现手段的劳动幸福观；在发展方式上，生态文明否定工业文明依靠大量耗费自然资源的粗放式的黑色发展方式，倡导以科技创新为主导的人与自然和谐共同发展的绿色发展方式；在管理方式上，生态文明反对工业文明高度集中的管理方式，倡导民主和开放式的管理。

（二）“超越论”

人类从农业文明经过工业文明到生态文明，是一个依赖自然、超越自然、回归自然的否定之否定。工业文明否定了农业文明对自然界的依赖关系，以机器力强劲地变革并“凌辱”着自然界，把自然界作为原料库和垃圾场。生态文明是对工业文明的辩证否定。一方面，生态文明否定了工业文明所秉承的人类中心主义价值观，经济主义、物质主义幸福观和消费观以及科学技术万能论，提倡人与自然的相互作用及和谐发展；另一方面，生态文明继承工业文明的积极成果，如民主法制、信息技术等，使之服务于人的自由全面发展以及人与自然、人与社会的协同进步，并创造出绿色技术、绿色金融、绿色消费、绿色生活方式等新成果，推进人类生产技术、经济观念与行为、自然观的大转变，促使人类伦理观的扩展，使生态伦理成为人类伦理范畴的重要内容。

工业文明的出现对人类历史产生了巨大推进作用，它依托飞速发展的科学技术，创造出了庞大复杂的机器系统、智能工具系统与组织管理系统，通过对自然的“祛魅”与疯狂改造利用，为人类提供了巨大的物质财富，改变了人类愚昧落后的生存状态。但由于工业文明的发展方式是建立在“人是自然的主人”“人要征服自然”的观点之上，强调在现代化过程中对自然无限度的索取，并且它以近代以来的经验论、分析方法和主客二元对立的机械观等自然科学还原主义思维模式为主要特征。这样势必将我们所面对的整体、复杂而有机的自然世界肢解了。在这种反自然观念的支配下，人类以一种“恶”的方式对待自然界，结果必然造成人与自然之间的尖锐对立进而引发全球性的生态危机。而生态文明则恰恰相反，它要求重建世界整体，亦即要求对自然界的整体性结构和整体性功能，对社会—自然的整体性关系，对人类变革自然之实践的整体性综合效应，以及对自然界的多样性统一、开放性统一等多方面均要作全面、完整的把握与解读。否则“我们既无法真正读懂社会，也无法真正读懂自然”。因而，当前日益普遍化、深度化的生态危机要求我们必须超越内在矛盾日益凸显激化的工业文明形态，去采取最为适宜“人—自然—社会”和谐发展的更高级的“绿色文明”即生态文明形态。只有在生态文明形态下，人类所面临的环境危机、生存危机才能得到根本解决。

可以说，生态文明是人类对传统文明形态特别是工业文明进行深刻反思的成果，是文明发展理念、道路和模式的重大进步，是奠基于工业文明而又超越工业文明的新型文明形态，它以尊重和维护自然为前提，以人与人、人与自然环境、人与社会和谐共生为宗旨，以经济增长和科技创新为基础，以建立可持续的生产和消费方式为内涵，以引导人们走向持续、和谐的发展道路为着眼点。

中国工程院院士钱易教授指出："修补论和超越论会长期相持下去，因为工业文明是在如日中天之际暴露其深重危机的，生态文明建设也是在这一历史关头开始的。'瘦死的骆驼比马大'，工业文明的衰落势必会经历一个较长的时期。工业文明的衰落期也是生态文明的生长期，这个生长期必然也是相当长的。当然，修补论与超越论之间有重叠共识，即都赞成节能减排、保护环境。双方可在共识基础上，取长补短，积极对话，以推动生态文明理论研究的深化。"①

第二节　生态文明的构成与基本特征

生态文明是人们在开发、利用和保护等与自然互动的过程中，以高度发达的生产力水平及物质水平为基础，遵循和谐共生的核心理念，以修复人与自然的关系为着力点，以可持续发展为目标，在历史实践过程中形成的"物质、精神及制度"成果的总和，有其区别于工业文明的构成与特征。

一、生态文明的构成

（一）三分法

美国学者莫文（John C. Mowen）和迈纳（Michael S. Minor）把文化划分为物质环境（material environment）、制度与社会环境（institutional/social environment）和文化价值（cultural values）三大维度。每个维度又包含若干亚维度，如在物质环境中包括科技水平、自然资源、地理特征、经济发展等；在制度与社会环境中包括法律、政治、商业、宗教等；以美国文化为例的文化价值包括物质主义、进步、平等、成就、个人主义等。这里采用莫文和迈纳的"文化三维度"②来讨论生态文明的构成，即物质环境、制度与社会环境、文化价值。文明的三大维度及诸多亚维度互相关联，其中一个维度甚或

---

① 钱易，何建坤，卢风．生态文明理论与实践［M］．北京：清华大学出版社，2018：66.

② John C. Mowen，Michael S. Minor. Consumer behavior：A framework［M］. Pearson Prentice Hall，2011：266.

亚维度的变化必然引起其他维度和亚维度的变化。为走出生态危机，必须实现工业文明各个维度的联动变革。

1. 物质环境

以“大量生产、大量消费、大量排放”为特征的资本主义异化的生产生活方式及其相应的科技体系，是导致全球性生态危机的直接原因。物理学、环境科学、生态学都告诉我们，生态系统的承载力是有限的，只要人们的物质生产和物质消费在增长，排放就难免增长，所谓“零排放”在一个小环境中或可实现，但在全球大环境中实现是不可能的。同时，必须承认，生态文明并非要人们放弃对物质生活的追求，物质产品的生产和消费不可避免。因此，生态危机的化解，需要改造既有的物质环境，发展以维护地球生态健康为根本宗旨的绿色技术，普遍利用太阳能等清洁能源，普遍使用绿色产品等，将资源占用和污染排放控制在地球生态系统可承受的范围之内。

2. 制度与社会环境

如今工业文明深陷生态危机，绝大多数人承认生态危机（特别是气候变化）与温室气体过量排放有关，这么说来，走出危机似乎只要在物质环境中的科技层面上想办法就行了。例如，发现清洁能源，发展清洁生产技术或绿色技术。然而，要大幅度地改变能源结构，大量淘汰落后技术和产能，绝不仅是个以先进技术取代落后技术的事情。这不仅涉及依附于旧能源结构和旧技术的利益集团或行业，也涉及人们的思想观念。没有政府出台的政策、法规，就不可能限制那些依附于旧能源结构和旧技术的利益集团或行业的扩张，更不可能激励清洁能源和绿色技术的发展。制定激励清洁能源和绿色技术发展的政策、法规就属于制度与社会环境维度的事情了。

生态文明需要构建这样的制度与社会环境：民主法制；受生态法则约束的生产、交易与消费规则；法律不仅维系人与人的秩序，也禁止人类对生态环境的破坏；政治、经济制度不再激励物质经济的无止境增长，而激励非物质经济增长，并激励人们进行自由的文化创造等。

3. 文化价值

生态危机的出现，表面看是人的行为失当，但背后蕴含着极其复杂的历史和文化背景。300 年来，发轫于西方的占主导地位的牛顿—笛卡尔机械论哲学，在指导人类取得工业化和现代化建设巨大成就的同时，也使得机械论、二元论思维方式扎根于人的头脑。这种主客二分的哲学，过分强调人与自然的对立、强调人的主体性，确立起人类中心主义的价值观。在这种价值观的指导下，人们把自然环境同人类社会，把客观世界同主观世界形而上学地割裂开来，以改造自然、征服自然为傲，没有意识到人类同环境之间存在着协同发展的规律。直到威胁人类生存和发展的生态环境问题不断地在全球显现，这才引起人们的震惊与正视。正是传统的主客二分、人与自然二元对立的思维方式和片面的以人类为中心、经济至上的价值观导致了人类的不可持续发展。

无论是消费、生产、技术革新，还是制定政策、法规，都是人的有意识的活动，都受世界观、价值观、人生观、幸福观的影响。如果你认定世界不过就是物理实在（基本粒子、场等）的总和；科学技术是无所不能的，人类可以一往无前地征服自然；经济增长是最高的公共利益；人生的价值、意义、幸福就在于创造物质财富、拥有物质财富、消费物质财富，那么你就不会认为改变能源结构、发展绿色技术是重要、急迫的任务。在今日之中国，不难发现这样的现象：有绿色技术相关企业也不用，一些企业甚至有排污设备也不使用。我国早就颁布了《环境保护法》，但该法长期没有被认真执行，自2015年以来，环保法才算“长了牙齿”。之所以这样，不仅因为人们自私、短视，还因为人们的世界观、价值观、人生观、幸福观是现代性的。不改变现代性观念，人们就不会践行绿色消费，企业家就不会积极从事清洁生产，科技人员就不会积极从事绿色创新，政治家、立法者就不会积极制定激励绿色能源和绿色技术发展的政策和法规。这些都属于文化价值维度的事情。

生态文明需要重塑这样的文化价值：反对物质主义；幸福生活不再依赖物质财富的增长；以社会全面改善为进步；多元化的个人成就标准等。

（二）五分法

这一构架思路来源于习近平总书记于2018年5月在全国生态环境保护大会上的讲话，他强调：“加快构建生态文明体系。加快解决历史交汇期的生态环境问题，必须加快建立健全以生态价值观念为准则的生态文化体系，以产业生态化和生态产业化为主体的生态经济体系，以改善生态环境质量为核心的目标责任体系，以治理体系和治理能力现代化为保障的生态文明制度体系，以生态系统良性循环和环境风险有效防控为重点的生态安全体系”。[①] 在

① 习近平．坚决打好污染防治攻坚战 推动生态文明建设迈上新台阶［N］．人民日报：2018-5-20.

生态文明体系中，生态文化体系是灵魂、生态经济体系是核心、生态目标责任体系是导向、生态文明制度体系是保障、生态安全体系是底线，五者相互联系、有机统一。

1. 生态文化体系

生态文化是人与自然和谐共生、协同发展的文化，以崇尚自然、保护环境、促进资源永续利用为基本特征，体现着人类对人与自然关系的深度认识，是生态文明建设的灵魂。生态文化体系包括人与自然和谐共生的生态意识、价值取向和社会适应，在生态文明体系中发挥着重要的思想指导、价值引领和共识支持作用。通过开展生态文化宣传、普及生态文化教育、建设生态文化载体、举办生态文化活动、倡导绿色消费、打造生态文化品牌、进行生态示范创建等举措不断完善生态文化体系，增强全民节约意识、环保意识和生态意识，培育生态道德和行为准则，牢固树立绿色政绩观、绿色生产观、绿色消费观，推动形成节能减排、循环利用、绿色发展的生产方式和勤俭节约、绿色低碳、文明健康的生活方式。

2. 生态经济体系

生态经济具有低能耗、低污染、低排放的特点，是最具质量和效益的经济形态，是生态文明建设的物质基础。国内外经验教训反复证明，生态环境问题本质上是发展方式、经济结构和消费模式的问题。经济绿色化、生态化是人类社会进入生态文明时代的鲜明经济特征。大力发展生态经济，不仅是发达国家或地区实现可持续发展的不二选择，也为具有生态优势的发展中国家或欠发达地区实现后发追赶跨越提供了历史机遇。生态经济体系是基于生态运行规律和经济发展规律，以实现人类与自然环境和谐共生为目的，以产业生态化与生态产业化为主体的生态产品生产、交换、分配、消费等各种经济活动的综合。它内涵丰富、涉及面广、影响力大，代表着新的生产力、新的发展方向，在生态文明体系中处于核心地位。通过创新绿色技术，优化升级传统产业，壮大绿色金融，发展生态农业、战略性新型产业、生态旅游和康养产业等措施，打通“绿水青山”向“金山银山”的转化路径。

3. 生态目标责任体系

生态目标责任体系主要包括目标体系、权责体系、考评体系、奖惩体系四个重点体系和前期目标设定分解、中期绩效评价考核、后期成果综合运用三个关键环节，是生态文明建设评价考核机制的升级版，在生态文明体系中发挥重要的行为导向作用。通过构建目标体系、权责体系、考评体系、奖惩体系，健全完善目标分解衔接机制、绩效评价考核机制、成果综合运用机制，强化环保督察、综合执法，充分调动政府、企业、群众三方的积极性、主动和创造性，建立健全生态文明目标责任体系，旗帜鲜明地竖起绿色发展的“指挥棒”和“风向标”，有利于促进各地各部门牢固树立生态优先、绿色发展理念，正确处理经济发展和生态环境保护的关系，推动实现高质量发展。

4. 生态文明制度体系

生态文明制度体系是按照生态系统的一般规律以及生态保护的进程，将所有生态文明制度整合而形成的系统制度，是生态文明建设的体制机制支撑，在生态文明体系中发挥组织保障和法治保障作用。按照“源头严防、过程严管、后果严惩”的思路，通过加快制度创新、增加制度供给、完善制度配套、强化制度执行等举措，建立系统完备、运行高效，能体现治理体系和治理能力现代化的生态文明制度体系，为生态文明建设提供可靠保障。

5. 生态安全体系

生态安全是生态文明建设的底线要求，是国家安全的重要组成部分，是经济社会持续健康发展的重要基础。生态安全体系涵盖生态安全格局规划与管控体系、生态环境风险防控两大模块，在生态文明体系中发挥重要的行为约束作用。其中，生态安全格局规划与管控体系的核心目标，是通过规划与管控等措施，维护攸关国家和区域生态安全的关键生态系统完整性、稳定性和功能性；生态环境风险防控体系的核心目标，是通过实施源头严防、过程严管、结果严惩系列措施，坚决防范和遏制突发重特大环境风险事件的发生。通过建立健全多层级的生态安全格局规划与管控体系、全过程与协同联动的生态环境风险防控体系、信息化与智能化的生态安全管理体系，开展突出生态安全隐患专项整治行动等举措，构建完善的生态安全体系，对于促进经济可持续发展、增进人民群众福祉具有重要意义。

二、生态文明的基本特征

（一）物质生产生态化

物质生产生态化就是要求人们把现代科学技术成果与传统工农业技术的精华结合起来，建立具有生态合理性的社会物质生产体系，使资源的消耗速度不超过替代资源的开发速度，实现资源的循环和重复利用，将污染物排放量控制在自然系统自我净化能力的阈值之内。在工业文明时代，传统的工业生产不仅不考虑能源的节约与增值问题，将90%以上的经济活动建立在对不可再生资源和能源的高消耗上，导致资源量迅速减少，而且往往不考虑环境的容纳能力，无限制地向自然界排放大量的工业废水、废气、废渣等，造成环境质量迅速恶化。如20世纪80年代出现的“新八大公害事故”，其中大部分是由不合理的生产方式造成的。生态文明时代则要求物质生产采用新技术，实现原材料和能源的节约，以提高资源利用率和减少废弃物的形成；同时开发废弃物回收和再利用的技术，通过废弃物资源化达到控制污染；并开发不产生污染的技术，通过废物最少化以及能源替代，实现环境安全生产。目前提出的“产业生态化”即为社会物质生产生态化的体现。

（二）生活方式生态化

工业革命以来，西方工业化社会首先兴起了高消费浪潮，在“消费更多的物质是好事”“增加和拥有更多的物质财富就是多一分幸福”“充分享受丰富的物质即是美”等价值观的指导下，在发达国家社会发展了高消费的物质第一主义生活方式。然而为了满足这种畸形消费方式，需要大量开采和消耗自然资源，这对生态系统造成极大的压力。必须坚决变革这种只重视占有和消费物质财富而忽视其他生活目标的生活方式，重新建立起一种与人类的生态安全、社会责任和精神价值相适应的健康的生活方式。这种生活方式是：物质生活方面主要表现为注重维护生物圈的健康存在，不再只顾自己不断膨胀的物质需求而不顾其他生命的生存需要，逐渐突破自身物质利益的狭隘眼界，把保护广大生物的存在与实现自己的物质生存结合起来，将自己的物质需求合理化；社会生活方面，从全人类的整体利益和未来利益出发承担起自己的社会责任；精神生活方面，人们应该追求精神价值以充实和完善自己。

（三）社会制度生态化

人对自然的作用是在一定的社会制度下进行的，为了调节人与自然的关系，必然要在一定的价值观指导下形成一定的社会意识形态及相应的上层建筑，包括政治制度、经济制度、法律制度等，对决策的制定发挥指导作用，使生态环境与经济协同发展。在政治制度方面，将资源与环境问题纳入政治结构，政府直接参与管理并将其列入社会发展和国民经济发展的战略和具体计划；在经济制度方面，由于传统的经济发展模式追求经济高速增长，将大量消耗的资源以及遭到极大破坏的环境置于生产成本之外，导致资源消耗程度、环境污染程度与国民经济同步增长，生态文明则坚持将资源与环境的保护与治理作为经济发展的目标与衡量发展水平的尺度，在估算经济增长速度时，除了计算物质资本的成本外，还要核算自然资本损耗的成本，将自然资源和环境纳入国民经济核算体系，使生态环境的质量成为衡量发展水平的重要标准；在法律制度方面，一方面通过制定法规来防止企业在生产过程中造成的资源破坏与环境污染，对于严重破坏生态环境或浪费资源的生产行为予以严格惩罚；另一方面通过对公众环保法律知识的普及教育，使人们形成一种环境保护意识，在日常生活中拒绝使用对环境或资源造成危害的产品。

第三节　生态文明的思想基础

生态文明不是凭空而来的概念，其形成和发展也并非一蹴而就，而是有着深厚的思想基础。挖掘和整理中华优秀传统文化中蕴含的生态智慧、马克思恩格斯生态哲学思想和西方生态思想，对丰富和发展生态文明理论体系，推进生态文明建设的顺利实施具有非常重要的现实意义。

一、中国传统生态智慧

纵观中华生态文明发展史，可谓是一部充满生态智慧的古代先哲先贤们关于人与自然关系的论述史。中国传统生态智慧作为东方文明的一个典型形态，保留了古代农业文明条件下人与自然和睦相处的思想样本，与西方近代工业文明以来天人对抗形态的思想传统形成了鲜明的对比，因而它为人类扭转征服自然的传统宇宙观，重塑人与自然的和谐关系提供了宝贵的思想资源。它日益引起西方诸多有识之士的重视，成为启发他们思想灵感的重要源泉。例如，美国著名学者 F. 卡普拉对道家关于人类与自然的循环过程保持和谐一致的思想给予了高度评价，他说："在诸多伟大传统中，据我看来，道家提供了最深刻且最完善的生态智慧，它强调在自然的循环过程中，个人和社会的一切现象以及两者潜在的一致”。[①] 卡普拉还以阴阳两极构成的道的循环运动的思想作为自己生态世界观的主要哲学基础。姚新中认为，儒家传统中“天人合一”的生态原则应当成为构建新环境哲学、协调人与自然相互依存关系的价值基础。

以先秦儒家为开端形成的中国传统生态思想，不仅是中华五千年文明史得以延续发展的思想基础，更是建设生态文明的无穷宝藏，可以为生态文明建设提供丰富的思想资源和理论基础。尽管中国传统生态思想具有不可避免的历史局限性，但它们仍然有其独特的现代价值，可以为人类奋力争取天人复合目标的实现，发挥其积极作用。

（一）“天人合一”的核心思想

“天”与“人”的关系问题是中国古代哲学的主要命题，也是中国传统文化的重要内容。“天”就是指大自然，“人”即指人类。“天人合一”不否认人与自然的区别，但强调人与自然的统一，以及两者相互依存的关系。“天人合一”哲学表达的是一种人与自然和谐统一的思想，包含了三个层面的意思：其一，在天与人的关系定位层面上，天人一体，构成完整的系统，趋向在合，不在分；其二，在生态道德目标层面上，天人共生共荣，自然生态和谐，人类才和谐；其三，在生态道德准则层面上，人应遵循自然规律，法则自然，不违背客观规律。张岱年先生认为，“天人合一”比较深刻的含义是，人是天地生成的，人与天的关系是部分与全体的关系，人与自然应和谐相处。还可以从另一个层面理解“天人合一”思想：一要“知天”，即认识自然及其客观规律；二要“顺天”，顺应自然法则，自求多福；三要“参天”，善于利用自然规律，促进自然变化有利于人类社会；四要强调“以人造天”，发挥人的主观能动性，“天之所死，犹当生之，天之所无，犹当有之。”改善生态环境，趋利避害，造福人类。

“天人合一”是《周易》哲学思想的本质特点。《易·说卦传》云：“立天之道，曰阴与阳；立地之道，曰柔与刚；立人之道，曰仁与义；兼三才而两之，故《易》六画而成卦。”宣告天、地、人是统一的，“三才”之道就是天、地、人之道。这是典型的“天人合一”之论。《周易》认为人类社会是天地发展到一定阶段的产物，是自然界的一个组成部分，“有天地然后有万

① 转引自董光璧．当代新道家［M］．北京：华夏出版社，1991．

物，有万物然后有男女。”儒家的天人之学从孔孟建立，中经汉唐，至宋代形成了完备的文化结构。孔子虽然没有明确提出过“天人合一”，但他的思想中却包含着这一命题，他说：“大哉，尧之为君也。巍巍乎，唯天为大，唯尧则之”（《论语·泰伯》）。孔子肯定了天之可则，即肯定了人与自然的可则，人与自然可以统一。这实际上就是“天人合一”的思想。孟子则明确提出：“不违农时，谷不可胜食也；数罟不入夸池，鱼鳖不可胜食也；斧斤以时入山林，材木不可胜用也”（《孟子·梁惠王上》），就是说顺应节气农耕，不用细密的网子捕鱼，按适当的时间入山林，就可以有吃不完的粮食、鱼类和用不尽的木材。儒家的“天人合一”思想对历代生态保护都有极其深刻的影响。儒家的天人之学至宋代达到高峰。宋明理学中的“天”多指整个宇宙。张载把宇宙比为一个大家庭，万物和人都是大家庭的成员，民众是我的兄弟姐妹，万物与我相通，因此，人与人、人与万物应彼此相关相爱。程颐则更认为：“道未始有天人之别，但在天则为天道，在地则为地道，在人则为人道”（《朱子语类》）。理学集大成者朱熹则认为：“天是一个大底的人，人便是一个小底天。”所以天人相通，天人合一。

《周易》和儒家主张天人合一是为了通过人的积极能动性促进天、地、人三才并进，使人和自然和谐地发展，体现了一种积极进取的实践理性和道德精神，表现了既要改造和利用自然，又要保护自然的态度。现代生态哲学可以从儒家天人合一思想中吸取许多思想营养。

（二）“天道生生”哲学思想

这是中国哲学中与“天人合一”并列的重要思想。这里，“天道”是自然界的变化过程和规律；“生生”是产生、出生、一切事物生生不已。儒家主张“天道生生”，早在孔子著《周易大传》中，就把“生生”（即长养生命，维护生命）作为人的“大德”“天地之大德曰生”。强调世界“生生不息”，“生”是最重要的，它的最基本的思想有二，即“生生之谓易”和“天地之大德曰生”。所谓“易”就是生生，世界万物生而又生，生生不息。“生”（生命）和“德”（善行）是相互联系和统一的，万物生生不息是最崇高的德行，是“至德”和“大德”。

（三）“道法自然”哲学思想

“道法自然”是老子哲学的主要观点。道家认为天地并不是最根本的，最根本的是“道”。世界上的一切，包括天地万物和人，都是从这个“道”产生的。老子说：“道生一，一生二，二生三，三生万物”，表明“道”为宇宙万物之本原。由此，“道”有三层基本意思：第一，它先于天地存在，“道者万物之奥”，它作为天地万物存在的根据，产生了天地万物；第二，它是世界万物运行的基本规律，因此，人要遵循自然法则。“人法地，地法天，天法道，道法自然”，意即人只不过是自然的一部分，天道与人道、人与自然是和谐统一的；第三，它是人类追求的最高道德境界。圣人之治就是按照“无为”的原则，符合“天道自然本性”的原则，“无无为，则无不治”。“知常曰明，不知常，妄作，凶”，按自然规律行事就叫做明智，不按自然规律而轻举妄动，则会招致凶险的结果。在这里，老子对人们不尊重自然规律，违背自然胡乱妄行提出了严重的警告。老子不仅以“道”表述对世界的看法，而且主张从“道”到“德”。认为“德”是符合“道”之行，德是道之功也。万物都遵“道”而贵“德”。“道”生长万物，“德”抚养保护万物，生长万物而不据为己有，帮助万物而不自恃有功，引导万物而不宰割它们，这就是道家“道法自然”的哲学思想。

（四）“和合”哲学思想

“和合”二字最早见于甲骨文、金文，表示和谐，是中国古代哲学的重要概念。西周末年，史伯提出“和实生物，同则不继”的思想，认为“和”（即多样性的统一）能生生不息，“同”（即单一的求加）则没有持续发展。这一思想为历代哲学家认同和发展。孔子把“和”的概念主要应用于人际关系，主张“为政应和”。他说：“君子和而不同，小人同而不和。”孟子强调“人和”，他说：“天时不如地利，地利不如人和”，因而“得道多助，失道寡助”。荀子把“和”与“神”联系起来，他说：“万物各得其和以生，各得其养以成，不见事而见其功，夫谓之神。”意思是说，万物因为各自需要的和谐之气而生存，因为各自需要的滋养而成长，虽然看不见它们如何工作，却看见了它们的成绩，这就是“神”。董仲舒则更进一步，他把“和合”提到天地生成的本能，万物生成发展的机制，并首次把“和”与“德”联系起来。他说，“和者天地之所生成也”，因而“德莫大于和”。这种“和合”思想对于处理当今的人与自然关系，促进可持续发展具有重大意义。

（五）尊重生命的生态伦理思想

中国传统尊重生命的生态伦理思想在儒道佛各学说中都有所体现。儒家提出“仁爱万物”的生态伦理原则，既讲人际道德，亦讲生态道德。孟子根据“人皆有不忍人之心”的性善论，通过“仁者以其所爱及其所不爱”的逻辑推理方法，提出“君子之于物也，爱之而弗仁；于民也，仁之而弗亲。亲亲而仁民，仁民而爱物。”孟子认为道德系统是由“爱物”的生态道德原则和“亲亲”“仁民”的人际道德构成，这是一种借由人际道德扩展到生态道德的依序上升的道德关系。《易传》进一步发挥了孟子的“爱物”思想，提出“厚德载物”命题。孔子在《礼记祭义》中教导弟子说：“断一木，杀一兽，不以其时，非孝也。”董仲舒则认为“质于爱民，以下至鸟兽虫鱼莫不爱。不爱，奚足以谓仁?”《吕氏春秋》从“本生”“全生”“重生”到“尊生”提出“圣人之虑天下莫贵于生”的思想。佛教依据“一切众生悉有佛性”，众生皆可成佛，因而制定“不杀生”的戒律，要求佛教徒“普度众生”“拯救众生”。佛教由“以法为本”，提出“依正不二”原理，认为生命主体与环境是不可分割的整体。

（六）可持续发展的思想与实践

对于可持续发展，中国古代思想家也有精辟而深刻的论述。第一，《周易》“大”与“久”统一，是发展与持续性的统一，人类事业追求发展，即“大”。《周易·大壮卦》曰：“大壮，大者壮也。刚以动，固壮。大壮利贞；大者正也。正大而天地之情可见矣。”发展是大，是正，就是正大，正大是天地之法则，是天地之情，但是只有“久”才能坚持发展。“象曰：恒，久也。刚上而柔下，雷风相与，巽而动，刚柔皆应，恒。”有恒才，有成，利贞；恒久，坚持不已，无往不利；这是圣人之正道，是天地万物之情。如何方能实现“久”与“大”的统一，从而见“天地万物之情”，《周易》认为：“九二贞吉，以中也。”“中正以通，天地节而四时成，节以制度，不伤财，不害民。”也就是说，只有节制，具备中正的德性才能久；圣贤要效法天地，建立制度，以节制人的无穷欲望，才不会造成伤害。因此“大”与“久”既是圣人之业，又是圣人之德。“可久则贤人之德，可大则贤人之业。”保持久，持续发展，这是有才能的人的智慧；不断壮大，持续发展，这是有才能的人的事业。我们追求的可持续发展是“大”与“久”的统一。这是人类社会持续发展的总纲领。第二，古代“阴阳学说”，强调阴阳消长的持续发展。“阴阳”是中国古代最基本的哲学概念。“阴阳者，天地之道也，万物之纲纪，变化之父母，生杀之本始，神明之府也。”《周易》用阴阳变化说明世界的一切现象。它认为，万物都有阴阳，阴阳相互作用，相互转化“一阴一阳之谓道”，阴阳交互是“天”之道，阴阳互补又是一种持续稳定的状态。“阴阳消长”反映了世界物质运动的基本规律，揭示了物质循环运动规律的本质，只有通过阴阳消长的循环，世界才生生不息。古代哲人认为，“复”是亨通，是自然之道，“反者道之动”。循环运动是世界事物运动的基本规律，任何事物的变化都遵循循环的形式，没有循环，就不可能有无限性，不可能有持续发展。

中国古代不仅有丰富的可持续发展思想，而且有宝贵的持续发展实践。第一，重视自然循环的有机农业实践。“上因天时，下尽地财，中用人力。是以群生遂长，五谷蕃殖。教民养六畜，以时种树，务修田畴，滋植桑麻，肥晓高下，各因其宜。”这样逐渐形成有机农业的特色，发展了重视自然循环的有机农业传统。第二，“地为政本”“每土有常”，因而要“审其土地之宜”，做到“地尽其利”。土地资源可持续开发利用的实践，发明了“桑基渔塘”和“修筑梯田”等农业生产方式。第三，重视保护生态资源。赵杏根将先秦儒家保护生态资源方面的思想归纳为“取用有度，取用有时，取用有法”，大致包括以下几方面内容：不大规模地获取动植物；不获取还没有生长足够成熟的动物和没有成材的树木等；不能在动植物的孕育、繁殖和生长期间获取动植物；在获取动植物时，应考虑到保护其使用价值，避免其价值遭到损害，以最大限度地利用其价值；在获取动植物或进行其他活动时，不对动植物资源和环境造成危害。

早在先秦时代，就设立了负责生态事务的专门机构和工作人员，主要职责大致如下：（1）按照时令开放或者禁止田猎采伐等。例如，对山林而言，“仲冬斩阳木，仲夏斩阴木。凡服耜，斩季材，以时入之。令万民时斩材，有期日。凡邦工入山林而抡材，不禁。春秋之斩木不入禁。凡窃木者有刑罚”。川衡则“掌巡川泽之禁令，而平其守，以时舍其守。犯禁者执而诛伐之”。（2）禁止不当的田猎采伐方式。例如，掌管禽兽的迹人，“凡田猎者受令焉，禁卵者，与其毒矢射者”。刘向《说苑》卷十三《权谋》中，记春秋时雍季语云：“焚林而田，得兽虽多，而明年无复也；干泽而渔，得鱼虽多，而明年无复也。”

二、马克思恩格斯的生态哲学思想

马克思恩格斯毕生都在关注和思考人类的前途和命运问题。尽管在他们生活的19世纪，环境问题还远没有像今天这样突出，但他们极其敏锐地预见到了资本主义的发展将带来严重的生态环境问题，并将其看作是人类面对的两大基本问题之一（“我们这个世界面临的两大变革，即人同自然的和解以及人同本身的和解。”①）。虽然当时他们并没有直接使用“生态文明”这样的概念，但是，他们的许多著作中包含着深刻的生态哲学思想。可以说，马克思恩格斯的生态哲学思想在很大程度上已经超越了时代的局限，提供了许多重要的原则，对于启发当代人类解决生态危机、建设生态文明的思路具有重大的指导意义。

（一）人与自然的辩证关系

人与自然的关系问题是生态哲学的基本问题。辩证地看待人与自然之间的关系是马克思恩格斯生态哲学思想的核心理念和逻辑起点。

马克思认为，人的自然属性与社会属性是统一于社会的，他将自然—人—社会看作一个统一的系统，从社会基本矛盾运动中去把握自然环境问题，克服了旧唯物主义将自然、人、社会割裂开来的弊端。② 我们从中可以认识到，人与自然的矛盾是和人与人的矛盾紧密联系、相互制约、相互促进的，不能抛开社会关系来认识和解决人与自然的关系。

马克思提出了实践唯物主义的“人化自然观”。他认为，人类与自然界关系的形成与发展的过程，就是人的自然化过程，也是自然的人化过程。人的自然化就是人对自然的适应，也是人类在改造自然过程中自身进化的过程；自然的人化则是人类通过劳动实践对自然的改造，使之适应人的过程。自然界只是提供了人类生存发展的可能性，但要使这种可能性变为现实，则需要人类通过生产实践去改造自然。

马克思认为把世界区分为自然界和人类社会只有相对的意义，而人和自然之间的相互联系和相互作用比他们之间的相互区别更为重要。马克思的自

---

① 马克思恩格斯全集：第1卷［M］. 北京：人民出版社，1972：603.

② 参见马克思恩格斯全集：第42卷［M］. 北京：人民出版社，1979：95.

然观更强调的是人类活动对自然的影响，即从人类产生以来，自然界不是原来纯粹意义上的自然界，而是“人化的自然”。总之，正如马克思强调的，我们要“认识到自身和自然界的一体性”①，即人类不是自然的主人，人的价值的体现并不在征服自然的过程中，人与自然是相辅相成的关系。

马克思和恩格斯认为，人类应在尊重自然规律的基础上能动地改造自然。在分析出现环境问题的原因时，恩格斯指出：人们只看到“在取得劳动的最近的、最直接的有益效果”，却忽视了“那些只是在以后才显现出来的，由于逐渐地重复和积累才发生作用的进一步结果”②。因此，要正确处理人与自然的关系，人类的活动就必须尊重自然规律，不能超出自然环境所允许的限度，否则就会如马克思所说：“不以伟大的自然规律为依据的人类计划，只会带来灾难”③。恩格斯也告诫我们“不要过分陶醉于我们人类对自然的胜利。对于每一次这样的胜利，自然界都报复了我们。每一次胜利，在第一步确实都取得了我们预期的结果，但是在第二步和第三步却有了完全不同的、出乎预料的影响，常常把第一个结果又取消了。”④

马克思还提出了“物质变换”概念，他说：“劳动首先是在人与自然之间的过程，是人以自身的活动来引起、调整和控制人和自然之间的物质变换的过程。”⑤ 这种人与自然之间的物质变换，包括人类从自然界获取资源，然后把它加工成人类所需要的新的形态（也就是产品）的过程，也包括将产品生产过程中产生的废物，以及产品使用消费之后的残骸释放到大自然之中的过程。此外，在《资本论》中，马克思还高度敏锐地洞察到资本主义生产对“任何自然之间物质变换”及对“自然”的扰乱和破坏。他说：“资本主义生产使它汇聚在各大中心的城市人口越来越占优势，这样一来，它一方面聚集着社会的历史动力，另一方面破坏着人和土地之间的物质变换，也就是使人以衣食形式消费掉的土地的组成部分不能回到土地，从而破坏土地持久肥力的永恒的自然条件”。⑥ 在这里，马克思是把劳动作为引起人与自然之间物质变换的东西来理解和把握的。而近代工业文明所带来的生态危机是建立于

① 马克思恩格斯选集：第 4 卷［M］. 北京：人民出版社，1995：384.
② 马克思恩格斯选集：第 3 卷［M］. 北京：人民出版社，1972：519.
③ 马克思恩格斯全集：第 31 卷［M］. 北京：人民出版社，1972：251.
④ 马克思恩格斯选集：第 3 卷［M］. 北京：人民出版社，1972：517.
⑤ 马克思恩格斯全集：第 23 卷［M］. 北京：人民出版社，1972：201.
⑥ 马克思恩格斯全集：第 23 卷［M］. 北京：人民出版社，1972：57.

“对自然可无限索取”信念之上的传统劳动模式。因此，马克思认为，资本主义生产对“自然”的扰乱，必然酿成生态与社会的双重危机，我们必须把人与自然的物质变换置于“合理地调节”“共同控制”的基础上。

人与自然之间的物质变换，既应该考虑到自然本身的进化后果，也要重视其社会历史制约性。恩格斯曾深刻地总结了人类起源和发展过程中改造自然的经验教训，强调了自觉地、有计划地、合理地开发自然和进行生态控制的重要性。人类改造自然的社会历史制约性，表现为特定历史阶段上社会关系的性质，特别集中地表现在人与自然联系的基础的生产方式上。马克思认为由于资本主义私有制的存在，在资本主义社会里，物质生产和经济活动的一切动力，无非是为了获取利润，不可能形成人—社会—自然的良性循环系统。人对自然的破坏性开采，破坏了自然界动态平衡、自我净化的调节功能，因此，要对生产的长远的自然后果和社会影响进行有利于人类的调节，“这还需要对我们所有的生产方式，以及和这种生产方式连在一起的我们的整个社会制度实行完全的变革。”① 马克思为从根本上解决人与自然的矛盾指明了方向。建立人—社会—自然协调发展系统，是人类从必然王国走向自由王国的重要任务，是走向生态文明的前提条件。

马克思主义的“物质变换”理论，深刻揭示了人类与自然界之间的本质关系，人与自然之间的一切矛盾，都是在这一过程中不断显现、发展和解决的。人与自然之间“物质变换”的程度与规模，随着科技进步和生产力的发展越来越大，随着实践的推移积累越来越多，一旦超出自然界所承受的限度，就会造成环境问题。环境问题的实质就是，人类对自然资源的不合理开发利用和浪费。可以说，哪里有不合理使用和浪费资源的问题存在，哪里就有环境问题的存在。

此外，马克思在其被世人低估的《伦敦笔记》中首次使用了“新陈代谢”这个概念，在《政治经济学批判大纲》和《资本论》中则更加详细地加以说明。马克思使用“新陈代谢”概念来研究人与自然之间的辩证关系，洞察到资本主义制度必然会导致人和自然物质变换的断裂，进而引发生态危机。马克思将资本主义的生产矛盾作为自然和社会的新陈代谢的全球性失调加以研究，提出将有意识地、可持续地控制人类与自然之间的新陈代谢关系作为社会主义的基本任务。新陈代谢理论强调抑制资本的异化力量并改变人类与

---

① 马克思恩格斯全集：第46卷（上）[M]．北京：人民出版社，1979：160.

自然之间的关系，以确保社会新陈代谢更加具有可持续的战略重要性。

（二）生态生产力与生态关系的辩证关系

按照马克思辩证唯物主义的辩证观，生态生产力与生态关系是一种辩证关系，生态生产力决定生态关系，生态关系反作用于生态生产力，二者的具体关系主要表现在以下几个方面：

1. 生态生产力属于物质生产力中的高级形态

基于马克思的辩证观，必须大力促进生态生产力的发展，这也是作为马克思主义政党的中国共产党领导下的中国进行生态文明建设的理论逻辑。马克思对于生态环境就是生产力有过多次论述，他指出："人们不能自由选择自己的生产力——这是他们的全部历史的基础，因为任何生产力都是一种既得的力量，是以往的活动的产物"。[①] 生产力是人们应用能力的结果，但是这种能力本身取决于人们所处的条件，取决于先前已经获得的生产力，取决于在他们以前已经存在、不是由他们创立而是由前一代人创立的社会形式。后来的每一代人都得到前一代人已经取得的生产力并当作原料来为自己新的生产服务，由于这一简单的事实，就形成人们的历史中的联系，就形成人类的历史，这个历史随着人们的生产力以及人们的社会关系的愈益发展而愈益成为人类的历史。可见，生态生产力是人类社会物质生产力发展到一定阶段的产物。

2. 生态文明建设的成效取决于生态生产力的发展情况

马克思和恩格斯指出："人们在自己生活的社会生产中发生一定的、必然的、不以他们的意志为转移的关系，即同他们的物质生产力的一定发展阶段相适合的生产关系。这些生产关系的总和构成社会的经济结构，即有法律的和政治的上层建筑竖立其上并有一定的社会意识形式与之相适应的现实基础。"[②]

3. 生态关系反作用于生态生产力

马克思和恩格斯指出："社会化的人，联合起来的生产者，将合理地调节他们和自然之间的物质变换，把它置于他们的共同控制之下，而不让它作为一种盲目的力量来统治自己；靠消耗最小的力量，在最无愧于和最适合于

---

① 马克思恩格斯选集：第 27 卷［M］. 北京：人民出版社，1972：477.

② 马克思恩格斯选集：第 2 卷［M］. 北京：人民出版社，1972：82.

他们的人类本性的条件下来进行这种物质变换。”① 根据马克思和恩格斯的相关论述可知，构建一种有益于促进生态生产力发展的生态关系至关重要。

中国共产党领导下的生态文明建设，尤其是党的十八大以来的生态文明建设，就是一条坚持“改善生态环境就是发展生产力”的生态文明发展道路。习近平生态文明思想正是坚持这一理论逻辑，在实践中正确处理生态生产力与生态关系之间的关系，树立人与自然和谐发展的可持续发展观，通过不断地改善和治理生态环境，促进生态生产力的发展，实现经济高质量发展。

（三）循环经济思想

马克思和恩格斯在分析资本主义生产方式的过程中，揭示了资本主义生产方式的不可持续性，提出了废物再利用的循环经济思想，这些思想与今天的主流循环经济思想具有惊人的一致性，体现了马克思主义循环经济思想的深刻性与预见性。传统的工业生产完全是线性生产，即从自然系统中开采资源，然后加工制成产品，经过消费之后变成工业垃圾，最终排放到环境当中去。这种方式对资源的浪费和环境的污染是不可避免的。马克思则用一种循环经济的思想否定了线性生产模式。马克思提出了通过对工业废弃物的回收和再利用的方法，促进废物资源化，使废弃物最大限度地变成资源，进而将其再度投入生产过程之中，变废为宝，化害为利，实现废弃物的最小排放，达到节约资源、保护环境的目的。在马克思和恩格斯看来，造成环境污染的一个重要污染源就是废弃物——包括生产排泄物和消费排泄物。但是，这些“所谓的废料，几乎在每一个产业中都起着重要作用”②“即所谓的生产废料再转化为同一个产业部门或另一个产业部门的新的生产要素；正是这样一个过程，通过这个过程，这种所谓的排泄物就再回到生产从而消费（生产消费或个人消费）的循环中”。③ 马克思认为，通过自然科学的新发现，来深刻认识废弃物中有用的成分与属性，进而开发其不为人知的使用价值，使废料可以再利用。通过先进的回收技术、再利用技术对废弃物进行再加工，使得原本作为废弃物的各种生产中产生的废料，以一种新的形式被再次投入到生产中。同时，马克思恩格斯还指出，我们除了要利用新工艺进行废物再利用以外，还要利用新工艺、新技术尽量减少生产过程中产生的废物，进而减少污染。

---

① 马克思恩格斯全集：第25卷［M］. 北京：人民出版社，1974：926－927.

② 马克思恩格斯全集：第25卷［M］. 北京：人民出版社，1974：117.

③ 马克思恩格斯全集：第25卷［M］. 北京：人民出版社，1974：95.

三、西方生态思潮

了解西方生态思潮的发展，以一种开放包容的文化视野，博彩西方世界的有益生态思想，将有利于更好地推进我国的生态文明建设事业。

（一）西方生态思潮发展历程

第一阶段：19世纪下半叶至20世纪初——西方生态思潮的孕育阶段。19世纪下半叶至20世纪初，随着现代工业的蓬勃发展，西方国家的生态环境遭到严重破坏，工业城市出现严重的空气污染和水污染事件。一些有远见的西方学者开始重新审视人与自然的关系，对200多年来在西方占统治地位的人类中心主义伦理思想提出了质疑，纷纷著书立说，要求尊重大自然的权利，要求关怀动植物，要求保护环境，呼吁建立正确的生态伦理道德。这就诞生了最初的生态伦理学著作，如美国学者H. D. 梭罗的《瓦尔登湖》（1854）、G. P. 马什的《人与自然》（1864）、英国学者达尔文的《物种起源》（1859）和《人类的起源》（1892）、英国学者塞尔特的《动物权利与社会进步》（1892）、美国学者F. 哈尔西的《回归自然》（1902）、美国学者贾·詹姆斯的《人与自然：冲突的道德等效》等。在这一阶段，许多思想家从伦理学的视角对人与自然关系作了多角度的阐述。在这些著作中已经开始出现了人类中心主义生态伦理学和自然中心主义伦理学的理论分野，但其基调仍是人类中心主义，内容较简单。

第二阶段：20世纪初至20世纪中叶——西方生态思潮的创立阶段。这一时期先后发生了两次世界大战，不仅严重破坏了许多国家的经济体系，也直接或间接地严重破坏了有关地区的自然生态环境，同时也加剧了帝国主义国家对自然资源的掠夺式开发。由此重新唤起了人们的生态环境意识，许多学者进一步审视人与自然的关系，在更高层次上要求把环境问题和社会问题联系起来，提出创立生态伦理学的任务，并创作了一系列生态伦理学著作。如法国学者A. 施韦兹的《文明的哲学：文化与伦理学》（1923）、《敬畏生命：50年来的基本论述》（1963）、美国学者福格特的《生存之路》（1948）、美国学者A. 莱奥波尔德的《自然保护伦理学》（1933）和《沙乡年鉴》（1949）等著作。这些著作中，人们抨击了人类中心主义，主张自然中心主义。施韦兹认为传统伦理学对于“善”的理解过于狭隘，应加以扩展，自然万物间的生命是平等的，应当创立新伦理学——尊重生命的伦理学。莱奥波尔德认为，新伦理学要求改变两个决定性的概念和规范：一是意识伦理学正当行为的概念必须扩大到对自然界本身的关心，从而协调人与大地的关系。二是道德上的“权利”概念应当扩大到自然界的实体和过程，并赋予它们永续存在的权利。A. 莱奥波尔德的《大地伦理学》第一次系统地阐述了自然中心主义的生态伦理学，被誉为自然中心主义生态伦理学的创始人。

第三阶段：20 世纪中叶以来——西方生态思潮的发展阶段。全球在现代性价值目标的推动下，世界各国相继走上工业化道路，农业机械化和化工产品的大量运用以及城市化的迅猛发展，全球的生态环境危机日益严重和日益普遍。这促使越来越多的人们对传统的经济发展模式提出质疑，深入反思人与自然的关系，检讨人类对待自然的态度和行为，从经济技术层面深入到文化观念和价值层面。这一时期生态思想向实际应用扩展。具有代表性的著作有：美国学者 P. 卡逊的《寂静的春天》（1962）、澳大利亚学者 P. 辛格的《动物解放：我们对待动物的一种新伦理学》（1975）、罗尔斯顿的《哲学走向荒野》（1986）、罗马俱乐部的《增长的极限》等。其主要理论探索围绕以下两个问题展开：一是生态伦理学的基础或根据是人类的利益还是大自然的“利益”，自然是否具有独立于人类利益的“内在价值”及“权利”。二是道德界限应当划在哪里或者说，大自然中哪些事物应当被包括进道德共同体中。其中卡逊的《寂静的春天》影响深远，意义重大，正是卡逊这个人和《寂静的春天》这本书，拉开了现代环境运动的序幕，引发了整个现代群众性的环境保护运动，对此后的生态思想产生了深远的影响。在这一时期的思想发展中，一个值得瞩目的成果就是学者们提出了将发展思想和生态伦理思想相结合，提出了可持续发展的思想。1972 年美国罗马俱乐部《增长的极限》的出版，对人类社会不断追求增长的发展模式提出了质疑和警告，促使人们对传统片面追求经济增长模式进行深刻反思。《增长的极限》中所阐述的“合理的、持久的均衡发展”，为可持续发展思想的产生奠定了基础。

（二）当代西方生态思潮

深层生态学（deep ecology）和社会生态学（social ecology）是 20 世纪中后期伴随现代环境运动和对生态危机反思而产生的两种绿色思潮，在当今西方世界最具影响力。

1. 深层生态学

“深层生态学”是由挪威哲学家阿恩·奈斯在1972年9月召开的世界未来研究大会上首先提出，并于1973年在其论文《浅层与深层：长序的生态运动》中正式阐述，指出深层生态学之所以是“深层”的，在于相对于浅层生态运动只关注污染和资源耗竭等表面现象而言，深层生态运动则要探究生态问题的思想根源，追问价值观等深层次问题。深层生态学将全球生物圈的一切存在物看成为有着内在的深层关联并具有自身的存在价值，通过深度反思并追问现代工业社会在人与自然关系上的种种失误及其背后的深层根源，寻求人类社会生活的真正价值以及现代生态型生活方式的合理构建，最终目标是包括人类共同体与大地共同体在内的生态自我实现。深层生态学将生态学发展到哲学与伦理学领域，并提出生态自我、生态平等与生态共生等重要生态哲学理念，在国际上引起了普遍关注。1985年，美国生态哲学家德韦尔和塞欣斯出版的《深层生态学：重要的自然仿佛具有生命》一书成为深层生态学理论形成的标志，该书对深层生态学进行了整合、扩充和宣传，深层生态学形成了较完整的理论体系。今天，深层生态学不仅是西方众多环境伦理学思潮中一种最令人瞩目的新思想，而且已成为当代西方环境运动中起先导作用的环境价值理念。

这里依照从具体到抽象以及从理论到实践的路线，将深层生态学思想分为通俗化、哲学化和实践化三种形态。其中，通俗化的深层生态学构建了聚集平台，哲学化的深层生态学提供了思想体系，实践化的深层生态学则为生态实践指明行动原则。

（1）通俗化的深层生态学。通俗化的深层生态学指深层生态学能被大众接受的通俗观点，强调深层生态学将有深层生态意识的人们联合到一起的功能，即“深层生态学平台”。正如奈斯所言，深层生态运动为拥有不同价值观和目标的人找到了一个共同交流的平台。为此，奈斯和塞欣斯共同起草了一份指导深层生态运动的行动纲领，该纲领通俗且没有宗教和哲学立场，更便于公众对深层生态学理解，由此也奠定了培养公众深层生态意识的基础。深层生态学彰显着环境哲学的应用价值转向，大众参与者或许无法用专业生态哲学语言表达自己的价值观，但他们可以用自身所擅长的形式（如诗词、绘画）来表达。因此，用“运动”而不用“哲学”一词，以保证参与度的最大化。显然，相比其他环境哲学，深层生态学更注重用通俗的方式让大众接受深层生态学的理论，并引导他们付诸行动。

（2）哲学化的深层生态学。深层生态主义者意识到，如果想让深层生态学树立学术地位，需要在哲学层面进行建构，于是奈斯结合哲学思考与现实生活，引入斯宾诺莎和甘地的理论，建立起“生态智慧T”的生态哲学。“生态智慧T”是研究生态平衡与生态和谐的一种哲学，它包含了标准、规则、推论、价值优先的说明以及关于我们宇宙的事物状态的假设，其核心思想主要包括自我实现论和生态中心主义平等思想，也是深层生态学的两个最高原则。

“自我实现”是奈斯整个深层生态学理论的出发点和终极目标。奈斯对传统的“自我”进行改造，将之扩展和深化为形而上学的“生态自我”，并以“自我实现”为起点，通过直觉、深层追问和演绎等方法构筑起其生态学理论体系。奈斯不仅论证了自我实现在其生态学理论中的核心地位，而且通过认同范式论证了自我实现何以可能。奈斯的“自我实现”概念主要来自甘地的思想，这里的“自我”超越了人类社会范畴的自我意识，人类社会范畴的自我意识被定义为一种不断满足个人需求的自我，被奈斯称为“小我”——由个人主导的自我让我们难以与自然界其他物种和谐共处。那么，人们如何才能实现从“小我”到“大我”的转换？奈斯认为，需要以下两个阶段：第一阶段从本我到社会的自我；第二阶段从社会的自我到形而上学的自我（生态自我），在奈斯看来，形而上学的自我必定是在人类共同体与自然共同体的关系中实现。深层生态学的自我实现包含以下内容：第一，自我实现是不断实现自我潜能的过程。相比追求享乐的愉悦感，自我实现依赖的是自我潜能的实现，而自我潜能体现在是否能缓解人类及其他物种的痛苦。通过这一过程，人们将会认识到：人只是整体的一部分，而人性得以展现取决于和其他生物的联系。第二，自我实现需要拓展生态多样性。深层生态学认为物种间是相互依存的关系和相互作用的，自然的整体性和稳定性需要多样性来维持，人处于自然之中，生态系统的多样性决定个人的生活质量，可以说，人类的自我实现是以其他物种的自我实现为前提，因而禁止人类掠夺与征服自然。

生态中心主义平等是深层生态学在哲学领域倡导的第二个最高原则，生态中心主义认为生态系统中一切存在物都作为整体的一部分而存在，他们没有等级差别，都处于平等的地位，并拥有相同的内在价值，所有物种都有生存与发展的平等权利，都能在较宽广的范围内自我实现。当人与自然的关系，从“我和它”慢慢走到了“我和你”，人被视为整个系统平等的一员。尽管环境伦理学家认为，生态中心主义平等观具有鲜明的“生物中心主义”或“反人类中心论”的倾向，但深层生态主义者依然坚持认为平等主义强调的并非绝对平等而是具有相同的权力，即所有物种都有同样的内在价值，并且允许对物种的道德重要性进行排序。生态中心主义平等这一原则要求我们应以对其他物种和地球产生最小的而不是最大的影响的方式来生活。为此，深层生态学提出“手段简单，目的丰富”这一口号，呼吁通过改变生活方式寻求自我实现。

（3）实践化的深层生态学。深层生态学家认为将深层生态学理念转变成生态实践的指导思想才是深层生态学的终极目的。培养现代人的生态意识是实现从深层生态理论向深层生态实践转变的第一步，通过体验生态和感知自然意识到人是融入自然中的，从而实现从“小我”到“大我”转变。

深层生态意识需要通过不断追问、思考和寻求答案来获取。奈斯认为，工业社会中的人通过经验和直觉获得了一种浅层生态意识，他们认为保护环境是专家和政府的责任，从践行深层生态学理论角度来看，这种浅层生态意识无法解决生态危机的根本问题，如果要走向更深一层的生态意识，需要不断在实践中深层追问、发现潜能，从而达到一种深刻的自觉。深层生态意识有助于人们自觉地放弃高标准的物质生活，选择满足人与自然和谐相处的生活方式。深层生态学的生活方式虽然没有一组形式化的固定标准，但它包含具体的行动，而这些行动准则通俗易懂，人人都可身体力行。

深层生态学为我们提供了一种新的范式，一种后现代世界观，即生态世界观。引发了人们对人与自然作重新审视并加以思考，引起了人们价值观念、思维方式、生产生活方式的巨大变革，它的一些思想富有合理性和启迪意义。更重要的是，它为可持续发展提供了理论支持。但其基础毕竟是“自我直觉与经验”，因而在理论的认知层面具有明显的局限性。诚然，深层生态学是随着人类社会实践的成熟而不断发展完善的理论，任何对其赞成、反对、质疑与批评都在客观上扩大了其影响力并日益为人们所认知，随着对其“拷问”与“质疑”的不断深入，将敦促其从更为深层次上“反思自己”，走向更加成熟。我们应当辩证地扬弃其各种学术观点及其理论主张，以便对人与自然之间的关系做出更为妥善和更为合乎各种利益需要的协调处理。

2. 社会生态学

社会生态学是20世纪60年代在西方形成和发展起来的探讨环境问题的交叉学科，它涉及哲学、社会学、生态学、经济学、政治学、法学等广泛领域。美国著名社会生态学家、社会生态学研究所创始人默里·布克钦在《什么是社会生态学?》(2008)一文中指出:“社会生态学之所以被称为‘社会的’,是因为它认识到一个经常被忽视的事实,即目前几乎我们所有的生态问题都是由于根深蒂固的社会问题而产生的。事实上,如果不彻底地处理社会内部的问题,我们就不可能清楚地理解目前的生态问题,更不可能解决生态问题。”

大多数社会生态学家是在“人—社会—自然”层面上探讨当代环境问题,达到了世界观、价值观和方法论的哲学高度。马尔科维奇在《社会生态学》(2016)一书中指出:“任何社会制度都必须与自然相适应,必须让利用自然的手段和方式方法以及生产都适应自然条件,它必须使自己的种群和生活方式都适应这些条件。”马尔科维奇认为,现代工业事实上是产生生态问题的主要根源,它的趋势是反生态的。而现代工业社会把自己的发展建立在滥用自然资源上,我们所盲目追随的现代工业社会的破坏性也正在于此。因而,人类应当重新审视造成环境危机的社会政策,考虑人类对生态圈负有的责任。所以,社会生态学不仅要研究周围环境对人类的影响,而且也要研究人类本身对自然界的影响,不仅要从掌握大自然,而且也要从“保护大自然的立场出发”。马尔科维奇指出,关于从保护大自然生态平衡的观点看,更准确地说,是从保护大自然再生产的观点看,它必须有助于我们找到什么是‘好的’自然和什么是‘好的’社会这个问题的答案。综上所述,我们可以给社会生态学下一个简单的定义:社会生态学是当代环境哲学的一个分支,它是探讨社会和自然的本质关系,研究人类社会经济、政治和文化机制如何与自然生态环境相协调的科学。

社会生态学认为,不应当简单地把环境问题归咎于科学技术的发展或人口的增长,产生环境问题的根本原因是社会经济、政治和文化机制的“反生态化”。现在的市场经济社会是按照“要么增长,要么死亡”这一残酷的竞争规则建构起来的。它是一种非人性的自动运行机制。正是在资本主义市场经济机制的盲目作用下,为获取利润的商品交换、工业扩张、利益竞争,造成了土地沙漠化,良田被混凝土覆盖,空气和水源受到污染,以及由此产生资源枯竭、全球气候恶化。因此,我们不能不重视等级和阶级社会对自然界造成的冲击力。相对于只关心私人生活的精神形态的自我重建,经济增长、等级压迫、种族统治,以及公司、国家和官僚政治利益在形成什么样的自然界中具有更大的影响。布克钦认为,“反抗这些形式的支配力量必须通过共同的行动和大规模的社会运动。要反对造成生态危机的社会因素，而非仅仅反对个人的消费和投资方式”。社会生态学的根本价值目标是追求整个社会内部机制的生态化，“建设一个生态社会”。

社会生态学认为“生态重建与社会重建是不可分割的”。它要求创建生态共同体和使用生态技术来建立和非人类自然之间创造性的互动关系。社会生态学的根本价值目标是寻求经济制度、政治制度和精神文化观念的生态化，建设一个生态社会，从根本上制止人类生态环境的恶化，协调“第一自然”与“第二自然”的关系，实现真正“自由的自然”。社会生态学的环境保护思想给予人类走可持续发展道路一些新的启示。

（1）超越资本主义经济法则，创造生态经济。布克钦对资本主义经济制度如何依照“要么增长，要么死亡”的法则运作，最终必然愈来愈严重地损毁自然环境，造成生态灾难的现实，作了极其深刻的社会历史分析。布克钦认为，资本主义的商品生产，是完全以销售和利润为目的的生产。正如等级和阶级的社会结构获得它们自身的动力且渗透到社会的很多领域，市场也开始获得它自己的生命力：挣脱地域的限制，向辽阔的大陆拓展。商品交换主要地不再是满足适度需要的手段，同业公会对它的管理、道德和宗教对它的约束也都瘫痪了。它不仅积极鼓励技术创新以增加产品的产量，而且生产着人们的需要，在这些需要中，很多都是完全没有必要的。这极大地促进了消费和技术发展。

社会生态学中的一个关键认识是，工业发展不只是由于文化观念的变化而产生的，至少不是由于科学理性对社会的影响而产生的。它最主要的是产生于完全客观的因素，这些客观因素被市场扩张本身糅合在一起，在很大程度上游离于道德考量之外，并且不受道德感召力的影响。布克钦认为，许多用心良苦的生态学专家尽力把生态危机看作文化危机而非社会的问题，他们的努力很容易混淆人们的视线。严峻的事实是，不管一个企业家如何关心生态环境，正是市场中的生存竞争迫使他放弃任何为生态环境考虑的倾向。保持行为的生态合理性，使一个讲道德的企业家在与对手的竞争关系中处于明显的劣势，甚至可能被置于死地，特别是当对手缺乏生态意识，因而可以降低生产成本、获得更高利润以用于资本的进一步扩张时更是如此。

社会生态学并非认为强调道德和精神上的转变没有意义或没有必要，但现代资本主义在结构上是与道德无关的，因而对于道德诉求无动于衷。布克钦分析道：“现代市场的巨轮有它自己的规则。无论谁处于驾驶者的位置或谁夺取了它的手把，都不能改变它的规则。它遵循的路线不依赖于道德因素，而是依赖于智力无法控制的规律，即供求关系、要么发展要么死亡、要么兼并要么被兼并的规律。”像“公事公办”这样的格言明确地告诉我们，伦理的、宗教的、心理的、情绪的因素在生产、利润和增长这些非个人的领域完全没有位置。

社会生态学认为，一个以“要么增长，要么死亡”为基础并将其作为普遍规则的社会必然会对生态环境造成灾难性的影响。因为扩张的驱动力产生于市场竞争，所以即便目前的人口减少到当前总数的一小部分，也不会产生多大的改变。在这个范围里，因为企业家要生存就必须不断发展，所以，鼓励人们盲目消费的媒体就被动员起来：提高人们购买商品的欲望，而不考虑是否真的需要这些商品。这样，拥有两三件功能相同的工具和电子机械装置、两三部汽车，等等，在公众的头脑里就成为“绝对必要的”了，人们变得难以满足。

“软”技术产生于竞争激烈的市场，它的使用也不能改变资本主义走向毁灭性的后果。资本主义的市场经济制度不是以自身独立的力量破坏地球，它催生了一种现象，即永远扩张的市场体系。这一市场体系根植于历史上的一个最基本的社会变革：等级和阶级的精致体系变革为基于交换而非互补、互助的分配体系。资本主义经济的反生态特性，无论使用怎样的技术，都不能改变它“走向毁灭的后果”。

社会生态学主张批判和超越资本主义经济制度，创造新型的生态经济，建设社会与自然和谐发展的“生态共同体”。这种共同体将通过普遍的生态价值观念和对共同生活的责任来管理。资本主义大众社会中典型的为消费而消费在生态共同体中将不复存在。约翰·克拉克指出：“生态共同体的财富是一种真正的社会财富。这种财富通过美观的环境、有教育意义的劳动、创造性的活动、融洽的人际关系和对非人类自然的欣赏等形式来大量增长。”未来生态共同体将会是富足的。

（2）超越传统等级制权力结构，建立生态民主和生态政治。社会生态学认为，生态社会的理想图景只有在现实的政治中得到体现才有价值。它所追求建立的生态共同体组织是为了满足人类作为社会性存在的自我实现的需求、为了人和整个自然和睦相处而建立起来的。这种政治观点要求公共机构是精简的、权力分散的、无等级的、建立在直接民主政治基础上的。

在社会生态学中，“政治”不是指“政治家”的治国艺术，由这些被选举或挑选出来的代表制定政策来作为社会生活和公共事务管理的指导方针，而是指一种民主制度，包括由公民大会制定政策，受到委托和严格监督的协调者委员会进行管理，没有遵守市民大会决议的协调者很可能会被罢免。社会生态学要在生态政治的基础上，建立“生态共同体联邦”，具体地体现它的生态民主。

布克钦认为，建立生态政治和生态民主需要一个相当长的时间才能完成。“但在最终，它们能独立地从根本上消除人对人的统治，从而解决日益严重的、威胁生物圈存在的生态问题。这些彻底且显著的社会变革是极其必要的，忽视这一点就是放任我们的生态问题不断加重，以至于失去解决它们的任何契机。任何忽视生态问题对生物圈的影响的做法，任何想要个别地解决生态问题的企图，都将导致灾难的来临，都将产生一种必然的趋势——盛行于世界大部分地区的反生态社会盲目地冲击生物圈，最终不可避免地带来大毁灭的结局。”尽管社会生态学的政治改革思想带有一定的无政府主义和“乌托邦”的色彩，但它倡导一种有益保护生态平衡的“生态政治”与“生态民主”，关注社会政治运作与生物圈的生态稳定相协调的新理念，能给我们带来一些建设性的启示。

(3) 认识人类活动的本质，促进科技生态化。社会生态学认为，富有生命力的大自然和人本身的和谐关系，乃是人类和社会发展的一切进步形式的真正具有普遍历史意义的基础。恢复和发展原初就有的、本质上的生态和谐，发展人的潜能，是科学技术和一切人类知识的伟大使命。

马尔科维奇提出：“人必须依靠大自然的力量自己建造智力圈。”他认为，“大自然在为有生命的机体——地球生物圈建成一个家以后，已经完成了自己的历史使命。它现在只能在人类认识、尊重和利用自然规律方面帮助人类。”人类的这种前景和全新的使命标志着整个生态关系史的重大转折，它应当贯穿一切思想，贯穿科学技术生态化的过程。社会生态学是一门必须保持科学技术正面特点的科学。它要利用客观的世界科学知识，达到一种广泛的知识层次，这一层次的科学负有的使命是使当前灾难性的生态关系能协调一致地成为相互抱有善意的一种联系。这种联系将产生两个亚系统——社会和生物圈在生态圈范围内的自我发展和相互发展，并由社会将生态圈逐步转变为智力圈。

社会生态学认为，人创造了否定自然生命形式的技术，对技术的利用导致了对生命的否定。技术和生态之间的冲突源于人本身。人作为自然界有生命的东西，从本质上说，同其他自然界的东西处在和谐关系之中。他作为技术的创造者和利用者，也创造了总体生态灾难的威胁。人正是通过其创造的工业，也创造了生态危机。现代工业社会把自己的发展建立在滥用自然资源上，我们所盲目追求的现代工业社会的破坏性也正在于此。我们必须重新审视政策。因此，“必须用生态收益原则，即力求维护保障地球上人类生存的生态平衡原则，来取代利润利益率原则。”这个原则决定着科学技术必须走向生态化过程的本质特点。

社会生态学认为，包括科学技术在内的人的知识与生态圈的和谐，是其品质体系的和谐，也是其整个社会生态关系的和谐，是通往消除灾难和过渡到崭新的、具有个性的、合于生态平衡的、具有创造性进步水平的途径。对生物圈进行调控是科学的新职能，它可以把科学推上一个崭新的层次，这一层次最好名之曰：活的知识。

（4）以自我超越的伦理精神，走向“自由的自然”。社会生态学向整个统治秩序本身挑战，试图推翻决定着非人类自然和人类自然之间关系的等级和阶级体系。同时，它试图通过深入社会结构的层面，找到诸如“统治自然”思想的主观原因，通过转变人们的思想价值观念来矫正人类社会对自然界的生态破坏。它认为，建设一个生态社会，需要建立一种人类在自然界中的责任感，发扬“补偿伦理”精神，促进社会（即第二自然）与自然（即第一自然）良性互动，互为补益，走向“自由的自然”。

克拉克认为，人类在自然中的责任产生于它和整个生态体系密不可分的内在联系，产生于它特有的品质，即它是迄今为止在地球上自我实现的进化中出现的得到最充分发展的部分。我们要通过自我发展来遵从于自然的进化。承担我们作为“被赋予自我意识的自然”所意味的责任，我们就能够扭转当前的反进化和生物灭绝趋势，就能够投身于大自然和社会的进化过程中去。

布克钦为社会生态学提出了一种以“补偿伦理”作为核心道德的价值理念。这种“补偿伦理”要求人类在延续生物圈的完整性中发挥支柱作用，因为人类至少在潜能上是自然进化中最具意识的产物。在进化过程中发挥创造力，这确实是人类的道德责任。他说：“社会学强调，具体的社会制度必须包含补偿伦理，并赋予其整体性目标和人类责任——作为有意识、有道德的代理人在物种互相影响中的责任。补偿伦理通过生命形式的多样性寻求进化过程的多姿多彩。”

社会生态学认识到这样一个客观事实，即生命的未来命运依赖于社会的未来。它认为，无论在第一自然还是第二自然中，进化的过程仍然在继续。布克钦指出，我们必须超越自然的进化和社会进化，吸取两者的最大优势，走向两者的结合。这一新的综合体在创造性和自我意识方面胜过第一自然和第二自然，因而是“自由的自然”。在“自由的自然”中，人类以其最大的才能，即以道德判断力，前所未有的抽象能力和卓越的交流能力干预自然的进化。

社会生态学认为，在社会与自然共同走向“自由的自然”这一历史过程中，自由社会的改造有赖于个人层面的革新。社会生态学将自我视为“理智、激情和想象”的统一体，而且是一个持续不断自我转变、自我超越的整体。自我实现的本质是在人与人、人与社会、人与整个自然界之间建立辩证统一关系。在生态社会中，人类富有诗意的想象力、人的生命、人的身躯，为和谐的生活、团体、共同体、民族的成就而联合行动、工作和建设。

社会生态学的目标是重建自我，重建人类社会，建设生态社会。尽管目前社会生态学的理论在国内外学术界充满争议，并且它的思想还在发展过程中，但它提出的应当从社会内部寻找生态危机根源的思想，自然辩证主义的自然观和历史观，主张“第二自然”与“第一自然”协调发展，建设一个生态社会的理念，无疑是有创意的，给人以启迪的。假如我们能排除长期以来习以为常的思维定势，以开放的文化视野加以审视，必能从中汲取一些有价值的思想养料。

思考题

1. 对生态文明内涵的理解，你赞成“修补论”还是“超越论”，为什么？

2. 试述生态文明“三分法”结构中，物质环境、制度/社会环境与文化价值的相互关系。

3. 马克思恩格斯生态哲学思想对今天生态文明建设有何重要启示？

第三章　中国生态文明建设的发展历程

党的十八大以来，我们加强党对生态文明建设的全面领导，把生态文明建设摆在全局工作的突出位置，全面加强生态文明建设，一体治理山水林田湖草沙，开展了一系列根本性、开创性、长远性工作，决心之大、力度之大、成效之大前所未有，生态文明建设从认识到实践都发生了历史性、转折性、全局性的变化，同时我国生态文明建设仍然面临诸多矛盾和挑战。生态环境修复和改善，是一个需要付出长期艰苦努力的过程，不可能一蹴而就，必须坚持不懈、奋发有为。

——习近平在十九届中央政治局第二十九次集体学习时的讲话

（2021 年 4 月 30 日）

新中国成立以来，我党高度重视生态文明建设，与时俱进、开拓创新，不断探索适合中国基本国情的生态文明建设道路。从“又好又快”“科学发展观”，到“新发展理念”；从“两个文明”“三位一体”“四位一体”，到“五位一体”，充分体现我党对生态文明建设规律的不断深化，使我国生态文明建设事业伴随改革开放的大潮激流勇进，取得了令世人瞩目的伟大成就，谱写了中国特色社会主义生态文明建设的华丽篇章。

第一节　中国生态文明建设的理论与实践发展脉络

一、1949～1978 年：生态文明建设初现萌芽

新中国成立后，我国便逐渐形成了生态文明建设的初步认识，以社会主义建设为导向，由此展开了对生态文明建设的初步探索，提出了植树造林美

化祖国大好河山、保护国家水土资源等一系列保护环境的理论与主张。

（一）植树造林，绿化祖国

1949 年，毛泽东提出“植树造林，绿化祖国”，号召全国人民开展大规模植树造林活动。1950 年 5 月，中央政务院发布的《关于全国林业工作的指示》提出，当前林业工作的方针，应以普遍护林为主，严格禁止一切破坏森林的行为。1952 年，林垦部“计划明年全国造林 1497000 余公顷”。1955 年，在《征询对农业十七条的意见》时，毛泽东进一步要求：“在 12 年内，基本上消灭荒地荒山，在一切宅旁、村旁、路旁、水旁，以及荒地上荒山上，即在一切可能的地方，均要按规格种起树来，实行绿化。”[①] 1958 年 11 月，毛泽东提出了“美化全中国”的宏伟构想，他主张用 18 亿亩耕地中的“1/3 种树造林”美化全中国。随后，中共中央、国务院颁布实施一系列有关植树造林与改善环境的指示、制度，加强林业资源的开发和利用、促进我国生态文明建设等方面都起到了很好的促进作用。

（二）兴修水利，治理水患

1949 年 11 月，全国各解放区水利联席会议召开并确定了新中国成立初期水利建设“防止水患，兴修水利，以达到大量发展生产之目的”的基本方针，把治理水患，兴修水利，放在恢复和发展国民经济的重要地位。1950 年 10 月，中央政务院发布相关决定，要求“发展水利”，推行“水土保持”。在党中央的号召下，全国上下掀起了水利建设的高潮，通过因地制宜制定水利建设计划，治理了存在水患的长江、黄河等江河，缓解了我国自古以来存在的水患问题，减少了百姓的损失。同时，兴修小型水利工程等举措改善了我国的农业灌溉条件，促进了农业发展，增强了人民抵御自然灾害的能力。

（三）节约资源，保持发展

生产离不开资源，经济的发展更不能抛弃对自然的保护。毛泽东主张要节约资源，善待自然界的哺育。毛泽东指出：“必须注意尽一切努力最大限度地保存一切可用的生产资料和生活资料，采取办法坚决地反对任何人对于

---

① 中共中央文献研究室，国家林业局．毛泽东论林业［M］．北京：中央文献出版社，2003：262.

生产资料和生活资料的破坏和浪费。”① 毛泽东提倡勤俭节约，艰苦朴素的良好作风，提倡不仅要在各级党员中进行，还要扩展到社会建设的方方面面；不仅在日常生活开展勤俭节约活动，还要在社会生产和基础设施建设中开展勤俭节约活动。节约资源的生态文明思想是当时“一穷二白”的经济状态下的必然选择，对当时资源极其匮乏的情况下进行社会主义建设产生了积极的意义。

（四）提倡节育，计划生育

1949 年，中华人民共和国成立后，面对人口发展即将超过社会实际承载力的最大限度的现状，建设社会主义生态文明，必须合理调节人口发展结构。这一时期我们认识到了实行计划生育、控制人口增长的必要性和紧迫性，为改革开放以后计划生育的基本国策的制定、执行打下了坚实的思想基础。

二、1979～1992 年：生态文明建设初步发展

改革开放以后，我国社会主义现代化建设的重心逐步转移到经济建设上来，在这一时期我国经济建设取得了长足进展，随之而来的是生态文明建设发展形势日益严峻。我们党立足于我国社会主义初级阶段的基本国情，将生态问题提上了社会生活的议程，并用法律、制度等加以保障，标志着党的生态文明思想发展的巨大进步。

（一）推进经济建设，构建生态文明建设

发展才是硬道理。1978 年，党的十一届三中全会的召开是我国发展重心从“以阶级斗争为纲”转向“以经济建设为重心”的重要节点。国家在将工作重心转移到经济建设的同时，也非常注重环境的保护和治理。发展社会主义经济与保护生态环境可以有机结合起来，针对经济社会发展中的资源、环境要统筹考虑。1978 年，《中共中央关于加快农业发展若干问题的决定》指出，过去我们狠抓粮食生产是对的，但是忽视和损害了经济作物、林业、畜牧业、渔业，没有注意保持生态平衡，这是一个很大的教训。针对改革开放

① 毛泽东选集：第 4 卷［M］. 北京：人民出版社，1991：1316.

初期经济粗放式增长带来的环境破坏问题，1987 年，中共十三大报告指出："在推进经济建设的同时，要大力保护和利用各种自然资源，努力开展对环境污染的综合治理，加强生态环境的保护，把经济效益、社会效益和环境效益很好地结合起来"。在这一时期，党认识到了经济发展与生态建设是可以和谐发展，相辅相成的。在谈到治理黄土高原水土流失问题时，邓小平指出："我们计划在那个地方先种草后种树，把黄土高原变成草原和牧区，就会给人们带来好处，人们就会富裕起来，生态环境也会发生很好的变化。"① 将植树种草与改善生态、脱贫致富紧密结合，通过对环境的保护，实现当地的生态效益、经济效益和社会效益的多重目标。

（二）依靠科学技术，解决生态环境问题

随着社会生产力的逐渐提升，我国已经逐渐认识到科学技术对于环境保护的重要性。我国人口众多，但资源短缺，只有依靠科技的发展才能解决我国经济发展与环境保护的矛盾问题。1983 年，他在同胡耀邦等人谈话时强调"解决农村能源，保护生态环境等等，都要靠科学。"② 利用科学技术来控制人口和提高人口素质，利用科技来解决能源和生态环境破坏日益严重的问题。1988 年，邓小平在同外宾的谈话中首次创造性地提出"科学技术是第一生产力"，强调在社会主义初级阶段科学技术在我国国民生产和生活中的重要性，要通过不断引进国外先进技术彻底改变我国环境保护的不合理现状。1991 年的"863"计划工作会上，邓小平要求中国科技界在高科技领域有所作为，高科技时代的发展的趋势和人类持续永续发展的必然出路，必须"发展高科技，实现产业化"。只有在科学技术的不断发展和人们对科学技术的正确利用下，处理好人与自然的关系，才能真正解决生态问题。

（三）加强法律建设，制定环境保护制度

法治是保障生态文明建设的关键力量，也是国家文明的集中体现。邓小平认为保护生态环境，缓解生态恶化的问题，必须要依靠法律的手段，利用法律的约束力和威信力从而起到规范和管理的作用。1978 年五届人大一次会议通过《中华人民共和国宪法》，首次提出保护环境和自然资源、防治污染等

① 邓小平年谱一九七五——一九九七（下）[M]. 北京：中央文献出版社，2004：868.

② 邓小平. 建设有中国特色的社会主义（增订本）[M]. 北京：人民出版社，1997：12.

内容，环境保护正式入宪，这为我国环境保护法制建设奠定了基础。1979年，《中华人民共和国环境保护法（试行）》正式颁布，中国的环境保护工作正式步入法制化的轨道。国务院在1984年5月通过了《关于环境保护工作的决定》，将生态环境建设上升为我国的一项基本国策。1989年七届全国人大十一次会议正式通过了《中华人民共和国环境保护法》，这是我国第一部环境保护的基本法律，对中国环境保护做出了详细的、全面的规定，以此为基础，我国又先后制定和颁布了森林法、草原法、水法、大气污染防治法等多部环境保护实体法律，目前中国有关环境保护的法律法规多达一百多部，已初步形成了我国环境保护法律体系的基本框架。

（四）控制人口增长，保持良好生态环境

建设生态文明，必须解决好人口与资源环境的问题。面对人口数量世界第一、人口对生态环境压力愈发严峻的现状，人口过多是中国的基本国情，也是中国的一个战略问题，是影响中国经济社会发展的一个重要问题。1983年中共中央文件《当前农村经济政策的若干问题》指出：要“严格控制人口增长，合理利用自然资源，保持良好的生态环境”。一方面，要限制我国人口增长过快，邓小平指出“我们要大力加强计划生育工作”。[①] 主张实行优生优育并大力发展教育。另一方面要提高人口质量。邓小平说过，“一个十亿人口的大国，教育搞上去了，人才资源的巨大优势是任何国家都比不了的。”[②] 要把教育摆在优先发展的战略地位，增加教育资金投入，提高全民受教育程度。

三、1993～2002年：生态文明建设深入推进

十三届四中全会以来，江泽民开始领导全国人民进行中国特色社会主义现代化建设。GDP作为公职人员政绩考核的主要标准，在促进我国经济迅速发展的同时，造成环境问题频发，受国内国外形式双重影响，国家对于生态环境问题的重视度进一步提升。

---

① 邓小平文选：第2卷［M］. 北京：人民出版社，1994：164.

② 邓小平文选：第3卷［M］. 北京：人民出版社，1993：120.

（一）较少污染，走可持续发展道路

20 世纪的世界经济、科技和社会发展非常迅速，取得了前所未有的成果，但是也带来了一些严重问题。许多国家特别是发展中国家由于在经济建设中不注重生态文明建设，人民因此付出惨痛代价，这个教训值得我们引以为戒。在当今社会，严重的环境污染已经威胁到人类的生产与生活，若不加以控制，势必会影响人民的身体健康和人类的社会发展。1992 年，联合国环境发展大会上通过了《里约环境与发展宣言》，并发布了《21 世纪议程》，阐明可持续发展战略思想。我国明确提出，要减少环境污染和资源消耗，走可持续发展道路。在现代化建设中，必须把实现可持续发展作为一个重大战略。要把控制人口、节约资源、保护环境放到重要位置，使人口增长与社会生产力的发展相适应，使经济建设与资源、环境相协调，实现良性循环。将可持续发展正式纳入 2010 年中长期国民经济和社会发展计划，要求把社会全面发展放在重要战略地位，大力推进经济与社会相互协调和可持续发展。这是首次在党的文件中使用“可持续发展”的概念，为之后我国走新型工业化道路提供了发展战略基础。1996 年，“九五”计划首次将可持续发展战略上升为国家基本战略，提出从计划经济体制向市场经济体制、从粗放型向集约型转变的经济发展要求，将可持续发展战略纳入中国经济和社会发展的长远规划。要把可持续发展能力作为全面建设小康社会的重要目标，实现可持续发展能力不断增强，生态环境得到改善，资源利用效率显著提高，促进人与自然的和谐，推动整个社会走上生产发展、生活富裕、生态良好的文明发展道路。

（二）节约资源，树立保护环境意识

环境意识和环境质量是衡量一个国家和民族文明程度的一个重要标志。所以加强群众社会的环境保护意识，有利于提高我国在国际社会的核心竞争力。《环境与发展十大对策》中有提到加强环境教育不仅仅能改善我们现在生存的环境，也能够提升我国的基本生产力。加倍宣传环境教育，努力提升全社会的环境保护意识是我国的一项长期教育。他认为解决生态问题需要靠经济、法律等手段，还要靠通过教育提升国民的环保意识。同时要先从干部着手，加强宣传环境教育，逐渐培养群众的主观意识，鼓励带动群众积极参与到环境保护的队伍。只有公民的认识提高了，生态意识增强了，才会自

觉投身到资源环境的保护中去。

（三）保护环境，实施西部大开发战略

江泽民指出："我国有十二多亿人口，资源相对不足，在发展中面临的人口、资源、环境压力越来越大。我们绝不能走人口增长失控、过度消耗资源、破坏生态环境的发展道路，这样的发展不仅不能持久，而且最终会给我们带来很多难以解决的难题。我们既要保持经济持续快速健康发展的良好势头，又要抓紧解决人口、资源、环境工作面临的突出问题，着眼于未来，确保实现可持续发展目标。因此，要科学地利用、改造和保护自然，为人类的生产生活创造更加良好的条件。"① 2000 年，国务院印发的《全国生态环境保护纲要》强调，"通过生态环境保护，遏制生态环境破坏……维护国家生态环境安全。"在西部大开发工作中，尤其注重生态环境建设，严重强调了开发过程的生态问题，必须做到保护为先。要坚持合理利用和节约能源的原则，把西部地区的资源优势转变为经济发展优势。要把加强生态环境保护和建设作为西部大开发的重要内容和紧迫任务，坚持预防为主，保护优先，搞好开发建设的环境监督管理，切实避免走先污染后治理、先破坏后恢复的老路。

（四）善用科技，促进环保产业发展

深刻认识到生态文明建设与科学技术的密切关系，在各种场合多次强调要利用科学技术保护生态环境，不断解决新出现的资源、人口、环境与生态矛盾。在第四次环境保护工作会议上首次提出了"保护环境的实质就是保护生产力"科学论断，经济增长与环境保护息息相关，破坏自然环境就是破坏生产力，因此自然环境的好坏和生产力的好坏是等效的。所以，转变经济增长方式才是改善环境的根本之路。在改革发展的关键时期，面临着优化经济结构、合理利用资源、保护生态环境、促进地区协调发展、提高人口素质、彻底消除贫困等一系列重大任务，完成这些任务，要求新型的、不同于以往高污染高能耗的工业化道路，都离不开科学的发展与进步。这就要求：一是研发新能源，替代污染大、消耗大的旧能源；二是改造传统工业，把对环境的污染降到最低，使经济增长方式由粗放型向集约型转变。江泽民指出，要

① 毛泽东，邓小平，江泽民．论科学发展［M］．北京：中央文献出版社，2009：119.

“运用现代科学技术，特别是以电子学为基础的信息和自动化技术改造传统工业，使这些产业的发展实现由主要依靠外延到主要依靠内涵增加的转变，建立节约、节能、节水、节地的节约型经济”。①

四、2003～2012 年：生态文明建设加快提升

党的十六大以来，以胡锦涛同志为主要代表的中国共产党人带领全国人民全面建设小康社会，我国的现代化建设进入新发展阶段。随着我国社会经济进一步发展，对自然环境的需求力度不断加大，能源消耗不断增强，这使我们与自然的关系面临新的挑战。

（一）提出科学发展观

发展是人类永恒的主题。面对生态的不断恶化，采取怎样的发展方式成为发展中亟待解决的问题。长期以来，我们将 GDP 作为衡量社会进步的标准，片面地将发展等同于经济的增长，但由此引起的生态问题也日益突出。因此，胡锦涛在 2003 年南方考察时提出以人为本，全面、协调、可持续发展的科学发展观，在十六届三中全会上被我党认可。党的十七大对“科学发展观”的内涵又作了科学界定：科学发展观的第一要义是发展，核心是以人为本，基本要求是全面协调可持续，根本方法是统筹兼顾。“科学发展观”要求建设生态文明。践行“科学发展观”要立足于扩大国内需求，保持经济持续平稳较快发展；立足于优化经济结构，提高经济发展的协调性；立足于节约资源和保护环境，提高发展的可持续性；立足于深化改革扩大开放，增强经济社会发展活力；立足于提高自主创新能力，增强经济社会发展动力；立足于保障人民群众切身利益，推进社会全面进步。在党的十七大报告中，胡锦涛首次提出了生态文明的理念，指出须切实提高经济增长的质量和效益，努力实现速度和结构、质量、效益相统一，经济发展和人口、资源、环境相协调，不断保护和增强发展的可持续性。主要任务和措施包括：坚持以经济建设为中心，保持经济持续平稳加快发展；统筹城乡协调发展，推进社会主义新农村建设；着力优化产业结构，促进产业协调发展；加强自主创新能力建设，着力提高经济增长质量；发挥各地比较优

① 江泽民．论科学技术［M］．北京：人民出版社，2001：21－22.

势，推进区域经济协调发展；积极发展循环经济，建设资源节约型社会和环境友好型社会，促进人与自然相协调；改善公共服务条件，提高人民生活水平；等等。

（二）建设“两型社会”

建设生态文明，实质上就是要建设以资源环境承载力为基础、以自然规律为准则、以可持续发展为目标的资源节约型、环境友好型社会。从当前和今后我国社会的发展趋势来看，加强能源资源节约和环境保护是相当长一段时期党领导人民进行社会主义建设的主要任务之一。2005 年 3 月，胡锦涛在中央人口资源环境工作座谈会上提出了建设资源节约型、环境友好型社会的战略目标。2006 年 3 月，在全国人大十届四次会议上审议通过的“十一五”规划纲要中，进一步强调要“建设低投入、高产出，低消耗、少排放，能循环、可持续的国民经济体系和资源节约型、环境友好型社会”，并就生态建设的一系列方面做了具体部署。把建设资源节约型与环境友好型社会放在我国工业化、现代化发展战略的突出位置，能够带动国民经济的可持续发展，为解决生态问题奠定良好基础。2010 年 10 月，党的十七届五中全会通过的“十二五”规划建议又进一步提出，树立绿色、低碳发展理念，以节能减排为重点，健全激励和约束机制，加快建设资源节约型、环境友好型社会，提高生态文明水平。

（三）明确生态文明本质

2007 年，党的十七大报告中首次提出“建设生态文明”，并将其作为“实现全面建设小康社会奋斗目标的新要求之一”，这是“生态文明”在我国政治文件中首次出现。生态文明是继物质文明、精神文明、政治文明后党提出的又一个新理念，是中国特色社会主义和中国共产党科学发展观的又一次重大理论创新。党的十六届三中全会提出的科学发展观中对“统筹人与自然和谐发展”做了全面阐述，增长不仅仅是单一的数量上的增长，更体现在质量与效益的增长。在党的十七大报告中，将这方面的认识与理念融合到生态文明，并对生态文明建设的本质做出要求：统筹人与自然和谐发展，就要高度重视资源与环境问题，处理好经济建设、人口增长与资源利用、生态环境保护的关系，增强可持续发展的能力，推动整个社会走上生产发展、生活富裕、生态良好的文明发展之路。

（四）大力发展循环经济

生态环境恶化的一个重要原因，在于不合理的经济发展方式，长期的高投入、高消耗、低产出导致了一系列的环境问题。搞好生态建设必须要促进经济增长方式的转变。2004 年，胡锦涛在江苏省考察时指出，在推进发展的过程中，要抓好资源的节约和综合利用，大力发展循环经济。次年 7 月，国务院颁布了《关于加快发展循环经济的若干意见》，提出“必须大力发展循环经济，按照‘减量化、再利用资源化’的原则，采取各种有效措施，以尽可能少的资源消耗和尽可能小的环境代价，取得最大的经济产出和最少的废物排放，实现经济、环境和社会效益相统一”，为此，要基本形成节约能源资源和保护环境的增长方式、产业结构、消费模式。风能、水能、太阳能等可再生能源比重显著上升，主要污染物排放得到有效控制，形成较大规模的循环经济，生态文明观念在全社会牢固树立，生态环境质量明显改善。

五、2013 年至今：生态文明建设全面飞跃

党的十八大以来，中国立足于中华民族的长远发展、实现人民群众的脱贫致富的战略高度上，提出很多新的观点、新的举措来实现社会全面发展和生态环境保护之间的和谐关系，开辟了人和自然和谐相处的新的篇章。

（一）人与自然和谐共生

“天地与我并生，而万物与我为一”人与自然是生命共同体。习近平总书记在党的十九大会议上指出，人与自然是生命共同体，人类必须尊重自然、顺应自然、保护自然。人类归根到底是自然的一部分，人与自然是相互依存、相互联系的整体，保护自然环境就是保护人类，建设生态文明就是造福人类。2017 年 10 月 18 日，党的十九大报告中提出新时代坚持和发展中国特色社会主义的基本方略，概括为“十四个坚持”，其中第九条是“坚持人与自然和谐共生”。自然是生命之母，人与自然是生命共同体，人类必须敬畏自然、尊重自然、顺应自然、保护自然。

（二）“绿水青山就是金山银山”

习近平总书记站在实现中华民族永续发展的战略高度，作出“绿水青山

就是金山银山”的科学论断。这是重要的发展理念，也是推进现代化建设的重大原则。我们既要绿水青山，也要金山银山。宁要绿水青山，不要金山银山。而且绿水青山就是金山银山。面向国际社会首次系统阐述了“绿水青山”与“金山银山”之间矛盾对立却又辩证统一的内在关系。首先，绿水青山有天然的生态价值，是满足人民日益增长美好生态需要的重要基础。其次，金山银山蕴含巨大的发展机遇与潜力，能够促使经济社会效益充分发挥，创造出更多的经济财富、社会财富。再次，产业是“绿水青山”实现生态价值转换到“金山银山”的重要通道。让绿水青山充分发挥经济社会效益，不是要把它破坏了，而是要把它保护得更好。关键是要树立正确的发展思路，因地制宜选择好发展产业。保护生态环境、提高生态文明水平，是转方式、调结构、上台阶的重要内容。经济要上台阶，生态文明也要上台阶。我们要下定决心，实现我们对人民的承诺。现在，许多贫困地区一说穷，就说穷在了山高沟深偏远。其实，不妨换个角度看，这些地方要想富，恰恰要在山水上做文章。要通过改革创新，让贫困地区的土地、劳动力、资产、自然风光等要素活起来，让资源变资产、资金变股金、农民变股东，让绿水青山变金山银山，带动贫困人口增收。

（三）良好生态环境是最普惠的民生福祉

良好生态环境是最公平的公共产品，是最普惠的民生福祉。近年来，在人民生活水平不断改善的基础上，人民群众对于美好生活尤其是优美生态环境的期待越来越高，环境问题日益成为重要的民生问题。发展经济是为了民生，保护生态环境同样也是为了民生。老百姓过去求“生存”，现在求“生态”；过去“盼温饱”，现在“盼环保”。2013 年 5 月 24 日，习近平总书记在主持十八届中共中央政治局第六次集体学习时指出，要清醒认识保护生态环境、治理环境污染的紧迫性和艰巨性，清醒认识加强生态文明建设的重要性和必要性，以对人民群众、对子孙后代高度负责的态度和责任，真正下决心把环境污染治理好、把生态环境建设好，努力走向社会主义生态文明新时代，为人民创造良好生产生活环境。要深入打好污染防治攻坚战，集中攻克老百姓身边的突出生态环境问题，让老百姓实实在在感受到生态环境质量改善。要坚持精准治污、科学治污、依法治污，保持力度、延伸深度、拓宽广度，持续打好蓝天、碧水、净土保卫战。

（四）山水林田湖草是生命共同体

在《关于〈中共中央关于全面深化改革若干重大问题的决定〉的说明》中强调："生态是统一的自然系统，是相互依存、紧密联系的有机链条。人的命脉在田，田的命脉在水，水的命脉在山，山的命脉在土，土的命脉在树。用途管制和生态修复必须遵循自然规律……对山水林田湖进行统一保护、统一修复是十分必要的。"按照国家统一部署，2016 年 10 月，财政部、国土资源部、环境保护部联合印发了《关于推进山水林田湖生态保护修复工作的通知》，对各地开展山水林田湖生态保护修复提出了明确要求。要坚持保护优先、自然恢复为主，深入实施山水林田湖一体化生态保护和修复。要深入实施山水林田湖草一体化生态保护和修复，开展大规模国土绿化行动，加快水土流失和荒漠化石漠化综合治理。推动长江经济带发展，要共抓大保护，不搞大开发，坚持生态优先、绿色发展，涉及长江的一切经济活动都要以不破坏生态环境为前提。要坚持山水林田湖草沙系统治理，坚持正确的生态观、发展观，敬畏自然、顺应自然、保护自然，上下同心、齐抓共管，把保持山水生态的原真性和完整性作为一项重要工作，深入推进生态修复和环境污染治理，杜绝滥采乱挖，推动流域生态环境持续改善、生态系统持续优化、整体功能持续提升。

（五）实施最严格的生态环境保护制度

保护环境必须依靠制度、依靠法治。习近平总书记在中央政治局第六次会议集体学习时明确指出："只有实行最严格的制度、最严密的法治，才能为生态文明建设提供可靠保障。"我国生态环境保护中存在的突出问题大多同体制不健全、制度不严格、法治不严密、执行不到位、惩处不得力有关。要加快制度创新，增加制度供给，完善制度配套，强化制度执行，让制度成为刚性的约束和不可触碰的高压线。要严格用制度管权治吏、护蓝增绿，有权必有责、有责必担当、失责必追究，保证党中央关于生态文明建设决策部署落地生根见效。政府要强化环保、安全等标准的硬约束，对不符合环境标准的企业，要严格执法，该关停的要坚决关停。国有企业要带头保护环境、承担社会责任。要抓紧修订相关法律法规，提高相关标准，加大执法力度，对破坏生态环境的要严惩重罚。要大幅提高违法违规成本，对造成严重后果的要依法追究责任。为此，生态环境保护是否能落实到位，关键在领导干部，要落实领导干部任期生态文明建设责任制，实行自然资源资产离任审计，认真贯彻依法依规、客观公正、科学认定、权责一致、终身追究的原则。要针对决策、执行、监管中的责任，明确各级领导干部责任追究情形。

（六）共同构建人类命运共同体

共谋全球生态文明建设，共建清洁美丽世界，是中国和世界各国人民的共同追求。一系列的环境问题使我们党已经充分认识到生态环境与全球战略之间的关系，只有加强全世界在生态文明建设方面的合作，才是我们走出生态困境的必由之路。保护生态环境，应对气候变化，维护能源资源安全，是全球面临的共同挑战。中国将继续承担应尽的国际义务，同世界各国深入开展生态文明领域的交流合作，推动成果分享，携手共建生态良好的地球美好家园。作为全球生态文明建设的参与者、贡献者、引领者，中国毫不动摇实施可持续发展战略，坚持绿色低碳循环发展，坚持节约资源和保护环境的基本国策，认真落实气候变化领域南南合作政策承诺，用实际行动坚定践行多边主义，努力推动构建平台合理、合作共赢的全球环境治理体系，为实现人类可持续发展作出贡献。面对生态环境挑战，人类是一荣俱荣、一损俱损的命运共同体，没有哪个国家能独善其身。唯有携手合作，我们才能有效应对气候变化、海洋污染、生物保护等全球性环境问题，实现联合国2030年可持续发展目标。只有并肩同行，才能让绿色发展理念深入人心、全球生态文明之路行稳致远。

第二节　中国生态文明建设的理论体系

习近平总书记历来重视生态文明建设，在不同地域范围、不同岗位，环境保护、生态建设从未离开他的视野。尤其是他在福建工作期间对于生态文明建设不仅提出了战略构想，形成了清晰的生态文明理念，还在实践上做了大胆的探索，为我国的生态文明建设积累了大量宝贵经验，成为习近平生态文明思想的理论渊源和党的十八大以来我国生态文明建设顶层设计的重要依据。

一、习近平生态文明思想萌芽

20世纪60年代，响应党和国家的号召，习近平在陕北梁家河插队。在当时，贫瘠的土地让他切身感受到了恶劣自然条件引发的困顿。担任支部书记后，他带领当地村民发展生产，淤地造田，拦河打坝，改善生态，让村里的面貌发生了巨大的改变。由于地处偏远不易拉煤，当地群众大量砍伐树木烧火做饭，造成了严重的水土流失。他通过学习四川绵阳地区沼气池建造技术，动手成功建成了全村第一口沼气池。且在其指导和帮助下，其所在的村子从全省“第一池”变成了全省“沼气第一村”，全村住户70%以上都用上了沼气。

二、习近平生态文明思想发展

在河北省正定县，习近平结合当地实际，秉持求真务实的精神，针对农业基础薄弱、发展模式单一等具体问题，为正定县量身定制了一套经济发展的“正定方案”，将生态保护与农村经济发展相结合是习近平“正定方案”的基本思路。提出要树立“大农业”思想，要转变发展思想，提高农业技术，鼓励发展多种经营，他多次强调，要“在合理利用自然资源、保持良好的生态环境和严格控制人口增长的前提下发展农业”[①]，要“以合理开发、节制使用以求自然界和人类社会的平衡，这是现代、当代的战略。人类不能只开发资源，而首先要考虑保护和培植资源”[②]。他还强调：宁肯不要钱，也不要污染，严格防止污染搬家和污染下乡。这时期，他提出了一些行之有效的举措并开始突破传统发展理念。

在福建，习近平任福州市委书记期间倡导并主持编制了《福州市20年经济社会发展战略设想》，强调了实现城市生态环境良性循环的重要性，对福州生态文明建设提出了清洁、优美、舒适、安静的发展要求，为后续的生态文明建设工作奠定了坚实的基础。此外，针对武平县林权改革实际，他提出林权改革一定要让老百姓受益，让“集体林权制度改革从山下转向山上”，

① 习近平．知之深　爱之切［M］．石家庄：河北人民出版社，2015：137.

② 习近平．知之深　爱之切［M］．石家庄：河北人民出版社，2015：138.

以做到山定权、树定根、人定心。在探索中，习近平认识到地方经济的发展应从现实出发，紧密联系自然，保障自然系统的动态平衡和良性循环，他反对人对自然界一味征服与改造的功利主义。他关于经济发展与资源开发的认识肯定了尊重和顺应自然内在规律的重要意义，推动了人与自然协调可持续发展。这一时期，习近平主要是在领导地方建设的具体探索中，逐渐意识到自然环境对人类社会发展的重要意义。

在浙江，习近平提出了可持续发展战略，明确了建设“绿色浙江”目标，也就是要推动浙江省产业转型升级和经济结构的转变。后来，他又提出：“生态兴则文明兴，生态衰则文明衰。”应该说，他是将生态建设与文明发展结合起来的省级领导第一人。他 2005 年 5 月在《浙江日报》头版“之江新语”栏目发表了文章，坚决地表示：“生态环境方面欠的债迟还不如早还，早还早主动。”他提出了“自然休养”、生态功能区划分和“生态补偿”等生态文明制度建设措施，亲自指导编制和推动实施《浙江省生态省建设规划纲要》，明确提出要把“生态省建设”摆在经济社会发展的战略地位。2015 年 3 月，习近平同志在安吉县考察时提出的“绿水青山就是金山银山”的理念写进了《关于加快推进生态文明建设的意见》，成为我国生态文明建设的指导思想。

在上海，习近平也始终密切关注生态文明建设问题，到崇明岛调研时对崇明岛生态岛建设提出了具体要求，提出“建设崇明生态岛是上海按照中央要求实施的又一个重大发展战略，要把崇明建设成为环境和谐优美、资源集约利用、经济社会协调发展的现代化生态岛区，实现崇明跨越式发展，促进上海全面协调可持续发展”①。在上海世博会国际论坛上，习近平提出以“世博会”为发展契机，带动生态建设水平不断提高，使城市更加美丽，使人民生活更加美好。习近平同志在上海指导的生态文明建设，显示了经济社会发展方式的认识飞跃，深刻阐明了发展经济和保护生态环境的内在统一性，为区域推进经济社会发展和生态文明建设提供了根本指南。

三、习近平生态文明思想的完善

党的十八大以来，习近平从理念、制度、意识、国际合作等多个角度提

① 顾一琼. 崇明岛，春天来了［N］. 人民日报，2017 - 03 - 06（3）.

出了推进生态文明建设的新思想新战略新举措，回答了为什么要建设生态文明、建设什么样的生态文明以及怎样建设生态文明的重大理论与实践问题，形成了内涵丰富、立意深远的生态文明思想的完整体系。把生态文明建设作为统筹推进“五位一体”总体布局和协调推进“四个全面”战略布局的重要内容，把生态环境保护当作功在当代、利在千秋的事业来抓，标志着中国共产党对生态文明建设的重视达到了前所未有的高度。保护生态环境必须依靠制度、依靠法治。只有实行最严格的制度、最严密的法治，才能为生态文明建设提供可靠保障，将生态文明建设上升到了法治层面，坚定了党和政府领导人民推进生态文明建设的决心。在党的十九大报告上，提出打好污染防治攻坚战，提出为把我国建设成为富强民主文明和谐美丽的社会主义现代化强国而奋斗，标志着生态文明建设上升到了实现中华民族伟大复兴的中国梦的战略高度。要一代接着一代干，对塞罕坝精神的高度赞扬和大力推广学习，向全国人民发出了齐心协力推进生态文明建设的动员令。

2018 年 5 月，习近平总书记在全国生态环境保护大会上着力强调，生态环境是关系党的使命宗旨的重大政治问题，也是关系民生的重大社会问题，将生态文明建设当作重大政治问题来抓。此外，习近平始终致力于号召世界各国重视生态环境保护，倡议世界各国积极参与国际合作，携手共建生态良好的地球美好家园。习近平生态文明思想随着时代发展和实践变化不断完善成熟，成为了我们迈向生态文明新时代的重要思想引领和行动指南。

第三节 中国生态文明建设的内涵与特征

一、生态文明建设的内涵

生态文明建设是本着为当代人和后代人均衡负责的宗旨，转变生产方式、生活方式和消费模式，节约和合理利用自然资源，保护和改善自然环境，修复和建设生态系统，为国家和民族的永续生存和发展，保留和创造坚实的自然物质基础。中国共产党十七次代表大会政治报告中，将生态文明建设与四大文明建设即社会主义的物质文明建设、精神文明建设、政治文明建设和社会文明建设五位一体、相辅相成。生态文明建设须贯穿经济建设、社会建设、政治建设和文化建设的各方面和全过程。结合我国实际情况，生态文明建设就是在中国共产党的领导下，依靠广大人民群众，按照落实科学发展观的要求，坚持以人为本，走一条生产发展、生活富裕、生态良好的全面协调可持续的文明发展道路，最终实现生态与社会和谐发展的伟大实践。生态文明建设的内涵主要包括以下几个方面：

（一）生态兴则文明兴（自然与文明）

人因自然而生，人不能脱离自然而存在，人与自然的辩证关系，构成了人类发展的永恒主题。生态文明是人类历史上的一大飞跃。习近平指出："生态文明是人类社会进步的重大成果。人类经历了原始文明、农业文明、工业文明，生态文明是工业文明发展到一定阶段的产物，是实现人与自然和谐发展的新要求。历史地看，生态兴则文明兴，生态衰则文明衰。"[①] 在原始文明时期，人与自然的关系是在生产力水平极低状态下的"和谐"，人只能消极地适应自然，是自然的奴隶。农业文明时期，人类开始初步认识自然、改造自然，对自然产生有限的影响。工业革命以来，随着科技日新月异的发展，人们似乎觉得无所不能，开始疯狂掠夺各种资源，人与自然的关系日趋尖锐对立，由此引发的严峻生态问题凸显在世人面前。在人类发展史上，因为生态问题，影响文明发展的事例非常多，在惨痛教训面前，我们不能再犯错。

生态文明建设是关系中华民族永续发展的根本大计，是人类社会进步的成果。我国生态文明建设正处于压力叠加、负重前行的关键期，已进入提供更多优质生态产品以满足人民日益增长的优美生态环境的攻坚期，也到了有条件有能力解决生态环境突出问题的窗口期。我国经济已由高速增长阶段转向高质量发展阶段，需要跨越一些常规性和非常规性关口。我们必须咬紧牙关，爬过这个坡，迈过这道坎。深刻理解和把握生态文明的科学意蕴，并全力贯彻到生产、生活各个领域，是当务之急。面对欠下的不少生态账，如果不有所作为，势必会对将来造成更坏的影响。

（二）人与自然和谐共生（自然与人）

党的十九大指出"建设生态文明是中华民族永续发展的千年大计"，明确"坚持人与自然和谐共生"是社会主义现代化的内在要求。我们要建设的

---

① 绿水青山就是金山银山——关于大力推进生态文明建设．习近平总书记系列重要讲话读本［M］．学习出版社、人民出版社，2014.

现代化是人与自然和谐共生的现代化，既要创造更多物质财富和精神财富以满足人民日益增长的美好生活需要，也要提供更多优质生态产品以满足人民日益增长的优美生态环境需要。

绿色发展，就其要义来讲，是要解决好人与自然和谐共生问题。人类可以通过社会实践活动有目的地利用自然、改造自然，但是人类归根到底是自然的一部分，人类不能茫然凌驾于自然之上，人类的行为必须符合自然规律、顺应自然、保护自然，否则就会遭到大自然的报复，这个规律谁也无法抗拒。只有尊重自然规律，才能有效防止在开发利用自然上走弯路。在我国社会主义工业化过程中，刚开始也不太注重生态环境的保护，以牺牲环境为代价快速发展经济，给自然带来很大破坏，出现土地沙化、空气污染等严峻环境问题。日益恶化的环境形势，要求我们牢固树立社会主义文明观，坚持节约优先、保护优先、自然恢复为主的方针，多谋打基础、利长远的善事，多干保护自然、修复生态的实事，形成节约资源和保护环境的空间格局、产业结构、生产方式、生活方式，构建人与自然和谐发展现代化建设新格局。

（三）绿水青山就是金山银山（自然与社会）

面对发展经济和保护环境的博弈，习近平提出了“绿水青山就是金山银山”的思想。绿色发展是构建高质量现代化经济体系的必然要求，是解决污染问题的根本之策。必须坚持“绿水青山就是金山银山”，贯彻创新、协调、绿色、开放、共享的发展理念，加快形成节约资源和保护环境的空间格局、产业结构、生产方式、生活方式，给自然生态留下休养生息的时间和空间。

“绿水青山”与“金山银山”犹如舟水关系，“水能载舟，亦能覆舟”，两者不是绝对对立的，是绿色发展理念的充分体现。在实践中，对二者关系的认识经过了“用绿水青山去换金山银山”“既要金山银山也要保住绿水青山”“让绿水青山源源不断地带来金山银山”三个阶段，反映了我国发展理念和价值取向从“经济优先”到“经济发展与生态保护并重”，再到“生态优先、实现经济与生态效益相统一”的发展过程，既为我国社会主义现代化建设提供了科学路径，更是我国生态文明建设的治本之策。党的十八大以来，我国多次阐释保护自然，走向绿色发展的重要意义，要求将生态环境视为人的生命，对待生态环境要像对待人的眼睛。

（四）山水林田湖草沙是生命共同体（自然内部）

山水林田湖草生命共同体是由山、水、林、田、湖、草等多种要素构成的有机整体，是具有复杂结构的生态系统。用“命脉”把人与山水林田湖草连在一起，生动形象地阐述了人与自然之间唇齿相依、唇亡齿寒的一体性关系。在党的十八届三中全会上关于《中共中央关于全面深化改革若干重大问题的决定》指出“人的命脉在田，田的命脉在水，水的命脉在山，山的命脉在土，土的命脉在林和草，这个生命共同体是人类生存发展的物质基础”，充分揭示了生命共同体内在的自然规律和生命共同体内在和谐关系对人类可持续发展的重要意义。

山水林田湖草生命共同体各要素之间是最普遍联系和相互影响的，不能实施分割式管理。要用系统的思想看待问题，统筹山水林田湖草系统治理。如果种树的只管种树、治水的只管治水、护田的只管护田，就容易顾此失彼，造成生态系统的失衡和破坏。山水林田湖草生态系统，既具有山、水、林、田、湖、草等各类丰富的自然资源，又有强大的气候调节、保持水土、涵养水源、保护生物多样性的生态环境功能。要根据生态系统的多种用途、人类开发利用保护自然资源和生态环境的多重目标以及我们所处的时代，运用整体的、系统的、协调的方法做好山水林田湖草自然资源和生态资源的调查、评价、规划、保护、修复和治理等工作，保持和提升生态系统的规模、结构、治理和功能。

（五）建设人类命运共同体（人、自然、社会）

生态环境是人类赖以生存和发展的保障，是承载一个国家社会发展的重要基础。2017 年 1 月 18 日，习近平主席在联合国日内瓦总部发表题为《共同构建人类命运共同体》的演讲时呼吁全世界人民，地球是人类唯一赖以生存的家园，珍爱和呵护地球是人类唯一的选择。习近平深知在全球生态危机面前，没有谁能成为看客。保护生态环境是全球面临的共同挑战，任何一国都无法置身事外。国际社会应该携手同行，共谋全球生态文明建设之路，共建绿色美丽家园。

对于人类命运共同体的阐述是“每个民族、每个国家……努力把我们生长于斯的这个星球建成一个和睦的大家庭，把世界人民对美好生活的向往变成现实。这种描述，代表了“山清水秀和清洁美丽，远离贫困和共同繁荣，远离恐惧与普遍安全，远离封闭与开放包容。”为此，我们应锲而不舍为构建命运共同体而努力：首先要倡导共同利益观，要求各国树立合作意识并坚持和平发展的思想，既谋求发展又坚持共同发展；其次要树立全球治理观念，在全球治理中积极参与并建立健全解决全国生态问题的机制；再次要打破壁垒，人类在打破壁垒中实现共同利益，共享科技成果以促进全球生态环境治理等。

二、生态文明建设的特征

党的十八大以来，习近平总书记团结带领全国各族人民大力推进中国生态文明建设，提出了一系列具有原创意义和指导作用的新思想，阐明了我国正处在推动生态环境保护发生历史性、转折性、全局性变革阶段的时代特征，作出了社会主义生态文明建设正处在关键期、攻坚期、窗口期的科学判断，确立了新时代推进生态文明建设新蓝图、新方略、新路子、新理念、新路径、新要求、新体系、新制度、新风尚、新方案，为生态文明建设指明了方向、奠定了基础。

（一）生态文明建设新蓝图

党的十八大报告中提出：“走向生态文明新时代，建设美丽中国，是实现中华民族伟大复兴的中国梦的重要内容。”深刻阐明了生态文明建设的前进方向、奋斗目标和具体要求，必须坚定不移地朝着这个前进方向努力，严格按照这个奋斗目标进行部署，抓紧细化实化这个具体要求，全力推进生态文明建设。生态文明建设关乎中华民族永续发展。从目前情况来看，环境污染、生态损害、资源短缺等问题，对实现中华民族的伟大复兴造成了较大困难。习近平总书记指出：“生态环境保护是功在当代、利在千秋的事业。”①以习近平同志为核心的党中央积极顺应人民的新期待，以时不我待的紧迫感、舍我其谁的责任感全力推进生态文明建设和美丽中国建设。中国经过 40 多年持续高速的经济发展，人民群众物质生活水平得到很大提升，人民对生态环境也有了新的认识和关切。习近平总书记强调：“要把生态文明建设放到更

① 习近平关于社会主义生态文明建设论述摘编［M］. 北京：中央文献出版社，2017：7.

加突出的位置，这也是民意所在。"① 建设美丽中国，要转变经济发展方式，改变生活方式，提供更多更好的生态产品满足人民群众对良好生活的新需要。大力推进生态文明建设，并把生态文明建设放在突出地位，融入经济、政治、文化、社会建设的各方面和全过程，使美丽中国"成为展现我国良好形象的发力点""重点展示山河秀美的东方大国形象"。

习近平总书记在全国生态环境保护大会和党的十九大明确描绘了美丽中国的建设蓝图，计划在2035年及21世纪中叶两个关键时间节点，美丽中国建设从基本建成到完全建成。

（二）生态文明建设新方略

人与自然的关系是人类社会最基本最原始的关系之一。一部人类文明发展史，归根到底就是一部人与自然的关系史。历史上的古巴比伦、古埃及、古印度都曾有过良好的生态环境，创造过举世闻名的繁荣景观和灿烂文化。但这些古代文明之所以衰落甚至毁灭，虽然有经济、政治、文化、军事等诸多原因，但根本原因是生态环境恶化造成文明消亡。习近平总书记通过对人类文明发展历史的深入考察，得出一个非常重要的结论：人类文明兴衰与生态兴衰有着十分密切的关系，生态环境对人类文明兴衰具有至关重要的影响，生态环境变化决定着人类文明兴衰。他深刻指出："历史地看，生态兴则文明兴，生态衰则文明衰。"② 这一科学论断为我们科学分析生态与文明内在关系，正确把握生态文明的历史方位提供了宽阔的历史视野。从中华文明的中心不断转移的历史轨迹中，可清晰地看到生态环境与文明中心变迁的密切关系。我国历史上有过因乱砍滥伐森林而造成的生态破坏。黄河流域是中华文明的发源地，由于盲目开垦、乱砍滥伐和多年战争等原因，致使原本森林茂密、山清水秀的黄土高原，变成了沟壑万千的黄土高坡。生态环境变化导致中华文明中心不断迁移，从黄河流域迁移到长江流域，从关中平原迁移到长三角。历史深刻证明"生态兴则文明兴，生态衰则文明衰"是有充分事实和历史依据的科学真理。"生态兴则文明兴，生态衰则文明衰"的科学论断，既深刻总结了人类文明发展的经验教训，也明确了"人与自然关系"在人类发展过程中的重要地位。生态环境变迁，既能真实而生动地记载一个地区和

---

① 一年形势观察：美丽中国生态文明建设砥砺前行［N］. 人民日报，2013-12-12.

② 习近平关于社会主义生态文明建设论述摘编［M］. 北京：中央文献出版社，2017：21.

民族的繁荣发展，也能影响和决定一个国家和民族的兴衰存亡。历史事实反复告诫我们，西方国家大都经历过“先污染、后治理”过程，为此付出了巨大的生态环境代价。在我国，有的地方环境污染问题还比较严重，导致人民群众生活质量下降、生存安全受到威胁。面对历史、面对当今中国经济社会发展的现实，通过对古今中外众多因生态环境问题引发的兴衰更替事例的深入考察，基于历史的深刻启示和对当代中国现实的责任担当，中国共产党是世界上第一个把生态文明建设上升为行动纲领的政党，在全球具有引领和示范作用。坚持人与自然和谐共生新方略，实施主体功能区战略，逐步优化国土空间开发格局。抓好资源节约综合利用，推动能源、水、土地等资源消耗持续下降。强化环境整治力度，坚决打赢蓝天保卫战、着力打好碧水保卫战、扎实推进净土保卫战，履行好保护和改善生态环境的历史使命。

（三）生态文明建设新路子

我们既要绿水青山，也要金山银山。宁要绿水青山，不要金山银山，而且绿水青山就是金山银山。明确地阐释了环境保护与经济建设的内在关系，为实现经济发展与生态建设的双赢，加快生态文明建设指明了方向。正确处理好生态环境保护与经济发展的关系是事关我国经济社会持续发展的重大问题。目前，坚持以经济建设为中心，大力提升经济发展质量和人民生活水平，提高资源有效利用效益，提高生态环境保护能力，都需要依靠经济发展。但仍存在认识偏差：一是把两者对立起来即“只发展，不治理”模式，认为经济发展难免会损害生态环境，牺牲生态环境是实现经济发展必须要付出的代价。二是把两者看作是一种时间上的先后关系即“先发展，后治理”模式，认为应先着力发展经济、大力提高生产力水平，当经济水平达到现代化后，再来解决生态环境问题。三是把两者看作是一种程度上的轻重关系即“强发展，弱治理”模式，认为主要工作是推动经济发展，次要工作才是生态环境保护。这三种认识都是错误的，都是把经济发展和生态文明建设割裂开来、对立起来。习近平总书记强调：“只要指导思想搞对了，只要把两者关系把握好、处理好了，既可以加快发展，又能够守护好生态。”① 经济发展与生态建设是相互促进的双赢关系，良好的生态环境可以促进经济社会发展，雄厚的经济实力能够推进生态环境保护。“绿水青山就是金山银山”形象生动地

① 习近平关于社会主义生态文明建设论述摘编［M］. 北京：中央文献出版社，2017：33.

阐明绿水青山在自然生态系统和经济社会系统中的价值，在原本互不关联、互不融通的“两山”之间划上智慧的等号，深邃的“两山论”丰富和发展了马克思主义发展观。经济社会发展与生态环境保护呈正相关关系，生态环境保护得越好，经济社会发展动力就越强，生态承载力和生态保护能力就越大。因此，要保护好现有的生态环境，因地制宜地进行生态资源开发，推动生态环境优势向生态经济优势转化。要通过保护和利用好生态环境，获得更多的资源和更优的环境，更好地促进经济社会发展，“走出一条经济发展和生态文明水平提高相辅相成、相得益彰的路子。”①

（四）生态文明建设新理念

党的十九大报告指出：“人与自然是生命共同体，人类必须尊重自然、顺应自然、保护自然。人类只有遵循自然规律才能有效防止在开发利用自然上走弯路，人类对大自然的伤害最终会伤及人类自身，这是无法抗拒的规律。”② 遵守自然规律既是推进经济发展方式转变的基础前提，更是实现思想观念变革的必然要求。要从积淀深厚的中华优秀传统文化中汲取营养，从生态环境的历史变迁中总结经验和接受教训，切实提升全民参与生态文明建设的思想意识。习近平总书记强调：“人类发展活动必须尊重自然、顺应自然、保护自然，否则就会遭到大自然的报复，这个规律谁也无法抗拒。”③ 尊重自然就要真诚认可自然是人类之母，人要像对待母亲一样善待自然、热爱自然，对自然常怀敬畏之心、永怀感恩之情。对作为生态整体的自然界保持一种敬畏、热爱和感激的态度，对自然抱有感恩的情怀，自觉按照自然规律办事，深刻体认人类不是自然的主宰，绝不能有凌驾于自然之上的狂妄错觉。顺应自然就是人类的一切活动要符合和遵循自然界的客观规律，以顺其自然、因势利导为原则，在处理人类与自然关系时做到不妄为、不强为、不乱为，让生态环境自在宁静、自主修复，减少人为的干预和破坏。顺应自然不是任由自然驱使，甘愿做自然的奴隶，也不是不要发展甚至重返原始状态，而是要在不违背自然规律的前提下，充分发挥人的能动性和创造性，因地制宜地开发利用自然，对自然资源按自然规律顺时取用，让人们能够主动自觉地关心自然，守护自然。保护自然就是要求人类在向自然界获取生存和发展之需的

---

① 习近平关于社会主义生态文明建设论述摘编［M］. 北京：中央文献出版社，2017：71.
② 中国共产党第十九次全国代表大会文件汇编［M］. 北京：人民出版社，2017：40.
③ 习近平谈治国理政：第2卷［M］. 北京：外文出版社，2017：207.

同时，要呵护自然、回报自然，把人类活动控制在自然能够承受的限度之内，决不能以牺牲自然生态为代价换取一时一地的经济发展。因此，确立和坚持尊重自然、顺应自然、保护自然新理念，构筑人与自然和谐共生的生命共同体，真正促进人与自然和谐共生，实现经济社会持续健康发展。

（五）生态文明建设新路径

习近平总书记指出："生态文明发展面临日益严峻的环境污染，需要依靠更多更好的科技创新建设天蓝、地绿、水清的美丽中国。"① 科技创新是解决环境问题的重要手段，在新时代要利用高新技术推动生态文明建设，走出一条集生态、经济、社会协同共赢的新路径。始终坚持绿色发展。"绿色发展是生态文明建设的必然要求，代表了当今科技和产业的变革方向，是最有前途的发展领域。"② 要大力创新绿色技术，生产绿色产品，开拓绿色市场，实现整个生产过程的绿色化。把绿色化、生态化作为提升产业竞争力的技术基点，注重用新技术新业态改造提升传统产业，促进新动能发展壮大、传统动能焕发生机。加快推进低碳发展。我国能源科技水平不高，能源浪费比较严重，能源使用效率比较低。面对全球气候变化、资源环境约束日益趋紧的新态势，大力推动能源革命，充分利用水能、风能、太阳能等清洁、可再生能源，逐步降低煤炭在中国能源结构中的比例，不断提高清洁能源的使用比例。大力开发低碳技术，发展低碳经济，加快产业结构的优化升级，推进清洁能源产业化。积极发展低碳装备制造业、低碳农业和现代服务业。加强清洁生产技术的研发和推广，扭住重点污染行业不放，着力提升重点行业清洁生产水平，不断提高清洁生产的经济效益和生态效益。大力发展循环经济。发展循环经济是节约资源的有效形式和重要途径，要紧紧把握当今时代科技革命和产业革命方向，通过科技创新实现更大范围和更高效率的资源循环利用，实现从资源消耗型经济向资源节约型经济的转变，大幅减少生产、生活资源能源消费对生态环境的压力，努力构建科技含量高、资源消耗低、环境污染少的产业体系，快速形成经济社会发展的新增长点，拓展新的生存与发展空间，推动我国绿色产业科技水平不断提升。

---

① 习近平关于社会主义生态文明建设论述摘编［M］. 北京：中央文献出版社，2017：34.

② 习近平关于社会主义生态文明建设论述摘编［M］. 北京：中央文献出版社，2017：86.

（六）生态文明建设新要求

生态文明建设要以人民为中心，着力解决关系民生的环境问题，保护人民健康，为人民创造良好生产生活环境。40 多年来，我国经济实力和综合国力显著增强，但生态文明建设滞后，日积月累的生态环境问题十分严峻，生态承载力正在逼近极限。目前人民群众对环境的要求发生了深刻变化，个别地方的环境污染问题成为民生之患、民心之痛。习近平总书记敏锐地指出："这既是环境问题，也是重大民生问题，发展下去也必然是重大政治问题。"① 建设美丽中国就是要解决环境污染问题，使人民群众共享发展红利，创造和共享美好生活。习近平总书记指出："良好生态环境是最公平的公共产品，是最普惠的民生福祉。"② 在经济社会发展中，必须要树立良好生态环境是最普惠民生福祉的生态民生观。优美的自然环境能使人民群众从山清水秀、鸟语花香中获得精神享受，提高健康水平。习近平总书记强调："环境就是民生，青山就是美丽，蓝天也是幸福。"③ 他用最质朴的语言，直接、生动、形象地揭示了环境与民生的关系，表达了人民群众既希望安居、乐业、增收，又希望天蓝、水净、地绿的民生期盼。生态环境质量的好坏、优质生态产品的多少直接关系到人民群众的身体健康和生活质量。保护环境要立足于环境问题的源头，坚持从良好的生态环境中汇聚发展要素，发展产业因地制宜，优化生产力布局，科学配置产业项目和生产要素，留足生活、生态空间，实现经济效益、社会效益、生态效益同步提升，不断满足人民日益增长的优美生态环境需要，提升人民群众的幸福感、获得感。

（七）生态文明建设新体系

构建生态文明体系需要变革发展方式、治理体系、思维观念，习近平总书记强调："要加快构建生态文明体系"④，为解决生态环境问题提供重要支撑。加快建立健全以生态价值观念为准则的生态文化体系。在全社会确立起追求人与自然和谐共生的生态价值观，通过一系列优秀的生态文化作品，让

---

① 习近平关于社会主义生态文明建设论述摘编［M］. 北京：中央文献出版社，2017：4.

② 习近平关于社会主义生态文明建设论述摘编［M］. 北京：中央文献出版社，2017：8.

③ 习近平关于社会主义生态文明建设论述摘编［M］. 北京：中央文献出版社，2017：116.

④ 习近平. 坚决打好污染防治攻坚战　推动生态文明建设迈上新台阶［N］. 人民日报，2018-05-20.

生态文化在全社会扎根，让生态文明理念和生态价值观念内化于心，外化于行，推动形成弘扬生态道德、践行生态行为的良好氛围。加快建立健全以产业生态化和生态产业化为主体的生态经济体系。着力推动产业生态化，坚持传统制造业改造提升与新兴产业培育一体推进，生态工业、生态农业、全域旅游同步提升，一二三产业融合发展。推进存量产业绿色发展，大力发展绿色技术，推动生态产业化，既守住绿水青山又创造金山银山，实现自然资源保值增值，将生态优势转变为经济发展优势。加快建立健全以改善生态环境质量为核心的目标责任体系。确立地方各级党委和政府为区域生态环境保护第一责任人，政绩考核以绿色发展指标和生态文明建设目标完成情况为重点，发挥考核评价的指挥棒作用。建立自然资源资产负债表编制方法，完善领导干部自然资源资产离任审计制度，严格领导干部考核问责，形成刚性约束。加快建立健全以治理体系和治理能力现代化为保障的生态文明制度体系。进一步推进中国生态文明体制改革，加快形成“四梁八柱”生态文明制度体系，逐步完善生态文明治理体系，逐步提高治理能力现代化水平。加快建立健全以生态系统良性循环和环境风险有效防控为重点的生态安全体系。建立生态安全体系既是加强生态文明建设的重要内容，是必须守住的基本底线和红线，也是一项复杂的系统性工程，坚持山水林田湖草是一个生态共同体的系统观，遵循生态发展规律，加大生态系统保护和修复力度；把生态环境风险纳入常态管理，妥善处理好发展面临的资源环境瓶颈、生态承载力不足的问题，有效构建以生态系统良性循环为目标的生态安全体系。

（八）生态文明建设新制度

在全国生态环境保护大会上，习近平总书记指出，“用最严格制度最严密法治保护生态环境，加快制度创新，强化制度执行，让制度成为刚性的约束和不可触碰的高压线。”① 党的十八大以来，推出了《生态文明体制改革总体方案》和《环境保护督察方案（试行）》，修订和出台“大气十条”、新环保法和《中华人民共和国环境保护税法》等一系列生态文明建设法律法规。党的十九大把美丽中国、生态文明、绿色发展理念写进党章，2018 年宪法修正案将美丽中国、生态文明写入宪法，这些重大举措都充分显示了中国将用严密的法治来建设生态文明。加快建立绿色生产和消费的法律制度。以法治

---

① 习近平谈治国理政：第 2 卷［M］．北京：外文出版社，2017：207.

理念、法治方式推动生态文明建设，加快制定促进生态文明建设的法律，充分发挥法律制度对绿色生产和绿色消费的引导作用，利用法律制度规范人、约束人、引导人的生产和消费行为，更好地落实绿色生产、绿色消费的各项要求，推动生产生活的绿色转型发展。构建生态环境治理体系。党委政府要主导生态文明建设，注重综合运用行政手段、市场手段和法治手段促进生态环境保护。企业要积极发挥主体作用，采取先进管理方式，提升绿色生产和经营水平，着力进行科技创新和制度创新，提高企业绿色发展能力。社会组织要大力开展环境教育、推动社区和乡村环境整治、倡导绿色生活方式，要调动公众参与环境治理的积极性，按照确保公众环境权益和生态环境共建共享理念，提高环境保护的公众参与度。健全生态补偿制度。采取多种渠道和多种方式筹集补偿资金，建立稳定的生态环境保护投入机制，实行公共财政支付水平同治理绩效挂钩，大力推进生态保护补偿制度，健全自然资源资产产权制度，完善碳排放权交易制度和生态保护配套制度体系。健全生态环境监管体制。完善生态环境监管执法体制，加强区域和流域生态环境监管体制与能力建设，根据资源禀赋、环境容量、生态状况等生态国情，通过精心研究和反复论证，划定生态红线，构建生态红线管控体系，提高自然资源可持续开发利用水平，“设立国有自然资源资产管理和自然生态监管机构，完善生态环境管理制度”① 建立资源环境生态监测评估体系和预警机制，通过科学严格的制度把良好生态环境保护起来。建立科学合理的考核评价体系。习近平总书记强调：“建立科学合理的考核评价体系，考核结果作为各级领导班子和领导干部奖惩和提拔使用的重要依据。”② 要从执行层面上细化落实领导干部责任制，实行自然资源资产离任审计，认真贯彻权责一致、终身追究的原则，充分发挥考核评价机制在推进生态文明建设中的作用。

（九）生态文明建设新风尚

良好生态环境是全社会的共同财富，为全社会共同享有，生态文明建设需要全社会的共同努力和一体推进，逐步形成节约适度、绿色低碳、文明健康的生活方式，为实现中华民族伟大复兴的中国梦提供更好的生态支撑。一个国家公众生态文明意识和生态价值观的形成，取决于生态文明宣传教育的

---

① 中国共产党第十九次全国代表大会文件汇编［M］. 北京：人民出版社，2017：42.

② 习近平．坚决打好污染防治攻坚战　推动生态文明建设迈上新台阶［N］. 人民日报，2018－05－20.

全面开展。通过开展生态文明教育，鼓励公众自觉参与环境保护，在社会中倡导生态伦理和生态行为，使生态意识确立为全民意识。习近平总书记强调："要加强生态文明宣传教育，增强全民节约意识、环保意识、生态意识，营造爱护生态环境的良好风气。"① 确立生态文明意识，倡导合理适度消费、绿色低碳消费，培育生态文化，坚守生态道德，践行生态行为。通过节约资源，提高资源利用效益，实现对环境损害最小化，营造全民保护生态环境好风气。深入开展绿色生活行动，倡导生态文化时尚，倡导推广绿色消费，改变不合理不科学的消费方式。加快在衣食住行游等方面向绿色低碳方向转变，引导公众选择购买节能环保低碳产品，践行绿色生活，倡导在全社会形成以绿色消费、保护生态环境为荣，以铺张浪费、加重生态负担为耻的社会氛围，践行绿色消费模式。鼓励公众积极参与，形成建设生态文明的强大合力。习近平总书记提出：生态文明建设关系人民福祉，关乎民族未来，需要公众的参与，要"形成推动生态文明建设的共识和合力"。构建全民参与的生态文明建设体系，保证人民群众在生态文明建设领域的知情权、参与权和监督权，积极发挥新闻媒体和公益环保组织作用。加强与公众及公益环保组织的协同合作，完善管理手段和激励措施，汇聚全民智慧参与生态文明建设，把我国建设成为生态环境良好的国家。

（十）生态文明建设新方案

习近平总书记提出建设"人类命运共同体"体现了其高瞻远瞩和宏伟视野。"共谋全球生态文明建设，深度参与全球环境治理，形成世界环境保护和可持续发展的解决方案，引导应对气候变化国际合作"②，寻求合理合力解决全球生态环境问题。目前，生态环境问题是全球面临的重大挑战，维护全球生态安全已成为全人类的共同任务。在全球追求可持续发展的时代背景下，习近平总书记着眼国内国际两个大局，积极主动参与国际环境领域的合作与治理，积极"引导应对气候变化国际合作，成为全球生态文明建设的重要参与者、贡献者、引领者"。为解决全球环境问题贡献了中国智慧，为全球生态安全作出了中国贡献。建设人类命运共同体，推动更高水平全球可持续发展。在面对全球环境问题和生态危机中，"中国愿意继续承

---

① 习近平关于社会主义生态文明建设论述摘编［M］．北京：中央文献出版社，2017：121．

② 习近平．坚决打好污染防治攻坚战　推动生态文明建设迈上新台阶［N］．人民日报，2018－05－20．

担同自身国情、发展阶段、实际能力相符的国际责任，”展现了作为一个发展中大国应有的责任担当。中国坚持权利和义务相平衡，坚定生态文明建设的决心。

第四节 中国生态文明建设的目标与原则

一、生态文明建设的目标

（一）美丽中国与富强中国相统一

党的十八大以来，以习近平为核心的党中央在推动实现中华民族伟大复兴中国梦的历程中，坚持将美丽中国与富强中国结合起来，主要表现在两个方面：一方面，明确自然生态环境在经济发展中的前提性和基础性作用。以习近平为核心的党中央认识到生态环境在经济发展中的关键性作用，及时调整经济发展战略，在继续以经济建设为核心的同时，把集中解决“两大污染”作为当前工作的重点，从而将实现美丽中国战略与富强中国战略有机结合起来。另一方面，要实现中国民族伟大复兴的中国梦，要处理好环境与经济的关系，要推动社会整体性、协调性发展。以习近平同志为核心的党中央将生态文明建设纳入中国特色社会主义建设的总布局中，使生态文明建设达到与经济、政治、文化、社会建设相一致的高度。

（二）生态文明建设实现新进步

2020 年 10 月 26 日，中国共产党第十九届中央委员会第五次全体会议通过了《中共中央关于制定国民经济和社会发展第十四个五年规划和二〇三五年远景目标的建议》，提出的第四个目标是“生态文明建设实现新进步”。这体现了新时代新历史节点上环境发展的方向。我国对生态环境的保护和建设，经历了一个逐步认识和实践的过程。党的十八大以来，尤其是党中央提出新发展理念以来，我国生态文明建设进入了快车道。今后一个时期，生态文明建设如何实现新进步，为子孙后代留下绿水青山，关键在于使生态理念和绿色发展观念深入人心，从而推进人们的生态环保行动。从国家治理层面，加强国土空间开发保护、能源资源配置与有效利用、持续减少污染物排放总量、修复改善生态环境、倡导绿色生产方式，加大监管力度和政策导向；在个人层面，逐步养成绿色生活习惯，参与社会的各种绿色活动，为改善生态和居住环境、维护生态安全贡献力量。

（三）良好生态环境是最公平的公共产品

建设绿色家园是人类的共同梦想，每个人都有义务去保护生态环境。良好的生态环境是最公平的公共资源，为建设良好的生态环境，我们应该坚守“共治同责”的原则，地球上的每个人都在享受着自然环境带来的成果和资源。环境保护和生态治理工作具有明显的公益性，要做好这项公益工作，党和政府必须担负起生态文明建设的高度政治责任，履行好公共服务职能，提高生态治理的科技水平，有效防范生态环境风险，引导全社会树立人与自然和谐共生的理念，坚持生态优先的原则，培育生态道德和行为标准，统筹兼顾全方位治理生态环境，深度参与全球治理，全面推动绿色发展，更好地满足人民群众日益增长对良好生态环境的需求，努力实现公平正义，更进一步地实现生态惠民、生态利民、生态为民，不仅造福于当代，而且泽被后世。习近平特别强调，生态环境是关系民生的重大问题，必须解决有损人民群众健康的环境问题，坚定走把环境污染治理好，坚决把生态环境建设好，要下决心把生产发展、生活富裕和生态良好结合起来，建设山更绿、水更清、空气更新、食品更安全的良好生产和生活环境。新时代我们党始终把人民群众放在心中的第一位，始终全心全意为人民创造良好的生活环境，解决好人民群众关心的生存环境问题，推动经济绿色低碳循环发展，确保环境质量有新改善，保障人民群众的人居环境安全。

二、生态文明建设的原则

（一）坚持人与自然和谐共生的原则

这一原则主要紧紧围绕人与自然之间如何相处展开的。答案是人与自然和谐相处、和谐共生。生态环境是人类生存的基础，也是人类发展的需要。生态环境的发展需要人类的保护和管理。当人的实践活动在自然资源承载范围内，人与自然处于平衡状态。当人的活动超过自然界的承载能力，就会导致人与自然的关系异化，最终爆发生态危机。

党的十八大报告中明确指出：“必须树立尊重自然、顺应自然、保护自然的生态文明理念。”“坚持人与自然和谐共生。”这一理念的提出，是中国共产党人对人与自然关系深刻反思之后的科学总结，其中尊重自然强调的是人与自然相处应该秉承的态度，应该对自然抱有敬畏之心，尊重自然界的一切物质；顺应自然强调的是人与自然相处应该遵守的原则，应该按客观规律办事；保护责任强调的是人与自然相处应该担负的责任，应该充分发挥人的主观能动性，在索取的同时保护自然。因此，建设生态文明的过程就是实现人与自然和谐共生的过程，生态文明就是实现人与自然和谐共生达到的程度和水平。这样，就宣告了生态中心主义和人类中心主义的彻底破产，丰富和发展了马克思主义自然观，奠定了社会主义生态文明的生态自然观基础。因此，人与自然和谐共生的理念是新时代生态文明建设必须坚持的科学原则。

（二）坚持绿水青山就是金山银山的原则

这一原则主要紧紧围绕如何处理经济发展与生态文明之间的关系而展开的。自改革开放 40 年来，我国经济发展取得了显著成就，与此同时也积累了大量的生态环境问题。所以习近平总书记在中央经济工作会议上说“生态环境问题归根到底是经济发展方式问题”，经济发展不能以牺牲生态环境为代价，而应以保护生态环境为核心，树立和践行绿水青山就是金山银山、保护生态环境就是保护生产力、改善生态环境就是解放生产力的理念，推动形成绿色发展方式和生活方式，转变和创新经济发展方式，实现经济、人口、资源、环境同步发展，坚持节约资源和保护环境的基本国策，开创生态文明建设新时代。

我们要深刻理解“绿水青山就是金山银山”的精髓，统筹处理经济发展和生态保护的关系，加快构筑尊崇自然、绿色低碳循环发展的经济体系，积极探索以生态优先、绿色发展为导向的高质量发展新路子，不断促进绿水青山转化为金山银山，坚决防止以牺牲生态环境为代价换取一时的经济增长，推动形成人与自然和谐发展的现代化建设新格局。因此，绿水青山就是金山银山的理念是新时代生态文明建设必须坚持的科学原则。

（三）坚持良好生态环境是最普惠的民生福祉的原则

这一原则主要紧紧围绕如何处理生态环境与人民幸福之间的关系而展开的。习近平总书记指出：“良好的生态环境是最公平的公共产品，是最普惠的民生福祉。”① 尽管物质财富是影响人们幸福的重要因素，但人们幸福指数的提升不仅是占有物质财富，更重要的是身体健康和精神愉悦，而这两者又与空气、食品、环境等生态公共品的质量密切相关。

现如今，人民群众由过去的“盼温饱”转变为现在的“盼环保”，由过去的“求生存”转变为现在的“求生态”。由此可见，“人民群众对清新空气、清澈水质、清洁环境等生态产品的需求越来越迫切……并从中创造新的增长点”，坚持蓝天就是幸福，环境就是民生的原则，建设良好的生态环境，是关切民生最大的社会问题，是关系人民群众切身利益，关切民族能否绵延发展的重要方式。当前，生态环境保护是全面建成小康社会的突出短板，成为民生之患、民心之痛，人们对于改善生态环境质量的要求和期盼日益迫切。这就要求始终坚持以人民为中心，坚持生态惠民、生态利民、生态为民，着力解决损害群众健康的突出环境问题，坚决打好污染防治攻坚战，努力提供更多优质生态产品，不断满足人民日益增长的优美生态环境需要，让良好生态环境成为人民生活的增长点。因此，良好生态环境是最普惠的民生福祉的理念是新时代生态文明建设必须坚持的科学原则。

（四）坚持山水林田湖草是生命共同体的原则

这一原则主要紧紧围绕如何处理山水林田湖草之间的关系而展开的。从系统论的视角来看，山水林田湖草是一个有机整体。它是“由若干要素以一定结构形式连接构成的具有某种功能的有机整体”。我们要把握“山水林田湖草是生命共同体”的科学内涵，遵循生态系统内在规律，按照保护优先、自然恢复为主原则，以辩证思维和系统论思维对山水林田湖草进行整体保护、系统修复、区域统筹、综合治理，着力构建结构稳定、功能完备的生态环境保护支撑体系，做到源头严防、过程严管、末端严治、后果严惩，促进生态各子系统相融相依、人与自然和谐共生。

习近平同志提出，必须学会系统地而不是零散地看待自然，妥善处理人与自然的关系，尤其是“要从系统工程和全局角度寻求新的治理之道”，要“全方位、全地域、全过程开展生态文明建设”。这在于，人的生存和发展依赖于田，田依赖于水，水依赖于山，山依赖于土，土依赖于林和草，山水林

① 中共中央宣传部．习近平总书记系列重要讲话读本［M］．北京：学习出版社，人民出版社，2016：120－123．

田湖草共同构成为一个完整的生命共同体。这个生命共同体是人类生存发展的物质基础和物质条件。按照山水林田湖草是生命共同体的科学理念，必须将山水林田湖草治理统筹起来，将生态文明建设作为一项系统工程加以推进。这样，就奠定了社会主义生态文明建设的生态系统方法论基础。因此，山水林田湖草是生命共同体的理念是新时代生态文明建设必须坚持的科学原则。

（五）坚持用最严格制度最严密法治保护环境的原则

这一原则主要紧紧围绕如何处理生态环境与制度建设之间的关系而展开的。生态环境治理效果不佳在某种程度上与生态环境管理制度不健全有一定关系。在治国理政中，制度和法治是关涉根本性、全局性、稳定性和长期性的选择。从现实来看，我国生态环境保护中存在的突出问题，在很大程度上与不严格的制度、不健全的体制、不严密的法治、不到位的执行、不得力的惩处紧密相关。因此，习近平同志提出，必须依靠制度和法治来保护生态环境。只有将最严格制度和最严密法治结合起来，才能为生态文明建设保驾护航。

在《党的十八届四中全会第一次全体会议上关于中央政治局工作的报告》上，只有实行最严格的制度、最严明的法治，才能为生态文明建设提供可靠保障。一方面，必须通过生态文明体制改革的方式，推动生态文明制度创新，构建产权清晰、多元参与、激励约束并重、系统完整的生态文明制度体系，用严格的制度来推动生态治理。另一方面，我们要统筹山水林田湖草保护治理，加快推进生态环境保护立法，完善生态环境保护法律法规制度体系，强化法律制度衔接配套。同时，要加强生态文明领域的执法和司法工作。唯其如此，才能切实推进生态文明领域国家治理体系和治理能力的现代化。这样，就指明了社会主义生态文明的国家治理之道。因此，用最严格制度最严密法治保护生态环境的理念是新时代生态文明建设必须坚持的科学原则。

（六）坚持共谋全球生态文明建设的原则

这一原则主要紧紧围绕中国与全球生态文明建设之间的关系而展开的。在全球化的背景下，中国的发展离不开世界，世界的发展需要中国；同样，中国的生态文明建设离不开世界，世界的生态文明建设需要中国的生态文明建设。这是因为：在茫茫的宇宙中只有一个地球；只有地球，才是目前所知的人类生存的唯一家园；生活在地球村的人们存在着息息相关的关系，是一个命运共同体。按照人类命运共同体理念，必须在全球范围内构筑一个尊崇自然、绿色发展的生态体系，以支撑全球的可持续发展。为此，必须共同推动全球生态治理，共同维护全球生态安全，共同建设世界生态文明。

共谋全球生态文明建设是中国义不容辞的责任和义务，也是中国数百年来的梦想和目标。党的十九大报告把“坚持推动构建人类命运共同体”作为新时代中国特色社会主义思想和基本方略之一，足以看出“中国共产党始终把为人类作出新的更大的贡献作为自己的使命”。中国将一如既往地承担应尽的国际义务，同世界各国深入开展生态文明领域的交流合作，共享生态文明建设的成果和经验，携手共建生态良好的地球美好家园，共同呵护人类赖以生存的地球家园，共同应对诸如气候变化、能源资源安全、重大自然灾害等全球性生态问题。因此，共谋全球生态文明建设的理念是新时代生态文明建设必须坚持的科学原则。

第五节　推进新时代生态文明建设

一、生态文明建设的重大理论

（一）生态国情论：历史性变革为谋划生态文明建设奠定基础

党的十九大关于生态文明建设的论说是从基本国情开始的。新时期生态文明建设可谓成就显著、格局宏大。党的十九大报告从生态意识、生态制度、生态工程、生态环境治理能力、生态国际合作等方面简要介绍了党的十八大以来生态文明建设取得的深层次的、根本性的变革。

这一历史性变革体现在多个层面：在思想意识层面，“全党全国贯彻绿色发展理念的自觉性和主动性显著增强，忽视生态环境保护的状况明显改变”；在制度层面，“生态文明制度体系加快形成，主体功能区制度逐步健全，国家公园体制试点积极推进”；在生态工程层面，“重大生态保护和修复工程进展顺利，森林覆盖率持续提高”；在生态治理能力层面，“生态环境治理明显加强，环境状况得到改善”。在生态空间上还从国内向国际拓展延伸，中国“引导应对气候变化国际合作，成为全球生态文明建设的重要参与者、贡献者、引领者”。但报告也指出，我们应清醒看到“生态环境保护任重道远”，生态问题必须着力解决。

对生态文明建设的现实层面进行认识、作出判断，由此而形成生态国情论。近年来，我国提出的一系列新理念、出台的一系列重大方针政策、推出的一系列重大举措，在生态文明建设领域均有突出表现，留有鲜明印记，这些成就是重要的也是主要的方面。而问题的存在是现实的另一面，也是不可忽视的一面。生态国情的这两个方面构成了新时代生态文明建设的现实层面。对于生态文明建设现状的全面认识、深刻判断是生态国情论中最核心的内容。党的十九大报告辩证地看待新时代中国生态文明建设取得的成就与不足，既凸显自信又不忘警醒，既体现延续性也预设可能性。因此，生态国情论为未来谋划生态文明建设奠定了坚实的基础，它在生态文明建设的理论体系中有着特殊的地位。

（二）生态动力论：生态矛盾成为生态文明建设的根本动力

党的十九大报告宣布："中国特色社会主义进入新时代，我国社会主要矛盾已经转化为人民日益增长的美好生活需要和不平衡不充分的发展之间的矛盾。"这是一对彰显供求关系的社会矛盾：一方面，需求方已经超越了以前一直强调的物质和文化层次，在政治、社会、生态等方面的要求也日益增长，而且这些需求之所以重要，是因为它们同样关涉人的全面发展、社会全面进步；另一方面，虽然生产力总体提高、生产能力很多方面进入世界前列，但供应方即发展仍存在不平衡不充分的问题，其中不平衡主要存在于地区之间、城乡之间、行业之间，不充分则主要指的是发展的质量、层级不够。这一矛盾构成了新时代社会发展的根本动力。

具体到生态环境方面，我国社会主要矛盾表现为人民日益增长的优美生态环境需要和生态发展的不平衡、不充分之间的矛盾。人民群众对于生态环境方面的美好向往，主要是要求"形成节约资源和保护环境的空间格局、产业结构、生产方式、生活方式，还自然以宁静、和谐、美丽"。中国共产党人"要建设的现代化是人与自然和谐共生的现代化，既要创造更多物质财富和精神财富以满足人民日益增长的美好生活需要，也要提供更多优质生态产品以满足人民日益增长的优美生态环境需要"。而生态建设区域不平衡，生态产品量少质差，都是这一需要的制约因素。生态需求与生态发展之间的矛盾成为新时代社会矛盾体系的重要方面，矛盾的双方相互依存、相互斗争，二者之间的张力推动生态文明建设不断前进——日益增长的生态需要不断刺激生态发展，愈加平衡充分的生态发展愈益满足生态需要，人与自然逐步走向和谐共生，生态文明从而进入更高的层面。

生态动力论丰富和深化了对社会发展动力的认识。事物发展的动力源于事物内在矛盾，而生态矛盾成为新时代生态文明建设的根本动力。事实上，由人与自然之间的矛盾激化而产生的生态危机曾是人们关注生态文明建设的直接起因，但新时代的生态矛盾在外延上已远远超出了生态危机，人民日益增长的优美生态环境的需要在生态矛盾双方中越来越占据主导地位。突出人民的生态需要，体现了以人民为中心的发展理念，这是生态动力论的一个重要特点。

（三）生态价值论：美丽中国是伟大复兴的生态价值目标

党的十九大报告指出，中国特色社会主义的总任务是实现社会主义现代化和中华民族伟大复兴，在21世纪中叶建成富强民主文明和谐美丽的社会主义现代化强国。我们知道，社会主义核心价值观的基本内容在国家目标上是富强、民主、文明、和谐，而现在对于社会主义现代化强国在价值规定上增加了“美丽”一词。之所以如此，是因为党的十八大以来已经明确了中国特色社会主义事业总体布局是“五位一体”，在原来的经济建设、政治建设、文化建设、社会建设的基础上增加了生态文明建设。与之相对应，在价值追寻上也应“五位一体”。无疑，把生态文明建设提升到国家价值层面，这是党的十九大报告的亮点之一。

作为生态价值的“美丽”，也就是我们常说的“环境美”，它既包括山川草木、气候风物等自然事物之美，也涉及人造环境之美，如人们生活、学习、工作场所的卫生、整洁、绿化等，是自然美和艺术美的有机融合。环境美所涉及的范围有大小之分，党的十九大报告中提到了三类环境美：相对于全球和人类，追寻的是清洁美丽世界；相对于全国，美丽中国是生态文明建设的宏伟目标，也是社会主义现代化强国的五大价值目标之一，更是中华民族伟大复兴在生态领域的价值追寻；对于更为具体的地方如乡村，按照乡村振兴战略的规划，美丽乡村是农业农村现代化的价值目标之一，而“生态宜居”是它的时代内涵。当前很多乡村把山水田园风貌、传统民居特点和乡村生态治理相结合，推进和提升了乡村美的品质。

以“美丽”为核心价值的生态价值论是对新时代生态文明建设的一种审美层面的谋划。审美价值很早就为人们所关注，但受到普遍重视则晚得多，然而按照美的规律来改造世界是人类实践发展的必然趋势。相对于生态的经济价值，生态的审美价值是一种更高层面的价值，对生态审美价值的重视和追求往往意味着人们在生态方面的美好生活需要有了质的提升。新时代中国特色社会主义生态文明建设在价值上的自觉追求，体现也顺应了这一变化和趋势，必将在理论和实践上产生深远的影响。

（四）生态理念论：绿色发展是生态文明建设的基础理念

坚持新发展理念是习近平新时代中国特色社会主义思想的基本方略之一。党的十九大报告指出，坚定不移贯彻创新、协调、绿色、开放、共享的发展理念；其中，绿色发展理念即为生态文明建设的基础理念，而“绿色”的内涵和实质是节约资源和保护环境。在此理念指引下的绿色经济强调通过对资源环境产品和服务进行估价，降低发展对资源能源的消耗和对生态环境的负面影响，实现经济发展和环境保护的统一，从而实现高质量发展和可持续发展。

党的十九大报告要求贯彻新发展理念，建设现代化经济体系。报告在两个方面特别强调了绿色发展：一是要求深化供给侧结构性改革，在绿色低碳和现代供应链等领域培育新增长点、形成新动能，如在工业园区鼓励企业开展绿色供应链管理，对项目实行清洁化、循环化和生态化改造，真正提升生态环境质量；二是要求实施乡村振兴战略，按照生态宜居的要求建立健全城乡融合发展体制机制和政策体系，加快推进农业农村现代化。无疑，随着生态文明建设的持续推进，中国必将在更多领域贯彻落实绿色发展理念。

先进的发展理念对经济社会建设往往起着革命性的推动作用。绿色发展代表了国际经济发展的新趋势，中国理所当然不能落后。当前，在生态理念层面进行理论建构，以反映科学发展成就的、内涵不断丰富完善的生态理念论来引导生态文明建设，有着重要的意义。事实上，只有大力倡导绿色发展的生态理念，并把它作为生态文明建设的基础理念，才能真正推动经济持续健康发展，实现更高质量、更有效率、更可持续地发展。

（五）生态斗争论：坚决战胜一切自然界出现的困难和挑战

习近平总书记在党的十九大报告中指出“实现伟大梦想，必须进行伟大斗争。”这一伟大斗争，是一种以“更加自觉地防范各种风险，坚决战胜一切在政治、经济、文化、社会等领域和自然界出现的困难和挑战”为内容的特殊社会实践活动。具体到生态领域，就是更加自觉地防范各种来自自然界的风险，坚决战胜自然界出现的一切困难和挑战。除了地震、海啸等纯自然灾难和风险外，这一斗争的主要对象包括困扰当代社会发展的各种生态危机、生态灾难、生态问题。其中最为严重的生态危机，指的是人类赖以生存和发展的自然环境或生态系统的结构和功能由于人为的不合理开发、利用而引起的生态环境退化和生态系统的严重失衡。

党的十九大报告指出：“伟大斗争，伟大工程，伟大事业，伟大梦想，紧密联系、相互贯通、相互作用。”在生态领域，这一伟大斗争贯穿中国特色社会主义生态文明建设过程，是一种由中国共产党领导的、以实现中华民族伟大梦想为目标的、以中国特色社会主义伟大事业为依托的、以改造人与自然关系为内容的特殊实践活动。而且，我们还需充分认识这场伟大斗争的长期性、复杂性、艰巨性。当前全球性生态危机主要有全球变暖、臭氧层破坏、酸雨频发、雾霾扩展、淡水污染、土地荒漠化、赤潮泛滥、雨林消失、能源短缺、森林锐减、物种危绝、温室效应、垃圾成灾，等等。这些现象都曾在中国出现过，有些地方至今仍很严重，对此必须保持高度的生态忧患意识。同时，要求“发扬斗争精神，提高斗争本领”，以昂扬的精神状态和扎实的治理能力来不断夺取生态文明建设的新胜利。

党的十九大报告对生态斗争的重视值得我们关注。相对于政治、经济、文化、社会等领域，关涉自然界出现的困难和挑战在理论上更容易为人忽略、忽视，因此生态斗争论的理论建构必须提上日程。生态斗争论是关涉生态斗争的意义、对象、主体、目标、手段、策略、阶段等方面的系统论述，是新时代生态文明建设理论的重要组成部分。随着生态文明建设的深入推进，生态斗争论的理论建构也将凸显出其重要性。

（六）生态方略论：坚持人与自然和谐共生的治国方略

党的十九大确立了新时代坚持和发展中国特色社会主义的十四条基本方略。作为党治国理政重大方针、原则的最新概况，它侧重从实践层面回答新时代如何坚持和发展中国特色社会主义的问题。其中，关于生态文明建设的基本方略被高度概括为一句话：坚持人与自然和谐共生。

党的十九大构建的生态方略论内容非常丰富。首先，高度强调坚持“人与自然和谐共生”生态方略的重大意义。报告指出建设生态文明是中华民族永续发展的千年大计，功在当代、利在千秋。“千年大计”是一个在党的正式文献中较少使用的词语，在这里它既宣示了生态文明建设的长期性、复杂性和艰巨性，更是昭示了它对中华民族永续发展的极端重要性。其次，重点阐述了如何坚持和达成人与自然和谐共生。生态方略从七个方面作了纲要式的列举：(1) 理念——绿水青山就是金山银山；(2) 基本国策——坚持节约资源和保护环境；(3) 态度——像对待生命一样对待生态环境；(4) 治理方法——统筹山水林田湖草系统；(5) 制度——最严格的生态环境保护制度；(6) 践行方式——绿色发展方式和生活方式；(7) 道路——坚定走生产发展、生活富裕、生态良好的文明发展道路。纲举目张，以上七条是必须确立的观念、态度、国策和践行的制度、方法、方式、道路。最后，还设定了生态方略指向的两个目标：一是建设美丽中国，为人民创造良好生产生活环境；二是为全球生态安全作出贡献。

党的十九大报告中关于生态方略的阐述体现了以习近平同志为核心的党中央对中国特色社会主义生态文明建设规律认识的深化、拓展和升华。报告把生态文明建设的基本方略浓缩为“坚持人与自然和谐共生”，精准概括了生态文明建设的本质。报告还从观念、态度、国策、制度、方法、方式、道路、目标等众多层面对这一方略进行了系统构建。可以说，生态方略论已经搭建了完整的逻辑框架，是一种成熟的而且颇具创新性的生态理论形态，对新时代中国特色社会主义生态文明建设事业具有重大的指导意义。

（七）生态阶段论：美丽中国有着不同的阶段性特点

美丽中国战略目标是决胜全面建成小康社会、全面建设社会主义现代化国家宏大目标体系里的一个有机成分。党的十九大报告综合分析国际国内形势和我国发展条件，对这一战略作了总体部署，擘画出了新时代中国特色社会主义生态文明建设的战略性图景，形成了生态阶段论。

从具体内容看，党的十九大报告规划了不同时期及其阶段性任务。它指出，在全面建成小康社会决胜期（从现在起至 2020 年），要按照全面建成小康社会各项要求，紧扣我国社会主要矛盾变化，推进生态文明建设，坚定实施可持续发展战略，突出抓重点、补短板、强弱项，特别是要坚决打好污染防治的攻坚战，使全面建成小康社会得到人民认可、经得起历史检验。在“两个一百年”奋斗目标的历史交汇期，生态文明建设开启新征程，向第二个百年奋斗目标进军。这一时期，可分为两个阶段：第一阶段（2020 ~ 2035 年），历经十五年奋斗，基本实现社会主义现代化。到那时，我国生态环境根本好转，美丽中国目标基本实现。第二阶段（2035 年到 21 世纪中叶），在基本实现现代化的基础上，再奋斗十五年，把我国建成富强民主文明和谐美丽的社会主义现代化强国。到那时，我国生态文明水平将全面提升。

生态阶段论是对我国生态文明由量变到质变的辩证过程的理论反映和合理推测。按照新时代中国特色社会主义发展的战略安排，在全面建成小康社会决胜期，总体属于生态还账阶段；而接下来的历史交汇期是生态利好阶段，将实现生态环境根本好转向生态文明全面提升的飞跃。通过对所规划的美丽中国战略目标的阶段性特点的描述，生态阶段论勾画出了生态文明建设的总体路线图，它既具有一定的预测性又具备切实的可行性。

（八）生态制度论：通过体制改革促推生态文明建设

党的十九大报告对于加快生态文明体制改革的叙述可谓浓墨重彩，篇幅也最多。事实上，牢固树立社会主义生态文明观，推动形成人与自然和谐发展现代化建设新格局，离不开制度的保障。生态制度的建设和改革可以为生态文明建设提供强有力的制度保障。

党的十九大报告比较关注生态制度建设，其内容要点如下：第一，推进绿色发展。建立健全绿色低碳循环发展的经济体系，构建市场导向的绿色技术创新体系和清洁低碳、安全高效的能源体系，推进资源全面节约和循环利用，倡导简约适度、绿色低碳的生活方式，开展一系列绿色行动。第二，着力解决突出环境问题。实施大气污染防治行动，实施流域环境和近岸海域综合治理，开展农村人居环境整治行动，强化排污者责任，健全环保信用评价、信息强制性披露、严惩重罚等制度，构建环境治理体系。第三，加大生态系统保护力度。实施重要生态系统保护和修复重大工程，完成三条控制线划定工作，开展国土绿化行动，完善天然林保护制度，健全耕地草原森林河流湖泊休养生息制度。第四，改革生态环境监管体制。完善生态环境管理制度，构建国土空间开发保护制度，坚决制止和惩处破坏生态环境行为。

生态制度是生态理念、价值、方略、战略的具体化，而生态理念、价值、方略、战略只有被具体化为各种制度、落实为各种法规，才能在国家这一强大后盾之下得以强制施行。所以，生态制度论是新时代中国特色社会主义生态文明建设理论体系中实践性色彩较为浓厚的组成部分。在社会转型的大变局时期，关涉生态体制改革的内容自然也是生态制度论中不可或缺的重要部分。

（九）美丽世界论：推动人类命运共同体视域下的生态文明建设

美丽世界论的构建有着宏大的现实背景，即全球生态安全的恶化。党的十九大报告指出，全球气候变化等非传统安全威胁持续蔓延，人类面临许多共同挑战。在这一视域下，生态文明建设其实超出了单个国家这一局域范围，业已成为全球性事业。

党的十九大倡导的美丽世界论内容十分丰富。首先，它表明了建设清洁美丽世界的鲜明态度。中国人民愿同世界各国人民一道，推动人类命运共同体视域下的生态文明建设。而中国秉持共商共建共享的全球治理观，承诺将继续发挥负责任的大国作用，积极参与全球治理体系改革和建设，不断贡献中国智慧和力量。其次，它提出了建设清洁美丽世界的宏伟愿景。报告指出，要坚持环境友好，合作应对气候变化，保护好人类赖以生存的地球家园。报告还把积极参与全球环境治理、落实减排承诺作为着力解决突出环境问题之一。最后，它对中国在全球生态领域的角色作了明确定位。报告提出要构筑尊崇自然、绿色发展的生态体系，始终做世界和平的建设者、全球发展的贡献者、国际秩序的维护者，并把美丽世界建设纳入了新时代中国特色社会主义基本方略。

美丽世界论是美丽中国论的合理延伸。作为应对全球生态问题的中国方案，它既勾勒了中国在生态文明建设领域的全球化视野，也传达了中国走向强盛的历史进程中向世界提供本土智慧的良好愿景。中国共产党人呼吁各国人民同心协力构建人类命运共同体、建设清洁美丽世界，而这也体现了党的十九大所谋划的伟大事业的世界性意义。

（十）生态哲学论：人与自然是生命共同体

马克思主义经典作家恩格斯曾在《政治经济学批判大纲》中提出“两个和解”的思想，即“我们这个世界面临的两大变革，即人同自然的和解以及人同本身的和解”[①]。党的十九大报告指出：“人与自然是生命共同体，人类必须尊重自然、顺应自然、保护自然。”这是一个具有浓郁哲学意味的重大论断，和报告提出的“人类命运共同体”论断一起构成了我们党对于自然、对于人类自身最基本的看法，是对恩格斯关于两个和解思想的一种新

---

① 马克思恩格斯全集：第1卷［M］. 北京：人民出版社，1972：603.

时代的表达。

事实上，人与自然之间具有“一体性”。党的十九大报告创造性地提出了人与自然是“生命共同体”的理念。“生命共同体”是指：自然构成一切生命的基础和来源，人在自然演化的过程中凭借劳动而诞生，人类在与自然的物质变换中生存、生活和生产，这样，人与自然就构成一个有机生态系统，共存共荣，协同进化。它意味着人与自然构成一个相互依存、相互关联、相互制约的矛盾统一体。“人与自然是生命共同体”的论断指明了生态文明建设的哲学（伦理学）依据，即我们应该把人与自然的和解建立在生命共同体认同的基础上，把对待自然的敬畏、顺应和保护的态度建立在对生命共同体认同的基础上。因此，作出“人与自然是生命共同体”的重大论断，这也就意味着在新时代一种具有全新内涵的生态哲学（伦理学）的诞生。

二、生态文明建设的实践问题

近年来，我国生态文明建设实践在习近平生态文明思想的指导下，取得了很大的进展和丰硕的成果，但依然存在着有待我们进一步思考和解决的四个问题：生态资源转换为经济财富的途径，生态文明理念与生态文明建设的整体性思维，生态文明建设与科技创新的关系，生态文明建设实践中的环境民生与环境权。解决好这四个问题，对于全面深入地理解习近平生态文明思想，进一步推进和深化我国生态文明理论研究和建设实践具有重要的意义和价值。

（一）生态资源转为经济财富的途径问题

党的十八大将生态文明建设融入经济建设、政治建设、文化建设和社会建设各方面和全过程，提出了“五位一体”的战略布局，强调应当通过树立人与自然和谐共生的生态文明理念，践行生态文明发展道路，实现国家富强、民族振兴和人民幸福的“中国梦”的战略目标。习近平总书记一方面反复强调，“发展”是党执政兴国的第一要务，另一方面也要求我们摒弃以牺牲环境资源为代价的粗放型发展方式，强调“绿水青山就是金山银山，阐述了经济发展和生态环境保护的关系，揭示了保护生态环境就是保护生产力、改善生态环境就是发展生产力的道理，指明了实现发展和保护协同共生的新路径。

绿水青山既是自然财富、生态财富，又是社会财富、经济财富。但是，

“绿水青山”作为一种生态资源和生态财富，显然不能直接等于经济财富和社会财富。只有让生态资源作为一种生产资料发挥其作用，生态资源才有可能转化成为一种经济财富和社会财富。作为自然资源和生态财富的绿水青山，通过何种具体途径才能转化为社会财富和经济财富，值得我们认真思考。从马克思的劳动价值论中可以看出，生态资源能否顺利转换为经济财富，首先取决于它能否成为生产资料进入人类的劳动过程；其次取决于能否根据生态资源的现实，寻找到既能促进经济发展，又能维系人与自然和谐共生关系的发展方式和生活方式；再次必须树立“以人民为中心”的发展思想和“环境民生论”，使生态资源的利用真正服务于人民对美好生活环境的需要和向往，而不是满足于资本追求利润的需要，生态资源才能顺利地转化为社会财富和经济财富；最后建立健全的生态补偿制度是生态资源转换为社会财富和经济财富的制度保障。

（二）生态文明理念与生态文明建设的整体思维

习近平总书记反复强调树立维系人与自然和谐共生关系的生态文明理念对于生态文明建设的重要性。树立生态文明理念是必要的和重要的，但是仅仅树立生态文明理念对于生态文明建设的作用还是不够的，重点是要将生态文明理念落实到生态文明建设实践中。这就要求我们坚持生态治理和生态文明建设的整体性思维，即一方面需要建立健全的生态制度体系，以生态法律法规为基础硬性方面规范人们的实践行为，为践行生态生产力发展观提供制度保障；另一方面又要提升生态文化价值观，提升民众践行生态文明发展道路和保护生态环境的内在自觉。其核心是以生态文明理念为基础，以整体性思维为指导，全面推进和深化我国的生态文明建设实践。

虽然我国社会的主要矛盾已经转化为人民日益增长的美好生活需要和不平衡不充分的发展之间的矛盾，但我国仍处于并长期处于社会主义初级阶段，这决定了我们仍然“要把发展作为第一要务，努力使发展达到一个新水平”。发展是硬道理的战略思想要坚定不移坚持，同时必须坚持科学发展，加大结构性改革力度，坚持以提高发展质量和效益为中心，实现更高质量、更有效率、更加公平、更可持续地发展。传统的以劳动要素投入为主的发展模式造成的现实困境和中国社会主要矛盾的转换要求我们必须在牢固树立生态文明理念的同时，保持与此生态文明理念相一致的生态文明发展方式，践行生态生产力发展观，真正解决经济发展与生态保护之间的矛盾，从而实现创新、协调、绿色、开放和共享发展。

（三）生态文明建设与技术创新的关系问题

将中国生态文明建设道路归结为以科技创新为主导的绿色发展道路。以投入为主的粗放型发展方式虽然推动中经济总量迅速增长，但是其造成的产业结构不合理、不协调和不可持续等的严重生态问题决定了我们必须转换生产方式，为我国经济社会协调可持续发展寻找新的发展动能。这种新的发展动能在习近平总书记看来，就是以科技创新为主导的有质量和内涵的创新驱动发展。习近平总书记特别强调实施科技创新战略导向的重要性，并应当把科技创新的重点放到关系到国家战略发展成败的新兴产业上，重点突破信息技术、生物技术、制造技术、新材料技术、新能源技术等新技术。只有这样，才能够实现社会生产和消费从工业化向自动化、智能化转变，实现我国产业结构的升级换代，从根本上推进我国的生态文明建设，使我国经济社会可持续、协调和绿色发展，以更好地满足人民对美好生活的向往和追求。

我国的生态文明理论研究和建设实践虽然也认识到了科技创新的重要性，但关注更多的还是如何阐释和树立生态文明理念，也就使得如何实现科学技术创新和科学技术生态化问题成为我国生态文明理论研究和生态文明建设实践中的薄弱环节。事实上，离开了科学技术创新和科学技术生态化，生态文明建设只能流于空谈。这是因为生态文明建设的核心是在生态文明理念的指导下，通过科学技术创新和科学技术生态化的生态文明发展方式，使科学技术的运用遵循生态学规律，不仅会起到节约自然资源耗费和减少环境污染的作用，而且真正实现绿色发展、循环发展和低碳发展。这就要求我国的生态文明理论研究和建设实践不能仅仅停留于宣传生态文明的理念和生态文明制度建设上，还必须把研究重点放到如何实现科技创新和科学技术生态化上，从而为我国的生态文明建设和生态治理提供可靠的保障。

（四）生态文明建设实践中的环境民生与环境权问题

良好生态环境是最普惠的民生福祉。民之所好好之，民之所恶恶之。环境就是民生，青山就是美丽，蓝天也是幸福。发展经济是为了民生，保护生态环境同样也是为了民生，要坚持生态惠民、生态利民、生态为民，重点解决损害群众健康的突出环境问题，加快改善生态环境质量，提供更多优质生态产品，努力实现社会公平正义，不断满足人民日益增长的优美生态环境需要。习近平总书记不仅提出“环境民生论”，而且把人民群众是否满意作为判断我国生态文明建设成功与否的标准，鲜明地体现了中国共产党“以人民为中心”的发展思想，是我国生态文明建设必须坚持的基本原则和价值立场。

但是，我国生态文明理论研究和建设实践在阐释和践行“环境民生论”的过程中，相对忽视与“环境民生”紧密联系的“环境权”问题。这不仅使得我们对“环境民生论”的阐释显得相对薄弱，而且也必然影响在生态文明建设实践中无法完整地落实和体现“环境民生论”。强化对“环境权”的研究，把环境民生与环境权有机结合起来是我国生态文明理论研究和建设实践必须加以重视的问题。

所谓“环境权”是指主体享有在健康和安全舒适环境中生存的权利。具体而言，“环境权”的内涵应当包含责任义务和权利两个层面的内容。习近平生态文明思想中的“环境民生论”既强调了政府对人民的责任和义务，又肯定了人民群众对美好生产和生活环境追求的合理性，辩证地实现了强调实现“环境民生论”与“环境权”的有机统一，是对当代西方生态文明理论的超越。习近平生态文明思想中的“环境民生论”首先强调政府对集体和公民个人的责任与义务，要求生态文明建设和生态治理应当重点关注人民意见突出的生态环境问题，并把人民群众是否满意作为评判生态文明建设成败的标准。同时也反复强调了生态文明建设应当坚持“德法兼备”的社会主义治理观，一方面通过制定严格的生态法律法规和生态文明制度体系，规范人们的实践行为，另一方面主张通过生态文化价值观和道德观建设，培育人们珍爱自然、节约资源和节俭有度的绿色生活方式。正因为如此，可以说，其真正实现了政府、集体与公民个人在处理生态问题上的权利与义务的辩证统一。

思考题

1. 习近平生态文明思想是习近平新时代中国特色社会主义思想的重要组成部分，是新时代生态文明建设的根本遵循和行动指南，我们应如何把握习近平生态文明思想的核心要义？

2. 生态文明建设是关系中华民族永续发展的千年大计和根本大计，在新时代，应该如何推进生态文明建设？

第四章　污染防治与环境治理

要深入打好污染防治攻坚战，集中攻克老百姓身边的突出生态环境问题，让老百姓实实在在感受到生态环境质量改善。要坚持精准治污、科学治污、依法治污，保持力度、延伸深度、拓宽广度，持续打好蓝天、碧水、净土保卫战。

——习近平在十九届中央政治局第二十九次集体学习时的讲话

（2021 年 4 月 30 日）

党的十八大以来，中国开展了一系列根本性、开创性、长远性的工作，推动我国生态环境保护从认识到实践发生了历史性、转折性、全局性变化，为实现经济高质量发展提供了强大助力。人们头顶的蓝天更多了，身边的大地更绿了，河湖水体更清了，实践充分证明，良好生态环境是最公平的公共产品，是最普惠的民生福祉；经济发展不能以破坏生态为代价，保护生态环境就是保护自然价值和增值自然资本，就是保护经济社会发展潜力和后劲。2018 年 5 月，在全国生态环境保护大会上，习近平总书记强调要加快建立健全以生态系统良性循环和环境风险有效防控为重点的生态安全体系。2019 年 8 月，习近平总书记在河西走廊的山丹马场调研生态环境保护时指出，我国进入高质量发展阶段，生态环境的支撑作用越来越明显。坚持节约优先、保护优先、自然恢复为主的方针，维护攸关国家和区域生态安全的关键生态系统的完整性、稳定性和功能性；把解决突出生态环境问题作为民生优先领域，打赢蓝天、碧水、净土保卫战；有效防范生态环境风险，构建现代环境治理体系，提高环境治理水平，让良好生态环境成为人民幸福生活的增长点、经济社会持续健康发展的支撑点和展现我国良好形象的发力点。

第一节 水、土、气污染防治

一、水污染防治

水污染，即水体因某种物质的介入，而导致其化学、物理、生物或者放射性等方面特征的改变，从而影响水的有效利用，危害人体健康或者破坏生态环境，造成水质恶化的现象。简言之，凡是在人类活动影响下，水质变化朝着水质恶化方面发展的现象，统称为水污染。而不论其是否影响使用程度，只要发生，即为污染。

1. 水污染现状

（1）水污染状况普遍。据水利部发布的《中国水资源公报》数据显示，我国2016年废污水排放总量达到765亿吨，相比2015年的废污水排放总量770亿吨略有减少，但废污水排放总量仍然较高。另外，从2016年我国河流水质情况来看，Ⅰ—Ⅲ类水质河长占76.9%，劣Ⅴ类水质河长占9.8%；从2016年湖泊水质统计情况来看，全年总体水质为Ⅰ—Ⅲ类、Ⅳ—Ⅴ类、劣Ⅴ类水质湖泊占评价湖泊总数的23.7%、58.5%、17.8%；从2016年水库水质来看，全年总体水质为Ⅰ—Ⅲ类、Ⅴ—Ⅴ类、劣Ⅴ类水质水库占评价水库总数的87.5%、9.3%、3.2%。而从水质监测的污染物来看，我国7大水系中的污染物种类多达2000余种，水中污染物种类的数量还保持着不断增加的状态，这些污染物将给经济发展与人们生活带来巨大的危害。可见，当前我国水污染状况已十分普遍，将制约我国的长远可持续发展。

（2）水污染治理较为落后。我国前期由于采用粗放型的经济发展模式，过度地关注经济指标的增长，而在环境保护方面缺乏有力的治理措施，导致在水污染治理方面存在法律宣传不足、治理经费不足、排污标准过低、治理技术手段落后等一系列问题，导致企业违法排污屡禁不止，甚至有些企业直接向河流、水源地等区域大量排放重金属等有毒有害物质，给水资源环境带来了重大的破坏。

（3）水资源环境安全隐患多。现有数据显示，长江沿岸分布着五大钢铁基地、七大炼油厂以及40多万家化工企业，仅规模以上排污口就有6000多个，每年向长江排放的废污水近400亿吨，占全国污水排放量的一半以上，相当于黄河的总水量。虽然近年来我国加大了对重点污染源的监控工作，但这些重点污染源一旦发生污染物泄露事件，势必会发生大范围的水污染事件。可见，重点污染源分布于河流、湖泊沿岸存在着较大的安全隐患。

2. 水污染危害

（1）对人体健康的危害。水是生命之源，人类的生存离不开水。我国居民饮用水多利用江河湖泊和部分地下水，被污染的水中多含有微生物、寄生虫卵和重金属离子，易引起疾病、中毒事件的发生，某些污染物甚至会导致人类遗传物质发生不可逆的改变，对人体健康十分不利。

（2）对工业生产的危害。许多的工业生产环节中水是重要的原材料，并且对水质的要求较高，而水质受到污染后，工业企业为保证产品质量需要耗费大量的经费对水进行处理，造成了资源浪费，工业生产成本的增加，影响工业企业的经济效益。

（3）对农业、渔业的危害。农业生产过程中如果采用受污染的水对农作物进行浇灌，会使土壤结构受到破坏，肥力下降，导致农作物减产失收。另外，农作物生长过程中会吸收污染水中的一些重金属等污染物质，被食用后会对人体健康造成危害。水质污染后由于污染水中含有大量的氮、磷、有机物等，这些物质的存在会使水中藻类疯长，使得水体通气不佳，会造成水中的溶解氧下降，甚至在一些污染严重的水体中会形成无氧层，导致水中植物大量死亡，水体中的渔业类养殖产品会减产或者造成大量死亡而绝收。

（4）造成经济损失。水污染处理需要投入大量的人力、物力和资金，造成能源、资源的浪费。被污染的水用于农业生产会造成作物减产，影响经济效益。

3. 水污染防治

水污染防治是指对水体因某种物质的介入，而导致其化学、物理、生物或者放射性等方面特性的改变，从而影响水的有效利用，危害人体健康或者破坏生态环境，造成水质恶化的现象的预防和治理。

（1）水污染防治的基本原则。水污染防治在我国发展中有着举足轻重的作用，在当前形势下治理需要以绿色发展为核心，具体防治基本原则：

综合性。传统水污染防治未能与生态情况相连接，因此当前的治理措施需要与自然环境相关联，利用生态学理论修复水资源污染区域，以此推进生态综合建设，体现出水污染防治的综合性，达到人和自然和谐相处的目的。

系统性。水污染防治有着较强的系统性，在开展需要构建起适应生态环境良性循环体系，与自然生态环境之间存在相互制约，以相关建设将河流形态提升到最优，使两者相互促进。

兼容性。水污染防治具有兼容性，如单纯靠制度是远远不够的，需要将治理、保护、开发等项目融合，为水资源保护提供保障，以此使生态环境维持在平衡状态，达到原有水生态环境保护的作用。

（2）水污染防治对策与措施。完善相关的法律法规，健全相应的防治机制。在贯彻落实《水污染保护法》等法律法规的时候，应根据水污染防治工作的具体情况，建立完善的环境保护监督机制，加强水环境的监督保护。如应对污水的排放标准进行严格的控制，尤其是要加强对工业污染排放的监督与管理，对那些违法排放的企业要进行相应的处罚。对集中排污口的各类污染源，加强跟踪监测，要及时地发现问题并解决问题，最好是以流域为单元，以河流为主线，这样就能强化流域管理的监督职能，也能加强各个部门之间的交流与合作。建立地方环境保护的相关法律，包括环境保护和资源保护，进而使得环境保护的法律法规形成完善的体系，提高法律法规的可操作性，构建地方环境保护责任问责机制，做到“谁污染，谁治理，谁负责”。例如，在山西省人民代表大会中，对于生态环保方面，根据当地的实际情况作出了相应的修改，汾河流域水污染条例也进行了严格的规定，如禁止设置排污口，重点工业污染中设置了取消试生产制度。同时，还要求那些重点排污单位要构建自动化的检测设备，并且保存一些原始的记录，增加了处罚的额度，垃圾和废弃物的排放从原本的 2000 ~ 10000 元，逐渐上涨到 20000 ~ 200000 元。

加强水资源保护转变，大力推行节约清洁生产。水污染防治可以充分体现水资源保护的生态性，处理好生态环境与水资源保护的生态关系，以此为群众营造出功能完备的亲水空间。在实际建设过程中，除了需要突出各类水域的自我修复功能外，还需要发挥治理的社会效益及经济效益，将生态理念融入水资源保护中，在发挥河流经济功能的同时保护河流生态环境，严格落实生态建设制度，针对各地的水资源分布、地质条件等建立数据库，明确发展中的重点环节，加快水资源保护体制改革，使其成为我国未来发展的主要发展趋势。贯彻预防为主，防治结合的方针，坚持环保第一位指导思想，研究控制污染源的处理，淘汰落后的生产设备，提高工艺水平，从原料源头进一步严格控制，推行清洁化生产工艺，使排污总量在现有水平上得到进一步削减。加大对超量超标排污企业的处罚力度，对企业的排污建设给予鼓励和扶持，减轻企业的经济压力，充分发动企业的内在的积极性。

加大水污染防治研究的投资力度，引进先进的治理技术。在 2018 年环保产业创新大会中，相关人员就指出，我国的水污染治理产业已经到了最为关键的阶段，在新形势下，必须将产业和技术结合在一起，这是一种需求导向。例如，生物、化学和物理等三种方式，这三种方式还可以结合在一起，物理的方式则是屏蔽法，就是将受污染的部分都圈起来，这样可以防止污染物进一步地扩散。还可以利用生物的方式，适当地添加一些氧和营养物质，这样可以刺激微生物的生长，从而强化污染物的降解过程。此外，还可以从微生物的角度出发，在地表设施中，对一些微生物进行选择性的培养，然后用注射的方式就可以将这些微生物输送到那些受到污染的地带。在利用了这些先进的技术之后，我国的水资源重复利用率可以达到 20%，这样不仅可以让企业收获一定的经济效益，也可以为人们提供一个更为优质的环境。

明确治理部门责任，建设队伍。在开展水污染防治这一项工作的过程中，一定要考虑水资源本身所具备的特点，那便是流动性与循环性，所以在具体工作中，应该重视对不同地区、不同部门之间工作的整合，一起联合，从而可让水资源管理体制得到有效的改革与优化，从而提升水污染防治工作的效果。明确责任主体，加强监管，让各项措施以及工作内容能够被有效落实，对监管部分工作要从细节入手合理划分，让每一个监管部门都能明确自己的责任，并将各种要求落到实处。加强队伍建设，对水污染防治过程的监督能落到实处。在加强队伍建设方面，第一，应该从现有工作人员的培训入手。当前互联网时代下通过多个渠道来不断增加自己的知识和工作水平；第二，应该重视新鲜力量的引入。此外可以定期举办讲座等活动，并让负责此项工作的人能够不断更新自己的思想观念，这对队伍建设有极大的帮助。

加大环境保护的宣传教育。我国很多地区水环境的污染非常严重，有很大一部分原因就是人们缺乏环境保护意识。对于生活污水以及生活垃圾，不能正确处理，存在着随意倾倒的现象。所以，必须加大对居民的环境保护宣传教育，提高他们对水环境保护的重视，形成环境保护意识，规范他们的行为。可以在道路两旁、文化广场，设置环境保护的标语；设置科普宣传栏，展示一些水环境保护知识，以及水污染危害知识等；还可以定期举办环境保护宣传大会，开展环境保护法律、法规宣讲活动，邀请居民参加“世界水日”“环境日”等相关环保主题活动，鼓励他们参与其中，拉近居民与环境的距离，根植保护生态环境意识。

总之，在以上对策和措施下，水污染防治及治理在以上必须顺应自然要求，在建设前需要根据实际情况合理优化方案，将生态建设理念合理应用，保证现代化绿色发展理念的有效落实。同时，在建设过程中需要将地域文化与区域水文特点融入，按照尊重自然、顺应自然的要求开展治理工作，坚持节约优先、保护优先，以固本培元为修复的基本点，将河流与周围的自然环境进行结合，发挥治理措施拦截、过滤的屏障作用，避免因为施工占用土地而破坏河道周围的环境问题的出现，达到人与自然和谐共生，从而恢复地区水资源的生态环境。

二、土壤污染防治

人为活动产生的污染物进入土壤并积累到一定程度，引起土壤质量恶化，并进而造成农作物中某些指标超过国家标准的现象，称为土壤污染。

1. 土壤污染现状

土壤作为人类生存之本，是我们生活中必不可少的物质财富，土壤资源的利用与保护程度也是与人类社会生存、发展息息相关的。近几十年来，随着工业化、城市化、农业集约化快速发展和经济持续增长，资源开发利用强度日增，人们生活方式迅速变化，大量未经妥善处理的污水直接灌溉农田、固体废弃物任意丢弃或简单填埋、废气尾气长距离运输与沉降、大量不合理的化肥农药的施用与残留，这些人类在生产、生活过程中不合理地开发利用，导致了土壤资源受到污染和破坏，并以一种不容忽视的速度和趋势在全国范围内蔓延，严重影响到我国土壤生态系统的生物多样性，食物链的安全。据统计，全国至少有1300万~1600万平方公顷耕地受到农药污染。每年因重金属污染的耕地粮食产量超过1200万吨，最直观的经济损失超过200亿元。土壤污染不仅严重影响了土壤质量和土地生产力，而且还导致水体和大气环境质量的下降，破坏农业的可持续发展。同时，随着我国各种污染日益严重，土壤修复所支付的费用也在日益增加（见图4.1）。

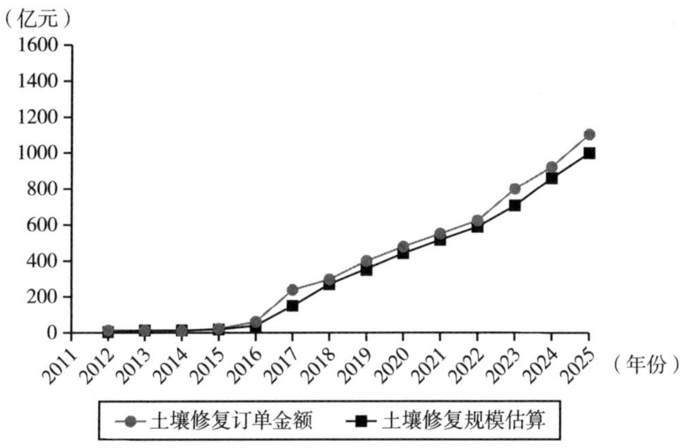

图 4.1　2012～2025 年中国土壤修复规模测算情况

2. 土壤污染危害

目前，我国土壤污染类型及危害主要有：（1）重金属污染。主要是指汞、铅、镉等以及类金属砷等生物毒性显著的重元素对土壤的污染。具有较强的隐匿性、持续时间长、无法被生物降解，造成粮食减产等影响。（2）土壤有机物污染。有机物污染物可通过地表径流、大气干湿沉降或土气交换作用进入土壤或大气，多具有致畸、致癌、致突变、内分泌干扰性的特点。（3）土壤放射性污染。主要来源于原子能在利用过程中所排放的废水、废气和废渣以及核试验的沉降物，在自然沉降、雨水冲刷作用下污染土壤。（4）土壤病原菌污染。主要来源于人畜粪便和灌溉污水中的病原菌、病毒等病原微生物的污染。人直接接触或食用被土壤污染的蔬菜、水果等极易引起人类健康疾病。

3. 土壤污染防治

（1）建立土壤污染防治体系，制定土壤污染防治法。面对当前严重的土壤污染问题，在治理工作上，首先需要建立土壤污染防治体系，相关人员也应该对这方面的工作给予高度重视，完善规定和策略，从考虑整体的角度再来细化相关的应用措施，以此强化土壤污染防治体系的专一性和针对性。首先，要提升关于土壤环境保护的科研投入，其次要巩固土壤质量监测监控体系。土壤污染具有隐蔽性、滞后性、累积性、不均匀性、难逆转性、难治理性等特点，为了有效治理土壤污染问题，要制定详细的土壤污染防治法。从整体上看，目前我国采取的是一个目标、两个环节、三个重点以及四个基础的方针，一个目标指的是用 6～7 年的时间遏制土壤污染情况；两个重点指的是抓好耕地和建设用地，尤其是抓好城市里的居住和商业用地的污染防治；三个环节指的是防、控、治；四个基础指的是摸清底数，完善制度，创新技术，提升能力。制定法律和颁布法律是防治土壤污染的重要前提，还需要重点分析农业和工业中容易引发土壤污染的原因，进而制定科学有效的防治措施，如农业方面需要普及科学的农业发展方式，指导农民科学施肥等。

（2）切实落实损害担责的法律原则。适当的惩戒能够有效地避免污染问题的发生，在执法过程中有关人员必须从严执法，切实让污染土壤的企业和个人受到相应的处罚。但是在实际的生活当中，因为大多数土壤污染受害者都面临着举证难、鉴定难、索赔难的尴尬境地，受害者的权益没有得到有效的维护，施害者自然不会受到惩戒。因此，必须切实落实损害担责的法律原则，保护受害者的权益。

（3）借鉴国外先进经验，提升土壤环境修复技术。国外在防治土壤污染这一方面具有先进的经验，我国应该适当地借鉴国外的先进经验，为土壤污染的风险评估和风险管理提供科学的依据。但是在借鉴国外先进经验的时候要结合本国或者本地区的具体情况，切忌出现崇洋媚外的现象。在调查中发现，关于土壤环境修复技术，主要是挖掘、焚烧和固化等手段，一些中等难度的技术仍旧处在试点阶段，如热处理、生物痛风等，而更难等级的化学淋洗、电动力学修复尚处在实验阶段，因此提升土壤环境修复技术很有必要。

（4）尽快编制出台土壤污染防治计划。要想有效抵制土壤污染，相关部门要尽快编制出台土壤污染防治行动计划。土壤污染部门可以和其他部门相互合作，在相互配合中解决环境污染问题，根据土壤污染的实际情况和防治要求制定合理的行动计划。土壤污染修复过程中会涉及污染物的运输问题以及土壤污染物的治理问题，重金属废水、废渣等物质的处理都需要制定详细的处理计划。

（5）推进信息公开，保障公众参与。加强对于土壤污染防治的宣传和教育，建设防治平台，及时公开信息，保障公众的参与，这样才能呼吁公众参与进来，发挥出强大的社会力量。

三、大气污染防治

大气污染是由于人类活动或自然过程引起某些物质进入大气中，呈现出足够的浓度，达到足够的时间，并因此危害了人体的舒适、健康和福利或环境的现象。

1. 大气污染现状

我国由于人口众多，且发展迅速，能源消耗巨大，且早期污染企业对环境保护认识不足，造成了目前我国环境现状不容乐观，其中大气污染是我国重点治理防御的工作目标之一。根据世界卫生组织（WHO）2018 年公布的对全球空气污染的调查报告，报告显示全球范围内接受统计的 1082 个城市中，中国有 31 个省会城市列入排名，其中最后 100 名内，中国城市占了 22 个；在 91 个国家中，我国排名第 77 名。据有关文献报道，在世界污染物排放量排名中，中国二氧化硫和臭氧排放量位居世界第一，二氧化碳排放量位居世界第二，二氧化氮和其他粉尘颗粒也位居世界前列。经过对我国城市空气质量进行检测，140 多个城市超过《环境空气质量标准》的二级标准，被列入严重污染性城市。全球大气污染最严重的城市中，中国占据 2/3。我国的产煤量和燃煤量都位居世界前列，在燃煤过程中形成的二氧化硫和粉尘对大气环境造成严重污染。2018 年，全国 338 个地级及以上城市中，121 个城市环境空气质量达标，占全部城市数的 35. 8%，比 2017 年上升 6. 5 个百分点；217 个城市环境空气质量超标，占 64. 2%。我国二氧化硫和对臭氧层进行消耗（ODS）的排放量都位居世界第一，而二氧化碳的排放量位居第二，其他大气污染物排放量也位居世界前列。大量有害气体的排放，加剧了城市热岛效应，其进入大气后还会和水蒸气结合，最终形成酸雨，严重影响人们的正常生活和社会经济发展。随着我国经济的快速发展，人们的生活质量随之提高，对汽车的需求越来越大，汽车尾气排放污染也呈现上升趋势。

2. 大气污染危害

（1）对人体所带来的危害。大气污染对人类造成的危害是十分严重的。一是人体会产生急性中毒的情况。在污染物浓度较低时，其危害暂时不会伤害到人体健康，但是随着时间的推移，危害程度累积、加重，便会对人体器官带来损伤，严重时会造成部分器官发生癌变。同时，伴随污染物浓度的不断提升，便会造成急性中毒现象，严重时甚至危及生命。

（2）对工业、农业的危害。大气环境污染还会对工业、农业发展带来不利影响。其中工业方面的影响主要体现在：大气中的颗粒物沉积在工业仪器的重要部位，影响仪器精密度和使用寿命。农业影响主要体现在：大气内的酸性气体随着雨水下降，破坏土壤的性质，影响农作物的良好生产。同时，这些酸性气体及空气内的颗粒物也会影响农业设备的良好运营。

（3）对天气的影响。在一些工业城市，由于受到严重的大气污染问题，不仅会影响局部天气，大气内的颗粒物还会造成雾霾天气的出现，影响可见度，引发交通事故的出现。此外，一些颗粒物还会吸附空气水分子，影响地区降水。

（4）对植物的伤害。大气环境污染还会危害作物的生长，其中的污染物通过气孔进入植物体内，再通过生物、化学反应等破坏植物的组织，对植物的代谢和生长带来不利影响，影响植物的成长和收成。

3. 大气污染防治

（1）更新和优化法律法规体系，加大执法力度。法律法规体系是大气污染治理过程中的重要参照标准，完善法律法规内容，使其符合现今治理需求，可很好地改善治理效果，提高大气环境质量，为人们生活及动植物生存提供良好环境。同时还要准确掌握社会发展实况，不断实行法律法规的更新和完善，充分发挥其作用优势，改进大气污染治理效率。在大气污染治理上要做到有法必依、执法必严、违法必究，加大监督和执行的力度，针对违规排放污染气体的行为要予以严肃处理。相关职能部门和各级地方政府要严格按照《生态环境损害赔偿制度改革试点方案》，成立试点工作领导小组，加快生态环境损害鉴定评估技术标准体系建设。

（2）健全联合机制，强化治理效果。首先，中央应加大与地方政府的协作力度，树立正确的治理意识，结合自身实际情况，规划大气污染治理方案，并交由中央机关审核，由中央机关安排专人加以监督和管控，确保大气污染治理的有效落实。其次，协调地方间的关系，在中央政策要求下，成立专门的治理小组，有针对性地开展治理工作。相邻地方政府间的工作小组应该定期展开讨论与交流，并制定合作细则与目标，建立健全的合作考核机制，对不合格的工作人员及其地方政府给予适当的惩处。最后，与公众间建立良好关系，发动公众力量，对现存的大气污染问题进行监督和举报，从源头上解决废气排放超标问题，改善大气污染治理效果。

（3）优化能源结构、完善能源消费机制。在我国能源消费结构中，煤炭占主要部分，因此要尽快优化我国能源消费结构。在家庭使用和企业生产中，国家要鼓励使用石油液化气、煤气和天然气等能源，该能源可以有效减少二氧化硫以及烟尘的排放。与此同时，国家要加强对能源消费的引导，不断完善社会能源消费机制，引导节约使用能源。

（4）做好对汽车市场行业的引导，加大清洁型能源汽车的推广力度。在日常生活中，汽车排放的尾气给大气污染带来的影响不容小视，积极做好对汽车市场行业的引导。控制私家汽车数量的增长，推行绿色环保出行；加强对汽油能源汽车、柴油能源汽车的排放检查与管理；大力推广电动能源汽车等新能源汽车，尽量避免对大气污染产生影响。

（5）加大研究力度，指定科学的治理对策。大气污染治理属于综合性、复杂性较高的项目工程，要想达到最终治理目标，营造良好的生存环境，加大对大气污染治理的研究力度是非常必要的。在实际作业中，研究人员应先对大气污染产生的原因、成分、分布规律、特征等予以详细调查和了解，组建专业团队，做好大气环境不同时段的监管和测量工作，了解各元素含量，从而有针对性地制定科学治理措施，恢复大气环境。另外，还要密切部门间、部门与民众间的联系密度，充分发挥自身职能，改善大气污染监控效率，及时找出污染问题的成因并加以上报，从而加快污染问题的研究和治理进程，全面优化大气环境。

（6）合理规划工业布局。要想减少和治理大气污染，城市规划部门需要做好工业区位规划。相关部门要全面掌握不同区域的污染排放量，详细调查污染物的种类、时间分布和数量等，并进行科学分析，最终制定污染排放的最佳控制方案。例如，工业区要布置在城市主导风向的下风向，工业区和生活区之间要设置绿化带；对污染严重的工业企业进行整体迁移或能源系统改造，最终消除污染源；可以建设大规模供热站，对工业区集中供能，以提升能源利用率。

（7）倡导绿色消费，提升企业生产技术水平。有关部门可以与报社、微博、电视台一起制作关于大气污染的危害性与治理措施的报纸或节目，重视舆论的力量，使我国居民认知到绿色消费的重要性；另外，对于排放污染气体的工厂要进行有效治理，控制污染气体的排放，从根本上解决大气污染。

（8）推行植树造林和绿化建设。绿色植被是天然的大气过滤器，加大绿化建设，能够有效发挥绿色植被的作用，有效控制大气污染物，同时为人们创造舒适的生活空间。首先，要做好绿化带规划，尽可能选用对大气具有强净化作用的植物，特别是工业区要注重绿化建设，以控制区域大气污染。其次，禁止随意侵占绿化带，以充分发挥绿化带的作用。如京津风沙源治理工程属于重要国家级工程，通过采取建设草原、退耕还林等一系列措施，使工程实施范围的生态环境得到了有效改善，减少了沙土化面积，增加了社会可持续发展能力。因此，加强植树造林，保护野生林，禁止乱砍滥伐，增加绿化面积，可以有效提高空气质量，降低大气污染程度。

（9）加强供暖管控。城市供暖是当今社会人们生活所需要的，而供暖过程中所排放的废气会对大气环境产生影响，因此要加强对供暖设备的合理管控。建设大规模的热电厂和供热站，由原先的分散供暖，逐渐转变为热电联产、集中供暖，逐渐淘汰低热效率的锅炉，更换为高热效率的锅炉，减少供暖过程中排放的污染物对大气环境造成的污染，并减少能源消耗。国家针对不同地区的气温情况制定不同供暖时间，对各地供暖进行规划，尽量缩短供暖时间。

（10）改进煤炭洗选加工。当前，我国经济发展离不开煤炭，煤炭在我国能源结构中的地位决定了煤炭不能被完全替代，因此改进煤炭洗选加工来减轻煤炭使用过程中带来的大气污染。①政府加强对含硫量超标的煤炭进行处理，严格按照煤炭使用标准，对于含硫量超标的煤炭进行先进的煤炭洗选加工方式，不断降低含硫量，提升煤炭的环保性能。②政府根据当地实情，对不同类型的企业选择不同的环保燃料，严格控制污染物的排放，从根本上做好大气污染的治理工作。③寻找煤炭替代品。过去的城市发展煤炭发挥了重要的作用，但是随着经济的发展，城市大气污染也在日益加重。在生产过程中，企业不断寻找新能源，降低企业生产污染，提高企业的经济效益。

总之，大气污染对生态环境和人类身体健康产生巨大危害，社会各个方面都要积极参与进来，共同治理大气污染，降低大气污染给人类带来的危害。我们要合理规划城市建设，促进科技创新，完善大气污染法制建设，全方位地治理大气污染，建设生态文明城市。

第二节　城乡环境综合整治

城乡环境，是指城市市容市貌、乡村风貌以及城市和农村环境卫生。包括城市和农村可视范围内公共活动区域、城乡主要道路沿线、城市农贸市场、乡镇街道集市、农村规划建房等的外观形象。环境卫生，主要是指城市和农村的环境卫生，包括城市中心城区、乡镇、城中村、城郊结合部、农村等区域环境整洁，城市垃圾、粪便等生活废弃物收集、清除、运输、中转、处理、处置、综合利用，城市环境卫生设施规划、建设等。综合整治，指政府部门在综合运用法律、行政、经济、宣传等措施基础上，各级人民政府统一组织领导，政府各相关职能部门结合各自职责协调配合，其他社会组织和人民群众全面参与，对城镇和乡村的城乡容貌、城乡环境卫生、公共基础设施建设等进行有效管理的过程。

城乡环境综合整治包括城市环境治理和农村环境治理，是实现城乡一体化发展现实需求，是贯彻落实以人为本的科学发展观，构建和谐社会主义的必然要求；是改善发展环境，打造宜居、宜业、宜游玩城镇的一项重要举措；是促进城乡经济社会发展可持续发展和生态文明建设的重要内容。近年来，城乡环境整治虽取得了一定的成效，但由于环保意识弱化、思想观念根深蒂固；监管体制缺失，城乡整治相互割裂和防控技术滞后，面源治理技术脱节等原因，致使城乡环境综合整治还存在一些问题。

一、城乡环境综合整治存在的问题

（一）思想认识不到位，统筹谋划失衡

农村环境污染具有分散性、隐蔽性、随机性、不易监测、难以量化等特征。城乡人居环境综合整治点多面广，涉及多部门多领域，人员参差不齐，难以在抓好农村经济发展的同时兼顾好环境保护，限制了农村环保事业的发展。加之，街道部分领导干部没有真正把城乡人居环境整治工作提高到生态文明建设的目标要求上来，把环境工作与重点工作同部署、同检查、同考核、同问责。

（二）环境整治不彻底，面源污染突出

农村基础设施投入大、规模小、配置不均衡。很多农民以种植大棚蔬菜，扩大养殖业增加经济收入，增加了污染面积。尤其是大棚拆除后随意丢弃的大棚塑料不可降解，被抛弃后会在很长一段时间内构成污染，给农村生态环境造成了严重污染。同时，一些农村生活垃圾、农作物秸秆及废弃物、建筑垃圾、养殖业的废弃物、畜禽粪便等，在降水和径流冲刷作用下，通过农田地表径流、农田排水和地下渗漏，流入当地河流，成为水体的“新污染源”。

（三）规划建设不配套，环境保护基础配套设施不足

由于城乡一体化过程不断加快，规划建设滞后矛盾日益凸显，城镇规

模与基础设施配套不足严重制约了城镇环境综合治理的整体进程。很多乡镇不存在基层环保机构，更没有安排专业人员管理，导致很多乡镇出现了基层环保机构缺失的情况，导致乡镇环境逐渐变差的主要因素。现有的一些基础设施无论是从功能、规模还是档次上来说，都远远不能满足市民们的需求，因此造成了道乱占、车乱停、摊乱摆、垃圾乱倒、杂物乱堆、污水乱排等现象。

（四）宣传教育力度不足，环保意识淡化

政府有关部门在开展行动之前对该环境综合整治行动的宣传力度不大，这是环境整治工作中比较薄弱的环节。有关部门没有利用好媒体的宣传教育功能，宣传活动仅靠新闻、政府门户网站、公众号等公布消息，宣传形式单一、内容简单、宣传氛围不浓，这使得城镇居民整体环保意识薄弱。广大农民群众对环境卫生整治缺乏足够认识，长期形成的不良生产生活习惯难以改变。这些直接导致了政府与人民群众之间沟通不畅，民意无法很好地传达，政府工作无法真正落到实处，因此在综合整治行动中很难形成人民当家做主来管理自己城市的良好格局。

（五）执法力量不足，综合整治效果不佳

城乡环境综合整治主要依靠的是城市管理部门，但随着城镇化进程的加快，城市规模的不断扩张，现有的城管执法人员已经不能满足全市发展的需要，因此，城管人员长期的超负荷工作是导致环境综合整治行动效果不够的原因之一。另外，受法律法规的制约，城管部门缺乏强制执法的权力且部分执法人员进入执法部门的途径不够正规，执法队伍存在着整体文化程度不高、综合素质较低、执法能力不强及方式方法不科学等问题。因此在执法过程中，执法人员和市民的各种矛盾和暴力抗击时有发生，这也是整治行动中亟待解决的问题之一。

二、城乡环境综合整治问题解决的对策

（一）加强领导和监督，健全长效管理和监督机制，完善体系，切实抓细抓实

城乡环境综合治理是政府履行公共服务职能的重要体现，政府各部门、

各办事处要全面深刻地认识城乡环境综合整治的重大意义，并加强监督，完善行政监督机制，成立全市城镇环境综合整治督查小组，督查小组下设办公室，按照“谁主管谁负责”的原则，负责落实、日常、协调、检查、调研等工作，实施定期督查与随机抽查相结合，全面督查与专项督查相结合，受理投诉举报与新闻媒体监督相结合的原则。主要领导要深入基层了解实际情况，为群众解决实际问题，并将工作实效纳入各级领导干部年度政绩考核内容。还需建立由群众为主体的监督机制，广泛地听取来自社会各界的意见和建议，完善服务投诉信箱和设置群众接待日，实现政府由“自治”向社会“群治”的转变。还要建立起舆论监督机制，通过报纸、广播、电视及互联网等大众媒体，广泛地接受社会各界舆论的监督。

明确专门的农村环境污染监管机构，向社区一级延伸，加大工作人员的培训力度；逐步建立完善公平合理的生态环境补偿机制，提高村民参与环境保护的积极性，基层工作者应联系国家实际需求，做好相关法律法规的建设，构建长效稳定机制，一旦发现违规倾倒垃圾的情况，可以根据相关规定进行处罚，并让其了解政府对环境保护的重视，以此提升农民的思想觉悟；明确责任，严格考核。制定有关农村环境污染的考核办法，把面源污染状况纳入各级领导干部政绩考核的一项重要内容，督促落实好农村环境污染工作任务。

（二）加强宣传，注重引导，提升环保意识

通过新闻报道、宣传标语、展板、公益广告、网络媒体等形式，利用校园等教育机构，居民文艺汇演等休闲娱乐文化宣传形式，充分发挥中小学生、文艺工作者的宣传引导作用，广泛地开展一系列环境保护和“除陋习，树新风”活动，编排群众通俗易懂、喜闻乐见的文艺节目，引导和带动广大人民群众养成卫生文明习惯，帮助市民树立科学的环境价值观，不断地提高人民的文明意识和环保意识；广泛宣传相关法律法规、文明卫生常识等，要公开曝光一些违规行为和不文明现象。同时加强对农民的科技文化教育培训，让农民参与到环境保护中，引导农民逐步从传统的耕作方式向现代高效农业转变。

（三）严格制度，控制污染，确保达标排放

针对畜禽养殖业发展较快、污染日益严重的状况，对不达标排放的规模

化畜禽养殖场实行限期治理，新、改、扩规模化养殖场，必须严格执行环境影响评价和“三同时”制度，确保污染物达标排放，保护好自然生态环境。加强对畜禽养殖散养户的引导和扶持，大力实施“一池三改”综合利用技术，实现养殖废弃物的减量化、资源化、无害化。

（四）重点排查，集中整治，解决污染问题

建立完善的农村垃圾处理系统，对农村普遍存在的“垃圾乱倒、粪堆乱堆”等脏乱差现象进行集中整治，实施城乡清洁工程，垃圾无害化处理。农村生态环境保护中应重视科学技术的运用，不仅要加大污染土地治理技术的运用，还要重视面源污染控制技术的运用，并将这些技术的使用方法传授给农民，让农民成为环保主要参与者。加大农村生活污水收集处理力度，利用村内坝塘，建设简便易行、运行稳定、维护方便的人工湿地、生活污水净化沼气池等，解决农村生活污水污染问题。

（五）科技创新，有机发展，促进生态循环

一是增加农业科技投入，推动科技创新，建立无公害农产品生产基地，引导农民科学种养，保持生态与经济良性循环，促进生态、有机农业发展。二是加快推进户用沼气及养殖小区小型生物净化沼气池建设，实现农业废弃物资源化，农业生产高效无害化，农村环境清洁化，农民生活文明化，达到治理与发展双赢。三是实施水旱轮作，改善土壤结构，减轻病虫害，降低农药残留。四是加强农药、化肥控制，禁用超标农药，大力推广测土配方施肥技术，积极引导和鼓励农民使用生物农药或高效、低毒低残留农药，推广病虫害综合防治，生物防治等技术，减少污染。

（六）加大投入，建好设施，实现城乡整洁；注重地方特色，培育示范城镇

一是加大资金投入，支持“数字城管”建设，在重要地段、重点部位与公安交警部门共享监控“电子眼”平台，加大对乱摆摊、乱停放、乱搭建、乱张贴等违法行为的监控，提高工作效率和城镇建设品质。二是积极争取环境保护与污染整治项目资金，落实好地方配套资金，科学规划、合理布局，逐年增加对农村环境保护的财政投入和技术扶持，重点支持饮用水源地保护、

农村生活污水和垃圾治理、畜禽养殖污染治理、土壤污染治理、有机食品基地建设等工程。三是提高财政投入环境污染建设资金的倾斜比例，安排量化专项资金，对经济薄弱村，增加村庄环境整治专项资金补助力度，加快推进硬化、亮化、绿化、洁化、净化等建设和垃圾集中收集处理设施的配套建设。四是抓住美丽乡村、“百村示范、千村整治”的好机遇，进一步加大项目的申报力度，整合资源，加大投入，集中实施，逐步改善农村环卫基础设施。

突出特色是城乡发展的关键，因此在治理当中要充分挖掘和利用地方自然文化特色，要保留地方元素和特色文化，要进一步加强统筹规划，依据以人为本的科学发展观，按照城乡规划体系、城乡综合发展条件、生态资源条件和规划定位，加大资源倾斜和政府资金投入，增加各项技术扶持，重点培育一批具有鲜明地方特色的示范城镇。

第三节　环境风险防范

环境风险（environmental risk）是由自然或人为活动引发的，并通过自然生态环境的媒介作用，对人、财产、生态环境构成威胁的一种潜在危险状态，包括这种危险状态爆发的可能性与不确定性及危险可能导致的危害性后果两方面内容。

一、环境风险分类

环境风险是一种潜在的危险状态，是由相互关联相互作用的各种环境风险因素组成的，即环境风险系统（见图 4.2）。具体来说，环境风险系统由环境风险源、控制机制、环境风险场与风险受体共同组成。科学合理的环境风险分类，是有效进行环境识别、管理与决策的重要基础，目前我国对于环境风险分类尚处于研究阶段，未形成定论。基于环境风险系统、事故风险诱因及演变过程，可以分为安全事故类、违法排污类、遗留隐患类、长期累积类、交通事故类、自然灾害类、布局问题类等环境风险类型。

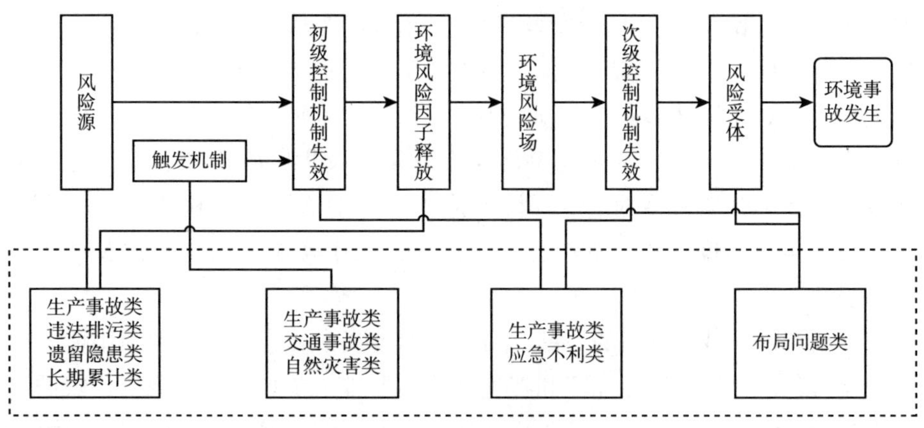

图 4.2　环境风险系统

而按照不同的划分标准，环境风险类型又可概括为以下类别（见表 4.1）。在实际应用中，环境风险分类需结合当地环境管理需求、环境受体状况、主要危害物质类别等诸多因素综合考虑，选择合适的环境风险分类方法。

表 4.1　不同分类原则下的环境风险类型

分类原则	环境风险类型
控制机制的失效方式	突发型环境风险、缓发型环境风险
事故触发形式	泄漏扩散污染事故、爆炸性污染事故
释放的风险因子	有毒有害物质类、易燃易爆炸物质类、油类、重金属类等
环境事故的风险根源	固有型、结构布局型、环境管理型环境风险
环境风险的时空分布	局部环境风险、区域环境风险、全球环境风险
环境事故受体	人体健康、社会经济、生态环境（水、大气、土壤环境）

二、环境风险防范对策

环境风险防范是当前地方政府管理工作的重要内容，对于人类的健康和生存具有非常重要的意义和价值。地方政府应当对本地区的环境风险进行仔细的调查和分析，站在全局角度，结合本地区的实际情况采取有效措施加以预防和处理，确保社会生产、生活中的环境风险因素能够得到有效控制，从而更好地保护环境。

（一）完善环境风险管理体制体系

地方政府应提升环境风险管理小组的级别，组长应由地方政府主要领导担任，并制订环境风险管理制度、政策、法律等，有效协调地质、水利、安监、环保等部门。为了有效解决企业环境风险防范专业技术水平不高的问题，需要建立环境风险防范与评估咨询公司，为企业提供促进安全生产和降低环境污染事故发生风险的技术和咨询服务。

（二）完善相关法律法规

地方政府应完善与环境风险防范相关的法律法规，从而明确环境风险防范责任和责任主体。对于一些风险源众多的地方，应当对该地区的风险源特点进行深入分析，站在法律角度有效控制相应风险，并制定《危险化学品污染防治条例》《水污染防治条例》《土壤环境环境条例》等，为具体的环境管理活动提供可操作性强的依据，最终实现对环境风险的有效控制。另外，当前放射源也是环境风险的主要来源之一，这就要求地方政府部门制定《放射性污染防治条例》，从法律层面上为控制放射源风险提供保障。

（三）提升对重点环境风险企业的监管水平

地方政府应当积极开展环境风险专项整治活动，并强化对环境风险隐患的动态管理。通过提升风险源日常监测水平，及时掌握河流、工业园区的环境质量状况，采取有针对性的防范措施。与此同时，还应当有效评价和识别环境风险源，从环境风险企业的级别出发，对相应企业采取有针对性的管理措施，提升环境风险管理效率；制订危险化学品突发环境事件处置技术规范以及应急监测技术的应用规范、方法和标准等。企业应积极组织环境应急培训活动，通过增加预案演练力度和频次，提升预案的科学性和可操作性。

（四）有效防范污染搬迁企业环境风险

当前，很多城市都存在老工业区整体搬迁、优化调整产业结构、产能过剩等问题。这就要求地方政府合理调整重点片区工业布局，将污染严重的企业搬迁出去，并充分重视化工企业关停搬迁过程中的污染防治工作，对关停搬迁过程中可能引发突发环境事件的风险因素和风险源进行预先分析，然后在此基础上编制相应的应急预案。在关停搬迁过程中，企业应当保证污染防治设施处于正常运行状态，并对遗留或搬迁过程中产生的污染物进行妥善处理。

（五）完善环境污染强制责任保险制度

地方政府应当积极推广环境污染强制责任保险制度，从而及时处理环境污染事件，使受害者的合法权益得到有效保障。同时，还应当明确企、事业单位的环境责任，不断提高其环境风险防范能力。在实际中，参保企业应包括河流沿线具有环境污染风险的企业、饮用水源附近的企业、生活区附近的企业、污水和危险品处置企业、石油化工类企业、放射性物质的使用和销售企业。

第四节　构建现代环境治理体系

环境治理是国家治理体系和治理能力现代化的重要组成部分，也是加快生态文明制度建设的重要任务。面对世界经济复苏不及预期和国内经济下行压力加大的困难局面，如何构建有效的环境治理体系，让政府、企业、社会公众等多元主体共同参与到环境治理中，是政府改革环境治理制度，提升环境治理能力的关键所在，也是政府公共管理现代化的时代要求。

一、我国环境治理的发展历程

以环保理念的形成及发展、主管部门成立、关键会议举办或参与、环保相关法律法规的颁布等节点为标志，可将新中国成立以来我国环境治理的发展历程大致分为五个阶段。

（一）1949～1978年：环境治理的起步阶段

从1949年新中国成立到1978年改革开放，是我国环境治理的起步阶段。新中国成立初期，国家以促进重工业发展为导向，实行“赶超型”发展战略，如大面积地毁林开荒等。一方面由于当时技术水平较低，资源配置效率低；另一方面由于全社会的环保意识缺乏，导致废气、废水、固体废物等污染物随意排放。虽然当时的生态环境资源丰富，资源环境承载能力较强，但是不加限制的经济活动还是给生态环境带来了很大的负面影响。

1972 年 6 月，我国政府参加了联合国召开的第一次人类环境会议，会议发布了《人类环境宣言》，开始认识到环保问题的重要性。1973 年 8 月，我国召开第一次全国环境保护会议，并制定了我国第一部环保相关的政策文件《关于保护和改善环境的若干规定（试行草案）》。1974 年 10 月，我国政府在环保领域的首个领导机构——国务院环境保护领导小组成立。1978 年 2 月，环境保护被写入《宪法》。至此，我国的环境治理工作从空白开始逐渐起步。

（二）1978～1991 年：以经济建设为重心的阶段

1978 年 12 月，党的十一届三中全会召开，我国开始实行改革开放，各项工作重心转向经济建设。我国的环保意识逐渐增强，环保工作以“行政命令”为主的防治措施，工作成效明显提高，但经济增长与环境保护之间的关系没有理顺，为了追求经济增长（GDP）时常以牺牲环境为代价，环境恶化未能得到明显遏制。

1979 年 9 月 13 日，第五届全国人民代表大会常务委员会审议通过并颁布《中华人民共和国环境保护法（试行）》，提出了“谁污染谁治理”的原则。1983 年 12 月，在第二次全国环境保护会议上，环境保护被确立为基本国策。1988 年，环保管理职责从城乡建设部被分离出来，单独成立了国家环境保护局（副部级）。1989 年 12 月 26 日，第七届全国人民代表大会常务委员会审议通过并正式颁布《中华人民共和国环境保护法》，标志着我国环保法治建设取得重大进展，环保工作开始从以“行政命令”为主的单一管理体制向行政管理、经济管理、法治管理结合的多元管理体制转变。

（三）1992～2002 年：社会主义市场经济背景下的可持续发展理念

1992 年初，邓小平发表南方谈话后，我国开启了社会主义市场经济体制建设，同年召开的党的十四大明确提出我国经济体制改革的目标是建立社会主义市场经济体制，这一进程一直持续到 2002 年。

1992 年，我国参加联合国环境与发展大会，明确提出可持续发展战略，1996 年制定的“九五”计划中再次明确转变经济增长方式，实施可持续发展战略，这一战略的核心思想是“经济发展、保护资源和保护生态环境协调一致”，这标志着我国就环境保护提出了明确的治理理念。

1998 年，国家环境保护局升级为国家环境保护总局（正部级），2001

年，全国环境保护部际联席会议制度建立，推动各部门在环境保护工作中相互协调。这一时期，在环境治理思路上体现出了由末端治理向全过程控制转变的态势。在治理手段上，随着社会主义市场经济体制逐步完善，环境保护中的行政管理手段逐渐弱化，市场手段作用逐渐强化。同时，法治管理手段逐步细化，如1999年1月国家环境保护总局发布《环境标准管理办法》，同年7月又发布《环境保护行政处罚办法》等法律法规。

经过这一阶段的发展，国民环保意识极大增强，人们普遍认识到了环境保护的重要性，国家也拉开了环境污染治理的大幕。但在实际经济发展过程中，环境保护仍然是服务于甚至是让位于经济增长。

（四）2002~2012年：生态文明理念的酝酿与提出

2001年中国加入世界贸易组织（WTO），开始加速融入全球化。2002年，党的十六大召开之后，我国经济开启了持续十年的高速增长，到2010年我国经济规模达到世界第二位。随着全球化进程推进，我国的环境治理逐渐成为全球环境治理的重要组成部分。

2003年10月，党的十六届三中全会提出科学发展观，明确指出要统筹人与自然和谐发展。为全面落实科学发展观，2005年12月，国务院发布《国务院关于落实科学发展观加强环境保护的决定》，该决定指出要将环境治理纳入领导干部考核范围，并将考核结果作为干部任用和提拔的重要参考。这一时期，我国的环境治理以科学发展观为统领，延续可持续发展理念，从生产、流通、消费等环节着手，实行全流程控制和源头治理。

2007年10月，党的十七大报告首次提出了“建设生态文明”的战略任务。2008年，国家环境保护总局进一步升格为环境保护部，正式成为国务院组成部门，这意味着环境管理在我国已经占据了与工业、农业、交通等行业同样重要的地位。2011年3月发布的国家“十二五”规划明确提出要实行绿色发展，建设资源节约型、环境友好型社会，这标志着我国政府在环境保护方面的治理理念发生了根本性转变，不再是孤立地看待环境问题，而是从系统的角度去认识环境，环境的理念升华为有机的、有内在联系的生态环境。

经过这一阶段的发展，环境保护的地位上升到了与经济增长同等重要的地位。但由于长期以来经济增长依靠要素投入的粗放增长方式及经济结构不合理等原因，环境保护与经济增长之间的矛盾依然显著。

（五）2012 年以后：系统推进生态文明制度体系建设

2012 年 11 月，党的十八大报告指出要“大力推进生态文明建设”，并将生态文明建设纳入中国特色社会主义事业“五位一体”总体布局，由此生态文明建设上升为国家战略。2013 年 12 月，党的十八届三中全会提出建立系统的生态文明制度体系。2014 年 10 月，党的十八届四中全会强调“用严格的法律制度保护生态环境”，由此加快了我国生态文明制度建设的体系化和法制化进程。

在生态文明理念方面，习近平总书记提出了“我们既要绿水青山，也要金山银山。宁要绿水青山，不要金山银山，而且绿水青山就是金山银山”的绿色发展理念，他明确指出，“绝不能以牺牲生态环境为代价换取经济的一时发展”。由此可见，进入新时代后，环境保护与经济增长之间的关系已经发生根本转变，以改过去环境保护要服务于甚至让位于经济增长的情况，环境保护已经成为经济增长的外部硬约束。2018 年，党的十八大将污染防治作为决胜全面建成小康社会的三大攻坚战之一。

在法律制度建设方面，党的十八大以来，大气污染防治、水污染防治、土壤污染防治、环境保护税、核安全等领域都制定颁布了相应的法律法规，《海洋环境保护法》《草原法》《固体废物污染环境防治法》《环境噪声污染防治法》等法律法规相继修订并颁布实施。2015 年被称为“史上最严”的《环境保护法》开始实施，2018 年将“推动生态文明协调发展”写入了《宪法》。

在组织保障方面，2016 年 1 月，中央环保督察组正式亮相，开始代表党中央、国务院对各省（区、市）党委和政府及有关部门开展环境保护督察。2018 年，新组建的生态环境部正式挂牌，将原本分散在各部门的环保职责整合，相比原环境保护部，进一步充实了污染防治、生态保护、核与辐射安全三大职能领域。

二、当前我国环境治理中存在的问题及原因分析

当前我国环境治理体系逐渐完善，但仍存在各种环境治理乱象。一方面可能是因为还需要一段时间来促使各方适应当前新的发展思路；另一方面可能是因为当前的环境治理体系还有进一步改进的空间。

（一）当前我国存在的环境治理乱象

当前，我国生态文明建设正在加快推进，取得的成效也是有目共睹的。我国环境治理体系逐渐完善，尤其自党的十八大以来，大力推进生态文明建设，环保理念、环保法律体系、组织保障等方面都在快速推进和细化，极大地提升了我国环境治理能力。党的十九大以来，空气质量差等环境问题得到极大改善。不过在成绩背后，仍存在一些环境治理乱象，这些现象的背后可能揭示着当前的环境治理体系还有改进空间。

通过对调研累积的素材和新闻素材进行整理，当前我国环境治理领域存在的乱象可以概括为三个方面，一是环保法律不断出台，环境治理体系不断完善，但环境污染事件仍然持续不断；二是有的地方政府在环境治理方面存在“不作为”现象，即政府对当地存在的环境污染现象，如对辖区内企业违规排放污染物等视而不见甚至包庇纵容；三是有的地方政府在环境治理方面存在“想当然”“一刀切”和“先停再说”等“乱作为”现象，让很多中小企业苦不堪言，同时也影响了人民群众的生活质量。

（二）对我国环境治理乱象的原因分析

当前我国环境治理领域存在几种乱象，只有深入分析背后的原因，找准问题根源，“对症下药”，才能更好地推进我国生态文明建设。

1. 认知层面：对环境保护和经济增长间关系的理解

环境治理当前存在的问题从认知层面看，是“不作为者”和“乱作为者”对环境保护与经济增长间的关系没有理顺，对生态文明建设的重要性认识不深。

过去，在国民经济刚起步和人民要生存的阶段和为了抓住全球化战略机遇期并需要快速“做大蛋糕”的阶段，我们把环境保护和经济增长视为“跷跷板”，虽然现在看来于理不合，但有其历史发展的合理性和必然性。进入新时代后，过去的经济增长方式边际效应快速下降，环境保护正成为经济增长的约束条件，这就需要正确认识环境保护与经济增长之间的关系，转变经济增长方式、促进经济高质量发展。“大力推进生态文明建设”战略任务的提出，一方面表明环境保护至少已经取得了和经济增长同等重要的地位；另一方面则表明要从根本上转变对环境保护的认识，要将环境保护提升到生态文明建设的高度。

2. 原则层面：完善环境治理体系的原则问题

在环境治理体系完善过程中，需要坚持几项原则，如统一领导、权责一致、成本收益均衡、激励机制、稳定预期等。唯有如此方能激发各方积极性，协同发力，提升国家环境治理能力，推动生态文明建设。因此，当我们观察到当前存在的各种环境治理乱象时，在原则层面，我们需要从以下方面寻找原因。

（1）统一领导。统一领导的目的，一是为了统一思想认识，促使各方正确认识生态文明建设的重要性，摆正环境保护与经济增长之间的关系；二是居中协调各方资源，形成推进生态文明建设的合力；三是完善制度环境，为市场主体参与生态文明建设提供良好的外部条件。否则，地方政府就会出现“不作为”和“乱作为”的情况，市场主体企业则会出现违规排放污染物的情况。

（2）权责一致。在环境治理体系构建中，中央和地方政府之间在环境治理事权和支出责任划分上需要坚持权责一致的原则，如果事权下放但财权上收，就会导致地方政府财力与事权不匹配。在这种情况下，即使地方政府想履行环境治理职责，也可能无能为力，从而导致地方政府“不作为”。如果进一步通过中央生态环保督察和考核给地方政府加压，地方政府可能就会选择“乱作为”。

（3）成本收益均衡。环境治理都具有较强外部性，若成本和收益不一致，就会导致各方积极性不高。如对地方政府来说，跨流域的水污染治理、大气污染治理等都具有较强外部性，周边地区都会受益，使这些治理行为的社会收益大于地方政府收益；对市场主体企业来说，企业转型绿色生产、提升治污能力、减少污染排放，都需要成本投入，但企业行为产生的社会收益大于企业收益，且可能因为成本上升导致企业产品价格上升，相对其他违规排放污染物的企业来说其市场竞争力就会下降。从社会收益角度看，地方政府和企业的这些治理行为本应多多益善，但如果其收益得不到补偿，结果可能是大家都想“搭便车”，从而减少生态环保治理投入。

（4）激励机制。在环境治理体系构建和完善过程中，权责一致、成本收益均衡都只是前提，要想调动各方积极性，使生态文明建设成为各方决策时的主动行为，则需要在激励机制上下功夫。如对地方政府来说，其收益函数可能包括经济增长、就业率、财政收入、官员职位晋升、社会舆论等方面，那么地方政府在选择是重视环境保护还是重视经济时，就会考虑两种选择带来的收益孰高孰低，如果激励机制不当，地方政府的选择可能就会与中央意图背道而驰。对企业来说，其收益函数主要涉及成本投入、利润等方面，如果激励机制不当，企业就会选择减少在生态环保领域的投入，甚至违规排污。

（5）稳定预期。政策的落实需要各方持续博弈，方能得到最优解。要想地方政府和企业在生态文明建设中始终与中央的思路和步调保持一致，就需要通过制度化、法律化等形式来稳定预期，防止朝令夕改使各方博弈变成短期行为。

3. 执行层面：环境治理具体执行过程中的问题

设计的各项制度和制定的各项政策最终都需要通过一丝不苟地执行来落实，否则再完美的制度都只能是纸上谈兵。在环境治理的具体执行过程中涉及环保的标准设置、检测评估、日常监督和巡查、对违法行为的追责（执法）等。因此，当观察到当前存在的各种环境治理乱象时，在具体执行层面，需要从以下方面寻找原因。

（1）环保标准和检测评估。在环境治理的具体执行过程中，首先需要考虑的是治理要达到什么标准。标准设立是否合理直接关系到生态文明建设的成效，如过低的环保标准与生态文明建设的目标不符，如不考虑经济转型升级的周期而盲目要求在短期内达到过高标准又会对经济增长造成伤害。标准制定后，为了检测环境治理成效，就需要进行专业的检测评估，这涉及多方面问题，例如，是选择政府机构还是市场化机构来进行检测评估，如果选择市场化机构，政府在其中的角色定位如何摆正等。

（2）日常监督巡查。在环境治理的落实阶段需要日常的监督和巡查，且要避免地方政府既当裁判员又当运动员，自己监督自己。但是当前的监督巡查主要依靠生态环境部门的工作人员以及中央生态环保督察组，存在以下几方面问题：一是生态环境部门的工作人员有限，而环境治理的日常监督工作量较大、专业性较强；二是日常的监督巡查需要制度化，但当前的巡查还是以运动式为主，导致地方上对待中央生态环保督察存在应付检查的心态；三是社会监督力量没有充分发挥，导致当前的制度成本较高。

（3）环保执法。在环境治理落实过程中，环保执法是重中之重，但当前的环保执法存在以下问题：一是环保相关法律法规条目的可操作性不强；二是执法队伍建设有待加强，如提高执法人员的专业性等。

三、深入完善环境治理体系的逻辑思路

根据前文分析，进一步完善环境治理体系需要从认知层面、原则层面和执行层面进行对标分析，进而针对存在的问题进行改进。

（一）正确认知环境保护

认知决定行为，当前地方政府在环境治理中存在的“不作为”和“乱作为”现象可能就是因为对生态文明的认知还不到位。过去我们将环境保护与经济增长视为“跷跷板”，但经过可持续发展、科学发展观、“绿水青山就是金山银山”等理念的发展，我们对环境保护的认知至少应该从三个层次递进：第一个层次是环境保护与经济增长同等重要，二者并不是此消彼长的关系；第二个层次是环境保护应该是经济增长的外部硬约束，为了经济增长不能牺牲环境；第三个层次是应该摆脱环境保护与经济增长之间的伴生关系，从生态文明的高度正确认知环境保护。人类社会发展迄今已经经历了农业文明和工业文明，而生态文明则是人类社会对以往两种文明尤其是工业文明进行深刻反思之后，重新摆正人类社会与自然界之间关系的一种全新发展理念，是人类文明发展的重大进步。

（二）从原则层面完善环境治理体系

根据前文分析，应该从统一领导、权责一致、成本收益均衡、激励机制、稳定预期五项原则出发，根据当前原则层面存在的问题有针对性地补短板。

1. 统一领导

在环境治理体系构建和完善过程中要坚持党中央的统一领导，从生态文明的高度正确认知环境保护，统一思想。地方政府、企业、社会公众等各方主体要在党中央的统一领导下协同发力，推进生态文明建设。

2. 权责一致

为了使地方政府在履行环境治理责任时权责一致，需要尽快制定出台环境保护领域的事权和支出责任划分方案，明确合理地划分中央和地方在环境保护领域的事权，尽量减少共同事权。在支出责任划分上，要减少只分任务不谈财力保障的情况，一是要根据事权划分结果进行支出责任匹配，二是对中央和地方的共同事权，要尽量明确划分各自的支出责任比例。

3. 成本收益均衡

在构建和完善环境治理体系时，需要考虑环境保护的外部性，坚持成本收益均衡原则，尽量减少“搭便车”。一方面，对地方政府来说，在跨流域水污染治理、大气污染治理等外部性较强的环境保护领域，中央要避免将其“一刀切”地划为地方事权，同时要完善地方政府间的横向转移支付体系；另一方面，对于企业来说，制度设计上要提升对违规排污企业的惩罚力度，加大对绿色发展企业的补偿力度。

4. 激励机制

对地方政府来说，中央要通过政绩考核的指挥棒改变地方政府的收益函数，在完善环境治理体系时要将地方政府在环境保护领域取得的政绩纳入考核范围并加大权重，从而激发地方官员推动生态文明建设的积极性和主动性。对企业来说，在完善环境治理体系时，需要惩罚违规排放污染物的企业，提升其违规成本，鼓励企业对环境保护的投入，通过碳汇交易、排污权交易等方式让绿色发展企业直接受益。

5. 预期管理

通过环保法律的制定和出台将环境治理体系规范化、制度化，减少人为干预；通过建立和完善信用制度，规范政府和企业行为，降低制度成本。

（三）从执行层面完善环境治理体系

根据前文分析，应该从环境保护标准设置、检测评估、日常监督巡查、对违法行为追责（执法）等方面，根据当前执行层面的问题有针对性地补短板。

1. 环保标准和检测评估

在环保标准制定上，一是要对标国际，加快研发制定我国的环保国标；二是由于各地情况千差万别，环保标准要符合各地实际，因此，中央首先应该制定一个强制性的、普适性的底线标准，在此基础上根据各地经济发展水平、产业结构、人口等因素综合考虑，制定不同挡位的区域环保标准。在检测评估方面，可以由市场提供的服务，尽量交给市场完成，通过第三方评估保证公正和客观，同时要注重对环保市场主体的培育，加强对环保相关仪器设备的研发生产、对专业人才队伍的培养以及对检测评估市场的监管制度建设等。

2. 日常监督巡查

在日常监督巡查方面需要从三个方面着手，一是日常监督和巡查等工作应该实行垂直管理，避免地方政府过多干预；二是加强对环保系统工作人员的培训，增强专业性，避免外行指导内行；三是将中央生态环保督察和巡查等工作制度化，避免运动式地开展工作；四是充分发挥社会组织、行业自律组织、人民群众的社会监督作用。

3. 环保执法

在环保执法方面，一是进一步细化环保相关法律，提高法律法规的可操作性，在量罚标准上尽量减少基层执法人员的自由裁量权，防止对法律的误判或滥用职权；二是环保执法人员队伍要吸纳更多的法律、环保等方面的专业人才，提升队伍专业性；三是加强组织纪律和责任心教育，做到违法必究。

四、构建现代环境治理体系，建设美丽中国

党中央高度重视现代化治理体系的建设，2019 年 10 月 31 日中国共产党第十九届中央委员会第四次全体会议通过《中共中央关于坚持和完善中国特色社会主义制度推进国家治理体系和治理能力现代化若干重大问题的决定》。2020 年 3 月，中共中央办公厅、国务院办公厅联合印发《关于构建现代环境治理体系的指导意见》（以下简称《意见》），明确现代环境治理体系要坚持党委领导、政府主导、企业主体、社会组织和公众共同参与，提出到 2025 年要形成导向清晰、决策科学、执行有力、激励有效、多元参与、良性互动的现代环境治理体系。

（一）现代环境治理体系是国家治理体系的重要构成

完善和发展中国特色社会主义制度，推进国家治理体系和治理能力现代化，是党的十八届三中全会提出的全面深化改革总目标。党的十九届四中全会通过的《中共中央关于坚持和完善中国特色社会主义制度、推进国家治理体系和治理能力现代化若干重大问题的决定》，将生态文明制度建设确定为中国特色社会主义制度建设的重要内容和有机组成。

1. 治理体系的内涵

“国家治理体系和治理能力是一个国家制度和制度执行能力的集中体现。国家治理体系是在党领导下管理国家的制度体系，包括经济、政治、文化、社会、生态文明和党的建设等各领域体制机制、法律法规安排，也就是一整套紧密相连、相互协调的国家制度；国家治理能力则是运用国家制度管理社

会各方面事务的能力，包括改革发展稳定、内政外交国防、治党治国治军等各个方面。”这是习近平总书记对国家治理体系和治理能力的科学界定。

国家治理体系的完善程度及治理能力的强弱，是一个国家综合国力和竞争力的标志。如果没有比较完善的治理体系和比较强大的治理能力，一个国家就不可能有效解决各种社会矛盾和问题，就不可能形成经济建设和社会发展所必需的向心力、凝聚力，甚至会导致社会动荡、政权更迭等严重政治后果。

国家治理体系和治理能力是一个相辅相成的有机整体；有了好的国家治理体系才能真正提高治理能力，治理能力的不断提高才能充分发挥国家治理体系的效能。作为治理体系核心内容的制度，具有根本性、全局性、长远性、关键性的特征；如果缺乏有效的治理能力，再好的制度和制度体系也难以发挥作用。

2. 从管理到治理是社会治理体系的理念升华

1998 年，《关于国务院机构改革方案的说明》中第一次出现“社会管理”的用法。2002 年，党的十六大报告将社会管理确定为政府职能之一。2004 年，党的十六届四中全会要求形成“党委领导、政府负责、社会协同、公众参与的社会管理格局”。党的十七大报告提出，健全基层党组织领导的充满活力的基层群众自治机制，完善民主管理制度，把城乡社区建设成为管理有序、服务完善、文明祥和的社会生活共同体。2012 年，党的十八大报告中加入了“法治保障”要求。2014 年，党的十八届三中全会要求从“创新社会管理”转向“创新社会治理”。2017 年 10 月，党的十九大报告指出要完善“党委领导、政府负责、社会协同、公众参与、法治保障”的社会治理体系，被称之为社会治理结构的“20 字方针”；并要求“打造共建共治共享的社会治理格局”。满足人民群众日益增长的生态环境诉求，可以也必须通过社会治理来实现。

3. 党的十八大以来关于治理体系的界定越来越清晰

2015 年，《生态文明体制改革总体方案》已提及了构建环境治理体系的相关内容。2020 年，生态文明体制改革的目标明确就要构建由自然资源资产产权制度、国土空间开发保护制度、空间规划体系、资源总量管理和全面节约制度、资源有偿使用和生态补偿制度、环境治理体系、环境治理和生态保护市场体系、生态文明绩效评价考核和责任追究制度八项制度构成的生态文明制度体系；要求建成“以改善环境质量为导向，监管统一、执法严明、多方参与的环境治理体系”。

环境治理体系是国家治理体系和治理能力现代化的重要组成。《中共中央关于坚持和完善中国特色社会主义制度推进国家治理体系和治理能力现代化若干重大问题的决定》明确指出，生态文明建设是关系中华民族永续发展的千年大计。必须践行“绿水青山就是金山银山”的理念，坚持节约资源和保护环境的基本国策，坚持节约优先、保护优先、自然恢复为主的方针，坚定走生产发展、生活富裕、生态良好的文明发展道路，建设美丽中国。

《意见》则要求，建立“导向清晰、决策科学、执行有力、激励有效、多元参与、良性互动”，更加强调激励和互动的现代环境治理体系。

（二）七大体系明晰了相关主体的责任

1.《意见》的主要结构和内在逻辑

《意见》从指导思想、基本原则、责任体系、监管体系、市场体系、信用体系、法规政策体系等方面，对构建现代环境治理体系做出了明确部署，提出了具体要求，具有很强的针对性，涵盖政治、经济、社会、生活各领域各方面，充分展示了全局性、整体性、统筹性特征。

《意见》提出“以推进环境治理体系和治理能力现代化为目标”，建立健全领导责任体系、企业责任体系、全民行动体系、监管体系、市场体系、信用体系、法律政策体系；覆盖行为主体、行为依据、监督执行等方面，是现代环境治理体系的目标任务解构。行为主体是政府、企业和公众，也包括社团组织（环保 NGO）；行为依据是政策法规，信用、监管是市场机制发挥作用的保证。

2. 发挥不同主体在现代环境治理体系中的作用

（1）发挥政府主导作用。政府要制定与实施相关法规、政策和标准体系、总体规划和专项规划，提供基础设施和公共产品服务，依法行政和监管，维护“三公”的市场秩序、保障生态安全，由“全能型政府”“管制型政府”转向“服务型政府”，由过去的政府主导的单一主体格局转变为多元共治格局：创造良好生态环境、提供优质公共服务、维护社会公平正义；改进公共服务提供方式，推广政府购买服务。事务性服务向社会放权，发挥企业、社会组织的协商合作、协作治理作用，通过合同、委托等方式向社会购买，或以 PPP 方式引进社会资本参与；建设“效能型政府”，增强政府在生态环境治理方面的公信力、执行力和服务力。

与发挥各级政府的作用相对应，《意见》要求健全资金投入制度：一是明确中央和地方财政支出责任，除全国性、重点区域流域、跨区域、国际合作等环境治理重大事务外，主要由地方财政承担环境治理支出责任；二是建立健全常态化、稳定的中央和地方环境治理财政资金投入机制；三是完善金融扶持，设立国家绿色发展基金，加快建立省级土壤污染防治基金；四是健全环保领域价格收费机制。

（2）企业是市场主体，具有创新的内在动力，在多元参与中占有一席之地。发挥市场和社会主体作用，企业应承担起生态环境治理的应有责任。政府要对企业在生态环境治理方面的努力做到引导而不强制，支持而不包办，服务而不干涉。企业要转变观念，增强主体意识，努力做到依靠政府但不依赖政府，依靠政策但不单靠政策。生态环境治理，要发挥企业主体作用和以符合市场需要为导向、以技术创新为驱动力的比较优势，形成良性循环。

（3）社会组织和公众共同参与。充满活力的社会组织、有现代公民精神的社会公众是生态环境治理的活力所在。引入市场力量和社会力量，运用服务外包、委托—代理等方式将政府承担的部分生态环境治理职责转由企业和社会组织来承担。社会组织在治理中发挥公益、高效和灵活的作用，在生态环境治理体系中的地位具有不可替代性。公众是当然的参与者，他们是环境污染的受害者，更是美丽中国的受益者。拥有理性、责任、参与等公共精神的所有公民，是环境治理协作的动力源泉。

3. 现代治理的内在逻辑与长效机制

（1）内在逻辑。治理体系是基础。一个有机、协调、弹性的治理体系，是治理能力提高的前提；治理体系的建构必然以先进理念为基础，否则将因缺乏前瞻性而出现盲目实践。治理能力是本质要求，可以反映治理体系的运转是否有效，需要通过实践检验并加以改进。既要坚持问题导向，解决影响群众健康的紧迫生态环境问题；又要坚持责任导向，引导生态环境治理方向。生态环境治理体系作为一个完整的制度运行系统，包含治理主体、治理机制（方法和技术）和治理效果等要素。生态环境治理体系和治理能力相辅相成。

只有通过要素设计建构一个有机协调又充满弹性的治理体系，才能形成强大的治理能力，满足生态环境保护对治理能力的需求，并通过发挥治理功能以不断完善治理体系。治理能力不仅包含政府能力，还包含治理主体之间整合和利用相关资源的能力，运用合理工具和手段来解决问题和实现治理目标的能力。治理体系是实现治理目标的关键，包括实施依据、实施工具、实施途径、容错纠错机制等方面。治理机制是实现治理主体和客体之间有机衔接的纽带，“善治良治”的前提是主客体之间关系的科学认知。

（2）实施依据。从我国管理体制出发，环境治理的实施依据主要是党的方针政策，包括党的行动纲领、口号、文化等。《意见》要求导向清晰、决策科学，主要是对文件或政策制定者而言的。执行有力、激励有效是对政府部门和基层而言的。执行有力，要求中央政策能得到一丝不苟的执行；激励有效，要求激励向上、奖励先进，而不能“劣币驱逐良币”。多元参与、良性互动要求政策制定、执行、完善的全过程公开、公正和透明。多元参与是治理与管理的根本差别之所在，群众的诉求和呼声理应在政策中得到回应；良性互动是信息沟通和环境治理的必要过程，也是政策调整和完善的必然要求。

环境治理依据覆盖国家环境政策、法规、规划、标准等方面。党的十八届四中全会审议通过的《中共中央关于全面推进依法治国若干重大问题的决定》对建设法治国家已有明确规定：立法、执法、司法和守法。迄今，由生态环境部门负责组织实施的生态环保领域法律共计 13 部，行政法规共计 30 部；自 2016 年以来，共完成了 1400 余件生态环境部行政规范性文件的合法性审核工作，处理了一部分规范性文件与上位法不一致或者有冲突，或者文件的条款影响市场公平竞争等方面的问题，提高了规范性文件的质量，保障了法制的统一。执法、司法和守法要求严格遵守国家法律法规，形成良好的法制环境。梳理法规间的矛盾、调整已过时的法律规定，做到领导干部以身作则、带头守法、严格执法，形成良好的社会风气，推动建立社会信用体系。同时，要求系统梳理和统筹整合制度、体制、机制、工具并实现彼此之间的有机衔接，综合判别各种治理工具的优劣，实现治理方法的智慧选择和有机组合。

（3）实施工具。为确保环境保护政策、法规、规划等落地，应有相应工具或手段。从各国经验和我国实际看，标准和环境会计是行之有效的工具。截至目前，国家生态环境科技成果转化综合服务平台收录了近 4000 项污染防治与环境管理技术。其中，水污染防治技术 1930 项、环境监测与预警技术 648 项、大气污染防治技术 337 项、固体废物处理处置技术 174 项、生态保护技术 167 项、环境政策管理研究 118 项、土壤污染治理与修复技术 99 项、资源化与综合利用技术 72 项、清洁生产技术 65 项、噪声污染控制技术 21 项、核安全与放射性污染防治技术 12 项。标准是开展中央生态环保督察、考核地方和企业的依据，是统一的“尺子”，既可以减少选择性执法和自由裁量权，也可以避免“公说公有理、婆说婆有理”的情况出现。要将分类施策落到指标上，发挥指标的“指挥棒”作用，增强针对性、系统性和长效性。强化自然保护地监测、评估、考核、监督，逐步形成一整套体系完备、监管有力的监督管理制度。在环境治理过程中，环境会计的重要性不言而喻。要实现环境成本“内在化”，无论是治理成本还是污染损失，都应通过账户来体现。这样，不仅可以减少“企业排污、政府买单”的现象，也可以使罚款有据而不是“轻描淡写”或“走极端”。

（4）容错纠错机制。2018 年 5 月，中共中央办公厅印发《关于进一步激励广大干部新时代新担当新作为的意见》，要求建立健全容错纠错机制，为敢于担当的干部撑腰鼓劲。我国走了一条压缩型的工业化道路，生态环境问题也有压缩型特点；又由于我国幅员辽阔，各地发展阶段、产业特点不同，在处理环境与发展关系时没有先例可循，不能期望每一项工作都不失败。因此，建立容错纠错机制十分重要，也极为迫切。生态环境部出台的文件中也体现了建立容错纠错机制的内容。如 2018 年 5 月制定的《禁止环保“一刀切”工作意见》，要求加强政策配套，严格禁止“一律关停”“先停再说”等敷衍应对做法，坚决避免集中停工停业停产等简单粗暴行为；又如对媒体反映的山东某地大气办在锅盖上贴封条的回复，成立 20 个工作小组赴全国 200 个生猪调出大县开展现场调研，督促地方严格排查、禁养区划等，均是很好的先例。既要警惕政策执行走样、基层执行能力不够的问题，又要防止大量关停企业带来社会稳定和就业压力隐患、甚至以新的问题取代旧的问题，而不能真正解决污染问题，造成资金和资源的极大浪费。只有保持政策的稳定性和连续性，政府守信用而不是“朝令夕改”并消除政策执行走样带来的不良影响，才能取信于民，社会信用体系也才会货真价实。

（三）落地见效是现代环境治理体系的根本所在

环境治理体系建立以后，干部成为打好污染防治攻坚战的决定性因素。现代环境治理体系和治理能力现代化不可能一蹴而就，而是需要不断调整完善。在中国共产党的坚强领导下，中华民族驶上波澜壮阔的现代化航程，从站起来、富起来到强起来，新中国用几十年时间走完了发达国家几百年经历的工业化历程。人民群众对现代化的目标预期从“楼上楼下电灯电话”到日益增长的优美生态环境。只有顺应时代潮流，加大生态环境保护力度，才能还自然以宁静、和谐、美丽。

1. 现代环境治理体系的目标设定

从逻辑关系看，现代环境治理体系是生态文明治理体系的组成部分，生态文明建设目标是人与自然和谐共生。党的十九大报告在生态文明建设部分的第一段第一句话，就点明了生态文明建设在中华民族伟大复兴中的地位：永续发展、千年大计。“生产发展、生活富裕、生态良好”（以下简称“三生”）是全面建成小康社会目标的具体化，本质是追求经济发展、民生改善、生态环境保护的协调、平衡和良性循环。“三生”目标在党的十六大报告中业已提出，与2002年南非约翰内斯堡联合国可持续发展峰会形成的经济发展、社会发展、资源环境可持续发展的三大支柱共识吻合。与国际社会通用的可持续发展表述不同，“三生”表述更具体，也更符合我国发展阶段的基本特征。现代环境治理体系是生态文明治理体系的重要组成部分，生态环境是全面建成小康社会的“短板”：小康全面不全面，生态环境是关键。近年来，我国加大生态环境保护力度，扭转了忽视生态环境保护的倾向，生态环境质量得到明显改善。

现代环境治理体系和治理能力现代化，要落到“推动生态环境根本好转、建设美丽中国”的效果上。党的十八大以来，以习近平同志为核心的党中央统筹推进“五位一体”总体布局和协调推进“四个全面”战略布局，开展了一系列根本性、开创性、长远性的工作，实施了大气、水、土壤污染防治三个“十条”，出台了一系列生态文明制度。制度出台频度之密、污染治理力度之大、监管执法尺度之严前所未有，生态环境质量得到明显改善。环境治理效果和质量改善，不仅可以用指标体系来评价，也反映在公众的切实感受上。例如，我国近年来蓝天增多、大气环境质量变好，不仅可以从数据上审视，还可以从公众在微信上晒蓝天的照片得到验证。与此同时，我国生态文明建设仍处于压力叠加、负重前行的关键期，也进入了提供更多优质生态产品以满足人民日益增长的优美生态环境需要的攻坚期，到了有条件有能力解决生态环境突出问题的窗口期。只有实现天蓝、水清、地绿的环境保护目标，现代环境治理体系现代化的价值才能显露出来。

2. 地方探索是落地见效的保障

（1）构建现代环境治理体系，需顺应形势变化需要，明晰责任体系，即谁来管、管什么、怎么管的问题，并加以集成，形成合力。《环境保护法》规定属地管理，行政管理体制改革催成了垂直管理，并依此进一步明确中央和地方政府的责任体系。要构建顺畅的现代行政关系，打造运转高效、机制完善、作风廉洁的行政管理体制。在纵向上，要处理好中央政府与地方政府生态环境治理的事权和财权，构建事权与财权匹配的环境治理关系。在横向上，要理顺生态环境主管部门与同级其他部门，如自然资源、水利、林草、农业农村等部门的权责关系。通过职能整合、机构调整，构建清晰的横向关系。在生态环境系统内部，要科学划分主管部门（生态环境部）与区域性机构（区域督察局）、地方生态环境部门间的职权关系，构建分工合理、职责清晰的纵向层级关系。换言之，要打通现行管理体制的上下、左右、前后关系；上下关系是中央和地方政府间的关系，垂直管理是其实现形式；左右关系是同级政府部门之间的关系，在“条条”畅通的前提下要加强“块块”联系和协同：前后关系是政策之间的连续性关系。

（2）尽量避免传导机制失灵。上情下达，下情上达，互动非常重要。《意见》明确要求形成良性互动机制，避免政策的“放大效应”，即社会上的“加码、加水”之说，也包括督察过多、过频问题。从国内外实践看，方桌会、对话会等是沟通的重要形式。决策者要有“兼听则明”的态度，群众要有讲真话的勇气。如果决策前充分听取群众意见，一些事情会少走弯路。如果我们从政策的研究设计开始，就充分听取知情者、广大群众的意见，就能从源头防止政策导向与基础实践的脱节。例如，近期以来的东北地区秸秆焚烧问题。虽然国家出台了一系列政策文件，包括财政补贴和分片包干等，但焚烧秸秆可以增加农田有机质、杀死秸秆越冬的病虫卵。换言之，秸秆焚烧有利有弊，虽然影响环境质量，但于农业生产也有益处。这就需要做好顶层设计与基础探索的有机衔接，避免出现中央政策难以在地方落实的问题。

（3）以正确的办法实现环境质量的根本好转。生态环境保护是新时代人民群众的诉求，功在当代，利在千秋。环境就是民生，青山就是美丽，蓝天也是幸福，我们要像保护眼睛一样保护生态环境，推进人民富裕、国家强盛、中国美丽。这是现代环境治理体系和治理能力现代化的出发点和落脚点。群众获得感和幸福感增加了就应当坚持，群众的幸福感没有增加就要分析原因，纠正错误以利再战。首先，要进一步梳理工作思路，疏堵结合，夯实基础。应当明白，生态环境变化是一个“慢”变量。我国目前的环境状况是累积和叠加的结果，要求短时间解决所有问题，既不符合客观规律，也容易“反弹”，毕竟我国城市化和工业化的历史任务还没有完成。其次，如果责任分解过细过小，会导致环境保护“碎片化”，难以体现习近平总书记关于“山水林田湖草系统治理”的要求。因此，要运用系统思维方法，统筹“山水林田湖草”一体化保护和修复，加强长江、黄河等大江大河的生态保护和系统治理。生态文明建设必须考察资源环境承载能力，这就要求协同推动生态环境保护和修复，实现人与自然和谐共生。最后，要健全国家公园保护制度，科学设置各类自然保护地，严惩毁林开荒、围湖造田等生态破坏行为，坚持“谁破坏，谁赔偿”原则，确保重要自然生态系统、自然景观和生物多样性得到系统性保护。只有这样，才能使绿色富民惠民，也才能实现我国经济社会可持续发展。

（4）建立现代化的信息技术体系、先进文化支撑体系。现代信息技术是国家治理体系的重要工具。要发挥现代信息技术在宏观决策、生态环境监测、污染防治等领域中的作用，特别是在物联网、大数据、云计算时代背景下，要重视信息技术在实现生态环境治理体系与治理能力现代化中的作用。运用信息技术加快电子政务发展，提高行政管理体制的运转效率。以先进文化体系作支撑，构建包含生态文化、环境认知文化、环境规范文化、环境物态文化等在内的文化体系，增强现代生态环境治理体系的文化基础。

（5）严格问责追责监督管理制度。既要保证将中央生态环境保护政策、法规、标准等国家意识落地，也要将基层环境保护需求反映到国家政策法规中，这是现代环境治理体系和治理能力现代化的应有之义，因而需要有效的实施机制。制度的生命力在于执行，再好的制度如果得不到执行，就会形同虚设。我国生态文明建设的“四梁八柱”制度体系已基本成型，要在调整完善中加大执行力度。只有把制度执行到位，将政策贯彻到底、到边，最大限度地激发制度效能，才能收到现代环境治理的预期效果。一是建立生态文明建设目标评价考核制度。建立体现生态文明要求的目标体系、考核办法、奖惩机制。领导干部要树立科学政绩观，将环境破坏成本、资源消耗和生态修复等纳入考核评价体系。二是落实生态环境损害赔偿制度。健全环境损害赔偿的法律制度、评估方法和监督考核机制，强化生产者责任，大幅提高违法成本。三是落实中央生态环保督察制度。监督考核是解决“治理得怎样”的问题，要确保生态环境治理按照既有方针及政策施行。对各省、自治区、直辖市党委和政府及有关中央企业开展例行督察，根据履行情况对相应主体进行责任追究，加强监管力度并根据需要对督察整改情况进行“回头看”。严格落实环环相扣的考责、履责和追责制度，才能使一些人的乱作为、不作为得到纠正。

建立健全现代环境治理体系，实现治理能力现代化，是国家治理体系和治理能力现代化的重要组成部分，既需要在国家的总体框架下全力推进，也需要从中国生态环境治理的现实出发形成特色，从而为环境质量改善、建设美丽中国、完善全球气候治理等创造条件，为世界治理体系的完善提供中国智慧、中国方案。

思考题

1. 如何理解环境污染，有哪些最新的方法和技术可以防治或减缓环境污染？

2. 目前，城乡环境有哪些问题？如何整治？请结合实际谈谈想法。

3. 如何理解“危险”与“风险”？什么是环境风险？如何防范环境风险？请结合化工或其他企业的具体情况来讨论。

4. 我国环境治理的发展历程及存在问题，如何构建现代化环境治理体系？

第五章　生态系统保护与修复

要加强生态环境系统保护修复。要从生态系统整体性和流域系统性出发，追根溯源、系统治疗，防止头痛医头、脚痛医脚。要找出问题根源，从源头上系统开展生态环境修复和保护。要加强协同联动，强化山水林田湖草等各种生态要素的协同治理，推动上中下游地区的互动协作，增强各项举措的关联性和耦合性。要注重整体推进，在重点突破的同时，加强综合治理系统性和整体性，防止畸重畸轻、单兵突进、顾此失彼。

——习近平在南京市召开的全面推动长江经济带发展座谈会上强调

（2020 年 11 月 15 日）

生态兴则文明兴，生态衰则文明衰。党的十八大以来，党中央站在中华民族永续发展的战略高度，作出了加强生态文明建设的重大决策部署。在习近平生态文明思想指引下，全国各地区、各部门积极探索统筹山水林田湖草一体化保护和修复，持续推进各项生态系统保护和修复工作。从最初的生态保护红线理念到全国生态保护红线的基本划定，从自然保护地的多头管理到以国家公园为核心的自然保护地体系重构，从过去的流域水资源综合利用到协调人与自然和谐发展的流域综合治理，从传统的生态修复到国土空间生态保护与修复，我国生态系统保护与修复在实践中探索，在摸索中前进。目前我国生态环境治理呈现稳中向好态势，各类自然生态系统恶化趋势基本得到遏制，稳定性逐步增强，重点生态工程区生态质量持续改善，国家重点生态功能区生态服务功能稳步提升，国家生态安全屏障骨架基本构筑。

第一节 划定并严守生态保护红线

一、生态保护红线的概念和内涵

关于生态保护红线的概念，不同学者进行了差异化的解释。部分学者从生态脆弱性和区域生态安全性的角度对生态红线进行了界定，指出生态红线是自身生态系统比较脆弱，同时对于维护区域生态安全具有重要作用，需要进行严格及特殊保护的区域空间边界。管理者则进一步将生态保护红线的定义拓展为一种整合的政策和制度体系。国务院对于生态保护红线的界定是重要生态功能区、生态敏感区和生态脆弱区，其划定的主要目的是保护对人类持续繁衍发展及我国经济社会可持续发展具有重要作用的自然生态系统，包括保障生态系统服务功能，支撑社会经济可持续发展；保护生态脆弱区敏感区，保障人居环境生态安全；保护生态系统生物多样性，确保生物资源可持续利用。《国家生态保护红线——生态功能红线划定技术指南（试行）》进一步对于生态保护红线及相关概念做出明确界定："生态保护红线是指对维护国家和区域生态安全及社会经济可持续发展，保障人民群众健康具有关键作用，在提升生态功能、改善环境质量、促进资源高效利用等方面必须严格保护的最小空间范围与最高或最低数量限值。"

可见，在生态文明建设的范畴内，生态保护红线不仅仅是一个生态领域的概念，更是一个完整的政策体系，包括生态功能保障基线、环境质量安全底线和自然资源利用上线。生态功能红线指对维护自然生态系统服务，保障国家和区域生态安全具有关键作用，在重要生态功能区、生态敏感区、生态脆弱区等区域划定的最小生态保护空间。它是保证国家生态安全的底线，是产业发展的禁止区，也是为子孙后代保留生态资源、实现厚积薄发的基本储备区，它体现了国家以强制性手段强化生态保护的政策导向。环境质量红线是指为维护人居环境和人体健康的基本需要，必须严格执行的最低环境管理限值。资源利用红线是指为促进资源能源节约，保障能源、水、土地等资源安全利用和高效利用的最高或最低要求。

进一步地，生态红线实际上包含更深层次的两个内涵：一是生态安全底线；二是资源利用上限。这两方面都可以进一步从空间及总量来进行认知。

从空间层面上看，能够保障生态安全的空间领域包括重要生态功能区、生态敏感区和生态脆弱区，通过保护上述生态安全空间而维护生态系统服务功能，保护关键物种与生态系统，维持生物多样性，从而支撑社会经济可持续发展。除了强调生态安全的空间性之外，生态红线同时强调了管理意义上的总量控制，包括必须严格执行的最低环境管理限值。资源利用上线是指为促进资源能源节约，保障能源、水、土地等资源安全利用和高效利用的最高或最低要求，同时包括了空间性和总量要求。

生态保护红线划定从其对人类社会发展的意义来看，包括保障生态安全以及支撑社会经济可持续发展两大方面：首先，通过保护生态脆弱区及敏感区，优化国家生态安全格局。其次，通过严格的生态保护制度对当前和未来社会经济开发建设活动进行规制和引导。

二、生态保护红线政策在中国的发展

城镇化进程通常伴随生产、生活用地的迅速扩张，使原有具备生态功能的土地受到挤占、破坏甚至污染，导致生态系统功能下降，最终降低了人类的生活品质和生存质量，影响了经济社会生态的协调发展。为了用更严格的方式将重要生态区域保护起来，我国选择了划定生态保护红线的方式。

但中国生态保护红线政策的形成并非一蹴而就，而是经历了从国家明确生态保护理念、局部城市与地区借鉴性尝试、国家确认其合法性、进行局部政策试点直至最后成为全国性实施的生态规制政策等一系列跨越地理空间尺度（cross-scale）的持续构建过程。

2000 年 11 月，国务院印发《全国生态环境保护纲要》，提出“划定重要生态功能区、重点资源开发区、生态良好地区，并坚守生态环境保护底线”的要求，这是国家层面提出分级、分区进行生态保护的理念，但未明确提出生态保护红线概念。

2005 年，《珠江三角洲环境保护规划纲要（2004－2020）》划定了“红线调控、绿线提升、蓝线建设”的三线调控区；同年，《深圳市基本生态控制线管理规定》首次以地方性法规形式明确生态控制线的法律地位，标志着我国区域和城市层面开始进行生态保护红线的管制尝试。随着划定“18 亿亩耕地红线”、《全国生态功能区划》《全国生态功能区规划》等要求和文件的出台，国家层面逐渐形成生态保护红线的理念，且这一理念在区域性生态规划、管理和科学研究过程中逐渐发展，并得到各个部门多方面的肯定。2011年，林业局、环保局、水利局等纷纷响应国家号召，均提出“编制环境功能区划，在重要生态功能区、陆地和海洋生态环境敏感区、脆弱区等区域划定生态红线”，要“制定不同区域的环境目标、政策和环境标准”。

随后，国家相关部委和地域层面开始完善生态保护红线的概念体系、管控体系等多个方面，生态保护红线进入试点阶段。2013 年 5 ~ 8 月，环境保护部在内蒙古、江西、广西、湖北四省份开展了生态红线划定试点工作，对试点区域内的国家重要生态功能区、生态环境敏感区、脆弱区等区域划定生态保护红线。随着 2014 年 2 月我国首个生态保护红线划定的纲领性技术指导文件《国家生态保护红线——生态功能基线划定技术指南（试行）》的公布，生态保护红线作为强制性政策在全国范围实施。2017 年，中办、国办联合印发实施《关于划定并严守生态保护红线的若干意见》（以下简称《意见》），在中央层面上形成了生态保护红线“一条线”“一张图”的基本思路。《意见》指出，以改善生态环境质量为核心，以保障和维护生态功能为主线，按照山水林田湖系统保护的要求，划定并严守生态保护红线，实现一条红线管控重要生态空间，确保生态功能不降低、面积不减少、性质不改变，维护国家生态安全，促进经济社会可持续发展。2017 年底开始，京津冀区域、长江经济带沿线各省份及其他省份先后划定生态保护红线。2021 年 6 月，我国生态保护红线已初步划定完成。

三、生态保护红线政策有效实施的关键

作为国家层面的政策，生态保护红线对于城市区域而言，意味着一系列制度背景的改变和制约。地方政府如何落实该政策，能否将国家生态规制要求纳入现有管治模式，实现地方社会—经济—环境的协调发展是确保生态保护红线政策有效实施的关键。

具体来说，生态保护红线政策本质上是生态规制，即便在生态国家重构的背景下，国家在生态保护红线政策实施过程中引导、法制化以及进行权力运作的作用得到进一步强化，但地方政府作为实施主体仍具有能动性，可以在平衡其他社会经济政治压力基础上将生态保护诉求有选择性地整合进社会空间治理过程中，通过一系列旨在保护、留存以及修复生态资源的社会实践来平衡上述压力。因此，城市和区域层面对于生态规制的最终落实取决于一

系列地方因素之间的相互作用：生态资源本底、增长模式、政府绿色治理能力、生态保护市场化的程度以及治理社会生态等。

（一）地方政府绿色治理能力

政府绿色治理能力是政府生态治理制度、体制、组织、管理方式以及管理理念等不断转变的过程，它以逆转生态危机，实现生态利益为目的，是对传统政府管理环境的一种变迁、完善和超越。

地方政府绿色治理的能力受制于多种因素，对生态保护红线政策的实施过程产生影响。较为突出的问题之一是在生态保护红线落地过程中，由于缺乏统一的顶层设计，从而出现管理权力碎片化以及多主体介入责权不明的问题。生态保护红线政策实施涉及多个部门，但是部门之间缺乏有效统筹和衔接，很大程度上降低了生态红线政策的实施效率。

地方生态治理财政投入能力对生态保护红线政策实施过程的影响。地方生态治理的财政投入能力在不同的区域之间存在差异；在同一区域范围内纵向不同层级的政府之间也存在差异。对于经济较不发达的边远地区而言，生态保护以及生态保护红线政策的实施落地在一定程度上构成了地方政府的财政负担。尽管政府可以通过向国家层面相关机构申请获得部门资金资助，大部分管理运行成本主要还是由省、市、县各级财政自主支付。地方财政必须分担部分生态保护的投入资金，这意味着这一考量可能会影响地方决策者对于保护区保护管理模式的选择以及管理程度的把握。在这样的背景下，可能出现的情况是，由于资金不足，地方政府丧失了进行生态保护的动机，进一步导致生态保护的空间规制政策在局部地域实施中的困境。即便对于同一个区域而言，也不得不面对纵向的政府机构之间所存在的财政能力差异所带来的实施挑战。类似深圳这样的城市和区域，也需要在实际管理的操作层面解决不同层级的政府围绕生态保护红线划定所展开的利益博弈。

（二）生态保护市场化介入程度

市场化工具是鼓励跟随市场信号使用经济激励来保护和强化自然资本的政策工具。地方在生态保护市场化的介入程度直接决定了该区域参与新经济的能力。目前在中国区域层面存在的生态保护市场化介入程度深浅不一，从而决定了区域各自在经济生态化转型过程中的能力。以深圳市为代表的沿海城市在市场化机制建构方面相对完善，除了进行基本的税费改革之外，还进一步完善了环境产品市场，包括排污许可交易、信托基金、赔偿机制、绿色金融和资本市场制度、环境保险制度以及生态环境保护投融资改革，碳排放权交易、区域碳市场合作和碳金融产品创新等。市场化的建构为深圳市地方经济的生态化转型提供了相对完善的制度基础。

对于拥有较为优越的生态资源储备，但区域市场化程度较弱的区域，因此生态保护市场化的重点在于建立相对完善的自然资源资产产权制度，对自然生态空间进行进一步确权登记，调整生态资源配置。同时由于地方原始经济基础薄弱，如何通过多渠道筹集资金强化地方生态投入的力度成为地方建构生态保护市场化的另一重点。基于此，生态环境保护投融资改革包括建立生态补偿资金、各级政府财政投入、建设—转让（BT）、建设—经营—转让（BOT）、移交—经营—移交（TOT）以及企业自筹等方式成为区域生态市场化的政策核心。

对于资源依赖型区域，其市场介入方式从类别上来看则主要集中在规制类市场机制，包括：以“污染者负担原则”为基础的环境损害赔偿费、税费征收（环境税、环境费、生态系统服务付费）、自然资源资产负债表的建立、生态补偿机制的全面完善、清洁发展机制（CDM）、生态标签和认证、补贴等。

（三）地方治理社会生态

1. 对于增长的诉求与生态保护红线政策实施的矛盾

利益主体对于经济发展的诉求普遍存在于生态保护红线政策的实施过程。尤以发展过程中对资源依赖性较强的区域表现较为突出。这一部分利益主体主要集中在以资源生产为基础的企业、服务商及希望增加地方税收与提升就业机会的不同层级的政府。上述利益主体形成非正式的增长联盟，且利益的获取是基于对自然进行生产与再生产而获得经济发展价值。这种对于资源的高度依赖性，使实施生态保护红线政策对于增长联盟的增长产生制约。在不同的区域治理背景下，增长联盟对于这种制约的反对发展出生态保护红线政策实施过程中的不同矛盾表现。

2. 来自公众的生态保护压力

近年来，我国市民社会正在逐渐形成，构成了自下而上的对生态保护决策过程的压力。然而，上述保护压力集团影响决策的力量仍然有限。正如众多研究者所指出，中国的市民社会行为在大多数情况下展示出非对抗性特征。

来自公众的生态保护压力主要集中于三大群体：专家、环境非政府组织以及媒体。

专家在地方生态保护决策中的作用体现在三方面。首先，专家直接参与地方生态保护区的划定与规划过程，或通过审批过程对地方生态保护决策产生影响。专家委员会委员由学者或者是相关政府机构的官员或高级技术专家构成，可以为自然保护区的建立、研究与管理策略提供相对权威的意见。其次，专家同时也可以通过其他途径获得权力影响地方生态保护决策。例如，某些专家积极地介入生态保护实践，通过建立环境非政府组织辅助推动地方自然保护区的保护工作。最后，专家所拥有的社会地位与专业权威，使之具备了一定的空间可移动性，可以对地方决策产生影响。例如，拥有国际或国家影响力的异地专家在特定的地方决策过程中可能获得更多话语权。但是专家的作用也会受到一定制约，专家的关注点可能与其专业背景相关，不同背景的专家之间可能产生价值和认知层面的矛盾冲突，如生态学家和经济学家之间可能往往意见不一。同时，专家也会面临来自商业集团甚至是政府的压力，上述压力可能会使专家的观点在设定议程、界定问题、评价解决途径的情况下发生某些程度上的偏差。

与生态保护相关的绿色社会组织进一步辅助完善了地方治理社会生态。中国环境非政府组织最早出现是源于国际组织的支持，且历史较短，其活动范围借助建立地方性分支机构而涉及全国。例如，位于北京的自然之友就建立了武汉、广州、深圳、上海分组，从而对地方性环境事务产生影响。近年来，一些地方性的环境非政府组织也开始成长并逐渐变得具有影响力。然而，受制于经费、匮乏的人力资本以及对于实际数据的有限可达，中国环境非政府组织在影响地方环境政策发展以及在具体实践能力方面依旧有限。使用非对抗性的方式是中国环境非政府组织的主要行动策略。

1990 年以后，媒体逐渐成为一个相对民主的环境讨论平台。主流过程通常是，在媒体实践中明确与环境问题相关的不同议程的设定，通过主流媒体引发社会讨论从而影响政策决策过程。地方媒体的作用和影响力存在较为明显的区域差异。然而，媒体在决策过程中仍然受到较大制约，媒体在环境问题上的介入主义集中于一些“灰色”领域，且批判程度较为温和。

3. 生态线内社区发展与生态保护的矛盾冲突

围绕线内社区发展展开的矛盾冲突主要出现在生态保护红线强规制的实施背景区域。国家政府对于生态空间的保护往往会涉及与地方居民之间就土地所有权变更所产生的矛盾冲突与权力关系。比方说，保护区的划定往往会制约当地社区居民一直以来对于自然资源的可达性，甚至会导致当地居民的异地搬迁。而这种对生态资源可达性的否定反过来成为生态保护红线政策实施过程中不得不面对的障碍。例如，地方农户可能会抛弃传统的可持续的生态实践方式，从生态保护的实践者转化为生态保护的破坏者。甚至，当地方社区居民失去了对土地的可达和控制权时，他们可能会通过一些相对激烈的行为来挑战管制主体的合法性，如直接进行违章建筑的建设活动，通过“既成事实”的方式强迫地方政府改变其对生态保护空间的再分配。

四、我国生态保护红线政策的实施模式

生态保护红线政策落实到具体区域，将与区域生态资源本底、区域增长模式及治理模式、地方政府绿色治理能力、生态保护市场化的介入程度以及地方治理社会生态要素相互作用，构成各种转型的条件和障碍，从而在不同区域形成差异化的实施模式。也就是说，生态保护红线政策落实中的核心涉及要素便是政府对于上述各种需求、压力、机会进行平衡的结果。在不同的要素作用下，形成了生态保护红线政策在实施过程中具体实践方式和规制力度的地区性差异。

根据生态保护红线政策在地方层面落实的结果以及区域发展转型模式，将当前中国生态保护红线政策实践模式划分为强制约—转型发展模式、强制约—渐进转型发展模式、弱制约—替代发展策略模式和弱制约—保守发展策略模式4类。

强制约—转型发展模式。“强制约—转型发展模式”是指业已迈进后工业发展阶段的区域，在实现生态国家在地化重构的过程中，通过选择强规制—转型发展的区域发展路径，利用生态保护机遇，以政府为责任主体主导进行生态化多元合作网络治理，使区域的经济基础发生深层次转变，从而实现区域环境改善与生态优化基础上的经济持续发展与社会和谐进步。该模式的实施背景是城市及区域经济发展面临极为紧迫的生态制约；在公司主义治理模式下区域增长进入高速发展路径，土地利用以存量开发为主；地方政府在生态治理方面的财政投入能力强；地方经济参与到生态经济与生态市场的机会较大；同时区域内生态保护的社会力量较强。这种模式的治理主体涉及各级政府，并在政府主导之下将市场主体、社会行动者纳入整体管理框架，

以战略性方式搭建跨层级合作网络治理平台。不同背景和权力的行为主体与机构组成了合作与协调网络，以独立于制度性管辖边界的方式来界定并提供跨区域服务；同时，正式的或非正式的公私伙伴关系及协作过程将成为区域治理的必要组成部分。模式的政策着眼点是抑制城市蔓延、集约利用建成区、提高区域空间质量与功能混合、协调经济开发与环境保护、促进区域合作和公众参与。

▶ 案例 5.1

中国生态保护红线划定的先行者——深圳

作为珠三角经济区九大城市群的核心城市之一，深圳拥有突出的生态资源储备。深圳市早期践行的城市公司主义治理强调以土地增量开发为对象，以政府规划为手段，通过制度规划、吸引投资、增加地方财政收入引导城市增长。围绕建设用地扩张而启动的城市增长是这一增长范式的核心。而辅助增长的政策工具则是一套与之相适应的“拓展型”城市空间治理体系。然而，建立在土地资源扩张基础上长达10年的城市增长所引发的环境恶化及土地资源匮乏构成了对深圳市区域增长最为显著的结构化制约。这种制约在三大背景下显得尤为突出：中国国家层面的生态重构为深圳地方发展施加自上而下的压力；作为中国市场经济发展前沿的深圳市在面对国际资本新的选择标准情况下对地方发展转型的强烈诉求；社会持续增加的对于生态安全以及保护的公共意识。

2003年提出的基本生态控制线政策根植于深圳市20世纪八九十年代的规划介入与实施传统，在结合生态学、相关法律法规以及国际生态城市标准的基础上，进一步发展为整合性的生态空间规制政策。深圳的基本生态控制线引入伊始就被界定为一种刚性较强的城市空间规制制度，其划定方法可以总结为“生态导向、技术落实、整体协调”。其划定过程包括了技术导向的规划方案编制与部门间讨论和协调两阶段。就技术层面而言，深圳市基本生态控制线划定仍然存在空间与程序合理性两方面问题。同时，由于深圳市各区在发展过程中存在经济基础、社会背景以及管理模式上的异质性，使“一刀切”的生态控制线划定标准难以应对多元化的地方生态保护诉求，因此基本生态控制线在实施过程中遭遇了来自下级政府、地方居民以及社会公众等不同主体的压力。

在上述背景下，深圳城市治理发展进入了第二阶段，反映出深圳市政府试图平衡地方发展以及在更广范围内生态保护的强烈意愿。城市管理机构开始以一种更具包容性和介入性的方式来进行城市管理，其目标在于发展出一个既可以包容城市增长，也能应对来自各方对环境和生态保护压力和需求的社会空间管制框架。深圳地方政府治理转型包括四方面内容：一是在气候变化、资源制约以及减排的宏观背景下，地方政府选择建设绿色基础设施为保障城市经济持续增长创造必要条件。二是通过调整现有经济增长策略来适应生态安全需求同时保障城市未来经济增长的持续供给。三是创新性地提出了一套完整的城市空间治理体系来实现强生态规制背景下的地方发展转型。四是通过综合措施引导地方居民分享保护红利以及推进公众参与实现社会层面的生态重构。

资料来源：林丹．生态保护红线政策背景下区域治理研究［M］．北京：中国社会科学出版社，2021．

强制约—渐进转型发展模式。“强制约—渐进转型发展模式”是指处于工业化中后期的城市区域，在实现生态国家在本地化重构的过程中，通过选择强制约—渐进式转型的治理路径，实现利用生态保护，改革和调整已有产业结构，开展“治理的再地域化”实验，重塑地域经济—环境关系。通过转变传统经济增长方式，把环境考量“内在化”于整个经济社会的发展过程，使整个社会经济的现代化过程包含生态向度。在保护中转型，在转型中保护。模式的治理主体涉及各级政府与不同的市场主体。模式的核心在于，面对自上而下的国家生态规制要求时，地方政府通过选择一种相对较强的生态规制实施方式，以此为区域未来发展提供空间与生态资源储备；同时促进产业升级，将区域经济策略与生态保护策略相整合，使生态保护交易、新能源等都为生态与经济服务提供新的机会，从而能够适应地方增长渐进转型的过程。典型代表为湖北省武汉市。

弱制约—替代发展策略模式。“弱制约—替代发展策略模式”是指区域资源本底优异，区域现状发展模式的资源依赖程度较高，地方政府在生态治理方面的财政投入能力中等，地方经济具有一定的参与生态经济与生态市场的机会，区域内生态保护的社会力量并不是特别突出。在生态保护红线政策背景下，通过选择替代产业发展的区域治理路径，利用生态保护机遇，追求非增值、去增长、低消费或可替代的增长策略，在生态规制和资源限制的背景下实现地方经济与增长的替代性发展。模式的治理以地方政府为主体，将各级政府、市场主体、社会行动者纳入整体管理框架。就政策制定而言，偏向于认为市场行为是对生态进行保护的有效路径，在市场范畴内解决自然与社会之间的矛盾，以保障经济价值为动力促进保护或可持续利用生态资源，通过生态保护实现区域创造税收、资本积累以及资源总的经济价值提升的目标。因此，选择一系列新的产业对现有产业进行替代，改变区域产业结构。一般资源依托型传统社会发展的区域会采用这种策略模式。

弱制约—保守发展策略模式。"弱制约—保守发展策略模式"是指处于工业化发展中期且现状产业基础为重工业的区域，区域资源本底不佳，生态危机已构成区域结构性制约，区域现状发展模式的资源依赖程度较高，地方财政投入生态治理的能力较弱，地方经济参与生态经济与生态市场的机会较少，区域内生态保护的社会力量也未培育成熟。在生态保护红线政策背景下，通过选择保守发展的区域治理路径，开发和应用更好的技术实现工业生产的净化与转型。生态保守发展策略的目标导向是保护土地与生态环境。管理主体方面以中央和地方政府为主。策略制定重点是，通过对环境破坏性产品与生产过程采取清洁过滤措施来消除污染，如应用流体除硫设备防止酸雨形成；通过技术创新，使生产过程与产品更加适应环境的良性发展，如提高燃烧效率。为了实现技术的持续性革新，该类型制度设计中还提出了工业新陈代谢相容性战略，旨在通过引入新的技术系统、管理体制和实践从源头上改变技术结构和产品过程，逐步嵌入原有工业的新陈代谢过程。河北邯郸市是该策略模式的典型代表。

第二节　建立以国家公园为主体的自然保护地体系

一、国家公园的概念和内涵

自 1872 年全球首个国家公园——黄石国家公园被美国国会批准建立，迄今为止，已有 193 个国家和地区建立了国家公园。虽然不同的国家和地区对于国家公园的概念有不同理解，但各国设立国家公园的目的和国家公园的性质是共同的，即目的是实现代际保护、实现民族自豪感；性质是强调全民公益性，强调国家公园是保护地和公众的媒介。2017 年 9 月 26 日由中共中央办公厅、国务院办公厅印发的《建立国家公园体制总体方案》指出："国家公园是指由国家批准设立并主导管理，边界清晰，以保护具有国家代表性的大面积自然生态系统为主要目的，实现自然资源科学保护和合理利用的特定陆地或海洋区域。”

根据人地关系将土地按照人类使用的强度从低到高依次分为10个类型：严格自然保护区、荒野自然保护区、国家公园、动植物栖息地/天然地貌保护区、景观保护区、旅游度假区/受管理的资源保护区、农业用地/畜牧业用地/其他非城镇用地、镇/中心村、小城市、中心城市。其中：（1）严格自然保护区，指拥有杰出或有代表性的生态系统，其特征或种类具有地质学或生理学意义。（2）荒野自然保护区，指自然特性没有或只受到轻微改变的辽阔地区；没有永久性或明显的人类居住场所。（3）国家公园，为当代或子孙后代保护一个或多个生态系统的完整性；排除与保护目标相抵触的开采和占有行为；提供在环境和文化上相容的精神、科学、教育、娱乐和游览机会。（4）动植物栖息地，通过积极的管理行动确保特定种群的栖息地或满足特定种群的需要；天然地貌保护区，拥有一个或多个具有杰出或独特价值的自然地貌地区，这些价值来源于它们所具有的稀缺性、代表性、美学品质或文化上的重要性。（5）景观保护区，具有重要的自然和文化景观多样性的地区。（6）受管理的资源保护区，指没有受到严重改变的自然系统，通过有效管理，在保护生物多样性的前提下同时满足社区需要，并可提供自然产品和服务。

由此可见，国家公园是执行最严格科学保护的一类自然保护地，以保护完整的生态系统或生态过程为首要目标，允许提供在环境和文化上相容的精神、科学、教育、娱乐和游览机会，但这种娱乐和游览机会仅作为国民福利而提供。

在生态文明建设范畴，国家公园是生态文明综合先行示范区，具有生态系统的完整性、原真性特征，是将中央顶层设计与地方具体实践相结合、集中开展生态文明体制改革综合试验的天然载体；国家公园是国家生态安全屏障，它以完整的生态系统保护作为首要目标，是生态文明的基础设施，是国家可持续发展战略的重要保障，承载着最为核心的生态安全和自然资源保护任务；国家公园是“最”美丽的中国国土和海域，以国家公园为代表的自然保护地是中国最美丽的国土和海域，是全民福利的物质基础，未来中国国家公园应属于最高审美品质的国家自然遗产活文化与自然混合遗产；国家公园是国家生态形象最生动、具体的发言人，国家公园是与国民最亲近、公众影响力最大的保护地类型，是国家形象的代言者和软实力的体现，是自然保护地与公众之间的媒介和窗口，是国民生态和环境教育的最佳场所，以全民公益性、代际公平和国家（民族）自豪感为主要特征，它能够代表国家形象，能够激发中华民族自豪感和国家认同感；国家公园是生态系统服务不可或缺的提供者，以国家公园为代表的保护地是生态文明基础设施，是国家可持续发展战略的重要保障，国家公园和保护地除了在生物多样性和生态系统保护方面发挥不可替代的作用外，还与人类的生活密切相关，它们为人类提供干净的水源、清洁的空气、无穷的氧气、抗生素等药物，并能有效减少或缓解雾霾、沙尘暴、泥石流等自然灾害的发生频率或影响范围。

二、我国自然保护地建设现状与治理逻辑

我国目前已有各级各类自然保护地约 1.18 万处，保护面积覆盖我国陆域面积的 18%、领海 4.6%，在维护国家生态安全、保护生物多样性、保存自然遗产和改善生态环境治理等方面发挥了重要作用。我国现有的各类自然保护地主要包括：自然保护区、风景名胜区、地质公园、森林公园、海洋公园、湿地公园、冰川公园、草原公园、沙漠公园、草原风景区、水产种质资源保护区、野生植物原生境保护区（点）、自然保护小区、野生动物重要栖息地等。这些不同类型的自然保护地隶属于不同的管理部门，形成了以自然保护区为主体的保护地集合。

（一）自然保护地的类型

目前我国已有各部门设立的自然保护地保护区 10 余种，对其中最重要的国家级自然保护地进行梳理，依据设立目的和治理逻辑的不同可分为以下两种类型。

一类是区域综合管理型，采取以区域统筹管理内部要素的思路。较为典型的是由住建部主导设立的国家级风景名胜区和由原环境保护部主导设立的国家级自然保护区。前者以人为本，从审美和游憩需求出发，对我国的自然和人文景观资源进行系统性、区域性的整体保护和综合利用；后者则是从自然生态系统功能的整体性与要素的耦合性出发，对具有重要生态功能的生态系统进行区域性整体保护。而对于海洋国土，则由原国家海洋局从海洋生态系统整体保护的角度切入，建立国家海洋特别保护区。

另一类是特殊要素管制型，采取以关键要素管控和专业性保护为出发点，对其要素的载体及其核心关联空间设立管制区域的思路。随着资源约束日趋

收紧、生态环境破坏日益加重，各专业部门从要素专业性管理与核心区位重点保护的逻辑出发，设立专业类自然保护地，如原林业部针对森林和湿地设立的国家森林公园和国家湿地公园，原国土部门针对地质遗迹和矿山设立的国家地质公园与国家矿山公园，以及水利部针对重要水资源及周边景观设置的国家水源地保护区和国家水利风景名胜区。这些都反映了特殊要素管制型保护地整体采取了一种从关键要素切入逐渐拓展为区域保护的逻辑。

（二）自然保护地管理实践的主要经验

在长久的自然保护地建设、保护和管理过程中，我国也摸索出自然保护地管理体系的两重主要经验。

1. 部门管理与属地管理相结合

我国重要的九类国家级自然保护地管理机制中，大部分都采取了部门管理与属地管理相结合的模式。由县级以上人民政府的相关部门负责本辖区内自然保护地管理机构的组建及日常运营，而对于跨行政区的自然保护地，目前多采取相邻行政区联合管理或高级区域型管理机构进行协调的方式，如国家水利风景区中的流域管理机构和国家海洋特别保护区中的海洋局派出机构，而中央部门在其中主要承担建区行政审批、规划审定与协调、监督检查等职能。在建设运营管理保护地的出资分配方面，也主要以地方政府承担绝大多数资金，同时旅游开发等收益也主要由地方享有；而中央部门以下发专项资金或补贴的形式提供支持，资金支持力度与中央部门直接在保护地管理中涉入的强度呈正相关关系。以上国家级自然保护地的管理模式与条块结合的行政管理机制相适应，也契合我国中央政府权威大规模小、在管理中多采取中央决策地方执行的逻辑。因而，采取部门管理与属地管理相结合的模式，是我国自然保护地管理在长期实践中探索出的第一重经验。

2. 区域综合管理

采取区域综合管理的逻辑并将多要素多部门统筹的过程适当上行，是中央部门在自然保护地管理中建立实质权威的关键。

按照自然保护地管理中部门与属地间事权组织方式的不同，可将自然保护地管理模式分为实质管理型和名义管理型。其中，实质管理型指属于某个管理体系的管理机构全权负责对该自然保护地的日常管理，来自部门管理的介入力量更强，其在属地对保护地的管理过程中具有实质权威，如国家级风景名胜区、国家自然保护区等就属于实质管理型；而名义管理型只是该管理机构从某个方面按照某个管理体系的规则来强化管理，各部门的介入力量弱，对属地管理无实质性的约束力，仅仅通过本部门内相关法律、规划、专项资金下达及其相关考评的手段从某一侧面对属地管理进行约束，如国家森林公园、国家湿地公园、国家水利风景区等均属于名义管理型。

将此分类与自然保护地设立目的和治理逻辑分类对比来看，以区域综合管理型逻辑设立的自然保护地多在发展实践过程中形成了部门具有实际权威的实质管理型，部门与属地管理的联系紧密，资金支持也相对较大，且中央部门在高层次已经建立了较好的多部门统筹和协调机制（如国家级自然保护区）。而以特殊要素管制型逻辑设立的自然保护地多在发展实践过程中形成了部门实际参与较弱的名义管理型，部门与属地管理的联系较为松散，从而容易出现管理中部门间外部性、地区间外部性等问题。因而，从保护地自然生态与人文景观系统性和完整性的角度出发，采取区域综合管理的逻辑，并将多要素多部门统筹的过程适当上行，是中央部门在保护地管理中建立实质性权威的关键。这是我国自然保护地管理在长期实践中探索出的第二重经验。

三、我国自然保护地管理体系存在的主要问题

我国的自然保护地管理体系在长期的探索实践中也暴露出一些问题，需要在新时期自然保护地体系重构的改革探索中引起警惕，最主要的问题可以归纳为以下几个方面。

（一）多头管理与重叠管制造成的部门外部性

自 1956 年建立自然保护区、1982 年建立风景名胜区制度以来，各部门近年来出于不同管制逻辑和保护需求相继建立了各种类型的自然保护地，而这些保护地是彼此不排他的。这将首先导致管理空间叠置问题，即保护地“一地多牌”的现象。据相关统计资料显示，在我国第一批公布的 44 个国家级重点风景名胜区中，同时为国家森林公园的占一半以上，同时为国家地质公园与世界自然文化遗产的保护地也不在少数。国家级自然保护地的空间叠置问题比省市县级更加严重，涉及数量较多的类型依次为风景名胜区、自然保护区、森林公园、水利风景区和湿地公园。其中，自然保护区和森林公园之间、森林公园和风景名胜区之间的重叠问题最为严重，其次为水利风景区和湿地公园之间、自然保护区和风景名胜区之间，最后为地质公园和风景名

胜区之间、水利风景区和风景名胜区之间。相关研究认为，保护目标的不统一与兼顾失衡，是造成同一地理空间的生态保护对象不同组成部分叠加保护的根本原因。各部门基于自身职能范围，依据单一要素，针对不同保护对象设置了不同类型的自然保护地，而自然生态系统是多要素耦合形成的整体性空间，因而多头设立的逻辑必然造成自然保护地在空间上的重叠设置。

管理空间叠置将进一步带来管理职能交叠问题，同一保护地的多个主管部门从自身部门专业化管控逻辑与重点关注内容出发，编制各自的规划并以科层制保护任务或戴帽专项资金的形式下达。对重叠保护地的原管理部门进行统计，结果显示：原林业部管辖的保护地与其他保护地交叉管理的情况最多，其次为住建部和水利部。“多头管理、九龙治水”的情形给自然保护地的实际管理增加了困难。若各部门强化单部门的管制约束并在实际管制中以强参与的形式介入，则会出现“完整的生态系统根据部门职能被要素化分割”的情形，降低了地方统筹保护、整体优化与灵活变通的裁量空间；若各部门弱化单部门的管制约束，则会由保护区的属地政府进行要素统筹与各类管制规划的变通调整，而各部门仅以名义管理的形式参与其中，不利于保护地管制政策的有效落实。

具体而言，自然保护地管理空间叠置与权责不清导致的问题包括以下几点：

（1）自然保护地破碎化严重。由于我国自然资源分属不同的部门管理，因此岸上岸下、山上山下各管一段的情况十分普遍，造成保护地碎片化、孤岛化问题十分严重。

（2）管理目标边界模糊。我国目前的自然保护地主要依据保护对象进行分类，虽然各类自然保护地法规条例对保护对象、管控侧重点、管制规则有着较为明确的规定，但在实际执行过程中，各类保护地往往定位模糊，未能进行针对性管理，风景名胜区等被作为地方旅游开发重点的情况频频出现。

（3）机构重叠责任不清。保护地“一地多牌”的现象在实际中出现各部门权责边界交错缠绕、管理目标无法兼顾、职责不明、管理政策混乱的情况。

（二）属地管理架空部门管制造成的区域外部性

我国自然保护地多采取部门管理和属地管理相结合的模式，但在实际运行中往往演变为属地管理对部门管制权限的袭夺与架空。原因有三点：

（1）自然保护地管理中的“九龙治水”现象导致部门管理职能混乱、法规与规划相矛盾，各项专项管制措施无法有效落实，多数部门最终仅保留名义管理权威。

（2）我国的自然保护地管理中综合决策经营与资源专项业务管理的权限按纵横两条线的方式分置，导致实际运作过程中二者均无完整职权，在行使职权的过程中相互掣肘。现实中具有更大的地化优势的地方综合决策经营部门往往袭夺资源专项业务管理部门的部分权限，出现职能越位的现象。

（3）由于当前的自然保护地治理中，中央政府间实际分担的事权和财权与自然保护地的公益性和保障性定位不匹配。地方政府往往承担了自然保护地治理中绝大多数的资金支出和实际管理事权，其中部分为地方政府参与激励性低的、保护效益在全国范围内具有外部性的本属于中央政府职责范围内的事务。故而作为属地的地方政府有较强的意愿挣脱中央政府自上而下落实的部门管制任务，更多地从自身权益的角度出发进行保护地资源的开发利用，以弥补财政支出分割的不平等性。

基于以上三种原因，我国的自然保护地管理虽然整体采取部门管理与属地管理相结合的模式，但在实际运作中往往以属地管理为主，这就造成了区域间的外部性。作为自然保护地管理实施者的地方政府出于“地方保护主义”，更为关注各自行政区内的小型保护地，而对更广阔的跨区域自然生态系统或文化景观的关联性与整体性把握不足，从而导致自然保护地管理中条块割裂严重。

（三）长期自主申报制度导致自然保护地空缺问题严重

我国自然保护地长期实行“自下而上”的自主申报制度。所有自然保护地都是在基于地方自愿申报的基础上设立的，缺乏在国家层面上对自然保护地整体空间布局和系统规划的顶层设计，导致目前自然保护地空缺的问题较为严重。由于各地方、各部门对保护地功能属性、自然属性的定位、理解与侧重各不相同，因而难以形成科学化和标准化的保护地准入、准出评估机制，使许多应该保护的地方还没有纳入保护体系，如只有27%的国家重点生态功能区被纳入各类自然保护地的保护范围。同时，目前有关自然保护地的空间数据信息分布不均匀，部分偏远地区的自然保护地数据基础薄弱，影响了自然保护地设定和布局的科学性。

（四）抢救式保护导致划界不严谨、历史遗留问题较多

我国大部分的自然保护地建立于1980年之后，建立保护地时多出于抢救性保护资源的目的，单方面注重保护地数量和面积的扩张。划建保护地时，前期调研不充分，系统性布局与顶层设计不足，对建设管理因素考虑较少，使保护地在最初划界时的科学性与严谨性不足。有的保护地四至范围过大，与地方经济社会发展需求严重冲突；有的自然保护地批建时仅是一纸空文，甚至连边界范围也未划定。自然保护地初次划界时的科学性与严谨性不足导致了许多历史遗留问题。许多自然保护地的边界内部尚存在大量村镇、基本农田、工矿产业用地等，给保护带来了实际困难。尤其是在我国自然保护地体系中占据主体地位的自然保护区大多处于老少边穷地区，经济发展、生态保护、脱贫攻坚任务繁重，保护地划界不合理与四至过大问题更易与地方社会经济发展的需求产生尖锐矛盾。

（五）权属不明、产权制度不健全影响自然保护地管制效力

与保护地划界不严谨、四至过大问题相伴而生的是保护地自然资源资产权属不清、产权制度不健全的问题。在初次划建保护地时，许多“家底不清”的土地被划入自然保护地，这些地带的土地产权与自然资源经营开发权属情况较为复杂，有的保护地划建时占用农民集体土地或山林但尚未办理征地手续。边界问题和产权问题导致的一系列纠纷为保护地的管理带来了实际困难。自然保护地的产权制度不健全、土地权属不清晰，也直接影响到了当前自然资源资产的确权登记，导致保护地管理主体的统一分级管理进程受阻，保护地管理效力受到限制。在各类自然保护地中，虽然“国有土地及其附属的自然资源占主导地位，但在东部、中部自然保护区中的集体土地、林地也占相当比重”。

四、以国家公园为主体的自然保护地体系重构

在我国生态文明体制的改革中，重新构建以国家公园为主体的自然保护地体系作为其中的关键环节被提出。2015年9月中共中央、国务院印发的《生态文明体制改革总体方案》指出：“建立国家公园体制。加强对重要生态系统的保护和永续利用，改革各部门分头设置自然保护区、风景名胜区、文

化自然遗产、地质公园、森林公园等的体制，对上述保护地进行功能重组，合理界定国家公园范围。”2017 年 9 月，《建立国家公园体制总体方案》发布，这标志着我国以国家公园为主体的自然保护地体系制度建设大幅度推进。2019 年 6 月，中共中央办公厅、国务院办公厅印发《关于建立以国家公园为主体的自然保护地体系的指导意见》（以下简称《指导意见》），标志着我国自然保护地进入全面深化改革的新阶段。《指导意见》提出：到 2020 年，完成国家公园体制试点，设立一批国家公园，完成自然保护地勘界立标并与生态保护红线衔接，制定自然保护地内建设项目负面清单，构建统一的自然保护地分类分级管理体制。到 2025 年，健全国家公园体制，完成自然保护地整合归并优化，完善自然保护地体系的法律法规、管理和监督制度，提升自然生态空间承载力，初步建成以国家公园为主体的自然保护地体系。到 2035 年，显著提高自然保护地管理效能和生态产品供给能力，自然保护地规模和管理达到世界先进水平，全面建成中国特色自然保护地体系。自然保护地占陆域国土空间 18% 以上。

重塑以国家公园为主体的自然保护地体系是我国生态文明体制建设中的重要探索，其根本目的在于以其为抓手和契机，破除造成目前自然保护地治理路径的各种机制体制弊端，重新实现以山水林田湖草作为生命共同体的系统保护。

首先，从治理客体角度来看，以国家公园为主体的自然保护地体系需要理顺各类自然生态与文化经济资源体系，打破以往要素间分割的条块管理模式，重新从要素的系统整体性和多要素耦合协同性的维度出发，对空间治理的地域单元进行重新定义，建立一种跨越条块的统筹治理的特殊保护区域。《建立国家公园体制总体方案》中明确指出，国家公园应“保护具有国家代表性的大面积自然生态系统”，选址布局应着力突出自然生态系统的原真性和完整性，“确保面积可以维持生态系统结构、过程、功能的完整性”。

其次，从治理主体角度来看，以国家公园为主体的自然保护地体系需要理顺当前各管理和权益主体间错综复杂的权责关系。与治理客体的尺度和地域重组相匹配的是治理主体的事权重构，后者是支撑前者运行的内在机制。由此可知，保护地运营中的事权与财权面临着中央与地方之间的博弈及合理分割问题，而在管理体系方面则面临属地管理与部门管理、专业性管理与综合管理之间的关系如何处理的问题。以上问题都将直接影响保护地的管理机制能否有效运行。

因此，以国家公园为主体的自然保护地体系的空间重构可从自然保护地分级管控、对接调整空间规划、央地协同管制、社区共管共建、主要损益协调工具五个方面进行探索。

（一）自然保护地分级管控

《指导意见》明确了我国新时代自然保护地体系的分级分类体系，包括国家公园、自然保护区和自然公园三大主要类型，其保护对象各有侧重，管制级别依次递减，三种类型的划分大大简化了我国保护地体系的复杂分类。三种自然保护地类型分别侧重于保护综合生态系统服务、生态系统支持服务和生态系统文化服务。

在将各类现存自然保护地重新归类梳理为以上三大类型时，可以将是否具有高生物多样性和高生态系统支持服务价值作为首要判断标准，具有高生态保护价值的自然保护地只能列为国家公园或自然保护区。在此基础上，将社会服务价值作为进一步归类的依据。兼具高社会服务价值的应优先列为国家公园，社会服务价值一般的应列为自然保护区。对于具有中等生态保护价值的，若社会服务价值较高，则可归为自然公园类；若社会服务价值中等，则可作为地方准保护地候补区。

三个类型自然保护地的保护级别和管制严格程度依次递减，国家公园具有主体地位，自然保护区具有基础作用，自然公园具有补充作用。《指导意见》指出，国家公园和自然保护区实行分区管控，分为核心保护区和一般控制区两大类，原则上核心保护区内禁止人为活动，一般控制区内限制人为活动。而自然公园原则上按一般控制区管理，限制人为活动。核心保护区和一般控制区两种简明的大类极大简化了我国自然保护地的管制分区等级，为保护地的分类整合和归并提出了框架性原则。在此框架下，根据自然保护区的不同类型、不同功能与不同设置目标，可对三大类型自然保护地进行细分，并讨论不同的分区方案和相应的不同管制强度分级。

（二）对接调整空间规划

国土空间规划和自然保护地体系建设都是目前中国生态文明体制建设中的重要任务。二者当前都处于改革的关键时期，需要对既往的体系框架进行重新梳理，对相关部门的权责进行整合重组，对已有的技术标准进行衔接，并提出新体制顶层设计的方案。

自然保护地专项规划与国土空间规划的衔接中最核心的问题即为对“三线”的协调衔接。自然保护地空间布局是生态红线等国土空间规划体系中重要管控底线划定的关键依据。科学合理、边界清晰的自然保护地空间布局对城镇、农业、生态三类空间的有序布局与“三线”的科学划定具有重要意义。

值得注意的是，在当前我国的国土空间规划体系中，“双评价”是总体规划中科学有序统筹布局各类国土空间的基础，其在理论上也是国土空间规划“三线”划定与“三区”划分的重要参考。但“双评价”的目标与自然生态保护的目标并非完全一致，相应地，其评价精度也与自然保护规划编制时进行本底评价的精度要求有所不同。“双评价”的核心逻辑在于使国土开发秩序与其资源环境承载能力相匹配，从而更好地指导区域主体功能定位的落实，理顺国土空间开发的秩序，提升国土空间利用效率。因而“双评价”结果的适用精度更多地为区域性的、综合性的。加剧这种情况的是，相当多的市县由于缺失更精细化的生态系统与生物多样性的本底数据，因此在编制国土空间规划时不再进行评价，而是直接采纳上一级评价的结果。这使国土空间规划的编制中，仅依据“双评价”结果并不能直接指导生态红线等精细化管制线的划定，其仍需参考自然保护地专项本底评价与具体边界划定。所以在自然保护地规划与国土空间规划的衔接过程中，仍需基于“三线”协调的总体逻辑，对国土空间利用的适宜性进行微观的、基于要素的、精细化的评估，并根据评估结果对自然保护地的空间管制布局和国土空间总体规划中的“三线”范围进行实事求是地协调与重新调整，优化保护地边界，协同划定生态保护红线，衔接优化永久基本农田布局与城镇开发边界。

（三）央地协同管制模式探索

我国自然保护地采取“两级设立、分级管理”体制。国家公园由中央政府直接管理、中央与省级政府共同管理或授权省级政府管理。其他自然保护地分为国家级和地方级。国家级自然保护地由国家批准设立，中央政府或省级政府主导管理；地方级自然保护地由省级政府批准设立并确定管理主体。因而在我国自然保护地管理中，央地政府的协同治理模式探索具有重要意义。

1. 纵向分级确定央地政府事权边界

自然保护地不同分区承载的自然资源要素管制要求不同，允许进行土地开发与人类活动的强度和政策成本也有所不同，造成了地方政府或社会团体在不同分区规划管制中的参与积极性与反控制动机具有差异性。这直接影响了规划管制与项目运作中的中央和地方事权主导关系。综合比较央地政府在自然保护地管理中的比较优势，考虑央地政府的纵向博弈与协同关系，遵循“三区法”分三圈层展开如下讨论。第一圈层，涉及开发建设类要素区域（如管理服务区和一般游憩区）的规划事权应该尽可能下放至区域统筹治理机构，由其统筹负责规划建设以及项目的运营管理。涉及地区间外部性事宜（如跨区域对接、损益补偿等）的，则由区域统筹机构建立契约式框架进行协调。第二圈层，一般保护区需要建立中央、地方与属地社区社群三方之间的共同管制框架。其中，规划管制目标设定与检查监督权上行，而管理执行、项目运营与激励分配的权限下放至区域统筹治理机构。第三圈层，涉及保障型非建设类要素区域（如原生封闭保护区和科研观测区）的规划管制事权则应该尽可能上行，加大中央政府在区域统筹治理中的干预和管控作用，与其相关的项目运营在必要时还需专业的中央部门投入资金和技术上的支持。

2. 横向分类确定专业部门涉入深度

在纵向维度上的讨论更多是基于一种区域性的分级视角，即从国家公园整体或内部子区域的保护重要性级别与开发激励性级别来讨论规划管制与项目运作中的主导权和控制权应如何在央地之间进行分配；而在横向维度上的讨论更多是基于一种要素性的分类视角，即判断国家公园内所涉及要素的规划管制与项目运作过程中的外部性是否涉及全国范围以致无法以地域重构和区域统筹治理的方式有效内部化。如果是，则需要针对特定要素引入由专业性部门主导的治理模式。对于区域统筹机构与要素部门在规划管制与项目运作中的事权关系分析，将回应我国当前自然保护地体系的主要问题，即如何处理部门管理与属地管理之间的关系问题。这也是如何由国家公园体制改革破解过去自然保护地体系建设中“多头管理、九龙治水”问题的关键所在。自然保护地保护修复过程中涉及的要素可分为专业性要素与非专业性要素。其中，对于非专业性要素的规划管制与项目运作，可以采取以区域统筹机构掌握空间治理过程中的主动权进行统筹安排；而对于专业性要素，其在空间管制与开发保护修复项目运作中的专业性程度和要素本身在全国生态安全战略格局中的重要性与不可替代性程度都决定了其外部性波及范围广，需要在区域统筹机构掌握整体规划管制主导权的基础上，针对特定类型要素引入由专业性部门联合主导的治理模式进行叠加。根据我国自然保护地治理的相关经验，在属地管理的基础上叠加部门管理的模式，需要着重在两方面做好问题应对：以单部门主导多部门统筹的方式应对多头管理与重叠管制的问题；以要素统筹权上收与纵向间效果导向的概要性监督管控应对属地管理架空部门管制的问题。

（四）社区共管共建模式探索

我国自然保护地体系建设的特殊性，要求其尤其重视保护地管理中的社区合作与共建共享。我国人多地少，国土空间开发保护的矛盾突出，因而自然生态空间往往与人类活动的农业空间、城镇空间交织明显，尤其是自然生态空间保护与农业开发、资源产品开采利用等活动常常会产生较大的矛盾。一方面，大量自然生态空间的土地产权归于私人或地方团体（集体）所有，对其进行空间管制将直接影响当地社区的利益结构，地方有较强的激励和条件参与到自然保护地建设与管制中；另一方面，我国历史悠久，人与自然在长期的耦合中往往形成了独具特色、和谐一致的景观，因而在自然保护地的构建与管理中也不宜将自然生态系统剥离出来，文化景观与自然生态系统应该作为一个具有系统性与高度关联性的共同体被保护。这就涉及如何在自然保护地的管理中处理与当地社区关系的问题，当地社群作为文化生态系统的重要组成部分，其独特的生活模式与文化特征能否得到有效保护也将直接影响自然保护地的原真性与完整性。因而在自然保护地的建设中，需在保护的前提下，在一般控制区内划定适当区域开展生态教育、自然体验、生态旅游等活动，完善公共服务设施，提升公共服务功能，构建高品质、多样化的公共产品供给体系。推行参与式社区管理，按照生态保护需求设立生态管护岗位并优先安排原住居民，积极引导社区居民自发、有序、主动地参与自然保护地的保护。对试点区域内因保护而使用受限的集体土地、林地、草地等建立合理的补偿机制。扶持和规范原住居民从事环境友好型经营活动，践行公民生态环境行为规范，支持和传承传统文化及人地和谐的生态产业模式，建立社区参与旅游的共同管理和运营模式，对相关产业进行授权，促使传统产业向绿色可持续的创新型产业转型，带动社区和周边社会经济与生态文化协调发展。

（五）自然保护地主要损益协调工具

国际自然保护地管理体系中采取的利益还原工具包括三种主要形式：

第一，针对土地权属进行的损益协调，一般依附于针对土地的规划管制政策中，具体方式包括土地征收、长期公共租赁、土地发展权转移（TDR）、土地发展权购买（PDR，即政府在保留私人土地所有权的条件下对土地发展权进行购买使其公有化）；第二，利用土地税费的方式进行损益协调，一般依附于政府的财税政策，具体方式包括征收土地增值税（即对由于规划管制而造成的土地增值或减值通过税费的方式进行再平衡）、征收开发影响费（对开发类要素的利益主体征收，用于政府承担的具有外部性与公益性的产品提供，如基础设施与公共服务设施建设）；第三，涉及当地社区共同参与的损益协调，包括土地重划、土地整理与生态移民等。关于国内自然保护地管理体系中的利益还原与损益协调制度探索，《建立国家公园体制总体方案》（以下简称《方案》）中提出了概要性的制度构建方向，即健全生态保护补偿制度。具体而言，包括以下几方面要点：

（1）针对资源产品的生态补偿：建立健全森林、草原、湿地、荒漠、海洋、水流、耕地等领域生态保护补偿机制。

（2）中央针对重点区域的竖向补偿：加大重点生态功能区转移支付力度。

（3）地区间的定向横向补偿：鼓励受益地区与国家公园所在地区通过资金补偿等方式建立横向补偿关系。

此外，《方案》还提出了相关的保障机制：加强生态保护补偿效益评估，完善生态保护成效与资金分配挂钩的激励约束机制，加强对生态保护补偿资金使用的监督管理。

第三节　实施流域综合治理

一、流域综合治理的概念与内涵

《辞海》解释："流域就是指地表水以及地下水分水线包围集水区的总称。"流域的分界线较为明确，是一个独立而完整的自然系统。流域是主要以河流的水资源为媒介，整合土地、生物等自然资源要素，与人类、社会、经济等其他要素关联和互动，形成自然经济社会综合体。流域具有整体性、区段性和开放性的特征，流域内各自然要素之间的联系十分密切，各区段流域之间存在着极其显著的相互制约、相互影响的关系，因此，流域是整体性强、关联度高的区域。流域内各个局部区段的开发和活动，必须考虑到整体流域的利益以及带来的影响和后果。流域是一种开放型结构，内部子系统之间具有一定程度的协同力和促进力，存在着相互协同配合，是一个社会整体系统。

流域综合治理是指在流域基本单元内，规范人类社会对水土资源的开发活动，实现水量水质水生态的去极值化和系统均衡效果。传统的流域治理是以水土保持为重点，对流域水资源进行开发、利用、配置、节约和保护，以加强流域内的抗旱除涝和安全泄洪的能力，改善流域环境，为流域内经济社会发展提供水资源保障。随着社会的发展，发展经济与保护环境之间的矛盾和冲突日益普遍，流域治理的内涵也在不断变化中。与传统的流域治理相比，流域综合治理目标发生转变，治理重点转变到保护水质和控制污染、修复生态和资源的综合利用；流域综合治理理念的转变，提出了山水林田湖生命共同体的综合治理理念，由治理改造转变为科学合理布局和管控，体现对流域的整体治理；流域综合治理强调运行机制的转变，即在流域治理中处理好经济与生态的关系，重视流域治理的公益性和经营性相互协同的机制。

流域综合治理是推进我国生态文明建设和贯彻山水林田湖草沙生命共同体理念的重大举措，以水资源、水环境、水生态、水安全承载力要素为约束，在国民经济和社会发展规划、国土空间规划及专项规划的基础上，以区域统筹、水岸共治、两手发力、系统治理的新模式，注重生态环境、水利、市政、景观、航运、交通等多专业的配合和技术整合，科学实施涉及防洪减灾、水土保持、河道整治、水环境治理、水库河道清淤疏浚、生态修复、生态航道建设等多项工程措施和产业结构调整、重点行业整治及流域智慧管理等非工程措施，因而流域综合治理具有复杂性、长期性和系统性的特点。

流域综合治理以生态文明思想为指导，综合考量政治、经济、社会、文化和生态等要素，统筹流域内水资源开发利用、水环境治理改善、水生态构建提升、水安全保障等功能变量，修复受损生态环境，稳定维持流域生态功能，研究和认知流域治理的内在机理和逻辑，探究协调的自然逻辑、行为逻辑和法律逻辑，保护和治理流域内多种资源共生的自然本底，为持续提供优质生态产品、促进流域范围内产业升级和经济绿色发展厚植基础。

二、我国流域综合治理的现实需求

尽管经过二十余年的流域治理，我国流域水环境治理已取得一定成效，但依然存在水生态受损严重、环境隐患多、跨界污染严重等突出问题。主要表现在：

（一）水生态受损现象较为突出

随着流域尤其是重点流域经济的快速发展和城镇化步伐加快，水生态受损情况触目惊心，正成为新时期经济社会发展的基础性、全局性和战略性问题。一些河流水资源过度开发，导致河流枯竭、湖泊萎缩、湿地退化、生态流量难以保障，严重破坏了水生态系统。水源涵养能力由于河滨、湖滨、湿地、海岸带等自然生态空间不断减少而下降。一些重点流域由于长期围湖造田，环湖自然生态湿地基本损失殆尽，湖体净化能力衰退、湖岸崩塌加剧、生态功能丧失和湖区生态系统逐步退化等问题非常严峻。以长江为例，多年来流域水生生物多样性指数持续下降，多种珍稀物种濒临灭绝。在营养过剩、外种入侵等压力驱使下，流域水生态系统严重受损。

（二）跨界水流动引发区域矛盾与冲突

不可分割的整体性是流域水环境的固有特点，但人为分割而治却打破了这种整体性，由此引发一系列矛盾和纠纷，成为流域治理的一项制度痼疾，使得跨界水污染、水资源冲突事件层出不穷。主要表现在：一是“点状偶发”演变为“面状多发”。在城镇化、工业化进程不断加快和城市空间持续扩大的同时，因水污染引发的环境事件日益增加，跨界水污染问题矛盾凸显，由局部地区的“点状偶发”向全国性的“面状多发”发展。二是跨界水流动容易引发区域利益冲突。重点流域流经地域广阔，污染物会随着河流的流动进入相邻的行政管理区域，形成区域性污染问题，使得流域跨界污染事件时常发生，激化区域间社会经济利益矛盾。例如，太湖流域横跨江浙两省，流域流经的区域由于利益纷争，长久以来的水污染问题久拖不决，使得水污染现象较为严重。

（三）水污染由单一污染演变为复合型污染

近年来，流域水污染逐步向复合型污染转变，主要体现在三个方面：一是重点流域的污染物种类变得日益复杂，从原来一般常规性污染物，例如化学需氧量、氨氮等，逐步发展到总磷、总氮、持久性有机污染物、重金属污染物并重，再到当前以化学需氧量、高锰酸盐指数和氨氮等污染为主。又如饮用水污染类型经历了从以微生物污染为主到以重金属污染为主，再到当前以有机物污染为主的转变。二是流域水污染从流域污染逐步向地表、地下、河流、湖泊污染等深度范围和广度领域持续蔓延和拓展。三是现实中生活污染与工业污染叠加、点源与面源污染并存、新旧污染和二次污染交叉，使得彻底解决水污染问题的难点持续加大。

三、我国流域综合治理存在的主要问题

（一）流域综合治理理念落后

近年来，尽管水资源保护的内涵及其制度职能等不断延伸拓展，但流域综合治理仍然停留在水资源管理的单目标阶段，造成了较大的概念交叉、部门矛盾和冲突。现实中经常混淆水生态环境保护与水资源保护的基本概念和内涵。研究认为，水生态环境保护实质是污染防治、资源保护及生态保护的紧密结合，而水资源保护属于单一资源价值保护的开发管理。从内涵来看，水资源保护范畴小于且从属于生态环境保护。长期以来，我国流域治理强调防洪、灌溉等领域问题的解决，过度强调水的经济功能，淡化甚至轻视水的自然生态功能；过于强调水环境管理，忽视水环境治理。如今，我国水安全面临诸如水资源短缺、水生态损害等问题，在新老问题相互交织的严峻形势下，流域综合治理需要进行理念变革。

（二）科层治理模式难以实现流域水污染的有效控制

“中央—地方—污染源”式的模式是目前我国环境管理的基本模式。当前重点流域水环境治理体制属于垂直指导管理关系，并根据行政管理权限，进行分层级、分部门管理。政府直控型的管理模式行政成本较高，利益激励相对不足；重点流域水环境治理系统内各主体间利益诉求差异大，中央政府与重点流域区域各级政府难以实现协同治理。面临新时代治水新任务，科层结构治水模式局限性更为明显。根据行政区划进行治水责任区分的模式无法调动各方开展重点流域水污染治理的主动性和积极性。各区域制定的治水政策大多围绕地方经济社会发展目标，未能全面考虑重点流域的整体性、水资

源的关联性；涉水部门各自为政，缺乏沟通交流机制，治水信息严重不对称。

（三）流域水环境治理体制机制碎片化

主要表现在：中央和地方、同一流域的不同区域、流域治理派出机构与地方政府、水资源管理与行政管理等在重点流域水环境治理过程中的体制机制碎片化倾向明显。现行法律法规中地方政府承担了大部分水环境监管的职责，中央主要负责统一监管。这种权责划分体现的是统一管理与分工负责的原则，但没有考虑普遍存在的A地投入巨资搞环保而B地享受环保成效的现象会降低地方环境治理的积极性问题。权责不统一，治水制度衔接不畅，尤其是体系机制碎片化、缺乏合理高效的协调机制；统筹不够，没有形成整体合力。同一流域的不同行政区域之间经常出现因水污染而引发纠纷，上下游与左右岸因取水、排水等问题而引发矛盾冲突；重点流域管理机构自身大部分作为水利部的派出机构，水资源分配能力有限，使其无法处置地方纠纷，难以超越部门利益制定出整体政策并进行综合管理；对水资源进行流域管理与行政管理相结合的管理体制，仍未跳出以行政管理为主导的模式，涉水机构在政策过程中仍是着眼部门和区域利益而非流域和整体利益，加之重点流域中上下游、左右岸以及横向治理层面等治理机制各异，法律法规因视野所限而相互打架，流域治理的价值整合愈发困难。

（四）流域水环境治理内生激励不足

过去许多年，流域尤其是重点流域粗放的经济发展方式、分散的生产生活模式产生并积累了巨大的污染存量，利益相关方参与度不够使得水环境治理面临内生激励不足的现实困境。主要表现在三个方面：一是依赖地方政府开展水环境治理的模式效率低下。现行重点流域水环境管理大多依赖地方政府的力量，由于管理权限的限制以及协调能力的有限性，使得水环境治理效率极其低下。二是经济利益本地化与重点流域治理一体化存在冲突。传统经济增长方式下，地方政府更多关注本辖区经济利益，使得重点流域水污染调控机制的经济激励手段“无用武之地”；地方政府过于追求本地利益最大化，实践中更加关注经济发展问题，环保就地执法的难度大。三是利益相关方及公众参与的激励不足。公众往往是重点流域人为环境灾难的直接受害者，但现实中公众参与度不高、积极性不足。许多涉水部门、企业、公众等游离于流域重大事件决策过程之外，用水户利益在流域整体规划和综合设计中无法得到保障。许多部门和民众没有直接参与流域水事件决策，使得大多决策过程在缺乏监督的情况下进行，难以避免趋利性。

（五）政府保障滞后性与治理需求紧迫性不一致

流域综合治理是一个复杂的有机整体，除了各方力量的统筹协调，更需要政策保障。当前政策保障滞后性与治理需求紧迫性不一致，主要体现在：一是重点流域水环境综合治理规则的相互不兼容，流域管理政策的单向性、孤立性较为突出，缺乏有法律地位和实践操作价值的流域综合治理框架，地方官员的意志对重点流域水环境治理政策实施的效果影响明显；二是流域治理规则与区域规则不兼容，流域治理保障政策的制定和出台不及时，区域规则的导向性和落地性不足导致实现流域治理落地执行难度较大；三是重点流域水环境综合治理政策执行保障体系不完善。现行重点流域水环境综合治理的侦测执行过程中缺乏统一的规范和准则，正式规则对科学治理和有效治理尚未起到很好的重塑作用；重点流域水环境治理的法制体系不健全、法律执行难度较大。

四、我国流域综合治理的制度创新

由于流域综合治理属于环境污染和生态恶化的现实倒逼政府环境管理体制改革，因此很多地方政府根据区域生态环境状况和经济社会发展特点，率先制定或创新出流域综合治理领域的政策法规和实践路径。这里以太湖流域综合治理和新安江跨界流域生态补偿两个实践案例阐述我国流域综合治理过程中的三项制度创新，分别是省部际联席会议制度、河长制和跨界流域横向生态补偿。

▶ 案例 5.2

太湖流域综合治理

太湖，位于江苏和浙江两省的交界处，长江三角洲的南部，古称震泽、具区，又名五湖、笠泽，是中国第三大淡水湖，面积 2400 平方千米，流域面积 36895 平方千米，是上海和苏锡常、杭嘉湖地区最重要的水源，被列入《中国湿地保护行动计划》中国最重要湿地名录。苏州、无锡、常州、嘉兴、湖州 5 个中心城市构成一条环太湖城市带，集供水、蓄洪、灌溉、养殖、旅游、纳污等多重功能于一体，环太湖流域优越的区位、密集的人口、高度发达的经济贡献了全国约13%的国内生产总值和19%的财政收入，因此拥有安全的水环境、优质的水资源和可靠的水供给具有非常重要的意义。

20世纪80年代初，太湖水质良好，以Ⅱ类、中营养~中富营养水体为主。而随后，受人类活动干扰程度的日渐加深，流域经济社会的快速发展和水污染治理的相对滞后，流域水环境污染日益严重，太湖水质逐年恶化，水体富营养化程度加重。2007年5月底，太湖蓝藻大面积暴发，严重影响了太湖周边和流域下游地区的供水安全，引发供水危机。

太湖蓝藻暴发后，苏浙沪三地分别制定了各自的应急方案，但太湖流域的治理进度缓慢。分析其原因是三省一市及相关部门缺乏协同。太湖治理涉及多个区域和部门，条块分割造成"多头治水"的管理局面，首先是区域的阻隔，由于三省一市缺乏协调，每个省市都按照各自的标准进行治理，人为地造成区域隔阂；其次，现有的太湖流域管理局作为水利部的派出机构，与当地政府部门之间关系不畅，由于缺乏明确的法律界定，其本身的权威性也不够，导致流域管理不了区域，造成区域规划与太湖流域综合规划不接轨，"规划打架"现象时有发生。

为有效解决太湖流域水污染治理不协同的问题，根据国务院批复的《太湖流域水环境综合治理总体方案》（2008年）的要求，我国建立了"省部际联席会议制度"，用来协调太湖流域的水环境综合治理工作中的重大问题。省部际联席会议由国家发展和改革委员会召集，相关部委与江苏、浙江和上海为成员单位。通过明确各成员单位的职责、分解任务、沟通信息、交流情况，提高各管理主体的整体行动能力。为了推进专项治理，水利部还会同江苏省、浙江省、上海市人民政府成立了太湖流域水环境综合治理水利工作协调小组，第一次会议明确了两省一市和太湖流域管理局在水源地保护、引江济太、水体检测、蓝藻打捞合作机制、流域水功能区划、污染物总量控制、底泥疏浚、引排工程、河网整治、太湖管理条例等方面的职责分工和进度安排。2011年8月，国务院颁布《太湖流域管理条例》，在水资源保护与水污染防控问题上形成了统一指挥。此后，中央多次组织召开联席会议，推进太湖水环境协同治理。

在区域层面，2007年太湖蓝藻暴发事件后，无锡市率先出台河长制。2007年，无锡市印发了《无锡市河（湖、库、荡、氿）断面水质控制目标及考核办法（试行）》，明确要求将79条河流断面水质的结果纳入各市（县）、区党政主要负责人政绩考核。2008年，中共无锡市委、无锡市人民政府印发了《关于全面建立“河（湖、库、荡、氿）长制”，全面加强河（湖、库、荡、氿）综合整治和管理的决定》，明确了组织原则、工作措施、责任体系和考核办法，要求在全市范围推行河长制管理模式。随即，江苏省苏州市、常州市及浙江省湖州市长兴县等地也迅速跟进，建立河长制，由党政主要负责人担任河长。2008年，江苏省政府办公厅下发了《关于在太湖主要入湖河流实行“双河长制”的通知》，15条主要入湖河流由省市两级领导共同担任河长。这样，河长制从无锡市地级市的层面上升到江苏省省级的层面。

资料来源：文佳月．全生命周期视角下太湖流域环境协同治理研究［J］．美与时代（城市版），2020（5）：120－121.

（一）横向协同治理——省部际联席会议制度

通过案例可以看出，以流域综合治理为代表的“条块交叉协同机制”涉及的机构非常多，包括中央机构、流域管辖政府、流域管理机构、流域内基层政府等。中央机构是治污工作的最高国家权力机关。在参与流域综合治理过程中，中央机构的职责更多地表现为制定流域整体规划，并且制定法律法规以其权威性作为保障，同时站在战略高度审视流域综合治理的发展；流域管辖政府，主要指以省为区划的流域管辖政府，流域管辖政府依据总体规划，结合流域实际情况，进一步细化规划，使其具备可监控性、可评估性，并对流域内基层政府进行协调监督；流域管理机构，指水利部派驻的流域管理机构，其应该是具有实际权力负责流域整体统筹协调、统一规划的机构，但现阶段流域管理机构由于其权力来源缺乏法律依据，预设职能远未发挥出来，其根据情势制定治理规章、监督治污的职能明显弱化；流域内基层政府，指流域内治污一线的地方政府，其在合作机制中扮演着重要角色，地方政府既是保障水质改善、治污工作顺利进行的执行者，又是维护地方利益的保护者，因此地方政府是合作机制的关键所在，要将其有效规制在合作机制的框架内，让其发挥应有的作用。

综合来看，“条块间交叉协同”组织模式具有几个特征：（1）为专项任务或综合性项目而启动，涉及条和块、中央部门和地方政府的关系；（2）与“部际联席会议”集中于政策制定不同，省部际联席会议既有政策制定职能，又肩负政策实施的职责；（3）跨部门协同涉及纵向条块关系，从行动主体的行政级别上看，应归属横向协同机制；（4）中央部委拥有对省级政府进行业务指导的权力，同时掌握地方政府需要的一些重要资源，因此在协同可运用的手段或工具、运作过程、实际效果等方面，与横向“部际联席会议”有一些明显的不同。当然实际中治理流域水污染的跨部门网络还包括社会公众、非营利组织、企业和新闻媒体等。

作为典型的横向协同机制，省部际联席会议中涉及的各个部门及各个地方政府之间是平等的关系，政府之间合作的动力主要来源于两个方面：一是中央的安排和鼓励；二是来自互利收益核算之后的自发合作。各方合作的主要方式是“协商”。各部门在对话机制建立的章程和制度的基础上，开展互相考察座谈和联席会议，就流域整体水资源合作开发、水污染合作治理展开磋商，达成合同或者协议，并对承诺协议予以备案，建立信息公开平台实现全社会监督的舆论氛围；在对话机制中，流域管理机构担当矛盾协调解决中间人的角色，对违反对话机制协商承诺的地方政府应该具有明确的责任追究制度，从而保证流域合作机制运行的公平公正。

（二）河长制

河长制是地方政府为了重新恢复环境三大功能协调运行而发明的一项有效的实用制度。河长制源于地方政府的制度创新。

每条河由省、市两级领导共同担任“河长”，“双河长”分工合作，协调解决太湖和河道治理的重任，一些地方还设立了市、县、镇、村的四级“河长”管理体系，层层推进的“河长”实现了对区域内河流的“无缝覆盖”，建立了一级督办一级的工作机制。“河长制”不仅动员了行政力量，社会力量也被带动起来。沿河、沿湖的企业不得不放弃传统落后的生产方式，力求通过清洁生产、循环经济来帮助企业生存和发展。

实践表明，“河长制”通过深化治理机制的改革创新，提升和强化了法律法规和各项规章制度的执行力，加快了重点流域环境质量的改善，有效破解了河流治污的困局。主要体现在：（1）河长制职责归属明确，权责清晰。根据科斯第二定律，在交易费用不为零的世界中，产权的初始界定会影响经济效率和产出水平，不同的产权界定会带来不同效率的资源配置。但是水环境治理属于公共物品，确立具有公共性的资源与物品的排他性产权非常困难。即使事后进行水环境治理时，政府可以将其承包给私人企业，但是水污染治理“根在岸上”，控制污染源无法由市场操作，需要政府干预。当经由市场界定与调整产权配置资源代价高昂时，由政府直接分配排他性权利、指引资源实现其最优配置就成为合理的选择。实行“河长制”，就是将每片区域的河流治污权划给相应的政府部门负责人，明确其权利和义务，取消多头治理格局，可以有效地提高治理效率。设立“河长制”管理保证金专户，实施“河长制”管理保证金制度，各“河长制”管理河道责任人按每条河道个人缴纳3000元保证金，在年初上缴区“河长制”管理保证金专户，同时，区财政划拨配套资金充实到专户，专户资金用于对“河长制”管理工作的开展、推进及奖惩，绩效考评期末根据考核结果，水质好转且达到治理要求的全额返还并等额奖励，维持现状的不奖不罚，恶化的则扣除，这不仅保证了治理的经济基础，同时对各河长实行奖惩激励机制，保证了治理过程不间断。（2）河长制是合理的路径依赖基础上的制度创新。“河长制”本质上是水环境责任承包制。中央政府早在1989年就开始推行“环境保护目标责任制”，将环境治理情况纳入官员的政绩考核、实行“一票否决”等规定同样于数年前已在一些地方实施，“河长制”是这些制度基础上的一种具体形式的创新。“河长制”是从河流水质改善领导督办制、环保问责制所衍生出来的水污染治理制度，它有效地落实了地方政府对环境质量负责这一基本制度，为区域和流域水环境治理开辟了一条新路。在水环境治理这一领域，将“环境保护目标责任制”发展为“环境保护目标责任承包制”，实际是将环保责任按照行政交界面具体落实到各级领导干部。“河长制”不仅仅是形式创新，更主要的作用是传达地方政府重视环保、强化责任的鲜明态度，可以有效调动地方政府履行环境监管职责的执政能力，创新体现在通过把河流水质达标责任具体落实到地方党政领导促使行政手段强化。河长制的创新还体现在“一河一策”，可以具体分析适合不同河流的治理方案，最终制定水环境综合整治方案，加强流域管理资源的整合。（3）河长制铁腕治污提高治污效率。“河长制”提升了环境治理的行政级别，“生态环境”的行政地位与“经济发展”开始平等，成为地方党政负责人的案头工作，而不仅仅是部门职责。把地方党政领导设置为第一责任人，最大限度地整合了各级党委政府的执行力，消除了早先“多头治水”的弊端，有利于形成全社会治水的良好氛围，确保治水网络密而不漏，任何一个环节上都有部门、有专人负责，提高了水环境治理的行政效能。以前，很多地方在治理水污染方面束手无策。其实，国家并不缺少污染治理方面的法律法规，而是缺少相关法律法规的执行力。而法律法规执行力的不够很大程度上又是由于缺乏有效的执行制度造成的。河长制有助于提高地方政府履行环境监管职责的行政能力。

▶ 案例 5.3

新安江跨界流域生态补偿

新安江流域跨界生态补偿是全国第一个试点。三轮九年（2012～2020年）的实践探索已取得了显著成效。

新安江流域自然地理与人口经济特征

新安江发源于安徽省黄山市休宁县境内海拔1629米的六股尖，是浙江省最大的入境河流。新安江流域总面积11452.5平方千米，其中安徽境内流域面积6736.8平方千米，占流域总面积的58.8%；新安江干流总长359千米，其中安徽省境内242.3千米，占67.5%；皖浙省界断面多年平均径流量为65.3亿立方米，占千岛湖多年平均入湖总量的68%以上。千岛湖是新安江水电站建成蓄水后形成的全国最大淡水人工湖。千岛湖集水面积10442平方千米，正常水位108米时，库容178.4亿立方米，水域面积580平方千米，其中98%在浙江省淳安县境内。《关于印发千岛湖及新安江上游流域水资源与生态环境保护综合规划的通知》明确，新安江流域多年平均天然径流量（地表水资源量）126.7亿立方米，其中年均入千岛湖水量115.2亿立方米。新安江流域安徽境内覆盖黄山市七个区县和宣城市绩溪县。新安江流域下游为富春江和钱塘江，浙江境内基本上为杭州市下辖各个县市区。据相应地市统计年鉴显示，2019年末杭州市常住人口1036万人，户籍人口795.4万人。2019年杭州市地区生产总值（GDP）15373亿元，杭州全市常住人口人均GDP为148388元。2019年末黄山市常住人口142.1万人，户籍人口148.96万人。2019年黄山市地区生产总值818亿元，黄山全市常住人口人均GDP为57565元。杭州市的人均GDP始终高于黄山市，2019年杭州市的人均GDP是黄山市的2.58倍。

新安江流域生态保护的冲突与合作

（1）千岛湖湖区水体富营养化：浙江省要求新安江上游的安徽省加强保护。跨界流域水生态保护往往因“上游保护，下游受益”而动力不足，甚至会出现“上游污染，下游遭殃”的现象。以“绿水青山金腰带”著称的千岛湖，1998年首次遭遇蓝藻袭击，2010年部分湖面出现蓝藻急剧增加及繁殖异常情况。而新安江安徽段年出境水量达60多亿立方米，占千岛湖年均入库水量的60%以上。因此，上游的水生态保护状况直接决定了下游的水环境质量。2001～2007 年，浙皖交界断面水质以Ⅳ类水为主，2008 年为Ⅴ类水，个别月份总氮指标曾达到劣Ⅴ类，水体总氮和总磷指标上升趋势明显。与此同时，千岛湖入境水质 2001～2008 年呈缓慢恶化趋势，湖内水质营养状况一度为中营养水平，甚至有向富营养水平加剧之势。面对这种状况，浙江省的理性反应是：加强浙江境内水环境保护的同时强烈要求新安江上游安徽省加大生态环境保护力度。国家环保部门、水利部门等也高度关注千岛湖及其新安江水生态环境问题。

（2）加强新安江生态环境保护：安徽省要求新安江下游的浙江省提供补偿。安徽省也认为应该加强新安江生态环境保护，但生态环境保护需要高额的会计成本和机会成本。因此，安徽省要求浙江省提供生态补偿资金。浙江省早在 2005 年就出台了全国第一个省级生态补偿制度。2006 年开始浙江省每年安排 2 亿元对钱塘江源头地区 10 个县（市、区）进行生态补偿。2008 年，浙江省在完善钱塘江源头地区试点工作的基础上对八大水系源头地区 45 个市县实施生态环保财力转移支付政策，成为全国第一个实施省内全流域生态补偿的省份。值得指出的是，这些生态补偿均局限于浙江省省内。同样属于新安江下游的淳安县可以获得生态补偿资金，而占千岛湖集雨面积 60% 以上的黄山市等却得不到生态补偿资金。安徽省认为这不合情理，浙江还一度以上游来水水质过差而不愿意补偿。

（3）新安江流域建立跨界生态补偿机制：浙皖之间出现交界断面水质标准之争。面对浙皖两省的争议，中央相关部门积极作为。2004 年 11 月，全国人大环资委对新安江流域生态保护和污染防治相关工作进行了调研，提出建立流域生态共建共享示范区的理念。2006 年，全国人大环资委联合安徽省人大代表团和部分浙江省人大代表，向全国人大十届四次会议提出“关于建立新安江流域生态共建共享示范区的建议”，该议案被第十届全国人大常委会确定为当年 12 个重要督办的一号议案。2007 年，国家发展和改革委员会、财政部、环保部等初步明确将新安江流域作为跨省流域生态补偿机制建设试点。中央有关部门的意见总体上得到浙皖两省的认可。但是，由于新安江浙皖交界的街口镇河段属于新安江的“江”与千岛湖的“湖”的过渡水域，在选取新安江交界处水质评价指标的标准时双方又出现分歧。安徽省认为河流水质的Ⅲ类水能够作为饮用水源，应该选用河流水质的Ⅲ类水作为评判基准。浙江省认为千岛湖是一个湖泊，应该以湖泊Ⅱ类水水质作为评判基准。一般而言，河流水质标准中不包括湖泊水质标准中的总氮指标，而总氮正是水体富营养化的重要指标，也是评价湖泊水质的重要指标，对湖泊生态安全的影响重大。因此，以“河”还是以“湖”为标准成为上下游谈判的焦点。

(4) 中央部门协调下的上下游谈判：促成全国首个流域跨界生态补偿机制试点。2011年2月，千岛湖及新安江流域生态保护工作迎来重大机遇，党和国家领导人习近平、李克强等先后做出重要批示，要求浙江、安徽两省要着眼大局，从源头控制污染，走互利共赢之路，避免重蹈先污染后治理的覆辙。根据中央要求，财政部、环境保护部于2011年3月印发了《关于启动新安江流域水环境补偿试点工作的函》，并于2011年9月印发了《新安江流域水环境补偿试点实施方案》，从而开启了全国首个跨界流域生态补偿的试点。按照试点方案，第一轮（2012～2014年）三年时间内，每年筹集5亿元的生态补偿资金；其中，中央财政出资3亿元，安徽、浙江两省分别出资1亿元。如果年度水质达到考核标准，浙江拨付给安徽1亿元；如果年度水质考核不达标，安徽拨付给浙江1亿元；不论考核结果如何，中央财政3亿元全部拨付给安徽。第一轮试点顺利完成后，在财政部和环保部的再次协调下，浙皖两省经过协商达成了第二轮（2015～2017年）协议：生态保护标准进一步提高，生态补偿力度也进一步加强。浙皖两省每年各出资2亿元，中央财政按照递减原则从2015～2017年分别出资4亿元、3亿元和2亿元。补偿原理与第一轮相同。2018年，皖浙两省完成第三轮（2018～2020年）续约：期间两省每年各出资2亿元，与前两轮试点实施方案相比，第三轮协议对水质考核标准更高，水质稳定系数进一步提升，同时提高了总氮和总磷四项具体指标的权责系数。补偿原理与第一轮相同。

至此，全国首个跨界流域生态补偿协议正式出台，且是一个全新的创造。其创新性主要体现在以下几点：一是实现上下级补偿与上下游补偿的结合，以上下级补偿带动上下游补偿；二是实现生态保护补偿与环境损害赔偿的制度耦合，做到激励与约束的完美结合；三是实现上下游共同参与的水质监测机制，水质监测结果好就给予生态保护补偿，水质结果差就实施环境损害赔偿；四是坚持问题导向和目标导向的结合，针对饮用水的水质要求确定以高锰酸盐指数、氨氮、总氮、总磷4项指标作为监测对象。三轮九年试点，新安江出境水质考核指标全部达标，各方生态补偿资金全部到位，取得了显著的效益。一是生态效益——新安江出境水质为优并稳定向好，跨省界断面水质达到地表水环境质量Ⅱ类标准，连续8年达到生态补偿考核要求；每年向千岛湖输送近70亿立方米干净水，千岛湖水质实现同步改善。二是经济效益——黄山市生态经济化和经济生态化呈现良好态势，经济质量进一步提升，绿色惠民政策初露端倪。三是社会效益——生态文明理念不断深入人心，根据复旦大学民调结果，新安江流域跨界生态补偿的民众知晓率高达96%；而且，新安江生态补偿制度被写入中央文件，能为全国其他跨界流域生态补偿制度的建立提供经验参考。

资料来源：沈满洪，谢慧明．跨界流域生态补偿的“新安江模式”及可持续制度安排［J］．中国人口·资源与环境，2020，30（9）：156－163.

（三）跨界流域横向生态补偿

横向生态环境保护补偿是指采取公共政策或市场化手段调节不具有行政隶属的地区和地区之间的生态利益关系。新安江流域九年三轮的跨省界流域生态补偿实践表明，一项可持续的生态文明制度必须能够优化流域生态经济资源配置，其资源配置方式可以由正式制度或非正式制度以制度组合的方式匹配以实施机制予以确定。正式制度必不可少，生态功能区制度安排为跨界流域生态补偿成功实践提供了必要性和可能性。当正式制度缺位或错位时，非正式制度是有益补充，调整有冲突的制度安排和协调理性的地方政府需要完备的流域生态补偿制度体系。跨界流域生态补偿的“新安江模式”可持续推进的制度优势集中体现在制度必要性和制度可能性的耦合，以及制度需求和制度供给的均衡之中。

1. 流域上下游主体功能定位的差异性奠定了跨界流域生态补偿机制建立的必要性和可能性

跨界流域生态保护补偿机制是与流域上下游主体功能定位紧密相关的制度安排。人的生存权和发展权是平等的，但是流域上下游的主体功能定位是不同的。这就要求，越是限制开发和禁止开发的区域，越要给予生态补偿；越是重点开发和优化开发的区域，越要承担补偿责任，为其他地区提供生态补偿资金，从而实现流域生态经济的协调发展。反之，如果面对上游“越生态保护，越经济贫困”而下游“越经济富裕，越生态需求递增，越要求上游保护”的困境而没有制度创新，出现的结局必然是上下游的“零和博弈”。随着流域主体功能定位的变化，生态环境保护的要求也会随之变化。这就要求建立质与量并举的生态补偿机制。“以质论价”是市场经济的基本规律。生态保护越好，补偿力度越大；生态保护一般，补偿力度一般；出现生态损害，不仅没有生态补偿，反而需要生态赔偿。

第一，流域上下游主体功能定位的差异性决定跨界流域生态补偿的必要性。流域上游是限制开发区和禁止开发区，流域下游是重点开发区和优化开发区，由此形成了流域上下游功能定位的差异和比较优势的差异。第二，流域上下游主体功能定位的差异性决定了经济发展水平的差异性和生态环境保护的差异性。流域上游生态优势明显，流域下游经济优势明显，但是流域上下游的生存权和发展权是共同的。这样就形成以经济优势换取生态优势的可能，也有可能以生态优势换取经济优势。第三，限制开发区域和禁止开发区域往往以生态保护的实际成本和放弃开发的机会成本获取生态环境保护绩效，重点开发区域和优化开发区域往往以经济开发的实际成本和一定程度上放弃生态保护的机会成本获取经济发展绩效。因此，生态补偿优先级由强到弱的顺序是：禁止开发区域——限制开发区域——优化开发区域——重点开发区域。第四，生态环境保护的要求越高，需要投入的生态保护成本越大，所放弃的经济发展机会成本也越大。因此，生态保护补偿要坚持按质论价原则：生态质量越好，补偿力度越大；生态质量越差，补偿力度越小乃至没有补偿或负补偿。第五，随着生态环境保护要求的变化，生态补偿的诉求也会发生变化。日益严格的生态环境保护要求会加剧生态保护区域生态补偿的诉求。上下游差异化的生态环境保护要求会增强上游地区的生态补偿诉求。

2. 跨界流域生态补偿制度供给越完备越可能满足上下游生态补偿的制度需求

生态保护补偿机制的建设是与制度供给紧密相关的。生态补偿制度供给越完备，补偿实施越顺利；生态补偿制度供给越欠缺，补偿实施越困难。建立生态保护补偿与环境损害赔偿耦合的机制，可以带来比单一机制绩效加总更佳的效果。而且，制度实施机制也是一个重要的变量。如果正式制度符合布坎南的“一致同意”规则，环境监测等实施机制是能够保证正式制度实施的，这一制度必然是有效的。在我国体制下，除了国家法律法规之外，领导人的讲话和批示、国务院和有关部门的规范性文件都是制度供给的组成部分，这构成中国特色的制度体系。

第一，跨界流域生态补偿需要有制度保障尤其是法律制度保障。生态补偿法律制度越完备，生态补偿的实施越顺利；缺乏必要的法律制度，往往会导致高额的交易成本。第二，制度与制度之间既存在着替代关系，又存在着互补关系。存在替代关系时，需要根据制度实施条件和制度绩效进行优化选择；存在互补关系时，需要根据制度实施条件和制度绩效进行耦合强化。互补的制度组合所产生的制度绩效优于单一制度。第三，制度是由正式制度、非正式制度和实施机制三个方面构成的。若正式的法律制度缺乏，规范性文件和领导人讲话也可能成为法律制度的一个补充，有时甚至发挥主导作用。第四，生态补偿制度的实施需要一系列实施机制的保障，如水质监测的信息披露、生态保护的公众参与、环境污染的公众举报、机制完善的专家参与、机制实施的媒体宣传等。实施机制与正式制度的匹配可以铲除补偿制度实施的障碍。

3. 中央政府部门的综合协同成为跨界流域生态补偿协议签署和履约的压舱石

上下游生态补偿协议谈判曾经历了诸多波折，产生了一系列观点交锋。浙江省代表认为，“上游来水乃自然来水，从来都是坐享其成，为何如今就要生态补偿了?”“即使要补偿，浙江省虽然用了这个水，但已经以税负形式上交中央财政了，为何不是中央财政来补?”“如果上下游都要生态补偿，会导致高昂的交易成本，以长江流域为例，上海补江苏、江苏补安徽、安徽补湖北、湖北补重庆、重庆补四川、四川补青海，补到猴年马月?”安徽省代表则认为，“人人都有生存权和发展权，轮到安徽省要工业化的时候偏偏就要限制工业化了?”“拿人家的手软，宁可不要浙江省的 1 亿元生态补偿金”“与其接受浙江省的生态补偿金，还不如发展好自己的工业经济”“水源保护区在黄山市，为何还要安徽省出生态补偿资金?”这些观点从一定角度看均不无道理。如果谈判代表只从各自眼前利益出发进行交流，补偿协议也许难以达成。这时，财政部和环保部发挥了重要的“娘舅”作用。自从确定新安江流域跨界生态补偿试点，他们在补偿方案的制定、补偿价格的谈判、补偿标准的确定、跨界水质的检测、补偿资金的支付等方面均扮演着“仲裁人”和“协调人”的角色。中央政府部门的综合协调成为新安江流域跨界生态补偿机制试点的重要外部条件。

第四节　修复生态退化地区

一、生态修复的概念与内涵

在国际生态环境治理实践中涌现出“荒野”（wilderness）、“再野化”

（rewilding）、“生态修复”（ecological rehabilitation）和“基于自然的解决方案”（nature-based solutions，NBS）等理念。虽然各个理念的提出背景和语境存在一定差异，但是它们的目标都是围绕生态系统结构、功能和服务价值的恢复开展研究。为了理解生态修复的概念和内涵，先对上述理念进行梳理。

“荒野”最早意指野兽出没之地，野生生物是荒野的重要特征。1994 年世界自然保护联盟（IUCN）将“荒野”定义为：“大面积自然原貌得到基本保留或只被轻微改变的区域，其中没有永久或明显的人类聚居点。”

“再野化”是指以荒野为核心区，通过增加荒野地的连通性，保护和重新引入关键种，提升生态系统的韧性和维持生物多样性，更强调动态过程管理。再野化聚焦营养级复杂性、随机干扰和物种扩散三个关键要素。2015 年，欧洲发布再野化行动计划，旨在创建一个“更具野性”的欧洲。时至 2016 年，全球 48 个国家和地区从法律层面确立了荒野保护区，再野化成为全球生态环境治理的重要理念。

NBS 这一理念源于 2008 年世界银行发布的《生物多样性、气候变化和适应性：来自世界银行投资的 NBS》报告，旨在解决气候变化和城市化胁迫下生态系统的恢复问题。欧洲委员会专家组倾向于把 NBS 定义为：受自然激发和支持的自然知识的创新性应用，工业挑战和人类活动所引起的环境问题可望通过向自然寻求设计和过程知识而得到解决。NBS 有两大特点：一是兼顾人类利益和生态健康；二是充分甚至优先利用生态系统的服务功能去解决各种问题，而不是一味地通过提高现代技术含量的办法去解决各种问题。

而对于生态修复，国际生态恢复学会先后提出以下概念：生态修复是修复被人类损害的原生生态系统多样性及动态的过程（1994 年）；1995 年又提出，生态修复是维持生态系统健康及更新的过程；2004 年更新为，生态修复是人为辅助已退化、受损的或已经毁坏的生态系统恢复的过程。由此可见，生态修复的概念也在不断地发展。

从概念上，生态修复与荒野、再野化和 NBS 等既有区别也有联系。它们的区别主要体现在：一是从空间范围看，荒野是一个明确界定的地理空间，再野化早期研究将荒野作为核心区，现研究范围有所扩展，而生态修复、NBS 的空间包括但不局限于荒野区，可以是城市、流域、农田或矿山等生态系统；二是从生态系统退化及人为干预的程度看，荒野生态系统受损害相对较轻、人为干预较弱；再野化在观念和方法上较之于传统的生态修复，更加强调生态系统的自主性、动态性和不可预测性，注重自然主导、过程导向，致力于使生态系统达到能够自我维持的状态；生态修复多针对严重受损的生态系统，基于生态学原理，以生物修复为基础，结合物理修复、化学修复和工程技术措施，通过优化组合，实现受损生态系统生产力提升；NBS 则包括再野化—修复—重建—复垦—替代 5 种模式，范围更广。它们也有共同之处：一是都具有主动和被动的过程，基于生态系统的恢复力和适应性，以生态系统自我恢复为主，生物修复是其他修复技术的基础；二是目的都是使退化或受损的生态系统回归到一种稳定、健康、可持续的发展状态。

在国内，《辞海》对“生态修复”作出的解释是：“对生态系统停止人为干扰，以减轻负荷压力，依靠生态系统的自我调节能力与自组织能力使其向有序的方向演化，或者利用生态系统的自我恢复能力，辅以人工措施，使受损的生态系统逐步恢复或促使生态系统向良性循环发展。”这一解释延续了国际生态恢复学会提出的生态修复概念，倾向于将受损生态系统的恢复理解为生态恢复，即认为人们有目的地把受损生态系统恢复为明确的、固有的、历史上的生态系统的过程。但也有学者指出，生态修复包括了恢复到原始状态和根据破坏程度而修复到其他状态的多种类型。

郭书海等（2020）认为生态修复是以基础生态学、恢复生态学、景观生态学原理为基础，结合工程学和系统学相关原理，根据生态系统退化、受损或破坏程度，结合区位环境/立地的具体情况及特点，在适度人工措施干预下，修复生态系统达到人类某种期望的主动行为过程，旨在启动及加快恢复生态系统健康、完整性及可持续性。并认为该定义对于表达目前退化生态系统的恢复和重建可能会更为准确和科学，是人类对“生态修复”概念和内涵理解及自然生态系统恢复工程实践深入后的产物，更契合生态系统结构和功能特征及进化规律。它立足于整个生态系统，综合考虑生态系统自身发展和人类需求确定生态系统的未来功能，强调生态系统结构和功能整体上的恢复与改善，强调人类的能动性，目标更倾向于功能的恢复，操作性强，成本较低。它的内涵即应用生态系统自组织和自调节能力对环境或生态本身进行修复。外延可以从两个层面理解：（1）污染环境的修复，即传统的环境生态修复工程；（2）大规模人为扰动/破坏生态系统（非污染生态系统）的修复，包括开发建设项目的生态修复、生态建设工程或生态工程和人口稀少地区的生态自我修复。

二、生态修复的分类

生态修复需考虑生态系统初始状态（受损程度）、外来干扰的范围和程度、人类期待的修复目标，它们最终决定了修复需要采取的形式。根据受损生态系统和人类期望的生态系统的结构和功能差异，生态修复可以大体分为四种类型：（1）基于轻微/中度干扰的生态系统，恢复初始生态系统结构和功能的生态恢复；（2）轻度改变生态系统结构，强化/增强生态系统功能的生态改建；（3）生态系统结构或功能部分尤其是生物组分遭到严重破坏，期待重新恢复生态系统主导功能的生态重建；（4）生态系统生物和非生物组分均受到严重破坏，且可能存在环境污染问题，需要其他政府管理制度辅助恢复主导功能的生态整治（见表5.1）。这4种形式的具体概念如下：

表5.1　　生态修复4种类型的关键参数

参数		生态恢复	生态改建	生态重建	生态整治
受损程度		轻度受损/受损时间短	生物组分/轻度/中度受损	生物组分受损严重，主导功能基本丧失	生物和非生物组分受损严重，污染问题是限制因子，原有功能完全丧失
目标	环境因子	与受损前一致	提高因子利用率	改变因子及利用率，主体生境不变	改变因子及利用率，主体生境可变
目标	生物种类	维持原有物种	新增优势种	新增土著种	可引入优势种
目标	群落结构	基本不变	有所改变	重建构建	重建构建
目标	生态位	相似	平移	扩大	多样变化（健康）
目标	生态系统功能	不变	增加新功能	主导功能恢复，甚至增加新功能	符合主体功能，实现人群需求
采取的措施		去除干扰	结构强化和功能提升	生物组分重构/生境调整	生境优化、结构重构和制度/政策保障

资料来源：郭书海，李晓军，吴波等．生态修复工程原理与实践［M］．北京：科学出版社，2020.

生态恢复是帮助轻度受损生态系统复原的过程，强调采取各种措施实现受损生态系统结构和功能的近似完全恢复，必须具有足够的数据支撑，能够掌握受损前生态系统的组成、结构和功能特征。其针对的是可恢复受损生态系统，目标是使受到人类干扰的群落和生态系统恢复到自然、历史和干扰前状态。

生态改建则是根据区位环境/立地的具体情况及特点，以生态学原理为基础改变原有生态系统或其某些组成，实现对区域资源的强化利用，实现人类某种期望的过程。其针对的是无、轻度或中度受损生态系统，目的是使改建后生态系统结构符合区域生境特征，功能满足当地人群需求。强调系统的均衡性，提倡通过一定措施补强生态系统功能，实现生态功能的欠缺性增强。

生态重建则是针对受损严重、主体功能丧失的生态系统，采用一定措施重建生态系统结构，恢复其主体功能的过程。目的是再生利用区域环境资源，恢复平衡，使人们期望的功能具有可持续性的同时，资源和环境也得以保护和持续利用。强调重建生态系统生境（水生、陆生）和功能的一致性，但生态系统的结构可以被替代。

生态整治是为了保持或者恢复严重受损生态系统的原有功能，面向当地人群需求，利用工程措施、生物措施和配套保障制度/措施相结合，对严重受损生态系统的结构和功能进行修复的行为过程。

三、国际生态修复的经验

生态修复是一个动态过程，《生态修复实践的国际原则与标准》将生态修复划分为四个基本阶段。一是规划与设计阶段，主要任务包括：确定各方协作框架；开展生态系统现状评估；划定基线清单；识别参考生态系统；厘定生态修复目标；制定修复方案；开展安全性评估；分析组织框架；审核流程安排等。二是生态修复实施阶段，主要是依据修复方案开展生态修复工作，生态恢复需结合自然过程，响应生态恢复的变化。三是生态监测与评估阶段，重点针对修复的生态系统进行观察、监测与记录，并开展生态修复效果跟踪评估，在此基础上分析工作进展并实时调整工作方案。四是生态修复实施后管理阶段，主要的任务是开展回顾性评估，建立生态系统长效保护机制。

欧美国家对于生态修复研究较早，形成了一些成功的工程实践案例。本书梳理了具有代表性的德国鲁尔工业区与莱茵河、韩国清溪川、新加坡加冷河、澳大利亚矿山和美国大沼泽地等地区生态修复实践案例，总结他们存在的主要问题和对策（见表5.2），以期为我国生态修复工作的开展提供参考和借鉴。

表5.2　　　　　　　　　　国际生态修复典型案例

案例名称	主要问题	策略与措施
德国鲁尔工业区与莱茵河生态修复工程	老工业基地，大气污染严重；污染场地多，土壤污染突出；水质恶化，生态系统崩溃	建立完备的生态环境治理法律法规体系；成立专门的跨国管理和协调组织；促使公众参与；调整产业结构；扩大蓄水区面积、采用生态堤岸，重建生态系统；制定鲑鱼洄游行动；建立水环境监控预警体系；源头控污，实行污染者付费，发挥企业在环境保护中的主体作用
韩国清溪川生态修复工程	污水乱排，水污染严重；人居环境差；生态系统退化	坚持生态修复与园林设计相结合。组成市民委员会进行政策指导；交通疏解与产业功能布局优化；源头截污，雨污分流，多源水流；强调自然生态特点，坚持污染治理与河流休闲功能结合；构建自然中的河流、文化中的河流、生态中的河流
新加坡加冷河生态修复工程	缺淡水，洪涝灾害频繁，河流水体污染严重，生态退化	恢复自然河道与“水敏性城市设计”理念结合。恢复自然河道与生态植被；建设石坡生态防洪护岸，生态调蓄洪水；建立雨洪警报预警系统；开展雨水资源回收利用，建设生态湿地
英国泰晤士河生态治理工程	黑臭水体，水质恶化；生态系统严重破坏	成立流域水务管理局，形成流域管理机制；制定水污染控制的政策、标准、法规；建立完善的污水管网；充分利用市场机制，多元融资；加大水环境治理科技投入；加强宣传，提高市民环保意识；采取生态修复措施；暴雨污水排放的控制；水生态修复与水景观设计结合
澳大利亚矿山土地复垦与生态修复工程	矿山无序开采，水土流失，土壤重金属污染严重，造成生态系统破坏	完善矿山开采和土地复垦的法律体系，构建以生态保护修复为主的法律内容和标准规划；建立“3S＋N”生态目标评估和监测管理机制；土地复垦与生态修复全过程动态管理；健全公众参与工作机制；实施灵活的土地复垦保证金和风险金制度；以企业和市场需求为导向，建立矿山生态修复科技创新制度机制
美国大沼泽地生态修复工程	沼泽地开发成农田；水体污染严重；自然栖息地退化	调整供水规划，优化水资源配置；模仿自然过程，改善大沼泽地的水文条件，调整水文过程；修复栖息地河流生态功能；保护与引入野生动物

资料来源：李永洁，王鹏，肖荣波．国土空间生态修复国际经验借鉴与广东实施路径［J］．生态学报，2021（19）：1－11.

从上述国际生态修复的流程、实践案例的问题和对策，总结出以下四点启示：

1. 理念层面：整体保护，系统修复，综合治理

国外对河流水系、矿山湿地的生态修复实践案例表明，生态系统各要素、各子系统相互影响、相互制约，它们在生态修复中所处的层级、位置和作用各有不同。生态保护和修复对象从传统的单一自然要素向社会—生态多要素转变，研究尺度从局地生态系统健康改善转向多尺度生态安全格局拓展，目标从生态系统功能优化趋向于人类生态福祉提升。只有按照生态系统的整体性、系统性及其内在规律性，统筹考虑自然生态和经济社会各要素，坚持自然恢复为主、人工修复为辅，进而从理念、规划、技术、功用、体制、机制、空间格局、文化等多个方面，系统提出生态保护修复的一揽子、整体性方案，才能做出真正符合自然规律的管理决策，综合提升生态系统的服务功能。

2. 标准层面：健全生态修复标准体系，强化绩效考核

准确评价生态系统的受损状态及确定修复目标，是进行生态系统恢复和重建的前提和重要基础。生态修复首先需要确定本地生态系统参考系，建立生态修复多级目标。从实践经验看，生态修复设计、评估、实施监测的各个阶段均需要有明确的技术规范，并且制定全过程标准化的绩效评价体系，才能保障修复工程的顺利实施与长效管理。

3. 技术层面：创新生态修复技术方法，注重集成运用

研究与实践表明，生态修复应充分考虑生态系统的时间维度和尺度效应，对其运行规律进行长期的观测与研究，掌握自然生态系统各要素的演变特征及相互作用机理，确定生态系统退化与恢复机理。在此基础上，发展绿色、安全、环境友好的物理、化学和生物修复技术。由于生态系统的组成、结构、性质等的空间分异明显，而且修复目标也不尽相同，这使得单一的修复技术往往很难实现修复目标。近年来，技术协同及综合利用成为生态修复的发展趋势。

4. 管理层面：倡导多方利益主体参与，强化过程监管

生态修复实践涉及多方利益主体，欧美国家的生态修复策略中对于利益相关方参与均有特别的强调，倡导科研机构、企业、非政府组织、社会公众等多元主体的参与和深度协作。同时，建立生态修复产学研一体化的机制，培育生态修复产业，激发市场活力，从而提升生态修复的有效性、经济性

和参与性。生态修复是一个持续的过程，特别是以自然修复为主的过程中需要的实践周期较长，欧美国家在生态修复过程中强调全生命周期的过程监管。

四、我国国土空间生态修复的实践探索和经验总结

中国是世界上自然生态系统退化乃至丧失极其严重的地区之一，环境治理和生态修复甚为迫切。中国科学院是我国最早开展生态修复的科研机构。中国科学院华南植物研究所 1959 年起就在广州热带沿海侵蚀台地上开展退化生态系统的植被恢复技术与机制研究。中国科学院沈阳应用生态研究所 1952 ~ 1955 年首先在科尔沁沙地南缘的章古台地区通过营建樟子松人工林开展沙地生物治理，并在我国率先建成了科尔沁沙地综合整治试验示范区；90 年代开始从土壤—植物生态系统的污染控制、资源可持续利用角度先后实施了污染土壤—水体—植物复合生态系统的生态修复示范工作。从全国角度来看，我国 20 世纪 50 ~ 60 年代在退化草原的恢复方面开展了一些长期定位观测试验和生产性整治工作。70 年代末，我国在北方干旱、半干旱地区开展了“三北”防护林工程建设。80 年代，开展了长江、沿海防护林工程建设和太行山绿化工程建设；在农牧交错区、风蚀水蚀区、干旱荒漠区、丘陵、山地、干热河谷和滨海湿地等生态退化或脆弱区开展了生态系统恢复重建研究与试验示范工作。90 年代先后开展了淮河、太湖、珠江、辽河、黄河流域防护林工程建设以及大兴安岭火烧迹地森林恢复、阔叶红松林生态系统恢复、山地生态系统恢复重建、沙地与荒漠生态系统恢复等研究项目。20 世纪末至 21 世纪初，先后实施了“天然林保护工程”“退牧还草”“基本农田建设”等生态工程建设项目，极大地促进了我国生态修复研究与实践的全面发展。

党的十八大以来，我国将生态修复放在突出重要位置，提出“实施重大生态修复工程”“建立陆海统筹的生态系统保护修复和污染防治区域联动机制”“树立山水林田湖是一个生命共同体的理念……进行整体保护，系统修复，综合治理，增强生态系统循环能力，维护生态平衡。”“在生态建设和修复中以自然修复为主，与人工修复相结合”。2019 年，在《中共中央国务院关于建立国土空间规划体系并监督实施的若干意见》中更加明确提出国土空

间生态修复的实施要求："坚持山水林田湖草生命共同体理念，加强生态环境分区管治，量水而行，保护生态屏障，构建生态廊道和生态网络，推进生态系统保护和修复。"

当前，中国已在河流生态修复、草原生态修复、矿区污染生态修复、功能区生态修复等方面采取了一系列重大举措，进行了多样化的创新性探索，积累了丰富的地方经验和中国经验。本书梳理了我国具有代表性的生态修复实践案例（见表5.3），总结了他们存在的主要问题与对策。

表5.3　我国国土空间生态修复典型案例

案例名称	主要问题	策略与措施
江西赣州寻乌全景式规划	长期稀土开采，导致植被破坏、水土流失、水体污染、土地沙化和次生地质灾害频发等一系列严重问题，遗留下面积巨大的"生态伤痕"	规划先行，编制了《寻乌县山水林田湖草项目修建性详细规划》和《项目实施方案》，一体化推进区域内"山、水、林、田、湖、草、路、景、村"治理；政府主导，财政资金加社会投资共同推进项目；山上山下同治、地上地下同治、流域上下同治的"三同治"系统性治理模式；对所有项目统一设置了水质、水土流失控制、植被覆盖率、土壤养分及理化性质等4项考核标准。推进"生态+"发展模式，推动生态产品价值实现，助力生态修复效果的可持续
北京房山区史家营乡曹家坊废弃矿山生态修复	开采历史较长，区域内森林植被损毁、水土流失、采空塌陷等问题突出，山体崩塌、泥石流等地质灾害易发，野生动植物物种急剧减少，自然生态系统严重退化	明晰产权，将矿区所在的后沟区域集体林地承包经营权统一流转给开展矿区生态修复的开发公司，实现矿区修复项目建设权、林地经营权、产业项目开发权的"三权合一"；采取"地形地貌整治+植被恢复"的生态修复治理模式，并将文化旅游产业与之相结合，推动传统采矿业向现代绿色生态旅游业的转型
湖南常德市穿紫河生态治理与综合开发	河道因城市扩张被分割成多段水体，周边居民区、养殖场、工厂产生的生活垃圾、废水过量排放，使穿紫河水体污染加剧、流域生态环境恶化，对城市人居环境产生了严重影响	编制治理规划，开展海绵城市建设，将城市雨水、污水、地下水等进行综合一体规划，用生态和可持续的理念进行城市水系治理修复；开展系统治理，改善生态环境，截污净污，实现源头减排，清淤疏浚，盘活水体内源，建设生态驳岸，增强生物多样性；依托修复治理后的穿紫河风光带，推动自然景观与人文景观相结合，推动综合开发

续表

案例名称	主要问题	策略与措施
江苏江阴市“三进三退”护长江	江阴长江岸线过度使用、土地超强度开发，约1/3的入江河道水质不能稳定达标	推进滨江临水岸线生态建设，对主城区沿江区域实施了整体搬迁，近6千米的生产性岸线全部退还为生态岸线并开展生态修复；按照“自然恢复为主、人工修复为辅”的原则，划定并规划建设港口生态湿地保护区，沿江恢复了近7千米的天然芦苇荡和湿地灌丛岸线，提升涵养水源、净化水质等生态服务功能；对周边企业进行控源截污，扩展湿地缓冲区，提高入江河道的水体水质，新建动植物栖息地，恢复和保护区域内生物多样性；坚持“抢救性复绿”和“大规模增绿”；还河于民，恢复江南水乡古城韵味；综合运用土地储备、片区综合开发等措施，实现区域土地的经济增值，并将其收益覆盖土地储备、房屋拆迁和生态治理等成本，实现生态修复成本内部化；发展康养、生态农业和旅游业，对重点生态功能区实施生态补偿，将永久基本农田纳入生态补偿范围，提高对水稻田、公益林地、重要湿地、集中式饮用水水源保护区的补偿

资料来源：自然资源部办公厅印发的《关于生态产品价值实现典型案例的通知》（第一批）、（第二批）。

根据表5.3的案例梳理，国土空间生态修复相较于传统生态修复具有以下特点：（1）多尺度。从区块尺度转向全国、区域、地方、村庄、农田等多尺度区域治理。（2）多要素。从单一的要素修复转向山、水、林、田、湖、草等全要素的系统治理。（3）多目标。从单一目标转向社会、经济、生态、文化等多元目标协同治理。（4）多手段。从末端修复、结构调控向源头治理、过程耦合、物理—化学—生物技术集成应用发展。（5）多层级。从区域、部门自主治理走向国家顶层设计与多部门协同参与治理。

在国土空间生态修复的实践探索中，也积累了不少中国经验，概括如下：

1. 在理念上，提出了“山水林田湖草是生命共同体”的生态修复理念

“山水林田湖草是生命共同体”强调生态系统不同组分间彼此相依，人的命脉在田，田的命脉在水，水的命脉在山，山的命脉在土，土的命脉在林和草。自然生态系统不同组分间相互影响，人为生态系统与自然生态系统联系紧密，共同支撑着人类的生存和发展。在生态文明建设的方针下，山水林田湖草是生命共同体的理念要求：一方面在利用自然资源时不仅要考虑局部

影响，而且要考虑全局影响；另一方面在制定生态修复方案时要统筹考虑，不能顾此失彼。山水林田湖草是生态共同体的理念总体来说是对局部、片面的否定，强调的是整体保护、系统修复、区域统筹、综合治理；强调的是全地域、全过程、全要素，国土空间生态修复既要针对关键“点”治（如矿山、湖泊、场地等）和“线”治（如河流、海岸带等）实施工程性修复，又要在国土空间“面”上进行统筹协调，形成“点－线－面”结合的生态修复治理体系。

2. 在组织实施上，初步建立了“部门协同、上下联动、省负总责、市县抓落实”的工作机制

从已有的成功案例看，规划先行、政府引导、部门协同已成为国土空间生态修复的工作模式。项目实施前通过制定规划，形成科学合理的顶层设计，进而确定生态修复工作的战略目标、实施原则、空间布局、重大工程及重点项目等各方面内容，从而便于统筹全局工作。在江西赣州寻乌全景式规划案例中，首先就编制了《寻乌县山水林田湖草项目修建性详细规划》和《项目实施方案》等指导文件，专门成立了县山水林田湖草项目办公室，确保项目实施有规可依、有章可循。湖南常德市穿紫河生态治理与综合开发的案例项目在对穿紫河进行生态治理前，也首先编制了治理规划，将城市雨水、污水、地下水等进行综合一体规划。在国土空间生态修复过程中，许多行政行为存在于各个部门相互关联的区间，带有综合性质，这就不可避免地需要一个主要责任部门。从各个案例来看，政府作为主要负责人，牵头并协调其他相关的利益部门，协同推进，能够有效解决条条分割、条块分割和各自为战的问题。

3. 在修复模式上，坚持因地制宜

国土空间生态修复涉及面广、修复工程类型多、生态系统功能复杂，运用单一的修复技术往往很难完成整个修复任务，且修复效果和效率均比较差，这就要求在实际工作中根据不同情况，按照问题导向，将整个修复区域划分成不同的修复单元，按照实际需要，采取保护修复、自然恢复、辅助修复、生态重建等不同的修复方式和措施，不搞整齐划一，克服工程思维和过度修复问题。

4. 在资金筹措投入上，坚持两条腿走路

在中央财政奖补、地方财政投入的同时，综合运用土地政策、金融工具、推进产业融合等措施，探索建立多元化的投入机制。

思考题

1. 思考你所在城市生态保护红线政策的落实属于哪一种生态转型模式？为什么？

2. “河长制”简单易行，在松花江、淮河、辽河、巢湖流域等地方政府纷纷效仿，建立了相应的水污染防治责任制。但就其制度本身来说也是存在缺陷的，请尝试从委托—代理、信息对称、社会参与等方面探讨“河长制”的制度缺陷。

3. 从国土空间生态修复的典型案例来看，我国国土空间生态修复仍然存在哪些不足？可以从哪些方面进行改善？

第六章　推进生态产品价值实现

要积极探索推广绿水青山转化为金山银山的路径，选择具备条件的地区开展生态产品价值实现机制试点，探索政府主导、企业和社会各界参与、市场化运作、可持续的生态产品价值实现路径。

——习近平在深入推进长江经济带发展座谈会上的讲话

（2018 年 4 月 26 日）

生态产品指维系生态安全、保障生态调节功能、提供良好人居环境的自然要素，包括清新的空气、清洁的水源和宜人的气候等，与物质产品、文化产品相并列，共同支撑人类生存和发展。生态产品价值实现是发展生态经济的核心。党的十九大报告提出，我们要建设的现代化是人与自然和谐共生的现代化，既要创造更多物质财富和精神财富以满足人民日益增长的美好生活需要，也要提供更多优质生态产品满足人民日益增长的优美生态环境需要。推动生态价值实现，这是我们党在优质生态产品供给领域作出的重要治国方略。尤其是，我国大部分重点生态功能区与贫困地区重合，生态价值实现既有利于增加优质生态产品，又是绿色惠民利民、实现可持续脱贫的重要路径。根据习近平总书记生态文明建设五个体系的要求，要以产业生态化和生态产业化为主攻方向，聚焦循环生态农业、传统工业转型、生态旅游、健康休闲等重点领域，探索生态价值实现多种模式，走生态美、产业强的绿色发展之路。

第一节　生态产品价值的理论基础

工业革命解放了生产力，物质产品得到快速增长，也造成全球性生态环境危机。保护地球家园，不能仅依靠自然力的作用，更需人类自觉性的保护行为。随着我国城乡居民收入和消费水平的提高，人民群众对干净的水、清洁的空气、安全的食品和优美的环境要求越来越高。老百姓过去“盼温饱”，现在“盼环保”；过去“求生存”，现在“求生态”。积极探索推广绿水青山转化为金山银山的路径，扎实开展生态产品价值实现工作，构建政府主导、企业和社会各界参与、市场化运作、可持续的生态产品价值实现路径，这是“十四五”乃至今后长期需要开展的战略任务，也是新时期巩固脱贫攻坚成果与促进乡村振兴的重要工作抓手。那么，什么是生态产品价值，这一概念与近年广泛利用的生态资本、自然资本概念关系如何，生态产品价值实现的理论基础是什么，本节拟就此进行分析。

一、生态资本与生态产品价值

生态环境与生产力直接相关。纵观世界发展史，保护生态环境就是保护生产力，改善生态环境就是发展生产力。自然界中的生态环境是劳动对象和劳动资料的基础和材料，只有保护好了生态环境，才可以发展生态产业、绿色工业，实现经济价值。1987 年，联合国发布了影响全球的报告《我们共同的未来》，把人们从单纯考虑环境保护引导到环境保护与人类发展相互结合起来，认为环境危机、能源危机和发展不能分割，提出了“可持续发展”的概念，得到了国际社会的广泛共识。1992 年里约会议提出了全球范围内采取协调一致的行动方案，制定实施既满足当代人的需求又不对后代人满足需求的能力构成危害的全球可持续发展战略。这标志着人类发展模式实现了一次历史性的飞跃，经历农业文明、工业文明之后又一个新文明时代——生态文明的到来。

我国经过 30 多年的高速发展，国家经济、社会生产力和人们的生活水平都有了长足的进步。我国经济总量已经跻身于国际第二名，人均 GDP 进入中等水平，社会生产力的发展进入了工业化的中期。在取得举世瞩目的经济发展成就的同时，也付出了较大的资源环境代价，生态环境成为全面建设小康的短板，环境污染与生态破坏形势严峻，良好的生态环境日益成为稀缺资源。尤其是城乡和区域发展不平衡，部分生态脆弱、欠发达地区保持经济快速增长的诉求和保护生态环境的压力长期存在。扭转环境恶化、提高环境质量是广大人民群众的热切期盼，也是生态文明建设的内在要求。生态价值理念及实践从根本上突破经济发展与保护环境之间的对立，使环境保护成为经济发展新的“增长极”、经济发展成为环境保护的内生动力。

（一）生态资本

在全球性生态危机持续加剧的背景下，生态资本的概念逐渐产生，被视为破解环境保护与经济发展两难困境的有效途径。1987 年布伦特兰在《我们共同的未来》中提出，应该把环境当成资本来看待，认为生物圈是一种最基本的资本。标志着“以环境形式而存在的生物圈作为一个整体构成了一种资本”这一重要思想的诞生。生态资本是在自然资本的基础上提出来的。随着国内外学者的不断探索和研究，生态资本的概念日趋成熟。随着人们对生态环境认识水平的不断提高，人们对自然资本或自然资产概念的理解不再局限于自然资源的价值，而是涵盖了自然环境中可以为人类所利用的、表现形式丰富多样的所有物质或非物质价值形态，如生态系统服务价值。而生态资本是指生态系统中所有能对经济做出贡献的生态因素的总和，具体包括三类：自然资源、生态环境的自净能力和生态环境为人类提供的自然服务。也有学者认为生态资本是一个边界相对清晰的“生态—经济—社会”复合系统，相对于物质资本，具有明显或特殊生态功能和服务功能优势，包括了环境质量要素存量、结构与过程、信息存量三部分。

（二）生态价值

党的十八大报告中第一次使用了“生态价值”概念。生态价值即生命现象与其环境之间相互依赖和满足需要的关系，是满足人类社会对自然生态系统服务功能客观需要的主观价值反映，体现了人类社会和自然生态系统两个整体之间关系的重要性。生态价值包括环境的生态价值、生命体的生态价值、生态要素的生态价值、生态系统的生态价值。

“生态价值”包括三个方面的含义：第一，地球上任何生物个体，在生存竞争中都不仅实现着自身的生存利益，而且也创造着其他物种和生命个体的生存条件，在这个意义上说，任何一个生物物种和个体，对其他物种和个体的生存都具有积极的意义（价值）。第二，地球上的任何一个物种及其个体的存在，对于地球整个生态系统的稳定和平衡都发挥着作用，这是生态价值的另一种体现。第三，自然界系统整体的稳定平衡是人类存在（生存）的必要条件，因而对人类的生存具有“环境价值”。

对于“生态价值”概念的理解：首先，生态价值是一种“自然价值”，即自然物之间以及自然物对自然系统整体所具有的系统“功能”。这种自然系统功能可以被看成一种“广义的”价值。对于人的生存来说，它就是人类生存的“环境价值”。其次，生态价值不同于通常我们所说的自然物的“资源价值”或“经济价值”。生态价值是自然生态系统对于人所具有的“环境价值”。人也是一个生命体，也要在自然界中生活。人的生活需要有适合于人的自然条件，由这些自然条件构成了人类生活的自然体系，即人类的生活环境。这个环境作为人类生存的必要条件，是人类的“家园”，因而“生态价值”对于人来说，就是“环境价值”。

（三）生态资本与生态价值实现

生态资本理论是生态价值增值的重要理论依据。生态资本离不开具有一定产权归属并能够实现价值增值的生态资源，如自然资源、环境质量与自净能力、生态系统的使用价值以及其他能不断产生使用价值的潜力资源。近年许多研究揭示了生态环境系统对于提高经济生产率的重要作用，有学者将生态资本看作是能产生未来现金流的生态资产，并认为生态资本与生态资产的实体对象是一致的，但只有将生态资产盘活，经过资本运营实现其价值，才能成为生态资本，这一过程就是生态资产资本化。他们认为，并非所有的自然资源都能转化为生态资本，只有具有使用价值的自然资源才有可能成为生态资本，具有价值的生态服务都能成为生态资本，而所有符合生态资本条件的人造资源都能成为生态资本，从而扩大了生态资本的界限；有研究认为，能够实现的生态价值是进入到经济系统的那部分生态资本，即资本化的那部分自然资源与环境系统，因而，生态资本是生态价值实现与增值的途径。

马克思认为，资本的本质不是物，生产资料本身不是资本，而是体现在一个物上一定历史形态的社会生产关系，并赋予这个物一种独特的社会性质。因此，自然资源本身并非资本或生态资本，自然资源只有经过盘活，作为生产资料进入生产过程中并价值增值，它才具备了资本性质，成为一项可投资、可运营的资本。当生产关系发生变动时，即自然资源进入不同的生产部门，与特定的劳动力、生产资料相结合，它将表现为不同类型的产业资本。如，当自然资源作为生产资料进入农业生产部门并带来价值增殖时，它表现为农业资本；当自然资源进入工业部门时又表现为工业资本；同样地，只有当自然资源被投入生态产业并能够带来剩余价值时，它的价值才成为一项生态资本。因此，笔者认为，生态资本是依托于自然资源的生态功能提供生态产品，以此为所有者带来收入增量的各类资源的价值，就本质而言，生态资本是与农业资本、工业资本存在并列关系的一种产业资本，即投放于生态产品生产部门的资本。目前，生态资本最大的投资主体是政府，主要是各级政府通过财政拨款、发行国债等方式投入资金进行生态资本投资。但是国家和社会需要财政支持的项目越来越多。我国生态经济建设不能单纯依靠政府的投资，应该充分利用民间多方力量，构建多元化的投资主体格局和良好的市场机制，加大生态资本的投资力度，促进生态价值不断增值。

二、马克思生态哲学理论及其对生态价值的启示

马克思的生态哲学内涵极其丰富，它深刻指出了生态环境是人类文明发展的前提，强调了人类实践活动是沟通人与自然关系的中介，揭示了人与自然和谐发展是历史发展的必然趋势等。虽然今天人类面临的生态问题，无论从深度还是广度来说，都是马克思时代没有遇到的，但通过对马克思生态哲学思想的重新解读，其生态哲学思想依然能对我们有效解决生态问题做出科学的指导，能够为我们建设新时代人与自然的和谐关系提供思想的指南，人们辩证地看待生态关系，采用科学的措施治理生态环境问题、发展生态经济指明了道路。

（一）生态环境是人类文明发展的前提

生态环境作为一种不可或缺的自然条件，孕育了人类本身，改善着人类的活动能力，推动着人类文明不断前进。

首先，生态环境是人类文明诞生的母体。马克思指出：“人直接地是自然存在物”① “有生命的自然存在物”②，可见，马克思认为人是一种自然存在物，绝非是神创论的产物，更不是绝对精神的人格化符号，而是洪荒宇宙在千百万年的自我演变中进化出来的一个物种。同时，人还是一种有生命的自然存在物，是一种有血有肉、有着各种欲望和需求的生命形式，可以说，人的血肉之躯和生存繁衍均离不开生态环境的哺育和馈赠。

其次，生态环境是人类文明活动的载体。马克思指出：“没有自然界，

①② 马克思恩格斯全集：第42卷［M］. 北京：人民出版社，1979：167.

没有感性的外部世界，工人就什么也不能创造。它是工人用来实现自己的劳动、在其中展开劳动活动、由其中生产出和借以生产出自己产品的材料。”① 可以说，在马克思的理论中，自然界是客观实在的物质世界，人正是在认识自然和改造自然的过程中形成了现实的物质力量——生产力，而生产力的三个要素中，劳动者是最活跃的因素；劳动对象是自然物质中进入到生产过程的物质要素；劳动资料是人们在劳动中所运用的物质条件。可以说，正是劳动者运用劳动资料作用于劳动对象创造出劳动产品，从而推动人类文明不断前进。

最后，生态环境为人类文明进步提供滋养。马克思指出：“从理论领域来说，植物、动物、石头、空气、光等，一方面作为自然科学的对象，另一方面作为艺术的对象，都是人的意识的一部分，是人的精神的无机界，是人必须事先进行加工以便享用和消化的精神食粮。”② 可见，在马克思的视域当中，自然界为人类文明的进步提供着丰厚的精神食粮，即人能够运用抽象思维能力，透过事物的表象，探析事物的规律，实现对知识的积累，增强自身的本质力量。同时，人还可以根据千变万化的自然现象和无穷无尽的物质属性，采集自己的灵感素材，丰富自身的精神追求。

（二）以马克思理论指导生态文明实践活动

人与自然关系的实践活动体现在物质生产劳动实践、处理社会关系的实践和科学实验等重要方面，其中社会关系实践是协调人与自然关系的重要环节。只有在这些社会联系和社会关系的范围内，才会有对自然界的影响。马克思在思考人与自然关系问题的时候，是充分考虑到人与人之间社会关系的重要影响的，由于人与人之间在生产中所处的社会地位和社会关系不同，因此受生产关系所制约的生产方式就存在着质的区别，而在不同生产关系的支配下，生产者对于生产要素或生态环境的态度和方式就显现出巨大的差异，所以说，协调人与自然之间的关系，一定要把处理社会关系实践作为关键环节。

生态问题涉及人与自然、人与人等多种关系问题，我国正处于社会主义初级阶段，社会生产力发展水平相对较低，对此，迫切需要改变现行状况，

---

① 马克思恩格斯全集：第 42 卷［M］. 北京：人民出版社，1979：92.

② 马克思恩格斯全集：第 42 卷［M］. 北京：人民出版社，1979：95.

迅速提高劳动生产率，以此增强开发自然和利用自然的实际能力，从而为生态文明建设奠定雄厚的物质基础。同时，我国还要有效调整经济结构和经济关系，改变单纯依靠资源要素和资本投入来拉动经济增长的做法，尽快把发展方式转变到以提高劳动者素质和科学管理的轨道上来。此外，还要注意发挥科学技术的重要价值，着重发展循环经济和节能经济，以此减少物质资源的消耗，降低环境污染排放，从而实现一个资源节约与环境友好的生态文明社会。

马克思主义生态哲学思想对于社会建设有一定的启发。要实现人与自然的和解，就需要保持攫取与付出的平衡，辩证地看待人与自然的关系。一方面，人们在向自然索取物质生产资料；另一方面，人们也要为美化自然环境付出努力。在具体的建设实际中，我们应逐渐消除不和谐因素，在尊重自然规律的基础上实现人与自然的双赢，实现人类社会的可持续发展。社会实践是人与自然关系的基础。马克思提出人化自然的观点，自然界同时也是人类的现实自然界，人们在认识和改造自然的同时，也要受到自然界的制约，因而，人与自然是一种相互制约、相互依存的辩证关系。马克思主义生态哲学强调“先在自然”对社会发展具有制约性，人与自然的关系必须要以社会实践为基础，唯其如此，才能实现自然、人、社会的辩证统一。生态文明建设更是要处理好三者的辩证关系，一方面，人类社会要发展，前提是与自然界和谐相处；另一方面，人与自然的和谐并不是意味着停止发展，而是要发展、要进步，但不能以违背自然规律为前提。

（三）以马克思理论指导人与自然的和谐共生

人与自然和谐发展是历史的趋势，人与自然之间始终存在着对立统一的关系，在不同的历史时期，这种关系的表现形式会有所差异，但总的趋势必定是两者之间彼此协调，共同繁荣。马克思指出：“自然界起初是作为一种完全异己的、有无限威力和不可制服的力量与人们对立的，人们同它的关系完全像动物同它的关系一样，人们就像牲畜一样服从它的权力。”① 在渺小的人类面前，大自然以其无穷的威力，可以轻易抚平人类活动的痕迹。总之，人与自然间的统一关系一直贯穿于人类文明发展的初期。

伴随着市场经济的飞速发展和工具理性的过度膨胀，当前我国存在着割

① 马克思恩格斯选集：第1卷［M］. 北京：人民出版社，1972：35.

裂人与自然关系的不当认识，例如许多尊重自然、爱护自然的传统被打破，而蔑视自然、贬低自然的观念有所抬头，人不再视自己为自然之子，相反，视自己为自然的主人，把滋养自己的自然环境视为可以任意改造的对象而肆意为之，结果造成了资源的枯竭和环境的污染，最终也危害到自身。对此，深入研究马克思的生态哲学，有助于正确认识我们在自然环境中的确切位置，有助于正确理解人与自然的历史渊源，有助于科学把握人与自然之间的有机关系，对于我们有效处理人与自然之间的矛盾具有重要的启示意义。

马克思认为，从本质上来说，人是从自然界里诞生出来的，是自然界发展到一定阶段的产物。作为自然界的一部分，人类不可能离开自然界而单独存在，马克思主义认为，社会实践是人类生命存在的基本形式，人类社会实践活动的对象是自然界，自然界是人类实践活动的前提，也是人类生存和发展的前提，离开了自然界，人类就无法获取最基本的生活资料，人与自然就不能进行物质、能量和信息的互动。人类的社会实践是一项具体的活动，它同自然环境紧密相连。人类既然来源于自然界并生活在自然界之中，那么人类必须在保护自然的基础上与自然和谐相处，共同发展。所以，马克思哲学思想认为人类是自然界的产物，人类无法离开自然，并必须依赖于自然才能生存和发展，因此人类必须尊重和善待自然。

（四）以马克思理论指导生态价值实现

生态要素作为独立的生产要素纳入生产过程，同样面临着价值生产和实现的问题。马克思指出，未经人类生产加工的自然生态产品，例如，原始森林、天然草场、自然湿地等，它是自然形成的，没有凝结着人类劳动，因而虽然有使用价值，但没有价值。只有经过人类生产加工所形成的人工生态产品，由于生产过程中凝结着人类劳动，因而具有使用价值和价值。自工业革命以来，人类在追求物质产品快速增长的同时，造成了全球性生态环境危机，维护良好的生态环境，需要采取自觉的保护性行为，是自然力和人类管护性劳动投入共同作用的结果，既体现了自然界对人类生存发展的恩赐，也蕴含着人类社会内部不同主体间利益关系。一旦当生态要素成为稀缺性资源、成为产业资本投资获利的对象时，生态产品就具有商品性质，成为使用价值和价值的统一体。从使用价值属性看，生态产品具有多功能、复合型的使用价值，它既可以提供各类生产和生活资料，满足人类的物质性需求；又可以提供景观游憩，陶冶情操，满足人类的精神性需求。从价值属性看，生态产品生产过程凝结着一般的、无差别的人类劳动，它需要通过市场交换或者政府补偿等方式才能实现其价值。例如，对于一片人工森林，如果仅仅看作是作为木材或燃料的物质产品，林木所有者可以通过市场销售实现其价值；如果将它看作是生态产品，把它封禁保护起来，那么它就成为公共产品。生态产品有价，使用时必须付出代价，政府就要对林木所有者进行必要的经济补偿。因此，充分发挥市场在生态产品配置中的决定性作用，加快建立生态产品价值市场实现机制，这是生态产业化经营的应有之义，是培育加快绿色发展新动能的客观要求，也是开辟实现绿色惠民新路径的重要政策着力点。

三、“两山”理论——当代马克思主义生态经济学

“绿水青山就是金山银山”（简称“两山”理论）是习近平生态文明思想的核心内容。这一理论是对迄今人类与自然关系的认识与实践的经验教训的总结，是对生态文明时代生产力构成变化趋势的把握，以及在此基础上对生产力理论的创新与发展。它是指导生态文明建设的科学的世界观和方法论。该理论对于开启人们的生态智慧，指导新时代中国特色社会主义生态文明建设具有重要的理论和实践指导意义。

（一）“两山”理论的由来

2005 年，习近平同志在《浙江日报》“之江新语”专栏发表评论文章《绿水青山也是金山银山》，科学阐述了绿水青山与金山银山的辩证统一关系。文章指出，浙江“七山一水两分田”，许多地方“绿水逶迤去，青山相向开”，拥有良好的生态优势。如果能够把环境优势转化为生态农业、生态工业、生态旅游等生态经济优势，那么绿水青山就变成了金山银山。绿水青山可带来金山银山，但金山银山却买不到绿水青山，二者既会产生矛盾，又可辩证统一。我们要善于选择，找准方向，创造条件，让绿水青山源源不断地带来金山银山。早在 2003 年 7 月，根据习近平同志的设计，中共浙江省委第十一届四次全体扩大会议就提出了浙江未来发展的“八八战略”，其中之一就是“进一步发挥浙江的生态优势，创建生态省，打造‘绿色浙江’”。2006 年 3 月全国“两会”期间，习近平同志在接受人民日报采访时讲话，同样蕴含和贯穿着绿色发展理念。他指出，浙江要坚定不移地推进经济结构的战略性调整和增长方式的根本性转变，通俗的比喻，就是要养好“两只鸟”，

一个是“凤凰涅槃”，另一个是“腾笼换鸟”。要拿出壮士断腕的勇气，摆脱对粗放型增长的依赖，主动推进产业结构的优化升级，积极引导发展高效生态农业、先进制造业和现代服务业。2013 年 9 月 7 日，习近平在哈萨克斯坦纳扎尔巴耶夫大学演讲时说：“我们既要绿水青山，也要金山银山。宁要绿水青山，不要金山银山，而且绿水青山就是金山银山。”这是习近平对“两山”理论作所的完整表述。

（二）“两山”理论是人与自然认识与实践的经验总结

“两山”之“山”既是实指，又是隐喻。如何认识和处理“两山”关系是自人类诞生之日就面临的问题。随着人类实践的不断深入、认识能力的不断提高、精神境界的不断升华，人们对“两山”关系的认识日益深化。习近平对人与自然关系的认识作出了新的概括与总结，提出了“人与自然是生命共同体”的论断。发展不仅仅是经济的发展，而是人与自然的协调发展。上述论断深刻揭示了人与自然的“同源性”和“一体性”，即人与自然的内在统一性；提出了“绿水青山就是金山银山”的“两山”理论，说明了自然环境要素与社会经济发展之间具有内在统一性。

“两山”关系，从狭义上理解是指经济发展与环境保护的关系，从广义上理解则指人与自然的关系。“人与自然是生命共同体”则深刻表达了“对自然的保护实质上是人类的自珍、自爱，对自然的破坏，实质上是人类的自残和自戕”的理念。故此，“人类必须尊重自然、顺应自然、保护自然”，这是不言而喻的道理。“两山”理论隐含着人类对发展道路的选择指向。从“绿水青山”中得金获银之后，青山依旧苍翠涌金不断，绿水依旧长流流银不止，绿水青山源源不断地向人们提供财富，绿水青山真正成为传说中的聚宝盆，要求的则是蓄水养鱼式的发展方式，可称之为“生财”方式。

（三）“两山”理论是马克思理论的创新与发展

生产力是人类在生产实践中利用自然、改造自然的能力，是推动社会发展的决定性力量。在人类不同的文明发展时期，生产力的发展水平不同，生产力内部构成各要素对社会经济发展的贡献率有着很大差异，由此也决定了人们对生产力的认识水平也在不断提高。农业文明时期，生产力的实体性要素，即劳动者、劳动资料、劳动对象在生产中的作用最为突出，由此也导致了人们对生产力实体性要素的重视。工业文明时期，在生产力实体性要素发挥基础作用的同时，生产力中的协调性要素，即劳动的分工、协作和生产管理的作用愈益彰显，作为生产力的渗透性要素的科学技术对经济发展的贡献率愈益增大，由此也推动了人们对生产力构成认识的深化。

生态文明时代，环境要素在生产力中的作用日益明显，对经济发展的贡献率越来越大。正如习近平所说，“生态环境优势转化为生态农业、生态工业、生态旅游等生态经济的优势，那么绿水青山也就变成了金山银山”。生态农业、生态工业、生态旅游等通称为生态经济，它们是生态文明时代主要产业形态和主导的经济发展方式。其目标就是强调环境保护，实现经济效益和生态效益的统一。重视环境因素的综合利用、循环利用，最大化地创造出社会财富，同时也最大化地使环境得到保护，习近平创造性地提出了“保护生态环境就是保护生产力，改善生态环境就是发展生产力”的“环境生产力”理论，并以这一理论指导贫困地区的群众脱贫致富，指导人们寻找中国经济发展的增长点。“环境生产力”理论是对马克思主义“自然生产力”理论的继承和发展。

（四）“两山”理论指导生态价值实现

“两山”理论既来自实践又指导实践，它有着鲜活的理论内容，蕴涵着强大的内在逻辑张力。它内在地包含对美好生活向往的目标设定，为建设中国特色社会主义生态文明提供了科学的世界观和方法论。谋民生福祉，保人民安康，是中国共产党人各项工作孜孜追求的奋斗目标，当然也是生态文明建设的根本目标。“人民日益增长的美好生活需要”的指向就是我们的工作方向。工作中要充分认识和正确处理发展经济与保护环境之间的辩证关系。既要反对强调发展经济而破坏生态环境的短视行为；也要反对为保护生态环境而放弃发展的消极做法。绿水青山是人的生存基础，也是社会经济发展的基础。留得青山在，不怕没柴烧，“绿水青山可带来金山银山，但金山银山却买不到绿水青山”。为一时的利益所遮蔽而破坏了环境，其后果是得不偿失的，不能对环境做出竭泽而渔、杀鸡取卵的短视行为。“绿水青山就是金山银山”是通过矛盾的内在统一性对环境与发展关系的揭示，是“两山”理论的核心和精髓，也是“两山”理论最终的落脚点。如何将绿水青山变成金山银山促进生态价值实现需要一双慧眼。“绿水青山”具有多重价值：有物质的、精神的价值；有食用的、观赏的价值；有政治的、经济的、文化的价值；有生物的、历史的价值……如何因地制宜、最大化地发掘生态价值，同时还保证青山常在绿水长流，这是“两山论”的精义所在。因此，“两山”理论是对经济与环境的相互依赖关系、人对自然的能动作用和受动作用的辩证统一关系的科学而深刻的认识，具有中国风格、中国气派的马克思主义中国化的创新典范，是中国特色社会主义生态文明经济学的重要指南。

第二节　生态价值实现的要素及优化组合

当前，优质的生态产品十分短缺。据环境保护规划研究院测算，生态破坏与环境污染损失占 GDP 比重约为 7% ~8%，仅 2017 年生态破坏与环境污染损失达 8 万亿元，且呈逐年上升趋势。另外，一些生态环境优良、重点生态功能突出的地区发展落后，绿水青山不能转化为金山银山。生态价值实现是打破上述经济发展与保护环境“二元悖论”，改善环境、发展生产力的最有效途径。本节重点探讨生态价值实现的构成要素、影响要素及优化组合。

一、生态价值的构成

生态价值包括生态资源的天然价值、生态资源的经济价值以及生态资源的文化价值。或者按照生态系统总值核算方法，生态价值包括生态系统为人类提供的各种物质产品与服务价值的总和，包括生态系统提供的物质产品、调节服务和文化服务产品的价值。深入理解生态价值，可以从生态资源开始。生态资源具有资源、资产、资本三重属性。“资源”强调的是生态资源的自然属性，是生态资源的实物量；“资产”强调的是经济属性，是生态资源作为生产要素进入生产经营过程成为生态资产后的价值，即实物量的货币化；“资本”是流动的资产，实质是生态资源产权的资本化。构建生态价值实现路径，不可能脱离生态价值的构成问题。生态资源作为一种资产的价值构成，不同于固定资产等普通资产的价值构成，它包括生态资源的天然价值、生态资源的经济价值以及生态资源的文化价值。

（一）生态资源的天然价值

生态资源包括清新的空气、清洁的水源、肥沃的土壤、茂盛的森林等自然要素，是维持人类生存的基本要素，是人类生产资料和生活资料的基本来源，是人类社会发展的前提和动力，是经济建设和社会发展的重要物质基础。在市场经济条件下，生态资源本身具有价值，是一种客观存在，并不取决于它是否进入生产过程或交易。根据效用价值理论，生态资源的有用性和稀缺性决定了生态资源的天然价值。有用性是生态资源具有价值的基础，稀缺性是生态资源具有价值的条件。生态资源的天然价值体现了自然生产力的一面，其大小取决于生态资源的质量、丰富度和地理位置。

（二）生态资源的经济价值

国家对重点生态功能区、自然保护区、流域保护区等青山绿水的保护者给予相应的经济补偿；或在产权明确的前提下，充分利用国际、国内两个市场，实现生态价值。在发展国内生态产品市场的同时，也可支持有条件的低碳企业参与国际碳汇市场竞争，同时，可吸引国际资本进入生态产业，进行生态资源的产业化经营。这些价值就是生态资源的经济价值。

生态资源是环境的重要组成部分。随着我国经济的迅速发展，生态环境遭到不同程度的污染和破坏，如土地荒漠化、水土流失、生物多样性锐减、空气质量下降等。这些污染和破坏，在使原有的生态环境价值受到损害的同时，也直接危害人类的生活质量和切身利益，必须进行修复和治理。为恢复环境所消耗的人力、物力的价值即为环境损失成本，这部分成本也是生态资源的经济价值，属于生态资源价值构成的一部分，不应被忽略。

（三）生态资源的文化价值

文化价值是指能满足人类精神文化和道德需求的资源价值，体现的是一种科学文化价值，如美学观赏价值、文化艺术价值、科研学术价值等。生态资源的文化价值是以生态文化为载体来满足人类精神文化和道德需求时表现出来的价值。生态资源具有非常丰富的文化内涵，包含了生态艺术、生态节庆文化、生态饮食文化、生态娱乐休闲文化、生态旅游文化。文化价值是生态资源的“潜在价值”。随着经济的快速发展，居民收入水平逐渐提高，对生活质量和闲暇的需求也逐渐提高，人们的生活方式开始发生改变，由此产生了更多的精神消费需求，真正意义上的休闲文化开始形成。生态饮食文化和生态旅游文化更加受到人们的重视和青睐。

生态资源的天然价值是固有的，是经济价值和文化价值的基础。没有天然价值的生态资源也就不存在经济价值和文化价值。生态资源的天然价值是大自然赋予的，体现了大自然的创造力。生态资源的经济价值和文化价值是人类开发创造产生的，和人类活动紧密相关，同时也能给人类带来金山银山。

二、生态价值实现的构成要素

生态价值实现有政府途径和市场途径，政府途径主要是通过政府转移支付和政府赎买，市场途径主要指打造绿色生态品牌，发挥比较优势发展以生态资源为要素的生态利用型产业，让生态环境成为有价值的资源，与土地、技术等要素一样，让生态要素成为现代经济体系高质量发展的生产要素；把优质生态产品的生产和可持续利用，纳入社会生产总过程中生产、分配、交换和消费四个环节，将生态产业培育成为新兴的“第四产业”，成为实现区域经济发展与生态环境保护双赢的突破口。用好山、水、林、气，加快发展生态旅游与休闲养生产业、健康医药产业、山地特色高效农业、林业产业、畜牧养殖业、饮用水产业。政府转移支付或者政府赎买的财政路径需要横向生态补偿配合，随着国家重点生态功能区转移支付制度的建立与完善，生态价值的市场化实现途径是需要重点研究的课题，首先明确以下生态价值实现的构成要素：

（一）产权

产权是经济所有制关系的法律表现形式。它包括财产的所有权、占有权、支配权、使用权、收益权和处置权。在市场经济条件下，产权的属性主要表现在三个方面：产权具有经济实体性、产权具有可分离性、产权流动具有独立性。产权的功能包括：激励功能、约束功能、资源配置功能、协调功能。以法权形式体现所有制关系的科学合理的产权制度，是用来巩固和规范商品经济中财产关系，约束人的经济行为，维护商品经济秩序，保证商品经济顺利运行的法权工具。

党的十八届三中全会首次提出要健全自然资源资产产权制度和用途管制制度，并重申划定生态保护红线，实行资源有偿使用制度和生态补偿制度，改革生态环境保护管理体制。自然资源资产产权制度的关键是明晰自然资源产权，并通过合理定价反映自然资源的真实成本，使市场同样在生态环境资源的配置中起决定作用。

生态价值实现的基本前提是确定明晰的自然资源资产产权。生态资源在没有确定产权之前是公共资源，不具有排他性和竞用性，政府不能对其实行用途管制，且资源有偿使用制度和生态补偿制度不能建立，这样导致的结果是资源耗竭和生态破坏，生态价值不能转换为货币价值。生态资源在确定了产权之后，变成了私人产品，具有排他性和竞用性，生态资源的权属人具有生态资源的所有权、占有权、支配权、使用权、收益权和处置权。若生态资源权属归政府所有，政府便能对其用途进行管制，保护生态环境，政府也能将排污权、碳排放权在市场上进行交易，对污染物数量进行限制的同时实现生态价值转换；若生态资源权属归私人所有，便能对生态资源进行开发、生产，生产出生态产品在市场上交易，获取经济利益，生态价值转换成货币价值，同时生态补偿制度也能建立起来。

（二）资金

生态价值实现离不开资金的投入，资金要素是生态价值转换的重要助推器。资金要素的推动作用，本身就是开放理念重塑的过程，在这一过程中，地区、行业、所有制的界限被打破，社会上的非公有经济、非文化企业和境外资金被吸纳进入生态资源价值实现过程中，最终形成政府投入与社会投入相结合的多元化投资机制的格局。

投资是生态产业化经营、发展“生态+”产业体系的必要条件，是生态产业快速发展的催化剂。生态产业是新兴的渗透性产业，与国民经济的大多数部门和行业都有着紧密的联系。对某种生态产业进行投资，对其他行业也有着极强的带动作用，如发展生态旅游业，直接投入旅游消费部门的有食、住、行、游、购、娱等六大类部门，间接涉及旅游消费的部门数量更多，如金融、保险等。

生态产业投资涉及宏观和微观两个层面。宏观方面主要涉及生态产业资金投向方面的宏观问题，包括促进生态产业经营的投资政策导向、投资结构、布局、时序、规模、模式、机制方式与主体、投资效益问题；微观方面主要涉及生态产业经营主体对具体生产项目的研究，包括项目投资政策的利益、项目涉及领域、项目生产的可行性、投资领域组合及投资风险、生态产品市场规律对生态产品生产投资的影响。如对生态旅游业投资的领域主要有旅游度假区、旅游区饭店、旅游区基础设施建设、旅游景区景点、旅行社、人造旅游景观等。

（三）人力

人力要素是生态价值实现最直接与最终的环境和力量。人力要素对生态价值实现的作用过程，是生态产业人才资源被吸纳进入生态价值实现的过程。

首先，需要管理型人才。管理型人才是具有广博知识和社会经验的人才，是深刻了解人的行为及其人际关系的人才，是具有很强组织能力和交际能力的人才，他们不但了解为什么做，而且能把握行为变换，调动一切积极性去完成为什么做的目标。为实现目标，他们机动灵活、应变能力很强。生态价值转换是生态资源作为生产要素，生产出生态产品并在市场上进行交换和分配以实现其价值的过程。生产、交换、分配和消费过程中的一切经济活动都是在管理人才的指挥和组织下进行的。管理人才的素质和能量的发挥，直接决定着生态产品从生产到消费整个环节中管理活动的质量、效率和效果。因此，提高管理者的素质，是生态价值转换效率的重要保证。为了实现生态价值，管理人才必须合理地组织人、财、物因素，有计划地指挥调节和监督其经济活动。

其次，需要设计和销售类人才。生态产品的生产过程中，需要设计类人才，将生态资源设计成符合市场需要、受市场欢迎的生态产品，包括产品类型、产品形状、产品口味、产品包装等的设计，设计类人才是生态价值得以最大效率转换的直接要素。生态产品生产完成后进入市场销售，则需要销售类人才，将生态产品以最高的价格销售出去。没有销售类人才，生态产品销售不出去，生态产品只能完成社会生产总过程中的生产过程，交换、分配、消费过程不能得到实现，没有交换、分配和消费过程，生态要素只是变成了生态产品，价值并没有得到实现。

最后，还需要其他的一些技术型人才。生态产品的生产和使用维护方面需要大量的研发人员，而生产过程中的技术含量较高，生产设备的操作与维修需要专业技术人员和维护人员，否则直接影响生产过程的正常运营。例如用冰雪资源开发一个滑雪场，从化学器材、服装的生产和使用维护方面需要大量的研发人员，而滑雪设施的技术含量较高，造雪机设施的操作与维修及雪具的管理和维护也需要专业技术人员和维修维护人员，否则直接影响雪场的正常运营。

上述人才在生态价值转换过程的不同层次、位置上起到驾驭相应技术或管理活动全局的作用。如果这些人才未能发挥相应的作用或者在活动中失去主动权，那么生态产品价值的实现就会整体或局部在失控的状态下陷入无序，最终导致价值实现的失败。

（四）技术

技术为生态价值实现提供有效的保障。对于产品生产而言，资本、劳动力和技术都是影响产出率的基本要素，资本、劳动力投入不能无限制地增加，故它们对提高产出率的作用是有限的，技术进步是提高生产率的最终也是最有效路径。同样，对于生态产品生产过程而言，技术进步也是提高生态产品数量的最有效方式。

生态资源开发需要用到资源环境预报技术、环境信息技术、环境保护与生态环境监测技术、生物技术、生物资源持续利用技术、资源的综合利用技术和地底资源勘察与开发技术等。我国经济发展导致土地荒漠化、水土流失、生物多样性减少等环境恶化现象，对被破坏的环境进行修复，使其恢复生态系统正常服务功能，能增加生态产品供给。环境修复需要用到生物修复技术、物理修复技术、化学修复技术和植物修复技术等环境修复技术，对这些技术的研究，有利于提高资源开发效率。研究产品生产技术，有助于提高生态产品产出率，从而提高生态价值，促进经济与环境协同发展。

中国正在坚定不移地实施“科教兴国”战略，科学技术是第一生产力。科技进步，推动我国经济大幅度发展，同时也给环境带来了负面影响。但这不能说明科技对环境会产生危害，而是技术没有全面提高，尤其是污染处理技术。故推动技术全面进步，特别是加快发展环境保护技术、污染处理技术以及环境修复技术等，是当前亟待解决的事，有利于提高我国生态产品供给量，提高生态价值，也能推动经济发展，促进生态价值实现。

（五）制度

经济学的研究方法中总是注重把握三个变量：制度、行为、经济现象。制度决定行为，而行为决定着各种经济现象的发生。制度是社会组织的规则，这种规则通过保证人们在与别人的交往中形成合理的预期来对人际关系进行协调。一个社会如果没有实现经济增长，那就是因为该社会没有经济方面的创新活动提供激励，那就是说，没有从制度方面去保证创新活动的行为主体应该得到的最低报偿或好处。

目前生态价值并不能全部实现，有相当多的价值被消耗掉了，这部分消耗掉的价值与生态产品生产、分配、交换和消费过程中相关的制度安排有着非常密切的关系。制度安排通过许多途径对生态价值实现产生非常直接的影响，如合约方式与行为、企业整合与兼并、资产专用性的利用与设计、产业集群中的分工、外部性问题的内部化等，这些问题都制约了生态价值实现程度的高低。

毫无疑问，生态价值实现程度的高低不是由其所消耗掉的必要成本决定的，而大部分是由其资源的利用效率决定的，相关的制度安排则决定了资源的利用效率。因此，必须健全与之相适应的制度技术体系，包括构建适应市场交易的生态产权制度，开展科学合理的生态价值评估，形成程序规范的公开交易机制等。

（六）市场

市场就是商品或劳务交换的场所或接触点。市场可以是有形的，也可以是无形的。在市场上从事各种交易活动的当事人，称为市场主体。市场主体以买者、卖者的身份参与市场经济活动，活动中不仅有买卖双方的关系，还会有买方之间、卖方之间的关系。如果不考虑政府的作用，市场经济体系中有两个部门，一个是公众（消费者），一个是企业（厂商）。

有形生态产品实质上是在生产或消费过程中加入生态性的商品，所以其本质上是商品。既然是商品，其价值实现就应当遵循市场原则，在市场上进行交易，并发挥市场机制在资源配置中的基础性作用，必须培育和发展生态产品市场体系。生态产品市场体系包括生态商品市场和生产资料市场，要素市场包括资本市场、劳动力市场、房地产市场、技术市场、信息市场等。

生态消费品市场是交换用于满足消费者的个人生活消费需要以及社会消费需要的生态消费品的商品市场。如生态农业品、生态工业品、生态旅游服务区等。生态消费品市场是整个市场体系的基础，所有其他的市场都是由它派生出来的。所以，生态消费品市场是社会再生产中最后的市场实现过程，它体现了社会最终供给与最终需求之间的对立统一关系。生产资料市场是交换人们在物质资料生产过程中所需要使用的劳动工具、劳动对象等商品的市场，如生态资源、机械设备、仪表仪器，等等。金融市场是资金的供应者与需求者进行资金融通和有价证券买卖的场所，是货币资金借贷和融通等关系的总和。金融市场作为价值形态与各要素市场构成相互依存、相互制约的有机整体。金融市场与各要素市场共同构成生态产品市场体系中的要素市场。

（七）品牌

品牌是人们对一个企业及其产品、售后服务、文化价值的一种评价和认知，是一种信任。品牌已是一种商品综合品质的体现和代表，当人们想到某一品牌的同时总会和时尚、文化、价值联想到一起，企业在创品牌时不断地创造时尚、培育文化，随着企业的做强做大，不断从低附加值转向高附加值升级，向产品开发优势、产品质量优势、文化创新优势的高层次转变。当品牌文化被市场认可并接受后，品牌才产生其市场价值。

生态价值实现需要重视品牌建立和品牌的市场认可。当前随着生态环境的不断恶化，食品安全、药品安全问题日益引起大家的关注。生态产品因为在生产或消费过程中更注重生态性，所以生态产品往往意味着更健康、更环保。如何让消费者认可并接受这种高价格的产品是有形生态产品价值实现的重要一环，这往往需要政府或权威机构给予认证，并实施健全的产品认证制度。在政府公信力和行业标准的保证之下，打上生态认证标签的产品才能让消费者放心，并获得较高的价格认同。

我国极度重视生态功能区的生态产品服务功能。在保护重点生态功能区的生态产品服务功能的同时，发展该区域经济，则必须实施生态品牌发展战略。一个地区如果进入了重点生态功能区的名单，那么也就注定了该区域内的产业发展会集中于生态产品发展，即生态农业、生态工业、生态旅游业等产业领域。如何让区域内的生态产业突破地域发展限制，实现其市场认可，其中重要的一点就是可以推行生态认证，提升区域内企业的市场竞争意识，申请生态认证，提升产品的价值内涵和市场认知度。以生态农产品为例，无公害农产品、绿色食品、有机农产品和农产品地理标志（简称“三品一标”）是我国重要的安全优质农产品公共品牌。

三、生态价值实现的影响因素

生态价值实现的影响因素主要包括：环境质量、国家政策、地理区位以及绿色金融。

（一）环境质量

生态价值实现的前提是生态价值的存在，并且生态价值越高，转换的货币价值越高。环境是由各种自然环境要素和社会环境要素所构成，因此环境质量包括环境综合质量和各种环境要素的质量，如大气环境质量、水环境质量、土壤环境质量、生物环境质量、城市环境质量、生产环境质量、文化环境质量等。

优质的生态环境包括清洁的水源、清新的空气、肥沃的土壤、茂盛的森林、生物种类丰富、数量充足等。优质的生态环境可以用来生产优质的生态产品，如生态农产品、生态工业品等，还可以建立旅游区、度假区、农家乐等。环境质量越好，生产出来的有形生态产品更健康、更环保，消费者也更愿意接受更高的价格，从而促进生态价值实现。以生态农产品为例，无公害农产品、绿色食品、有机农产品和农产品地理标志（简称“三品一标”）是我国重要的安全优质农产品公共品牌，其市场价格远高于普通农产品。另外，生态产品具有极强的外部性，仅某一地区环境质量优越，邻区环境质量极其恶劣，废水、废气、废渣排放量严重超标，消费者对该地区生态产品质量的认可度也会大打折扣。特别是对于旅游区而言，旅游区周边环境差，该旅游区的吸引力会严重下降。

环境质量好的地区，生态资源种类丰富、质量优越。生态资源是生产生态产品的基本要素，没有充足的生态资源，投入再多的资金、人力、技术等要素也无法生产出足够的生态产品，没有生态产品，市场交换没有物质载体，生态价值不能得到实现。特别是对于林地资源而言，目前我国林业发展模式逐渐发生转变：由木材生产为主转变为生态修复和建设为主，由利用森林获取经济利益为主转变为保护森林提供生态服务为主。林木种类丰富、数量众多的森林能提供更好的生态服务，如净化空气、吸附灰尘等，生态价值更高。

（二）国家政策

我国政府高度重视生态文明试验区建设和生态价值实现工作。党的十八大提出“增强生态产品生产能力”，党的十九大报告提出“要提供更多优质生态产品以满足人民日益增长的优美生态环境的需要”，完善生态产品价值实现机制是维持优质生态产品持续稳定供给的必要条件，是习近平总书记“两山”理念上升到“两山”理论的路径和通道，是实现“绿水青山就是金山银山”的核心要义，是践行“绿水青山就是金山银山”的重要举措。

任何一项经济活动都在不同程度上受到国家政策的影响。生态产品价值实现过程中，从生产、分配、交换到消费的每一个环节，都会受到国家政策的影响。国家生态补偿政策指政府以各种方式对自然环境的保护者给予经济补偿，如政府对重点生态区内禁止采伐的商品林通过赎买、置换等方式调整为生态公益林，使“靠山吃山”的林农利益损失得到补偿，实现社会得绿、林农得利；政府对重点生态功能区、自然保护区、流域保护区等人民以自己的劳动保护生态环境与修复生态或相对放弃发展经济的权利而形成的生态产品价值，应通过转移支付等形式予以体现，使绿水青山的保护者有更多获得感。生态补偿政策能大幅度增加生态产品产量，并且是实现生态产品价值的主要方式。

国家的税收政策也能影响生态价值转换。国家施行差别税负政策，对生态产品生产与交换过程给予一定的税收优惠，如减少企业所得税、个人所得税、工商税等，同时考虑对环境污染、高耗能的产业产品增加税负。对生态保护区域以及生态脆弱区生产的生态产品实行零税负，同时，适度优化开发区的税负，促进生态产品供给和生态价值转换。

国家完善自然资源产权有利于实现生态价值转换。生态产品具有涵养水源、固碳释氧、维护生物多样性、景观游憩等多功能性，这就为创设多层次的生态产权交易体系提供了可能。将碳排放权、排污权、取水权、用能权等四大生态产权分配纳入法律调整的范围，并赋予生态产权主体可自由交易的市场性权利。鉴于生态产品的区域性、公共性、外溢性等特征，需要加快建立不同层次生态产品区际成本共担、效益共享的利益补偿，通过创设区域“虚拟”市场或者依靠财政转移支付，实现生态产品供给成本的区际分摊机制，建立区域之间、企业之间生态产权公平分配与交易机制，提高生态产品价值的市场化实现程度，从而促进生态价值转换。

（三）地理区位

地理区位对生态价值实现的影响非常大，主要表现在生态产品的生产和交换两部分。生态产品的产出率受地理位置的影响，同样的生态产品在不同地方生产产出率不同，地理区位好则产出率高，地理区位差则产出率低。最明显的例子就是生态农产品的生产。在地理位置不同的地方种植同样的农作物，产出率差异明显。首先，地理区位不同的耕地，自然条件有明显差异；其次，不同地区的耕地机械化水平不同，如平地可以充分利用机械化种植，而坡地机械不能开到地里面去，没办法将所有生产要素充分利用；最后，地理位置好的地区，可以将耕地集约化利用，充分提高产出效率，增加生态产品数量；另外，地理区位不同的耕地，农户的种植意愿不一样，地理区位特别差的耕地，例如在坡度较高的山坡上的耕地，农户种植意愿几乎为零，农户种植意愿的差异是影响生态农产品产出率最直接的原因。

地理区位对生态产品交换价值的影响更为明显，尤其是对生态旅游业的影响。自然环境的地区差异是人们产生异地游动机的自然基础。终年生活在炎热或严寒地区的人们，总渴望能到另一种气候环境里去旅游，以避暑或避寒，过一段快活舒心的日子；城市里的人要到乡村去踏青，领略乡村的自然风光，乡村的人却想到大城市来欣赏都市风貌，大家都是图个新奇。若各处都一样，没有新奇可看，去了既不能饱眼福，又得不到美的享受，人们何苦要外出远游呢？旅游业所需要的区位条件，通常邻广阔的客源市场，又倚品高景丰的风景区，并且有进出便捷的交通设施。一个适宜旅游业发展的区位条件，一般是旅游区要近邻中心城市和人口稠密区、周围交通干线密集、自然环境优美、旅游资源丰富、经济文化发达，等等。有了这种得天独厚的区位条件，旅游区的可达性肯定会好，门槛游客量自然会大，那里的旅游业一定会呈现欣欣向荣、蒸蒸日上的可喜景象；相反，假如那里旅游资源虽很丰富，但远离中心城市，交通不便，游人可望不可即，或因经济不发达，人们无条件外出旅游，或因治安条件差，人们不敢去那里旅游，那里自然就失去了兴办旅游业的一些必要条件，即使建了一些旅游设施，最终只能是闲置着。苏州市的苏州乐园和福禄贝尔两大旅游企业的一兴一衰，真可谓是区位条件得失的典型。前者投资 5 亿多元，建在苏州城郊狮子山麓，有多条公交路线直达，整个苏州市民和国内外到苏州的游客都成了它的客源，几乎一年四季都是门庭若市。后者的老板为了同时占据上海和苏州这两个巨大的客源市场，特意选址在上海与苏州两市的边境处，投资 7 亿多元，以游乐设施和服务水准高于前者的优势，开展市场竞争；结果因上海和苏州两地的人都嫌它太偏远，光顾的游人寥寥无几，开张不久就濒临倒闭，现已彻底垮台。

（四）金融市场

生态价值实现，需要经历一系列的转化过程，包括产业催化、产权催化等，这些都离不开金融业的资金支持。在对生态资源进行产业运作或产权运作等经济运作之后，自然资本就可以转化为金融资本，从而可以产生更高的经济价值。绿色金融不仅能够支持污染治理与碳减排，改善环境质量、应对气候变化，更能推动资源型产业及高效资源利用产业的发展，促进绿色资源开发、资源高效利用和产业升级。绿色金融的功能是通过货币这个“一般等价物”体现出来的，它可以购买产业运作所缺乏的土地、劳动、技术、厂房设备等生产要素，促进生态经济的发展。而且，具有政策支持的绿色金融能够缓解中小企业的资金不足，与创新相结合的绿色金融能够引导资源流向、促进产业升级，从而促进生态价值实现。如果金融产品类型短缺、中长期的绿色股权和绿色基金发展缓慢，则严重影响生态产业的发展速度，不利于生态价值实现。

四、生态产品价值实现的优化组合

为合理利用生产要素，提高生产效率，节约资源，提升生态产品价值，需要推进生态产品价值转换的优化组合。生态价值优化组合是指主体和客体的优化组合，政府、企业和个人的优化组合以及资产权属、资产流、资产库的优化组合。

（一）主体和客体的优化组合

生态价值实现主体是指有目的、有意识地从事生态认识和生态实践活动的人，包括政府、企业和个人。在实践活动中，实践主体只能是人，同样，在生态价值活动中，生态价值实现主体也只能是人，包括人所组建的机构群体即政府和企业。但并不是所有人都能成为生态价值实现主体，也不是任何人在任何条件下都能成为生态价值实现主体。只有那些从事着感性的、现实的和具体的生态认识和生态实践的人才能成为生态价值实现主体。生态价值实现客体是指生态价值主体认识和实践的客观对象，即生态系统和生态产品价值实现过程。生态系统是指整个地球生态系统，包括自然生态系统和人工生态系统；生态产品价值实现过程包括生态产品的生产、分配、转换和消费的全过程。

生态价值实现主体和客体及其相互关系的问题在生态哲学中占有十分重要的地位。其实任何一种哲学实质上都是关于认识的学说，而“在主体和客体关系之外，就没有认识”。马克思主义哲学把实践观引入认识论，正确地解决了主体与客体及其相互关系问题。研究生态价值实现主体和客体的优化组合，首先得厘清两者之间的相互关系。

生态价值实现过程中，主体与客体的关系是十分复杂的。生态价值转换主体和生态价值转换客体之间是生态实践关系、生态价值认识关系、生态价值转换关系，等等，而且上述诸种关系相互交织，形成生态价值主体和客体之间复合的关系结构：

（1）生态实践关系是生态价值主体和客体之间首要的和基本的关系，它决定生态主体和生态客体之间的其他关系。无论生态价值认识关系、生态价值转换关系都是基于生态实践关系而发生和发展起来的，因此它们归根结底要受生态实践关系的决定和制约。

（2）生态价值认识关系在生态主客体关系中占有重要地位，因为人所从事的生态活动概括地说无非是认识世界和改造世界的活动，而为了更好地改造世界，必须正确地认识世界。因此，生态价值认识关系通过生态实践形成以后，就越来越有相对的独立性并对生态实践产生巨大的反作用。

（3）生态价值实现关系是渗透和包含于生态价值主客体的生态实践和生态价值认识关系当中，它们对生态价值主体的实践和认识活动也起着十分重要的制约作用。人的生态实践活动追求经济价值实现，生态价值主体在生态实践活动基础上形成的价值实现思路，对生态主体认识及实践活动的方向性、选择性，以及对生态生产活动的调节控制具有决定性意义。

生态产品价值实现过程中，主体和客体不是分离进行的两个过程，而是同一活动的两个不可分割的方面，它们是互为前提、互为媒介的，并且作为相互作用的两极，并且它们的地位不是固定不变的，而是通过对象化与非对象化的环节向各自的对方发生渗透和转化。故而生态产品价值实现过程中主体客体的优化组合应该是主客体之间通过动态的相互作用而实现的统一，客体对主体具有制约性，主体对客体进行改造和超越。生态价值主体客体化及生态价值客体主体化的双向运动不断把主体和客体的相互作用推移和提高并发展到新的水平。

（二）政府、企业和个人的优化组合

生态价值实现是一项系统工程，需要各方力量各司其职，各尽其力，形成强大合力。生态价值实现包括生态产品生产、分配、交换和消费的全过程，每个环节都需要政府、企业和个人的协力合作，才能最大程度实现生态价值转换。应构建政府为主导、企业为主体、社会组织和公众共同参与的环境治理体系。政府管制度和平台，要创造良好的制度环境与政策环境，对接好、引导好、服务好市场化乃至全社会的力量；企业要通过市场化的手段，通过

技术创新、机制创新和理念创新成为保护环境的动力引擎、修复生态的主力军和提升自然资源质量的执行主体。

增加优质生态产品供给，是增加生态价值的主要途径。政府可以通过生态购买的方式实现生态产品的市场化供给。生态购买既可以帮助生态产品的生产者脱贫致富，又能够确保生态建设产品的形成、巩固以及被转化利用。生态购买以生态建设的成果（生态产品）为着力点，利用市场竞争机制，让个人、企业和外资竞相介入，成为生态产品的供给主体。生态购买不仅使生态产品商品化和货币化，实现生态致富，更重要的是培育市场意识，加速建设生态市场，充分发挥市场机制的作用，整合社会资源和力量，增强生态产品的生产和供给能力，确保生态产品的形成效率和转化利用速度，促使生态效益转化为经济效益。生态购买的实质是合同外包，是政府部门与私营企业签订合同或协议后，由后者生产某方面的生态产品，政府来负责监督合同的履行，并向后者支付费用，它是通过政府购买的形式购买企业生产的生态产品。生态价值实现的主要途径是生态产业化，将生态资源变成可以在市场交易的生态产品。

（三）资产权属、资产流、资产库的优化组合

生态价值实现过程中，资产是指企业在生态产品生产过程中积累的可重用的过程和产品。生态资源进入生产过程变成可用于生产生态产品的生态资产，生态资产权属明晰是生态价值转换的关键。生态资产权属所有者拥有对生态资产的所有权、占有权、支配权、使用权、收益权和处置权。生态资产产权明确，有利于降低交易费用，提高资产配置效率。在生态价值实现过程中，将会涉及使用权的让渡，或者涉及受益权的分配，或者涉及生态价值的认定，或者涉及权责的认知。这些环节的工作顺利进行的前提是产权明晰。唯有确定生态资源权属，才能将后续工作的执行和纠错成本降低，促进生态价值转换。

在生态价值活动过程中有三种资源在流动：资产流、信息流、状态流。资产流是指生态产品、生态技术等在整个生态价值过程中的流动；信息流是指由资产流而衍生的信息交换过程；状态流是指生态产品在价值实现过程中位置的变化。所谓资产流，即互补性的生态产品、生产诀窍、丰裕度不同的企业资源等有形或无形资产的流动。在生态价值实现过程中流动的资产包括企业所需的原始生态要素、仪器设备、生产线等有形产品，也包括专有技术、

资本、管理咨询服务等无形资产。在生态价值实现过程中，企业无须精于从生态产品生产全过程中的每一个环节。企业专注于自身核心竞争力相关的环节，与企业核心竞争力相关性弱的环节，企业可根据交易成本的大小，借助市场、网络和层级制三种方式组织资源。借助网络的力量，企业可以有更多的精力和资金发展自己的核心竞争力，而无须为全部生产流程花费资源。

生态价值实现过程中，资产库是生态产品生产过程中各类资产和产品生产过程的集合，任何一项对生态产品生产有用的实体均可以成为过程资产的组成部分。生态产品价值资产库实现了对可重用过程和产品的管理，完全符合产品重用的思想，在生态产品生产过程中具有十分重要的地位，有利于提高资源利用率，减少浪费，符合我国节约资源，保护环境的政策方针。建立生态产品生产过程资产库，将生态产品生产过程中积累的可重用过程和可重用产品纳入信息化平台进行统一管理，便于产品生产人员进行快捷的查询和使用，以期不断提高资源利用率，从而提高生态价值。

明确资产权属，可以通过市场生产、交易生态产品，实现生态价值；通过资产流，企业可以了解市场生态产品从生产到交易的全过程中产品和技术信息，从而能够专注于自身核心竞争力相关的环节；通过构建资产库，可以提高资源利用率，从而提高生态价值。因此，政府确定资产权属、市场形成资产流、企业构建资产库，实现资产权属、资产流、资产库的优化组合，有利于提高生态产品生产、分配、交换和消费全过程中的效率，促进生态价值实现。

第三节　生态价值实现的路径与模式

生态产品价值实现过程，同马克思《资本论》中对商品价值实现的描述“惊险地跳跃”一样惊险，而且要面临更多的挑战。在经济学分析中，生态产品多数被纳入纯公共物品或准公共物品的范畴，为减少“搭便车”行为，供给更多优质生态产品，需要市场与政府“两只手”共同发挥作用。针对可交易性生态产品，可充分利用国际、国内两个市场，通过生态物质产品、生态文化服务产品、自然资源资产权属等的直接交易，直接实现生态产品的价值。针对具有公共资源特性、纯公共产品特性的生态产品，可由政府主导，通过生态补偿、政府购买、政府监管、税收调节等行政手段，间接实现生态产品价值。

一、市场化路径

（一）生态物质产品直接交易

良好生态环境能为普通产品带来较高的生态溢价。当基于生态溢价的生态物质产品具有私人商品属性时，它们就跟大多数商品一样，可由生态产品生产者与消费者本着互惠互利、平等协商原则进行直接交易。例如借助生态标签，对符合生态标准的产品进行绿色认证以提供真实的产品信息，并借助互联网等多种平台完成这类高附加值产品的市场交易，在给消费者带来福利、给生产者带来收入的同时，完成生态产品价值实现的过程，如生态农产品、生态林产品、生态畜牧产品的生产和交易即属此类。又如与产业发展相结合的生态环境治理，也即通过修复生态系统、提升生态景观，在此基础上开发的产品，在市场交易中可以实现生态的溢价。比较典型的是，城市生态环境因素中水系景观、绿地景观等的打造，增加了地价含金量，在带动地价及房地产价格上升的同时，为生产者带来更高收益、为消费者带来更多福利，这类生态产品的生态价值也得以实现。

▶ 案例 6.1

婺源国家级茶叶质量品牌

婺源绿茶具有“颜色碧而天然，口味香而浓郁，水叶清而润厚”三大特点，曾长久享誉欧、美、日和东欧诸国，是中国名牌农产品、国家地理标志保护产品。“婺源绿茶”品牌成为江西省“四绿一红”重点扶持品牌之一。

立足特色优势，抓好品牌体系建设。婺源立足生态、资源和产业优势，实施有机茶发展战略，逐步形成以“政府主导、科学引导、部门联动、企业带动、全体行动”为原则的工作机制，重点抓好组织保障、质量安全标准、农业投入品控制、疫情疫病监控、质量安全追溯、预警通报与应急、质量安全诚信、多元化国际市场八项体系建设。

合理规划绿茶标准，提升区域品牌价值。婺源先后制定了《婺源绿茶——江西省地方标准》《有机茶基地建设技术规程》《婺源县茶产业发展规划》，注册了“婺源绿茶”证明商标，鼓励茶叶企业、茶叶专业合作社、茶农开展有机茶园认证；茶园基地进一步推行有机茶生产管理方式，开展茶园秋挖，加强农业投入品的管理。在中国茶叶区域公用品牌价值评估中，“婺源绿茶”品牌评估价值达 14.45 亿元，其评估价值为全省第一。

融入“一带一路”倡议，创新品牌经营模式。婺源采取“企业 + 合作社 + 基地 + 农户”的经营模式，高规格引进有机茶企业，提高有机茶园比重和有机化管理程度，将茶园基地的分散型管理转变成集约化管理。与此同时，婺源茶业积极融入“一带一路”的发展，以茶为媒，扩大婺源对外的文化交流和经济合作，有效提升婺源的形象和知名度，推进婺源茶叶品牌享誉全国，走向世界。

资料来源：婺源县茶叶局提供资料，编者整理。

▶ 案例 6.2

南丰借助“电商的翅膀”促进生态农业升级

南丰县全面深入贯彻江西省委、省政府“建设旅游强省”战略，围绕“世界橘都 · 休闲南丰”品牌建设，坚持错位发展、特色发展，推动“橘园”向“游园、公园”转变，成功引爆了“橘园游”业态，打造出“橘园游”休闲旅游品牌。全县已创建国家 4A 级景区 1 个、国家 3A 级景区 4 个、省 4A 级乡村旅游点 4 个、省 3A 级乡村旅游点 14 个，逐渐成为“江西风景独好”旅游品牌又一“生力军”，成功列入了首批国家全域旅游示范区创建单位。

构建蜜桔产业网。中国蜜桔产业网是具有南丰特色的“农村电商公共服务中心”，该平台具备了集商品展示、信息发布、企业推广、在线交易、物流配送、金融结算、数据分析、系统管控等于一体的综合性功能。该网全面提升了南丰互联网应用以及产业发展水平，抢占网上资源，为南丰蜜橘“走出去”奠定了坚实的基础。2020 年，蜜桔产业网的平台会员量达到 2107 个，现已有 46 家本地企业和个体户签约入住平台，成为平台金牌会员和单品通会员。

打造电商创业园。该创业园是集 O2O 特色展示馆、多媒体会议室、微企创业区、众创区、培训中心、快递办公室、移动电商办等于一体的多功能众创空间，可同时容纳上百人选进行电商创业。现已有沃之沃、白沃、品雅一族等 9 家塑料知名日用品电商入仓进驻，并开展免费电商培训，为本地培养电商人才。

创建供销e家电商平台。该平台由南丰供销电子商务有限公司负责运作，采用P2R和O2O相结合的商业销售模式，实现了“厂店双方线上线下一体化运营操作”。2020年底，南丰县已建有供销e家电商平台物流配送中心和遍布全县各乡镇零售小店621家。依托邮政在农村丰富的线下渠道改造建设“农村e邮”站点，网销本地蜜桔、白莲、腌菜、豆腐皮、笋干等土特产品，同时也为村民开展网购服务、金融服务、便民服务等业务。大力鼓励橘农在京东、淘宝、苏宁等国内知名第三方电商平台设立南丰蜜橘直销店。橘农可在丰贡蜜桔、星家园、橘子哥等多达几十家网店直销南丰蜜橘，快捷方便。

资料来源：江西省发改委生态处提供资料，编者整理。

（二）生态文化服务产品直接交易

在生态保护中融入市场机制，实现生态保育、野生动植物保护与休闲旅游、经济发展一体化，是实现发展和保护“双赢”目标的一种有效途径。一些地区利用其良好的生态环境和明显的区位优势，创新和发展具有特色的生态旅游、生态康养、生态休闲、生态文娱等项目或产业，并借助地理标志保护等手段，形成品牌效应，最终通过游客支付门票、餐饮、住宿和交通等费用形式，实现生态产品价值。

▶ 案例6.3

江西宜春加快发展“生态+大健康”产业

2017年，宜春市被国家和江西省赋予“生态+大健康”产业改革试点任务以来，积极践行“绿水青山就是金山银山”的理念，综合考虑各地资源禀赋、产业基础、发展潜力、功能定位等条件，大胆先行先试。

一是“生态+大健康”产业按照“一核两区”的空间进行布局，“一核”即医疗健康养生区，主要包括袁州区、宜春经济技术开发区、宜阳新区、明月山温泉风景名胜区；“两区”即“南区”医药健康食品集聚区，主要包括丰城、樟树、高安、上高等；“北区”生态休闲康养区，主要包括万载、靖安、奉新、宜丰、铜鼓等。

二是设立生态文明专项资金，用于推动养生旅游、休闲度假等健康旅游事业发展；设立中医药产业发展专项资金，扶持中医药产业发展；安排市人民医院贷款贴息，用于加快建设赣西健康养生中心等一系列政策支持，为

"生态+大健康"产业发展创造了良好环境。

在健康农业方面成果显著。高安巴夫洛等20个现代农业示范园被认定为江西省现代农业示范园，200家龙头企业列入全省农产品质量安全追溯试点单位；在健康工业方面，医药工业企业近300家，拥有中国驰名商标10件、江西省著名商标78件、江西省名牌产品16个，其中仁和集团"仁和"品牌连续多年入选"中国最具价值品牌500强"，济民可信生产经营国家级新药和国家级保护品种100多个，百神药业中药配方颗粒智能化项目是全省唯一建成的中药配方颗粒专项；在健康服务业方面，拥有国家级中医重点专科建设项目2个、省级中医重点专科建设项目20个；樟树市阁山镇、上高县南港镇被列为工信部、民政部、卫计委全国智慧健康养老应用试点示范乡镇。

资料来源：张和平．江西生态文明实践［M］．江西人民出版社，2021：117－118.

（三）自然资源资产权属市场交易

在明晰生态要素产权基础上，通过建立由许可证、配额或其他产权形式构成的市场化的自然资源资产产权交易体系，包括区域之间、企业之间碳排放权、用水权、排污权、用能权等自然资源资产产权公平分配与交易机制，湿地保护银行、栖息地银行和物种银行等新的资源产权交易机制等，将生态产品的非市场价值转化成市场价值，进而实现生态产品价值增值与收益，拓宽生态环境保护资金来源渠道。在某种意义上，作为生态产品通过市场交易实现价值的一种方式，自然资源资产权属交易可以被视为是一种政府创设的区域（企业）间生态产权交易体系，对于维持区域生态系统动态平衡，能起到很多政府干预或控制所不能起到的作用。但由于这类权属性生态产品难以像物质产品交易那样进行实物交割，而是在虚拟市场交易上开展的权利转让，因此，必须健全与之相适应的制度技术体系。

▶ 案例6.4

江西萍乡市山口岩水库水权交易

在萍乡市山口岩水库水权交易协议签字仪式上，芦溪县政府分别与安源区政府、萍乡经济技术开发区管委会签订山口岩水库水权交易协议书，芦溪县每年从山口岩水库调剂出6205万立方米水量转让给安源区、萍乡经济技术开发区，使用期限25年，交易总价255万元，其中，安源区政府每年向芦溪县政府缴付费用14.38万元，萍乡经济技术开发区管委会每年向芦溪县政府缴付费用11.12万元。同时，安源区政府、萍乡经济技术开发区管委会又分别与萍乡水务有限公司签订流转水资源经营权交易协议书，安源区和萍乡经济技术开发区把每年6205万立方米水资源经营权有偿转让给萍乡水务有限公司经营，交易期限25年，交易总价20万元，萍乡税务有限公司每年向安源区政府缴付费用1.14万元、向萍乡经济技术开发区管委会缴付费用0.86万元。

萍乡市与江西省水利厅积极践行习近平总书记“节水优先、空间均衡、系统治理、两手发力”16字治水新思路，推进水权交易试点，将萍乡市山口岩水库列为全省水利改革中水权交易唯一试点。山口岩水库地处赣江一级支流袁河上游芦溪县境内，是萍乡唯一一座以供水、防洪为主，兼顾发电、灌溉等综合利用的大（Ⅱ）型水库，流域面积230平方千米，总库容为1.05亿立方米，其水资源主要用于生活供水、灌溉用水、工业用水和保证生态流量，兼顾水力发电。

山口岩水库是通过赣江上游袁水流域调水到湘江流域，跨流域、跨区域供水特点突出。因此，山口岩水库称为江西省乃至南方丰水地区首例跨流域的水权交易，开创了江西水权交易的“先河”。水权交易已经成为水资源配置的重要手段之一。山口岩水库通过水权交易试点，探索水权流转形式，利用市场化机制，优化配置水资源，推行水权交易制度，将为江西、南方丰水地区乃至全国水权改革提供可供借鉴的宝贵经验。

资料来源：张和平．江西生态文明实践［M］．江西人民出版社，2021：154－155.

二、政府调节路径

（一）生态保护专项转移支付和专项补偿

生态保护补偿路径主要是采用行政手段，从社会公共利益出发，以实现区域综合均衡和公共服务均等化为目标，向在生态保护中限制或禁止开发区域的生态产品生产者，支付其劳动价值和机会成本的行为，是一种将生态系统服务非市场化的、具有外部性的价值转化为对生态环境保护者财政激励的方法。生态保护专项转移支付和专项补偿作为具有公共资源特征或公共产品特征的生态产品最重要的价值实现手段，在全球范围内被广泛应用。生态保护转移支付，由中央政府对承担重要生态功能的生态保护地区提供财政支持，确保这些地区能够为全体人民提供具有公共资源或公共产品特征的生态产品。专项生态补偿主要有如下三种类型：一是中央对地方的专项补偿，如退耕还林资金、土地休耕补贴、生态公益林补助等；二是省级财政向市县级财政实行专项补偿，通常与农业综合开发、扶贫攻坚、水土保持等结合起来；三是区域内横向生态补偿，既包括由受益区域向生态保护区域进行直接转移支付，比如流域下游对上游的补偿，也包括“生态移民”“异地开发”等间接转移支付方式。从长远看，由政府全面主导逐渐转向政府主导的市场化生态补偿机制是大势所趋。

▶ **案例 6.5**

山东建立纵向生态补偿及横纵结合的流域生态补偿体系

山东省在探索建立生态补偿方面一直走在全国前列，2014 年，在全国率先建立环境空气质量改善补偿制度，此后又不断进行了完善。2019 年，山东印发《建立健全生态文明建设财政奖补机制实施方案》，确定了主要污染物排放调节资金收缴、节能减排奖惩、空气、地表水、重点生态功能区、自然保护区生态补偿办法，构建起“1 +6”生态文明建设财政奖补机制。2020 年底，经山东省政府同意，在修订完善机制的基础上，又增加了海洋环境质量生态补偿办法，形成了“1 +7”的补偿机制。据悉，截至目前，山东已建立起涵盖空气、地表水、海洋、自然保护区等领域的纵向生态补偿及横纵结合的流域生态补偿体系，实现了环境质量“谁改善、谁受益；谁污染、谁付费”，“十三五”期间，山东已累计兑现环境生态补偿资金 13 亿元。此外，山东还在全国率先建立了省际间横向生态补偿机制。

2021 年 4 月 29 日，山东省人民政府与河南省人民政府签订了《黄河流域（豫鲁段）横向生态保护补偿协议》，在全国率先建立了省际间横向生态补偿机制。经两省协商一致，将水质基本补偿和水质变化补偿作为补偿标准。水质基本补偿方面，在国家规定Ⅲ类水质标准基础上，刘庄国控断面水质年均值每改善一个水质类别，山东省给予河南省 6000 万元补偿资金；每恶化一个水质类别，河南省给予山东省 6000 万元补偿资金。水质变化补偿方面，刘庄国控断面年度关键污染物（COD、氨氮、总磷）指数每同比下降 1 个百分点，山东省给予河南省 100 万元补偿；每同比上升 1 个百分点，河南省给予山东省 100 万元补偿，该项补偿最高限额 4000 万元。山东省同河南省建立的黄河流域横向生态补偿机制，将共同推动实现黄河干流跨省界断面（刘庄国控断面）水质稳中向好，化学需氧量（COD）、氨氮（NH_3-N）两项主要污染物排放总量逐步下降的目标。

为充分调动流域上下游地区治污积极性，加快形成责任清晰、合作共治的流域保护和治理长效机制，促进流域生态环境质量不断改善，全面建立流域横向生态补偿机制，经山东省政府同意，山东省生态环境厅会同山东省财政厅制定印发了《关于建立流域横向生态补偿机制的指导意见》，要求各市在2021年10月底前，全面完成县际横向生态补偿协议工作，实现县际流域横向生态补偿全覆盖。

资料来源：人民网人民科技官方账号。

（二）政府投资或购买

对于重点生态功能区内的部分生态资源，如禁止采伐的商品林等，政府可通过赎买、置换等方式补偿供给者利益损失，使“靠山吃山”的农民利益损失得到补偿，从而实现生态产品的价值；对于生态脆弱区或被人类活动干扰和破坏的生态系统的修复和保护，政府直接出资实施重大生态修复工程，还可以合同形式外包给企业，由这些企业生产相应的生态产品，政府主要起到监督作用，并向后者支付提供生态产品的费用，以实现生态产品持续稳定供给。从长期看，按照公平性、自愿性和科学性的原则，对具有公共资源特征的集体农地、集体林地实行长期租赁、合同管理，是农民、林农比较愿意接受的公私合作方式，也是国际上的通行做法。

▶ 案例6.6

浙江省丽水市云和县创新推出生态产品政府采购办法

2020年5月，浙江省丽水市云和县创新推出《云和县人民政府办公室关于印发〈云和县生态产品政府采购试点暂行办法〉的通知》（以下简称《办法》），探索生态产品政府采购工作，全力推进生态产品价值实现机制试点工作。

1. 范畴鲜明，创新推进。遵循“公开、公平、公正、效益及维护公共利益”的原则，创新出台生态产品政府采购办法。《办法》从“生态系统产品价值、生态调节服务价值和生态文化服务价值”三个方面评估区域生态产品价值，进一步明确了生态产品的范围，确定了调节服务类生态产品中的水源涵养、气候调节、水土保持、洪水调蓄等四项品目。确定生态产品政府采购参照《云和县2018年生态产品总值（GEP）核算报告》，采购量按四项品目总量（值）的0.1%～0.25%采购。

2. 职责鲜明，保障有力。为有序推进生态产品政府采购试点推进工作，云和县成立了县政府生态产品采购试点工作领导小组，领导小组组长由县政府主要领导担任，副组长由分管副县长担任，成员由县发改局、县财政局、市生态环境局云和分局、县行政服务中心、县农业农村局、县林业中心、相关乡镇（街道）等单位主要负责人组成。并确定由财政局负责审核采购预算、安排采购所需财政性资金，批准所试行的采购方式，出台生态产品政府采购资金管理办法。

3. 指标引领，奖励跟进。生态产品采购合同总价款分两期支付。第一期按总价款的70%支付；第二期按生态环境的质量指标支付。生态环境的质量指标主要包括“地表水环境质量不低于Ⅱ类水质标准”和“空气质量等级不低于上年度值”，各乡镇（街道）依照实际情况选择指标项，符合条件即全额支付剩余价款。2020年与2018年相比，GEP若增长5%以上，则适当奖励被采购人（被采购单位）。

4. 资源优化，培育品牌。按照《办法》规定，浙江省丽水市云和将分散的山、水、林、田、湖、草、集体土地、闲置农房等进行集中化收储和规模化整治，转换成优质生态资源资产包，促进资源资产化、资产资本化，进一步开展生态资源资产整合与转化。同时，开展生态产业化培育与品牌经营、生态文化传承与弘扬、生态惠民与帮扶等工作，有效促进生态红利分配与农户、村集体生态资源资产相挂钩，生态产业与扶贫对象保底收益相挂钩。

资料来源：中国政府采购网。

三、生态产品价值实现模式

现有生态产品价值实现需要资金和政策的持续投入，资金更是关键。国内外试点项目多样，但持久性主要依赖资金投入期限及力度，一旦资金短缺，很多试点项目将受到不同程度影响。鉴于资金来源的重要性，按照资金来源的不同，将生态产品价值实现模式划分为公众付费、公益组织付费、政府付费及多元付费（公众—公益组织—政府）4类（见表6.1）。

表 6.1 生态产品价值实现模式分类

资金来源	特点	适用范围	优势	局限
公众付费	受益者直接付费；较高的参与积极性	适用于俱乐部产品（生态旅游）、市场物品（有机农产品），以及公共池塘资源（碳排放权）	高效筹集资金；较低的交易成本；市场化程度高	对管理水平要求较高，涉及监管、组织能力；对市场化程度要求高
公益组织付费	公益组织全权组织管理；最新的管理理念和充足的资金保障	适用于纯公共物品（生物多样性、气候调节等），但土地产权明晰，制度健全	全新的管理理念的植入；较高的社会关注度	缺少法律依据；监督力度不够
政府付费	政府代表土地所有者开展项目，规模较大，广泛适用	适用于对国家生态安全重要的纯公共物品（水质净化、水土保持、生物多样性、气候调节等）	资金充足；推进快	交易成本较高；涉及多目标（减贫、就业）
多元付费	多方参与，制度健全，资金充足；参与积极性高	适用于典型性、对全球生态安全重要的纯公共物品（水质净化、生物多样性保护、气候调节等）	多方参与；资金充足；国际关注	资金依赖，未有科学的退出机制

资料来源：高晓龙，林亦晴，徐卫华，等. 生态产品价值实现研究进展［J］. 生态学报，2020，40（1）：24－33.

（一）公众付费模式

生态产品最直接的受益群体便是公众，但由于生态产品的非竞用性和非排他性，由民众直接付费的生态产品目前仅适用于俱乐部产品（生态旅游）、市场物品（有机农产品，如有机咖啡、有机蜂蜜等）以及公共池塘资源（碳排放权、雨水信用等）。公众付费能够高效筹集项目资金，因为较高的参与积极性和市场化程度高，所以交易成本低，但对项目试点区域的管理水平和市场化程度要求较高。

公众付费模式中，生态产品价值实现工具主要有生态认证、排放许可权交易（见表 6.2），其中，生态认证包括物质产品及文化服务产品认证，排放许可权交易主要用于碳排放权、水体污染物信用、雨水信用等的创造和交易。

表 6.2 **生态产品价值实现案例**

资金来源	价值实现工具	案例	具体做法
公众付费	生态认证	雨林认证咖啡	生产商通过认证机构的一系列标准认证，在营销中使用认证章或将其认证资格用于市场销售，以吸引对生态产品敏感的消费者，获得溢价收益
		夏威夷森林和山道之旅	第三方认证机构在管理、经济社会环境效益等方面明确标准和考核指标，经过认证的生态旅游企业可以吸引更多消费者，获得溢价
	排放许可权交易	加利福尼亚州温室气体限额交易计划	《加利福尼亚州全球变暖解决方案法令》旨在将2020年排放量控制在1990年的水平。加州大气与资源委员会规定了限排量，企业可以通过减少排放量、购买碳信用或投资抵消碳信用来履行减排义务
		水质交易	在排污许可分配的基础上，基于点源与非点源污染物在净化成本上的差异，允许污染控制成本高的排污者向成本低的排污者购买排污权
		华盛顿“雨水截留信用”	土地开发商需要购买信用以满足监管要求。土地所有者开展“最佳管理措施”获得“雨水截留信用”，并在平台同开发商交易
公益组织付费	土地信托	美国土地信托基金与保护地役权	私人土地所有者可与土地信托签署协议永久限制土地利用，将地役权出售或者捐赠，以获得税收优惠，但土地仍然是所有者的财产
	设立公益保护地	老河沟自然保护区	政府同基金会签订委托管理协议，由基金会建立地方管理团队制定保护计划，筹措资金；将周边社区纳入到扩展区，通过建立社会企业惠及周边社区
政府付费	生态系统服务付费	美国土地休耕保护计划	项目向农民提供补贴，鼓励农民将生态敏感的农田转化为有多年生植被的土地，以改善自然资产
		国家重点生态功能区转移支付	中央向重点生态功能区（限制开发区域、禁止开发区域）进行财政转移支付，激励地方保护生态环境
		稻改旱	北京市为保障密云水库水质水量，同上游张家口、承德合作，通过补助当地农户，实现种植作物从水稻到玉米等旱作的转变

续表

资金来源	价值实现工具	案例	具体做法
政府付费	生态工程	纽约 Catskill 供水项目	下游居民所缴纳税收用于上游改善水质，取代建设水资源过滤工程的方案
		南非 " Working for Water"	清除入侵物种以改善水供给，并为贫困群体提供工作/培训；保护与扶贫协同
		天然林资源保护工程	中央和地方财政向森林管护单位拨付管护经费，加强森林保育
多元付费	信贷	丽水公益林补偿收益权质押融资	公益林受益权人凭公益林补偿收益证明到银行申请贷款或者由村级担保组织向村集体和本村村民提供担保，向银行申请贷款
	规划	伯利兹海岸带综合管理规划	考虑到生态系统服务的作用，伯利兹海岸带综合管理规划非常关注珊瑚礁、红树林、海草和其他海岸带生态系统在促进经济发展和抵御自然灾害等方面发挥的重要作用
	水基金	基多水基金	水基金在税务公司、基金、私人及社区的土地上开展了生态修复项目来保护和恢复水域面积
	生态系统服务付费	坎博里乌水供应	水务公司、大自然保护协会、市政府、国家水务署合作；水务公司贡献其预算的1%设立资金池，向参与项目的农民每年直接补偿
		亚马孙区域保护区计划	由多个慈善组织资助的过渡基金同巴西政府协商制定保护计划并筹措资金，当达到目标后，过渡基金逐步削减资金，巴西政府逐步增加保护资金
		关坝沟流域自然保护小区	发挥公益林补偿资金和基金捐助资金，以社区为主体，完善对重点保护区之外的大熊猫栖息地的管理

资料来源：高晓龙，林亦晴，徐卫华等．生态产品价值实现研究进展［J］．生态学报，2020，40（1）：24－33.

（二）公益组织付费模式

公益组织是国际生态系统安全、生态产品供给领域重要的中介组织，是资金、管理理念的重要来源，保障了具有全球、区域正外部性的纯公共物品（生物多样性、气候调节）的供给，对于打破行政区域界线、国际合作壁垒提供了示范，但由于管理体制机制问题，尚缺乏法律依据，且政府对公益组织的监管仍然不到位，也在一定程度上阻碍了公益力量的发展。

公益组织模式比较典型的价值实现工具是公益保护地，出于公益目的，国内外非政府组织在所在地政府监管下，探索新的保护地保护方式，在保护生态系统的同时，更重视社区居民的发展诉求。土地信托是以地役权为媒介，实现土地用途管制和土地所有者税收优惠的“双赢”。

（三）政府付费模式

纯公共物品（水质净化、水土保持、生物多样性、气候调节）因其产权界定不清、主体不明确，政府作为土地所有者，能够充分发挥资金、规模优势，有其对国家生态安全具有重大影响的领域，如土地休耕、天然林保护、自然保护地划定等。较高的交易成本（规划、运行、协商的成本）区别于市场机制的较低成本。此外，减贫、就业等副目标对主目标的影响也已经得到了关注。

政府在生态产品价值实现中的政策工具是多样的，通过规划、生态工程建设，综合考虑生态系统服务功能，追求人与自然可持续的发展方式。在发展中保护，通过自然资产产权明晰，为社区居民提供融资信贷便利，将民生改善同公益林保护融为一体，浙江丽水在公益林补偿收益权质押融资方面有较好的示范作用。土地休耕保护计划、天然林资源保护工程、国家重点生态功能区转移支付等，是政府作为生态产品受益方（政府作为土地所有者）向供给方购买产品（水土保持、生物多样性保护等），实现生态产品正外部性的内部化。

（四）多元付费模式

多元付费模式实现了公众、公益组织、政府多方参与，具有制度健全、资金充足的特点，且试点项目参与的积极性较高，获得较高国际关注，对于治理能力和治理体系的提升具有重要推动作用，主要适用于典型性、对全球生态安全重要的纯公共物品，如水质净化、生物多样性保护、气候调节等。但容易形成资金依赖，尚缺乏科学的退出机制，难以保证试点项目的延续性。

水基金是多元付费模式的典型工具，是由政府、发展银行和公益组织开发的可复制可推广的金融创新和治理案例，既能汇集资金，又能协调流域管理活动。其成功取决于下游居民的资金支持，又取决于上游居民的协调和参与，双方共同促进生态产品的持续供给并从中受益。亚马孙区域保护区计划和关坝沟流域自然保护小区虽然资金筹集方式有所不同，但都是通过划定保护区，通过购买管护服务来实现保护目标，是比较典型的生态系统服务付费方式。

第四节　生态价值实现的制度保障

生态价值实现是理念、制度和行动的综合，是一个完整的体系。用制度保障生态价值转换，要以生态文明制度体系为支撑和保障。近年来，自然资源资产产权制度、生态环境损害赔偿制度、国家环保督察制度等生态文明“四梁八柱”性制度陆续出台，有效遏制了对生态环境的破坏，有力推动了各个地区经济发展方式的转变和生态价值的实现。同时应看到，建设生态价值实现既是攻坚战，也是持久战。将生态价值转变为经济价值的理念贯彻落实到经济社会发展各方面，需要进一步完善生态价值转换制度保障体系，严格落实生态环境保护制度，发挥制度鼓励绿色发展、倡导绿色生活的作用。

一、生态价值实现的产权制度

党的十八大以来，我国生态建设受到前所未有的重视，生态要素越来越成为和土地、能源资源一样重要的生产要素，农地经营权、林权、水权、排污权、碳排放权等生态资源资产的交易实践在各地试点创新层出不穷。然而，我国生态资源资产的产权制度及产权交易机制尚处在试点实践阶段，需要通过扩大交易实践探索经验，不断完善模式。

我国生态资源的产权归属为国家所有和集体所有，基本上以公共产权形式存在，所以行政权在生态资源产权配置中起着主导和控制作用，行政管理成为生态资源的唯一安排，行政审批成为生态资源配置的主要方式，阻碍了生态资源资产产权交易市场的发展。自 20 世纪 90 年代以来，我国生态经济模式开始尝试从政府管制为主转变成市场运作为主，生态经济的理论研究也逐渐聚焦于生态资源资产产权交易市场化问题。但至今，生态资源资产的市场化交易无论是制度设计还是实践操作依然进展缓慢。构建一个合理的生态资源资产的市场交易机制，对于盘活生态资源资产，吸引社会资本投入生态补偿十分重要。

目前对生态资源资产的产权制度及交易机制研究，理论上主要是从宏观层面进行整体分析，即研究涉及产权经济学与生态经济学的交叉；同时，国内外学者对生态资源资产具有突出的生态价值和未被充分挖掘的市场价值，以及产权界定模糊阻碍了其价格实现的状况，基本达成一致。实践中，多以行政区划为单位进行自主试点探索，虽然在区域产权市场建设、产权交易监管、拓展产权市场功能等方面取得一些成就，但产权制度顶层设计及相应交易机制的缺陷对实践的羁绊仍然十分明显。因此，探索完善我国生态资源产权制度，促进形成全国统一规范的产权交易市场，显得十分必要。

产权制度是指既定产权关系和产权规则结合而成的且能对产权关系实现有效的组合、调节和保护的制度安排。产权制度的最主要功能在于降低交易费用，提高资源配置效率。在生态价值转换过程中，将会涉及使用权的让渡，或者涉及受益权的分配，或者涉及生态价值的认定，或者涉及权责的认知。这些环节工作顺利进行的前提是产权明晰。唯有将价值转换双方的生态产权细分、落实，才能将后续工作的执行和纠错成本降低。生态资源资产产权制度允许所有权和使用权相分离，这是社会主义公有制实现形式的重大创新。生态资源资产产权制度科学地界定了生态资源资产的产权主体，明确了生态资源资产使用权可以有出让、转让、出租、抵押、担保和入股等多种形式，有效地解决了生态资源所有权的实现形式问题。无论是国有生态资源资产还是集体所有生态资源资产在实现形式上都是平等的，不同的生态资源资产所有者都可以采取相同的实现形式，同一生态资源资产所有者也可以采取不同的实现形式，这与我国的基本经济制度相吻合，不仅是自然生产力的进一步解放，也是社会生产力的进一步发展。

这种多元化的实现形式，在坚持生态资源公有属性不变的前提下，创造性地运用市场经济规律推进生态资源资产运行，运用市场手段引导生态资源向着能够发挥更高价值、更好功能、更有效率的使用者流动，充分发挥了市场在资源配置中的决定性作用，一改当前生态资源无偿或低价出让的局面，是有效克服“公地悲剧”的最佳手段，是我国社会主义公有制新的实现形式，必将推动各类生态资源价值的合理转换。从产权制度探讨生态价值实现，需要厘清以下三个方面的问题。

第一，生态价值实现的关键是产权明晰。所谓生态价值实现，就是在综合考虑生态保护成本、发展机会成本、生态产品和生态服务价值的基础上，采取财政转移支付或市场交易等方式，将生态产品的生态价值转换为经济价值。其启动的起点恰恰是要明晰产权。在价值实现的各环节，或者涉及使用权的让渡，或者涉及受益权的分配，或者涉及补偿的认定，或者涉及权责的认知。这些环节的工作顺利进行的前提是产权明晰。唯有将价值转换双方的生态产权细分、落实，才能将后续工作的执行和纠错成本降低。

需要特别注意的是，由于我国欠发达地区与重要生态功能区、生态敏感区与生态脆弱区在地理空间上高度吻合，使得生态价值实现肩负解决“生态产品、生态服务严重短缺”和“扶贫攻坚”这两大难题。而要达到一石二鸟的效果，对于生态服务功能价值如何评估、生态环境保护公共财政制度如何制定等基本问题，还是需要慎重考虑。而这一切的核心还是在于明晰并细分产权，实实在在地平衡各利益主体。

第二，生态服务价值或生态产品的定价权应放手于市场。在生态价值实现过程中，涉及生态资源的量化定价问题。这一问题的实质就是资源的价格化，这是生态价值转换能否操作的关键步骤。关于生态服务价值或生态产品定价的争议较多，社会各界对此也有不同看法。从一些发达国家的经验来看，转移支付的主要方式是通过地区间的利益调和、政府与民间的谈判达成契约，最终利用市场的力量实现价格定价。这个过程避免了“计划性”，恰恰能避免扭曲资源的真实价值。我国推进生态价值实现的制度保障，也可以借鉴国外经验，将市场定价的机制应用于中央、省、市、县、乡镇甚至到行政村层级的财政转移支付体系，应用于生态价值转换的保障制度施行。由于实施生态价值实现的地区往往是生态脆弱区或敏感区，因此需要加强引导和管理。

第三，要厘清产权与市场化之间的关系。生态价值实现的过程本质就是进行交易的过程。在产权明晰的基础上，由价值转换过程产生的交易行为，便涉及“如何有效降低交易成本”这一经典的制度经济学问题，这是生态价值实现无法回避的难题。在此基础上，如何细化产权又是保证价值转换公平的基础。例如，耕地产权是农民生存的依靠，承包权、使用权、转让权、抵押权等由产权衍生的权利，必须得到强有力的保障，否则可能会出现拉生态价值大旗侵占农民合法权益的现象。

如何通过顶层设计将明晰后的产权进行交易，提高产权交易的效率，考验着各级地方政府的智慧。设置流程环节过多，可能导致交易成本太高。例如，一块耕地涉及招拍挂流程，成本自然变高。流程过于笼统，又失去了产权交易的意义。一旦这些问题能够圆满解决，其经验便能推广至排污权交易、碳交易、水权交易等方面的环境资源产权交易。

当前的产权交易监管不力较为突出。首先，监管主体不明确。由于生态资源资产的产权交易主体呈多元化，国资委、财政部门充当产权交易监管主体的机制已不再适用。其次，缺乏产权交易的事前、事中、事后的全程监管。事前监管的市场信用建设和网络信息系统建设缓慢、服务不到位，交易操作规程制定不统一，产权流转工作宣传指导乏力；产权交易全过程的事中监管，对交易主体的资格审核不尽规范，对市场运行动态监测缺少技术支撑和制度保障，对违法违规交易行为的查处纠正不够及时；对产权交易结果的事后检查分析和检测的认识不够、执行不力，难以保证促进交易公平、防范交易风险、确保市场规范运行的有效性。生态资产产权制度成为了生态价值实现的制度保障，它承认了生态资源具有资产价值，清晰界定了生态资源属性和生态资产属性，区分了生态资源与生态资源资产，把产权从资源管理的行政分割中提取出来，作为市场经济的又一发展要素，它重新整合了现有资源管理部门的职能，科学地将生态资源资产的产权纳入市场体系的组成部分，通过交易平台的建设促进生态资源资产产权市场化。这一重大创举是对社会主义市场体系内涵的拓展，把产权从企业产权、国有资产产权拓展到生态资源资产产权，是对现代产权体系的完善，这无疑将推动社会主义市场体系的发展，是对社会主义市场经济体制的又一创新，也是全面深化改革的现实需要。

二、生态价值实现的金融制度

生态价值实现的理论与实践离不开金融业的资金支持。绿色金融指金融部门把环境保护作为一项基本政策，在投融资决策中要考虑潜在的环境影响，把与环境条件相关的潜在的回报、风险和成本都融合进银行的日常业务中，在金融经营活动中注重对生态环境的保护以及环境污染的治理，通过对社会经济资源的引导，促进社会的可持续发展。绿色金融涵盖绿色信贷、绿色债券、绿色基金、绿色保险、碳金融等一系列金融工具的金融政策，它是支撑生态价值转换实现的正向激励制度安排，是践行“绿水青山就是金山银山”的有效手段。中国于2007年开始推行绿色金融政策，迄今已基本建立了绿色信贷、绿色债券、绿色基金“三位一体”的绿色金融体系。其中，2007年推出《节能减排授信工作指导意见》，2012年推出《绿色信贷指引》，2015年推出《能效信贷指引》，2016年七部委又出台了《关于构建绿色金融体系的指导意见》等，为绿色金融的发展提供了良好的政策基础。发展生态经济的过程中，金融制度的支持与保障发挥着无可替代的作用。以绿色信贷、绿色债券等绿色金融手段为载体，依托生态资源优势，通过创建绿色金融改革创新试验区、创新绿色金融产品、推进碳排放权交易市场建设等多种手段，积极探索利用金融手段实现生态资源转化为经济资源的新途径。绿色金融不仅能够支持污染治理与碳减排，改善环境质量、应对气候变化，更能推动资源型产业及高效资源利用产业的发展，促进绿色资源开发、资源高效利用和产业升级。

（一）我国绿色金融发展中存在的不足

近年来，我国的绿色金融经历了一个快速的发展过程，为践行“绿水青山就是金山银山”实现生态价值转换提供了重要的支撑。但由于发展时间不长，实践当中难免存在一些不足：一是缺乏完善的政策支持和良好的市场环境，造成绿色金融市场存在信息不对称问题，奖惩制度不够完善，打击了各金融机构参与绿色金融业务的积极性。二是总体规模较小，金融投资不足。近年来，虽然绿色金融的规模在逐年增加，但占比与国际水平相比仍然偏低。三是金融机构参与度还不足。绿色金融的投资周期长、回报率低是普遍存在的误区，有些金融机构只是将开展绿色金融服务作为附带产品，在开发新产品时考虑更多的是自身的利益问题。四是绿色金融创新能力不足，绿色金融产品不够多样化。尤其是新兴绿色产业一般具有业务模式新、技术门槛高、不确定因素多等特点，更需要中长期的股权融资尤其是创业资本融资的支持。然而，在绿色金融产品结构中，短期的绿色信贷占据绝对优势，中长期的绿色股权和绿色基金等发展缓慢，尚不能满足产业升级和技术创新的需求。

（二）进一步发展绿色金融的对策建议

针对我国绿色金融发展过程中存在的问题，可以有以下几点对策建议：一是加强政策保障，形成有效的激励约束机制。建立与完善绿色金融基本法律制度、绿色金融业务标准制度、绿色金融业务实施制度、绿色金融监管制度等。通过建立系统的绿色金融制度体系，明确绿色金融各参与主体的权责利，完善绿色金融业务的实施标准和操作规范，加大执行和监督力度，构建规范、公平的绿色市场竞争秩序。健全财税扶持体系，通过“补贴改股权投资、补贴改融资担保、补贴改风险补偿、补贴改专项奖励、税费减免”等方式创新，使财政资金由直接用于绿色金融供给转向对市场化绿色金融供给的激励上。从地方政府、金融机构、企业三个层面加强监管，开展绿色绩效考评，发挥监管考核制度的导向和激励约束作用。加快建立绿色 GDP 核算体系，加大约束性环境指标在地方政府绩效考核中的权重，促使地方政府支持和推进绿色金融发展；金融机构定期对环境风险进行压力测试并发布可持续发展报告，制定统一的绿色评估框架，根据评估结果实行差别化的存款准备金率、贷款风险权重以及再贷款、再贴现政策；建立上市公司和发债企业环境信息强制披露制度，进一步完善企业环境绩效评估机制。发挥政策性金融机构在绿色金融领域的引导作用，建立国家级“绿色金融专项基金”。

二是扩大绿色金融市场参与主体，鼓励现有银行进一步绿化，按照“赤道原则”对业务经营进行调整，支持证券公司、保险公司、基金公司等非银行金融机构设立专门的绿色金融部门，提升参与绿色金融业务的程度和专业化水平。加快培育和发展绿色信用评级机构、绿色金融产品认证机构、绿色资产评估机构、绿色金融信息咨询服务机构以及环境风险评估机构等专业性中介机构。大力培育中介服务体系，加快绿色金融基础设施建设。要在发挥现有中介服务机构作用的基础上，加快培育和完善独立的第三方评估机构，建立规范高效的交易市场，完善二级流转市场，提升对绿色金融服务的支持效率。在绿色金融基础设施方面，是以政府购买服务的方式，建立公益性的环境成本信息系统，打通目前缺乏项目环境成本信息和分析能力的瓶颈，为决策者和全社会投资者提供依据。

三是提高金融机构的绿色金融意识，扩大绿色金融市场的参与主体。加强对保护生态环境的宣传力度，倡导银行、证券、保险、信托、投资银行等金融机构将环保观念引入日常的经营活动之中，推进传统业务转型，鼓励它们参与开展绿色金融业务和相关服务。同时，政府和相关部门还应该正确引导投资者的投资观念，加强公众保护生态环境的意识。树立地方政府绿色政绩观。引导地方政府处理好环境保护和经济发展之间的关系，倡导“既要金山银山，又要绿水青山”的绿色执政理念。通过建立刚性的体现资源消耗、环境损害、生态效益的政绩考核体系，实行生态保护责任追究制度和环境损害责任终身追究制，督促地方政府推行绿色发展。培育金融机构绿色金融观。金融机构应将绿色发展理念纳入长期发展战略，在经营决策中强调环境保护，同时提高员工环保意识，加强对外绿色金融理念宣传的广度和深度，在全社会营造绿色金融文化氛围。强化企业绿色生产观。企业要将环保技术创新升级作为新的利润增长点，正确运用绿色金融工具，加大对绿色产品研发和制造的投入，增强绿色产品和服务的有效供给，不断提高产品和服务的环境效益；推行绿色供应链建设，将履行社会责任作为企业的核心理念和价值导向。倡导居民绿色消费观。要加强全民绿色消费的宣传普及教育，将绿色低碳理念融入家庭、学校以及社会教育中，为绿色金融的发展创造良好的社会舆论氛围；发展绿色消费金融，将节能指标纳入贷款人信用评价体系，为购买绿色建筑、新能源汽车、节能电器等绿色产品的消费者提供针对性强的绿色金融产品和服务，促进居民生活方式的绿色化。

四是提高创新思维能力，鼓励绿色金融产品创新。金融机构要在激烈的市场竞争中脱颖而出，关键在于能够与时俱进，开发出符合市场要求、适应社会发展需要的绿色金融产品和服务。国外绿色金融的实践开始较早，已经取得了相当成功的经验，我国应该加强国际间关于绿色金融的交流合作，积极拓展学习国外先进经验的渠道。国内金融机构更应该虚心求教，保持开放的思维与世界先进理念接轨，借鉴国外发展绿色金融的先进经验，再将绿色金融与中国的现实对接，努力提高创新绿色金融业务、产品及服务形式的思维能力，结合自身特点积极研发和实践独具特色的绿色金融衍生工具，使得绿色金融产品多样化发展。金融机构要严格执行绿色信贷政策，同时创新绿色信贷产品，发展如排污权抵押贷款、专利权质押贷款、合同能源管理融资等创新工具；推广绿色保险业务，如在条款、费率等方面有所倾斜的绿色车险、绿色建筑险等，通过保险机制反映对绿色产业的支持导向；大力发展碳金融，发展碳资产抵押贷款、碳基金、碳债券、碳保险、碳指标交易等碳金融基础产品，创新碳远期、碳期货、碳期权、碳互换等碳金融衍生产品。

[延伸阅读]

生态银行：生态产品价值实现机制的创新模式

生态价值实现过程中，需建立资源、资产、资本转化的制度安排和转化机制，但在“三资”转化中仍存在一些瓶颈。一是自然资源碎片化的问题。山水林田湖草是一个生命共同体，生态系统需要整体经营才能发挥最大的价值，但目前我国资源使用权分散，生态资源经营难以形成规模效应。二是生态资产产权交易制度尚未建立，社会资本参与乡村生态资源开发的动力不足。如何把分散化的使用权信息纳入一种制度中，将生态资源资产从财务、金融学的角度给予财富属性的认定，从而为生态建设打造财务可持续及金融可支撑的机制，是生态文明建设必须回答的问题。

生态银行通过借鉴银行分散化输入和集中化输出的特征，将零散、碎片化的生态资源通过租赁、转让、合作入股等市场化集中化收储，进行规模化整治，提升成优质资产包，再引入、委托和授权专业运营商导入绿色产业、对接市场和持续运营，实现生态资源的价值增值和效益变现。生态银行运营的是生态资源的权益，是绿色产业和分散零碎的生态资源资产之间的资源、信息、信用三重中介平台，通过对生态资源的重新配置和优化利用，为资源资本化搭建起中介平台。生态银行通过搭建一个围绕自然资源进行确权、管理整合、转换提升、市场化交易和可持续运营的平台，来运营管理生态资源的“权”与“益”，解决了资源变资产成资本的问题，打通了生态产品交易的三个重要环节，是生态产品价值实现市场化的创新机制。

生态银行的功能定位包含六个方面：整合、修复、创新、交易、融资、运营。它在保持生态系统价值的基础上，通过搭建一个自然资源资产运营管理平台，将零散的生态资源集中化收储和整治成优质资产包，对接金融市场、资本市场并引入市场化资金和专业运营商，从而将资源转变成资产和资本，创新多主体、市场化的生态产品价值实现机制。生态银行平台建设由生态资源大数据平台、生态系统服务价值核算、自然资产交易大数据平台、生态大数据指数信用平台、生态银行风险防控平台等构成，提供了“两山”转化的大数据基础、交易规则、交易流程、风险防控及保障措施。破解生态资源价值实现的“四大难题”：一是在前端交易环节，明晰了自然资源产权，通过全面整合国土、林业、水利、农业等部门自然资源数据，形成国有自然资源“一张图”，解决了自然资源家底不清、权属不清等问题。二是在中端交易环节，将分散化的自然资源经营权通过租赁、托管、股权合作、特许经营等形式流转至生态银行运营机构，转换成集中连片优质高效的资源资产包，解决了碎片化自然资源难聚合、优质化资产难提升的问题。三是在后端环节，按照“政府搭台、农户参与、市场运作、企业主体”的模式，搭建资源管理、整合、转换、提升平台，推动市场化和可持续运营，提升生态资源利用效率和产业发展水平，解决了优质化资产难提升的问题。四是构建“自然资源运营公司＋项目公司＋决策专家委员会”的运作体系，通过生态银行对接市场、对接项目，破解了社会化资本难引进的问题。

三、生态价值实现的价格制度

价格是一个简单而又复杂、扑朔而又迷人的现象，它的变化与一系列社会经济过程，如资源配置、收入分配等紧密联系在一起，而同时价格作为经济调节器的功能又具有十分复杂的形态。生态价值的大小决定未来的发展空间，是可持续发展的重要基础。国际碳交易市场的出现也证明，生态完全可以作为“商品”进入交易市场。价格机制是市场机制中最灵敏、最有效的调节机制。充分运用市场化手段，完善生态资源环境价格机制，是大势所趋。近些年来，我国促进绿色发展的价格政策不断出台，对节能环保、优化产业结构等发挥了重要作用。实行资源有偿使用制度和生态补偿制度，加快生态资源及其产品的价格改革，全面反映市场供求、资源稀缺程度、生态环境损害成本和修复效益。

（一）我国生态资源价格机制存在的问题

当前生态资源型产品价格的形成机制未完善。我国生态资源性产品价格的形成机制主要包括政府定价和通过垄断形成的垄断价格。但是生态资源价格并未真实反映生态资源市场的供求关系与稀缺程度。资源价格长期偏低，会导致资源愈加稀缺及生态环境愈加被破坏。如中国大多数矿产品价格偏低，大多数矿产品价格约比国际市场同类产品价格低30%～60%。中国矿产资源补偿费率长期偏低，平均为1.18%，而国外一般在2%～8%。生态资源价格体系的不合理以及补偿机制的缺失，使现行生态资源价格形成机制不能充分发挥市场配置生态资源的基础性作用，导致我国形成了粗放型资源开采方式，阻碍了经济发展方式的转变。

虽然通过价格改革，我国绝大部分商品和服务的价格已由市场形成，但相对于其他商品，我国生态资源要素价格市场化程度偏低。经过多年的艰苦努力，我国单位GDP能耗与国外先进水平差距逐渐缩小，但粗放型的经济增长方式并没有从根本上得以转变。在我国，生态资源的所有权归国家，资源使用者是从国家手中取得资源的初始使用权。如天然气、水、电、土地等资源性产品的价格，没有经过市场公开竞争过程，依然沿用旧模式，价格由政府授权确定，市场化程度不高，不能真实地反映市场供求关系和资源稀缺程度。许多高经济附加值的生态资源，如油田、煤矿等，在使用、开采过程中，给周围环境、土地、水等造成的损害，各种外部效应没有补偿，价格只反映了生态资源开发成本。在生态资源价格形成过程中，生态资源市场定价和政府定价相隔离，没有实现资源市场定价与政府调节定价的有机结合。

生态资源价格不合理。生态资源价格的形成取决于资源的价值、开发成本、生产成本以及环境成本等一系列综合因素。目前，生态资源价格构成不合理，许多生态资源产品在生产过程中形成的资源破坏和环境污染治理成本并没有体现在此价格之中。生态资源价格只反映资源开发成本、生产成本，生态资源性产品开发和利用所造成的环境损失成本基本没有包括在内。企业或消费者不需要承担对社会造成的成本，必然会导致生态资源的过度开发利用，导致环境遭到破坏。如矿产资源，矿业成本不完全，外部成本没有内部化，国家出资进行矿产勘探和投资建设，由企业或个人享受矿产资源价值和开采效益，而开采后留下的矿区治理、生态环境修复则由国家进行再投资。由于不能正确认识和评价生态资源的经济价值，生态资源曾长期被无偿调拨使用，产生生态资源无价、原料低价、产品高价的现象。随着市场经济不断发展，生态资源性产品的稀缺性、有限性及使用中产生的外部性逐渐被认识，但由于政府在对垄断行业的价格管制中，更多地考虑社会承受能力，而仍采取低水平的生态资源价格政策，这在一定程度上加剧了生态资源的过度开发和浪费。此外，开采成本没有完全纳入成本核算。首先，政府管制下的生态资源性产品价格只反映了开采成本中的生产成本，生态资源性产品开采企业的生产成本主要包括各种生产部门人员工资和物料耗费，如材料费、动力费、燃料费、储量使用费、维护费等。其次，开采成本中的勘探和开发成本没有计入成本范畴。最后，生产成本较高，不利于定价。生态资源产品价格长期以来处于低位运行，既不能反映生态资源产品价值，又不能反映生态资源产品的供求关系，导致我国经济发展中片面追求增长速度而不计资源消耗现象的形成。

（二）促进生态资源价格改革的建议

价格改革是我国经济体制改革的主线之一，面对资源“低价”或“无价”使用的局面，推进生态资源价格改革的呼声日趋高涨。

一是在现有的国有股份制企业中引入民营和外资股份，通过混合制改革提高决策的效率。坚持市场导向与有效竞争的原则，下大力气打破生态资源的地区封锁和部门分割，促进生态资源的优势互补、合理配置，建立起开放统一的生态资源市场体系。通过引入竞争机制，让价格在市场竞争中形成，充分发挥价格信号引导市场供求、优化资源配置的作用，促进生态资源的节约与合理开发，提高资源利用效率。生态资源价格改革关乎经济体制改革的深化和市场体系的完善，涉及生产、流通和消费等领域，有赖于社会各方的配合，要建立统筹兼顾、配套推进的工作机制，坚持稳步推进、分类进行的渐进式改革原则，对具有垄断特征的生态资源产品实行合理的价格监管。要加强和提高监管能力，提高监管效率，坚持依法行政，建立公开、公平、公正的资源市场，加强对交易主体的监督管理。

二是完善生态资源价格形成机制。深化生态资源价格改革绝不仅仅是为了提高生态资源价格，更重要的目的还是通过生态资源价格改革，完善价格形成机制，推进生态资源行业改革和市场体系建设，在更大程度上发挥市场机制的基础性作用。生态资源价格既要反映我国的生态资源供需关系，也要与其他相关的资源之间形成合理比价，正确地处理生态资源与资源产品，可再生资源与不可再生资源，土地资源、水域资源、森林资源、矿产资源等各种生态资源价格的关系。深化生态资源性产品价格改革需要完善生态补偿机制和代际补偿机制，建立一整套能够反映资源勘探开发、生态补偿、枯竭后退出等完全成本的制度体系，并将这些成本反映到生态资源性产品的价格中。

三是以价格杠杆撬动市场供给和节能环保产业发展。如何平衡好生产者和消费者的利益、保障供给，成为我国面临的重大课题。价格是市场调节的灵敏信号，也是利益调节的重要杠杆。在市场经济条件下，必须尊重市场经济规律，充分发挥市场机制在生态资源配置方面的基础性作用。我国生态资源性产品价格改革注重发挥价格杠杆作用，促进结构调整、资源节约和环境保护。把该放开的坚决放开、放活，使价格能够真正在市场竞争中形成，成为反映市场供求和引导资源流动的信号，即使是实行政府管制的价格，在制定和调整时也要以市场供求为基础，发挥价格调节供求和利益分配的杠杆作用。用如天然气等清洁能源逐步取代煤炭等高污染、高排放能源，有利于遏制大气污染。但我国天然气资源相对贫乏，剩余可采储量不足世界总量的2%。天然气价格改革方案中，建立了天然气与可替代能源价格挂钩的动态调整机制，并区分存量气和增量气，适当调整了非居民用天然气价格（居民用天然气价格不变），从而有利于促进可再生能源发展。不断优化节能环保产业PPP运行机制，改革垃圾污水处理收费制度、可再生能源补贴制度，将生态环境成本纳入经济运行成本，撬动更多社会资本进入生态环境保护领域。

四是树立为民谋利的“惠民”理念，建立生态资源价格惠民机制。由于许多生态资源性产品是公共性产品，事关诸多部门利益，并牵系着广大老百姓的切身利益。作为肩负宏观调控职能的价格主管部门，必须从立党为公、执政为民的宗旨出发，在兼顾生产者、经营者和消费者利益的同时，重点兼顾作为消费者的困难群众的利益，切实树立群众利益无小事的“为民”理念，把群众的利益特别是困难群众的利益放在首位，做到“权为民所用、情为民所系、利为民所谋”，时刻绷紧“为民”这根弦，当好群众利益的忠实代表。建立和完善生态资源性产品价格改革“惠民”机制，建立和完善生态资源性产品价格改革“惠民”机制应科学界定给予补贴、补助对象的范围，合理限定相挂钩的生态资源性产品种类，妥善设置补贴的具体方式。生态资源性产品价格改革“惠民”机制补贴的标准、对象、办法等，必须及时向社会公布，接受群众监督，并确保应补尽补、一视同仁。价格主管部门既要积极探索建立和完善生态资源性产品价格改革“惠民”机制的多种有效途径，通过有效的价格补贴，确保低收入群体的生活质量不受大的影响，又充分考虑补贴出资地区及相关部门、企业的承受能力，与当前和当地经济发展水平相适应。

思考题

1. 什么是生态资本？生态资本与自然资源、生态价值实现的关系是什么？

2. 为什么说“两山”理论是当代马克思主义生态经济学？

3. 请结合各地“两山”银行、生态储蓄银行运作实践，阐述生态价值实现的构成要件是什么？

4. 试述地理区位对于生态价值实现的影响及其对欠发达地区发展生态经济的启示。

5. 试述生态价值的产业实现路径，并谈谈你对如何运用生态产业发展反哺环境保护的认识。

6. 请结合我国价格改革实践，谈谈如何建立有利于促进生态价值实现的价格制度？

第七章　建设生态城市

要更好推进以人为核心的城镇化，使城市更健康、更安全、更宜居，成为人民群众高品质生活的空间。

——习近平在中央财经委员会第七次会议上的讲话（2020 年 4 月 10 日）

城市是人口密集、工商业发达的地方，也是生态脆弱、环境污染集中的区域。在漫长的城镇化进程中，尤其是工业革命以来，如何让城市更适合人类居住，成为了一个永恒的话题。建设生态城市，就是其中一种重要的实践，并且越来越受到大众的广泛认可。本章将系统梳理国内外生态城市建设的理论与实践，以供读者参考。

第一节　生态城市的概念、内涵与特征

一、城市和城镇化概述

在了解生态城市这一概念之前，需要对城市和城市化或者城镇化有一个基本的认知。城市，自出现以来便被视为人类文明的象征，是社会经济发展的必然产物。不同学科背景的研究人员对城市的定义有差异，甚至有争论。城市是包含着人类各种活动的复杂的有机体，表现形式非常之多，有政治的、经济的、社会的、地理的、文化的等，人们可以从不同的角度、不同的侧面去描述它。在中国语境中，城市是“城”与“市”的组合词。“城”主要是为了防卫，并且用城墙等围起来的地域。《管子·度地》说“内为之城，外为之廓”。“市”则是指进行交易的场所，“日中为市”。这两者都是城市最原始的形态。就其本质而言，城市是以非农产业和非农业人口聚集为主要特征的居民点。在我国，

城市包括按国家行政建制设立的市和镇。发达国家的市与镇主要是规模大小的差别。而在我国的绝大多数地区，不仅县级以上城市的行政级别高于镇，而且一般而言，县级以上城市的经济社会发展水平和现代化程度也高于镇（见图 7.1）。

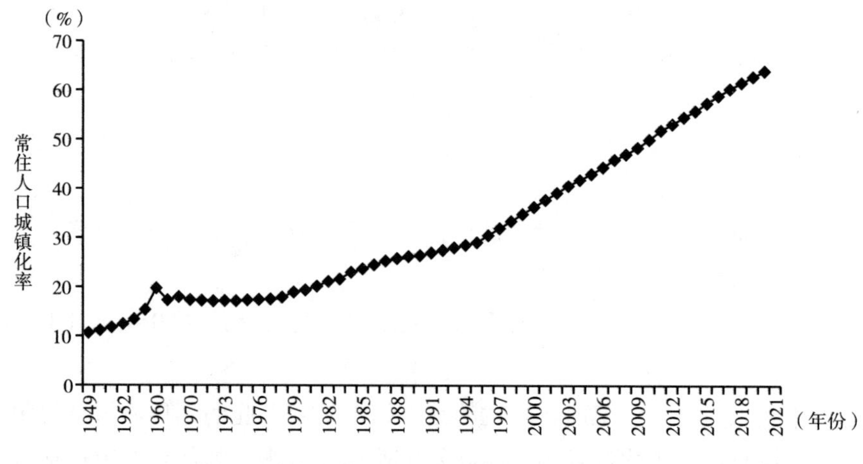

图 7.1　中国常住人口城镇化率（1949～2020 年）

资料来源：中经网统计数据库。

城市化（urbanization）最早是赛达（A. Sedra）在《城市化的基本理论》中提出的。赛达在这本书里提到，城市化是什么，城市化就是越来越多的城市人口和不断延伸的城市地域面积。尽管与城市一样，不同学科背景的研究人员对城市化的定义有差异，但赛达对城市化的定义具有基础性地位。赛达最早使用的“urbanization”这个词汇，在我国既被翻译成“城市化”，又被翻译成“城镇化”。有些学者认为只是英文翻译的不同，可以通用。有些学者认为二者之间还是有区别的，城镇化是一个范围更大的概念，城市化是一个相对比较小的概念，城市化只包含了大中小城市，而没有包含数量更大、范围更广的城镇。从党的十六大报告一直到党的十九大报告，中央和国务院的一系列政策文件中对农村人口向各类城镇转移过程的表述都是“城镇化”。城镇化是一个具有浓郁中国特色的城市化用语，这也是中国的“城镇化”内涵最显著区别于国际上已有概念“城市化”的地方。

二、生态城市的概念

随着基础生态学与其他学科相互促进、相互渗透，冠以“生态”的词汇也越来越多。这些与“生态”相关的词汇，一共包括两类：第一类以“生态学”或者“生态系统”结尾，如城市生态学、城市生态系统、社会生态学、社会生态系统等；第二类以“生态”开头，如生态城市、生态工业、生态社区、生态农业等。从语义学方面讲，第一类词汇代表了生态学的原理被应用到研究领域而产生相应的应用型生态学，如城市生态学就是生态学的原理被应用到城市这个复杂的人工环境。第二类词汇中，“生态”作为形容词修饰后面的中心词，但其意义变得更加广泛，如符合生态学原理的，健康的、环境友好的，节约资源的、节约能源的，协调的、相互融合的，无污染的或低污染的，可持续的等等。

“生态”一词以“隐喻”的方式将生态的特点移植到“生态城市”这个概念中，在科学研究的范畴里，这样能够带来更加广泛的引申意义，但同时也带来了意义的不确定。生态城市最直白的含义是“像自然生态一样”的城市，这一概念以反对环境污染、追求优美的自然环境为起点。随着科学研究的深入和经济社会的发展，生态城市概念的外延不断扩大，其含义也越来越广泛。

生态城市（ecopolis 或者 ecocity）的概念是在 20 世纪 70 年代联合国教科文组织（UNESCO）发起的“人与生物圈计划”研究过程中提出的，生态城市是借鉴生态系统的运行方式①，加强城市系统内部的循环与优化，实现物质与能量的高效利用，从而尽可能地节约资源与能源，减少对自然界的侵害；同时，充分利用与城市相依的自然力，创造可持续发展的、社会和谐的、经济高效的、生态良性循环的人类居住区形式，形成自然、城市与人融为有机整体的互惠共生的结构。之后，不同学者对生态城市进行了论述。亚尼科斯基（Yanitsky，1981）认为生态城市是一种理想模式，在这种模式中，技术和自然充分融合，人为创造力和生产力得到最大限度的发挥，而居民的身心健康和环境质量得到最大限度的保护，物质、能量、信息高效利用，生态良性循环。马世骏和王如松（1984）把生态城市定义为自然系统合理、经济系统有利、社会系统有效的城市复合生态系统。理查德（Richard，1987）认为生态城市即生态健康的城市，是紧凑、充满活力、节能并与自然和谐共存的聚居地。多米尼斯基（Domnski，1993）认为生态城市应遵循三步走模式，

① 生态系统，指在自然界的一定的空间内，生物与环境构成的统一整体，在这个统一整体中，生物与环境之间相互影响、相互制约，并在一定时期内处于相对稳定的动态平衡状态。一个健康的生态系统，一定是能够自我维持、自我调节且自我修复的。

即减少物质消费、重新利用、循环回收。李景源等（2012）认为生态城市是依据生态文明理念，按照生态学原则建立的经济、社会、自然协调发展，物质、能源、信息高效利用，文化、技术、景观高度融合的新型城市，是实现以人为本的可持续发展的新型城市，是人类绿色生产、生活的宜居家园。生态城市，是建立在人类对人与自然关系更深刻认识的基础上的新的文化观，是按照生态学原则建立起来的社会、经济、自然协调发展的新型社会关系，是有效地利用环境资源实现可持续发展的新的生产和生活方式，是社会、经济、文化和自然高度协同和谐的复合生态系统，其内部的物质循环、能量流动和信息传递构成环环相扣、协同共生的网络，是具有实现物质循环再生、能量充分利用、信息反馈调节、经济高效、社会和谐、人与自然协同共生的机能。

到目前为止，生态城市仍然是一个全新的概念，人们对它的认识还是非常肤浅的，存在各种各样的争论也在所难免，但是它的理论价值和现实意义已经得到较为广泛的认同，不管是学术界还是城市政府已经将生态城市作为一个热点进行研究和实践。随着社会经济的发展和进步，随着可持续发展理念的深入，生态城市内涵的研究必将得到进一步的充实和丰富。

（一）从生态环境保护的角度理解生态城市

这种观点强调从生态环境的角度，特别是从自然环境的角度来理解“生态城市”的含义。这种观点注重减少环境污染，城市环境整洁优美，提高城市绿化覆盖率，自然景观与城市空间结构融为一体等等具体的实际操作方法。在这个层次上，“生态城市”的意义与花园式城市、绿色城市、山水城市等概念有较多重叠的地方。这种观点的优点是其可操作性和现实性比较强，因而在具体的实践工作中，占有比较强的主导地位。这种观点的缺点是将“生态城市”的概念简单化，具有较大的片面性和局限性，我国许多城市提出的“生态城市”建设目标也主要是从环境保护的角度来设定的，在具体实践中，这种观点容易造成片面追求绿化程度特别是过度追求以“美化”为目的的人工绿化，从而产生与“生态城市”概念相反的结果。如大面积的观赏性草坪一方面耗费大量水资源和化学肥料，另一方面因为人工化程度过高以及大量杀虫剂的使用，并没有产生所期待的“生物多样性”。又如，从农村大规模移植成年乔木至城市，用以绿化城市，结果一方面造成移植过程中大量乔木死亡，另一方面使得农村移植地的原生自然环境遭到严重破坏。

这一观点也经常与“绿色城市”产生混淆。在“绿色城市”的概念里，“绿色”一词一方面强调绿化在城市中的地位，另一方面以隐喻的方式，以“绿色”来隐喻“对环境友好，对自然无害”的意思。而在实践中，人们常常忽略“绿色”一词的隐含意义，而狭隘地专注于其字面含义。

而在学术研究的领域里，生态城市“环境绿化说”常常与“景观生态学”研究交织混淆在一起，因为后者“基质—斑块—廊道”的景观生态概念与城市绿地系统有一定程度上的重叠，这种交织某种程度上容易导致研究者对“景观生态学”的误读，如将“生态城市”的规划设计等同于 GIS 叠加技术结合景观生态学的城市土地用地适宜性评价。

（二）从生态系统和生态学的角度理解生态城市

该观点从城市生态学的角度理解城市，认为生态城市就是实现城市生态系统（包括自然、经济、社会等各个方面）良性循环的城市。

黄光宇（1992）提出，保护与合理利用一切自然资源与能量，提高资源的再生与综合利用水平，提高人类对城市生态系统的自我调节、修复、维持与发展的能力，使人、自然、环境融为一体，互惠共生，并于 1997 年将“生态城市”定义为：根据生态学原理，综合研究社会—经济—自然复合生态系统，并应用生态工程、社会工程、系统工程等现代科学与技术手段来建设的社会、经济、自然可持续发展，居民满意、经济高效、生态良性循环的人类住区。陈勇（1999）提出，生态城市是现代城市发展的高级形式、高级阶段，是依托现有城市，根据生态学原理，并应用现代科学和技术手段逐步创建，在生态文明时代形成的可持续发展的人居模式。其中社会、经济、自然协调发展，经济高效，人类满意，人与环境和谐，达到自然、城市、人共生共荣共存。宁越敏和彭再德（1999）提出生态城市，即城市要建成一个生态有机体，成为供养人与自然生存发展的优质环境系统，其核心思想主要是两个方面：一是有机整体性；二是自然生态与人类社会的融合。屠梅曾和赵旭（1999）将生态城市定义为一个以人的行为为主导，自然环境系统为依托，资源流动为命脉，社会体制为经络的社会—自然—经济复合系统。黄肇义和杨东援（2001）从更广阔的区域生态系统和全球生态系统的角度出发，结合生态足迹和生态承载力，提出生态城市是全球或区域生态系统中分享其公平承载能力份额的可持续子系统，它是基于生态学原理建立的自然和谐、社会公平和经济高效的复合系统，更是具有自身人文特色的自然与人工协调、人与人之间和谐的理想人居环境。

从生态学和生态系统的角度来理解生态城市，其优点是涉及内容广泛，基本上涵盖了城市的各个方面，但这个优点反过来看就成为其缺点，即定义过于宽泛、笼统，缺乏实质性的内容，对实践缺乏具体的指导作用。

（三）从目标设定和特征表述的角度理解生态城市

如果将“城市”定义为“人类聚居地”，那么“生态城市”概念的重点在于什么是“生态的”？一些学者从目标设定和特征表述的角度来理解生态城市。这种观点并不试图去寻找一个放之四海而皆准的“生态城市”的定义，而是从目标设定的角度来理解生态城市，即怎样的城市是“生态城市”？或者说“生态城市”具有什么样的特征？

在目标设定上有两种方式：第一种是将“生态城市”看成一个人类的终极理想，因此设定的目标是理想化、完美化的，总体上来看，所设定的目标比较宏大、宽泛。如亚尼辛（Yanisky，1981）提出，生态城市旨在建立一种人与自然高度和谐，紧凑而充满活力，物质、能量、信息被高效利用，生态良性循环的理想栖境。其中技术和自然充分融合，人的创造力和生产力得到最大限度的发挥，而居民的身心健康和环境质量得到最大限度的保护。王如松（1988）把亚尼辛的思想概括成，按生态学原理建立起来的社会、经济、自然协调发展，物质、能量、信息高效利用，生态良性循环的人类聚居地，即高效、和谐的人类栖境。丁健（1995）认为生态城市是一个经济发展、社会进步、生态保护三者保持高度和谐，技术与自然达到充分融合，城乡环境清洁、优美、舒适，从而能最大限度地发挥人的创造力、生产力并有利于提高城市文明程度的稳定、协调、持续发展的人工复合系统。它是人类社会发展到一定阶段的产物，也是现代文明和发达城市的象征。建设生态城市是人类的共同愿望，其目的就是让人的创造力和各种有利于推动社会发展的潜能充分释放出来，在一个高度文明的环境里造就一代胜过一代的生产力。

第二种目标设定的方式是从实践的角度出发，注重于人类在迈向“生态城市”这一理想境界的过程中，针对各国实际情况，提出阶段性的、实际的、可操作的目标，以及为实现目标而提出的具体的实施原则与方法。

1971 年，联合国教科文组织发起的《人与生物圈计划》，提出生态城市是一个经济高度发达、社会繁荣昌盛、人民安居乐业、生态良性循环，四者保持高度和谐，城市环境及人居环境清洁、优美、舒适、安全，失业率低，社会保障体系完善，高新技术占主导地位，技术与自然达到充分融合，最大限度地发挥人的创造力和生产力，有利于提高城市文明程度的稳定、协调、持续发展的人工复合生态系统。

1997 年，澳大利亚城市生态协会提出的生态城市发展原则为：修复退化的土地；城市开发与生物区域相协调，均衡开发；实现城市开发与土地承载力的平衡；终结城市的蔓延；优化能源结构，致力于使用可更新能源，如太阳能、风能、减少化石燃料消费；促进经济发展；提供健康和有安全感的社区服务；鼓励社区参与城市开发；改善社会公平；保护历史文化遗产；培育多姿多彩、丰富的文化景观；纠正对生物圈的破坏。澳大利亚城市生态协会的生态城市原则强调对现有城市系统不合理内容的改造，提出的具体措施都针对城市问题的不可持续特征。这些也被生态设计专家们认为是生态城市的基本概念。

第二届和第三届生态城市国际会议提出了指导各国建设生态城市的具体行动计划，即国际生态重建计划（The International Ecological Rebuilding Program），该计划得到各国生态城市建设者们的一致赞成，应该说集中体现了各种生态城市理念的共同点，该计划的主要内容包括：（1）重构城市，停止城市的无序蔓延；（2）改造传统的村庄、小城镇和农村地区；（3）修复自然环境和具有生产能力的生产系统；（4）根据能源保护和回收垃圾的要求来设计城市；（5）建立以步行、自行车和公共交通为导向的交通体系；（6）停止对小汽车交通的各种补贴政策；（7）为生态重建努力提供强大的经济鼓励措施；（8）为生态开发建立各种层次的政府管理机构。

第五届国际生态城市（the 5th International Eco-City Conference）大会总结了 30 年来“生态城市”相关科学研究的成果和建设实践，在此基础上发表了《深圳宣言》，宣言中倡导建设生态城市包含以下五个层面：

（1）生态安全：向所有居民提供清洁的空气、安全可靠的水、食物、住房和就业机会，以及市政服务设施和减灾防灾的保障。

（2）生态卫生：通过高效、低成本的生态工程手段，对粪便、污水和垃圾进行处理和再生利用。

（3）生态产业代谢：促进产业的生态转型，强化资源的再利用、产品的生命周期利用、可更新能源的开发、生态高效的运输，在保护资源和环境的同时，满足居民的生活需要。

（4）生态景观整合：通过对人工环境、开放空间（如公园和广场）、街道桥梁等连接点和自然要素（水路和城市轮廓线）的整合，在节约能源、资源、减少交通事故和空气污染的前提下为所有居民提供便利的城市交通，同时防止水环境恶化，减少热岛效应和对全球环境恶化的影响。

（5）生态意识的培养：帮助人们认识其在与自然关系中所处的位置和应负的环境责任，尊重地方历史文化，诱导人们的消费行为，改变传统的消费方式，增强自我调节的能力，以维持城市生态系统的高质量运行。

1984 年，生态城市建设者提出了建立生态城市的原则，包括以下四方面：

（1）以相对较小的城市规模建立高质量的城市。不论城市人口规模多大，生态城市的资源消耗和废弃物总量应大大小于目前城市和农村的水平。

（2）就近出行。就近出行是建立生态城市的一个重要原则，如果足够多的土地利用类型都彼此邻近，基本生活出行就能实现就近出行。此外，就近出行还包括许多政策性措施。

（3）小规模的集中化。从生态城市的角度看，城市、小城镇甚至村庄在物质环境上应该更加集中，根据参与社区生活和政治的需要，适当分散。

（4）物种多样性有益于健康，在城市、农村和自然的生态区域，多样性都是有益于健康的。这说明建立在混合土地利用理念上的城市是正确的方向。

1996 年，城市生态（urban ecology）组织提出了更加完整的建立生态城市的十项原则：

（1）修改土地利用开发的优先权，优先开发紧凑的、多种多样的、绿色的、安全的、令人愉快的和有活力的混合土地利用社区，而且这些社区靠近公交车站和交通设施。

（2）修改交通建设的优先权，把步行、自行车、马车和公共交通出行方式置于比小汽车方式优先的位置，强调“就近出行”。

（3）修复被损坏的城市自然环境，尤其是河流、海滨、山脊线和湿地。

（4）建设体面的、低价的、安全的、方便的、适于多种民族的、经济实惠的混合居住区。

（5）培育社会公正性，改善妇女、有色民族和残疾人的生活和社会状况。

（6）支持地方化的农业，支持城市绿化项目，并实现社区的花园化。

（7）提倡回收，采用新型适宜技术和资源保护技术，同时减少污染物和危险品的排放。

（8）同商业界共同支持具有良好生态效益的经济活动，同时抑制污染、废物排放和危险有毒材料的生产和使用。

（9）提倡自觉的简单化生活方式，反对过多消费资源和商品。

（10）通过提高公众生态可持续发展意识的宣传活动和教育项目，提高公众的局部环境和生物区域意识。

欧盟“第五框架”的EESD（Energy，Environment and Sustainable Development）研究项目中的“生态城市项目”报告（2005）“Ecocity Book Ⅰ：A Better Place to Live”和“Ecocity Book Ⅱ：Make it Happen”，展现了一幅关于“生态城市”的全面图景（见图7.2），包括了城市物质空间、社会发展、经济运行等各个方面的内容。在这幅图景里，还有许多空格，意喻生态城市的图景可以根据不同社会条件和文化背景，以及研究的进展做进一步补充和完善。这幅“生态城市”的全面图景，既表现出“生态城市”概念的全面性，也体现了开放性。

图7.2　生态城市图景

资料来源：Gaffron et al.（2005）；作者译。

三、生态城市的内涵

生态城市是面向未来生态社会的人类住区系统，其内涵必将反映生态文明思想和系统性思想。随着经济社会的发展，可持续发展与高质量发展的进一步深化与践行。生态城市的内涵将进一步发展、充实和丰富。目前，生态城市内涵可以主要从以下几个层面来理解。

（一）哲学层面

传统城市建设坚持机械论的世界观，以人类中心主义为主要原则，强调人与自然、主体与客体二元分离和对立，认为人不是自然界的一部分，而是独立于自然界而存在的，甚至认为人是自然的主宰；强调对部分的认识，也不承认自然界的价值，主张在人与自然对立的基础上，通过人对自然的改造确立人对自然的统治地位，是一种人类统治自然的哲学。

生态城市建设坚持生态世界观，生态世界观是哲学革命的新产物，体现了生态哲学的思想，也就是从人统治自然的哲学发展到人—自然和谐发展的哲学。它基于对人与自然相互作用的生态学原则的认识，提出世界是相互联系的动态网络结构，人与自然的相互作用广泛关联。生态世界观决定了生态城市应当是在人—自然系统整体协调、和谐的基础上实现自身的发展，其中，人或自然的局部价值都小于人—自然系统统一体的整体价值，其实质是实现人—社会—自然的和谐发展，包含人与人和谐、人与自然和谐、社会与自然系统和谐等内容，其中追求人与自然和谐、社会与自然和谐是基础，实现人与人和谐才是生态城市的目的和根本所在。

（二）经济层面

传统的经济发展模式是以最少的花费、最快的速度、最短的周期去谋取最多的利益，即以“最少、最快、最短、最多”为价值导向去追求经济无限增长，认为经济的不断增长和物质财富的持续增长将带来社会的进步和人们生活的幸福。但这一模式却掩盖了经济增长测量手段本身的合理性、社会财富分配是否公正、人们生活质量是否真正得到提高、人类是否因此付出其他更大的代价等诸多问题的存在。目前，城市建设中仍然使用 GDP、财政收入等偏重经济数量的指标体系来考核城市的建设成果，既不重视自然环境和资源方面的耗费和价值，也不重视人们的实际生活质量，是一种短视经济。

生态城市建设将走向生态经济模式，也就是以人力资本占主体的“内在化”的知识经济，它改变了整个社会生产的产品结构、劳动力结构以及资源与资金的配置，对社会生产体系的组织结构、经济结构进行根本变革，实际上是进行一场新的产业革命。构建生态产业体系，发展生态产业是生态城市建设的主要经济功能。生态产业是智力资源的综合物化，主要生产因素是人才、信息和资金，不直接依赖自然资源。知识成为生态城市资源开发利用的主要方向，从根本上解决资源能源短缺以及资源能源可持续开发利用问题，实现以最少量的能源、资源投入和最低限度的生态环境代价，为社会生产最多、最优质的产品，为人们提供最充分、最有效的服务。生态城市的经济发展是集约内涵式的，重视质量和综合效益，肯定自然资源是有价值的，承认经济与环境都是重要的，体现社会平等和环境责任，经济活动是有益于社会和环境的，资金是“清洁的”、合乎环境伦理的，经济成果的分配是公正的。

（三）技术层面

人类为了生存和发展，需要不断解决人与自然的矛盾，而科学技术为协调人与自然的关系，不断解决人与自然的矛盾，提供了重要的手段和方法。特别是技术体系已经越来越成为社会发展的标志，成为城市建设的重要手段。传统的城市建设是在传统的工业技术体系下进行的。所谓传统的工业技术体系就是第三次产业革命后形成的技术体系。这种体系是唯经济服务，不惜以牺牲环境和资源为代价，从自然界谋求最大的收获量，它是完全根据人的法则产生，单纯从人的利益出发设计的。这种体系是机械论的，不仅以分化和专门化的方式发展，而且过分简化。这种体系是一种线性体系，为了更快更好地取得经济利益，传统物质生产以单个过程的优化为目标，在生产中运用以排放大量的废料和大量消耗资源为特征，是高消耗、低产出和高污染的。

生态城市建设是要在生态技术体系下进行的。生态技术体系是生态城市超越传统城市获得自我发展的物质手段，以信息技术、新能源技术、新材料技术、生物技术、海洋技术和空间技术为主要内容构成。主张和其他生命物种相互依存、共同繁荣，对资源和能源进行可再生利用，只投入少量的能源，只有很低的污染或完全没有污染；它不以经济增长为唯一的目标，还包括人类健康、环境保护、社会安定等目标；是非线形的和循环的，实现资源的多层次利用：将经济效益、生态效益和社会效益有效地统一起来，有着持久的优势和发展前途。生态技术是生态城市得以运转的重要物质手段。

（四）文化层面

传统城市建设建立在人类中心主义基础上，强调人的作用和地位，一切活动以人为中心，人是自然的主宰。在城市建设中表现为挥霍、浪费、放纵、自私、特权、侵略、征服、掠夺、急功近利、历史虚无主义、沙文主义、技术至上主义等，导致城市环境恶化、生态破坏、社会不稳定等，城市建设陷入困境。

生态城市建设以生态文化为基础，生态文化摒弃了人统治自然的“反自然”文化和人类中心主义思想，是一种人—自然协调发展的文化。宏观层面上，生态文化强调人类在自然价值的基础上创造文化价值，又可以在增加文化价值的同时，保护自然价值，实现两者的统一，而不是以损害自然价值的方式实现文化价值，也不是以减少文化价值的方式保护自然价值，从而实现人与自然矛盾的消解，实现双赢式发展。从微观层面上看，生态文化具有反映城市社会生活民主化、多样化、丰富性的多元化特点，即体现从人—自然整体的角度来协调、统一不同背景下文化的发展，使不同信仰、不同种族、不同阶层的人能共同和谐地生活在一起。此外，不仅保持传统文化精华的传承与动态发展的统一，而且在全球化浪潮中保存一种比较完整的具有民族、地域特色的生态文化。生态文化突出表现为崇尚健康、节约、控制、人道、平等、公平、民主、正义、协调、共存、精神追求与物质满足的协调、多种文化的互补与渗透等。

（五）环境层面

生态城市环境层面的内涵主要包括以下方面：

（1）可持续的环境。可持续性是在一定范围内的发展状态。使用可更新的资源数量必须小于其再生量，避免对生态系统造成不可修复的损害。

（2）动态的环境。也就是环境在人类活动和自然力的作用下，保持稳定的运作过程。因此，必须对生物的多样性加以保护，物种的灭绝会导致生态系统的崩溃，使环境的适应能力遭到破坏。

（3）公平的环境。指每个人不论高矮、胖瘦、贫富等都有权享受环境，如面向公众开放的海滩和国家公园便是最好的例子。此外，每个人不论是现在还是将来都有责任确保其所作所为没有影响到其他人享用环境的权利。

（4）系统的环境。一是城市生态环境与区域生态环境之间是密不可分的。城市生态系统本身并不是一个完整的系统，因而也很脆弱，它有很强的依赖性，必须从外部运进大量的能源与物质，并产生大量的废物，仅仅依靠城市自身的净化能力是远远不够的。二是必须将城市历史环境观与现实环境观有机结合。

一个理想的城市形态应当是满足人们的多重需要的，因此，理解生态城市就必须辩证地对待历史与现实环境之间的关系，只强调保护而忽视发展或只强调发展而忽视保护，都不是生态城市所倡导的。只强调保护意味着僵化，只强调发展意味着无知。生态城市的理念拒绝偏颇，而是坚持历史环境与再生的兼顾，历史环境保护与生态环境保护的有机结合。

四、生态城市的特征

生态城市是建立在生态文明基础上的现代经济、文化和区域发展中心，其社会组织形式、结构关系、发展运行模式等与传统的城市相比有着本质不同，具有鲜明的生态文明时代特征，主要表现在如下几个方面。

（一）人与自然的和谐性

传统城市生态系统最突出的特点是对自然生态系统和农业生态系统的否定，主要表现在人口的发展替代和限制了其他生物的发展，人类成为生态系统的主体，植物、动物和微生物成了人类的附庸，在生物链上次级生产者和消费者都是人类自己，能量在各营养级中的流动不再遵守“生态金宁塔”规律。因此，传统城市生态系统要维持稳定和有序，必须有外部生态系统的物质和能量的输入。从这点可以看出，传统城市生态系统与自然生态系统的关系是不和谐的。生态城市则是对传统城市生态系统与自然生态系统不和谐关系的否定，这种否定并不意味着传统城市实体的消失，现有城市的大部分功能仍然是存在的，也是必需的，但是人与自然的关系、人与社会的关系、人与其他物种的关系、社会各群体之间的关系、人的精神等各方面是和谐的、有序的。人回归自然、贴近自然，自然融于生态城市，城市回归自然。在生态城市中人的天性得到充分表现与发挥，文化成为生态城市最重要的功能。高科技已经成为第一生产力，人的智力开发成为生产的第一需要，现有的资源在高科技的作用下得到充分利用。人与自然的关系已经不再是索取与被索取，人们将用自己的行动给大自然以补偿，我们赖以生存的地球环境将被彻底整治。生态城市不仅只是用绿色点缀的人居环境，而是富有生机活力的人与自然和谐的共生体。在这里各物种间和谐共存，人类严格遵守自然生态法则，人不再是生物链的主宰，而是作为自然物种的一员与其他物种和谐共存，人的种群数量将得到有效的控制，自然与人类文化相互适应、共同进化，实现文化与自然的协调。这种和谐性是生态城市的核心内容。

（二）社会生产的高效性

传统的城市生态系统与自然生态系统比较，在能量流动方面具有鲜明的特点：后者的能量流动主要集中在系统内各生物物种之间所进行的动态过程，反映在生物的新陈代谢过程中。而前者由于工业技术革命的出现，使得大部分能量出现在非生物之间的转交和流转，反映在人力制造的各种机械设备的运行过程之中。并且随着城市的发展，它的能量、物资供应地区越来越大，从城市所在的邻近地区到整个国家甚或世界各地。在传递方式上，城市生态系统的能量流动方式要比自然生态系统多，自然生态系统的能量流动主要通过食物网传递，而城市生态系统可通过农业部门、工业部门、运输业部门进行能量传递；在能量流动运行机制上，自然生态系统能量流动是自为的、天然的，而城市生态系统能量流动形式以人工为主，如一次能源转换成二次能源、有用能源等皆依靠人工；在能量生产和消费活动过程中，城市生态系统有一部分能量以三废的形式排入环境，使城市受到污染。

更大的污染还来自生产的方式。传统的城市生产方式是直链式的，而不是循环式的，所以大量的一次性生产废料被直接排放到自然界中，严重污染了我们的生存环境。而生态城市的生产方式则是建立在以知识经济为基础的高新技术之上，这种生产模式一改工业城市时代“高能耗”“非循环”的经济运行机制，从高度依赖自然资源的“外在化”生产转向开发人的智力的“内在化”生产，减少对自然资源的消耗，非物质财富的增长成为经济的主要增长点。同时，在知识生产和基本物质生产中提高一切资源的利用效率，知识、信息运转高效，物质、能量得到多层次分级利用，废弃物循环再生，各行业、各部门之间的共生关系协调，达到物尽其用、地尽其力、人尽其才，各施其能、各得其所，尽可能实现资源的区内闭路循环，减少对外部环境的依赖，实现外部“生态成本”的“内部化”。这样也提高了发展的适应性，从而保持发展的稳定性。

（三）经济增长的可持续性

生态城市是一个可持续发展的城市，它不仅考虑到当代人的利益，同时兼顾后代人的需要。它集经济、环境、社会三方面的优化于一体，体现在经济配置上的效率、生态规模上的足够、社会分配上的公平同时起作用。首先，经济可持续发展是生态城市的核心内容，因为当代城市发展中出现的各种问题都是需要通过经济发展来解决的。生态经济学家巴比尔在《经济、自然资源：不足和发展》一文中把可持续发展定义为“在保持自然资源的质量和其所提供服务的前提下，使经济发展的净利益增加到最大限度”。皮尔斯则认为，可持续发展是“自然资本不变前提下的经济发展，或今天的资源使用不应减少未来的实际收入”。如果说传统城市的经济增长是一种物理上的数量扩张，那么生态城市经济的可持续发展则是一种超越增长的发展，是一种质量上、功能上的不断改善。其次，自然属性决定了地球上的一切资源都是人类赖以生存的基本要素，它存在于地球的表层之中，表现为一定技术条件下能为人类所利用的一切物质、能量和信息，它构成了人类生存的全部物质基础和发展空间。戴利认为，人口增长和生产增长必须不会把人类推向超越资源再生和废物吸纳的可持续环境能力，一旦达到这个临界点，生产和再生产就应该仅仅是替代，物理性增长应该停止，而质量性改进可以继续。最后，社会可持续发展是生态城市的社会属性，它表现为人口增长趋于平稳、经济稳定、市场繁荣、政治安定、社会秩序井然。公众积极参与社会的各项政治、经济、文化、娱乐、新闻和福利事业，社会信息公开，政治体制透明，人们生活在和平、安宁的社会氛围之中。

（四）生态环境的多样性

物种多样性是评价生态城市的一个重要生态学指标。在自然生态系统中，由于自然法则的选择，物种总是朝着多样性发展。农业文明时代，人类为了获取更高的产量总是在农田系统中种植单一的作物，并且不断地对农田施加人力和畜力，以期与自然物种多样化趋势展开抗衡。工业经济时代，人们更是把大量的机械能、化学能施加在农田上，与大自然法则展开抗衡，以期获得更高的净产量。工业发展使得城市规模急剧扩大，侵占了大量的农田，人类开始按照自己的规划建设城市，根本无暇顾及自然界的发展，以及由此给生物圈造成损害。

生态城市时代，人们首先在生态伦理学方面进行深刻的反思，充分意识到物种多样性是生物圈特有的现象。一个群落具有很多物种，形成了错综复杂的生态关系，对于环境的变化和来自群落内部种群的波动，由于有一个较强大的反馈系统，从而可以得到较大的缓冲，使各物种在相互关系中得以保护和发展，而且科学实验已经证明，多样性导致稳定性。

生态城市时代首先改变了人与自然的关系，人类不再是大自然的主人，而仅仅作为大自然生物群落中的一员与其他生物和平共处，人类对大自然不再是一味地索取和掠夺，而是抱着感恩的心情接受大自然的赐予，并精心地维护大自然和我们生存的环境，修补由于大工业时代人类的无知而给地球母亲造成的创伤。生态城市时代还要改变传统城市的单一化、专业化和理性化分割，进行多样性重组。它的多样性不仅仅包括上面提到的生物多样性，还包括更为复杂的城市文化多样性、城市景观多样性、城市功能多样性、城市空间多样性、城市建筑多样性、城市交通多样性、城市选择多样性等更广泛的内容，这些多样性同时也反映了生态城市社会生活民主化、多元化、丰富性的特点，不同信仰、不同种族、不同阶层的人能共同和谐地生活在一起，这是一个理想的和谐社会和民族大家庭。

（五）生态城市的国际性

生态文明时代城市作为一个地区的政治、经济、文化、交通、信息中心具有更加广泛的意义，因为生态平衡不可能在一个地区内实现，它需要在全球范围内对人类的行为进行有效的约束。否则，一个地区内虽然实现了生态环境的有效保护，而相邻地区却在肆无忌惮地破坏着环境，这种破坏仍然会严重影响已经实现生态环境保护的地区。例如，2006～2007 年的暖冬现象使得北极和南极的冰川不断融化，出现大面积的冰带断裂，严重影响了地球不同地区的正常气候，不该出现冰冻的地区出现了大面积暴风雪，应该冰凉的欧洲中部地区却出现了高达 12 摄氏度的高温。暖冬现象的出现与人类向大气层大量排放二氧化碳的行为是有直接关系的。因此欧盟、中国及其他大多数国家都参加了限制向大气层排放二氧化碳的公约，而作为二氧化碳最大的排放国——美国却拒绝在公约上签字。美国二氧化碳的排放量几乎等于其他各国排放量的总和。所以实现全球化生态平衡不是一朝一夕、一城一地的事情，需要全人类的努力。从这个意义上说，生态城市不是一个孤立的概念，而应该把它看成一个开放系统，不时地与它所在的周边环境或区域进行各种生态流输入或输出，它的自身平衡不可能脱离于区域平衡之外而实现，只有互相协调、调剂余缺、优势互补，才可能实现真正意义上的平衡和协调、持续发展。

相对城市所在的区域，地球则是一个更大的时空范围。随着经济全球化、政治全球化、文化全球化热期的到来，任何一个国家和地区已不再孤立和分离，广义的区域观念就是全球观念。因此就广义而言，要实现生态城市这一目标，就需要全球、全人类的共同合作，建立全球生态平衡。我们所赖以生活的地球是由许许多多国家组成，国与国之间有着明显的国界，但是生态环境却是无国界的，生态环境平衡不可能首先在一国内实现。为了保护地球上各种生命体的生活环境及其生存发展，各国必须加强合作，共享技术与资源，共管生物圈，以真正实现人与自然的和谐。只有提高全人类对生态环境的认识，共同携手来保护我们的家园，才有可能保证我们的经济长期、稳定、可持续发展。

第二节　生态城市的基本模式

生态城市概念提出至今，世界上不少国家都在不断探索实践。在生态城市建设过程中，应深刻理解生态城市的内涵是自然—社会—经济相互依赖的复合生态系统，也就是环境友好、社会公平、经济发展的可持续性要求。

为了避免生态环境建设流于形式，在大规模开展生态环境建设的同时，应当以科学严谨的态度去不断检验项目建设后的效能，通过对建成项目采取动态综合绩效评价的方式来检验设计策略和方案实施的有效性，并形成反馈机制，以便进一步对规划设计策略和方法提出有针对性的改进意见。只有这样，才能在不断的实践中总结出有效的、可操作的生态实践知识，以指导和提高未来新的生态城市实践的质量。

市民生态价值观的塑造是生态城市建设的重要软实力。城市的生态环境和文化不能只靠上层决策和管理者的努力，其最根本和高效的途径是自下而上地从公司组织、学校、社区和家庭加强生态意识，共同践行绿色生态的生活方式和工作方式，要“像对待生命一样对待生态环境，形成绿色发展方式和生活方式”。我们要理解市民的生活需求，将生态环境建设融入其生活和工作中，或通过环境建设引导和改变市民的生活方式，潜移默化地提升他们的生态观念和意识，形成生态城市“软实力”。

一、田园城市

霍华德于1898年出版《明日：一条通往真正改革的和平道路》一书，提出建设新型城市的方案。1902年修订再版更名为《明日的田园城市》。

霍华德针对当时的城市，尤其是像伦敦这样的大城市所面临的拥挤、卫生等方面的问题，提出了一个兼有城市和乡村优点的理想城市——田园城市，以作为他对这些问题的解答。1919年，英国“田园城市和城市规划协会”经与霍华德商议后，明确提出田园城市的含义：田园城市是为健康、生活以及产业而设计的城市，它的规模能足以提供丰富的社会生活，但不应超过这一程度；四周要有永久性农业地带围绕，城市的土地归公众所有，由一委员会受托掌管。

霍华德提出了一个有关建设田园城市的论证，即著名的三种磁力的图解。这是一个关于规划目标的简练的阐述，即现在的城市和乡村都具有相互交织着的有利因素和不利因素。城市的有利因素在于获得职业岗位和享用各种市政服务设施的机会。不利因素为自然环境的恶化。乡村有极好的自然环境。霍华德盛赞乡村是一切美好事物和财富的源泉，也是智慧的源泉，是推动产业的巨轮，那里有明媚的阳光新鲜的空气，也有自然的美景，是艺术、音乐、诗歌的灵感之源。但是乡村中没有城市的物质设施与就业机遇，生活简朴而单调。霍华德提出“城乡磁体”，认为理想的城市，应兼有城与乡二者的优点，并使城市生活和乡村生活像磁体那样相互吸引、共同结合。这个城乡结合体称为田园城市，是一种新的城市形态，既具有高效能与高度活跃的城市生活，又兼有环境清静、美丽如画的乡村景色，并认为这种城乡结合体能产生人类新的希望、新的生产与新的文化。

霍华德设想的田园城市包括城市和乡村两个部分。城市四周为农业用地所围绕；城市居民经常就近得到新鲜农产品的供应；农产品有最近的市场，但市场不只限于当地。田园城市的居民生活于此，工作于此。在田园城市的边缘地区设有工厂企业。城市的规模必须加以限制，每个田园城市的人口限制在3万人，超过了这个规模，就需要建设另一个新的城市，目的是为了保证城市不过度集中和拥挤，以免产生各类已有大城市所产生的弊病，同时也可使每户居民都能极为方便地接近乡村自然空间。这样，居民点就像细胞增殖那样，在绿色田野的背景下，呈现为多中心的复杂的城镇集聚区。霍华德还设想，若干个田园城市围绕着中心城市（中心城市的规模略大些，建议人口为58000人），田园城市实质上就是城市和乡村的结合体，并形成一个“无贫民窟无烟尘的城市群”。霍华德把这种多中心的组合称为“社会城市”。遍布全国的将是无数个城市组群。城市组群中每一座城镇在行政管理上是独立的，而各城镇的居民实际上属于社会城市的一个社区。他认为，这是一种能使现代科学技术和社会改革目标充分发挥各自作用的城市形式。由此可见，霍华德规划的重点在于利用一系列小型的、精心规划的市镇来取代大都会，达到减少大都会人口的目的，同时提高所有居民的居住生活品质。而这些小市镇群都建立在大自然中，因此，无论从任何一方面来说，都有大城市所没有的优点。在这个城市群中，城区用地占总面积的1/6（每一个田园城市的总用地为6000英亩，1英亩=0.405公顷），四周的农业用地占5000英亩。在这6000英亩土地上，居住着32000人，其中30000人住在城市，2000人散居在乡间。疏散过分拥挤的城市人口，使居民返回乡村他认为此举是一把“万能钥匙”，可以解决城市的各种社会问题。这些田园城市整体上呈圈状布置，借助于快速的交通工具（铁路）只需要几分钟就可以往来于田园城市之间。每个田园城市都由农业用地所包围，其中包括耕地、牧场、果园、森林以及其他相应的设施，如农业学院、疗养院等，作为永久保留的绿带，农业用地永远不得改作他用。从而达到“把积极的城市生活的一切优点同乡村的美丽的一切福利结合在一起”的目的。

霍华德不仅提出了田园城市的设想，而且以图解的形式描述了理想城市的原型。田园城市的城区平面呈圆形，半径约1240码（1码=0.9144米），由中心及内环（生活区）、中环（商业和娱乐区）、中外环（工业区）和外环（农业区和田园区）4层环带组成。中央是一个面积约145英亩的公园，有6条主干道从中心向外辐射，把城市分成6个扇形地区。在其核心部位布置一些独立的公共建筑（市政厅、音乐厅、图书馆、剧场、医院和博物馆），在公园周围布置一圈玻璃廊道（霍华德称之为“水晶宫”）用做室内散步场所，与这条廊道连接的是一个个商店。在城市直径线的外1/3处设一条环形的林荫大道，并形成补充性的城市公园，林荫大道的两侧均为居住用地。在居住建筑地区中，布置了学校和教堂。在城区的最外圈建设有各类工厂、仓库和市场，一面对着城区最外层的环形道路，一面对着环形的铁路支线，交通非常方便。霍华德提出，为减少城市的烟尘污染，必须以电为动力源，城市垃圾应用于农业。

在描述和解释了田园城市构想的基础上，霍华德还为实现田园城市的理想进行了细致的考虑，他对资金的来源、土地的分配、城市财政的收支、田园城市的经营管理等都提出了具体的建议。他认为，工业和商业不能由公营垄断，要给私营以发展的条件。但是，城市中的所有土地必须归全体居民集体所有，使用土地必须交付租金。城市的收入全部来自租金，在土地上进行建设、聚居而获得的增值仍归集体所有。霍华德于1899年组织了田园城市协会，宣传他的主张。1903年组织“田园城市有限公司”，筹措资金，在距伦敦56千米的地方购置土地，建立了第一座田园城市——莱奇沃思。该城市的设计在霍华德的指导下，在较好地适应了当地地形条件的情况下，体现了霍华德的一些想法，其中的一些要素也基本上是按照霍华德提出的原型进行布置和安排的。1920年又在距伦敦西北约36千米的韦林开始建设第二座田园城市。田园城市的建立引起社会的重视，欧洲各地纷纷效法，但多数只是照搬“田园城市”的名称，实质上是城郊的居住区。

霍华德针对现代社会出现的城市问题，把城市和乡村结合起来，提出带有先驱性的规划思想：他就城市规模、布局结构、人口密度、绿带等城市规划问题，提出系列独创性的见解，是一个比较完整的城市规划思想体系。霍华德的田园城市理论反映了当时人们对保护城市自然生态环境的渴望和研究，蕴含了一定的生态哲理。田园城市理论对现代城市规划思想起了重要的启蒙作用，对后来出现的一些城市规划理论，如“有机疏散”论、卫星城镇的理论颇有影响。20世纪40年代以后，在一些重要的城市规划方案和城市规划法规中也反映了霍华德的思想。

二、山水城市

山水城市的构想，最早是在1990年中国著名科学家钱学森教授给清华大学吴良镛教授的一封信里提出来的。他提出能不能把中国的山水诗词、中国古典园林建筑和中国的山水画融合在一起，创立“山水城市”。山水城市的第一个含义是人与自然的和谐统一。钱学森别出心裁地建议用中国的园林艺术来改造中国现代工业城市的弊端。钱学森谈到大城市和中心城市的美化问题时说："要以中国园林艺术来美化，使我们的大城市比起国外的名城更美，更上一层楼。……让园林包围建筑，而不是建筑群中有几块绿地。应该用园林艺术来提高城市环境质量。"

他不用园林来称呼城市，而是用山水来称呼，是因为他同时也熟悉中国的山水诗词和山水画，认为园林只是山水中的一部分，山水含有更高的境界，那就是历代中国山水诗人和山水画家的精湛艺术所凝练成的人与自然统一的、天人合一的境界。他说所谓"城市山水"即将我国山水画移植进城市建设，把中国园林构筑艺术应用到城市大区域建设；加强现代建筑技术和现代建筑与中国园林学的结合，如立体高层结构可以搞一些高低层布局，并且进行立体绿化，不是简单地用攀援植物，而是在建筑物的不同高度设置适宜种花草树木的地方和垫面层，让古松侧出高楼，把黄山、峨嵋山的自然景色模拟到城市中来，将现代科学技术和园林学结合起来；在高层建筑的侧面种一些攀援植物，再砌筑高层的树坛种上松树，看起来和高山一样，这也是用中国的园林艺术来加以美化的办法。

钱学森的山水城市强调自然环境与人工环境的协调发展，最终目的是为了人。这是山水城市的第二个主要含义。他强调城市是人的居住点，"所谓城市，也就是人民的居住点或区域，也就是大大小小的人民聚集点形成的结构，这种结构是由人的社会活动需要形成的。"他要求给人们提供的居室温暖、凉爽、有湿度和舒适。它是有生物气候调节功能的开放空间，在这方面，两者有共同之处。

他对北京四合院那种良好的人文环境是赞赏的，建议像吴良镛教授主持的北京菊儿胡同危旧房改建那样吸取旧四合院的合理部分，又结合楼房建筑而成为"楼式四合院"，在其中再布置些"老北京"的花卉盆、荷花缸、养鱼缸等，创造一个美丽的充满人情味的庭院。他设想在现代化的楼里也可以设绿地园林，将每个小区建成人们和谐生活的乐园，人们"生活在小区，工作在小区，有学校，有商场，有饮食店，有娱乐场所，日常生活工作都可以步行来往，又有绿地园林可以休息，这是把古代帝王所享受的建筑、园林，让现代中国的居民百姓也享受到"。

山水城市的第三个含义，是城市的建设必须将中国古典文化传统与外国先进的文化和建筑技术结合起来，将传统与未来结合起来。他强调在山水城市中，文物必须保护，并加以科学的维修，而不仅是粉饰一新。他惋惜北京的城墙、城门楼拆得太干净，不断寻找不但“把古都风貌夺回来”，而且可以增添古都风貌的办法。钱学森的山水城市模式是与他对城市学的提倡一起提出来的，是深入研究并自觉运用系统论的产物，这是山水城市的第四个含意。在山水城市的论述中他首先强调城市的体系，认为一个城市的科学体系是搞好城市建设规划发展战略所必须建立的。在此基础上，他重点强调了在城市的规划和建设中，必须运用系统论，并做了详细的论述：他指出城市科学涉及繁多的学科如城市建筑学、城市道路学、城市通信学、城市环境美学、城市规划学等等；意识到每个城市都是复杂的集合体，必须用系统科学的观点和方法来研究。在运用系统方法时，他论述了诸多的辩证关系，如传统与现代和未来的关系，中国与外国的关系，园林与山水的关系，城市变与不变的关系，城市功能稳定与迅速发展相统一的关系，整体与局部的关系，世界一体化与保持中国特色的关系，以及系统论所涉及的各种关系。这样的分析和把握是深得系统论精髓的。

国内有关专家对钱学森教授的“山水城市”概念又进一步从 7 个方面作了阐发：

（1）“山水城市”是具有深刻人民性的概念；

（2）“山水城市”反映了人们对城市环境的一种理解；

（3）“山水城市”是对城市环境中的生态环境、历史背景和文化脉络作综合考虑的结果；

（4）“山水城市”应该有中国的文化风格；

（5）建设“山水城市”与城市现代化是并行不悖的；

（6）“山水城市”这个概念是从整个城市的角度来理解的；

（7）“山水城市”还应该是有层次的。

因此，“山水城市”的根本宗旨在于为人们的“生活、工作、学习和娱乐”提供一个优美、宜人的人居环境，能够满足人们各方面的物质和精神需求。可以说，“山水城市是具有中国特色的生态城市”。

三、健康城市

健康城市的概念最早由世界卫生组织（WHO）提出。早在 1979 年，世界卫生组织就发布了《2000 年世界全民健康战略》，旨在为世界各国各族人民的身体健康提供宏观指导。1984 年，世界卫生组织在“超级卫生保健——多伦多 2000 年”大会上首次提出“健康城市”理念。1986 年，世界卫生组织建立《渥太华健康促进宪章》，提出五大发展策略，并在随后的里斯本会议中详细阐述了健康城市应具备的 11 项功能，健康城市计划/运动逐步走向实质阶段。1989 年，世界卫生组织又提出四维健康新概念，即健康包括躯体健康（physical health）、心理健康（psychological health）、社会健康（good social adaptation）和道德健康（ethical health），健康的概念逐渐宽泛与多元化。1993 年，世界卫生组织组织了全球第一次国际健康城市大会，引起社会各界的强烈反响。1998 年，世界卫生组织欧洲区成员国共同组建了全民健康框架，即《21 世纪健康》，并提出了欧洲区健康发展的 21 项目标。新世纪以来，世界卫生组织仍致力于健康城市的推动工作，为全世界各城市的健康发展提供最宏观的战略指导。

那么“健康城市”的含义是什么呢？根据世界卫生组织的定义，一个健康城市应该是由健康的人群、健康的环境和健康的社会有机结合的一个整体，应该能不断地改善环境、扩大社区资源，使城市居民能互相支持，以发挥最大的潜能。这个定义表明了健康城市活动应该尽力达到改善自然和社会环境的目标。如果一个城市承诺其能够改善并维系自然和社会环境，提高市民的生活质量和健康水平，那么它就可以开展健康城市活动，成为健康城市。开展健康城市活动至关重要的一环是使尽可能多的健康相关问题融入整个城市的发展和管理工作中。

健康城市追求的是以人为本，把健康作为人类发展的中心。这正是人类共同关心的主题。健康城市行动战略的目的是：通过提高居民的参与意识，动员居民参加各种与健康有关的活动，充分利用各种资源来改善环境和卫生条件，帮助他们获得更加有效的环境和卫生服务，特别是针对低收入人群。而其首要目标是充分发挥当地政府在公共卫生健康方面的作用，鼓励地方政府履行从大众健康出发的政策。

自世界卫生组织提出健康城市的概念以来，国外特别是欧美等发达国家与地区迅速参与到“健康城市项目”中，并始终保持对健康城市指标/评价体系的探索与研究。世界卫生组织健康城市指标体系的构建、发展与完善经历了“由多到少、从繁至简”的反复过程。1996 年，世界卫生组织提出了建设健康城市的 10 项标准，为各国开展健康城市项目提供了基础性的参考（见表 7.1）。

表 7.1　　　　世界卫生组织健康城市建设 10 项标准

序号	内容
1	清洁和安全的高质量的城市环境
2	持久可靠的生态系统
3	居民在决策方面的高度参与
4	满足人们的基本需要
5	提供居民之间的广泛交流机会
6	经济发展富有活力
7	相互兼容的机制
8	改善健康服务质量，使更多市民享受健康服务
9	促使市民健康长寿
10	少患疾病

资料来源：陈钊娇和许亮文（2013）.

在此之后，世界卫生组织提出了共计 12 类 338 项细分指标的可量化健康城市评估体系，其中社区作用及行动 49 项、人群健康 48 项、家居与生活环境 30 项、保健福利及环境卫生服务 34 项、教育及授权 26 项、环境质量 24 项、人口学统计 22 项、生活方式和预防行为 20 项、城市基础设施 19 项、就业及产业 32 项、收入及家庭生活支出 17 项以及地方经济 17 项。然而，在实际操作与实施过程中，庞杂的指标系统和繁重的统计工作严重阻碍了健康城市的评估与监控。因此，世界卫生组织基于各国的反馈意见而不断删减、修订与完善，最终保留了 4 大类 32 项推荐指标（见表 7.2）。

表 7.2　　　　世界卫生组织健康城市指标体系

<table>
<tr><th>大类</th><th>中类</th></tr>
<tr><td rowspan="3">健康人群</td><td>总死亡率</td></tr>
<tr><td>死因统计</td></tr>
<tr><td>低出生体重比率</td></tr>
<tr><td rowspan="7">健康服务</td><td>现行卫生教育计划数量</td></tr>
<tr><td>儿童完成预防接种的百分比</td></tr>
<tr><td>每位基层的健康照料护理者所服务的居民数</td></tr>
<tr><td>每位护理人员服务居民数</td></tr>
<tr><td>健康保险的人口百分比</td></tr>
<tr><td>基层健康照料护理者提供非官方语言服务的便利性</td></tr>
<tr><td>政府部门每年检视健康相关问题的数量</td></tr>
</table>

续表

大类	中类
健康环境	空气质量
	水质
	污水处理率
	家庭废弃物收集质量
	家庭废弃物处理质量
	绿化覆盖率
	绿地的可及性
	闲置的工业用地
	运动休闲设施
	人行空间（徒步区）
	自行车道分布
	公共交通每千人座位数
	公共交通服务范围
	生存空间（每位居民的房间数）
健康社会	居民居住在不合居住标准的房屋中的比例
	无业者数量
	失业率
	居民收入低于平均所得的比例
	托儿所的比例
	小于 20 周、20～34 周、35 周以上活产儿的百分比
	残障者就业率

资料来源：世界卫生组织官方网站。

四、绿色城市

1990 年，大卫·戈登（David Gordon）在《绿色城市》一书中提出：

（1）绿色城市是生物材料与文化资源以最和谐的关系相联系的凝聚体，生机勃勃，自养自立，生态平衡；

（2）绿色城市在自然界中具有完全的生存能力，能量的输出与输入达到平衡，甚至能够输出能量，产生剩余价值；

（3）绿色城市保护自然资源，依据最小需求原则消除或减少废物，对不可避免产生的废物则进行循环再生利用；

(4) 绿色城市拥有广阔的开放自然空间（公园、花园、农场、河流小溪、海岸线、郊野等）以及与人类同居共存的其他物种（动物、植物等）；

(5) 绿色城市强调最重要的是维护人类健康，鼓励人类在自然环境中生活、工作、运动、娱乐，以及摄取有机的、新鲜的、非化学的和不过分烹制的食物；

(6) 绿色城市中的各组成要素（人、自然、物质产品、技术等）要按美学原则加以规划安排，基于想象力、创造力及自然的关系；

(7) 绿色城市是一个充满快乐和进步的地方，要提供全面的文化发展。

(8) 绿色城市是城市与人类社区科学规划的最终成果，它对现存庞大、丑陋、病态、腐败以及糟蹋性开发的城市中心是一个挑战，它提供面向未来文明进程的人类生存地和新空间。按照这样的标准建设的城市为生态健康城市。

第三节　新时代中国生态城市建设——以海绵城市为例

一、"海绵城市"提出的背景

当今中国正面临着各种各样的水危机：水资源短缺、水质污染、洪水、城市内涝、地下水位下降、水生物栖息地丧失等，问题非常严重。这些水问题的综合征带来的水危机并不是水利部门或者某一部门管理下发生的问题，而是一个系统的、综合的问题，我们亟须一个更为综合全面的解决方案。"海绵城市"理论的提出正是立足于我国的水情特征和水问题。

(1) 地理位置与季风气候决定了我国多水患，洪涝、干旱等灾害同时并存。我国降水受东南季风和西南季风控制，年际变化大，年内季节分布不均，主要集中在6~9月，占到全年的60%~80%，北方甚至占到90%以上，同时，我国气候变化的不确定性带来了暴雨洪水频发、洪峰洪量加大等风险，导致每年夏季成为内涝多发时期。同时，由于汛期洪水峰高量大，绝大部分未得到利用和下渗，导致河流断流与洪水泛滥交替出现，且风险越来越高。

(2) 快速城镇化过程伴随着水资源的过度开发和水质严重污染。我国对水资源的开发空前过度，特别是北方地区，黄河、塔里木河、黑河等河流下游出现断流局面，湿地和湖泊大面积消失。地下水严重超采的问题也日益加剧，全国地下水超采区面积已达到19万平方千米，北方许多地下水降落漏斗区已面临地下水资源枯竭的严重危机。同时，我国的地表水水质状况不容乐观。

（3）不科学的工程性措施导致水系统功能整体退化。城市化和各项灰色基础设施建设导致植被破坏、水土流失、不透水面增加，河湖水体破碎化，地表水与地下水连通中断，极大改变了径流汇流等水文条件，总体趋势呈现汇流加速、洪峰值高。直至今日，我们依然热衷于通过单一目标的工程措施，构建“灰色”的基础设施来解决复杂、系统的水问题，结果却使问题日益严重，进入一个恶性循环。狭隘的、简单的工程思维，也体现在（或起源于）政府的小决策和部门分割、地区分割、功能分割的水资源管理方式。水本是地球上最不应该被分割的系统，可是我们目前的工程与管理体制中，却把水系统分解得支离破碎：水和土分离；水和生物分离；水和城市分离；排水和给水分离；防洪和抗旱分离。这些都是简单的工程思维和管理上的“小决策”，直接带来了上述综合性水问题的爆发。所以，解决诸多水问题的出路在于回归水生态系统来综合地解决问题。

二、“海绵”的哲学

以“海绵”来比喻一个富有弹性，具有自然积存、自然渗透、自然净化等特征的生态城市，其中包含深刻的哲理，强调将有化为无，将大化为小，将排他化为包容，将集中化为分散，将快化为慢，将刚硬化为柔和。诚如老子所言“道恒无为，而无不为”，这正是“海绵”哲学的精髓。这种“海绵”哲理包括以下五个方面：

（1）完全的生态系统价值观，而非功利主义的、片面的价值观。稍加观察就不难发现，人们对待雨水的态度实际上是非常功利非常自私的。砖瓦场的窑工，天天祈祷明天是个大晴天；而久旱之后的农人，则天天到龙王庙里烧香，祈求天降甘霖，城里人却又把农夫的甘霖当祸害。同类之间尚且如此，对诸如青蛙之类的其他物种就更无关怀和体谅可言了。“海绵”的哲学是包容，对这种以人类个体利益为中心的雨水价值观提出了挑战，它宣告：天赐雨水都是有其价值的，不仅对某个人或某个物种有价值，对整个生态系统而言都具有天然的价值。人作为这个系统的有机组成部分，是整个生态系统的必然产物和天然的受惠者。所以，每一滴雨水都有它的含义和价值，“海绵”

珍惜并试图留下每一滴雨水。

（2）就地解决水问题，而非将其转嫁给异地。把灾害转嫁给异地，是几乎一切现代水利工程的起点和终点，诸如防洪大堤和异地调水，都是把洪水排到下游或对岸，或把干旱和水短缺的祸害转嫁给无辜的弱势地区和群体。“海绵”的哲学是就地调节旱涝，而非转嫁异地。中国古代的生存智慧是将水作为财富，就地蓄留——无论是来自屋顶的雨水，还是来自山坡的径流，因此有了农家天井中的蓄水缸和遍布中国广大土地的陂塘系统。这种“海绵”景观既是古代先民适应旱涝的智慧，更是地缘社会及邻里关系和谐共生的体现，是几千年来以生命为代价换来的经验和智慧在大地上的烙印。

（3）分散式的，而非集中式的。中国常规的水利工程往往是集国家或集体意志办大事的体现，在某些情况下这是有必要的。但集中式大工程，如大坝蓄水、跨流域调水、大江大河的防洪大堤、城市的集中排涝管道等，失败的案例多而又多。从当代的生态价值观来看，与自然过程相对抗的集中式工程并不明智，也往往不可持续。而民间的分散式或民主式的水利工程往往具有更好的可持续性。古老的民间微型水利工程，如陂塘和水堰，至今仍充满活力，受到乡民的悉心呵护。非常遗憾的是，这些千百年来滋养中国农业文明的民间水利遗产，在当代却遭到强势的国家水利工程的摧毁。“海绵”的哲学是分散，由千万个细小的单元细胞构成一个完整的功能体，将外部力量分解吸纳，消化为无，构筑了能满足人类生存与发展所需的伟大的国土生态海绵系统。

（4）慢下来而非快起来，滞蓄而非排泄。将洪水、雨水快速排掉，是当代排洪排涝工程的基本信条。所以三面光的河道截面被认为是最高效的，所以裁弯取直被认为是最科学的，所以河床上的树木和灌草必须清除以减少水流阻力也被认为是天经地义的。这种以“快”为标准的水利工程罔顾水文过程的系统性和水文系统主导因子的完全价值，以至于将洪水的破坏力加强、加速，将上游的灾害转嫁给下游：将水与其他生物分离，将水与土地分离，将地表水与地下水分离，将水与人和城市分离；使地下水得不到补充，土地得不到滋养，生物栖息地消失。“海绵”的哲学是将水流慢下来，让它变得心平气和，而不再狂野可怖；让它有机会下渗，滋养生命万物；让它有时间净化自身，更让它有机会服务人类。

（5）弹性应对，而非刚性对抗。当代工程治水忘掉了中国古典哲学的精髓——以柔克刚，却崇尚起“严防死守”的对抗哲学。中国大地已经几乎没有一条河流不被刚性的防洪堤坝所捆绑，原本蜿蜒柔和的水流形态，而今都变成刚硬直泄的排水渠。千百年来的防洪抗洪经验告诉我们，当人类用貌似坚不可摧的防线顽固抵御洪水之时，洪水的破堤反击便不远矣——那时的洪水便成为可摧毁一切的猛兽，势不可挡。“海绵”的哲学是弹性，化对抗为和谐共生。如果我们崇尚“智者乐水”的哲学，那么，治水的最高智慧便是以柔克刚。

三、“海绵城市”规划建设的内涵

水环境与水生态问题是跨尺度、跨地域的系统性问题，也是互为关联的综合性问题。诸多水问题产生的本质是水生态系统整体功能的失调，因此解决水问题的出路不在于河道与水体本身，而在于水体之外的环境。解决城乡水问题，必须把研究对象从水体本身扩展到水生态系统，通过生态途径，对水生态系统结构和功能进行调理，增强生态系统的整体服务功能：供给服务、调节服务、生命承载服务和文化精神服务，这四类生态系统服务构成水系统的一个完整的功能体系。因此，从生态系统服务出发，通过跨尺度构建水生态基础设施，并结合多类具体技术建设水生态基础设施，是“海绵城市”的核心。

“海绵”即是以景观为载体的生态基础设施。完整的土地生命系统自身具备复杂而丰富的生态系统服务，每一寸土地都具备一定的雨洪调蓄、水源涵养，雨污净化等功能，这也是“海绵城市”构建的基础。对这些生态服务具有关键作用的土地及空间关系，构成一个水生态基础设施——即“海绵体”。有别于传统的工程性的、缺乏弹性的灰色基础设施，生态基础设施是个生命的系统，它不是因为单一功能目标而设计，而是用来综合地、系统地、可持续地来解决水问题，包括雨涝调蓄、水源保护和涵养、地下水回补、雨污净化、栖息地修复、土壤净化等。所以，“海绵不是一个虚的概念，它对应着的是实实在在的景观格局；构建“海绵城市”即是建立相应的水生态基础设施，这也是最为高效和集约的途径。

“海绵城市”建设需以跨尺度的生态规划理论和方法体系为基础。“海绵城市”的构建需要在不同尺度上进行，与现行的不同尺度的国土和区域规划及城市规划体系相衔接：（1）宏观的国土与区域海绵系统，“海绵城市”的构建在这一尺度上重点是研究水系统在区域或流域中的空间格局，即进行水生态安全格局分析，并将水生态安全格局落实在土地利用总体规划和城市总体规划中，成为国土和区域的生态基础设施。（2）中观的城镇海绵系统，主要指城区、乡镇、村域尺度，或者城市新区和功能区块，重点研究如何有效利用规划区域内的河道、坑塘并结合集水区、汇水节点分布，合理规划并形成实体的"城镇海绵系统"，并最终落实到土地利用控制性规划甚至是城市设计，综合性解决规划区域内滨水栖息地恢复、水量平衡、雨污净化、文化游憩空间的规划设计和建设。（3）微观场地的"海绵体"，"海绵城市"最后必须要落实到具体的"海绵体"包括公园、小区等区域和局域集水单元的建设，在这一尺度对应的则是一系列的水生态基础设施建设技术的集成，包括：保护自然的最小干预技术、与洪水为友的生态防洪技术、加强型人工湿地净化技术、城市雨洪管理绿色海绵技术、生态系统服务仿生修复技术等，这些技术重点研究如何通过具体的景观设计方法让水系统的生态功能发挥出来。

"海绵城市"是古今中外多种技术的集成。"海绵城市"的提出有其深厚的理论基础，又是一系列具体雨洪管理技术的集成和提炼，是大量实践经验的总结和归纳。可以纳入到"海绵城市"体系下的技术应该包括以下三类：第一，让自然做工的生态设计技术。自然生态系统生生不息，为维持人类生存和满足其需要提供各种条件和过程，生态设计就是要让自然做工，强调人与自然过程的共生和合作关系，从更深层的意义上说，生态设计是一种最大限度地借助于自然力的最少设计。第二，古代水适应技术遗产。先民在长期的水资源管理及与旱涝灾害适应的过程中，积累了大量具有朴素生态价值的经验和智慧，增强了人类适应水环境的能力。在城市和区域尺度，古代城乡聚落适应水环境方面的已有研究散见于聚落地理方面的研究。同时，古代人民还创造了丰富的水利技术，例如我国有着2500年的陂塘系统，它同时提供水文调节、生态净化、水土保持、生物多样性保护、生产等多种生态系统服务。第三，当代西方雨洪管理的先进技术，包括LD技术、水敏感城市设计等。

四、江西省萍乡海绵城市建设概况

（一）背景情况

近代以来，得益于优越的资源禀赋和良好的区位条件，江西省萍乡市成为中国近代工业的主要发祥地之一，被誉为"江南煤都""工运摇篮"。以煤炭开采为核心的工业文明给萍乡带来了蓬勃发展的生机与动力，萍乡快速由萍水河畔的赣西小镇发展成为闪耀在赣湘边际的一颗璀璨明珠。

褪去光荣而厚重的历史光环，萍乡“两老一枯竭”（革命老区、百年老工矿，资源枯竭）问题凸显。萍乡传统产业结构单一，严重依赖资源。新世纪以来，资源日渐枯竭，传统产业萎缩，经济缺乏新动能，城市发展举步维艰。同时早期城市无序扩张带来的种种后遗症逐步显现：老城区生态空间匮乏、市政基础设施薄弱、洪涝灾害频发。特别是洪涝灾害问题，是长期困扰萍乡城市发展的一个顽疾。老城区 4 处历史内涝区逢暴雨必内涝，84 处地势低洼的潜在易涝点内涝积水风险高。以内涝积水最严重的万龙湾内涝区为例，2016 年 7 月 8 日降雨 79.8 毫米，万龙湾内涝面积 1.2 平方千米，最大积水深度超过 1 米，近 4000 户、1.5 万人受灾，财产损失高达上千万元。城市与自然、人与水之间的矛盾凸显。

人水矛盾与资源枯竭的现实压力困扰着萍乡的持续发展。传统的发展模式已经难以为继，转型才是萍乡的唯一出路。萍乡的转型，一方面要克服人水矛盾带来的诸多城市顽疾，重构和谐的人水关系，推动城市绿色发展；另一方面要摆脱过度依赖资源的产业局限，构建新型产业体系，探寻出一条可持续的发展路径。

习近平总书记 2013 年 12 月 12 日在中央城镇化工作会议上提出海绵城市是全新的城市建设发展理念，传承了中国古代城市建设“天人合一、道法自然”的深厚思想与文化底蕴，是中国针对城市发展过程中水安全、水环境、水资源等问题提出的全新系统性解决方案，对于破解日益突出的人水矛盾、重构和谐的人水关系具有重要意义。萍乡市敏锐地认识到：海绵城市试点建设是践行城市生态文明与绿色发展的重要抓手，推动供给侧改革的关键举措，城市发展转型凝聚新动能的有效途径，完善城市基础设施体系、解决城市痼疾的重要机遇。

（二）主要做法

2014 年 12 月 31 日，财政部、住房城乡建设部、水利部决定开展中央财政支持海绵城市建设试点工作。萍乡市委、市政府高度重视海绵城市试点建设机遇，积极争取试点机会，2015 年成功入选全国第一批海绵城市建设试点。

自 2015 年海绵城市试点建设工作开展以来，萍乡市积极开展技术创新、体制机制创新、投融资模式创新，集中优势资源和力量，从试点区扩大到全市范围全面推进海绵城市试点建设工作。探索并提炼出了以“践行三项理念、坚持一条主线、夯实六个支撑”为核心的江南丘陵地区海绵城市建设的萍乡模式。“绿色发展理念”“系统建设理念”和“以人民为中心的发展理念”，这三种理念是萍乡海绵城市建设的基本遵循和行动指南；“全域管控—系统构建—分区治理”的技术路径是萍乡海绵城市建设过程中始终坚持的一条主线；组织保障、制度体系、技术支撑、模式创新、海绵产业、城市转型六个具体策略则是萍乡海绵城市建设科学、高效、有序推进的基本保障。

1. 树立三种理念，为海绵城市建设提供基本遵循

树立绿色发展理念，处理好发展与保护之间的关系。习近平总书记指出：“推动形成绿色发展方式和生活方式，是发展观的一场深刻变革。这就要坚持和贯彻新发展理念，正确处理经济发展和生态环境保护的关系，像保护眼睛一样保护生态环境，像对待生命一样对待生态环境。”萍乡深刻领会加强生态文明建设的重大意义，结合海绵城市建设和城市双修，全面开展了矿山生态修复、废弃林地改造、河湖水系与湿地生态系统修复等一系列环境修复整治工作，将高坑煤矿等废弃矿区改造成生态休闲公园与光伏电站，将百年老矿安源煤矿改造成矿山公园，将聚龙公园与横龙公园等废弃林地改为高品质森林公园，新建萍水湖湿地公园、翠湖湿地公园，改造玉湖公园、鹅湖公园，开展萍水河与五丰河生态修复。大规模的生态修复与建设工作有效解决了过去资源过度开发带来的种种生态环境问题，有效遏制了生态环境的恶化趋势。全区域管控制度的建立和以海绵城市建设为抓手的绿色发展方式的确立与实施，让萍乡在思想上牢固地树立绿色发展理念，在行动上坚定地处理协调好发展与保护的关系。

树立系统建设理念，构建系统化海绵城市建设体系。海绵城市建设是一项复杂的系统工程，与单一工程项目相比，在目标设定、方案设计、工程实施、建设管理等方面都具有高度的复杂性。为充分发挥海绵城市建设综合效益，必须树立系统建设观，始终坚持全面、系统、平衡推进海绵城市建设工作。在海绵城市试点建设过程中，萍乡很好地克服了“唯海绵而海绵”的片面认识，把提高水安全、改善水环境、恢复水生态、涵养水资源、复兴水文化的相关要求有机融入海绵城市建设总体要求中。在建设独具江南特色的海绵萍乡的总体目标引领下，提出了涵盖防涝、防洪、河湖水质、径流与径流污染控制、生态岸线修复、天然水域保护、雨水利用等一系列多角度、多层

次的海绵城市建设具体指标要求。倡导“海绵+”理念，把海绵城市建设与旧城更新、市政基础设施补短板、改善人居环境、提升城市服务质量有机结合，在此基础上，形成海绵城市建设系统方案，确保工程体系与建设目标相匹配，整体推进工程系统建设，实现建设效益的最大化。

树立以人民为中心的理念，把为民造福的事情真正办好办实。试点建设之初，许多百姓对海绵城市建设不理解、不支持，担心自己的居住环境受到影响，不愿甚至反对改造。针对这一问题，萍乡开辟电视专题节目、报刊专栏，举办海绵城市专场文艺演出，广泛宣传海绵城市的内涵和意义。建设海绵城市展示馆，运用展板、模型展示、专题片等形式让广大市民了解海绵城市的规划、建设情况。组织工作人员对老城区老旧小区进行全面走访，深入了解小区存在的主要问题和群众诉求。突出示范作用，选择市建设局（市总工会）、原市国土资源局等12个机关小区进行示范改造，让广大市民亲身体验改造后的效果，打消了群众的疑虑。试点区内二十多个原本持观望、怀疑态度的单位和社区，主动申请进行海绵改造。广大市民自发送水、送水果慰问施工人员，向建设单位赠送锦旗，形成了全社会参与、支持海绵城市建设的良好氛围。

在以人民为中心的发展思想指导下，萍乡将海绵城市建设与城镇棚户区改造、老旧小区更新、市政道路及公共设施改造、公共绿色空间建设等工程有机结合，改善人居环境，提升城市品位。萍乡借海绵城市建设之机，打造了金典城、御景园、友谊新村等一系列高品质海绵小区，解决了小区绿化稀少、道路坑洼破损、雨天容易积水等问题；建成了聚龙公园、鹅湖公园、金螺峰公园等一系列公园绿地，城区大部分居民步行1～1.5千米即可到达最近的城市公园；完成了近200条背街小巷改造，改善了百姓出行的“最后一千米”。

2. 坚持一条主线，开拓“全域管控—系统构建—分区治理”的技术路径

萍乡地处湘赣分水岭，为典型的江南丘陵地区，流域范围内大部分为山地、丘陵，平原河谷仅占11%。暴雨时，山洪来势迅猛，河道水位暴涨，平原河谷河段漫堤现象时有发生；雨后，山洪消退，河道缺乏补给水源，河道流量小，旱季近乎干涸。针对这一典型的江南丘陵地区水文特征导致的洪涝灾害频发和水资源短缺并存的现实状况，萍乡创造性提出了“全域管控—系统构建—分区治理”的系统化建设思路。

全域管控。解决丘陵地区洪涝灾害问题，必须摆脱“头痛医头、脚痛医

脚”的固化思维，跳出中心城区的空间局限，在区域、流域空间尺度上研究识别问题成因、厘清问题机理，尊重和顺应自然规律，保护自然生态环境。萍乡强化全区域管控，通过城乡空间规划（多规合一）划定全市域“三区三线”（城镇空间、农业空间、生态空间和城镇开发边界、生态保护红线、基本农田保护红线），保护好“山、水、林、田、湖、草”自然生态空间，充分发挥自然生态空间的雨洪蓄滞作用，减少暴雨时上游来水给中心城区带来的行洪排涝压力，奠定城市与自然生态环境和谐共生的空间格局。

系统构建。为有效解决城市洪涝灾害问题，萍乡侧重于流域蓄排系统的构建，提出了“上截—中蓄—下排”的城市雨洪蓄排系统构建思路。上游建设分洪隧洞，基于河道行洪能力与行洪压力，进行雨洪的优化联合调配。中游布设大型调蓄水体，如萍水湖（调蓄库容 300 万立方米）、玉湖（调蓄库容 50 万立方米）。暴雨时，蓄滞雨洪，削减下泄洪峰流量；雨后，逐步开闸放水，补给城市河流。下游城区段易涝区新建雨水箱涵和排涝泵站，确保暴雨径流快速行泄，解决因排水系统自身问题导致的局部内涝。

分区治理。丘陵地区地形变化较大，不同区域径流特征差异较大，应采用不同的海绵城市建设策略。新城区以目标为导向，尊重并利用自然肌理，保护河流、湖泊、塘堰、滩涂等自然蓄滞空间，奠定新城区“天然海绵体”的本底。通过规划管控，按照海绵城市建设要求有序推进新城区海绵城市建设。老城区以问题为导向，着重解决城市洪涝、水质恶化、水资源短缺等涉水问题，统筹源头减排、过程控制、系统治理各环节，综合运用“渗、滞、蓄、净、用、排”技术手段，因地制宜治理老城区问题。基于“上截—中蓄—下排”城市雨洪蓄排系统，结合城市排水分区，竖向特征、功能特征、问题特征、建设条件等因素，将海绵城市建设试点区划分为 6 个项目片区（新城区 2 个、老城区 4 个），集成海绵城市建设项目 166 个。

实践证明，“全域管控—系统构建—分区治理”的技术路径高度契合萍乡本地实际。海绵城市试点建设前，萍乡每年都会发生多次严重内涝。自 2017 年关键节点工程建设完成后，至今已历经多次暴雨检验，各河流平稳度汛，未发生河水漫堤现象，历史内涝点无一发生内涝。2017 年 6 月，湘赣地区经历了一次持续时间长、范围广、强度大的连续性暴雨天气，主城区累计降雨量 540. 8 毫米，为常年来 6 月降雨量均值 238. 0 毫米的 2. 3 倍，其中日降雨量最大的一天达 94. 2 毫米，但各易涝点液位计监测数据始终未超过警戒线，均未发生内涝积水问题。萍水河水质呈持续好转趋势，化学需氧量、氨氮、总磷等指标均有不同程度下降。

3. 夯实六个支撑，保障海绵城市建设科学、高效推进

加强集中统一领导，为集中力量办大事提供组织支撑。建立高位、高效工作机制，成立由市委书记任组长、市长任第一副组长、分管常委、分管副市长任副组长、各区县主官、各部门一把手组成的海绵城市试点建设工作领导小组，下设专职办公室，分管副市长任主任，从建设、财政、规划、水务等职能部门抽调领导和专业管理人员与原单位脱钩集中办公，具体负责海绵城市试点建设工作的实施。市委书记主持领导小组会，研究部署决策海绵城市建设重大事项。海绵城市试点建设过程中遇到任何困难，首先由责任单位的一把手负责限期解决，跨部门的问题由分管副市长协调解决，对解决问题不力的部门或领导实行严格问责。在强有力的组织保障下，海绵城市试点建设过程中的重重困难和阻力被有效克服，海绵城市理念真正在萍乡落地生根。

强化制度建设，为海绵城市建设提供制度支撑。试点建设之初，海绵城市理念的推广缺乏必要的法律、制度支撑。为使海绵城市理念真正融入城市建设发展的全过程，萍乡建立了一套涵盖规划管控、项目管理、资金管理、PPP（Public-Private Partnership，政府和社会资本合作）项目管理等城市建设全过程制度体系，实现海绵城市建设要求全过程植入。在认真总结试点期海绵城市建设管理经验的基础上，出台《萍乡市海绵城市建设管理规定》作为长效管理机制，明确提出全市城市规划区内所有新建、改建、扩建工程项目都必须按照海绵城市相关要求进行建设，在规划、立项、土地划拨、建设等全过程对项目建设实施有效监管，并将执行情况纳入各县区及部门绩效考核，确保海绵城市理念能在全市范围内得到长效落实，实现了海绵城市建设要求的全域性铺开。

注重顶层设计，为海绵城市建设提供技术支撑。试点之初，海绵城市建设既无规划引领，也无规范指导，如盲目建设易偏离海绵城市建设初衷与方向。为确保海绵城市建设技术路线的科学性和系统性，萍乡组织编制了《萍乡市海绵城市专项规划》和《萍乡市海绵城市试点建设系统化方案》，加强多目标融合，按照源头减排、过程控制、系统治理的思路制定系统化工程体系。同时，在海绵城市设计、施工、验收等各个环节进行全方位定标。先后组织编制了《萍乡市海绵城市规划设计导则》《萍乡市海绵城市建设标准图集》《萍乡市海绵城市建设植物选型技术导则》《萍乡市海绵城市设计文件编制内容与审查要点》《萍乡市海绵城市建设施工、验收及维护导则》等一系

列标准规范，作为萍乡海绵城市建设过程中的重要技术依据。上述标准规范，涵盖了海绵城市规划、设计、施工、验收全过程的各个环节，确保海绵城市建设过程中的每个环节都有标准可循，解决海绵城市建设项目在试点过程中无技术参数、无施工规范、无验收标准的问题。

创新建设模式，为海绵城市建设提供资源支撑。对于萍乡而言，海绵城市试点建设既缺资金也缺技术。面对海绵城市建设所需的大额资金，萍乡坚持“对上”“对内”“对外”三管齐下，多渠道拓宽项目资金渠道。对上，积极争取中央及省级专项资金。三年试点期间，累计获得财政部海绵城市试点专项资金 12 亿元。对内，统筹整合发改、城建、环保、水务等各条线和各级县、区政府资金，积极争取各类政策性银行、商业银行贷款，投入海绵城市建设。对外，积极探索 PPP 模式，成功组织了“萍乡市海绵城市基础设施建设项目推介会”，吸引 239 家企业近 600 人参会，国内相关领域大型企业集团几乎全数到场。经过严格筛选，依法招投标，萍乡与专业设计院和有实力、有信誉的企业组成 PPP 项目公司。老城区 5 个海绵城市 PPP 项目总投资 19.66 亿元，累计吸引社会投资 16.24 亿元。项目公司负责投融资、建设和运行维护，政府职能部门对项目公司的绩效全程考核，按效付费，实现海绵设施的全周期维护，确保海绵设施功能的有效发挥。PPP 模式的成功运用实现了“专业的人做专业的事”，政府完成了从“既当裁判员，又当运动员”到监管协调的角色转变，形成了政企合作共赢的新型生产关系，有效破解了海绵城市建设过程中的资金、技术和效率难题。

培育海绵产业，为推动城市产业转型提供战略支撑。在资源枯竭与去产能的双重压力下，萍乡的转型之路迫在眉睫。借助海绵城市试点建设契机，萍乡将构建和发展海绵产业作为推动城市可持续发展的重要战略举措。编制了《萍乡市海绵产业发展规划》，提出了打造集规划、设计、研发、产品、施工、投资、运营为一体的海绵产业集群的战略构想，明确了海绵产业发展的主攻方向。制定了扶持和鼓励海绵产业发展的配套政策，出台了《支持海绵城市建设的若干税收措施》，设立了萍乡海绵智慧城市建设基金。成立了江西海绵城市建设发展投资集团，打造集规划、设计、研发、产品、投资、施工、监理、运营全产业链条于一体的大型海绵产业集团。建成了海绵城市双创基地，给本地海绵城市领域初创企业和创新型企业提供租金减免、平台支持等扶持政策。本地技术单位、生产企业向规划、设计、研发、施工等全产业链延伸，海绵城市产业发展势头强劲，成为推动城市产业转型的新亮点、引领产业转型升级的新引擎。到 2018 年底，全市海绵产业相关企业达到 60 家，创造产值 60 亿元。海绵产业的培育和发展有效解决了城市资源枯竭、缺乏发展新动能的问题，为萍乡探寻了一条城市产业转型的新路。

推动城市转型，为实现城市绿色发展提供动力支撑。萍乡作为老工矿城市，基础设施历史欠账多，城市面貌与人居环境差。萍乡坚定依托海绵城市建设，以生态宜居为目标，推动城市转型。在全国率先启动海绵小镇建设，作为探寻绿色发展与创新发展之路的试验田。依托安源区五陂镇的自然生态资源，从规划、设计、投资、建设、运营全方位着手，打造一个全链条的海绵产业集群，为资源枯竭型工矿城市创新发展、绿色发展、持久发展提供了不竭动力。利用海绵城市试点建设契机，大力推动城市湖泊、湿地、公园绿地、公共空间建设。萍水湖、玉湖、翠湖、聚龙公园、萍实公园等一大批城市公园先后建设与改造完成，形成了蓝绿交织、清新明亮、水城共融城市新形象。海绵城市建设与城镇棚户区改造、老旧小区更新、城市道路改造、市政管网提标改造等工程有机结合，传统工矿城市破旧、落后的人居环境得到了大幅改善，为居民日常起居、休闲漫步、运动健身等提供了便捷优美的环境，城市变得更加宜居。试点建设让萍乡完成了一次华丽蝶变，为推进城市转型奠定了坚实基础，为实现城市绿色发展指明了方向、提供了动力。

（三）经验启示

1. 海绵城市建设是贯彻落实习近平生态文明思想的生动实践，是新时代中国城市建设的新方法

海绵城市生动地描述了一种人水共生和谐的城市新形态，是着眼于雨水、洪涝治理并解决水环境、水安全、水资源、水生态、水文化等问题的系统认识论与方法论。海绵城市继承和发扬了中华民族在适应自然、改造自然的实践中所形成的具有中华文明特质的传统哲学精髓，“道法自然”“与水为友”“天人合一”等传统哲学思想都在海绵城市的体系中焕发着中华文明的光芒。海绵城市吸收了优秀的传统文化和传统哲学的养分，同时通过对中国城市发展进程，特别是改革开放以来快速城市化过程中暴露出来的城市问题进行系统反思，吸纳当代国际城市的雨洪管理技术，形成了针对涉水问题的系统化解决方案。

不仅如此，建立在解决涉水问题基点上的海绵城市，实际上是在建立人与自然环境和谐共生的生态城市新格局和新形态。因此，海绵城市是实现生

态环境与城市建设协调和谐发展的新时代中国城市建设道路，是实现中国城市转型发展、科学发展，建设生态、绿色、美丽中国的有效途径。

2. 海绵城市建设是城市各要素的系统融合，是绿色生态城市建设方式

海绵城市基于解决涉水问题，其关键所在是构建人与自然和谐共生的城市安全新格局、城市生态新形态，是区别于以往的城市建设方式。以往城市建设是条块化、项目化的，也是碎片化的，诱发了诸多“城市病”。城市应当是自然环境与人工环境有机融合的生命共同体，而海绵城市推崇自然生态环境保护、修复与工程技术运用的有机结合和科学统筹，架设了自然环境与人工环境有机融合的桥梁。城市人工环境应当在与自然环境有机融合的基础上形成高效、有序运行的系统，为城市运行与发展提供支持。这就要求市政基础设施、公共设施、园林绿地等构成支撑城市功能的各种要素，必须整合成有序运行的整体。海绵城市建设倡导的各专业融合、工程技术集成、建设全寿命周期运营的城市建设方式，无疑提供了城市建设的新方式。城市政府在城市公共领域，做好地下“里子”、地上“面子”，构建好城市公共支撑系统。

为解决老城区的内涝问题，萍乡通过对小区改造、城市排水管网改造、城市道路改造、老旧公园改造，将老城区破旧、落后的人居环境大幅提升了质量与品质。从经济横向比较，只是在透水材料与装备的价格上有所增加，总投资增加不到20%。真正投入大的，恰是为解决由于过去粗暴城市建设模式遗留问题而“买单”。

3. 海绵城市建设促进政府、企业和全社会共同缔造美丽和谐城市家园，形成新型生产关系下的城市建设新格局

以海绵城市理念为支撑的城市基础建设，其系统性决定了城市建设要从部门化、条块化的建设方式转向整体集成的建设方式，由政府建公共设施转向提供公共设施服务，由政府“既当裁判员，又做运动员”转向“专业的人做专业的事”，由政府“大包大揽”转向“放、管、服”，由政府投资“单打独斗”转向与社会资本“合作共赢”、以“时间换空间”。在这种背景下，政府与社会资本合作，组建专业化平台，整体推进城市化建设、全寿命周期运营，将成为城市建设的主要方式。这种方式有效破解了技术、资金、管理、效率、运营等传统城市建设方式的诸多难题，激活了经济发展新动能，创造了巨大的经济发展新空间，形成新型生产关系下的城市发展新格局，对于提升中国城市建设和管理水平具有重要意义。

思考题

1. 什么是生态城市？与传统城市相比较，生态城市有何特征？
2. 生态城市的内涵是什么？
3. 什么是海绵城市？如何形象地理解“海绵”？

第八章　打造美丽乡村

即使将来城镇化达到70%以上，还有四五亿人在农村。农村绝不能成为荒芜的农村、留守的农村、记忆中的故园。城镇化要发展，农业现代化和新农村建设也要发展，同步发展才能相得益彰，要推进城乡一体化发展。实现城乡一体化，建设美丽乡村，是要给乡亲们造福，不要把钱花在不必要的事情上，如“涂脂抹粉”，房子外面刷层白灰，一白遮百丑。不能大拆大建，特别是古村落要保护好。

——习近平在城乡一体化试点的鄂州市长港镇峒山村的讲话（2013 年 7 月 22 日）

新农村建设一定要走符合农村实际的路子，遵循乡村自身发展规律，充分体现农村特点，注意乡土味道，保留乡村风貌，留得住青山绿水，记得住乡愁。

——习近平在云南考察工作时讲话（2015 年 1 月 20 日）

中国共产党第十六届五中全会提出，建设美丽乡村是社会主义新农村建设的重大历史任务。“美丽乡村”不只是外在美，更要美在发展。要不断壮大集体经济、增加村财收入，进而更好地为民办实事，带领农民致富，推动“美丽乡村”建设向更高层级迈进，真正成为惠民利民之举。党的十八大第一次提出了“美丽中国”的全新概念，强调必须树立尊重自然、顺应自然、保护自然的生态文明理念，明确提出了包括生态文明建设在内的“五位一体”社会主义建设总布局。2013 年中央一号文件《国务院关于加快发展现代农业进一步增强农村发展活力的若干意见》第一次提出了要建设“美丽乡村”的奋斗目标，进一步加强农村生态建设、环境保护和综合整治工作。建设美丽中国重点和难点在乡村，因此美丽乡村建设既是美丽中国建设的基础和前提，也是推进生态文明建设和提升社会主义新农村建设的新工程、新载体。

2008年，浙江省安吉县结合省委“千村示范、万村整治”的“千万工程”，在全县实施以“双十村示范、双百村整治”为内容的“两双工程”的基础上，立足县情提出“中国美丽乡村建设”，计划用10年左右时间，把安吉建设成为“村村优美、家家创业、处处和谐、人人幸福”的现代化新农村样板，构建全国新农村建设的“安吉模式”，被一些学者誉为“社会主义新农村建设实践和创新的典范”。2010年6月，浙江省全面推广安吉经验，把美丽乡村建设升级为省级战略决策。浙江省农业和农村工作办公室为此专门制订了《浙江省美丽乡村建设行动计划（2011～2015年）》，力争到2015年全省70%县（市、区）达到美丽乡村建设要求，60%以上乡镇整体实施美丽乡村建设。

2013年7月，为贯彻落实党的十八大精神，在总结浙江省美丽乡村建设经验基础上，中央财政依托“一事一议”财政奖补政策平台启动了美丽乡村建设试点，选择浙江、贵州、安徽、福建、广西、重庆、海南等7省市作为首批重点推进省份。各级财政预算投入30亿元，在130个县（市、区）、295个乡镇开展美丽乡村建设试点，建成1146个美丽乡村，占7省县、乡数的比重分别为25.7%、3.7%[①]。至此，全国展开了轰轰烈烈的美丽乡村建设，而浙江省则成为全国美丽乡村建设的排头兵。

第一节 美丽乡村建设目标任务

根据2013年5月农办10号文《农业部办公厅关于开展“美丽乡村”创建活动的意见》，“美丽乡村”创建目标体系分为产业发展、生活舒适、民生和谐、文化传承和支撑保障5项分类目标10个具体指标。

一、总体目标

按照生产、生活、生态和谐发展的要求，坚持“科学规划、目标引导、试点先行、注重实效”的原则，以政策、人才、科技、组织为支撑，以发展农业生产、改善人居环境、传承生态文化、培育文明新风为途径，构建与资

① 财政部．关于发挥一事一议财政奖补作用推动美丽乡村建设试点的通知．2013年7月1日，http：//www.gov.cn/gzdt/2013-07/10/content_2444166.htm.

源环境相协调的农村生产生活方式，打造“生态宜居、生产高效、生活美好、人文和谐”的示范典型，形成各具特色的“美丽乡村”发展模式，进一步丰富和提升新农村建设内涵，全面推进现代农业发展、生态文明建设和农村社会管理。

二、分类目标

（一）产业发展

（1）产业形态。主导产业明晰，产业集中度高，每个乡村有1~2个主导产业；当地农民（不含外出务工人员）从主导产业中获得的收入占总收入的80%以上；形成从生产、贮运、加工到流通的产业链条并逐步拓展延伸；产业发展和农民收入增速在本县域处于领先水平；注重培育和推广“三品一标”，无农产品质量安全事故。

（2）生产方式。按照“增产增效并重、良种良法配套、农机农艺结合、生产生态协调”的要求，稳步推进农业技术集成化、劳动过程机械化、生产经营信息化，实现农业基础设施配套完善，标准化生产技术普及率达到90%；土地等自然资源适度规模经营稳步推进；适宜机械化操作的地区（或产业）机械化综合作业率达到90%以上。

（3）资源利用。资源利用集约高效，农业废弃物循环利用，土地产出率、农业水资源利用率、农药化肥利用率和农膜回收率高于本县域平均水平；秸秆综合利用率达到95%以上，农业投入品包装回收率达到95%以上，人畜粪便处理利用率达到95%以上，病死畜禽无害化处理率达到100%。

（4）经营服务。新型农业经营主体逐步成为生产经营活动的骨干力量；新型农业社会化服务体系比较健全，农民合作社、专业服务公司、专业技术协会、涉农企业等经营性服务组织作用明显；农业生产经营活动所需的政策、农资、科技、金融、市场信息等服务到位。

（二）生活舒适

（1）经济宽裕。集体经济条件良好，“一村一品”或“一镇一业”发展良好，农民收入水平在本县域内高于平均水平，改善生产、生活的愿望强烈且具备一定的投入能力。

（2）生活环境。农村公共基础设施完善、布局合理、功能配套，乡村景观设计科学，村容村貌整洁有序，河塘沟渠得到综合治理；生产生活实现分区，主要道路硬化；人畜饮水设施完善、安全达标；生活垃圾、污水处理利用设施完善，处理利用率达到95%以上。

（3）居住条件。住宅美观舒适，大力推广应用农村节能建筑；清洁能源普及，农村沼气、太阳能、小风电、微水电等可再生能源在适宜地区得到普遍推广应用；省柴节煤炉灶炕等生活节能产品广泛使用；环境卫生设施配套，改厨、改厕全面完成。

（4）综合服务。交通出行便利快捷，商业服务能满足日常生活需要，用水、用电、用气和通信等生活服务设施齐全，维护到位，村民满意度高。

（三）民生和谐

（1）权益维护。创新集体经济有效发展形式，增强集体经济组织实力和服务能力，保障农民土地承包经营权、宅基地使用权和集体经济收益分配权等财产性权利。

（2）安全保障。遵纪守法形成风气，社会治安良好有序；无刑事犯罪和群体性事件，无生产和火灾安全隐患，防灾减灾措施到位，居民安全感强。

（3）基础教育。教育设施齐全，义务教育普及，适龄儿童入学率100%，学前教育能满足需求。

（4）医疗养老。新型农村合作医疗普及，农村卫生医疗设施健全，基本卫生服务到位；养老保险全覆盖，老弱病残贫等得到妥善救济和安置，农民无后顾之忧。

（四）文化传承

（1）乡风民俗。民风朴实、文明和谐，崇尚科学、反对迷信，明理诚信、尊老爱幼，勤劳节俭、奉献社会。

（2）农耕文化。传统建筑、民族服饰、农民艺术、民间传说、农谚民谣、生产生活习俗、农业文化遗产得到有效保护和传承。

（3）文体活动。文化体育活动经常性开展，有计划、有投入、有组织、有设施，群众参与度高、幸福感强。

（4）乡村休闲。自然景观和人文景点等旅游资源得到保护性挖掘，民间传统手工艺得到发扬光大，特色饮食得到传承和发展，农家乐等乡村旅游和休闲娱乐得到健康发展。

（五）支撑保障

（1）规划编制。试点乡村要按照“美丽乡村”创建工作总体要求，在当地政府指导下，根据自身特点和实际需要，编制详细、明确、可行的建设规划，在产业发展、村庄整治、农民素质、文化建设等方面明确相应的目标和措施。

（2）组织建设。基层组织健全、班子团结、领导有力，基层党组织的战斗堡垒作用和党员先锋模范作用充分发挥；土地承包管理、集体资产管理、农民负担管理、公益事业建设和村务公开、民主选举等制度得到有效落实。

（3）科技支撑。农业生产、农村生活的新技术、新成果得到广泛应用，公益性农技推广服务到位，村有农民技术员和科技示范户，农民学科技、用科技的热情高。

（4）职业培训。新型农民培训全覆盖，培育一批种养大户、家庭农场、农民专业合作社、农业产业化龙头企业等新型农业生产经营主体，农民科学文化素养得到提升。

第二节　美丽乡村典型样板

一、安吉样板

安吉县地处浙江省湖州市西部山区，全县“七山一水二分田”，是一个典型山区县。20 世纪 80 年代，安吉曾是浙江 20 个贫困县之一。为了争当“工业强县”，不加选择地引进了一大批企业，一时间造纸、化工、建材、印染产业成就了 GDP 的高速增长。经过十几年的发展，安吉摘掉了贫困县的帽子，拿到了小康县的牌子，经济发展获得长足进步。然而来不及惊喜，安吉人蓦然发现：环境破坏，生态恶化，黑烟滚滚，污水横流。

经历了工业污染之痛以后，1998 年安吉县放弃工业立县之路，2001 年提出生态立县发展战略。2003 年，安吉县结合浙江省委“千村示范、万村整治”的“千万工程”，在全县实施以“双十村示范、双百村整治”为内容的“两双工程”，以多种形式推进农村环境整治，集中攻坚工业污染、违章建筑、生活垃圾、污水处理等突出问题，着重实施畜禽养殖污染治理、生活污水处理、垃圾固废处理、化肥农药污染治理、河沟池塘污染治理，提高农村生态文明创建水平，极大地改善了农村人居环境。在此基础上，安吉县于2008年在全省率先提出“中国美丽乡村”建设，并将其作为新一轮发展的重要载体。用10年时间，通过“产业提升、环境提升、素质提升、服务提升”，把全县建制村建成“村村优美、家家创业、处处和谐、人人幸福”的美丽乡村。

自2003年以来，安吉县通过经济改革和环境整治，大大改善了乡村面貌。安吉竹林面积108万亩，名列全国“十大竹乡”之首。安吉的竹子和茶叶既是生态优势也是资源优势，靠着毛竹种植优势发展竹产品加工，再靠生态优势开拓竹海旅游。竹制品加工实现从根到叶全面开发，形成了竹根雕、竹凉席、竹胶板、活性竹炭、竹纤维纺织品、竹叶黄酮等系列产品。依托竹、茶、旅游业，安吉地区生产总值从2003年的66.3亿元增加到2012年的245.2亿元，年均增长12.3%；财政总收入由7亿元增加到36.3亿元，年均增长20.1%（其中，地方财政收入由3.4亿元增加到21.1亿元，年均增长22.5%，比全省高3.3个百分点）；农民人均收入由5402元增加到15836元，年均增长12.69%，由低于全省平均水平转变为高出全省1000多元。

安吉县美丽乡村建设的最大特点是，以经营乡村的理念，推进美丽乡村建设。安吉立足本地生态环境资源优势，大力发展竹茶产业、生态乡村休闲旅游业和生物医药、绿色食品、新能源新材料等新兴产业。仅竹产业每年为农民创造收入6500元，占农民收入的60%；农民每年白茶收入2000多元，因休闲旅游每年人均增收2000多元，各占农民收入的13.5%。

二、永嘉样板

永嘉县是浙江第四大县、温州第一大县，也是浙江省美丽乡村建设工作起步早、基础实、成效好的县，早在2013年就成功举办全省美丽乡村现场会，被国务院农改办列为全国“一事一议”美丽乡村建设试点县。永嘉县以“环境综合整治、村落保护利用、生态旅游开发、城乡统筹改革”为主要内容开展美丽乡村建设。一是以“千万工程”为抓手，进行环境综合整治。全县通过推进垃圾处理、污水处理、卫生改厕、村道硬化、村庄绿化等基础设施建设，大力实施立面改造、广告牌治理、田园风光打造、高速路口景观提升等重点工程，着力改善农村人居环境。二是以古村落保护利用为重点，优化乡村空间布局。对境内200多个历史文化、自然生态、民俗风情村落进行梳理、保护和利用。对分散农村居民进行农房集聚、新社区建设，推进中心村培育建设，从而实现乡村空间的优化布局。三是以生态旅游开发为主线，推进农村产业发展。积极挖掘本地人文自然资源，精心打造美丽乡村生态旅游；大力发展现代农业、养生保健产业，加快农村产业发展。四是以城乡统筹改革为途径，促进城乡一体发展。通过“三分三改”（即政经分开、资地分开、户产分开和股改、地改、户改），积极推进农村产权制度改革，着力破除城乡二元结构，加快推进新型城镇化建设以及农村公共服务体系建设，促进城乡一体化发展，让农民过上市民一样的生活。

基于绿水青山优良底色，永嘉县聚焦岩头中国历史文化名镇、石桅岩—龙湾潭景区、大若岩—永嘉书院景区三大核心，系统谋划了 8 个总投资 20 多亿元的“夜经济”项目，打造了楠溪江滩地音乐公园和丽水街两大夜间经济集聚区，成为夜生活网红打卡点。永嘉县通过“三化”并举，激发“夜经济”活力：

一是品牌化培育。永嘉县锁定“80 后”“90 后”为主的年轻一代夜间消费目标群体，创新推出楠溪行云平台、楠溪行 E 嘉人、“农创客”网络直播平台等系列活动载体，邀请众多网红达人和业内大咖为永嘉夜游产品宣传造势，还开通温州市区直达楠溪江滩地音乐公园等处的夜游直通车，全面畅通线上线下渠道，为“夜经济”吸引客源。

二是市场化运营。永嘉县坚持专业的人干专业的事，引进浙旅、复兴等旅游龙头企业，充分发挥大企业、大品牌的运营管理优势，全面承接“夜经济”项目策划、宣传和运营，做到“夜经济”发展可持续、能增收。例如，引入“东海音乐节”后连续三年举办跨年音乐节，音乐节期间日接待游客 3 万人次，成功打造成为温州地区最具影响力的音乐节品牌。

三是共享化发展。永嘉县坚持把强村富民作为乡村“夜经济”的落脚点和出发点，率全国之先建立市场化的农村产权交易平台，创新实施农村宅基地“三权”分置改革“1 +9”政策体系，深化农村产权制度改革、创新产业发展机制，让农村资产活起来、农民腰包鼓起来

永嘉县美丽乡村建设的主要特点是通过人文资源开发，促进城乡要素自由流动，实现城乡资源、人口和土地的最优化配置和利用。

三、高淳样板

高淳区位于南京最南端，是中国首个“国际慢城”。作为一处以休闲旅

游、生态观光和特色的现代农业基地为主的旅游小城，高淳素有“南京后花园”的美誉。高淳以“村容整洁环境美、村强民富生活美、村风文明和谐美”为内容建设美丽乡村。

一是改善农村环境面貌，达成村容整洁环境美。按照“绿色、生态、人文、宜居”的基调，高淳区自2010年以来集中开展“靓村、清水、丰田、畅路、绿林”五位一体的美丽乡村建设。对250多个自然村的污水处理设施、垃圾收运处理设施、道路、河道、桥梁、路灯、当家塘进行了提升改造，新建改造农村道路190千米，建成农村分散式生活污水处理设施112套，铺设污水管网超过540千米，新增污水处理能力3770吨/天，形成COD减排能力480吨/年、氨氮47吨/年，城镇生活污水集中处理率达到63%，农村生活污水集中处理率达到30%以上。建立健全“组保洁、村收集、镇转运、区处理”农村生活垃圾收运体系，新增垃圾中转站34座、垃圾分类收集桶6600个，农村生活垃圾无害化处理率达85%以上。同时，结合美丽乡村建设，扎实开展动迁拆违治乱整破专项行动，累计动迁村庄180万平方米、拆除以小楼房等为主的违建20万平方米，搬迁企业20家，城乡环境面貌得到优化。

二是发展农村特色产业，达成村强民富生活美。以“一村一品、一村一业、一村一景”的思路对村庄产业和生活环境进行个性化塑造和特色化提升，因地制宜形成山水风光型、生态田园型、古村保护型、休闲旅游型等多形态、多特色的美丽乡村建设，基本实现村庄公园化。通过整合土地资源、跨区域联合开发、以股份制形式合作开发等多种方法，大力实施产供销共建、种养植一体、深加工联营等产业化项目；深入开展“情系故里，共建家园”、企村结对等活动，通过村企共建、城乡互联实施一批特色旅游业、商贸服务业、高效农业项目，让更多的农民实现就地就近创业就业。

三是健全农村公共服务，达成村风文明和谐美。着力完善公共服务体系建设，深入推进集党员活动、就业社保、卫生计生、教育文体、综合管理、民政事务于一体的农村社区服务中心和综合用房建设，健全以公共服务设施为主体、以专项服务设施为配套、以服务站点为补充的服务设施网络，加快农村通信、宽带覆盖和信息综合服务平台建设，不断提高公共服务水平。采取切合农村实际、贴近农民群众和群众喜闻乐见的形式，深入开展形式多样的乡风文明创建活动，推动农民生活方式向科学、文明、健康方向持续提升。

高淳区从本地实际出发，围绕“打造都市美丽乡村、建设居民幸福家园”为主轴，积极探索生态与产业、环境与民生互动并进的绿色崛起、幸福赶超之路，实现环境保护与生态文明相得益彰、与转变方式相互促进、与建设幸福城市相互融合的美丽乡村建设。目前，全区以桠溪国际慢城、游子山国家森林公园等为示范的美丽乡村核心建设区达200平方千米，覆盖面达560平方千米，占全区农村面积的2/3，受益人口达30万人，占全区人口的3/4。近3年来，镇村面貌焕然一新，群众幸福指数得到提升。

高淳区美丽乡村建设以生态家园建设为主题、以休闲旅游和现代农业为支撑、以国际慢城为品牌，集中连片营造欧陆风情式美丽乡村，形成独特的美丽乡村建设模式。

四、江宁样板

江宁位于南京市中南部，从东南西三面环抱南京主城，区域面积1561平方千米，常住人口118.5万人。江宁区作为南京市的近郊区，提出了“农民生活方式城市化、农业生产方式现代化、农村生态环境田园化和山青水碧生态美、科学规划形态美、乡风文明素质美、村强民富生活美、管理民主和谐美”的“三化五美”的美丽乡村建设目标。

为了推进美丽乡村建设，江宁区着力抓好以下七大工程：一是生态环境改善巩固工程。强化自然环境的生态保护、村庄环境整治和农村生态治理，实现永续发展。二是土地综合整治利用工程。通过土地整治和集约高效利用，实现资源高效配置，显化农村土地价值。三是基础设施优化提升工程。以路网、水利、供水供气和农村信息化为重点，全面建立城乡一体的基础设施系统。四是公共服务完善并轨工程。全面提升农村教育、文化、卫生、社会保障等公共服务领域的发展水平，推进城乡缩差并轨，增强农民幸福感和归属感。五是核心产业集聚发展工程。通过现代农业和都市生态休闲农业的培育，推动生态优势向竞争优势转化，实现农业接二连三发展，为农民增收提供有力支撑。六是农村综合改革深化工程。创新农业经营机制，深化农村产权管理机制改革，激发农村活力。七是农村社会管理创新工程。进一步优化社区管理体制机制，提升社区公共服务能力，加强治安综合治理，推进精神文明和乡土文化融合发展，夯实农村基层党组织建设。

江宁区通过点面结合、重点推进方式建设美丽乡村。面上以交建平台和街道（该区撤并乡镇全部改为街道）为主，通过市场化运作建设430平方千米的美丽乡村示范区。点上以单个村（社区）进行美丽乡村示范和达标村创建。对一些重大基础设施和单体投资较大的项目，采取国企（如交建集团）主导、街道配合的建设路径；对一些能够吸引社会资本进入的项目，鼓励街道吸引社会资本进入。如大塘金、大福村等特色村建设都有社会资本参与；对一些适合农民自主建设的项目积极引导农民参与建设，杜绝与民争利。

江宁区美丽乡村建设的主要特色是积极鼓励交建集团等国企参与美丽乡村建设，以市场化机制开发乡村生态资源，吸引社会资本打造乡村生态休闲旅游，形成都市休闲型美丽乡村建设模式。

第三节　美丽乡村示范带动与发展转型

美丽乡村建设试点工程与政策示范进一步推动了全国新农村建设进程，带动了各地农村发展转型，也为后期乡村振兴战略的提出奠定了基础。美丽乡村建设的总体目标是构建与资源环境相协调的农村生产生活方式，打造“生态宜居、生产高效、生活美好、人文和谐”的美丽农村，终极目标是提高农民福祉。为评估美丽乡村建设的示范带动作用和社会经济效应，有学者选取赣南苏区 4 个典型村进行走访调研（见表 8.1），分析美丽乡村示范带动下，其农村发展转型路径、过程及其社会经济效应。

表 8.1　　瑞金市典型村域与样本选取

典型村域	沙洲坝乡沙洲坝村	泽潭乡五龙村	九堡乡密溪村	叶萍乡田坞村
地理区位	瑞金市区	瑞金市郊区	山区沟域	山区盆地
资源环境	依托“红井”文化资源，建有沙洲坝景区	耕地资源丰富，区位优势明显	山区土地资源种类多样，环境优良，古村落保护较好，开发潜力较大	地势平坦，水土肥沃，耕地集中连片
村域类型	文旅服务发展类	城郊非农转型类	沟域经济特色类	规模集约农业类
发展方向	以文化旅游为导向，发展科教、观光旅游业	非农就业与转型，承接城市扩展，兼顾城市观光休闲农业	以脐橙、肉牛、黑猪、蛇等为主打产品，发展山区特色种养殖业	主导经营蔬菜瓜果花卉，发展规模集约农业和设施农业，以供给周边城市
农户样本量	21	15	16	26

一、文旅服务发展类

沙洲坝镇沙洲坝村地处瑞金城区西部，距离瑞金市政府约4千米，辖区面积4.34平方千米。由于已经纳入城镇化版图，沙洲坝村土地类型以城镇建设用地为主，2019年建设用地面积为185.59平方公顷，占总国土面积的42.74%；其次为林地，约有174.22平方公顷，占总国土面积的40.12%；而耕地、园地资源较少，为44.42平方公顷和19.05平方公顷，分别占总国土面积的10.23%、4.39%。苏维埃中央临时政府旧址便坐落于沙洲坝村，村域内建有著名的红井景区。近年来由于景区建设和城镇化推进，城镇建设用地呈扩张趋势，而耕地、林地、水域等土地资源呈下降趋势。沙洲坝村现今共有686户2803人，人口密集，土地资源相对紧缺，且多为村集体经营管理。

由于地处城区，又有红色文化景点优势，沙洲坝村发展定位为“文旅服务发展类”，弘扬红色文化，旅游科教兴村。自2000年以来该村以“打造国内外著名的红色旅游名城”为战略目标，依托毗邻沙洲坝革命旧址群的地缘优势和丰富的农业资源优势，积极探索文化传承、旅游兴村的发展之路。2006年，该村结合社会主义新农村建设，投入大量的人力物力，扩建景区把网形小组自然村精心打造成了功能完备的乡村旅游示范点，把沙洲坝圩镇建设成了旅游功能一条街。2007年被国家旅游局评为“全国工农业旅游示范点”，2015年被评为5A级共和国摇篮景区。截至目前，该村从事旅游业经营的农户达到100余户，旅游直接从业人员达四五百人，旅游业逐步发展成为沙洲坝村最具潜力的第三产业（见表8.2）。

表8.2　　沙洲坝村村域土地利用变化　　单位：平方公顷

项目	耕地	园地	林地	水域	农村居民点	城镇用地	风景名胜设施用地	交通运输用地	其他土地	总计
2010年	45.76	1.23	195.34	5.56	48.02	121.36	3.76	7.70	6.04	434.25
2019年	44.42	19.05	174.22	5.23	41.35	132.78	3.76	7.70	5.74	434.25
增减量	-1.34	17.82	-21.12	-0.34	-6.67	11.42	0	0	-0.30	
增减比重（%）	-2.92	1448.59	-10.81	-6.04	-13.88	9.41	0	0	-4.97	

从表8.2可以看出，由于沙洲坝村地处瑞金城区，农户生计非农化时间较早，1990年非农主导型农户就有23.81%，半农半工型农户有38.10%，传统小农型农户只占38.41%。1990～2019年，由于城镇化驱动，沙洲坝农户生计持续非农化。2006年前后，由于红井景区开发建设和瑞金市第七中学扩建，村域土地部分被征收，村集体将大部分耕地（300余亩）以1150元/亩的价格租赁给景区以发展观光农业，大量农户从土地生产中释放出来，并在内外推力下向非农生计急剧转型。因此，在2010年非农主导型农户达到90.47%，且多为较为稳定的非农技术型生计（占61.90%）。而传统小农型农户几乎消失殆尽，多数半农半工型农户也因得到大量征地补偿款、土地租金、住房租金（自建房租住给走读学生）实现了向非农技术型生计的成功转型。此后，生计非农化进程进一步推进，2019年剩余4.76%的半农半工型农户成功转向非农技术型。此外，可以看到，由于沙洲坝村土地资源的征收，农户自然资源资产流失，1990～2019年并未出现职业种植型和职业养殖型生计模式，而退休养老型模式由于人口老龄化、劳动力转移初现端倪（见图8.1）。

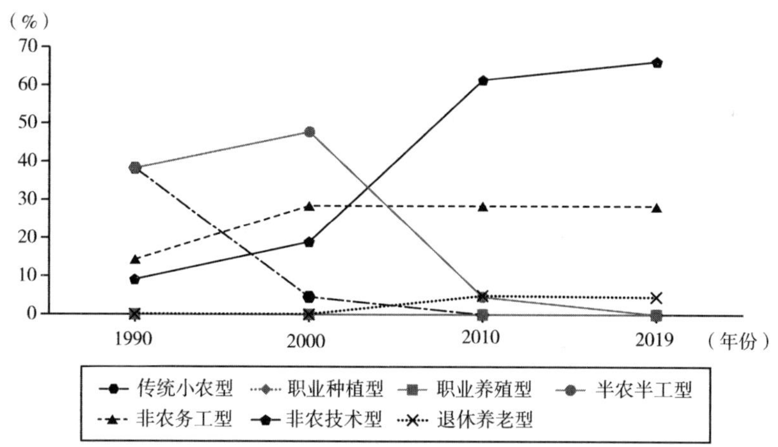

图8.1　沙洲坝村农户生计模式演变

从图8.2可以看出，沙洲坝村农户生计总资产呈波动上升趋势，从1990年的0.51大幅增长到2019年的1.20，2010年的波动主要是社会资产、人力资产和自然资产的下降。其中，人力资产在1990年时最高为0.64，之后由于计划生育、人口老龄化、家庭分户等原因持续下降，在2010年时降至最低点（0.50），2010年之后由于沙洲坝村发展较好吸引劳动力回流，加上新生代农户教育水平的提高，人力资产在2019年时升高至0.63。社会资产总体呈上升趋势，这主要得益于通信技术的发展和手机电话的普及，使得农户亲友间联系更为紧密、朋友圈和信息源得到拓展；2000年前后社会资产的波动上升下降主要源于村民对参与村集体事务投票频率的波动。自然资产呈缓慢下降趋势，2010年由于城镇扩张、景区建设发生较大规模征地而导致农户自然资产下降显著。物质资产和金融资产变化曲线高度一致，说明二者具有较强的相关性，丰富金融资产一定程度上能促进农户购买、增加物质资产，提升农户的生活水平。物质资产和金融资产整体都呈波动上升趋势，2010年征地补偿与安置房配备显著提高了农户的金融资产和生活资产。

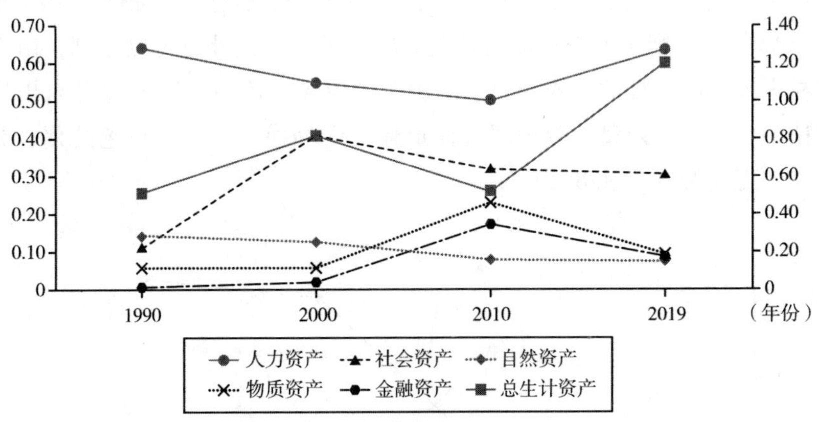

图8.2 沙洲坝村农户生计资产变化

二、规模集约农业类

如表8.3所示，叶坪乡田坞村地处瑞金市中部盆地，距离瑞金城区5千米，行政区面积约3平方千米，共有17个村民小组761户3365人。2019年耕地面积174.29平方公顷，占总国土面积的58.07%；水域面积15.74平方公顷，占总国土面积的5.24%；农村居民点用地63.49平方公顷，占总国土面积的21.15%。近年来由于田坞村新农村建设和现代高效农业示范园建设，农村建设用地大幅增加，水域面积略有增长，其他各地类各有减少。

表 8.3 田坞村村域土地利用变化 单位：平方公顷

项目	耕地	林地	园地	水域	农村居民点	采矿用地	交通运输用地	其他土地	风景名胜设施用地	总面积
2010 年	182.61	5.80	0	12.78	52.10	1.58	8.01	37.27	0	300.15
2019 年	174.29	5.71	13.28	15.74	63.49	1.35	8.01	17.40	0.88	300.15
增减量	-8.31	-0.09	13.28	2.95	11.38	-0.22	0	-19.87	0.88	—
增减比例（%）	-4.55	-1.55	+	23.11	21.84	-14.25	0	-53.32	+	—

由于地势平坦，水源充足，耕地资源丰富且集中连片，田坞村发展定位为“规模集约农业类”。基于区位地利和资源优势，田坞村农户较早就自发经营以蔬菜瓜果为主的精细农业，兼顾水稻种植业，以供给城区和周边县市。到 2005 年，该村通过招商引资，采用“公司 + 基地 + 农户”的农业产业化经营模式，使得蔬菜设施农业初具规模。2016 年，在苏区振兴政策支持下，瑞金市批复建设田坞现代高效农业示范园，投资 3.6 亿元，建成占地规模 1000 亩（150 亩智能大棚、300 亩多功能大棚、550 亩连栋蔬菜大棚），集采摘、观光、垂钓、休闲餐饮于一体的生态农业观光园。田坞“现代规模化集约农业村”发展定位日渐清晰，并以龙头企业带动（市场调适、技术指导）、公司主导（经营管理、产销一体）、村委协商（土地流转、纠纷处理）、农户参与（反租倒包、园内务工）方式，引导土地集中流转，发展以蔬菜瓜果为主导，兼顾水稻、火龙果、葡萄产业及设施农业、生态农业、智慧农业、休闲农业。

如图 8.3 所示，1990 年以来在城镇化大趋势下，田坞村自给自足传统小农型农户迅速减少，而非农务工型和非农技术型农户持续增多。半农半工型农户则先增加后减少，2000 年之后因为农业园区规模化要求土地集中流转，多数半农半工型小农户面临“无地可种”，迅速转为非农务工型。值得注意的是，截至 2019 年田坞村农户生计模式以非农主导型（非农务工型和非农技术型）占多数（69.23%），而期望较高的职业种植型农户比重并不高，仅占 3.85%。这是因为，尽管该村从事蔬菜集约农业时间较早，但由于土地分散、技术限制、市场波动，种植专业户总体仍占少数。2016 年农业园区化后，经营主体以公司为主，农户在园区务工占多数，自主经营参与率不高。这也说明村域发展与个体农户发展存在差异，二者没能充分协调融合。

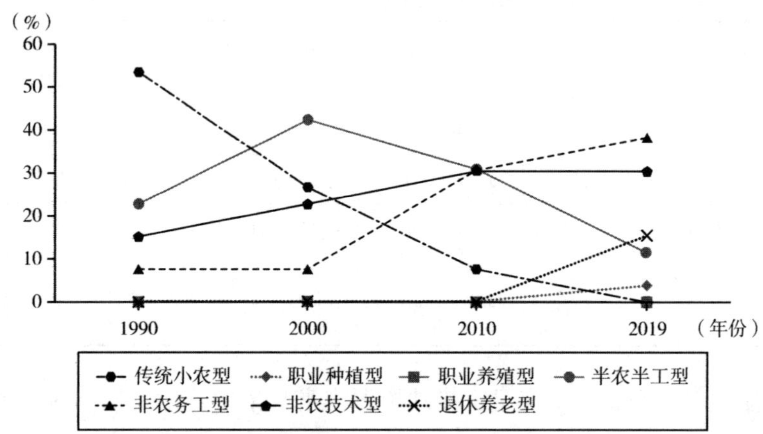

图 8.3　田坞村农户生计模式演变

如图 8.4 所示，1990～2019 年，田坞村农户总生计资产呈波动上升趋势，从 0.65 增长到 1.28。其中，人力资产和社会资产波动较大，前期（1990～2010 年）下降主要因为计划生育政策对人口和劳动力的影响较大，后期（2010～2019 年）升高主要由于新生代劳动力的长成和教育水平的提高。自然资产持续缓慢下降，主要因为农业园区化使得个体农户可经营的土地资产被征收和流转。物质资产和金融资产则呈持续上升趋势，说明田坞村农户生活水平和收入水平得到持续改善、提高。

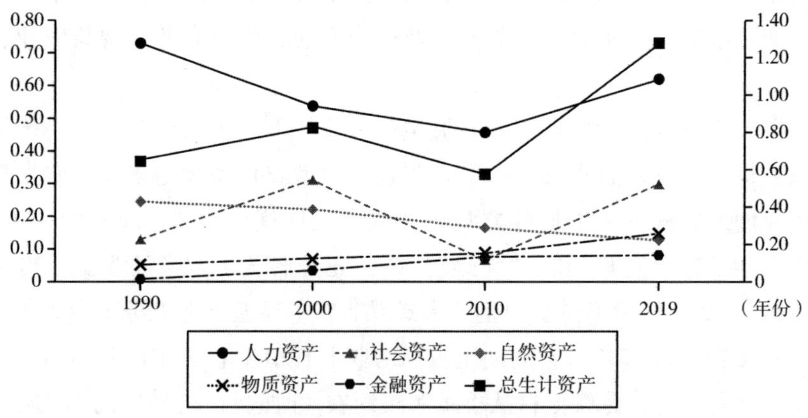

图 8.4　田坞村农户生计资产变化

三、沟域经济特色类

如表 8.4 所示，九堡乡密溪村地处瑞金市北部，距离市区约 33 千米，东西分别与大柏地乡、冈面乡接壤，北与宁都县交界，南临环溪水库。密溪村村域面积较大，总国土面积 24.45 平方千米，户籍在册有 685 户 3329 人。由于地处山区，密溪村东部、西部、北部三面环山，村庄坐落中南部凹地，土地资源类型以山林地为主。如表 8.4 所示，密溪村 2010 年有山林地 2098.41 平方公顷，占总国土面积的 85.83%；耕地 141 平方公顷，占 5.77%，集中连片分布于中南部凹地；环溪水库等重要水域 84.20 平方公顷，占 3.44%；园地 66.67 平方公顷，占 2.73%。

表 8.4　苏区振兴前后密溪村土地利用类型变化　　单位：平方公顷

项目	耕地	林地	园地	水域	农村居民点	其他土地	总面积
2010 年	141.00	2098.41	66.67	84.20	44.98	9.67	2444.93
2019 年	178.21	1948.01	155.41	85.44	48.89	28.98	2444.93
增减量	37.21	-150.40	88.73	1.24	3.92	19.30	—
增减比例（%）	26.39	-7.17	133.09	1.47	8.71	199.51	—

由于山区环境优良、土地资源丰富，密溪村发展定位为“沟域经济特色类”，经营山区特色种、养殖业，发展壮大沟域经济。密西村耕地以种植烟草、莲子、香芋等经济作物为主，少量耕地种植水稻以满足农户自身消费；园地则大规模种植赣南脐橙，特别近年来由于脐橙经济效益较好，密溪村大量低丘缓坡山林地被开垦为园地，2010～2019 年，有 88.73 平方公顷的山林地转为园地，使得园地规模翻了一倍。密溪村特色养殖业发展较好，由于地理隔绝和良好生态环境，养殖业受猪瘟等流行疾病风险影响几乎很小，并形成一批以肉牛、生猪、蛇等特色品种主导的专业养殖户。2009 年该村落实历史文化名村保护规划，对老村、古建筑和自然人文景观进行修复保护；2012 年在苏区振兴政策支持下，该村实施新农村建设，开展危旧房改造，加强农村电网改造、农村道路建设。因此可以看到，密溪村农村居民点和水域面积均有所扩张。

从图 8.5 可以看出，1990～2019 年，密溪村农户生计模式发生较大转变。其中，自给自足传统小农型农户基本消失，比重从 81.25% 迅速下降到 0；半农半工型过渡性农户先是快速增加，2000 年之后转向非农务工或职业农民；非农技术型一直处于缓慢增长态势，2019 年维持在 12.50% 左右；值得注意的是，尽管密溪村具有发展沟域经济的资源生态优势，但由于农业技术门槛、承载力有限和规模经营要求，职业种植型和职业养殖型农户仍只占少数，难以做到“全民参与”，2019 年两种类型农户均占 12.50%。

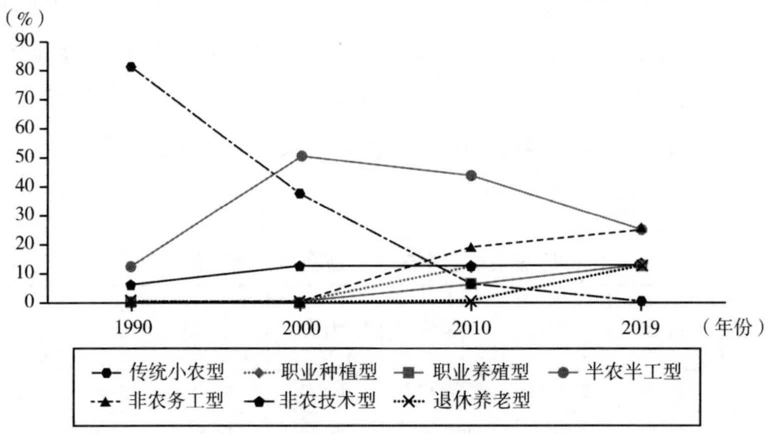

图 8.5 密西村农户生计模式演变

从图 8.6 可以看出，密溪村农户生计资产总体水平上升，特别是 2010 年之后各项生计资产都显著增加。其中，人力资产先下降后上升，前期下降原因在于计划生育政策影响和农户家庭的原子化，后期上升在于新生代劳动力教育水平的普遍提高；社会资产波动上升，特别是 2010 年之后显著上升在于

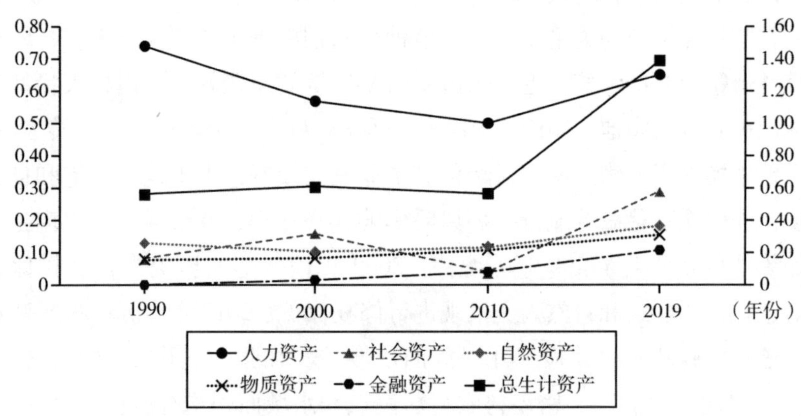

图 8.6 密西村农户生计资产变化

现代通讯普及拓宽了农户的信息资源渠道、增加社会交流；金融资产和物质资产缓慢稳定上升，在于农户收入和生活水平的普遍提高；自然资产缓慢上升，在于林地后备资源的开垦和脐橙园地的增加。

四、城郊非农转型类

如表8.5所示，泽潭乡五龙村位于瑞金市南端城乡结合部，距离市区2.5千米，2019年总国土面积1.65平方千米，土地资源类型以耕地为主，约88.38平方公顷，占总国土面积的53.55%，其次是农村居民点和城镇建设用地，约41.03平方公顷，占总国土面积的24.87%；村内水资源条件较好，有河流经过，水域面积20.01平方公顷，占总国土面积的12.13%。由于地处城乡结合部，承载着城镇扩张、交通延伸和移民安置功能，村域耕地和水域等自然生态用地有减少趋势，而城镇村建设用地有扩张趋势。全村有12个村小组462户1930人，以往返于市区和村里务工人员居多。由于地处城郊、人口密集，同时地势平坦、水土资源较好，五龙村发展定位是“城郊非农转型类”，农户生计非农转型为主、农业经营为辅。

表8.5 **苏区振兴前后五龙村土地利用类型变化** 单位：平方公顷

项目	耕地	林地	园地	水域	农村居民点	城镇用地	采矿用地	交通运输用地	其他土地	总计
2010年	89.72	8.09	3.71	26.48	32.37	0.37	0.15	3.73	0.42	165.04
2019年	88.38	7.70	4.03	20.01	40.45	0.60	0.15	3.73	0	165.04
增减量	-1.34	-0.39	0.31	-6.47	8.08	0.23	0	0	-0.42	
增减比例（%）	-1.49	-4.81	8.38	-24.42	24.95	60.82	0	0	-100.00	

如图8.7所示，五龙村农户生计非农转型历史较早且趋势显著。传统小农型农户从90年代开始就大量转向非农部门，到2000年左右就完成了较为稳定的非农转型，有46.67%的非农务工型、20.00%非农技术型和26.67%的半农半工型农户。此后非农技术型继续保持快速增长，到2019年高达33.33%，而传统小农型则几乎为零。此外，2010年之后因为产业扶贫政策支持催生出少部分的职业种植型农户，但是经过调研发现，这类农户生计并

不很成功。由于技术制约、市场波动、个体经营管理不善等多种原因，大量种植大棚被抛荒废弃。

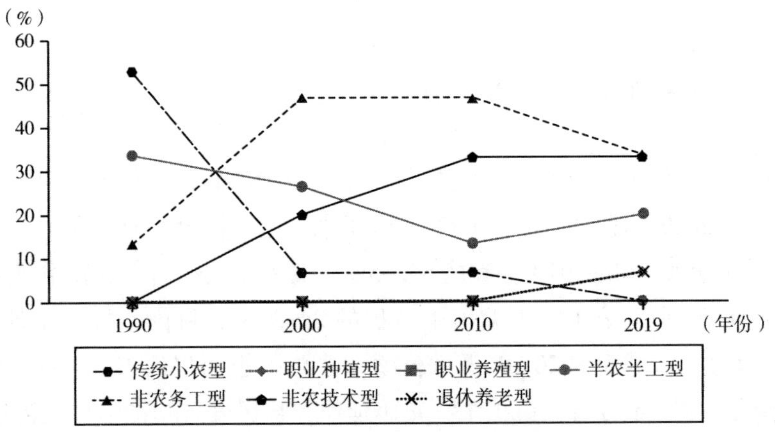

图 8.7 五龙村农户生计模式演变

如图 8.8 所示，五龙村农户生计资产总体水平先下降后上升。1990 ~ 2010 年，总资产下降主要是因为计划生育政策影响和农户家庭的原子化导致人力资产和社会资产的大幅下降；2010 年之后上升是由于新生代劳动力教育水平的普遍提高和现代通讯普及增加了农户的信息渠道和社会资产。金融资产和物质资产缓慢稳定上升，说明农户收入和生活水平在持续提高。自然资产持续下降，在于城镇扩张、交通建设对土地资产的占用。

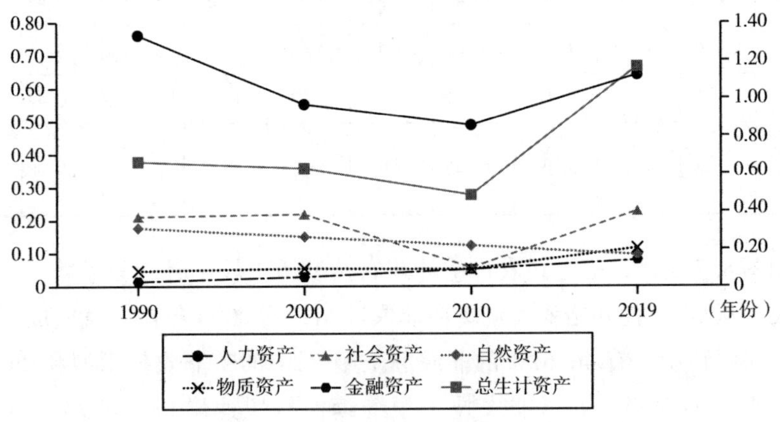

图 8.8 五龙村农户生计资产变化

五、典型村域横向比较

如图 8.9 所示，2019 年四个典型村中，农户生计总资产丰度排名分别为密西村、田坞村、沙洲坝村和五龙村，且差异显著。其中，人力资产丰度排名依次为密西村、五龙村、沙洲坝村和田坞村，说明密西村沟域经济有效吸纳了农业劳动力，当地农户在本村内能较好地解决就业，而田坞村劳动力流失、人口空心化严重，规模集约农业只是少数个体经营并未很好地吸纳相关农业人口。社会资产丰度排名分别为沙洲坝村、田坞村、密西村和五龙村，说明沙洲坝村、田坞村、密西村社会关系维系较好，都有参与村域事务决策投票，而五龙村由于城镇扩张、土地征收、移民搬迁造成对五龙村农户社会关系的割裂和村集体事务决策管理权的丧失。自然资产丰度排名分别为密西村、田坞村、五龙村和沙洲坝村，这是因为密西村地处山区沟域拥有丰富多样的土地资源，农户可用耕地、园地、山林地等自然资产远大于其他村域；田坞村地处开阔平坦盆地区，农户户均耕地资源相对丰富；而五龙村和沙洲坝村由于邻近城镇、人口密集，耕地、园地等自然资产明显较少。物质资产丰度排名分别为密西村、田坞村、五龙村和沙洲坝村，说明密西村和田坞村农户生活水平最高，主要得益于新近实施危房改造、新农村建设政策，大大提升了农村住房条件，而五龙村和沙洲坝村农村居民点散落，住房条件相对较差。金融资产丰度排名分别为密西村、沙洲坝村、田坞村和五龙村，密西村沟域经济特色种养殖业带动，其农户收入水平远大于其他村；其次是沙洲坝村，得益于优越的经济区位和“红井”景区带动，非农转型基础好、时间长，非农就业收入稳定且水平较高。

如图 8.10 所示，2019 年 6 种生计模式中，农户生计总资产丰度排名分别为职业养殖型、半农半工型、非农技术型、职业种植型、非农务工型和退休养老型（传统小农型农户几乎消失）。由此可见，职业养殖型农户生计效益最好，除社会资产比较低外，其他各项资产均最高。这是因为职业养殖需要一定的土地、圈舍、机械设备和较高技能水平的劳动力，而对社会信息交流要求并不高，再加上近年来猪瘟盛行、肉价暴涨，山区农户养殖业收入大幅提高，且远高于其他农户收入。半农半工型农户作为过渡性生计模式，由于兼顾农业和非农业，有充足的家庭劳动力。这类农户具有一定的土地依恋、保有一定的自然资产和生产性物质资产，同时积极扩充社会资产以建立广泛

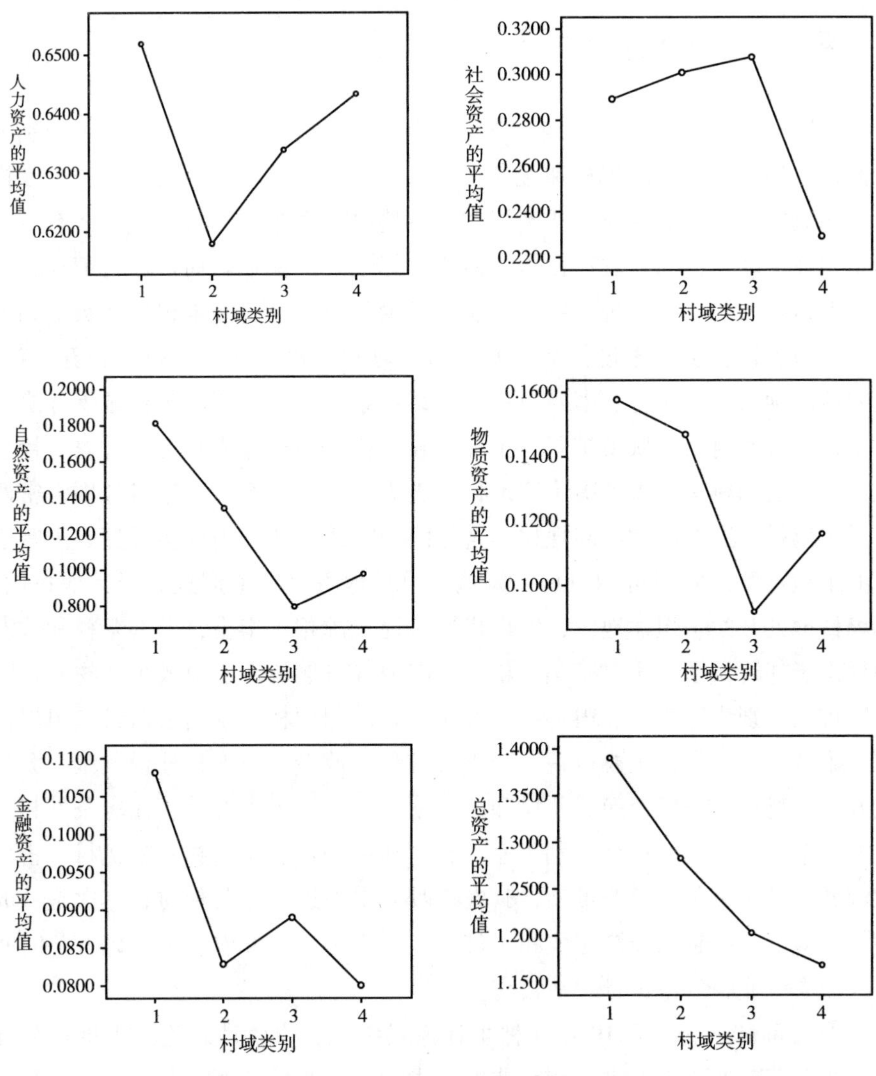

（村域类别 1、2、3、4 分别代指密西村、田坞村、沙洲坝村和五龙村）

图 8.9 2019 年瑞金市典型村域农户生计资产丰度

的社会联系、获取就业信息。非农技术型和非农务工型农户生计资产特点比较相似，都需要较高的人力资产和社会资产，对外联系较频繁、非农就业信息较广，而对自然资产要求很低；不同之处在于非农技术型各项生计资产都要高于非农务工型，非农技术型生计效益更好、更稳定。职业种植型农户具有较高的自然资产，但由于种植业风险大、收入不稳定，金融资产并不高，其他各项资产也处于中等水平。退休养老型农户除了土地资产较高外，其他各项资产均垫底。

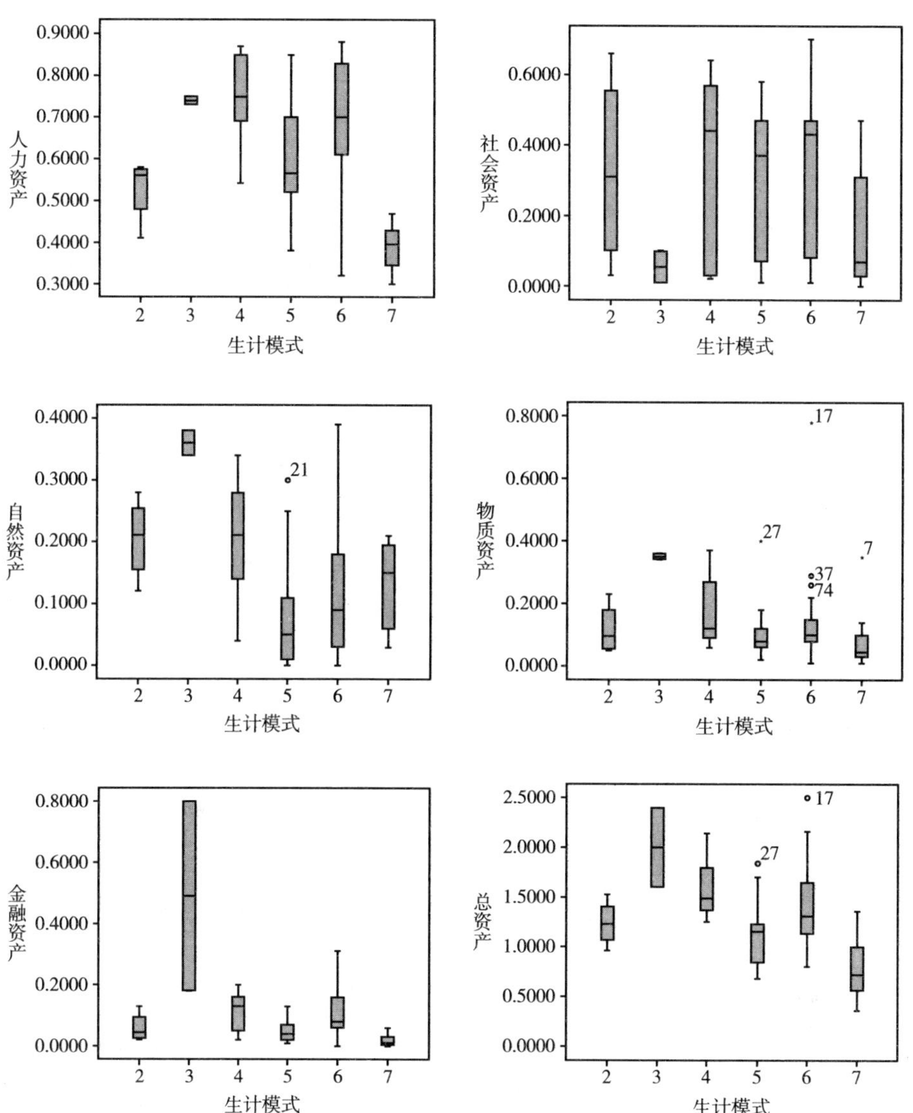

（生计模式 2、3、4、5、6、7 分别代指：职业种植型 2、职业养殖型 3、半农半工型 4、非农务工型 5、非农技术型 6 和退休养老型 7）

图 8.10　2019 年瑞金市不同生计模式农户生计资产丰度

第四节　美丽乡村建设经验与存在问题

一、主要经验

由于各地美丽乡村建设的理念不一致、资源禀赋和经营方式的不同以及城镇化和经济社会发展水平的差异，形成了特色各异的美丽乡村建设模式。通过比较，发现美丽乡村建设存在着以下几点共同的经验，可供其他地方学习借鉴。

（一）政府主导，社会参与

政府主导主要体现在组织发动、部门协调、规划引领、财政引导上，形成整体联动、资源整合、社会共同参与的建设格局。政府主导不是政府包办一切，美丽乡村建设要形成多元参与机制。

在美丽乡村建设中，永嘉县坚持政府主导、建制村主办、全员参与。成立了书记和县长担任组长、22 个相关部门一把手为成员的美丽乡村建设领导小组，全面负责美丽乡村建设的组织协调和指导考核工作。建立县 4 套班子领导“九联系”制度，实行一周一督查、半月一早餐会、一月一排名、一季一追责制度，及时了解和帮助解决问题。同时，通过蹲点调研、走村入户、走出去请进来等方式，广泛开展宣传引导，充分调动广大群众的积极性和主动性，有效形成了美丽乡村建设的强大合力。近年来许多在外企业家和社会能人纷纷捐资助力家乡美丽乡村建设，一些市民和企业家主动当起了“河长”“路长”，有力助推了美丽乡村建设。

美丽乡村建设是一项系统工程，需要各部门整体联动，各负其责，形成合力。为此，安吉县建立齐抓共管、各负其责的责任机制。明确政府不同层级之间的职责定位，理顺各自责权关系。既要避免不同层级之间的职权交叉，造成政府管理的错位和越位，影响工作的开展，又要避免权责出现“真空”，造成政府管理的缺位，导致某些事项无人负责。县一级政府负责美丽乡村总体规划、指标体系和相关制度办法的建设、对美丽乡村建设的指导考核等工作；乡级政府负责整乡的统筹协调，指导建制村开展美丽乡村建设，并在资金、技术上给予支持，对村与村之间的衔接区域统一规划设计并开展建设；

建制村是美丽乡村建设的主体，由其负责美丽乡村的规划、建设等相关工作。同时，理顺部门之间的横向关系，对各部门的责任和任务进行量化细分。安吉县根据美丽乡村建设规划和任务，建立了美丽乡村考核指标和验收办法，将各项指标落实到具体部门，由部门制定指标内容和标准，并对该项建设负总责，同时参与由美丽乡村建设办公室组织的考核验收，有效破解了“九龙治水水不治”的困局。

高淳区坚持把美丽乡村建设与村庄环境整治、动迁拆违治乱整破、绿色高淳建设、省级一事一议财政奖补项目、村庄河塘清淤、省级农业农村生态环境建设、省级康居乡村建设等紧密结合起来，做到互补互促；坚持把财政资金引导与社会资金投入相结合，鼓励企业、创业成功人士共建家园；坚持把美丽乡村。建设与太湖流域整治、污染减排等工作紧密结合起来，在全面关停转产区域范围内“小化工”企业的基础上，2012 年依法关停整治“三高两低”企业 19 家，2013 年关停整治“三高两低”企业 13 家，创建环境友好型企业 45 家，为保护蓝天碧水、提升环境容量奠定了坚实基础。同时强化责任落实，与各镇、相关部门签订目标责任状，将工作成效纳入区级部门的百分考核和对镇的千分考核中，并下发年度具体实施方案。成立专项督查小组，每天对工程推进情况和工程质量进行督查，环保、监察、财政、住建、农业、水务等部门每月对重点村、重点项目进行督查，区有关媒体也进行明察暗访，全区掀起了区、镇、村三级齐抓共管、协同推进美丽乡村建设的浓厚氛围。

在资金投入上，发挥财政投入引导作用，积极吸引企业和社会资金共建美丽乡村。例如，南京市市级财政安排 10 亿元土地整治专项资金，支持每个试点镇街 1 亿元开展土地综合整治工作；对试点镇街、美丽乡村示范区内土地出让收益市、区留成部分全额返还优先用于农民安置和社会保障。高淳区整合各类资金，如财政部门的“一事一议”奖补资金、农业开发资金，环保部门的农村环境连片整治资金，住建部门的村庄环境整治资金和省级康居乡村建设资金，水利部门的村庄河塘清淤及其他专项资金等各项专项资金，集中用于美丽乡村建设，发挥资金合力。

南京市江宁区引入国有企业江宁区交建集团参与美丽乡村建设，企业累计投资达到 1.2 亿元。安吉县充分发挥财政杠杆的调节和激励作用，县财政每年安排专项资金 1.2 亿元，实行“以奖代补”，变“给钱办事”为“以结果奖钱”。并按照特色村、重点村、精品村人均 250 元、500 元、1000 元标准给予奖补，对全覆盖乡镇给予 300 万～500 万元奖励。同时引导乡村主体积极投身美丽乡村建设。

安吉县结合当地集体经济较为发达、村民收入水平较高的优势，引导村集体资金和农民自有资金投入到美丽乡村建设中，5 年来村集体累计投入达到 7.7 亿元，农户投入达到 1.2 亿元，有力支持了美丽乡村建设。依托美丽乡村建设成果，强化政策支持，通过积极盘活村庄存量资产、闲置资源，鼓励农户土地规模流转，统筹开发利用村集体 6% 留用地等方式，让农民通过拿“四金”（薪金、租金、股金、保障金）实现增收致富；积极探索乡村旅游、物业开发、规模农业等乡村多元化经营，壮大村集体经济。此外，安吉县鼓励引导民间资本、工商资本、金融资本投入到效益农业、休闲产业等生态绿色产业，5 年来共撬动社会资金 60 亿元投入到美丽乡村建设之中。

（二）规划引领，项目推进

从实践来看，注重规划引领，并通过项目形式进行推进，是美丽乡村建设的一条重要经验。

第一，美丽乡村建设规划做到统筹兼顾、城乡一体。编制美丽乡村规划要坚持“绿色、人文、智慧、集约”的规划理念，综合考虑农村山水肌理、发展现状、人文历史和旅游开发等因素，结合城乡总体规划、产业发展规划、土地利用规划、基础设施规划和环境保护规划，做到“城乡一套图、整体一盘棋”。永嘉县着眼于统筹城乡发展，坚持近期规划与中远期发展布局相结合，2013 年 5 月编制完成了《县域美丽乡村建设总体规划》，细化区域内生产、生活、服务各区块的生态功能定位，明确垃圾、污水、改厕、绿化等各类项目建设的时序与要求。以美丽乡村建设规划统领新农村建设各专项规划，修编完善《县域社区（村居）布局规划》《全县农村新社区（中心村）建设规划》《永嘉县形象设计规划》等。安吉县美丽乡村建设规划从本地实际出发，自觉地跟区域内的产业规划、土地规划、城乡建设规划等相结合，达到空间布局、功能分布和发展计划的统筹协调、紧密衔接，实现“三标合一”。在编制美丽乡村规划中，完善交通、旅游、农业、水利、环保等各类专项规划，形成了覆盖城市乡村、涵盖经济社会文化的规划体系，构建了从宏观到微观、从全域到局部、从综合到专项、从指标到空间、从用地到景观的整体衔接的规划格局。

第二，做到规划因地制宜。安吉县在编制《中国美丽乡村建设总体规划》和《乡村风貌营造技术导则》时，按照“四美”标准（尊重自然美、侧重现代美、注重个性美、构建整体美），要求各乡镇、村根据各自特点，编制镇域规划，开展村庄风貌设计，着力体现一村一业、一村一品、一村一景，按照宜工则工、宜农则农、宜游则游、宜居则居、宜文则文的原则将建制村分类规划，将全县的建制村划分为工业特色村、高效农业村、休闲产业村、综合发展村和城市化建设村五类。

第三，尊重群众意愿。安吉县美丽乡村建设规划设计，按照“专家设计、公开征询、群众讨论”的办法，经过“五议两公开”程序（即村党支部提议、村两委商议、党员大会审议、村民代表会议决议、群众公开评议，书面决议公开、执行结果公开），确保村庄规划设计科学合理，达到群众满意。

第四，注重规划的可操作性。为了把规划蓝图落地变成美好现实，就必须把规划内容分解成定性定量的具体内容，转化成年度行动计划，细化为具体的实施项目。根据总体规划，安吉县研究制订了《建设“中国美丽乡村”行动纲要》，计划用 10 年时间完成。前两年抓点成线打出品牌，中间 3 年延伸扩面产生影响，后 5 年完善提升全国领先。分年度落实建设计划，根据“先易后难、分类指导”的原则，以指令创建和自主申报相结合的方式，分步实施，有序推进。同时，构建相应的指标体系。该指标体系围绕“村村优美、家家创业、处处和谐、人人幸福”四大目标，细化为 36 项具体指标，既是工作目标，又是考核指标，实行百分制考核。结合美丽乡村建设规划，安吉县还实施了“环境提升、产业提升、服务提升、素质提升”四大工程，细化为各种具体项目，实行项目化管理。5 年来共实施各类涉农支农重点建设项目 2526 项，投入 25. 34 亿元。如建立“户收、村集、乡运、县处理”的垃圾处理模式，首创农村生活污水分户式湿地处理技术。

南京市高淳区为了更好地落实美丽乡村建设规划，研究制定了美丽乡村建设标准体系、美丽乡村建设三年行动计划和美丽乡村建设实施意见，以村容整洁环境美、村强民富生活美、村风文明和谐美为主要内容，形成 5 个大类 42 项指标，梳理排定生态建设项目、特色景观项目、社会文化项目、乡村旅游项目、生活设施项目等 176 个，全力推进美丽乡村建设，力争到 2015 年全区所有建制村达到美丽乡村建设标准、到 2017 年完成各项美丽乡村建设指标值。永嘉县按照思路规范化、规划项目化、项目资金化的理念，以项目化建设为抓手，强化涉农资源的整合利用，通过楠溪江文化园、农房集聚改造工程、41 省道南复线岩头至大若岩段、沿溪沿路绿化美化景观工程、农村水利工程等重大项目的建设，加快打造“四美三宜两园”美丽乡村。

（三）产业支撑，乡村经营

美丽乡村建设必须有产业支撑。无论是浙江的永嘉县、安吉县还是江苏南京市的高淳区、江宁区，在美丽乡村建设的产业发展中都体现了乡村经营的理念，通过空间改造、资源整合、人文开发，达到美丽乡村的永续发展。

例如，永嘉县发挥本地生态、旅游、“中国长寿之乡”品牌等资源优势，大力推进农业“两区”建设，重点发展现代农业、休闲旅游业和养生保健产业，促进农村产业发展。在发展现代农业方面，通过土地流转，积极推进农业招商选资，大力发展观光农业、效益农业。截至目前，已累计协议利用资金12.88亿元，实际到位资金累计2.89亿元。开工建设12个农业休闲观光园项目，其中鹤盛镇的南陈生态休闲观光园，总投资1.23亿元，占地533.34平方公顷，雇用60多名农民，农民靠股份、租金和劳动收入致富，取得经济效益、社会效益双丰收；原野园林创意园，依托对接温州市区的优势，大力发展现代都市农业，年增加税收约5000万元，带动5000户农户发展生态产业。在发展休闲旅游业方面，围绕国家5A级旅游景区和国家级旅游度假区创建目标，加大金珠瀑文化休闲中心、芙蓉山庄、九丈甸园二期等重大旅游项目的引进和开发力度，不断完善旅游“吃住行游购娱”六要素。总投资2亿元、占地约200平方公顷的中国楠溪江国际房车露营公园启动建设，五星奇潭山庄等8个总投资达86.60亿元的旅游项目成功签约。鼓励和扶持农民发展民俗、经营农家乐，目前全县拥有县级以上农家乐特色村8个（其中省级农家乐特色村2个），县级以上农家乐示范点26个，星级经营户140户。2012年共接待游客320万人次，实现旅游收入22.98亿元。2013年上半年共接待游客179.8万人次，同比增加35.93%；实现旅游总收入13.26亿元，同比增加36.20%。永嘉县百岁老人占了全省的1/16、温州市的1/4，是浙江省首个“中国长寿之乡”。依托长寿之乡品牌优势，该县积极发展养生养老产业。开工建设总投资达10亿元楠溪云岚养生度假村，努力把长寿资源优势转化为产业优势，把永嘉打造成养生、休闲和度假中心。

特色产业发展是美丽乡村建设的题中之义。安吉县按照“一乡一张图、全县一幅画”的总体格局，加快现代农业园区、粮食生产功能区建设，大力发展生态循环农业、休闲农业，推进“产品变礼品、园区变景区、农民变股民”。同时抓产业转型升级和富民增收。

在美丽乡村建设中，高淳区积极引导各创建村选择各具特色的村域经济发展路子，发展农产品深加工、现代商贸、现代农业、农家乐、旅游休闲产业，让更多的农民实现就地就近创业就业，不断壮大村域经济实力，提高农民收入。江宁区则大力发展高附加值生态农业、特色农业、特色农产品加工，以农村生态资源、田园景观、农耕文化、农业科技、农家生活、乡村风情为依托，发展集乡村休闲度假、观光旅游、科普教育、娱乐健身为一体的现代农业新业态，促进美丽乡村的永续发展。

二、存在问题

（一）认识不足，思想不统一

由于对美丽乡村建设认识不够，不同层级政府和不同职能部门在具体实施或参与美丽乡村建设时所表现出的积极性和行动力必然不同，难以形成建设合力，达成整体联动、资源整合、社会共同参与的建设格局。

对于美丽乡村建设，不能仅仅停留在“搞搞清洁卫生，改善农村环境”的低层次认识上，更不能形成错误观念，认为它只是给农村“涂脂抹粉”、展示给外人看的。而应该提升到推进生态文明建设、加快社会主义新农村建设、促进城乡一体化发展的高度，重新认识美丽乡村建设。开展美丽乡村建设，是贯彻落实十八大精神、实现全面建成小康社会目标的需要；是推进生态文明建设、实现永续发展的需要；是强化农业基础、推进农业现代化的需要；是优化公共资源配置、推动城乡发展一体化的需要。诚如习近平总书记所言，“即使将来城镇化达到70%以上，还有四五亿人在农村。农村绝不能成为荒芜的农村、留守的农村、记忆中的故园。城镇化要发展，农业现代化和新农村建设也要发展，同步发展才能相得益彰，要推进城乡一体化发展”建设美丽乡村是亿万农民的中国梦。作为落实生态文明建设的重要举措和在农村地区建设美丽中国的具体行动，没有美丽乡村就没有美丽中国。可以说，开展美丽乡村建设，符合国家总体构想，符合我国城乡社会发展规律，符合我国农业农村实际，符合广大民众期盼，意义极为重大。

（二）参与部门多，组织协调难度大

美丽乡村建设是一项系统工程，需要各级政府、各个相关部门以及社会力量的积极参与。但是，在具体实施中由于缺乏统一的组织协调机构，美丽乡村建设往往缺乏顶层设计和统一的政策指导。

浙江安吉县美丽乡村建设行动早，探索积累了一套比较成熟的经验，值得其他地方借鉴学习。安吉县在美丽乡村建设中，明确了不同政府层级之间的职责定位，理顺各自责权关系。既避免不同层级之间的职权交叉，造成政府管理的错位和越位，影响工作的开展，又避免权责出现“真空”，造成政府管理的缺位，导致某些事项无人负责。县级政府主要负责美丽乡村总体规划、指标体系和相关制度办法的建设、对美丽乡村建设的指导考核等工作；乡级政府负责整乡的统筹协调，指导建制村开展美丽乡村建设，并在资金、技术上给予支持，对村与村之间的衔接区域统一规划设计并开展建设；建制村是美丽乡村建设的主体，由其负责美丽乡村的规划、建设等相关工作。同时，理顺部门之间的横向关系，对各部门的责任和任务进行量化细分。安吉县根据美丽乡村建设规划和任务，建立了美丽乡村考核指标和验收办法，将一项项指标落实到每一部门，由部门制定指标内容和标准，并对该项建设负总责，同时参与由美丽乡村建设办公室组织的考核验收，有效破解了“九龙治水水不治”的困局。

（三）重建设轻规划，建设标准缺失

一些地方在美丽乡村建设试点中，注重硬件设施建设的多，但不注重美丽乡村建设的总体规划和长期行动计划的科学制订，导致同质化建设严重、特色化建设不足，短期行为多、长远设计少，以及视野狭隘，缺乏全域一体的建设理念。

安吉县等地之所以美丽乡村建设效果显著，与其重视规划引领建设不无关系。总结其实践经验，做好美丽乡村建设规划，需要注意以下几点：第一，美丽乡村建设规划做到统筹兼顾、城乡一体。编制美丽乡村规划要坚持“绿色、人文、智慧、集约”的规划理念，综合考虑农村山水肌理、发展现状、人文历史和旅游开发等因素，结合城乡总体规划、产业发展规划、土地利用规划、基础设施规划和环境保护规划，做到“城乡一套图、整体一盘棋”。第二，做到规划因地制宜。例如，安吉县在编制《中国美丽乡村建设总体规划》和《乡村风貌营造技术导则》时，按照“四美”标准（尊重自然美、侧重现代美、注重个性美、构建整体美），要求各乡镇、村根据各自特点，编制镇域规划，开展村庄风貌设计，着力体现一村一业、一村一品、一村一景，按照宜工则工、宜农则农、宜游则游、宜居则居、宜文则文的原则将建制村分类规划，将全县的建制村划分为工业特色村、高效农业村、休闲产业

村、综合发展村和城市化建设村五类。第三，尊重群众意愿。安吉县美丽乡村建设规划设计，按照“专家设计、公开征询、群众讨论”的办法，经过“五议两公开”程序（即村党支部提议、村两委商议、党员大会审议、村民代表会议决议、群众公开评议，书面决议公开、执行结果公开），确保村庄规划设计科学合理，达到群众满意。第四，注重规划的可操作性。为了把规划蓝图落地变成美好现实，就必须把规划内容分解成定性定量的具体内容，转化成年度行动计划，细化为具体的实施项目。第五，配套制订美丽乡村建设标准体系。为了更好地落实和执行美丽乡村建设规划，还必须研究制订美丽乡村建设标准体系。通过标准体系的配套实施，确保美丽乡村建设的质量和效益。

（四）市场作用小，社会参与少

许多地方在进行美丽乡村建设时，没有积极探索如何引入市场机制、发挥社会力量作用，而是采取传统的行政动员、运动式方法，尽管一些设施（如垃圾处理、生活污水处理设施等）一时高标准建成了，却难以维持长期运转，缺乏长效机制。尤其是，政府主导有余、农民参与不足的现象比较普遍，农民主体地位和主体作用没有充分发挥。以致部分农民群众认为，美丽乡村建设是政府的事，养成“等靠要”思想。这就难免会出现美丽乡村建设“上热下冷”“外热内冷”的现象，甚至出现“干部热情高，农民冷眼瞧，农民不满意，干部不落好”的情况，其主要症结就在于农民群众的积极性没有充分调动起来，农民群众的主体作用没有发挥出来。所以，美丽乡村建设必须明确为了谁、依靠谁的问题，要充分尊重广大农民的意愿，切实把决策权交给农民，让农民在美丽乡村建设中当主人、做主体、唱主角。在20世纪的二三十年代，我国曾有一大批知识分子来到农村，进行乡村建设实验，但当时的乡村建设之所以没有显著长效，一个主要原因便是没有注重调动起广大农民的积极性，乡村建设的主体发生了错位——建设主体不是生于斯长于斯的农民群众而是城里来的社会精英，不可避免地形成“乡村运动、乡村不动”的悖论。

（五）制度改革落后实际需求

农村产权制度改革、乡村社会治理机制改革等“软件”建设不同步，美丽乡村建设局限于物质建设和生态环境建设狭小范畴。美丽乡村建设不是

“做盆景”“搞形象”，更不是“涂脂抹粉”。美丽乡村，不仅要有令人惊艳的“形象美”，让人一见钟情；更要有“内在美”，让人日久生情。不能停留于外在形态上，更需要通过内涵建设来体现乡村特色；不能简单地停留在农耕文化保护上，而是要放在统筹城乡、推进城乡现代化的历史大进程之中。

美丽乡村建设不能局限于硬件设施的建设、公共文化服务的改善、生态环境的优化这样一些物质和技术层面，还要深入到体制机制层面，着力在农村产权制度改革、乡村社会治理机制创新上积极探索，真正融入农村经济建设、政治建设、文化建设、社会建设各方面和全过程，最终建成具有中国特色社会主义的新农村。

思考题

1. 新时代美丽乡村建设的任务、目标是什么？你认为乡村发展转型途径有哪些？

2. 你家乡是否有美丽乡村建设典型案例或具有开发建设潜力的典型乡村？具有哪些特点？

第九章　倡导绿色生活

生态文明建设同每个人息息相关，每个人都应该做践行者、推动者。要加强生态文明宣传教育，强化公民环境意识，推动形成节约适度、绿色低碳、文明健康的生活方式和消费模式，形成全社会共同参与的良好风尚。

——习近平在十八届中央政治局第四十一次集体学习时的讲话（2017 年 5 月 26 日）

西方发达国家盛行的“多消费、高消耗、高浪费、高污染”的生活方式，成为当今世界许多人趋之若鹜的现代生活方式。然而，这种生活方式与消费方式所造成的生态失衡、环境污染和资源危机日趋严重。艾伦·杜宁在其所著的《多少算够——消费社会与地球的未来》一书中，深刻揭示了这种高消费生活方式导致的生态危机恶果：高消费导致工业化国家消费了地球上 40% ~86% 的自然资源，燃料通过燃烧释放了世界上 3/4 的硫化物和碳氧化物，加速了热带雨林的消失、濒危物种的增加、温室效应的加剧……人们普遍认识到，人类赖以生存的地球越来越难以支撑这种高消耗和高污染的生活方式，一场“绿色生活”与“绿色消费”的浪潮正席卷全球。

绿色发展就是低碳发展、节约发展、清洁发展、循环发展、和谐发展、可持续发展。绿色发展必然要求形成绿色生活方式。作为支撑生态文明的新发展理念，绿色发展不仅倡导转变传统的高耗、高碳、高污、低效的生产方式，形成低耗、低碳、清洁、高效的绿色生产方式，而且还要求变革重物质、讲排场、高浪费的不可持续的生活方式，倡导简约、健康、幸福、可持续的绿色生活方式。积极倡导和推广绿色消费，形成节约适度、绿色低碳、文明健康的生活方式和消费模式，以绿色消费倒逼绿色生产，从而实现绿色发展，是建设生态文明、实现可持续发展的重要路径。

第一节　绿色生活与绿色消费

一、绿色生活

简要来说，绿色生活就是节约、低碳、循环、可持续的生活方式。从物质层面来看，绿色生活是适度消费、厉行节约、支持环保、保护生态、减少环境代价的生活方式，是一种低能耗、低排放、低污染的低碳生活；从精神层面来说，绿色生活是道法自然，天人合一，注重心灵的需求，追寻生命的本真，回归简单、简约的生活状态。

追求幸福生活是每个人的梦想。然而，不同的幸福观却有不同的生活与消费方式。以往人们习惯于把物质享受等同于生活质量，把丰裕的物质生活理解为幸福生活，错误地把幸福感建立在物质消费的满足感上。必须破除这种错误的幸福观，确立绿色幸福生活观。人们应该从追求单纯的物质消费转向文化和精神消费，即在满足基本物质需求的基础上，以精神需求和文化消费的满足为主。正如习近平总书记所指出的，环境就是民生，青山就是美丽，蓝天也是幸福。绿色消费是绿色生活理念的支撑。强化生活方式绿色化意识，在衣、食、住、行、游等各个领域，加快向绿色转变，通过绿色消费倒逼绿色生产，从而实现全社会生产方式、生活方式绿色化。

二、绿色消费

随着经济社会的快速发展，人民生活水平不断提高，消费需求持续增长、消费拉动经济作用明显增强。同时，一些不理性的消费行为对环境的负面影响日益凸显。例如，过度消费、奢侈浪费等现象依然存在；消费观念滞后以及产品本身的非绿色非环保导致严重的资源浪费、环境污染问题；等等。当前，消费总量和消费强度仍将不断增加，缓解资源环境压力、建设生态文明呼唤绿色消费。

绿色消费是伴随着人们的物质财富极大丰富与环境污染、生态危机与资源危机的矛盾日益凸显的，是在人们越来越关注人类自身健康，而人类健康又越来越频繁地受环境污染与破坏事件危害的情况下逐渐兴起的。绿色消费的兴起源于20世纪40年代的欧洲。当时，欧洲很多国家发生了环境污染事件，这引起了政府和广大学者的注意。1944年，卡尔·波兰尼在《大转型》中提出了“生态消费观”，他指出现代西方社会出现生态危机的主要根源就是人类的消费异化。20世纪80年代以后，环境资源危机日益严重，西方学者进一步加大了对绿色消费的研究，绿色消费理念也在欧洲大陆开始盛行。

绿色消费的定义最早是由英国学者约翰·艾尔金顿（John Elkington）和朱莉娅·黑尔斯（Julia Hailes）在《绿色消费者指南》中提出来的，他们从消费对象的角度界定绿色消费，认为绿色消费是避免使用以下六种产品的消费：（1）危害消费者和他人健康的商品；（2）因过度包装、超过商品有效期或过短的生命周期而造成不必要消费的商品；（3）在生产、使用和丢弃时，造成大量资源消耗的商品；（4）含有对动物残酷或剥夺而生产的商品；（5）使用出自稀有动物或自然资源的商品；（6）对其他发展中国家有不利影响的商品。随之，施里达斯·拉尔夫在《我们的家园——地球》中提到：“环境危机问题的核心是消费问题。”联合国环境与发展大会也通过《里约宣言》和《21世纪议程》，提出“加强了解消费的作用和如何形成更可持续的消费方式”，发出“改变消费方式”的口号，也就是呼吁摒弃传统的消费方式，追求新型的绿色消费方式。在政府、广大学者的呼吁下，在广大消费者环境意识和健康意识日益增强的情况下，绿色消费这一全新的理念和方式在整个西方社会流行起来。

关于绿色消费的含义，国内学者从不同的角度和侧重点对其进行了定义和阐述。中国消费者协会认为，绿色消费包括三层含义：一是倡导消费者在消费时选择未被污染或有助于公众健康的绿色产品；二是在消费过程中注重对垃圾的处理，不造成环境污染；三是引导消费者转变消费观念，崇尚自然、追求健康，在追求其生活方便、舒适的同时，注重环保，节约资源和能源，实现可持续消费。有学者把绿色消费概括为“5R”原则，即节约资源、减少浪费（reduce），绿色生活、环保选购（reevaluate），重复使用、多次利用（reuse），分类回收、循环再生（recycle），保护自然、万物共存（rescue）5个方面。

绿色消费的含义可以从广义和狭义两个层面来阐述。从狭义层面来看，绿色消费是指消费者消费对环境保护有益的或是未被污染过的产品，也就是所谓的消费绿色产品。通过消费绿色产品来维护人们的身体健康，提高生活质量，同时减少对生态环境的破坏和污染。从广义的层面来看，绿色消费的含义包括以下几个方面：（1）消费者消费的产品应是对公众健康有益的或是未被污染过的；（2）消费者在消费过程中所产生的污染废弃物尽可能少，不给环境造成污染困扰；（3）在消费结束后注重对垃圾的分类回收利用，促进资源的循环利用；（4）倡导广大公众转变消费理念，追求健康，崇尚纯朴自然，在追求自身生活舒适、方便的同时，要尽力节约能源和资源，注重环境的保护。由此可见，广义的绿色消费不仅要求人们购买绿色产品，进行环境友好消费，而且还要求人们在消费过程中处处有节约资源和保护环境的意识，在消费后注重垃圾的处理，避免造成垃圾围城和围村现象。

简言之，绿色消费也称可持续消费，是指既能满足人们基本需求，提高生活质量，又对环境零损害、低损害的消费行为，是适应经济社会发展水平和生态环境承载能力的一种新型消费方式。绿色消费是消费者从有益于身体健康、保护生态环境、承担社会责任的角度出发，在消费过程中减少资源浪费和防止污染的消费行为和消费方式，是一种具有生态意识的、高层次的理性消费行为，主要表现为崇尚节约、减少浪费、选择环保的产品和服务、降低消费过程中的资源消耗和污染排放。

三、树立绿色消费观

绿色消费追求的是一种合理和适度的消费，一种崇尚自然、追求健康和追求生活舒适的同时，注重环保、节约资源的消费。在绿色消费理念的引导下，人们不再为了追求生活上的舒适而置环境和资源于不顾，而是在追求自身生活舒适的同时，考虑自身行为对周围环境和资源的影响，尽量节约资源和保护周边的生态环境。例如，在购买家用电器时，考虑节能指标，而不是一味地追求豪华；在外出购物时，抵制一次性用品，自带环保购物袋；选择公交车或环保自行车代替私家车出行……

理念是行动的先导，践行绿色消费，首先要树立绿色消费观。要摒弃消费主义倾向，强化资源稀缺意识和节约意识，以不对生态环境构成危害的消费理念指导消费行为，实现从过度消费向适度消费转变，从环境损害型消费向环境友好型消费转变，把消费限制在环境的承受能力之内。在当今物质生活极大丰富的年代，倡导简约消费具有重要的现实意义。

第二节 促进绿色消费

倡导绿色低碳生活，形成绿色低碳生活新风尚，要从点点滴滴的小事做起，在衣、食、住、行、游等方面，践行简约适度的消费方式，让绿色消费成为新时尚。当“绿色达人”受到赞誉、绿色消费蔚然成风，绿色潮流将为绿色发展提供澎湃动力。

一、绿色饮食

绿色饮食主要包含三个方面的内容：

第一，消费安全无毒无害的绿色食品。所谓绿色食品，是指生产于优良环境，按照规定的技术规范生产，实行全程质量控制，无污染、安全、优质并使用专用标志的食用农产品及加工品。我国目前将绿色食品标准分为两个技术等级，即AA级和A级绿色食品标准。绿色食品必须同时具备以下几个条件：一是产品原料或产品产地必须符合绿色食品生态环境质量标准；二是产品必须符合绿色食品质量和卫生标准；三是畜禽饲养、水产养殖、农作物种植和食品加工必须符合绿色食品的生产操作规程；四是产品外包装必须符合国家食品标签通用标准，要符合绿色产品特定的包装和标签规定，如产品包装必须要有“绿色食品”的统一标志。绿色食品在产前、产中和产后环节等一系列过程都实施了很严格的质量标准控制，只有符合以上条件的才称得上是绿色食品。

第二，要有绿色健康的饮食方式。平常应该多吃蔬菜和水果等绿色食品，少吃肉类，尤其要拒绝食用山珍野味，坚决不吃野生动物，这样有利于人与自然的和谐相处；选择加工程序简单、非转基因的食品，多吃非加工食品，少吃加工产品，尤其是深加工产品；选择有机食品，减少食物种植或培养对环境的影响；选择本地生产的食品，减少交通运输中可能产生的污染；选择包装简单实用的食品，拒绝过度包装、不可回收包装的食品。

第三，尽量减少食物浪费。倡导“光盘行动”，杜绝公务用餐浪费，政府和企事业单位食堂实行按需供应、科学配餐，在具备条件的地方实行自助点餐计量收费；鼓励餐后打包，设定合理的自助餐浪费收费标准；婚丧嫁娶等红白喜事从简操办；家庭按实际需要采购食品；优化食品生产、收购、储存、运输、加工、消费等环节的管理方式，减少食品损失浪费。

此外，要引导绿色饮食。鼓励餐饮行业减少提供一次性餐具，更多提供可降解打包盒。鼓励餐饮企业对餐厨垃圾实施分类回收与利用。继续推动国家有机食品生产基地建设。加强对餐饮企业的环保监管，排放油烟的餐饮服务业经营者应当安装油烟净化设施并保持正常使用，或者采取其他油烟净化措施，使油烟达标排放，并防止对附近居民的正常生活环境造成污染。禁止在居民住宅楼、未配套设立专用烟道的商住综合楼以及与居住层相邻的商业楼层内新建、改建、扩建产生油烟、异味、废气的餐饮服务项目。任何单位和个人不得在当地人民政府禁止的区域内露天烧烤食品或者为露天烧烤食品提供场地。

[延伸阅读]

光盘行动

习近平一直高度重视粮食安全和提倡“厉行节约、反对浪费”的社会风尚，多次强调要制止餐饮浪费行为。2013 年 1 月，习近平就作出重要指示，要求厉行节约、反对浪费。此后，习近平又多次作出重要指示，要求以刚性的制度约束、严格的制度执行、强有力的监督检查、严厉的惩戒机制，切实遏制公款消费中的各种违规违纪违法现象，并针对部分学校存在食物浪费和学生节俭意识缺乏的问题，对切实加强引导和管理，培养学生勤俭节约良好美德等提出明确要求。

党的十八大以来，各地区各部门贯彻落实习近平重要指示精神，采取出台相关文件、开展“光盘行动”等措施，大力整治浪费之风，“舌尖上的浪费”现象有所改观，特别是群众反映强烈的公款餐饮浪费行为得到有效遏制。同时，一些地方餐饮浪费现象仍然存在，有关部门正在贯彻落实习近平重要指示精神，制定实施更有力的举措，推动全社会深入推进制止餐饮浪费工作。习近平强调，要加强立法，强化监管，采取有效措施，建立长效机制，坚决制止餐饮浪费行为。要进一步加强宣传教育，切实培养节约习惯，在全社会营造浪费可耻、节约为荣的氛围。

“光盘行动”倡导珍惜粮食，厉行节约，吃光盘子中的食物，反对铺张浪费，从而得到从中央到民众的支持。“光盘行动”入选 2020 年度十大流行语。

[延伸阅读]

《中华人民共和国反食品浪费法》

《中华人民共和国反食品浪费法》是为了防止食品浪费，保障国家粮食安全，弘扬中华民族传统美德，践行社会主义核心价值观，节约资源，保护环境，促进经济社会可持续发展，根据宪法制定的法律。食品浪费，是指对可安全食用或者饮用的食品未能按照其功能目的合理利用，包括因废弃、不合理利用导致食品数量减少或者质量下降等。

2020年12月22日，《中华人民共和国反食品浪费法》草案提请十三届全国人大常委会初次审议。2021年4月29日，第十三届全国人民代表大会常务委员会第二十八次会议通过《中华人民共和国反食品浪费法》，自公布之日起施行。

《中华人民共和国反食品浪费法》共32条，主要针对实践中群众反映强烈的突出问题，以餐饮环节为切入点，聚焦食品消费、销售环节反浪费、促节约、严管控，同时注重处理好与正在起草的粮食安全保障法等有关法律的关系，对减少粮食、食品生产加工、储存运输等环节浪费作出原则性规定。

二、绿色服装

在穿着方面，绿色消费的具体体现是选购“绿色服装”。绿色服装是欧美国家20世纪90年代初提出的一种设计理念。这类服装一般以天然动植物材料为原料，它们不仅从款式和花色设计上体现环保意识，而且从面料到纽扣、拉链等附件也都采用无污染的天然原料；从原料生产到加工也完全从保护生态环境的角度出发，避免使用化学印染原料和树脂等破坏环境的物质。

在穿着方面的绿色消费还包括：适度购买，避免造成浪费；选购可自然降解或可循环利用的材料制作的服装，尽量选用棉、麻等纤维类衣物，避免选用由动物毛、皮制作的价格昂贵的衣物，遏制将珍稀野生动物毛皮作为服装原料的行为；限制含有毒有害物质的服装材料、染料、助剂、洗涤剂及干洗剂的生产与使用；加强对干洗行业的环境监管，从事服装干洗的经营者，应当按照国家有关标准或者要求设置异味和废气处理装置等污染防治设施并保持正常使用，防止影响周边环境；鼓励研发和推广环境友好型的服装材料、染料、助剂、洗涤剂及干洗剂；尽量做到对旧衣服回收利用，养成节约的习惯。

三、绿色建筑

绿色建筑的概念是20世纪60年代以后提出的。根据我国《绿色建筑评价标准》（GB/T 50378）和《绿色建筑技术导则》，绿色建筑是指在建筑的全寿命周期内，最大限度地节约资源、保护环境、减少污染，为人们提供健康、适用、高效的使用空间，最大限度地实现人与自然和谐共生的高质量建筑。因此，绿色建筑应该具有安全耐久、健康舒适、生活便利、资源节约（节地、节能、节水、节材）和环境宜居等方面的综合性能。

具体来说，在绿色建筑的设计阶段将材料、结构、施工、能耗考虑其中，充分利用阳光、自然通风等资源，为居住者创造一种接近自然的感觉，从整体上把好建筑的绿色关；在房屋建造上，选用可循环利用的、可再生的、使用寿命长的环境友好型能源和材料，实现无废渣、无废气、无粉尘、无噪声的绿色施工；在房屋购买上，遵循适用原则，避免一味地追求大空间和豪华。从主要发达国家的人均居住面积看，美国67平方米、英国35.4平方米、法国35.2平方米、德国39.4平方米、意大利43平方米、荷兰40.8平方米、西班牙25.8平方米、日本19.6平方米、韩国19.8平方米。国家统计局发布的数据显示，到2018年，我国城镇居民人均住房面积已达到39平方米，超过了许多发达国家。在房屋装修上，尽量挑选绿色环保材料，选用具有节能、减排、安全、健康、便利和可循环特征的建材产品，尽量减少使用人工合成材料，倡导简约、实用的装修，不追求奢华，减少对资源的消耗、减轻对生态环境的影响。引导家具等行业采用水性木器涂料、水性油墨、水性胶黏剂等环保型原材料，加强发挥有机化合物（VOCs）等污染控制、切实提升清洁生产水平。完善相关环境标志产品技术要求，推动完善节水器具、节电灯具、节能家电等产品的推广机制，鼓励公众购买绿色家具和环保建材产品。

四、绿色交通

伴随着现代化程度和人民生活水平的提高，人们的出行方式已日益现代化，汽车、火车、飞机已成为主要的交通工具。但是人们在享受这些现代化交通工具带来的便捷与舒适的同时，也不得不承受它们对地球环境、空气质量的负面影响。于是，绿色出行的理念应运而生。

绿色交通是指节约能源、减少污染、有益健康、兼顾效率的交通方式。从交通方式来看，绿色交通体系包括步行交通、自行车交通、常规公共交通和轨道交通。从交通工具上看，绿色交通工具包括自行车、各种低污染车辆（如双能源汽车、天然气汽车、电动汽车、太阳能汽车等）、电气化公共交通工具（如无轨电车、有轨电车、轻轨、地铁）等。

具体做法上：（1）短距离的出行优先选择步行、骑自行车或电动车。多步行、多骑自行车或电动车、少开私家车是绿色出行的最好实践。步行和自行车出行最为低碳，同时还能强身健体，一举两得。根据世界卫生组织（WHO）的数据，在65岁以上老年人中，与每周步行少于1小时的人相比，每周步行4小时以上的人的心血管疾病发病率减少69%，病死率减少73%。共享单车和共享电动车的兴起和发展，为自行车和电动车出行创造了良好的条件和氛围。（2）尽量减少私家车的使用，用公共交通代替私家车出行。大力发展公共交通是城市绿色出行的有效措施，不但可以减少尾气的排放和油、气等能源消耗，还能有效缓解交通堵塞和拥挤。公共交通系统以最低的人均能耗、人均废气排放和人均空间占用，成为最高效、最理想的出行选择。研究显示，每20辆自行车或4辆小汽车所占用的道路面积与1辆公共汽车所占的面积是一样的，而后者的载客量分别是自行车、小汽车的100倍和30~40倍。运送同样数量的乘客，公共交通与私家车相比，分别节省土地资源3/4，建筑材料4/5，投资5/6，而空气污染却是私家车的1/10，交通事故是小汽车的1/100。《上海市综合交通“十三五”规划》提出，营造绿色交通环境，全市公共交通、步行、自行车的出行比重不低于80%。（3）在必须开车外出时，优先选择拼车。城市交通工具中出租车约占总交通容量的29%，运载量占总出行人数的30%以上。在选择出租车或网约车时，拼车也是绿色出行的具体表现。（4）合理控制燃油机动车保有量，采取财政、税收、政府采购等措施，推广节能环保型和新能源机动车。加强机动车污染防治，严格执行机动车大气污染物排放标准。加强重污染天气预报预警，指导公众出行，在重污染天气引导公众主动减少机动车使用。

国际上有一些城市提倡无车日也是一种很好的做法。在这方面，哥伦比亚的首都波哥大做得相当出色。这座有600万人口的大城市，在周日或节假日，城市主要交通干线都只开放半边车道供机动车使用，另外半边车道则供市民骑自行车等。这种做法不仅是支持环保的实际行动，更是一种有力的环保意识宣传。

五、绿色旅游

绿色旅游也称生态旅游或无污染旅游。生态旅游（ecotourism）是指以可持续发展为理念，以保护生态环境为前提，以统筹人与自然和谐发展为准则，并依托良好的自然生态环境和独特的人文生态系统，采取生态友好方式，开展生态体验、生态教育、生态认知并获得心身愉悦的旅游方式。生态旅游是由国际自然保护联盟（IUCN）特别顾问谢贝洛斯·拉斯喀瑞（Ceballos - Laskurain）于 1983 年首次提出。1990 年国际生态旅游协会（International Ecotourism Society）将其定义为：在一定的自然区域中保护环境并提高当地居民福利的一种旅游行为。在生态旅游开发中，避免大兴土木等有损自然景观的做法，旅游交通以步行为主，旅游接待设施小巧，掩映在树丛中，住宿多为帐篷露营，尽一切可能将旅游的负面影响降至最低。在生态旅游管理中，提出了“留下的只有脚印，带走的只有照片”等保护环境的响亮口号，并在生态旅游目的地设置一些解释大自然奥秘和保护与人类息息相关的大自然标牌体系及喜闻乐见的旅游活动，让游客在愉悦中增强环境意识，使生态旅游区成为提高人们环境意识的天然大课堂。

过去，西方旅游者喜欢到热带海滨去休闲度假，热带海滨特有的温暖的阳光（sun）、碧蓝的大海（sea）和舒适的沙滩（sand），使居住于污染严重、竞争激烈的西方发达国家游客的身心得到平静，“3S”作为最具吸引力的旅游目的地，成为西方人所向往的地方。随着生态旅游的开展，游客环境意识的增强，西方游客的旅游热点从“3S”转为“3N”，即到自然（nature）中，去缅怀人类曾经与自然和谐相处的怀旧（nostalgia）情结，使自己在融入自然中进入天堂（nirvana）的最高境界。从“3S”到“3N”标志着人类从身体享乐为主的旅游追求转变为以精神追求为主的生态旅游追求。

绿色旅游还包括低碳旅游。低碳旅游是指在旅游过程中，旅游者尽量减少碳足迹与二氧化碳的排放。具体表现在旅游时携带环保行李、住环保旅馆、减少使用一次性日用品、选择二氧化碳排放较低的交通工具甚至是骑行和徒步旅行等方面。

[延伸阅读]

上海市旅游住宿业不主动提供一次性日用品

为了推动旅游住宿业限制或减少使用一次性日用品，倡导绿色消费，2019 年 7 月 1 日起，上海酒店客房将不再主动提供一次性牙刷、梳子等“六小件”。上海市文旅局发布《关于本市旅游住宿业不主动提供客房一次性日用品的实施意见》，“六小件”包括牙刷、梳子、浴擦、剃须刀、指甲锉、鞋擦等一次性日用品。

据携程数据显示，中国酒店行业客房数量在 1300 万 ~ 1500 万间，粗略估计每天至少有数百万套一次性日用品被使用和丢弃，消耗资源巨大的同时也产生了大量的垃圾。而一次性日用品大多是塑料外包装，无法降解，对环境的污染也是巨大和持久的。十几年来，限制、取消酒店一次性日用品供应的倡议、呼吁不绝于耳，但真正实施起来却困难重重。从 2002 年上海首提倡议到 2007 年北京号召用大包装容器代替小瓶装，到 2009 年长沙的“不主动提供”，再到 2013 年广州开始规定酒店无偿提供一次性日用品最高罚 1 万元……每次最后都不了了之。

究其原因，主要来自消费者和酒店业两方面的阻力。国内消费者大多已经养成了由酒店提供一次性日用品的习惯，遇到不提供“六小件”的酒店，消费者通常会认为酒店的服务不到位，经常因此投诉酒店。同时，作为酒店方，如果自己酒店没有提供“六小件”而别的酒店提供了，可能使消费者对酒店的服务品质产生怀疑而选择别的酒店住宿，从而影响到酒店的入住率。

资料来源：中国酒店布草网，baijiahao. baidu. com/s? id = 1638541529753037801.

第三节　推行垃圾分类

随着我国经济的高速发展，城市与乡村的垃圾问题正在逐渐凸显。根据统计数据，我国城市人均日产垃圾量 1. 0 ~ 1. 2 公斤，垃圾处理的速度赶不上垃圾量的增速，“垃圾围城”成为难以解决的普遍性问题；我国乡村人均日产垃圾量 0. 6 公斤，由于垃圾处理设施落后和处理能力有限，对乡村环境造成了严重的污染。2020 年，国家十二部委联合发布《关于进一步推进生活垃圾分类工作的若干意见》，提出因地制宜统筹推进生活垃圾分类。垃圾分类是垃圾治理的重要举措。

一、垃圾分类的概念

垃圾分类是指按一定规定或标准将垃圾分门别类地投放、清运和处理，从而使之重新变成资源。分类的目的是提高垃圾的资源价值和经济价值，做到物尽其用，减少垃圾处理量，降低处理成本，减少垃圾对土地的占用和对环境的污染，实现生活垃圾“减量化、资源化、无害化”。从2019年起，全国地级及以上城市全面启动生活垃圾分类工作，到2020年底46个重点城市基本建成垃圾分类处理系统，2025年底前全国地级及以上城市将基本建成垃圾分类处理系统。

（一）可回收物

可回收物主要包括废纸、塑料、玻璃、金属和布料五大类。

废纸：主要包括报纸、期刊、图书、各种包装纸等。但是，要注意纸巾和厕纸由于水溶性太强不可回收。

塑料：各种塑料袋、塑料泡沫、塑料包装（快递包装纸是其他垃圾）、一次性塑料餐盒餐具、硬塑料、塑料牙刷、塑料杯子、矿泉水瓶等。

玻璃：主要包括各种玻璃瓶、碎玻璃片、暖瓶等（镜子是其他垃圾）。

金属物：主要包括易拉罐、罐头盒等。

布料：主要包括废弃衣服、桌布、洗脸巾、书包、鞋等。

（二）厨余垃圾

厨余垃圾包括剩菜剩饭、骨头、菜根菜叶、果皮等食品类废弃物。

（三）有害垃圾

有害垃圾是指含有对人体健康有害的重金属、有毒物质或者对环境造成现实危害或者潜在危害的废弃物，包括电池、荧光灯管、灯泡、水银温度计、油漆桶、部分家电、过期药品及其容器、过期化妆品等。

（四）其他垃圾

其他垃圾包括除上述几类垃圾之外的砖瓦陶瓷、渣土、卫生间废纸、纸巾等难以回收的废弃物及尘土、食品袋（盒）。

卫生纸：厕纸、卫生纸遇水即溶，不算可回收的“纸张”，类似的还有烟盒等。

餐厨垃圾袋：常用的塑料袋，即使是可以降解的也远比餐厨垃圾更难腐蚀。此外塑料袋本身是可回收垃圾。正确做法应该是将餐厨垃圾倒入垃圾桶，塑料袋另扔进“可回收垃圾”桶。

尘土：在垃圾分类中，尘土属于“其他垃圾”，但残枝落叶属于“厨余垃圾”，包括家里开败的鲜花等。

［延伸阅读］

国外厨余垃圾如何处理

英国：一是把厨余垃圾集中起来，堆肥发酵，最终成为有机肥。二是利用厨余垃圾发电。英国的废物处理公司建设并启用了全球首个全封闭式厨余垃圾发电厂，该厂平均每天可以处理12万吨垃圾，发电150万千瓦时。

法国：法国政府对日常垃圾分类和餐饮业从业者的垃圾分类有严格规定。每年80%的废弃包装类垃圾都得到了循环处理。63%的废弃包装类垃圾经过再处理后变成了纸板、金属、玻璃和塑料等初级材料，17%转变成了石油、热力等能源。

韩国：韩国首尔市政府宣布在全市范围内普及厨余垃圾排放收费“从量制”，按照垃圾排放量的多少收取不同的垃圾处理费。

新加坡：新加坡对垃圾处理过程中的所有环节均有周密的规范，注重法律责任，如有违法，严惩不贷。新加坡的垃圾收集工作全面私有化，全国共有近400家生活垃圾收集商和大型工业垃圾收集商，他们得到政府的许可，才有资格经营。

资料来源：中国经济网，www.163.com/news/article/7VN03R6400014JB5.html.

二、垃圾分类的意义

（一）减少占地和污染

目前我国的垃圾处理多采用卫生填埋甚至简易填埋和焚烧的方式。填埋占用大量的土地，填埋场虫蝇乱飞，污水四溢，臭气熏天，严重污染环境。垃圾焚烧也产生二次污染。通过垃圾分类，部分垃圾可以回收利用或堆肥，可以大大减少垃圾的处理量，降低处理成本，减少占地和环境污染，改善人居环境。

（二）变废为宝

可回收垃圾通过综合处理回收利用，可转变成资源。例如，每回收 1 吨废纸可造好纸 850 千克，节省木材 300 千克，比等量生产减少污染 74%；每回收 1 吨塑料饮料瓶可获得 0.7 吨二级原料；每回收 1 吨废钢铁可炼好钢 0.9 吨，比用矿石冶炼节约成本 47%，减少空气污染 75%，减少 97% 的水污染和固体废物；厨余垃圾经生物技术就地处理堆肥，每吨可生产 0.6～0.7 吨有机肥料；砖瓦、灰土可以加工成建材；等等。可见，垃圾分类、回收再利用是解决垃圾问题的最好途径。

[延伸阅读]

垃圾分类大事记

✧ 2016 年 12 月，在中央财经领导小组第十四次会议上，习近平总书记深刻阐明了垃圾分类的重要意义："普遍推行垃圾分类制度，关系 13 亿多人生活环境改善，关系垃圾能不能减量化、资源化、无害化处理。"

✧ 2019 年 6 月，习近平总书记对垃圾分类工作作出重要指示。他强调，要加强引导、因地制宜、持续推进，把工作做细做实，持之以恒抓下去。

✧ 2019 年 6 月，住房和城乡建设部等 9 部门印发《关于在全国地级及以上城市全面开展生活垃圾分类工作的通知》，在全国地级及以上城市全面启动生活垃圾分类工作。

✧ 2019 年 7 月 1 日，《上海市生活垃圾管理条例》正式施行，上海在全国省级行政区中率先对垃圾分类进行立法。

✧ 2020 年 4 月，全国人大常委会修订《固体废物污染环境防治法》，规定在全国推行生活垃圾分类制度，实现垃圾分类有法可依。

✧ 2020 年 7 月 10 日，国家发展和改革委员会等 9 部门联合印发《关于扎实推进塑料污染治理工作的通知》，提出到 2022 年，在塑料污染问题突出领域和电商、快递、外卖等新兴领域，形成一批可复制、可推广的塑料减量和绿色物流模式。

✧ 2020 年 11 月 27 日，住房和城乡建设部等 12 部委联合发布《关于进一步推进生活垃圾分类工作的若干意见》。

✧ 2021年5月6日，国家发展和改革委员会、住房和城乡建设部印发《“十四五”城镇生活垃圾分类和处理设施发展规划》，明确了“十四五”时期城镇生活垃圾分类和处理设施发展的总体目标，部署了10个方面的主要任务。提出到2025年底，全国城市生活垃圾资源化利用率达到60%左右。全国城镇生活垃圾焚烧处理能力达到80万吨/日左右，城市生活垃圾焚烧处理能力占比达65%。

▶ **案例9.1**

上海推进生活垃圾分类的探索与实践

垃圾分类作为一项社会性、长期性且具有反复性特征的系统性工程，涉及广大群众思想观念上的认同和生活习惯上的转变。上海在推进过程中面临着宣传教育不深入、社会动员不足、居民源头参与率不高、横向部门协作薄弱、基层社会合力不够等困难和问题，垃圾分类收运和处置设施短板依然存在。

上海认真贯彻落实习近平总书记关于“北京、上海等城市，要向国际水平看齐，率先建立生活垃圾强制分类制度，为全国作出表率”的重要指示精神，采取党建引领、制度保障、设施跟上、全区覆盖等方法，全面推进生活垃圾分类工作。制定实施《方案》明确地方标准和规范，印发三年《行动计划》细化工作进程。充分发挥基层党组织作用，建立居委、物业、业委、居民自治的工作推进机制，引导居民积极参与；组织市、区、街道相关管理部门和物业、基层党支部开展培训，普及分类知识，交流工作方法。截至2018年底，上海已实现单位生活垃圾分类全覆盖，长宁、崇明等6个区整区域覆盖。2019年初，《上海市生活垃圾管理条例》在市十五届二次人民代表大会高票通过，为垃圾分类全程体系建设提供了法治保障。分类实效正在逐步提升，以2019年4月为例，全市湿垃圾分类量已达5659吨/日，比上年12月4550吨/日多出1109吨/日。

（一）背景情况

随着城镇化的快速发展，人民生活水平的不断提升，“垃圾围城”成为全国大中型城市发展中的“痛点”。近年来，物流、餐饮行业的兴起发展，使得上海市生活垃圾量面临巨大的增长压力。根据《上海统计》显示，2005~2010年，上海生活垃圾平均年增长率约为3%；2011~2017年，年均增长率提速到了4%；其中，2014年以来，增速尤为明显，超过了5%。由此衍生的土地侵占、环境污染、资源浪费与满足人民群众日益增长的优美生态环境需要背道而驰。垃圾分类作为推进生活垃圾减量化、资源化、无害化的主要手段之一，是提升人居环境，加快生态文明建设的重要举措。

历届市委市政府高度重视生活垃圾分类工作，开展该项工作具有良好的基础。上海自20世纪90年代开始推进生活垃圾分类工作，大致分为四个阶段：一是初步探索阶段（1995～1999年），开展专项分类。建立废电池、废玻璃、一次性饭盒等品种的专项分类系统。二是生活垃圾分类收集试点城市阶段（2000～2010年），重点探索分类标准。2000年6月，原建设部确定上海等八个城市为“生活垃圾分类收集试点城市”。在实践中，确立“大分流、小分类”的大框架，先将产生源、产生频率、垃圾性质有一定特殊性的装修垃圾、大件垃圾、单位餐厨垃圾、绿化垃圾等与日常生活垃圾分开，建立专项分流系统，再对日常生活垃圾进行四分类。三是世博会长效机制固化阶段（2011～2017年），重点探索分类管理制度。2014年，《上海市促进生活垃圾分类减量办法》确立了分类减量联席会议制度、分类投放管理责任人制度等多项管理制度。四是普遍推行生活垃圾分类制度阶段（2018年至今），重点提升垃圾分类实效。2017年，根据《国务院办公厅关于转发〈国家发展和改革委员会住房和城乡建设部生活垃圾分类制度实施方案〉的通知》有关要求，上海开始着手构建生活垃圾分类投放、分类收集、分类运输、分类处理的全程分类体系。2018年初，上海市人民政府办公厅印发《关于建立完善本市生活垃圾全程分类体系的实施方案》，上海市垃圾分类正式进入“全程分类，整体推进”的新阶段。同年，上海市发布《上海市生活垃圾全程分类体系建设行动计划（2018～2020年）》（以下简称“行动计划”），明确了上海市该项工作的时间节点、任务分工和工作目标：到2020年底，上海市将实现生活垃圾分类全覆盖，90%以上居住区实现分类实效达标；生活垃圾综合处理能力达到3.28万吨/日以上，其中焚烧处理能力达到2.08万吨/日，湿垃圾处理能力达到7000吨/日。

目前，上海市已基本形成“党建引领、规划先行、政府推动、市场运作、社会参与”的生活垃圾分类工作新格局。2019年1月31日，《上海市生活垃圾管理条例》审议通过，7月1日正式施行，上海生活垃圾分类工作将迎来新的机遇和挑战。

（二）主要做法

上海市生活垃圾分类坚持以构建生活垃圾全程分类体系为基础，着力完善技术、政策、社会三个系统。主要有以下四方面做法。

1. 强化组织领导，健全工作体制机制。

理顺管理体制，明确部门责任是生活垃圾分类工作顺利推进的必要保障。垃圾分类是一项复杂的社会性系统工程，仅仅靠环卫管理部门单打独斗难成气候。在“条”“线”上，需要包括发展改革、房屋管理、生态环境、城管执法等多部门协同推进；在“块”上，需要市、区、街镇三级政府落实属地管理责任。

对此，上海市按照“市级统筹、区级组织、街镇落实”的思路，建立健全“两级政府、三级管理、四级落实”的生活垃圾分类责任体系。

（1）加强部门统筹协调。于2012年4月建立了由分管副市长作为第一召集人，19个市相关部门和17个区政府组成的联席会议，统筹推进全市生活垃圾分类减量工作，落实分工责任，强化协调配合，加强考核评价。联席会议主要具有以下职能：一是贯彻落实市委、市政府关于本市生活垃圾分类减量工作的部署，制定并完善分类标准、节能减排奖励措施等推进工作机制，提出落实意见；二是讨论制定本市生活垃圾分类减量工作的具体目标和实施方案，并开展对各区年度分解目标完成情况的考核工作；三是定期通报全市分类减量工作推进情况，分析存在问题，提出改进措施；四是研究垃圾分类减量工作中需要协调的重大问题，明确责任分工和工作措施，并规定了工作会议、考核、工作信息等相关制度。联席会议下设办公室，按照会议的工作部署，负责具体协调推进全市生活垃圾分类的日常工作。联席会议成立至今，随着生活垃圾分类工作复杂度的不断提升，除各区外，市相关成员单位已增至30个。

（2）抓好属地主体责任落实。通过建立主要领导亲自抓，四套班子合力抓、党政齐抓共管的方式，各级党委副书记和政府分管领导“双牵头”，形成市、区、街镇、村居四级系统，同时把垃圾分类纳入市委市政府重点工作和地区领导班子考核体系，加强总体部署，落实属地推进。近年来，随着城市管理“重心下移、资源下沉、权力下放”，属地街镇在垃圾分类中发挥的作用越来越重要。为调动街镇积极性，自2018年开始推进生活垃圾分类达标（示范）街镇创建工作。通过创建评比，促进街镇落实对辖区内居民区、单位垃圾分类工作的组织、指导和监督职责。2019年，在达标（示范）街镇创建的基础上，将进一步推进示范区创建，同时深化达标（示范）街镇评比机制，依托第三方机构测评，对全市200余个街道（乡、镇、工业区）居住小区达标率进行排名，排名结果每半年通过主流媒体向社会公布，并报送市委市政府主要领导，进一步促进生活垃圾整区域推进，加快实现全覆盖。

2. 注重体系推进，加快全程体系建设。

早期垃圾分类推进通常以居住区试点为主，前端虽进行分类投放，但后续的分类收集、分类运输、分类处置环节并未配套建立。这种模式下的垃圾分类往往流于形式、浮于表面，其所伴生的混装、混运、混处问题将随着垃圾分类的深化和覆盖面扩大日益突出，极大程度挫伤广大市民垃圾分类的积极性。一旦“分类无用论”在舆论中占据上风，整个面上的垃圾分类工作将难以推进、停滞不前，甚至出现倒退。因此，必须构建从源头到末端的生活垃圾全程分类体系，确保垃圾分类真实有效。

上海市按照《行动计划》部署，全力推进全程体系建设。分类投放环节，落实公共场所、居住区分类容器和垃圾箱房改造；分类收集环节，实现分类驳运模式和驳运工具的规范化；分类运输环节，配置分类收运装备，改造分类中转设施；分类处置环节，提高湿垃圾资源化能力，提升干垃圾无害化处置水平。截至2019年4月，全市已完成居住区分类投放点改造约1.03万个，更新完善全市道路废物箱标识4万余只；配置及涂装湿垃圾专用收集车辆799辆、干垃圾车3049辆、有害垃圾车31辆以及可回收物回收车24辆，全面完成41座中转站分类改造，市集运码头配置50只湿垃圾专用集装箱；建成生活垃圾处置设施18座，其中，焚烧厂9座（13300吨/日），填埋场5座（15350吨/日），大型湿垃圾处理设施4座（1030吨/日），另有中小型就地就近湿垃圾处理能力3863吨/日。

其中，针对末端设施落地难，“邻避效应”突出的问题，上海市主要从两方面着手，推动项目落地。

（1）齐心协力，主动作为。市政府建立全市环卫设施建设推进协调机制，定期召开工作例会，及时解决设施推进过程中出现的各类问题。环卫主管部门抽调系统内中青年骨干力量，组建重点环卫设施建设项目推进专班，一人对一区驻点督促抓推进。明确各区政府为项目实施责任主体，依托区重大办、成立项目推进办公室等，加大工作推进力度。相关部门采取批前指导、并联审批等方式，优化审批程序、缩短审批期限。按照“早开工、早运营、多得益”的原则，制定了湿垃圾设施建设差别化补贴政策，分档补贴以激励各区加快完成项目前期立项，尽快开工建设（按照吨投资，2018年第三季度前开工的，市对区补贴36万元/吨；2018年底前开工的，市对区补贴30万元/吨；2018年底以后开工的，市对区补贴24万元/吨）。重点环卫设施建设目标纳入各区政府绩效考核范围。

（2）细心谋划，提早应对。全市各相关部门加强协调、通力合作，聚焦群众最为关心的问题，深入实地踏勘，细化稳评、环评相关措施，有针对性地制定解决策略、落实应急预案，做到“群众有所呼、我即有所应、回应应有效”，切实缓解“邻避效应”问题。自2018年全面启动环卫设施建设推进工作以来，16个重点项目中，截至2019年4月底，已有11座实现开工目标，其中湿垃圾项目6座，焚烧或填埋项目5座。

3. 聚焦源头分类，着力提升分类实效。

近年来，居民的环保意识普遍增强，也认识到垃圾分类的必要性。但进行实际操作时，居民的参与度和分类的准确度仍与其认知水平有一定落差。根据2013年国家统计局上海调查总队在全市100个居委小区随机抽取100名居委干部、200名保洁员和2000名居民的专项调查显示，98.9%的市民愿意进行垃圾分类，不愿意的仅占1.1%，但仅有26.4%的市民表示“总能做到”垃圾分类投放。实践证明，“二次分拣”等严重依赖人力、财力的分类方式，在普遍推行垃圾分类后是不具有可持续性的。如何将居民的分类意愿有效转换为实际分类投放行为，从想要分，到能够分、分得好，上海市主要在三个方面下功夫。

（1）在展开模式上，推进居住区垃圾“定时定点”分类投放制度。定时定点分类投放垃圾是建立完善分类投放行为即时反馈机制的关键，有利于规范垃圾分类行为。一方面，“定点”（撤桶并点）减少了居住区污染源、硬件设施成本、保洁员工作量。另一方面，“定时”使得在居民投放期间，志愿者能够在旁指导居民正确分类投放垃圾，并开袋检查，做到“检查在点位、督导在点位、宣传在点位”，以提升居民垃圾分类正确率，从而养成源头分类的好习惯。上海市于2017年下半年在部分小区开展试点，取得了分类质量提升和投放量明显减少的成效，试点工作也从最初的质疑到最终获得居民们的高度认可。同时，考虑市民的接受程度和社会发展基础，上海市对住宅小区实施定时定点分类投放制度提出了逐步实施的计划，并制定了《上海市实施生活垃圾定时定点分类投放制度工作导则》，对“定时定点”的点位设置、制度实施给出了具体指导意见，以避免发生部分居住区在实施中出现“一刀切”、激化社区矛盾的现象。

（2）在组织落实上，坚持党建引领带动“三驾马车”跑起来。垃圾分类作为社区基层治理的重要内容，如何推动居委会、物业公司、业委会发挥各自优势，将社区各方力量拧成一股绳是关键。上海市将垃圾分类工作纳入基层尤其是居民区党组织管理工作职责，通过“党建引领”，形成社区党组织、居委、物业、业委合力抓实四级垃圾分类联席会议制度，特别是落实街镇联办及居（村）委每1~2周的垃圾分类工作分析评价制度，发挥居民自治功能，充分调动居民的积极性和主动性。发挥基层党组织战斗堡垒的作用，用好在职党员双报到制度，积极发挥区域化党建平台作用，让垃圾分类从社区治理难点，成为撬动社区治理的有力支点，其催生的“共情感”，正在不断地转化为社区的“共治力”。

（3）在宣传引导上，营造浓厚的社会宣传氛围。通过全方位、多层面、密集型的宣传动员，切实提升居民的分类感受度、参与度、满意度。首先，“入户宣传”加强宣传针对性、有效性。推广垃圾分类典型示范居住区做法，由居委或楼组干部“百分百入户”宣传、定时定点指导监督，为居民提供更加方便的知识查询和信息获取渠道（如“上海发布”微信公众号的垃圾分类查询功能），提高居民垃圾分类意识和参与率。其次，“媒体宣传”提升知晓率、支持率。市政府召开新闻发布会和媒体通气会等，加强政策解读；市委宣传部牵头推进垃圾分类宣传，加大公益宣传频次和覆盖面，宣传普及垃圾分类知识；每月5日开展垃圾分类“主题宣传日”活动，让垃圾分类理念进社区、进村宅、进学校、进医院、进机关、进企业、进公园。最后，“教育培训”深化共识、提升认知。通过制定生活垃圾全程分类宣传指导手册、推出“垃圾分类听民声——区长对话居民”大型专题访谈、推动垃圾分类进课堂（制作垃圾分类知识读本幼儿园版、小学版、中学版）等多种形式，全面推动社会参与。2018年，全市组织开展12场超过3000名中小学、幼儿园老师参加的垃圾分类专项培训，通过大手牵小手，推动形成“教育一个孩子、影响一个家庭、带动一个社区”的良性互动局面，累计完成537场“爱心暑托班”垃圾分类科普宣讲，参加学生累计超过2.8万人次。同时，上海还将垃圾分类工作纳入全市文明创建体系，并增加垃圾分类在文明创建考核体系中的权重。

4. 坚持全程管控，严格落实监督执法。

垃圾分类涉及环节多，管理链条长，投放、收集、运输、处置过程环环相扣，任一环节脱节，都会造成前功尽弃。为确保工作成效，上海市采取“科技+管理”模式，利用物联网、互联网等技术，整合社区现有的智能监控装置、运输车辆GPS设备、网格化监控等资源，依托各级管理主体，建立了市、区、街镇三级生活垃圾分类投放、收集、运输、中转、处置“五个环节”全程监管体系。

(1) 源头分类投放及收集环节。结合绿色账户激励机制，推行“定时定点”投放，督促居民正确开展垃圾分类。开放面向公众的监督举报平台，鼓励居民参与对分类管理责任人分类驳运、存储的监督，形成市民与分类投放管理责任人双向监督的机制。

(2) 分类运输及中转环节。通过公示收运时间、规范车型标识等举措，强化环卫收运作业的监督管理，杜绝混装混运。对单位分类投放管理责任人，建立“首次告知整改，再次整改后收运；对多次违规拒不整改的，拒绝收运并移交执法部门处罚”的倒逼机制。对拒不配合进行源头分类驳运的物业企业，依法予以市场退出等处罚。强化中转站对环卫收运作业企业转运进场垃圾进行品质控制，对分类品质不达标的予以拒收，对混装混运严重的实行市场退出。

(3) 分类处置环节。推进末端处置企业进场垃圾的品质自动监控、来源全程追溯。研究差别化生活垃圾收费处理制度，对于垃圾量、符合质量要求的湿垃圾和可回收物量分别核定，建立面向区、街镇级，与垃圾分类质量相挂钩的奖惩得当的垃圾处理费制度。

(三) 经验启示

1. 坚持全生命周期管理，推动源头减量。

源头减量是垃圾综合治理的重要内容，对于缓解垃圾处理压力、促进循环经济和可持续发展具有重大意义。《上海市生活垃圾管理条例》对源头减量专门设定了章节，明确了相关责任主体源头减量的法定义务，跨越生产、流通、消费（办公)、回收、处置（利用）等五个领域，提出清洁生产、绿色消费、绿色办公、包装物减量、资源化利用等要求。如在生产环节，积极推动企业探索和采用有利于减少废弃物产生的材料和工艺，如易降解、可循环利用的材料等，切实减少垃圾产生；在流通环节，推动产品包装物减量工作，特别是针对当前电商快递包装泛滥的问题，促进快递包装物的减量和循环使用；在消费环节，鼓励广大市民践行绿色生活方式，减少一次性产品使用。

2. 坚持定时定点，实现居民主动参与。

上海市垃圾分类一路走来，进行了多种探索和尝试：一是在推进机制上有以“绿色账户”机制为依托的激励导向模式，以小区物业为主导的“管理责任人”模式，以居民自觉开展的社区自治模式、以党建引领为核心的社会共治模式等。二是分类模式上有以“源头分类+二次分拣”的组合式分类模式，以分类垃圾袋条码溯源技术为基础的实名制分类模式，也有以分类实效为导向的“定时定点”模式等。其中，有一些模式因技术、管理、水土不服等因素，逐渐在推进过程中被淘汰或弃用，如二次分拣、垃圾袋条码等模式。部分模式受内在机制或客观因素限制，则需进一步完善配套，如绿色账户激励机制发展至今出现了边际效应，辅之以监督约束措施必不可少；又如物业主导的分类模式受企业的营利性本质或物业服务合同内容制约等因素，在推广的范围上和落实的适应性上具有一定程度上的特定性。通过不同模式实践论证，上海市已确立了定时定点分类投放制度。实践证明，“定时定点”的即时反馈机制，能够切实提升居民垃圾分类参与率和居民区垃圾分类实效。

3. 坚持党建引领，发挥基层共治力量。

生活垃圾分类涉及千家万户、所有居民区和所有单位等社会单元，需要广泛社会发动和全民动员，需要充分发挥居民区治理体系的作用。我们党具有密切联系群众的巨大优势，基层党组织在广泛发动群众方面有着长期、丰富的经验和基础。上海市以党建为引领，充分发挥基层党组织作用，建立居委、物业、业委、居民自治的基层工作推进机制。抓住党建引领这个火车头，尤其是在居民区，充分发挥居民区党组织牵头组织实施作用，推动居委会、物业公司、业委会发挥各自优势，同抓共管、同频共振，把社区党员、居民群众、驻区单位、社会组织等各方力量拧成一股绳，通过党建联建、党员社区报到等多种形式，实现人心聚起来、垃圾分出来。

4. 坚持技术创新，推进信息化建设。

生活垃圾分类网络复杂，犹如城市的静脉血管，源头上连着千家万户，运输上影响环卫卫生，处置上关乎城市安全运行。因此，技术上要不断推陈出新，保障静脉网络的通畅运行；管理上要推进信息化建设，提升城市精细化水平。智能型垃圾箱房、“绿色账户+支付宝”自主积分、垃圾品质在线智能识别等技术目前已在上海市垃圾分类工作中积极应用试点。源头不分类、混装混运等难点、痛点，其重要原因是对分类结果缺乏有力的监督反馈机制。上海提出了“不分类、不清运”的原则，但受没有“分类不好”的证据、“分类不好”的证据难以固定留存、清运员怕被投诉等因素制约，落实依然较难。因此，上海市正在构建生活垃圾全程分类信息平台，该平台可实现生活垃圾分类清运处置的实时数据显示、生活垃圾全程追踪溯源、垃圾品质在线识别三项功能。平台运营后，垃圾不分类将“难逃法眼”。

习近平总书记2018年11月在上海考察时强调：“垃圾分类工作就是新时尚！垃圾综合处理需要全民参与，上海要把这项工作抓紧抓实办好。”生活垃圾分类改变的是公众长期形成的行为习惯，“新时尚”的形成必然需要一定的引领和推动。垃圾分类要以“建体系、整区域、提能力、重实效”为路径，通过完善的顶层设计、良好的制度保障、完备的标准体系来指导实践，推动形成全市推进、标准完善、能力充分、运行精细、实效彰显的生活垃圾分类投放、分类收集、分类运输、分类处理的全程管理体系，最终实现以法治为基础、政府推动、全民参与、城乡统筹、因地制宜的垃圾分类制度。

资料来源：共产党员网，www.12371.cn/2019/07/18/ARTI1563427613925598.shtml.

第四节　推动生活方式绿色化的措施

一、开展绿色创建

2019年10月29日，国家发展和改革委员会印发了《绿色生活创建行动总体方案》，明确了创建目标和创建内容。通过开展节约型机关、绿色家庭、绿色学校、绿色社区、绿色出行、绿色商场、绿色建筑等创建行动，广泛宣传推广简约适度、绿色低碳、文明健康的生活理念和生活方式，建立完善绿色生活的相关政策和管理制度，推动绿色消费，促进绿色发展。创建内容主要包括七个方面。

（一）节约型机关创建行动

以县级及以上党政机关作为创建对象。健全节约能源资源管理制度，强化能耗、水耗等目标管理。加大政府绿色采购力度，带头采购更多节能、节水、环保、再生等绿色产品，更新公务用车优先采购新能源汽车。推行绿色办公，使用循环再生办公用品，推进无纸化办公。率先全面实施生活垃圾分类制度。

（二）绿色家庭创建行动

以广大城乡家庭作为创建对象。努力提升家庭成员生态文明意识，学习资源环境方面的基本国情、科普知识和法规政策。优先购买使用节能电器、节水器具等绿色产品，减少家庭能源资源消耗。主动践行绿色生活方式，节约用电用水，不浪费粮食，减少使用一次性塑料制品，尽量采用公共交通方式出行，实行生活垃圾减量分类。积极参与野生动植物保护、义务植树、环境监督、环保宣传等绿色公益活动，参与“绿色生活·最美家庭”“美丽家园”建设等主题活动。

（三）绿色学校创建行动

以大中小学作为创建对象。开展生态文明教育，提升师生生态文明意识，中小学结合课堂教学、专家讲座、实践活动等开展生态文明教育，大学设立生态文明相关专业课程和通识课程，探索编制生态文明教材读本。打造节能环保绿色校园，积极采用节能、节水、环保、再生等绿色产品，提升校园绿化美化、清洁化水平。培育绿色校园文化，组织多种形式的校内外绿色生活主题宣传。推进绿色创新研究，有条件的大学要发挥自身学科优势，加强绿色科技创新和成果转化。

（四）绿色社区创建行动

社区是每一个人融入社会的场所，是培养居民积极关爱自然、热情参与环保的培育基地。建立健全社区人居环境建设和整治制度，促进社区节能节水、绿化环卫、垃圾分类、设施维护等工作有序推进。推进社区基础设施绿色化，完善水、电、气、路等配套基础设施，采用节能照明、节水器具。营造社区宜居环境，优化停车管理，规范管线设置，加强噪声治理，合理布局建设公共绿地，增加公共活动空间和健身设施。提高社区信息化智能化水平，充分利用现有信息平台，整合社区安保、公共设施管理、环境卫生监测等数据信息。培育社区绿色文化，开展绿色生活主题宣传，贯彻共建共治共享理念，发动居民广泛参与。

（五）绿色出行创建行动

以直辖市、省会城市、计划单列市、公交都市创建城市及其他城区人口100万人以上的城市作为创建对象，鼓励周边中小城镇参与创建行动。推动交通基础设施绿色化，优化城市路网配置，提高道路通达性，加强城市公共交通和慢行交通系统建设管理，加快充电基础设施建设。推广节能和新能源车辆，在城市公交、出租汽车、分时租赁等领域形成规模化应用，完善相关政策，依法淘汰高耗能、高排放车辆。提升交通服务水平，实施旅客联程联运，提高公交供给能力和运营速度，提升公交车辆中新能源车和空调车比例，推广电子站牌、一卡通、移动支付等，改善公众出行体验。提升城市交通管理水平，优化交通信息引导，加强停车场管理，鼓励公众降低私家车使用强度，规范交通新业态融合发展。

（六）绿色商场创建行动

以大中型商场作为创建对象。完善相关制度，强化能耗水耗管理，提高能源资源利用效率。提升商场设施设备绿色化水平，积极采购使用高能效用电用水设备，淘汰高耗能落后设备，充分利用自然采光和通风。鼓励绿色消费，通过优化布局、强化宣传等方式，积极引导消费者优先采购绿色产品，简化商品包装，减少一次性不可降解塑料制品使用。提升绿色服务水平，加强培训，提升员工节能环保意识，积极参加节能环保公益活动和主题宣传，实行垃圾分类和再生资源回收。

（七）绿色建筑创建行动

以城镇建筑作为创建对象。引导新建建筑和改扩建建筑按照绿色建筑标准设计、建设和运营，提高政府投资公益性建筑和大型公共建筑的绿色建筑星级标准要求。因地制宜实施既有居住建筑节能改造，推动既有公共建筑开展绿色改造。加强技术创新和集成应用，推动可再生能源建筑应用，推广新型绿色建造方式，提高绿色建材应用比例，积极引导超低能耗建筑建设。加强绿色建筑运行管理，定期开展运行评估，积极采用合同能源管理、合同节水管理，引导用户合理控制室内温度。

▶ 案例 9.2

重庆开展“无废城市”建设试点，五个方面践行绿色生活方式

“无废城市”是以新发展理念为引领，通过推动形成绿色发展方式和生活方式，持续推进固体废物源头减量和资源化利用，最大限度减少填埋量，将固体废物环境影响降至最低的城市发展模式。重庆建设“无废城市”在践行绿色生活方式上主要包括五个方面：

一是通过发布绿色生活方式指南，制定“无废商圈”“无废饭店”“无废公园”“无废景区”“无废学校”“无废机关”等创建标准，引导公众在衣食住行等方面践行简约适度、绿色低碳的生活方式。

二是落实关于进一步加强塑料污染治理的意见，限制生产、销售和使用一次性不可降解塑料袋、塑料餐具，推广使用可循环利用物品，扩大可降解塑料产品的应用范围。

三是全面推进快递包装绿色治理，推动同城快递环境友好型包装材料全面运用。

四是率先落实垃圾分类要求，推动资源化利用。

五是加强宣传引导，广泛动员各方参与，促进社会各方从旁观者、局外人、评论家转变为践行绿色生活方式的宣传员、参与者、贡献者。

资料来源：重庆网络广播电视台，cq. cbg. cn/ycxw/2020/0417/11631279. shtml.

▶ 案例 9. 3

苏州工业园区的低碳社区建设

苏州工业园区采取了一系列举措推动低碳社区的建设。随着苏州市轻轨交通的发展，新型的“BMW”（自行车 + 轻轨 + 步行）绿色出行方式正在苏州形成。独墅湖科教创新区建设了苏州市首个通勤慢行系统，82%的园区居民通过“步行 + 公交”“自行车 + 公交”的慢行系统实现绿色出行；结合植树节、国际湿地日、世界水日、城市节水周、世界环境日、全国土地日等重要生态节日，通过设台咨询、书画图片展、社区文化活动等开展资源节约专题宣传活动；组织社区居民积极参加资源综合回收、垃圾和废物分类回收活动等。苏州力倡、力推和支持的这些小型的、充满活力的、符合生态文明大趋势的绿色生活“小趋势”，逐渐被更多的人接受并付诸生活实践，从而实现悄然的绿色革命，犹如“涓涓细流汇成江海”一样，推动社会绿色发展“大转型”。

资料来源：江苏文明网，wm. jschina. com. cn/9654/201111/t20111111_939235. shtml.

二、培育绿色文化

绿色生活与绿色消费作为一种与绿色发展相适应、与生态文明目标相一致的生活与消费方式，既不会自发形成，也不能一蹴而就。要自觉地摒弃西方工业文明倡导的物质主义和感官享乐主义的价值观与幸福观，用社会主义核心价值观净化社会消费风气，树立科学、健康和绿色的消费观念。大力提倡绿色消费，为全社会提供科学合理的消费观念引导和价值牵引。绿色文化的培育途径，主要包括家庭的绿色教育、学校的绿色教育、社会的绿色教育等。

（一）浓厚家庭的绿色生活氛围

家庭是绿色文化培育的重要场所。父母应当从立德树人的高度，把绿色文化纳入子女的养成教育内容之中。家长可以通过讲故事、看影视、阅读、交流、观察和观赏大自然等多种方式，帮助孩子树立生态价值观、生态伦理观、生态美学观。

身教重于言教。家长应在平时的日常生活和消费中，引导子女尊重自然、亲近自然、欣赏自然，对子女进行有关自然的情感教育、认知教育、道德教育和审美教育等。注重对子女的环境教育，增强其环保意识，使他们从小养成绿色生活习惯。

开展绿色家庭创建活动，组织动员广大家庭积极参与环境保护，让环保走进家庭，让绿色走进千家万户，是建设资源节约型、环境友好型社会的具体实践，是提高公众环境意识、鼓励参与环保社会实践的有效措施。绿色家庭是生态文明社会的细胞，只有让每一个家庭走向绿色家庭，生态文明社会才能真正实现。

（二）加强学校的绿色文化教育

学校绿色教育是绿色文化培育的重要渠道。要将生态文明教育全面纳入国民教育和干部教育培训体系，在幼儿园、小学、中学、职业学校、大学以及党校、行政学院等各级各类教育机构开展生态文明教育，普及生活方式绿色化的知识和方法，使之成为素质教育、职业教育和终身教育的重要内容。各级各类学校应通过修订人才培养理念，强化绿色教育的培养目标。通过编制绿色教育的本土化教材，把生态环境科学、生态哲学、环境伦理学、生态美学等知识与理论引入课堂。通过系统化的生态环保意识、绿色发展意识、生态文明意识教育，使学生逐渐形成认识自然的整体性思维，树立以人为本的生态环境价值观，学会从人类利益共同体、地球生态利益共同体视角，理性把握人与自然交往的合理行为，为正确处理人与自然的关系，养成绿色的生活与消费方式打下良好的理论和知识基础。同时，通过体验、观察、实验和科研等一系列的实践活动，使学生在亲近自然中学会与自然交往，形成珍惜自然、关怀自然、敬畏自然、保护自然的自觉行为。

（三）加强绿色文化宣传教育

（1）发挥媒体的宣传引导作用。媒体是传播绿色正能量的主渠道，是促进社会绿色发展、加强生态文明建设、推动养成绿色生活方式的重要力量。充分发挥传统媒体和新兴媒体的舆论监督作用，广泛宣传我国资源环境国情和环境保护法律法规。督促政府有关部门和企业及时准确披露各类环境质量和环境污染物信息，保障公众知情权，为推进生活方式绿色化营造良好舆论氛围，为良好的绿色生活方式与消费模式的养成，为绿色文化教育起到动员、激励、引领的作用；普及生态环境知识，传播绿色健康理念，弘扬科学的生态价值观、生态审美观等；通过鼓励和组织大众积极参与公益环保活动，引导和提升公民参与环保的意识与能力；通过舆论监督，规范公民的环境行为，促进公民形成绿色生活方式与消费模式。

（2）创新开展生态文明宣教活动。建立绿色生活宣传和展示平台，利用环境教育基地，开展以生活方式绿色化为主题的浸入式、互动式教育。利用世界环境日、世界地球日、森林日、水日、海洋日、生物多样性日、湿地日等节日集中组织开展环保主题宣传活动。开展以绿色生活、绿色消费为主题的环境文化活动。鼓励将绿色生活方式植入各类文化产品，利用影视、戏曲、音乐及图书漫画等形式传播绿色生活科学知识和实践方法，以及传统生态文化思想、资源和产品，提升公众生态文明意识和道德素养。深化新修订的《环境保护法》宣传教育，让公众认识到绿色生活方式既是个人选择，也是法律义务，使公众严格执行法律规定的保护环境的权利和义务，形成守法光荣、违法可耻、节约光荣、浪费可耻的社会氛围。

总之，加快形成绿色生活方式，要抓住塑造生态文明人这个基点。在全社会积极倡导、牢固树立生态文明理念，增强全民节约意识、环保意识、生态意识，注重生态道德和行为习惯养成；促进知行合一，开展全民绿色行动，崇尚简约适度、绿色低碳的生活方式，旗帜鲜明依法有效地反对奢侈浪费，抵制、减少、杜绝不合理消费，让文明健康的生活风尚在全社会得到弘扬和尊崇；实施垃圾分类、减量和资源化利用，促进生活方式绿色革命，倒逼生产方式绿色转型；把推进绿色发展、生态文明建设、美丽中国建设转化为全体人民的思想共识、行动自觉，落实到全面建设社会主义现代化国家全过程和各方面。

三、引领全民行动

（一）开展生活方式绿色化活动

开展绿色生活“十进”活动（进家庭、进机关、进社区、进学校、进企业、进商场、进景区、进交通、进酒店、进医院）。创新宣教工作形式，通过举办生态科普讲座、组织生态公益活动、创建绿色社区、评选绿色家庭等系列活动，增进公众环境守法意识，开展日常生活节约用电、生活垃圾污水不随意排放、公共场所全面禁烟等公众参与度高的绿色生活行动，自觉养成绿色生活方式和消费模式。

（二）调动公众积极主动参与

将生活方式绿色化全民行动纳入文明城市、文明村镇、文明单位、文明家庭创建内容。建立推动生活方式绿色化的志愿者队伍，充分发挥人民群众和社会组织的积极性、主动性和创造性，推广环境友好使者、少开一天车、空调26度、光盘行动、地球站等品牌环保公益活动。推动绿色、文明出游，倡导维护景区厕所卫生，倡导垃圾减量、垃圾自带或放置于指定位置，保护景区的生态环境及人文景观。

（三）发挥典型示范引领作用

树立并表彰节约消费榜样，激发全社会践行绿色生活的热情。注重引导青壮年群体践行绿色生活方式，发挥幼儿、中小学生、大学生在全社会的带动辐射作用，鼓励创建绿色幼儿园、绿色学校和绿色大学。

（四）搭建绿色生活服务和平台

建立绿色生活服务和信息平台。发布《生活方式绿色化指南》，帮助消费者获取新能源汽车、高能效家电、节水型器具等节能环保低碳产品信息。发布《生活方式绿色化行为准则》，引导公众线上线下积极践行绿色简约生活和低碳休闲模式。大力发展环保产业，支持公众开展环保科技、环保服务、绿色产品等领域的绿色创业，为公众绿色生活提供支撑。

▶ 案例 9.4

江西抚州碳普惠制试点工作助推绿色生活新风尚

江西省抚州市基于智慧城市门户——“我的抚州”app 搭建了碳普惠公共服务平台“绿宝”，设置了绿色出行、低碳生活、社会公益等 3 大项 10 余个低碳应用场景，推动了全市的绿色发展与公众绿色生活深度结合，实现各种碳普惠数据共享、资源共享。

1. 创新运营机制，政企各司其职。为提升“碳普惠（绿宝）制”的市场竞争力，抚州市相关职能部门积极推动组建数字运营股份公司，由专业商业运营公司推动商业激励活动实现。同时，政府相关职能部门建成了农产品质量安全可追溯平台和江西省第一家水产品职能管理中心，定点定时检查，并可通过“我的抚州”app 扫码查询来获取农产品质量安全相关信息，保证绿色产品质量安全，实现绿色生活、绿色消费与绿色产品平稳安全有序对接。

2. 开展“碳普惠制”系列活动。充分利用重大节庆活动，开展“碳普惠制”商业激励活动回馈广大用户。2018 年中秋、国庆期间，抚州市开展了“民俗风，绿宝情，迎中秋，庆国庆”主题活动，积极探索商业激励和碳币兑换模式，回馈广大用户。2018 年 11 月 7 日，抚州市南丰县通过开展“助力环保　共享绿色南丰”碳普惠公益活动暨丰贡牌“皇帝家的小蜜橘”2018 年上市启动仪式活动，呼吁大众重视低碳环保事业，激发公众热爱低碳生活的热情，大力营造全社会关注、支持和参与，共同建设美好的生态家园实现了碳普惠向县区推广延伸。到目前为止，“绿宝”碳普惠 app 下载量达 220 万人次，实名注册用户 30 余万人，累计产生碳币 500 多万个。抚州市实现共建共享，推动碳普惠制与市场对接，形成“政府引导、市场运作、全民参与”的碳普惠制工作格局。

资料来源：张和平．江西生态文明实践［M］．南昌：江西人民出版社，2021：196 - 197.

思考题

1. 你认为阻碍绿色生活和绿色消费风尚形成的主要因素是什么？
2. 请你联系实际，谈谈城市共享单车的普及推广存在的利与弊。

3. 城市与乡村的垃圾分类工作有何区别？其难点分别是什么？

4. 垃圾分类重在居民参与，如何引导居民积极参与垃圾分类及履行分类投放义务？

5. 请结合你所在的城市，谈一谈实施“定时定点分类投放制度”的重要性和可行性。

6. 建立垃圾处理收费制度对推进垃圾分类有何作用？对于建立这一制度，你有何建议？

第十章　推进绿色创建

生态文明建设同每个人息息相关，每个人都应该做践行者、推动者。

——习近平在十八届中央政治局第四十一次集体学习时的讲话

（2017 年 5 月 26 日）

2017 年 1 月，国家主席习近平在瑞士日内瓦万国宫出席“共商共筑人类命运共同体”高级别会议并发表主旨演讲时强调，我们应该遵循天人合一、道法自然的理念，寻求永续发展之路。要倡导绿色、低碳、循环、可持续的生产生活方式，平衡推进 2030 年可持续发展议程，不断开拓生产发展、生活富裕、生态良好的文明发展道路。2020 年 9 月 22 日，国家主席习近平在北京以视频方式出席领导人气候峰会并发表重要讲话，正式宣布中国将力争 2030 年前实现碳达峰、2060 年前实现碳中和。这是中国基于推动构建人类命运共同体的责任担当和实现可持续发展的内在要求作出的重大战略决策。中国承诺实现从碳达峰到碳中和的时间，远远短于发达国家所用时间，需要中方付出艰苦努力。全面推动绿色发展，加快形成绿色发展生产方式和生活方式，是解决环境污染问题，实现碳达峰、碳中和目标的根本途径。

绿色发展是美丽中国的底色。绿色是生命色、自然色，绿色发展是未来经济的方向、人民群众的期盼。良好生态本身蕴含着无穷的经济价值，能够源源不断创造综合效益，实现经济社会可持续发展。建设美丽中国，就是要改变传统的生产模式和消费模式，实现经济社会发展和生态环境保护协调统一。一方面，要加快形成绿色发展方式，调整经济结构和能源结构，培育壮大新型生态产业体系，提高资源全面节约和循环利用水平；另一方面，要倡导简约适度、绿色低碳的生活方式，创建节约型机关、绿色家庭、绿色学校、绿色社区，形成文明健康的生活风尚，让绿色生活成为全社会的自觉行动。

习近平总书记在《推动我国生态文明建设迈上新台阶》这篇重要讲话中，将开展绿色创建行动列为进一步推动绿色发展的重点任务之一，而绿色产业园、绿色社区和绿色校园创建行动是开展推进绿色创建的重要抓手。下面分别对绿色产业园、绿色社区和绿色校园创建行动的目标、内容、路径以及成功案例等进行详细介绍和解读。

第一节 创建绿色产业园

产业园区是区域经济发展、产业调整和升级的重要空间聚集形式，担负着聚集创新资源、培育新兴产业、推动城市化建设等一系列重要使命。园区的具体形式多种多样，主要包括高新区、开发区、科技园、工业区、产业基地、特色产业园等以及近来各地陆续提出的产业新城、科技新城等。产业园的发展方式和方向对社会经济发展转变有显著的引领和示范作用。绿色产业园是绿色产业的一个聚集群落，实现低投入、高产出、低污染，尽可能把对环境污染物的排放消除在生产过程中的产业聚集产业园。

一、中国产业园发展

在国家发展和改革委员会公布的《中国开发区审核公告目录》（2018 年版）中，国务院批准设立的国家级开发区有 552 家，其中经济技术开发区 219 家、高新技术产业开发区 156 家、海关特殊监管区域 135 家、边境跨境经济合作区 19 家、其他类型开发区 23 家；省（自治区、直辖市）人民政府批准设立的开发区有 1991 家。据同济大学发布的《2017 中国产业园区持续发展蓝皮书》，2016 年，全国共计 365 家国家经开区和高新区，两类国家级园区的合计 GDP 超出全国 GDP 的 1/5，合计出口创汇约占全国出口创汇的 2/5。产业园区在中国经济发展中有很重要的地位，其能够有效集聚产业，通过资源共享，克服外部负效应，带动关联产业，从而有效地推动产业集群的形成，促进区域经济的发展。产业园区具有以下几个属性特征：

（一）产业园区以发展经济为主要目标

各国家和地区建设发展产业园区的初衷都是以发展经济为目标的。特定的地域范围实施大量的优惠条件，产业园区是在一定地域空间内集群大量企业、吸纳生产要素集中投入而产生的经济体系，是一种地域空间的实体经济，有一定的边界范围，其特殊的优惠政策、产业布局、管理制度等都只适用于这一特定的区域范围，即产业园区内。为了鼓励企业入驻产业园区开展生产经营活动，加快园区的建设发展，国家和地方政府为园区制定大量的优惠政策，因此产业园区内的企业可以享受到价格相对低廉的基础设施和政府转移支出给企业带来的利润，如园区内的企业可以以相对较低的价格使用标准化厂房等政府提供的公共产品，获取一定的税费减免等优惠政策。

（二）集群效应和经济效益明显

产业园区通过各种优惠政策吸引产业关联的大量企业入驻园区，使得企业集聚，最终形成产业集群，并在此基础上通过产业关联各环节衍生出一批具有分工协作关系的关联企业，进一步壮大产业集群。另外，园区内的企业之间相互竞争、合作，进而实现知识、信息的共享，从而实现生产力的快速发展，带动地方经济快速发展。产业园区把分散的企业集中到园区，让企业摆脱狭窄产业化空间束缚的同时提高了区域的产业联系度，下游企业可以在更大程度上有效利用上游企业的生产残余物，有效利用资源、降低企业部分成本，同时也更好地保护了生态环境为区域产业结构的升级创造良好的条件。

二、产业园区绿色发展的新阶段

我国第一个产业园区是深圳的蛇口工业区，之后的30多年时间内，产业园区得到了迅猛发展，根据发展规模可分为3个阶段：①快速粗放发展阶段。自从1992年邓小平南方谈话之后，到90年代末期，全国各地市、各县区兴起了“开发区热”的浪潮，园区的数量呈突飞猛进的增长趋势。②调整发展阶段。随着“生态工业”等新理念的引入，一些发展水平高、实力雄厚的园区优势更加突出，并逐渐向居住、服务型多功能城市新区转变。③科学发展阶段。进入21世纪以来，随着科学发展观的提出和国务院对工业园区的清理整顿，越来越多的园区致力于发展高新技术产业和高附加值服务业，向多功能综合性产业区发展。

党的十八届五中全会提出“创新、协调、绿色、开放、共享”五大发展理念。在这一背景下，转变传统高能耗、高污染的经济增长方式，发展清洁、节能、环保的绿色经济，培育绿色产业，加快产业结构调整，成为我国经济发展的必由之路，在此大背景下，绿色产业园区应运而生。产业园从循环经济试点园区的开展到低碳工业园试点的推进，再到2020年开展的绿色产业园示范基地工作，都为我国各地产业园区的绿色、可持续发展指明了方向；而在地方层面，各地政府纷纷响应中央号召，围绕绿色制造体系建设、绿色产业发展等方面出台了鼓励性、指引性的政策。

三、绿色产业园的创建目标、任务与产业特征

绿色产业园是节能环保、清洁生产、清洁能源、生态环境、基础设施绿色升级和绿色服务等产业聚集群落，是一种积极采用清洁生产技术，利用无害或低害的新工艺、新技术，大力降低原材料和能源消耗，实现低投入、高产出、低污染，尽可能把对环境污染物的排放消除在生产过程中的产业聚集产业园。

进入2020年，中国国家层面绿色产业园创建是以开展绿色产业示范基地工作为契机，时年7月，国家发展和改革委员会正式开展绿色产业示范基地建设工作。2020年12月，《绿色产业示范基地名单》公布，共有31个基地入选。

绿色产业示范基地建设的工作目标：到2025年，绿色产业示范基地建设取得阶段性进展，培育一批绿色产业龙头企业，基地绿色产业集聚度和综合竞争力明显提高，绿色产业链有效构建，绿色技术创新体系基本建立，基础设施和服务平台智能高效，绿色产业发展的体制机制更加健全，对全国绿色产业发展的引领作用初步显现。

（一）绿色产业园的重点任务

（1）推动绿色产业集聚。根据《绿色产业指导目录（2019年版）》，进一步明确绿色产业示范基地主导产业，不断提高绿色产业集聚度，扩大绿色产业规模。加快推进原有存量绿色产业转型升级，大力培育绿色产业增量，促进各项生产要素投向绿色产业。

（2）提升绿色产业竞争力。积极培育拥有自主品牌、掌握核心技术、市场占有率高、引领作用强的绿色产业龙头企业，支持符合条件的绿色产业企业上市融资。推进绿色产业链延伸，促进绿色产业基地上下游企业协同

发展。挖掘产业关联性，推动企业间物质交换利用、能源梯级利用，提高产业协同效应。

（3）构建技术创新体系。积极构建市场导向的绿色技术创新体系，加强绿色技术和绿色产业协同创新，强化企业创新主体地位，加大对企业绿色技术创新的支持力度，推进“产学研”深度融合。支持龙头企业整合创新资源建立绿色技术创新联合体、绿色技术创新联盟，强化绿色核心技术攻关、促进技术成果转化推广。

（4）打造运营服务平台。强化基础设施共建共享，推动绿色产业示范基地公共基础设施建设。推进土地资源节约集约利用，支持园区探索功能混合布局和复合开发，促进产城融合。积极开展能源托管服务、环境污染第三方治理等模式，推广整体式、全过程服务。提高园区管理信息化、可视化、精准化水平，构建能耗监测与预警、资源智能化管理、污染源全流程管理系统。

（5）完善政策体制机制。围绕绿色产业示范基地建设，创新政府引导产业集聚方式，大力推进绿色产业招商。严格实行产业准入管理，建立绿色招商引资准入门槛。加强对安全、行政、金融、财税等园区管理工作的改革创新，落实好国家和地方支持绿色产业发展的政策措施。加强信息沟通，宣讲绿色产业政策，畅通企业意见诉求渠道。强化专业咨询，聘请第三方研究机构提供智力支持和跟踪辅导。

（二）绿色产业园的主导产业类型

绿色产业发展是推动生态文明建设的基础和手段，但由于“绿色”概念较为宏观、抽象，各部门对“绿色产业”的边界界定不一，产业政策无法聚焦，存在“泛绿化”现象，不利于绿色产业发展。广义的绿色发展贯穿于国民经济和社会发展的各领域和全过程，但政策、资金等资源有限，客观上要求在扶持绿色产业发展上应立足当下、厘清主次、把握关键，紧紧抓住现阶段的“牛鼻子”，把有限的政策资源用在刀刃上。基于以上考虑，2019 年 2 月国家发展和改革委员会出台一个符合中国经济社会发展状况、产业发展阶段、资源生态环境特点、各方普遍认可的《绿色产业指导目录（2019 年版）》，该目录划定产业边界，协调部门共识，绿色产业园区的主导产业类型界定范围共包括节能环保、清洁生产、清洁能源、生态环境、基础设施绿色升级和绿色服务六大类别。

四、推进绿色产业园创建的工作重点

（一）制定科学的绿色产业园发展规划

政府主导的绿色产业园区规划，要明确园区主导产业符合绿色产业指导目录要求，如新能源、新材料等；规划完善产业链，在生产过程中，基于环保考虑，借助科技，以绿色生产机制力求供应链上下游均实现资源使用上节约以及污染减少。在整个产业价值链中，促进各个环节的绿色发展，实现与自然、与社会各相关群体的良性互动，达到短期利益和长期发展的统一，实现产业的可持续发展，实现园区产品生产附加值最大化；规划配套公共基础设施，改善便利交通。合理确定产业规划的空间布局，科学合理的空间布局能使企业与环境和谐相处；根据具体规划的绿色产业，因地制宜地进行园区空间规划，同时根据主导产业的需要，跟进相关配套产业的建设，从而实现整个产业园区自成一个绿色有机整体，拥有完整的绿色环保产业链。绿色产业规划是对园区进行比较全面的长远的发展计划，是对未来整体性、长期性、和谐性问题的思考和考量，设计出未来整套行动实施方案。

（二）建立动态绿色园区招商引资“绿色门槛”

绿色园区要建立产业项目准入三级评审制度，除投资密度、产出效益等常规约束条件外，要求必须符合相关绿色产业导向的环保要求。入园企业要跨过“绿色门槛”，符合园区的绿色产业目录要求。

另外“绿色门槛”还要动态地体现在企业发展过程中。绿色园区在制定出台相关优惠扶持政策时，设置企业环保一票否决制绿色门槛，要求申请对象须一年内未因发生环境违法行为受到环境保护行政管理部门处罚，三年内未发生危害环境犯罪，促进企业践行绿色发展理念。

“绿色门槛”更要体现在企业生产过程中。建立入园企业“清洁生产审核”制度，指按照一定程序，对生产和服务过程进行调查和诊断，找出能耗高、物耗高、污染重的原因，提出减少有毒有害物料的使用、产生，降低能耗、物耗以及废物产生的方案，进而选定技术可行、经济合算及符合环境保护的清洁生产方案的过程。生产全过程要求采用无毒、低毒的原材料，无污染、少污染的工艺和设备进行工业生产；对产品的整个生命周期过程则要求从产品的原材料选用到使用后的处理和处置不构成或减少对人类健康和环境的危害，推动企业提高自身资源能源高效利用。“清洁生产审核”制度核心是构建一套可以评价园区整体清洁生产水平的评价指标体系，既可以提高园区审核效率，也可以通过评价结果，确定园区的清洁生产审核重点和挖掘园区清洁生产潜力参考。

（三）建立完善绿色产业园的绿色运营体系

随着绿色环保和生态经济理念的深入人心，绿色园区要树立绿色运营理念。从宏观上，绿色园区致力于打造关联与共享的产业生态圈，追求工作与生活平衡，减少城市钟摆效应，资源快速对接，无形中降低园区和企业的资源消耗、经营成本；从微观上，园区通过高科技应用实现智慧停车、智能调度、统一服务、智慧采供、共享经济等具体措施实现园区全方位节能。

实现智慧出行，绿色停车。传统停车场刷卡出入，很难及时监测车流量和停车位。而智慧园区则采用视频识别车牌技术，无卡快速识别，系统自动记录车辆进出时间，计算停车费用，让停车、寻车、缴费更加简单快捷。同时，通过后台大数据分析和远程监控系统，对停车场实时监控，当日停车位实时预警，视频实时调度高效管理，绿色、高效出行。

智慧调度，管理节能。智慧园区采用基础设施智能化系统，整合园区大数据驾驶舱与硬件管控，具备智能控制、安全管理、能效管理、环境管理和智慧停车、安防消防、智能楼宇、广告发布等功能，是园区管理的“遥控器”。通过智能管理系统对公共区域的电梯、灯光、空调进行调控，提升电梯的使用效率，减少能源的消耗。园区基础设施智能化系统不仅为运营方使用，亦可以扩展给园区内企业提供服务，集约共享型的建设服务思路，最大化服务范围，实现智能化系统的集约与共享。

智慧采供，节能环保。传统园区日常办公用品采购、运输、配送不仅耗时耗力，也不够及时，而且在运输过程中会存在一定污染，使用过程中也会存在浪费的现象。若园区搭建智慧采购平台，可帮助企业精准集购所需的纸张、笔等易耗品，通过耗损管理产生的数据统计及分析，掌握人均消耗，按需配量，大大降低企业和个人的物品耗损，实现节能环保。

集中服务，高效办事。传统园区的相关服务分散在多个窗口，处理办公入驻、物业办事、企业服务、园区活动等事务非常不便，而且线上线下也没有完全打通，造成了人员和时间成本支出。因此，产业资源与人才服务平台的搭建，则是绿色运营的关键，把各类服务集中化，减少了企业的人力和时间成本，让办事更加高效简单。该平台可提供线上线下一体化的优质服务，如公司注册、工商变更、商标注册、专利申请、高新技术企业认定、人才补贴等；不仅如此，还可提供全方位的人力资源服务，如面向全市提供人事代理、档案管理、社保、就业咨询、创业辅导、中高层次人才服务等一揽子人力资源公共服务。

共享经济，低碳节能。共享经济是互联网时代的重要理念，同样也被践行到了园区节能中。企业可共享办公空间、高速无线网络、园区广告资源等基础设施，实现园区资源共享，减少重复建设，提高使用效率，这样不仅节约了企业成本，更实现了园区的集约、绿色运营。

共享交通出行。智慧园区内设有共享交通工具，在园区设置集中站点，提供拼车、顺风车、专车、租车、上下班车等服务，实现绿色经济出行。

▶ 案例 10.1

衡水高新区绿色园区创建纪实

2019 年 9 月，工业和信息化部办公厅印发关于公布第四批绿色制造名单的通知，衡水高新区成功入选绿色园区名单，获得“国家级绿色园区”称号。这是衡水高新区持之以恒坚持绿色发展的成果，标志着衡水高新区绿色发展迈上新的台阶。近年来，衡水高新区作为全国首批环境污染第三方治理试点园区，始终坚持创新发展、绿色发展、高质量发展不动摇，牢固树立“绿水青山就是金山银山”理念，深入实施协同发展、协同治理“双协同”战略，以“衡水科技谷”建设支撑产业“存量绿色化、增量高端化”，以“三级诊疗体系”推进产业转型升级，以“三专治理”模式推进生态环境治理，强力推进“最美城区、最绿园区”建设，取得良好成效。衡水高新区在绿色园区创建中的发展举措与战略有：

1. 建设“衡水科技谷”推进产业创新发展。

衡水高新区坚持以科技创新为引领，以“高”补晚、以“新”求快，以“高新”实现高质量发展，努力实现由跟跑向并跑、由并跑向领跑的转变，走出一条欠发达地区换道赶超的高质量发展之路。

打造创新平台。衡水高新区投资 28 亿元，建设占地 730 亩、建筑面积 80 万平方米的“衡水科技谷”，全面对接以中科院为代表的国内外顶尖科研院所和专家团队，构建“研发中心—中试基地—产业园”全链条成果转移转化体系。目前，5 万平方米的中科衡水成果转化中心、中科衡发动力研发基地、国际生命科学苑投入使用，24万平方米的综合配套区、新能源新材料科技园、生命健康科技园、展示中心和商业配套将于年底前竣工。

推进成果转化。衡水高新区围绕“存量绿色化”，根据产业发展需求，以绿色化、智能化、自动化、安全化为目标，积极引进和转化一批应用型前沿技术成果。中科衡水成果转化中心发布最新科技成果100项，已成功转化24项，其中过硫酸铵工业结晶、绿色智能防腐涂装体系、合成甘氨酸绿色新过程等16项产学研合作关键技术全部实现应用投产，不仅极大提升了企业生产的绿色化水平，而且可新增产值100亿元以上。

孵化新兴产业。衡水高新区围绕“增量高端化”，发挥科技招商优势，积极培育新能源新材料、大健康、高端装备制造三大战略性新兴产业，先后引进建设了中科钒钛产业全系、中科超临界CO_2发电装备、中科汉禧生物科技、中科恒道高端装备制造产业园、华维植享大健康、一汽凌源、雄安（衡水）先进超级计算中心等一批高新技术重点项目。其中，总投资11亿元、亚洲单体最大的中广核生物质液化天然气项目，采用国际领先的“预处理+CSTR厌氧发酵+提纯净化+生物天然气压缩+车用燃气”处理工艺，生产优质的清洁能源和生物有机肥料，形成“工农业废弃物+生物天然气+有机肥料+绿色农业种植”的生物质新能源生态循环产业模式。

2. 构建“三专治理”模式，深化生态环境治理。

衡水高新区坚持经济发展与生态治理并重，以发展促治理，以治理促发展，把协同治理作为基础和保障，植入协同发展的重要内容，提出了协同发展、协同治理“双协同”工作理念，推进“双协同”科学互动、协调并进，编制了《衡水高新区“协同治理”规划纲要》及绿色园区发展“五度五化”指标体系，大力推进生态环境综合治理。

引进专业公司。衡水高新区与航天凯天环保科技股份有限公司合作，总投资3.15亿元，建设污水处理厂、工业企业“一厂一管”、中水回用等8项重点工程。目前，3个污水处理厂全部建成运营，18家重点工业企业完成“一厂一管”建设，所有工业污水全部进入污水处理厂，处理后水质稳定达到一级A标准。衡水高新区与中国环境保护集团有限公司合作，总投资10亿元，建设具有垃圾焚烧发电、污泥处理等综合功能的生态循环产业园。垃圾焚烧发电项目已经点火试生产，将实现衡水市主城区及周边生活垃圾处理的减量化、资源化和无害化。

搭建专门平台。衡水高新区投资2700万元建成全省首个区级智慧环保监管平台，借助“互联网+”技术，装配了大气、废气、水环境、废水、固废、分表计电、油气回收、秸秆焚烧8个监控模块，监测数据实时传递汇集，数据智能融合分析研判，自动生成预警预报决策，涵盖了137家省定重点监督企业、70家市定监管企业，实现了对园区综合污水处理厂、企业污水处理站水质以及车间、厂界有害气体、危险固废、火情风险的有效监控和溯源。目前，已累计推送预警信息3000余次，将环境风险防范关口进一步前移，形成了“一个平台管环保”的工作格局，促进了环境持续改善和产业绿色发展。

3. 推进“环境污染第三方治理”系统构建园区绿色管治环境。

衡水高新区通过引进“环境污染第三方治理”专业企业，凭借先进技术优势和科学治理手段，构建起专业化治理、科技化监测、市场化运行的环境治理体系，由过去的“谁污染谁治理”转化为专业化治理和“谁污染谁付费”。倒逼110余家企业主动更新了治污设备，成功破解了过去一度存在的企业治污不积极、不高效、不专业乃至超标排放、偷排偷放等棘手问题，污染治理科技化、自动化、精准化程度大幅提高，形成了生产企业、环保企业和政府相互促进、共同推进的环境治理新常态。衡水高新区“环境污染第三方治理”模式已列入国家发展和改革委员会、生态环境部环境污染第三方治理典型案例并在全国推广。

4. 打造创新创业生态系统大力推动产业绿色化。

衡水高新区依托“衡水科技谷”，已建成国家级实验室衡水基地4个，国家级孵化器和国家级众创空间2个，院士工作站5个，省级以上工程实验室1个；已完成30家化工企业绿色化、高质化、安全化改造，打造出凯亚化工、中铁建等一批转型示范企业，其中裕菖铸锻、冀衡药业等7家企业实现重污染天气黄色预警不管控，一度低迷的特色传统产业正在成为新的绿色经济增长极。目前，全区拥有中国驰名商标10项，河北省名牌产品31项、优质产品8项，省政府质量奖企业4家。衡水老白干、衡橡科技荣登2018年中国品牌价值评价排行榜。养元“六个核桃”荣获2018年“CCTV国家品牌计划——行业领跑者”。“衡水工程橡胶”区域品牌价值经中国质量认证中心评估达40.7亿元。

5. 推进能源“无煤化”打造园区绿色基础设施。

为解决企业燃煤污染，实现治污节能和清洁生产，衡水高新区组织养元、老白干、冀衡、威克多、宝云建投5家企业，联合建设“西气东输”集中供热工程。该工程一期投资1.95亿元，主体管网全长28千米，采用远距离输热技术，利用衡丰电厂高温热源向园区企业集中供气。主体管网已于2018年6月全线竣工并对企业供气，实现了全区燃煤锅炉清零。截至目前，已节省标准煤约9.46万吨，减排二氧化硫0.082万吨、二氧化碳24.86万吨。

6. 开展循环化改造加速实现园区资源综合利用。

衡水高新区目前基本实现道路、雨水、污水、自来水、燃气、电力、通讯、热力及有线电视管线和土地自然地貌平整，实现“九通一平”。经过多年建设和改造，衡水高新区资源利用效率大幅度提高，形成了一批资源生产率高、废弃物排放率低的循环经济重点企业；建立了发展循环经济的规章制度、科技创新体系和激励约束机制；已建立起运转有效的再生资源回收和循环利用体系；逐步完善基础资源统一管理体系，节水、节能、节地和废弃物综合利用工作取得了有效突破；建立了余热余压、废气、中水、土地统一协调利用机制，提高资源的利用效率，建立零污染零排放的运行体系，园区的环境质量明显提升。2018年衡水市空气质量综合指数5.95，较上年下降18.4%，稳定退出全国74个重点城市后十名，综合指数改善率全国第三、河北省第一，全年达标天数199天，较上年增加33天，增加天数全省第一。其中，在2018年度衡水市环境空气质量排名中，衡水高新区多次位列第一，累计获得专项奖励580万元。空气质量优良天数由2017年的154天提高到187天，重度及以上污染天数由36天下降到22天，$PM_{2.5}$、PM_{10}浓度分别下降21.5%、24.8%。

7. 绿色园区创建未来发展计划。

科技创新实现新突破。衡水高新区以“衡水科技谷”建设为龙头，深入实施创新驱动发展战略，加快科技成果转移转化和产业化，大力推进科技同经济对接、科技成果同企业产业对接，抓好传统产业转型升级和培育战略性新兴产业，加快形成以科技创新为引领和支撑的现代化经济体系，着力建设京津冀创新发展和产学研合作基地，打造创新发展的引领区、开放发展的先行区，建成千亿级产业园、国家级高新区，迈进千亿产业时代、智慧城市时代、高质量发展时代。

产业升级实现新突破。衡水高新区以“存量绿色化、增量高端化”为目标，规划建设总面积5000亩的新型材料产业园、大健康产业园、先进制造产业园三大园区，突出抓好以中科钒钛产业全系、中广核生物质液化天然气等项目为主的新能源新材料产业，以国际生命科学苑、华维植享大健康、衡晓生物科技、泰华维康等项目为主的大健康产业，以中科超临界二氧化碳发电装备、中科恒道高端装备制造产业园等项目为主的高端装备制造产业，三年内形成1000亿元规模以上的综合科技创新和转化产值，并辐射带动衡水周边实现高水平绿色发展。

生态治理实现新突破。衡水高新区大力推进产业治理、企业治理为核心的生态治理，加大环境执法和污染治理力度，大力创建“绿色产业”和“绿色企业”；坚持问题导向和目标导向，推进环境污染第三方治理，加大“三专治理”机制创新、模式创新，全面推进科技治污，提升水资源产出率、绿色建筑占有率、空气质量优良率，三年内绿色产业产值达到工业总产值的80%以上。

资料来源：衡水高新区创建“国家级绿色园区”纪实［EB/OL］. http：//www.chinahightech. com/html/yuanqu/yqrd/2019/0809/538915. html（2019－08－09）.

第二节 创建绿色社区

绿色社区是指具备了一定的符合环保要求的硬件设施、建立了较完善的环境管理体系和公众参与机制的社区。绿色社区的含义就硬件而言包括绿色建筑、社区绿化、垃圾分类、污水处理、节水、节能和新能源等设施。绿色社区的软件建设包括一个由政府各有关部门、民间环保组织、居委会和物业公司组成的联席会；一支起骨干作用的绿色志愿者大队；一系列持续性的环保活动；一定比例的绿色生活方式的家庭。

2019年10月，国家发展和改革委员会印发《绿色生活创建行动总体方案》（以下简称《行动方案》），旨在倡导简约适度、绿色低碳的生活方式，行动要按照系统推进、广泛参与、突出重点、分类施策的原则，提出通过开展节约型机关、绿色家庭、绿色学校、绿色社区、绿色出行、绿色商场、绿色建筑等创建行动，广泛宣传推广简约适度、绿色低碳、文明健康的生活理念和生活方式，建立完善绿色生活的相关政策和管理制度，推动绿色消费，促进绿色发展。

社区是若干社会群体或社会组织聚集在某一个领域里所形成的一个生活上相互关联的大集体，是社会有机体最基本的内容，是宏观社会的缩影。从一定意义上说，社区研究是研究整个社会的起点。同整个大社会相比，社区则显得具体可感，易于把握。一般地说，社会的一切活动都是在一个个具体的社区里进行的。整个社会普遍存在的一些现象必然会在各个社区里有所表现。毫无疑问，社区是倡导绿色生活的重要阵地。一方面，作为居民生活和城乡治理的基本单元，只有将生态环保实践落实到社区，才能有效推动生态文明建设；另一方面，社区也是宣传生态文明理念、倡导绿色生活新风尚的优质平台，尤其在培养公民的生态环保意识方面可以发挥重要的积极作用。

一、绿色社区创建的目标与内容

《行动方案》指出，绿色社区创建行动以广大城市社区为创建对象，将绿色发展理念贯穿社区设计、建设、管理和服务等活动全过程，以简约适度、绿色低碳的方式，推进社区人居环境建设和整治，不断满足人民群众对美好环境与幸福生活的向往。到 2022 年，绿色社区创建行动取得显著成效，力争全国 60% 以上城市社区参与创建行动并达到创建要求，基本实现社区人居环境整洁、舒适、安全、美丽的目标。

《行动方案》明确绿色社区创建行动包括以下五项内容：

（1）建立健全社区人居环境建设和整治机制。充分发挥社区党组织领导作用和社区居民委员会主体作用，统筹协调业主委员会、社区内的机关和企事业单位等，共同参与绿色社区创建。推动城市管理进社区。推动设计师、工程师进社区。

（2）推进社区基础设施绿色化。积极改造提升社区水电路气等基础设施，采用节能照明、节水器具等绿色产品、材料。综合治理社区道路，实施生活垃圾分类，推进海绵化改造和建设。

（3）营造社区宜居环境。因地制宜推动适老化改造和无障碍设施建设，合理布局和建设各类社区绿地，配建停车及充电设施，加强噪声治理，提升社区宜居水平。结合绿色社区创建，探索建设安全健康、设施完善、管理有序的完整居住社区。

（4）提高社区信息化智能化水平。推进社区市政基础设施智能化改造和安防系统智能化建设。整合社区安保、车辆、公共设施管理、生活垃圾排放登记等数据信息。鼓励物业服务企业大力发展线上线下社区服务。

（5）培育社区绿色文化。建立健全社区宣传教育制度，加强培训，完善宣传场所及设施设置，定期发布创建活动信息。编制发布社区绿色生活行为公约，倡导居民选择绿色生活方式。

此次《行动方案》所倡导的绿色社区创建行动，其外延和覆盖面则有了较大扩展，是以倡导绿色生活为抓手，全面提升社区的宜居性。

在社区治理层面，《行动方案》提出搭建沟通议事平台，利用“互联网＋共建共治共享”等线上线下手段，开展多种形式基层协商，实现决策共谋、发展共建、建设共管、效果共评、成果共享；推动设计师、工程师进社区，辅导居民谋划社区人居环境建设和整治方案。

在社区基础设施层面，《行动方案》提出，积极改造提升社区供水、排水、供电、弱电、道路、供气、消防、生活垃圾分类等基础设施；综合治理社区道路，畅通消防、救护等生命通道；推进海绵化改造和建设，避免和解决内涝积水问题。

在社区环境层面，《行动方案》提出推动适老化改造和无障碍设施建设，增加荫下公共活动场所、小型运动场地和健身设施；合理配建停车及充电设施，进一步规范管线设置，加强噪声治理。同时，针对新冠肺炎疫情暴露出的问题，补齐卫生防疫、社区服务等方面的短板。

在社区信息化智能化层面，《行动方案》提出搭建社区公共服务综合信息平台，整合社区安保、车辆、公共设施管理、生活垃圾排放登记等数据信息，鼓励物业服务企业大力发展线上线下社区服务。

可以看出绿色社区创建不仅仅局限于生态环保，而是一项综合治理和建设行动，以人民福祉为中心，全面提升社区品质，提高社区宜居性。

二、绿色社区创建行动面临的问题

我国的绿色社区创建处于起步阶段，目前社区在硬件与软件方面均存在一些缺陷，绿色社区创建行动面临如下问题：

（1）单纯依靠居委会与物业，资金来源局限。资金与人力资源的不足使绿色社区创建进程缓慢。由于我国目前的绿色社区创建单纯依靠政府的力量支持，社会组织、学校、社区居民等的参与十分不足，因此绿色社区的发展始终存在发展速度缓慢、内容片面、成效不足等现状。绿色社区创建需要一批具备专业化知识与专业性技巧的社会工作人才参与，在其带动下发动更多的居民、学生、社会各界人士参与到绿色社区创建的队伍当中，也可以有效地通过联合社会各界的资源与政府、相关组织机构进行合作。

（2）社区居民环境保护意识淡薄、公共环保事业参与不足。绿色社区创建最重要的核心内容是对居民环保意识、公共事业参与意识、社会责任意识的创建行动。然而，目前的绿色社区创建并不能充分发动社区居民的参与，对居民环保意识的宣传教育也趋于形式。社会工作组织能够通过多种丰富的介入方法来激发居民参与公共事业建设的激情，挖掘居民的潜能，帮助居民实现自我发展，并成为绿色社区创建的主力军。社区居民生态文明理念认知的简单化是指居民对生态环保的内容认识处于片面化和浅层次，缺乏对社区环境保护的思维方式、生活方式、消费方式和生态文明制度等维度的系统化认知，更多地停留在物质层面。如居民对环境的关注往往是社区内部可见的、物质性的居住条件。社区居民生态文明理念认知的抽象化，即对生态文明的认识停留在一个空洞的概念层面，对具体内涵指向与实践要求均非常模糊，难以与自身行为方式产生内在逻辑关联。这种错误的生态文明理念直接表现为社区居民绿色生活方式的无意识化，及其参与绿色社区创建的消极状态与低参与度。

（3）缺乏专业化的绿色社区创建人才队伍和完善的制度体系。目前我国各地对绿色社区创建的实施依然是自上而下的政策实施，绿色社区创建的实践人员就是居委会的工作人员，没有专业化的、针对性的人才资源，因此绿色社区创建的成效并不显著。同时，专业性人才的缺乏与不完善的绿色社区创建制度也是息息相关的，只有在有效的管理体系的指导下，绿色社区创建的目标才能得以实现。

（4）社区绿色志愿活动暴露出任务式派发与主体受限等问题。绿色志愿者组织在居民生态素养的提高上发挥着不可或缺的作用，但当前绿色志愿者队伍存有诸多症结：一是参与人群较为单一，多为学生，且参与动机目的性较强，如完成学校布置的假期社会实践任务等；二是缺少面向社区居民参与的相关活动。

（5）绿色社区相关概念存在混乱问题，评价指标体系科学性不足。一方面，城市绿色社区内涵不清晰，且存在相关概念混乱化、混用化问题。当前学术界及其他领域除了使用“绿色社区”这一概念以外，常见的还有“生态社区”“绿色生态宜居社区”“绿色住区”“绿色生态社区”“绿色低碳住区”等。尽管这些概念与“绿色社区”的内涵多有交叉重叠之处，有的甚至内涵基本一致，但是其概念的混乱化使用还是让受众无所适从，必然会给绿色社区创建实践带来严重阻碍。另一方面，我国绿色社区评价体系最突出的问题是指标规模过大，使各方主体都难以适用，严重影响了评价体系的可操作性和实际指导作用。而且现有的评价体系技术至上的评估标准，通过制定技术路径的管控来确定绿色社区分值的完成度，强调落地性与简化审核管理难度。但这种方式过分依赖实际措施的落实，缺少对人文精神、社区管理及前期策划的关注，牺牲了社区标准的创新性和多样性。

三、绿色社区创建行动的多元路径探索

生态文明思想是以建设生态文明为发展战略、实践绿色发展路径、达到人与自然和谐共生发展目标、实现人类的可持续发展与生态系统的良性循环。绿色社区创建行动应该在生态文明思想指引下，通过规划引领，科学创建，对社区的硬件和软件设施的整体性、长期性、系统性问题进行思考和统筹，规划要符合城市区域发展和功能区划分，突出生态文明建设的战略和绿色发展方向及和谐可持续的目标。推进绿色社区创建，应该实现政府、社区管理机构、绿色社区志愿者组织和社区居民多方互动，共享信息资源，形成合力。

（一）遵循生态文明思想原则，设计“绿色”综合指标体系

创建绿色社区要遵循生态文明思想原则，要坚持无污染、无危害、可循环利用的方向，从而体现出绿色社区在节约能源、保护环境方面的作用。绿色社区的设计要求绿色社区降低对各种资源的消耗，并充分利用资源和能源，这是绿色社区区别于其他传统社区的特色所在。由于我国绿色社区创建模式处于发展阶段，绿色社区的建设标准应继续完善。绿色社区创建的指标涉及的方面众多，难以准确估量，为了更好地对绿色社区创建进行评估，应根据各个地区的特点和发展水平制定符合实际、细化的指标，设计出社区生态文明建设的具体指标值，通过互动指标最大限度地减少家庭污染物的排放，通过评价指标客观有效地降低居民生活对生态环境的破坏，通过量化支持手段来评价保护效果。指标中涉及生态保护、节能、废物循环等方面设置否决项，若在这些指标中，有一项不达标，则取消“绿色社区”称号。绿色社区评价标准应该在体现经济性（节能节水）和生态环境（舒适人居环境）等方面指标的基础上，加入对社区的社会因素的考量，具体能体现人文关怀、社区安全、集体意识等方面的影响。

（二）创新宣传手段，全方位开展社区生态文明思想和绿色社区创建教育

生态文明建设离不开社区居民思想的认同，只有思想“绿色”才能促使行动“绿色”。居民作为社区主体，在追求经济高效、节约能源的同时更要保证其生活质量，社区创建不能以牺牲人的身心健康以及舒适性作为代价。为使社区环境能给予居民亲切、自豪和认同的感受，丰富居民生活，绿色社区创建应坚持“以人为本”的基本思想，通过广播电视媒体、网络、广告牌、培训、会议等各种渠道宣传绿色社区、生态文明思想。社区可以进行方式创新，将生态文明的理念更好地传递给社区居民，让社区居民积极参与到绿色社区创建中去。社区内可开展绿色文化活动，绿色文化活动面对的是基层人民群众，工作难度大，需积极构建公众参与的物质和制度平台，在物质平台构建上，整合社区内部资源，提高社区设施利用率，增加社区公益性设施，开放公益性场所的功能。同时需要社区党支部和社区居委会等协调每个社区成员，使社区的每个部分形成良性互动，将绿色社区的建设落实到每一个社区居民的身上，让社区居民掌握主动权，积极主动参与到建设中去。

（三）规划尽可能增加公共绿地面积，创建“绿色社区”的绿色宜居环境

坚持因地制宜，一是充分利用社区当地的地形地貌特点以及借用外部的山川河流等景观，依据现实条件就地取材，对社区环境进行整体的规划，将对原先社区自然环境特征的改造降至最低限度，彰显当地特色。二是多方统筹。创新社区绿化方式。对于城市居民相对集中的城市社区，建筑密度较大，土地资源缺乏，用地紧张，应根据自身现实情况，采取合理的绿化方式，增加绿色植被的覆盖率，提高整个社区的绿化水平。建设和管理绿化系统，对提高整个社区的绿色水平具有重要影响。目前广泛使用的绿化形式有壁面绿化、柱廊绿化、立交绿化和围栏、棚架绿化等，城市社区可以选择垂直绿化和柱廊绿化。垂直绿化对缓和建筑物内外的温差变化，恒定室温作用显著。社区在选择垂直绿化时要注意植物的选择，要选择攀援能力强且不易招蚊虫的植物，避免影响居民日常生活。从增加整个社区绿化覆盖率的角度考虑，还可以对社区车棚进行绿化，建设“绿化车棚”，选择爬山虎、常春藤等自力攀援的植物，这些植物生存能力强，在进行管理时也省时省力。柱廊绿化是在有限的社区空间内对社区的娱乐走廊等进行绿化建设，既可美化长廊，又可遮荫乘凉。提高整个社区的绿化面积和绿化质量后，使社区居民在绿色

社区创建行动中享受到绿色生活环境。

（四）创新用人机制，引入专业社工职业机制参与绿色社区的规划与管理

社区是政府、社区组织和社区居民多元参与的共同体，要协调社区内各方面关系，则不可缺少适宜的体制机制。社工作为一种服务性的专业和职业，其形成的社工机制也逐渐发展成为一种人才机制。将社工机制引入绿色社区创建中，使其适应绿色社区的要求，将会为未来社区发展提供更大的空间。由于社区内存在多元主体，各个组织的职能不同，多元主体走向联合的困难较大，此时社工这个专业化岗位的作用就变得尤为突出。社工能够运用自身的专业知识与沟通技巧，将政府、社区组织和社区居民等进行沟通和协调，充分调动各个方面的能动性，具有纽带作用。政府提升建设绿色社区的力度，协调相关单位解决环境问题；社区居委会发动居民，鼓励大家积极参与绿色社区创建；其他部门满足社区创建的软、硬件设施等。社工可以整合内、外资源，实现资源的高效利用，推动绿色社区创建。社工作为服务的提供者，可以利用专业的社会工作防范、解决在建设绿色社区过程中社区居民面临的问题，满足其合理的需求。社工可通过个案工作的技巧，进行家庭访问，宣传绿色社区创建活动，提升社区居民对社区环保工作相关知识的了解程度，便于对其进行行为指导，在沟通与互动中相互影响，实现社区居民环保态度和行为的改变，进而切实有力地解决社区环保问题。

（五）完善社区管理方式，建立有效的监督体系

绿色社区创建行动涉及对当前存在问题的治理、当前社区绿色文明的保持以及未来如何持续发展。德治源于传统，经现代转化，是善治的基石。道德约束是一种非制度性的规范，可以作为社区法治的补充，在社区治理中发挥作用。绿色社区创建行动要软硬结合，既要有严格的规章制度，注重社区环境管理，又要注重人文社会精神层面的培育和改造。政府作为绿色社区创建的责任主体，更要杜绝形式主义，应积极建立绿色社区监督部门，制定公民参与绿色社区创建的相关法律规定，并督促这些法律规定落实到相关的利益主体上。社区内可以组织成立监督小组，促进并监督当地政府的生态管理，对绿色社区创建行动中的不符合法律规定、不规范的行为、不公平的政策进行监督。同时，可要求加入第三方评估组织，发挥第三方组织的监督作用，坚持用公平、公正的立场进行监督，防止管理部门不作为、应付了事。针对绿色社区创建结果进行全面评估与监督，保证绿色社区创建高效完成。

（六）促进绿色社区志愿者组织的成长

绿色社区创建是将生态文明建设落实到基层，需要每一位居民的积极参与，这对绿色社区的构建起到至关重要的作用。绿色社区创建不能单纯依靠政府的力量，还应该汲取其他社会组织以及社区居民的大力支持。社区志愿者是以社区为范围，在不为任何物质报酬的情况下，能够主动承担社会责任而不关心报酬奉献个人的时间及精神的人，他们的参与能更好地实现政府和居民间的沟通协作，对社区居民的绿色生活方式起到示范引领作用。绿色社区志愿者组织是由社区志愿者组成，主要是指根植于绿色社区之内的、以建设绿色社区为己任，为绿色社区创建提供各种专业服务和支持的非营利性的志愿者组织。与广义上的环保志愿者组织不同的是，在组织目标和活动范围上，绿色社区志愿者组织更具针对性，将主要精力和力量贡献于绿色社区的建设过程之中。

在绿色社区创建中，绿色志愿者组织有以下功能：

（1）服务与支持。既包括日常生活中社区的维护和建设环节，也包括社区内外的一些重要事务的支持工作。因此，绿色社区志愿者组织在平时需要根据政府等有关部门对绿色社区的整体规划，结合社区的具体情况以及自身的优势，制定执行和配合的方案，维护社区日常运作；在特殊事件发生时，绿色社区志愿者组织则需要根据自身所掌握的资源技术以及可能向其他群体获得的支持，为社区内重大事件的推进保驾护航，积极发动社区群众参与其中，群策群力。

（2）沟通与协调。作为独立的第三方组织，绿色社区志愿者组织需要担当起桥梁和纽带的作用，了解绿色社区的建设情况、了解社区居民的多样化需求和合理化建议，并且将这些信息收集整理好后向公共管理部门传达，让他们贴近群众、倾听民声，从而使绿色社区的建设更具人情味，真正做到以人为本。同时，绿色社区志愿者组织在社区的建设中也可以利用自己的社会声誉和独立的第三方身份来赢得其他组织，例如，社区附近的大型企业公司的信任，为社区的建设争取更多的资金和技术支持，促进绿色社区志愿者组织的发展。此外，绿色社区志愿者组织的存在，还能够在一定程度上为社区居民提供参与社会公共事务的平台，这既符合公民社会的发展趋势，也能够在更广的范围内激发社区居民的热情和积极性，对绿色社区的建设有着积极的作用。

（3）规范与监督。绿色社区志愿者组织的产生和发展，作用于绿色社区的建设，便成为一种有效的规范与监督手段。绿色社区志愿者组织具有完善的组织架构和较为规范的运营模式，因此在绿色社区的建设和发展过程中也能够发挥这种规范作用，在其承担的社会公共事务和组织的活动中能够严格地按照组织规范运行，提高活动效率，保证活动达到预期效果。绿色社区志愿者组织的监督作用则主要来源于他们作为志愿者组织的独立身份。这种身份既有利于赢得社区居民的信任，同时对于公共管理部门来说也会产生一种无形的压力，保证在社区创建过程中所产生的资金和各项资源的使用方面能够更加规范有效，减少浪费现象。

（4）宣传与推广。绿色社区志愿者组织的作用还在于宣传和推广，尤其是对一些已经初具规模的绿色社区，社区志愿者组织可以将自己的成功经验和运营模式向其他社区进行传播和宣传，帮助他们进行人员培训与开发，塑造积极的社会形象；在社区创建的既定活动中，绿色社区志愿者组织也可以承担起宣传任务，在社区范围内向社区居民及附近的企业、其他志愿者组织等全面阐述活动目标以及推进情况，营造良好的社会氛围，为绿色社区的推广工作贡献一份力量。

▶ 案例 10. 2

邢台市绿色社区创建纪实

2020 年 11 月邢台市印发《绿色社区创建三年行动实施方案》，进一步推进全市绿色社区创建工作深入开展，在社区培育生态文明理念，推进人居环境整治，以高质量的城市基层治理单元助力美丽邢台建设，用绿色社区构建美好生活。将以广大城市社区（含县城）为创建对象，绿色发展理念贯穿社区设计、建设改造、管理和服务等活动的全过程，以简约适度、绿色低碳的方式，推进社区人居环境建设和整治，不断满足人民群众对美好环境与幸福生活的向往。

社区建设要始终坚持以人民为中心的发展思想，通过进一步完善社区基础设施、营造宜居环境、提高社区信息化服务水平，动员更多的社区主动创建绿色社区并达到创建标准，使生态文明理念在社区进一步深入人心。本着这样的理念，邢台市拉出绿色社区建设时间表、任务图：2021 年，建立机制，示范先行。鼓励支持一批居民热情高、创建基础好的社区先行先试，形成可复制可推广的经验和模式；年底前信都区、襄都区将创建不少于3个绿色社区，其他各县（市、区）将创建不少于1个绿色社区。

绿色社区作为一种全新的人居方式，如何从需求和优势出发，给社区居民带来真真切切的实惠？邢台市因地制宜，结合城市更新和存量住房改造提升，以城镇老旧小区改造、市政基础设施和公共服务设施维护等工作为抓手，积极改造提升社区供水、排水、供电、弱电、道路、供气、供热、消防、生活垃圾分类等基础设施。凉亭椅凳上家长里短，鲜花绿树中游园散步，如今的信都区金华舒怡苑小区，处处都展示着居民生活的变化。曾经，这里建有原邢台县建行、县地税、县劳保所、县交通局、县开发公司等5个单位家属院共8栋住宅楼，是典型的老旧小区。路面坑洼不平、楼面斑驳、私搭乱建、垃圾杂物堆积、杂草野植丛生等景象曾引起居民不满。在充分征求居民意愿的基础上，5个家属院拆除了院墙、小房，消除各个楼院之间的"隔阂"，拓展小区内的空间，改造建成了一个全新的连片小区。小区墙壁上张贴的广告没了、活动空间更宽敞了，工作人员还因地制宜地补种了绿植，等到明年开春，小区会更加漂亮。

社区要"绿"起来，离不开共建共治。绿色社区的创建需要住房和城乡建设部门、社区党组织和社区居委会、居民等多方参与，形成合力共同推进。为此，《方案》提出，将建立健全社区人居环境建设和整治机制。绿色社区创建将与加强基层党组织建设、居民自治机制建设、社区服务体系建设有机结合，充分发挥社区党组织领导作用和社区居民委员会主体作用，统筹协调业主委员会、社区内的机关和企事业单位等，共同参与绿色社区创建。黄园社区花卉小区实施老旧小区改造中，成立了全市首个物委会，即社区物业管理委员会，并在花卉小区成立了社区物委会花卉小区党小组，通过定期召开联席会议，号召居民积极参与改造过程，海纳各方意见，引入物业管理。社区还将搭建沟通议事平台，利用"互联网+共建共治共享"等线上线下手段，开展多种形式基层协商，实现决策共谋、发展共建、建设共管、效果共评、成果共享。

绿色社区，这份绿意不仅是目之所及的茂密苍翠，还在于社区管理能力的提升和绿色文化理念的培育养成，实现人居环境与文化理念双提升。"住了30多年的小区又变了，引入'大物业'进行统一管理后，路面有人扫了，垃圾有人清了，还增设了监控和路灯，居住更安全了。我们心里别提多舒坦了！"日前，襄都区车辆厂家属院居民白伯义如此感慨。襄都区老旧小区多、独楼散院多，不少小区无物业管理。由于单独管理和日常维护成本较高，加之小区居民花钱买服务意识差，物业收费难、标准低，管理运营无利可图，因而很少有物业公司愿意入驻老旧小区。针对这一情况，襄都区创新推行“共享管家”机制，按照“物业打包管理”理念，以街道办事处为单位，将所有无物业的老旧小区一并整合给一家物业公司实施管理服务，通过化零为整，让物业公司在多个小区之间进行运营大统筹、利益大平衡。

该区还组织辖区机关企事业单位、非公经济和社会组织，组建社区“大党委”，整合资源，共同参与社区治理和小区管理。每周组织党员志愿者到老旧小区清理杂物、维护秩序。“建设绿色社区，还要因地制宜开展社区人居环境建设和整治。”将重点整治小区及周边园林绿化、环境卫生、路灯照明、私搭乱建等环境问题，推动适老化改造和无障碍设施建设。合理布局和建设各类社区绿地，增加荫下公共活动场所、小型运动场地和健身设施。加快社区服务设施建设，补齐在社区卫生服务等方面的短板，打通服务群众的“最后一千米”；结合绿色社区创建，探索建设安全健康、设施完善、管理有序的完整居住社区。

培育社区绿色文化，让绿色生活方式深入人心。运用社区论坛和“两微一端”等信息化媒介，定期发布绿色社区创建活动信息，开展绿色生活主题宣传教育，使生态文明理念扎根社区。依托社区内的中小学校和幼儿园，开展“小手拉大手”等生态环保知识普及和社会实践活动，带动社区居民积极参与。贯彻共建共治共享理念，编制发布社区绿色生活行为公约，倡导居民选择绿色生活方式，节约资源、开展绿色消费和绿色出行，形成富有特色的社区绿色文化。结合消防宣传进社区，编制发布社区居民防火公约，倡导居民养成良好的消防安全习惯，提升群众消防安全意识和自防自救能力。加强社区相关文物古迹、历史建筑、古树名木等历史文化保护，展现社区特色，延续历史文脉。

资料来源：绿色社区，构建居民美好生活［EB/OL］. http：//www.xtrb.cn/epaper/xtrb/html/2020－11/18/content_1191476.htm（2020－11－18）.

第三节　创建绿色学校

绿色学校就是指在实现基本教育功能的基础上，以习近平新时代生态文明思想为指引，在日常教育与管理工作全过程中，坚持生态优先绿色发展理念，推进资源全面节约和循环利用，着力提高师生的生态文明素养，培养师生形成简约适度、绿色低碳的生活习惯和生活方式，以建设绿色规划理念、生态教育体系、宜人美丽环境、节能低碳校园为目标的学校。

随着我国教育事业的蓬勃发展，校园在社会整体可持续发展中的关键地位日益凸显，我国学校总建筑面积约占全国公共机构总建筑面积的1/3，拥有大量的建筑设施、丰富的景观资源和多样的交通需求。校园的绿色发展不仅能为解决环境气候问题提出创新性示范引领，同时也是宣传生态文明建设和绿色发展理念最理想最重要的教育基地。要将生态文明理念作为校园文化的重要内容，通过校园绿色环境建设和生态文明人文素养培育，能够不断增强学生建设美丽中国的责任心和使命感，增强资源忧患和节约低碳的绿色生活理念。开展绿色学校创建行动，对于生态价值观培养和生态行为能力的塑造，对全面促进社会向简约适度、绿色低碳的生活方式转变，对推动实现生态文明建设所确立的目标，具有十分重要的意义和作用。

绿色校园创建不仅对当下中国生态文明建设有重要作用，而且还是未来中国生态文明建设的人才保障。学校是社会的大脑，是思想汇聚的殿堂，也是形成公民良好行为习惯的关键。通过学校可以培养孩子的意识，培养他们小手拉大手对家庭的影响，再让家庭影响社区，社区影响社会，这样就能通过学校的教育带动全民族对美好生活的向往，共同建设美丽中国。学校是人才培养的摇篮，不仅能为解决环境问题提出创新性良策，同时也是宣传生态文明建设和绿色发展理念最理想的教育基地，将生态文明理念作为校园文化的重要内容。通过校园环境文化建设，可以不断增强师生建设美丽中国的责任心和使命感，增强资源忧患意识和节约意识。随着我国教育事业的蓬勃发展，绿色校园将为生态文明建设可持续发展未来输送更多合格人才。

一、绿色校园创建的目标与内容

《绿色生活创建行动总体方案》（以下简称《行动方案》）指出，深入贯彻绿色发展理念，探索建立生态文明教育工作长效机制，努力建设生态文明理念深入人心、校园环境质量明显改善、资源循环利用体系基本完善、绿色低碳文化氛围全面覆盖的绿色学校。到2022年，60%以上的学校达到创建要求，有条件的地方要争取达到70%。在全国范围内建成一大批绿色学校，通过绿色学校创建行动来进一步推进生态环境教育的发展。这就是绿色学校创建的一个基本目标。

绿色学校创建以大中小学作为创建对象，主要内容包括：（1）开展生态文明教育，提升师生生态文明意识。中小学结合课堂教学、专家讲座、实践活动等开展生态文明教育，大学设立生态文明相关专业课程和通识课程，探索编制生态文明教材读本。（2）打造节能环保绿色校园，积极采用节能、节水、环保、再生等绿色产品，提升校园绿化美化、清洁化水平。（3）培育绿色校园文化，组织多种形式的校内外绿色生活主题宣传。（4）推进绿色创新研究，有条件的大学要发挥自身学科优势，加强绿色科技创新和成果转化。

二、绿色学校创建发展进程

世界各国都高度重视绿色学校的创建。早在1972年的斯德哥尔摩人类环境会议上，就强调要利用跨学科的方式，在各级正规和非正规教育中、在校内和校外教育中进行环境教育；1994年，欧洲环境教育基金会推出“生态学校计划”；1997年，联合国教科文组织确定了“为了可持续性的教育”的理念，标志着由环境教育与和平、发展及人口等教育相结合形成的“可持续发展教育”思想，成为绿色学校的理论基础。联合国教科文组织从2005年开始实施“可持续发展教育十年”（DESD）计划，引领各国根据国情开展可持续发展教育。在过去20年里，英国、德国、美国、印度尼西亚等许多国家，都相继引入“绿色学校”理念，开展了创建“绿色学校”的活动。

中国绿色学校的发展进程：

1996年，《全国环境宣传教育行动纲要》首次提出“绿色学校”概念。

1998年，清华大学提出创建绿色大学设想。

2007年以来，我国持续推进高等院校节约型校园建设。

2013年，《绿色校园评价标准》（行业标准）颁布实施。

2016年，教育部学校规划建设发展中心发起成立中国绿色校园设计联盟及学术委员会、中国绿色校园社团联盟，发布《中国绿色校园发展倡议》。

2017年，《绿色校园评价标准》（国家标准）进入审批阶段，2019年印发。

2018年，国家发展和改革委员会印发《开展节约型机关、绿色家庭、绿色学校、绿色社区、绿色出行等创建行动工作方案》，要求到2022年，在全国范围内建成一大批绿色学校，在全社会倡导绿色生活理念，推广绿色生活方式，实现生态文明理念深入人心。

2018年，生态文明贵阳国际论坛绿色学校分论坛，教育部学校规划建设发展中心发起《创建中国绿色学校倡议书》，绿色学校创建工程又一次被提到了前所未有的高度。

2019年，国家发展和改革委员会印发《绿色生活创建行动总体方案》，绿色学校创建行动是重要目标和内容。

可以看出，中国绿色学校创建进程经历了从强调绿色校园建设向学校的全方位生态文明建设的发展历程。

三、绿色校园创建重点路径

（一）校园规划设计绿色低碳，实现校园绿色运管

在校园硬件建设和改造中充分体现节能减排理念，全面执行绿色建筑标准，以紧凑化、公交化和共享化为核心的绿色校园规划；改变现有标准通过控制场地开发强度、提升校园绿地率来创建“绿色”校园，实现园林景观与校园建设的融合，绿色校园绿化系统的设计应遵循“生物多样化”的设计原则。均匀而多样的绿化设计对生物生存和校园环境有利，少物种而大量栽培的绿化景观系统抵御病虫害或者自然灾害的能力较弱，容易大面积死亡。对一个校园的绿化系统来说，高大的乔木，低矮的灌木以及附着地面的草皮组合而成的复层绿化，不但为鸟类和昆虫创造生存空间，也创造出了校园景观的层次感，更能改善校园微气候。校内采取不同交通方式的系统化组织，倡导以公交化、设施共享化和步行化等策略，建设海绵型校园。

设计智能化绿色校园清洁能源体系，建立以智能化能源监管体系为基础，实现监测校园的水资源利用、废弃物管理，以及包括太阳能、风能、地源热能和生物能等可再生能源利用的系统化平台。要采用多种绿色节能照明技术，按照时间、场合以及人数的不同，开展新型的模式，如在人流少的时候及时将照明关掉，在需要照明的时候及时开启。不仅如此，绿色照明技术也可以在自然光的作用下，自动调节亮度。这种绿色智能照明技术，极大地便利了人们的生活，更好地减少它的耗能量，减少了开支，而且增长了灯具的使用

期限。制冷与采暖设备智能节能技术的应用。制冷与采暖的相关设施是校园的主要耗能设备，要维持设备的正常运行，就要利用智能节能技术，合理准确地检测到制冷和采暖的真实情况并加以记录，设备系统按照设计可自动化运行控制，达到节能降耗的目的。校园智能节水控制技术的应用。在安装节水器具的同时，要分析校园的节水潜力，采用智能节水控制技术，如学生洗浴用水智能控制系统和智能卡表供水控制系统等，加强节水设施的多元化建设和培养学生的节水意识。

设计推行垃圾的分类处理系统。绿色校园建设要依据校园分区明确的特点，对教学区、宿舍区、后勤服务区等试行不同的垃圾分类收集模式。教学区的垃圾主要以废纸为主，因此实行分类收集、分楼层集中的回收模式；宿舍区的垃圾以废纸、玻璃、塑料盒、果皮为主，可回收部分超过50%，果皮等垃圾可用来堆肥，因此实行宿舍内分类、楼底集中的回收模式；食堂产生的垃圾比较单一，大部分是厨余垃圾和剩菜剩饭，产生量大且时间集中，因此实行单独收集、及时清运的处理方式；校园绿化垃圾主要包括园区植被落叶以及园林修剪的枝叶等有机垃圾，通过设置堆肥场的方式，将绿化垃圾集中堆肥处理，形成的肥料既清洁、无异味，又可重新用于绿化栽培，实现绿化垃圾的循环利用。校园的垃圾站选址隐蔽，并充分美化周边的环境，形成自然绿色景观，垃圾站内部的设施和清理设备应当配备到位。制订垃圾管理措施，不仅可以及时清理垃圾，减少对环境的破坏，而且也绿色环保，最大限度减少对校园环境的污染。

（二）提高教师生态环境教育水平

推进生态环境教育是绿色学校创建的一个基本目标，而教师是生态环境教育的主力军。教师的环境知识掌握程度、环境意识水平、对自然环境的情感态度以及日常的环保行为习惯对学生的环境教育效果有着直接的导向作用。因此，绿色学校创建行动必须要首先提高教师的环境教育水平，建设一支具有丰富环境知识、强烈生态责任意识和拥有良好环境保护行为习惯的教师队伍。学生生态环境教育要求教师要具有很强的环境意识，热爱大自然，不仅关心身边的环境，还要放眼世界的环境，可以作为学生的表率。教师的思维方式、行为方式、生活方式以及消费方式都应符合可持续发展的思想。学会合理利用自然资源，为保护珍稀物种和恢复已退化的生态做出自己的贡献。教师应该在教学中展示很好的生态文明思想和环境保护意识。教师应树立物种平等观念，尊重生命，维护生物多样性。教师要树立可持续发展观，改变传统的消费观，珍惜一切资源。生态环境教育的本质是可持续发展教育，要求教师能在教育实践中开展教育研究。

对教师进行环境教育的培训是提升教师环境教育能力和环境综合素养的有效方法。学校应注重对教师环境教育能力的考核和培训，把环境教育纳入教师培训项目中，加强对教师的生态忧患意识教育，巩固教师的环境意识和环保责任心；提升教师的环境教育水平应把环境相关课程，如生态伦理学等课程纳入教师课程培训体系，让更多的教师掌握环境知识、掌握环境教育的策略与方式，从而让更多教师加入到环境教育的队伍中，提高学校教师的整体环境教育水平。学校可将教师的生态环境教育水平、环保行为习惯等因素纳入到教师考核体系中，用政策和制度来提升教师的环境教育水平；学校还可建立相应的激励机制，用激励原则引导教师积极主动参与环境教育教学活动、环境教育教材建设和科学研究等，为学校环境教育出谋划策。

（三）完善生态环境教育课程体系，强调实践环节

课程是实现教育目的和目标的手段或工具，是决定教育质量的重要环节。课程是一种培养人的蓝图，是一种适合学生身心发展规律的，连接学生直接经验和间接经验的，引导学生个性全面发展的知识体系及其获取的路径。不同层次的学校可以根据学生特点，设置不同的生态环境教育课程，建立完善的生态环境教育课程体系。

中小学生可以通过设置户外课程培养其可持续发展意识，依托当地户外学习资源，将生态文明理念融入课程。增加学生户外学习，可利用社区周边的环境资源，学习由课内转移到课外，让中小学生更多地接触自然、关心实际的环境问题。我国的生态文明教育在各级教育行政部门的重视下，也取得了一定的成绩，但真正把生态文明理念融入课程是社会可持续发展教育持续开展的基础环节，需要进一步进行整体设计与研发。在课程研发过程中，利用当地户外生态环境教育资源，开展和渗透生态文明与可持续发展教育，是实施生态文明与可持续发展教育的重要途径。

大学教育课程体系中，全校公选的生态环境教育课程是对大学生进行生态环境教育的主要方式，为更好地达到普及环境知识的目的，为在整体上提升学生的环境素养，学校必须完善对公共生态环境课程体系的建设，从而增加学生可选的环境类课程，构建系统、完整、多层次的环境教育类课程体系。

基于当前我国生态文明社会建设的背景以及美丽中国目标的实现，高校内的公共生态环境教育课程应被作为独立教学模块来重点建设。多学科交叉综合的形式即是将生态环境教育理念渗透进现有的其他课程中，如在思想政治课程中渗透等，单一学科模式就是学校开设与环境教育相关的公共选修或公共必修课程，专门而系统地进行环境知识的普及。在高校将公共生态环境教育课程作为独立教学模块来展开，一是为了凸显环境教育的重要性，二是可以对以上的两种学科模式进行有机结合。

高校应该至少开设一门与生态环境相关的公共必修课程。随着生态环境的恶化以及美丽中国目标的提出，在高校开设公共必修课程是大势所趋，更是响应时代的需要。虽然在高校开设公共必修课有一定的难度，但学校可以依托现有的课程资源体系来进行构建。只有如此，才能全面地对大学生展开环境教育，普及环境知识，全面提升大学生的环境意识和关注生态环境的责任意识。在开设公共必修课程的同时，应编纂相应的环境教育教材，在教材中不仅要包含必要的环境知识，也要注重对自然环境的人文关怀，还要重视公共环境教育的师资力量建设，鼓励相关专业背景的教师进行相关的环境知识传授，以及对其他教学人员进行观念的培训和学习，提升环境教育教师的整体水平。

生态环境教育本身是思想政治公共课程中所应有的内容，但长期以来并不被重视，也没有占据突出地位。应在相应的思想政治公共课程中凸显生态环境教育的地位，设立独立的章节进行专门的系统讲授。开设与生态环境教育相关的通识核心课程和公共选修课程，加大生态环境教育的普及力度和生态环境教育类公共选修课的数量。目前各高校对大学生的培养方案基本上都有一定的选修学分的要求，在很多高校更是要求学生在校期间必须要修满相应学分的通识课程。基于培养方案对学生选修课程学分的规定，学校应鼓励生态环境类专业的老师面向全校学生开设通识核心课程和公共选修课程，与此同时也应鼓励其他学科如哲学、法学、社会学等的教师在关注本学科的同时关注与生态环境相关的发展。

生态环境教育中要探索并丰富生态环境教育活动形式，鼓励绿色实践。实际的学校教育中，在进行专业学习的同时也要进行社会实践活动，两相结合地进行教育才能让学生在思想上有较高的政治觉悟，得到真正的提高。目前的大部分学校对学生的社会教育都不重视，很少甚至没有真正开设社会实践课程，学校教育没有真正地和社会实际相结合。所以在不同的课程中学校应该开展不同的社会实践活动，不管从理论上还是从实际的角度来提升学生的综合素质，使其在社会有较好的适应能力。学校可以开展丰富多彩的绿色主题实践活动，发动师生积极参与绿化和环境保护治理活动，号召广大青少年学生从现在做起，从自己做起，从身边做起。在校期间至少种植一棵树和一株花草，积极参加植绿、爱绿、护绿、兴绿活动，争做生态文明使者。鼓励社会力量参与绿色校园建设，与社区携手合作，打造绿色宜居环境。学校要充分发挥学生社团组织的力量，主动与社区开展绿色活动，如举办垃圾分类回收课程展示会等，一起宣传绿色环保理念，通过各种宣传和实践活动，提高学生对环境保护重要性的认识，促进个人对绿色校园的责任意识，同时也增强了社区的绿化意识和责任意识。

（四）加强校园绿色文化建设，培养学生健康向上的绿色生活方式

以学生筹建、组织、运行为主的绿色社团与协会是学校绿色文化建设的主力军，其所举办的活动与发起的号召易得到学生的支持与响应。学校应积极支持组建校园绿色组织，广泛开展与绿色文化相关的活动。可以通过举办多项与绿色环保有关、涉及校园生活的活动来增加学生参与度，如垃圾分类、旧物利用等，能减少学校中的垃圾与废品，提高物品回收利用率，在减少塑料等废置物中美化校园环境。在地球日、植树节等与绿色环保有关的纪念日时，可以通过标语设计、征文比赛与知识竞赛等不断扩展共生界面，提高学生对相关知识的摄入，进而深入思考绿色环保的重要性。各校的绿色社团还可以联合行动，发起一些与环境发展有关的调查，最后以报告或讲座的形式汇报总结。除此之外，高校社团还可以通过与社会组织的合作不断扩大绿色社团的影响力，长期的实践有利于在绿色文化的校园氛围中培养学生对环境负责的公民意识，使得高校绿色文化内化于心，外化于行。依托环保类社团每年举办节能、节水宣传周，定期开展光盘行动、校园环境治理等主题活动，推进“绿色校园”教育常态化。制作宣传册、光盘等资料，利用网络媒体，传播“绿色”文化。积极参与文明城区建设，与辖区相关部门联合举办倡导绿色、低碳生活公益活动，营造全校共建“绿色校园”、全员参与绿色行动的浓厚氛围，广泛传播绿色理念知识。

引导学生践行绿色消费行为是在学生的日常行为中帮助他们养成良好的绿色消费观和勤俭节约的美德。绿色消费是指以节约资源和保护环境为特征的消费行为，主要表现为崇尚勤俭节约，减少损失浪费，选择高效、环保的产品和服务，降低消费过程中的资源消耗和污染排放。绿色消费观涉及学生生活细节的方方面面，越是细节越是容易让人刻骨铭心，在生活细节中养成的行为习惯也更为持久和稳定。通过引导大学生践行绿色消费行为和弘扬勤俭节约的美德，可以帮助他们在日常生活中养成良好的生活习惯和环保习惯，习惯成自然，久而久之，环保观念也必将深入于心，环保行为也必将更为持久稳定和自然。

为促进学生践行绿色消费行为，学校应引导学生从身边小事做起。勿以恶小而为之，勿以善小而不为，绿色消费行为应从日常生活小事做起。把绿色消费观念运用于日常生活中，如不使用一次性用品，在选择就餐时少订或不订外卖。养成垃圾分类回收的好习惯。对垃圾进行分类投放，加大可回收物品的循环利用率，为节约资源奉献出应尽的力量。以身作则并积极宣传。绿色消费行为对节约资源、促进生态保护具有重要意义，不仅要自我做到更要积极向身边的同学、朋友、家人进行宣传，从而在一定程度上增加践行绿色消费行为的人数，扩大绿色消费观念的社会影响力。要把绿色消费观念渗透进校园文化中。校园文化是隐性的教育方式，对学生的价值观念和行为会产生潜移默化的影响。学校应把绿色消费观念渗透进校园文化的建设中去，从食堂、教室、办公室、图书馆以及校园其他公共设施入手，坚持节能减排，坚持践行绿色饮食、绿色办公、绿色出行等，不浪费水电、不破坏公共设施、鼓励骑行共享单车和搭乘公共交通工具出行等，在校园营造绿色消费的浓厚氛围，让绿色消费观念深入师生内心。

▶ 案例 10.3

北京市第二十中学附属实验学校绿色学校创建纪实

北京市第二十中学附属实验学校于 2014 年 9 月 1 日正式成立，是北京市第二十中学教育集团下的一所九年一贯制学校，位于永泰庄路，占地 40 亩，建筑面积 4 万多平方米，绿地面积约 1.12 万平方米。学校不断创新生态文明教育内容与形式，坚持“把生态文明教育融入育人全过程”。该学校在绿色学校创建的重点工作如下：

加强生态文明校园文化建设。学校高度重视学校的生态文明教育，不断创新生态文明教育内容与形式，用特色文化打造学校的核心竞争力，对照生态文明教育特色学校的标准，展开工作部署，改善环境设施和环境教学设施；收集整理生态文明教育材料，认真编写生态文明教育教案，组建生态文明教育领导小组，切实将生态文明教育落到实处。学校努力创设平等、民主、和谐的师生关系和育人环境，引导学生在教育教学活动中发挥主体作用，体现主人风范。以培养集体意识和合作精神，以营造良好学风、校风为宗旨，开展一班一特色的班级文化建设和“至善、至诚、惟勤、惟正”的校园文化建设。

营造“花园式”校园环境。学校积极创建优美的校园环境，致力于打造“花园式”校园，现有包括至善楼、至诚楼两座空中花园在内的1.12万平方米的绿地面积，供师生完成教育教学任务之余，还给人赏心悦目、生机勃勃的感觉。培养师生“爱校如家”的意识。整个学校整洁美观、环境幽雅，让师生感受到家庭般的亲切和温馨。

建设生态文明教育校本课程。学校十分重视生态文明教育的投入，为生态文明教育全面开展提供保障，如课程保障，学校将“生态文明教育”纳入课程建设中，并确保在基础性课程、拓展性课程和研究性课程中得到体现。学校重点建设“生态文明教育”校本课程。一是把创建生态文明学校作为打造“优质、和谐、创新”为特色的首都一流学校的重要组成部分，使生态文明学校的创建工作融入学校的总体工作中；二是把创建生态文明教育特色学校与德育工作、课程建设有机结合起来，坚持以德育和校本课程作为创建生态文明教育特色学校的重要支柱，以创建生态文明学校夯实德育工作，促进校本课程建设，使学生在思想、道德、身心、个性方面得到全面发展；三是把创建生态文明学校与学校特色教育有机结合起来；四是坚持把学校的“脊梁课程”特色教育作为创建生态文明学校的有机补充，促进学生个体的发展，充分培养实践能力和创造能力。与此同时，学校将生态文明学校创建经费纳入学校年度经费预算，为创建生态文明学校提供重要保障。在控制、处理污染源方面，学校加大节能减排力度，重点控制化学实验室的废气、废液，争创生活垃圾分类示范校园；开展可持续发展方面的主题活动，组织以生态文明教育和生活垃圾分类为主题的宣传教育活动；学校在每学期开设两节以上的环境教育课，在各学科渗透环境教育，积极创造条件选送相关人员参加区、市举办的各类培训进修。面向社会主义生态文明新时代，学校将再接再厉，更加深入地开展生态文明教育，进一步将生态文明教育融入育人的全过程，努力建设美丽首都，培养具有生态文明价值观和实践能力的建设者和接班人。

资料来源：北京市第二十中学附属实验学校．创建绿色生态，培育绿色未来——北京市第二十中学附属实验学校生态文明教育纪实［J］．环境教育，2021（2）：98.

思考题

1. 论述开展绿色社区创建活动的意义和路径。
2. 说明推进绿色产业园创建的工作重点。
3. 谈谈本人在绿色学校创建中能做些什么？

第十一章　夯实制度保障

新时代推进生态文明建设，必须用最严格制度最严密法治保护生态环境，加快制度创新，强化制度执行，让制度成为刚性的约束和不可触碰的高压线。

——习近平在全国生态环境保护大会上的讲话（2019 年 5 月 18 日）

建设生态文明是提高全社会生态理性的过程，也是一种重大的社会变迁和集体行动，需要社会成员之间缔结新型的行动准则和合作规则，即建立生态文明制度。制度具有引导、规制、激励和服务等功能，加快生态文明制度建设，用制度保护生态环境，是建设生态文明、实现“美丽中国”建设目标的制度保障和路径选择。

第一节　生态文明制度概述

自 2007 年党的十七大首次提出“建设生态文明”要求以来，有关生态文明建设的理论认识和实践要求不断创新。党的十七届四中全会、十八大、十八届三中全会、十九大、十九届五中全会等都对加快生态文明建设提出了要求。2015 年我国集中出台了一系列深化生态文明体制改革的实施方案，2021 年谋划了“十四五”期间“生态文明建设实现新进步”的制度保障。这一系列政策文件的出台，标志着生态文明建设理论体系日益成熟，以生态文明体制改革为先导，以生态文明制度建设为抓手，着力构建生态文明建设长效机制的实践思路日益清晰。这些重要战略部署，对进一步加强生态环境保护、大力推进生态文明建设具有重大作用，对推动形成人与自然和谐发展的现代化建设新格局、实现“美丽中国”建设的远景目标具有重大意义。

一、生态文明制度

生态文明制度是由“生态文明”和“制度”两个词语组合而成的一个复合词，界定生态文明制度的概念，也应从这两个词语来把握其内涵。对于生态文明制度的具体概念和内涵，不同学者有不同的理解与阐释，但国内众多学者更多倾向从制度经济学角度进行诠释。

制度是决定人们相互关系而设定的一系列社会规则，包括人际交往中的规则及社会组织的结构和机制。康芒斯把制度解释为一种“集体的行为”，认为其是解决冲突的“秩序”。凡勃伦认为制度实质上是个人或社会群体对有关某种关系或某种作用方面的一般思想习惯。汉密尔顿认为制度“强制性地规定了人们行为的可行范围”。诺斯认为制度是调节人类行为的准则。舒尔茨认为“制度是一种行为规则”。制度的关键功能是增进秩序，防止和化解冲突。在合理的制度设计对人们行为具有约束力的情况下，可以提高人们行为的预见性，减少交易成本、提高交易效率。因此，制度也是社会资本的重要组成部分，是引导市场主体间良好关系和社会发展的“软件”，是一种长效机制。

自党的十七大提出“建设生态文明”以来，生态文明的理论内涵随着生态文明建设实践不断得到丰富和完善。生态文明的本质是人与自然和谐共处，是尊重自然、顺应自然、保护自然、合理利用自然，反对漠视自然、糟践自然、滥用自然和盲目干预自然。生态文明制度是在全社会制定或形成的一切有利于支持、推动和保障生态文明建设的各种引导性、激励性、约束性和规范性规定和准则的总和。在实践中，生态文明制度有不同的分类，从表现形态上可以划分为：正式制度（法律、法规、规章等）；非正式制度（伦理、道德、习俗、惯例等）。从属性上可以划分为：硬性、强制性的，如法律法规、规章标准等；柔性、引导性的，如经济激励、利益相关方伙伴合作、伦理道德和价值观等。从性状上可以划分为：显性的，主要是政策、法规、标准等；隐性的，主要是培育和构建符合生态文明要求的价值观、伦理观、道德观等，通过人的内在世界建构来改变外部世界。目前，我国生态文明制度建设正在加快推进，国土空间开发保护、资源有偿使用以及生态环境保护责任制度等正不断深入探索，基本搭建了生态文明制度建设的“四梁八柱”，为下一步深化生态文明制度创新提供了重要基础。

二、用制度保护生态环境

《关于全面深化改革若干重大问题的决定》中提出："紧紧围绕建设美丽中国深化生态文明体制改革，加快建立生态文明制度，健全国土空间开发、资源节约利用、生态环境保护的体制机制，推动形成人与自然和谐发展现代化建设新格局。""建设生态文明，必须建立系统完整的生态文明制度体系……用制度保护生态环境。"习近平总书记进一步强调要把制度建设作为推进生态文明建设的重中之重，着力破解制约生态文明建设的体制机制障碍。

《关于全面深化改革若干重大问题的决定》中有关生态文明制度建设的主要内容十分丰富（见表 11.1）。制度建设的主要内容体现在四大方面：一是完善空间规划体系，划定生态保护红线。严格按照主体功能区推动发展。建立资源环境承载能力监测预警机制，对水土资源、环境容量和海洋资源超载区域实行限制性措施。二是完善生态环境保护的市场化机制。完善对重点生态功能区的生态补偿机制，推动地区间建立横向生态补偿制度。发展环保市场，推行节能量、碳排放权、排污权、水权交易制度，建立吸引社会资本投入生态环境保护的市场化机制，推行环境污染第三方治理。三是改革生态环境保护管理体制。建立和完善严格监管所有污染物排放的环境保护管理制度，独立进行环境监管和行政执法。建立陆海统筹的生态系统保护修复和污染防治区域联动机制。及时公布环境信息，健全举报制度，加强社会监督。完善污染物排放许可制，实行企事业单位污染物排放总量控制制度。对造成生态环境损害的责任者严格实行赔偿制度，依法追究刑事责任。对领导干部建立生态环境损害责任终身追究制。四是改革自然资源管理体制。健全国家自然资源资产管理体制，统一行使全民所有自然资源资产所有者职责。完善自然资源监管体制，统一行使所有国土空间用途管制职责。对水流、森林、山岭、草原、荒地、滩涂等自然生态空间进行统一确权登记，形成归属清晰、权责明确、监管有效的自然资源资产产权制度。

表 11.1　　《关于全面深化改革若干重大问题的决定》中有关生态文明制度建设的主要内容

项目	体制	机制	制度
国土空间		重点生态功能区的生态补偿机制、调节工业用地和居住用地合理比价机制等 2 项机制	主体功能区 1 项制度
资源管理	国家自然资源资产管理体制、自然资源监管体制、国有林区经营管理体制等 4 项体制		主体功能区制度，自然资源资产产权制度，用途管制制度，集体林权制度，资源有偿使用制度，能源、水、土地节约集约使用制度，节能量，水权交易制度等 8 项制度
资源节约			能源、水、土地节约集约使用制度，节能量等 2 项制度
环境保护（含生态恢复）	生态环境保护管理体制等 1 项体制	生态环境保护的市场化机制、资源环境承载能力监测预警机制、陆海统筹的生态系统保护修复机制和污染防治区域联动机制等 4 项机制	生态补偿制度，损害赔偿制度，责任追究制度，环境治理和生态修复制度，企事业单位污染物排放总量控制制度，碳排放权、排污权交易制度，环境信息公开、举报制度等 7 项制度

三、生态文明制度建设内容

《关于加快推进生态文明建设的意见》指出：生态文明建设事关实现“两个一百年”奋斗目标，事关中华民族永续发展，是建设美丽中国的必然要求，对于满足人民群众对良好生态环境新期待、形成人与自然和谐发展现代化建设新格局，具有十分重要的意义。

《关于加快推进生态文明建设的意见》是中央就生态文明建设做出专题部署的第一个文件，突出体现了战略性、综合性、系统性和可操作性，是当前和今后一个时期推动我国生态文明建设的纲领性文件。《关于加快推进生态文明建设的意见》通篇贯穿了“绿水青山就是金山银山”的基本理念，确立了经济社会发展活动要符合自然规律、形成人与自然和谐发展现代化建设新格局的基调和导向；描绘了生态文明建设的目标愿景，按照源头预防、过程控制、损害赔偿、责任追究的“十六字”整体思路，提出了生态文明建设的主要目标；体现了现代化建设的“绿色化”取向，针对我国经济社会发展中存在的高投入、高消耗、高排放、不循环等突出问题，在生产方式、生活方式等方面提出了具体要求。《关于加快推进生态文明建设的意见》全文共包括九个部分三十五条，总体脉络概括起来就是：“五位一体”“五个坚持”“四项任务”“四项保障机制”。

“五位一体”，就是围绕党的十八大关于“将生态文明建设融入经济、政治、文化、社会建设各方面和全过程”的要求，提出了具体的实现路径和融合方式。

“五个坚持”，就是坚持把节约优先、保护优先、自然恢复为主作为基本方针，坚持把绿色发展、循环发展、低碳发展作为基本途径，坚持把深化改革和创新驱动作为基本动力，坚持把培育生态文化作为重要支撑，坚持把重点突破和整体推进作为工作方式，将中央关于生态文明建设的总体要求明晰细化。

“四项任务”，就是明确了优化国土空间开发格局、加快技术创新和结构调整、促进资源节约循环高效使用、加大自然生态系统和环境保护力度等四个方面的重点任务。

“四项保障机制”，就是提出了健全生态文明制度体系、加强统计监测和执法监督、加快形成良好社会风尚、切实加强组织领导等四个方面的保障机制。

四、生态文明制度顶层设计

2015 年 9 月，中央全面深化改革领导小组经济体制和生态文明体制改革专项小组发布了“1 +6”的生态文明体制改革路线图。“1”就是《生态文明体制改革总体方案》由专项小组牵头，中央财办、中央编办、国家发展和改革委员会等 12 个部门共同起草。“6”包括《环境保护督查方案》《生态环境监测网络建设方案》《生态环境损害赔偿制度改革试点方案》《党政领导干部生态环境损害责任追究办法（试行）》《关于开展领导干部自然资源资产离任审计的试点方案》《编制自然资源资产负债表试点方案》等。“1 +6”的改革

“组合拳”围绕目标，搭建起总体性制度框架，形成一个产权清晰、多元参与、激励与约束并重、系统完整的体系，致力于解决当前生态环境领域的突出问题，推进生态文明领域国家治理体系和治理能力现代化，努力走向社会主义生态文明新时代。

《生态文明体制改革总体方案》是生态文明领域改革的顶层设计和部署，习近平总书记在生态文明建设方面提出了很多走在理论前沿和时代前沿的新思想、新论断，“理念先行，顶层设计，填补空白，整合统一”是方案的鲜明特点。《生态文明体制改革总体方案》主要内容可以用“6 +6 +8”概括，即“6 大理念 +6 个原则 +8 个支柱（制度)”。

6 大理念是指：要树立尊重自然、顺应自然、保护自然的理念；发展和保护相统一的理念；“绿水青山就是金山银山”的理念；自然价值和自然资本的理念；空间均衡的理念；山水林田湖草是一个生命共同体的理念。

6 个原则是指：推进生态文明体制改革要坚持正确方向；坚持自然资源资产的公有性质；坚持城乡环境治理体系统一；坚持激励和约束并举；坚持主动作为和国际合作相结合；坚持鼓励试点先行和整体协调推进相结合。

8 个制度是指：要建立归属清晰、权责明确、监管有效的自然资源资产产权制度；以空间规划为基础、以用途管制为主要手段的国土空间开发保护制度；以空间治理和空间结构优化为主要内容，全国统一、相互衔接、分级管理的空间规划体系；覆盖全面、科学规范、管理严格的资源总量管理和全面节约制度；反映市场供求和资源稀缺程度，体现自然价值和代际补偿的资源有偿使用和生态补偿制度；以改善环境质量为导向，监管统一、执法严明、多方参与的环境治理体系；更多运用经济杠杆进行环境治理和生态保护的市场体系；充分反映资源消耗、环境损害、生态效益的生态文明绩效评价考核和责任追究制度。上述 8 个制度，各有针对性，目标明确，实际上就是生态文明体制方面的四梁八柱。

生态文明体制改革确立的理念、遵循的原则，都需要具体的制度予以贯彻实施，推进生态文明体制改革，必须处理好改革涉及的各方面问题整合（见表 11. 2)，搭建好基础性制度框架，抓住核心，以点带面，纲举目张，一系列制度将为生态文明体制改革的顺利推进提供保障，从而实现我国生态文明建设水平全面提高。

表 11.2　《生态文明体制改革总体方案》涉及 10 个方面问题整合

序号	《生态文明体制改革总体方案》涉及问题
1	建立统一的确权登记系统
2	统一自然资源资产所有权职责
3	统一行使所有国土空间的用途管制职责
4	编制统一的空间规划
5	推进实现全国统一的矿业权交易平台建设
6	在全国范围建立统一公平、覆盖所有固定污染源的企业排放许可制度
7	环境保护职责的统一；以改善环境质量为导向，监管统一、执法严明、多方参与的环境治理体系，在部分地区开展环境保护管理体制创新试点，统一规划、统一标准、统一环评、统一监测、统一执法
8	统一的城乡环境治理体系（统一监管和行政执法的体制）
9	建立统一的绿色产品体系（绿色产品标准、认证、标志等体系）
10	统一的综合性生态文明试点

第二节　实行最严格的源头保护制度

严格的生态环境保护制度是生态环境治理的切入点，也是对生态环境问题的前期预防。从源头上对国土利用、资源消耗和环境污染实行严格的保护与控制，能够大大减少生态环境问题的中期管控成本和末端治理成本。

一、国土空间用途管制制度

《中共中央关于全面深化改革若干重大问题的决定》强调，“健全自然资源资产产权制度和用途管制制度……建立空间规划体系，划定生产、生活、生态空间开发管制界限，落实用途管制。”《生态文明体制改革总体方案》进一步明确了具体工作部署，提出“构建以空间规划为基础、以用途管制为主要手段的国土空间开发保护制度，着力解决因无序开发、过度开发、分散开发导致的优质耕地和生态空间占用过多、生态破坏、环境污染等问题”“将分散在各部门的有关用途管制职责，逐步统一到一个部门，统一行使所有国土空间的用途管制职责”。

国土是指国家的领土，即在一国主权管辖下的区域，包括领陆、领水和领空。国土是一个国家行使主权的空间，与国土概念密切关联但又有所不同的是土地的概念。土地是指陆地表层一定范围内全部自然要素相互作用形成的自然综合体，具有明显的空间变异性和区位特征。土地既是人类赖以生产、生活的最重要的资源，又是生产力布局的基地和生产过程进行的空间，还是劳动对象和劳动手段。当代日益尖锐的人口、资源和环境问题都与土地的利用情况密切相关。

土地按用途可分为农用地、建设用地和未利用地。农用地是指直接用于农业生产的土地，包括耕地、林地、草地、农田水利用地、养殖水面等。建设用地是指建造建筑物、构筑物的土地，包括城乡住宅和公共设施用地、工矿用地、交通水利设施用地、旅游用地、军事设施用地等。未利用地是指农用地和建设用地以外的土地。

国土资源是指国土范围内的所有自然资源。按其形成的自然属性，通常可分为土地资源、矿产资源、水资源、生物资源、海洋资源、气候资源等。其中矿产、水、陆生生物资源与土地资源具有明显的空间叠加性。按其开发方式，可分为优化开发区域、重点开发区域、限制开发区域和禁止开发区域等四类主体功能区，不同主体功能区，国土资源开发的强度和主要利用方向应符合主体功能区定位。

国土空间用途管制是自然资源监管的基础性制度，并与土地用途管制密切相关。国土空间用途管制是建立在自然资源空间分布和国土空间开发格局基础上的监管内容。同一块国土空间上往往分布着多种用途的自然资源，例如：同一片土地，可开发为耕地、林地、建设用地，也可用于生态保护；地表植被既可以开发其资源产品价值，也可以侧重其环境功能价值。这就需要从全局战略性角度，对国土空间的用途进行定位和规划，进行利用价值的权衡与取舍。一旦确定国土空间上的资源开发定位，就不能随意变更，需要进行国土用途管制。由于国土资源在使用上，其产品价值往往与环境价值存在非此即彼的价值冲突，相当一部分环境价值难以货币化计量、具有公益性等特征。鉴于以上自然资源监管的特点，国际上都是以土地用途管制为基础，进行自然资源监管。因此，土地用途管制制度是自然资源监管的首要、基础性的制度。

由于自然资源具有经济和生态环境的双重属性，自然资源监管、土地用途管制都可相应地分为生态用途管制与经济用途管制两大类。国家对全民所有自然资源资产行使所有权管理，与国家对国土范围内自然资源行使监管权是不同的。前者是所有权人意义上的权利，后者是管理者意义上的权力。我国实行对土地、水、海洋、林业等资源分类管理的体制，必须完善自然资源监管体制，使国有自然资源资产所有人和国家自然资源管理者相互独立、相互配合、相互监督，统一行使全国960万平方千米陆地国土和300万平方千米海洋国土的用途管制职责，对各类自然生态空间进行统一的用途管制，对“山水林田湖草”进行统一的系统性修复。

健全国土空间用途管制制度，要简化“自上而下”的用地指标控制体系，调整按行政区和用地基数分配指标的做法。将开发强度指标分解到各县级行政区，作为约束性指标，控制建设用地总量。将用途管制扩大到所有自然生态空间，划定并严守生态红线，严禁随意改变用途，防止不合理开发建设活动对生态红线的破坏，并完善覆盖全部国土空间的监测系统，动态监测国土空间变化。

二、空间规划体系

党的十八大报告强调，优化国土空间开发格局，促进生产空间集约高效、生活空间宜居适度、生态空间山清水秀，给自然留下更多修复空间，给农业留下更多良田，给子孙留下天蓝、地绿、水净的美好家园。优化国土开发格局必须依靠科学的规划，习近平总书记2014年考察北京市规划展览馆时强调：“规划科学是最大的效益，规划失误是最大的浪费，规划折腾是最大的忌讳，”在中央城镇化工作会议上指出要“建立空间规划体系，推进规划体制改革，加快规划立法工作。”2015年9月公布的《生态文明体制改革总体方案》明确指出，空间规划体系是国土空间开发保护制度的基础，也是生态文明体制改革的“八大”制度之一，并进一步提出“构建以空间治理和空间结构优化为主要内容，全国统一、相互衔接、分级管理的空间规划体系，着力解决空间性规划重叠冲突、部门职责交叉重复、地方规划朝令夕改等问题”。

空间规划体系是政府统筹安排区域空间开发、优化配置国土资源、调控经济社会发展的重要手段，是由各类空间规划组成的完整、统一与辩证的公共政策与管理体系。建立空间规划体系，是为了明确空间规划的层次、从属关系和分级管理，合理界定各种空间规划的功能定位和规划内容，进一步理顺现有空间规划之间的内在联系、相互关系和编制时序。建立空间规划体系可以有效配置公共资源，避免区域空间的低效率开发；可以规范政府行为，成为各级政府履行职责的重要依据。建立空间规划体系，是全面深化改革的一项创新性工作，对提升政府社会管理能力、优化区域空间开发格局、推进经济社会可持续发展具有重大意义。

国土空间规划是针对国土空间所做的比较全面的长远发展计划，是对未来国土空间利用所做的整体性、长期性、基本性地考量和设计并提出整套行动的方案。国土规划具有综合性、区域性、系统性、时间性和强制性等特点。空间规划体系是优化国土空间开发格局的制度集合，是空间规划结构化、制度化和程序化的综合产物。它们共同构成了激励和约束人们国土资源利用行为的准则。空间规划体系在许多国家都以正式制度的形式存在，主要由政府以自上而下的方式推动。我国空间规划主要包括发展规划、国土资源规划、城乡建设规划环境规划等。

三、生态保护红线制度

随着我国人口不断增加，消费水平持续提高，经济快速发展，资源能源消耗量巨大，生态保护法律制度执行效果不佳，导致大量生态空间被侵占，生态环境形势日趋严峻。为此，国家提出“划定生态保护红线”，以保障资源永续利用和环境质量持续改善。生态保护红线制度是在生态文明建设的背景下提出的一项创新制度，是构建国家生态安全、严守生态安全底线、促进经济社会可持续发展的保障措施和长效机制。

《国家生态保护红线生态功能红线划定技术指南（试行）》将生态保护红线定义为：对维护国家和区域生态安全及经济社会可持续发展，保障人民群众健康具有关键作用，在提升生态功能、改善环境质量、促进资源高效利用等方面必须严格保护的最小空间范围与最高或最低数量限值。具体内涵可以理解如下：

生态功能保障基线是指对维护自然生态系统服务，保障国家和区域生态安全具有关键作用，在重要生态功能区、生态敏感区、脆弱区等区域划定的最小生态保护空间。其中：重点生态功能区是指生态系统十分重要，关系全国或区域生态安全，生态系统有所退化，需要在国土空间开发中限制进行大规模高强度工业化城镇化开发，以保持并提高生态产品供给能力的区域，主要类型包括水源涵养区、水土保持区、防风固沙区和生物多样性维护区；生态敏感区是指对外界干扰和环境变化具有特殊敏感性或潜在自然灾害影响，极易受到人为的不当开发活动影响而产生负面生态效应的区域；生态脆弱区是指生态系统组成结构稳定性较差，抵抗外在干扰和维持自身稳定的能力较弱，易于发生生态退化且难以自我修复的区域。

环境质量安全底线是保障人民群众呼吸上新鲜的空气、喝上干净的水、吃上放心的粮食、维护人类生存的基本环境质量需求的安全线，包括环境质量达标红线、污染物排放总量控制红线和环境风险管理红线。

自然资源利用上限是促进资源能源节约，保障能源、水、土地等资源高效利用，不应突破的最高限值。

四、污染物排放许可制度

污染物排放许可证制度已经成为国际环境管理中最为重要的一项基础性制度，在规范企业环境行为、环境监督执法等方面发挥了十分重要的作用。20 世纪 80 年代中期，我国就在水污染防治领域提出污染物排放许可制度，并将污染物排放许可写入《环境保护法（修改草案》（1989），但因种种原因，相关制度一直没有很好地建立起来。党的十八大以来，以习近平总书记为首的党中央高度重视生态文明制度建设，并将污染物排放许可制度作为环境管理的基础性制度。《中共中央关于全面深化改革若干重大问题的决定》提出"完善污染物排放许可制"。2014 年，我国《环境保护法》规定："国家依照法律规定实行排污许可管理制度。实行排污许可管理的企业事业单位和其他生产经营者应当按照排污许可证的要求排放污染物；未取得排污许可证的，不得排放污染物。"《关于加快推进生态文明建设的意见》提出："完善污染物排放许可证制度，禁止无证排污和超标准、超总量排污。"《生态文明体制改革总体方案》提出："完善污染物排放许可制。尽快在全国范围建立统一公平、覆盖所有固定污染源的企业排放许可制，依法核发排污许可证，排污者必须持证排污，禁止无证排污或不按许可证规定排污""制定排污许可等方面的法律法规，为生态文明体制改革提供法治保障。"《中共中央关于制定国民经济和社会发展第十三个五年规划的建议》中将绿色发展作为五大发展理念之一，明确提出"要以提高环境质量为核心，实行最严格的环境保护制度"。其中的一项重要举措就是"改革环境治理基础制度，建立覆盖所有固定污染源的企业排放许可制"。上述决定为加快推动我国污染物排放许可制度建设指明了方向。

（一）污染物排放许可制度的概念

污染物排放许可制度是依法对各企事业单位排污行为提出具体要求并以书面形式确定下来，作为排污单位守法、执法单位执法、社会监督护法依据的一种环境管理制度。

排污许可制的核心是排污者必须持证排污、按证排污，实行这一制度有利于将国家环境保护的法律法规、总量减排责任、环保技术规范等落到实处，有利于环保执法部门依法监管，有利于整合现在过于复杂的环保制度。

（二）污染物排放许可制度的内容

我国于1996年制定的《水污染防治法》和2000年制定的《大气污染防治法》均授权国务院规定排污许可的具体办法和实施步骤。但是，由于两部法律关于排污许可证的发放范围和发放主体规定不一致，给统一立法造成了法律障碍。经过修订，现行《水污染防治法》《大气污染防治法》《环境保护法》关于污染物排放许可证的规定基本趋于一致，为通过配套立法完善该制度创造了条件。污染物排放许可制度的内容，如表11.3所示。

表11.3　污染物排放许可制度的内容

项目	《环境保护法》（2014年修订）	《水污染防治法》（2008年修订）	《大气污染防治法》（2015年修订）
主体	实行排污许可管理的企业事业单位和其他生产经营者	直接或者间接向水体排放工业废水和医疗污水以及其他按照规定应当取得排污许可证方可排放的废水、污水的企业事业单位；城镇污水集中处理排污许可制度的运营单位	排放工业废气或者本法第七十八条规定名录中所列有毒有害大气污染物的企业事业单位、集中供热设施的燃煤热源生产运营单位以及其他依法实行排污许可管理的单位
处罚	未取得排污许可证排放污染物，被责令停止排污，拒不执行的，按照原处罚数额按日连续处罚；情节严重的，报经有批准权的人民政府批准，责令停业、关闭		未依法取得排污许可证排放大气污染物的，由县级以上人民政府环境保护主管部门责令改正或者限制生产、停产整治，并处十万元以上一百万元以下的罚款；受到罚款处罚，被责令改正，拒不改正的，按照原处罚数额按日连续处罚；情节严重的，报经有批准权的人民政府批准，责令停业、关闭

第三节 建立全面的资源高效利用制度

建立全面的资源高效利用制度，坚持激励与约束并举，提高资源利用效率，在过程中对生态环境问题加以控制，最大限度地释放生态文明制度的“制度红利”，是加强生态环境治理，建设资源节约和环境友好型社会的重要手段，对生态文明制度体系的构建起着举足轻重的作用。

一、自然资源资产产权制度

党的十八届三中全会提出要健全自然资源资产产权制度和用途管制制度。对水流、森林、山岭、草原、荒地、滩涂等自然生态空间进行统一确权登记，形成归属清晰、权责明确、监管有效的自然资源资产产权制度。习近平总书记在《中共中央关于全面深化改革若干重大问题的决定》的说明中提出：“健全国家自然资源资产管理体制是健全自然资源资产产权制度的一项重大改革，也是建立系统完备的生态文明制度体系的内在要求。”健全自然资源资产产权制度，有利于发挥市场调节作用和评价生态建设成效，实现资源最佳配置，有利于推进生态文明制度体系建设。

《生态文明体制改革总体方案》进一步明确了到2020年的改革路线图，将自然资源资产产权制度列为重点改革的八项制度之首，着力解决自然资源所有者不到位、所有权边界模糊等问题。明确了自然资源资产管理制度改革的基本原则和思路，即“坚持自然资源资产的公有性质，创新产权制度，落实所有权，区分自然资源资产所有者权利和管理者权力，合理划分中央地方事权和监管职责，保障全体人民分享全民所有自然资源资产收益”。党中央、国务院的这些战略部署为未来自然资源资产产权制度的进一步完善，指明了方向。

（一）资产、产权与产权制度

资产是国家、企业或个人拥有的具有使用价值，并能够带来收益的有形财产或无形财产，其主要特征是能够给所有者带来收益。根据资产基本经济用途和存在领域不同，可以分为经营性资产和非经营性资产两大类。自然资源资产化管理就是把自然资源看做商品，作为一种资产进行管理。资产具有可获益性、可控制性、可计量性、可交易性等基本特征。作为资产的资源，在法律上还具有独立性，即资源的权属关系明晰，主体对其有控制权。对自然资源实行资产化管理可以理顺自然资源价值补偿与价值实现过程中的经济关系；有利于确保自然资源所有者权益、实现自然资源自我累积性增值和资源的优化配置，形成资源利益公平有效分配，提高自然资源可持续性利用水平。我国的自然资源资产化管理始于20世纪80年代，90年代随着市场经济体制改革的推进，加快了自然资源资产管理体制改革的步伐。国家国有资产管理局在1991～1995年多次讨论自然资源产业化和资产化管理问题，强调自然资源资产化管理的重要性。经过多年改革，我国自然资源产权制度改革的方向总体上是政府主导的强制性制度变迁，从“统一公有产权”到“所有权与使用权分离”，从“无偿委托”到“有偿交易”。

产权是经济所有制关系的法律表现形式，它包括财产的所有权、占有权、支配权、使用权、收益权和处置权等一束权力，体现了资产的主体对客体的权利。这些权利主要包括两个方面内容：一是特定主体对特定客体和其他主体的权能，即特定主体对特定客体或主体能做什么不能做什么或采取什么行为的权力；二是该主体通过对该特定客体和主体采取这种行为能够获得什么样的收益。其中，所有权又称权益，其权属是否完整，主要可以从所有者对它具有的排他性和可让渡性来衡量。产权虽然表现了物的所有，但深层次的是人与人的关系；产权如何行使将反映产权所有者的意志，与其所有者的利益休戚相关。典型的所有权结构包括：所有权本身的内容（所有权的成立、效力与消灭），所有权的转移（买卖、赠予、继承、物权变动、时效、登记等），对他人所有物的利用权（租赁、耕作权、地上权等用益物权），以所有权为金钱担保（担保物权）等。在市场经济条件下，产权的属性主要表现在：经济实体性、可分离性、流动性和独立性。产权的功能包括：激励功能、约束功能、资源配置功能、协调功能。现代产权理论认为，合理界定和安排产权结构，可以降低交易费用、提高经济效益、改善资源配置、增加经济福利。

产权制度是经济制度中的核心制度，主要是指既定产权关系和产权规则结合而成的且能对产权关系实现有效地组合、调节和保护的制度安排。是以法权形式体现所有制关系的科学合理的产权制度，是用来巩固和规范商品经济中财产关系，约束人的经济行为，维护商品经济秩序，保证商品经济顺利运行的法权工具。产权经济学认为，“产权不是指人与物之间的关系，而是指由物的存在及关于它们的使用所引起的人们之间相互认可的行为关系。产权安排确定了每个人相应于物时的行为规范，每个人都必须遵守他与其他人之间的相互关系，或承担不遵守这种关系的成本。”因此，社会共同体中通行的产权制度实际上是为了解决人类社会中对稀缺资源争夺的冲突所确立的竞争规则，这些规则可以是法律、规则、习惯或等级地位。这些规则规定了每个人相对于稀缺资源使用时的地位的经济和社会关系。合理的产权制度就是明确界定资源的所有权和使用权，以及在资源使用中获益、受益、受损的边界和补偿原则，并规定产权交易的原则以及保护产权所有者利益等。

（二）自然资源与自然资源管理

自然资源在语义上通常被理解为“自然界的资源”，与资本资源、人力资源等共同组成了经济学意义上的“社会资源”。较早给自然资源下较完备定义的是地理学家金梅曼，他指出“自然资源是能（或被认为能）满足人类需要的环境整体或其某些部分”。兰德尔认为自然资源应具备价值（用途）和被人类发现等两种特征，自然状态下有用途和有价值的物质只有被人类发现才能成为自然资源。丽丝则认为自然资源与人类是否具备资源使用和开发能力悉悉相关，如果不完全具备这两种情况，自然资源只是具有“中性材料”的自然物质。联合国有关机构于1970年指出“从广义来说，自然资源包括全球范围内的一切要素”。联合国环境规划署认为“能够产生经济价值以提高人类当前和未来福利的自然环境因素的总称”即为自然资源。《大英百科全书》将自然资源定义为“人类可以利用的自然生成物（土地、水、矿物、生物及其群集的森林、草场、矿藏等）和自然生成物的地球物理机能、生态学机能、地球化学循环机能等环境功能”。我国《辞海》认为自然资源即“天然存在的自然物，是生产的原料来源和布局场所”。上述各种自然资源的定义都在自然资源的“天然生成物”基础上进行了扩展分析。金梅曼在自然资源的“天然生成物”基础上加入了“人类需求”，兰德尔在该基础上加入了“被人类发现”，丽丝在该基础上加入了“人类是否具备资源使用和开发能力”，联合国环境规划署在该基础上加入了“能够产生经济价值以提高人类当前和未来福利”，《大英百科全书》在该基础上加入了“人类可以利用”和“自然生成物的环境功能”，我国《辞海》在该基础上加入了“生产的原料来源和布局场所”。可见当前的自然资源相关研究已经高度关注其与人类劳动结果的结合。因此，中国现代自然资源学者普遍认为自然资源具备天然生成、能够满足人类需要和人类活动促进其价值实现等多重性质。

综合以上定义，可以对自然资源下一个更全面的定义：自然资源是能够为人类开发利用，满足其当前或未来需要的自然界中的空间（土地）、空间内天然存在的水、大气、矿物、生物等各种物质和森林、草场、矿藏、陆地、海洋等物质存在形式及运动形式（地热等）所含的能量以及物质运动变化（气象、海洋现象、水文地理现象等）所提供的自然生成物及其服务功能。

自然资源管理主要包括自然资源利用管理和自然资源保护管理两大方面。自然资源利用管理的主要内容有：资源开发规划与供给保障、自然资源配置（开采权与收益权分配，使用总量控制与分配）、资源交易市场管理、自然资源节约等。自然资源保护管理的内容主要包括开采区生态环境保护（尾矿、矿渣安全处置、矿山生态恢复、林草封育等）、对自然资源所在的生态系统健康的保护等内容。

（三）自然资源资产产权制度与自然资源管理的市场化机制

运用市场化机制管理自然资源，其基础是自然资源的资产管理，其中产权管理是自然资源资产管理的核心制度。自然资源管理的市场化机制，主要包括自然资源资产管理制度、自然资源的价格形成机制和有偿使用制度等，主要涉及以下六大方面的改革：(1) 政府在自然资源管理中的定位，处理好政府与市场关系，提高自然资源配置效率；(2) 完善自然资源公有产权制度，重点解决公有产权虚置问题，建立利益共享机制；(3) 改革自然资源使用权制度，明晰产权责任，有偿开采；(4) 建立自然资源流转权制度，促进自然资源资产合理定价和保值增值；(5) 强化自然资源用途管制与监管制度等，促进自然资源有序开发利用；(6) 自然资源可持续利用制度，包括体现生态价值、资源稀缺、环境损害的价格形成机制、自然资源有偿使用、资源节约与保护等。

自然资源资产产权符合一般产权的特征和内在要求，主要包括产权界定、产权配置、产权交易和产权保护四大制度或要素。自然资源资产产权是社会团体或个人对某种自然资源的占有、支配、转让、受益及由此而派生出的其他权力的明确界定。自然资源资产产权制度也就是关于自然资源归谁所有、使用以及由此产生的法律后果由谁承担的一系列规定构成的规范系统，是自然资源保护管理中最有影响力、不可或缺的基本法律制度。自然资源资产产权管理主要涉及资产清查与评估、登记、确权、产权流转（行政审批与市场交易)、资源产权的使用权和收益权分配、使用权监管等。我国的农村土地承包制、林地所有权改革就是典型的自然资源资产产权制度改革，这些改革已经取得了巨大的成效。

二、落实资源有偿使用制度

长期以来，人们一直对自然资源和生态环境存在认识误区，认为新鲜的空气、广阔的海域、洁净的水等自然资源是无价的，不计入成本，也无需付费。我国建国后虽然经过漫长时期的探索，初步实现了对矿产资源、土地使用权等自然资源的有偿使用，但由于缺乏整体的资源有偿使用观以及自然资源市场，导致自然资源分配不合理、权属不清、使用率不高及破坏严重等问题。在此背景下，资源有偿使用制度便应运而生，国务院发布的《关于自然资源有偿使用制度改革的指导意见》为该制度的完善指明了方向。资源有偿使用制度充分体现了资源有价、使用付费的准则，该制度的建立对于提高资源利用率，实现资源可持续发展具有重要意义。同时，资源使用付费还有利于国家筹集资金用于资源的开发与保护，对改善生态环境和发展经济的共同发展都大有裨益。

国务院《关于全民所有自然资源资产有偿使用制度改革的指导意见》提出“坚持发挥市场配置资源的决定性作用和更好发挥政府作用，以保护优先、合理利用、维护权益和解决问题为导向，以依法管理、用途管制为前提，以明晰产权、丰富权能为基础，以市场配置、完善规则为重点，以开展试点、健全法制为路径，以创新方式、加强监管为保障，加快建立健全全民所有自然资源资产有偿使用制度，努力提升自然资源保护和合理利用水平，切实维护国家所有者权益”等指导思想和“保护优先、合理利用，两权分离、扩权赋能，市场配置、完善规则，明确权责、分级行使，创新方式、强化监管”等基本原则，以及“到 2020 年，基本建立产权明晰、权能丰富、规则完善、监管有效、权益落实的全民所有自然资源资产有偿使用制度，使全民所有自然资源资产使用权体系更加完善，市场配置资源的决定性作用和政府的服务监管作用充分发挥，所有者和使用者权益得到切实维护，自然资源保护和合理利用水平显著提升，实现自然资源开发利用和保护的生态、经济、社会效益相统一”的目标任务。《关于全民所有自然资源资产有偿使用制度改革的指导意见》提出了六项分领域重点任务（见表 11.4）。

表 11.4　　全民所有自然资源资产有偿使用制度改革重点任务

领域	重点任务
完善国有土地资源有偿使用制度	全面落实规划土地功能分区和保护利用的要求，优化土地利用布局，规范经营性土地有偿使用。对生态功能重要的国有土地，要坚持保护优先，其中依照法律规定和规划允许进行经营性开发利用的，应设立更加严格的审批条件和程序，并全面实行有偿使用，切实防止无偿或过度占用。完善国有建设用地有偿使用制度。扩大国有建设用地有偿使用范围，加快修订《划拨用地目录》。完善国有建设用地使用权权能和有偿使用方式。鼓励可以使用划拨用地的公共服务项目有偿使用国有建设用地。事业单位等改制为企业的，允许实行国有企业改制土地资产处置政策。探索建立国有农用地有偿使用制度。明晰国有农用地使用权，明确国有农用地的使用方式、供应方式、范围、期限、条件和程序。对国有农场、林场（区）、牧场改革中涉及的国有农用地，参照国有企业改制土地资产处置相关规定，采取国有农用地使用权出让、租赁、作价出资（入股）、划拨、授权经营等方式处置。通过有偿方式取得的国有建设用地、农用地使用权，可以转让、出租、作价出资（入股）、担保等
完善水资源有偿使用制度	落实最严格水资源管理制度，严守水资源开发利用控制、用水效率控制、水功能区限制纳污三条红线，强化水资源节约利用与保护，加强水资源监控。维持江河的合理流量和湖泊、水库以及地下水体的合理水位，维护水体生态功能。健全水资源费征收制度，综合考虑当地水资源状况、经济发展水平、社会承受能力以及不同产业和行业取用水的差别特点，区分地表水和地下水，支持低消耗用水、鼓励回收利用水、限制超量取用水，合理调整水资源费征收标准，大幅提高地下水特别是水资源紧缺和超采地区的地下水水资源费征收标准，严格控制和合理利用地下水。严格水资源费征收管理，按照规定的征收范围、对象、标准和程序征收，确保应收尽收，任何单位和个人不得擅自减免、缓征或停征水资源费。推进水资源税改革试点。鼓励通过依法规范设立的水权交易平台开展水权交易，区域水权交易或者交易量较大的取水权交易应通过水权交易平台公开公平公正进行，充分发挥市场在水资源配置中的作用
完善矿产资源有偿使用制度	全面落实禁止和限制设立探矿权、采矿权的有关规定，强化矿产资源保护。改革完善矿产资源有偿使用制度，明确矿产资源国家所有者权益的具体实现形式，建立矿产资源国家权益金制度。完善矿业权有偿出让制度，在矿业权出让环节，取消探矿权价款、采矿权价款，征收矿业权出让收益。进一步扩大矿业权竞争性出让范围，除协议出让等特殊情形外，对所有矿业权一律以招标、拍卖、挂牌方式出让。严格限制矿业权协议出让，规范协议出让管理，严格协议出让的具体情形和范围。完善矿业权分级分类出让制度，合理划分各级国土资源部门的矿业权出让审批权限。完善矿业权有偿占用制度，在矿业权占有环节，将探矿权、采矿权使用费调整为矿业权占用费。合理确定探矿权占用费收取标准，建立累进动态调整机制，利用经济手段有效遏制“圈而不探”等行为。根据矿产品价格变动情况和经济发展需要，适时调整采矿权占用费标准。完善矿产资源税费制度，落实全面推进资源税改革的要求，提高矿产资源综合利用效率，促进资源合理开发利用和有效保护

续表

领域	重点任务
建立国有森林资源有偿使用制度	严格执行森林资源保护政策，充分发挥森林资源在生态建设中的主体作用。国有天然林和公益林、国家公园、自然保护区、风景名胜区、森林公园、国家湿地公园、国家沙漠公园的国有林地和林木资源资产不得出让。对确需经营利用的森林资源资产，确定有偿使用的范围、期限、条件、程序和方式。对国有森林经营单位的国有林地使用权，原则上按照划拨用地方式管理。研究制定国有林区、林场改革涉及的国有林地使用权有偿使用的具体办法。推进国有林地使用权确权登记工作，切实维护国有林区、国有林场确权登记颁证成果的权威性和合法性。通过租赁、特许经营等方式积极发展森林旅游。本着尊重历史、照顾现实的原则，全面清理规范已经发生的国有森林资源流转行为
建立国有草原资源有偿使用制度	依法依规严格保护草原生态，健全基本草原保护制度，任何单位和个人不得擅自征用、占用基本草原或改变其用途，严控建设占用和非牧使用。全民所有制单位改制涉及的国有划拨草原使用权，按照国有农用地改革政策实行有偿使用。稳定和完善国有草原承包经营制度，规范国有草原承包经营权流转。对已确定给农村集体经济组织使用的国有草原，继续依照现有土地承包经营方式落实国有草原承包经营权。国有草原承包经营权向农村集体经济组织以外单位和个人流转的，应按有关规定实行有偿使用。加快推进国有草原确权登记颁证工作
完善海域海岛有偿使用制度	完善海域有偿使用制度。坚持生态优先，严格落实海洋国土空间的生态保护红线，提高用海生态门槛。严格实行围填海总量控制制度，确保大陆自然岸线保有率不低于35%。完善海域有偿使用分级、分类管理制度，适应经济社会发展多元化需求，完善海域使用权出让、转让、抵押、出租、作价出资（入股）等权能。坚持多种有偿出让方式并举，逐步提高经营性用海市场化出让比例，明确市场化出让范围、方式和程序，完善海域使用权出让价格评估制度和技术标准，将生态环境损害成本纳入价格形成机制。调整海域使用金征收标准，完善海域等级、海域使用金征收范围和方式，建立海域使用金征收标准动态调整机制。开展海域资源现状调查与评价，科学评估海域生态价值、资源价值和开发潜力。完善无居民海岛有偿使用制度。坚持科学规划、保护优先、合理开发、永续利用，严格生态保护措施，避免破坏海岛及其周边海域生态系统，严控无居民海岛自然岸线开发利用，禁止开发利用领海基点保护范围内海岛区域和海洋自然保护区核心区及缓冲区、海洋特别保护区的重点保护区和预留区以及具有特殊保护价值的无居民海岛。明确无居民海岛有偿使用的范围、条件、程序和权利体系，完善无居民海岛使用权出让制度，探索赋予无居民海岛使用权依法转让、出租等权能。研究制定无居民海岛使用权招标、拍卖、挂牌出让有关规定。鼓励地方结合实际推进旅游娱乐、工业等经营性用岛采取招标、拍卖、挂牌等市场化方式出让。建立完善无居民海岛使用权出让价格评估管理制度和技术标准，建立无居民海岛使用权出让最低价标准动态调整机制

三、完善生态补偿制度

党的十八大报告要求“建立反映市场供求和资源稀缺程度、体现生态价值和代际补偿的资源有偿使用制度和生态补偿制度”。《关于全面深化改革若干重大问题的决定》提出实行生态补偿制度，“坚持谁受益、谁补偿原则，完善对重点生态功能区的生态补偿机制，推动地区间建立横向生态补偿制度。”《生态文明体制改革总体方案》（以下简称《总体方案》），强调了健全生态补偿制度的目标，要着力解决“保护生态得不到合理回报”等问题，进一步明确了改革重点，要“探索建立多元化补偿机制，逐步增加对重点生态功能区转移支付，完善生态保护成效与资金分配挂钩的激励约束机制；制定横向生态补偿机制办法”。同时要求进一步扩大生态补偿试点范围，探索跨地区的生态补偿试点。健全生态补偿制度，将有利于防止生态环境破坏、维护环境公正、促进生态系统良性发展，对于实施主体功能区战略、促进欠发达地区和贫困人口共享改革发展成果，对于加快建设生态文明、促进人与自然和谐发展具有重要意义。

《关于健全生态保护补偿机制的意见》提出“不断完善转移支付制度，探索建立多元化生态保护补偿机制，逐步扩大补偿范围，合理提高补偿标准，有效调动全社会参与生态环境保护的积极性，促进生态文明建设迈上新台阶”等指导思想和“权责统一、合理补偿，政府主导、社会参与，统筹兼顾、转型发展，试点先行、稳步实施”等基本原则，以及“到 2020 年，实现森林、草原、湿地、荒漠、海洋、水流、耕地等重点领域和禁止开发区域、重点生态功能区等重要区域生态保护补偿全覆盖，补偿水平与经济社会发展状况相适应，跨地区、跨流域补偿试点示范取得明显进展，多元化补偿机制初步建立，基本建立符合我国国情的生态保护补偿制度体系，促进形成绿色生产方式和生活方式”的目标任务。《关于健全生态保护补偿机制的意见》提出了七项分领域重点任务（见表 11.5）。

表 11.5　　健全生态保护补偿机制分领域重点任务

领域	重点任务	责任部门
森林	健全国家和地方公益林补偿标准动态调整机制；完善以政府购买服务为主的公益林管护机制；合理安排停止天然林商业性采伐补助奖励资金	国家林业局、财政部、国家发展和改革委员会
草原	扩大退牧还草工程实施范围，适时研究提高补助标准，逐步加大对人工饲草地和牲畜棚圈建设的支持力度；实施新一轮草原生态保护补助奖励政策，根据牧区发展和中央财力状况，合理提高禁牧补助和草畜平衡奖励标准；充实草原管护公益岗位	农业部、财政部、国家发展和改革委员会

续表

领域	重点任务	责任部门
湿地	稳步推进退耕还湿试点，适时扩大试点范围；探索建立湿地生态效益补偿制度，率先在国家级湿地自然保护区、国际重要湿地、国家重要湿地开展补偿试点	国家林业局、农业部、水利部、国家海洋局、环境保护部、住房城乡建设部、财政部、国家发展和改革委员会
荒漠	开展沙化土地封禁保护试点，将生态保护补偿作为试点重要内容；加强沙区资源和生态系统保护，完善以政府购买服务为主的管护机制；研究制定鼓励社会力量参与防沙治沙的政策措施，切实保障相关权益	国家林业局、农业部、财政部、国家发展和改革委员会
海洋	完善捕捞渔民转产转业补助政策，提高转产转业补助标准；继续执行海洋伏季休渔渔民低保制度；健全增殖放流和水产养殖生态环境修复补助政策。研究建立国家级海洋自然保护区、海洋特别保护区生态保护补偿制度	农业部、国家海洋局、水利部、环境保护部、财政部、国家发展和改革委员会
水流	在江河源头区、集中式饮用水水源地、重要河流敏感河段和水生态修复治理区、水产种质资源保护区、水土流失重点预防区和重点治理区、大江大河重要蓄滞洪区以及具有重要饮用水源或重要生态功能的湖泊，全面开展生态保护补偿，适当提高补偿标准；加大水土保持生态效益补偿资金筹集力度	水利部、环境保护部、住房城乡建设部、农业部、财政部、国家发展和改革委员会
耕地	完善耕地保护补偿制度；建立以绿色生态为导向的农业生态治理补贴制度，对在地下水漏斗区、重金属污染区、生态严重退化地区实施耕地轮作休耕的农民给予资金补助；扩大新一轮退耕还林还草规模，逐步将25度以上陡坡地退出基本农田，纳入退耕还林还草补助范围；研究制定鼓励引导农民施用有机肥料和低毒生物农药的补助政策	国土资源部、农业部、环境保护部、水利部、国家林业局、住房城乡建设部、财政部、国家发展和改革委员会

第四节　健全生态环境保护和修复制度

生态环境保护和修复制度是推进生态文明建设过程中必须不断完善和坚持的一项基本性制度，习近平总书记在党的十九届四中全会上再度重申，“坚持和完善生态文明制度体系就要健全生态保护和修复制度”。生态环境保护和修复制度是构建系统完整的生态文明制度体系的关键一环，也是生态文明制度建设的重要支撑点。

一、完善污染物排放总量控制制度

《环境保护法》（2014 年修订）中对环境管理基本制度进行了完善和增补，其第四十四条明确规定：“国家实行重点污染物排放总量控制制度。”《大气污染防治行动计划》和《水污染防治行动计划》中也强调要“深化污染物排放总量控制，重点健全总量控制、排污许可、应急预警、法律责任等方面的制度”。《生态文明体制改革总体方案》中进一步指出，在企业排污总量控制制度基础上，尽快完善初始排污权核定，扩大涵盖的污染物覆盖面。我国实施的污染排放总量控制制度从形成至今已历经 4 个“五年规划”，目前，已经确立为我国一项重要的环境法律制度。进入 21 世纪以来，我国总量控制对削减污染物排放、遏制环境质量退化、建立政府环境保护目标责任制等起到了积极而有效的作用。在我国资源密集型产业发展尚未达到拐点，环境超载情况尚未缓解的背景下，进一步完善总量控制制度，对现阶段实现环境质量改善，加快生态文明建设，促进人与自然和谐发展具有重要的理论和现实意义。

（一）总量控制的基本概念

污染物总量控制制度是指环境保护部门将受污染的地区按照一定的标准划分为若干个区域，根据每个区域的污染特点及环境功能要求，制定相应的污染物总量控制标准，以满足该区域在一定时间段内的环境质量要求的一系列环境法律规范的总称。污染物排放总量控制制度主要包括总量核定、总量分配、总量控制计划的执行、监督与考核，以及相应“激励—约束”机制等基本内容。

（二）总量控制的类型

从总量目标制定的方法角度，通常将总量控制分为容量总量控制、目标总量控制和行业总量控制等三种类型。

容量总量控制，是把允许排放的污染物总量控制在受纳环境要素给定功能所确定的水质标准范围内。此时的“总量”是基于受纳环境要素中的污染物不超过环境要素质量标准所允许的排放限额。容量控制的特点是把环境要素污染控制管理目标与环境要素质量目标紧密联系在一起，用环境要素的环境容量计算方法直接推算受纳环境要素的纳污总量，并将其分配到陆面上污染控制区及污染源。该方法适用于确定总量控制的最终目标，也可作为总量控制阶段性目标可达性分析的依据。

目标总量控制，是把允许排放污染物总量控制在管理目标所规定的污染负荷削减范围内，即目标总量控制的总量基于污染源排放的污染物不超过人为规定的管理上能达到的允许限额，其特点是可达性清晰。

行业总量控制，是从工艺着手，通过控制生产过程中的资源和能源的投入以及控制污染源的产生，使其排放的污染物总量限制在管理目标所规定的限额之内，即行业总量控制的总量是基于资源和能源的利用水平以及“少废”“无废”工艺的发展水平。其特点是把污染控制与生产工艺的改革及资源、能源的利用紧密联系起来。

（三）我国主要污染物总量核算体系和控制制度基本框架

我国主要污染物总量控制体系分为基数确定、控制新增量、实现削减量等三部分内容。其中基数确定方面由各年度环境统计，第一次全国污染物普查，2009 年、2010 年污染源普查动态更新调查制度构成的。控制新增量由建设项目总量确认、排污许可证制度、排污权交易构成的。实现削减量主要是污染物总量减排工作。

与国外不同，我国实施的总量控制制度是指对主要污染物排放量设定五年减排控制目标，然后“自上而下”层层分解到地方，每年进行考核的指令性控制模式。具体制度框架如下：

在总量核定阶段，国务院生态环境部门会同其他相关部门编制总量控制计划，报国务院批准后下达实施。

在总量分配阶段，省、自治区、直辖市人民政府按照国务院下达的总量控制目标，将指标层层分解落实到本地区各级人民政府及生态环境主管部门，并确定本地区主要污染物年度削减目标，制订年度减排计划，将减排任务分解落实到具体排污单位。

在总量执行阶段，企业通过结构减排、技术减排、工程减排和管理减排等四种方式落实减排目标。

二、生态环境治理与修复制度

生态环境治理是指对生态环境进行调控和管理，是防污、治污的重要举措。生态修复是一种以生物修复为基础，综合运用物理修复、化学修复和技术等措施进行修复环境污染的方法。生态环境治理与生态修复制度强调把生态环境治理与生态修复相结合，该制度的建立与完善对于维护生态系统平衡，推动生态文明建设，实现国家可持续发展具有重大意义。新时代，我国建立完善的生态环境治理与生态修复制度，应重点把握好以下两个方面内容。

一方面，应加大对重点流域及地区的污染整治，形成完善的污染整治体系。这就需要在实践中对重点流域与地区严格划定污染防治区域，改变以往按照行政区域或者分管部门进行分类管理的现状，由国家统一机构下设的各个部门分类管理。还应将污染物排放权与许可权纳入市场化经营，对重点流域重点地区污染物排放总量实施严格管控。政府及相关组织机构也要编写详细的污染物排放种类清单，对污染物排放的种类和方式进行明文规定，并督促相关部门与企业严格贯彻落实，如若违反，应用强力有效的法规进行严格处罚。还要广泛吸引和吸纳科研机构及社会各界参与污染防控及治理，鼓励他们积极建言献策，提高污染防治的科学性；同时，也要加大对于污染治理的基本投入，拓宽资金来源的方式和渠道，提高对污染防治的补贴力度。

另一方面，应对已经破坏的环境进行保护与修复，建立生态系统保护和修复机制。一是摒弃先污染后治理、唯“GDP 至上”的传统发展模式，牢固树立国民福利最大化的理念，设立预警机制，对生态破坏进行思想上的警示。二是打破传统行政区划的管理方式，对自然资源特别是河流、森林资源等要实行全流域或全区域的管理。三是设立生态修复标准，对生态环境保护与修复的目标、进程以及结果等予以细化。四是完善投融资体制建设，加大财政投入力度，对不同责任主体进行有针对性资金帮扶，加大生态系统保护与修复的力度。

三、国家公园体制

《关于全面深化改革若干重大问题的决定》明确提出，“建立国家公园体制”。《生态文明体制改革总体方案》进一步明确了国家公园的功能定位，即“实行更严格保护，除不损害生态系统的原住民生活生产设施改造和自然观光科研教育旅游外，禁止其他开发建设，保护自然生态和自然文化遗产原真性、完整性”，同时中央政府要对“部分国家公园等直接行使所有权”。

国家公园是指由国家批准设立并主导管理，边界清晰，以保护具有国家代表性的大面积自然生态系统为主要目的，实现自然资源科学保护和合理利用的特定陆地或海洋区域。建立国家公园体制，是对自然价值较高的国土空间实行的开发保护管理制度，是科学设定资源消耗上限，严守环境质量底线，设定森林、湿地、草原、海洋、沙区植被、物种等生态保护红线，从源头上对典型的自然生态空间进行保护的具体体现。建立国家公园体制是党的十八届三中全会提出的重点改革任务，是我国生态文明制度建设的重要内容，对于推进自然资源科学保护和合理利用，促进人与自然和谐共生，推进美丽中国建设，具有极其重要的意义。

《建立国家公园体制总体方案》要求“以加强自然生态系统原真性、完整性保护为基础，以实现国家所有、全民共享、世代传承为目标，理顺管理体制，创新运营机制，健全法治保障，强化监督管理，构建统一规范高效的中国特色国家公园体制，建立分类科学、保护有力的自然保护地体系”等指导思想和“科学定位、整体保护，合理布局、稳步推进，国家主导、共同参与”等基本原则，以及“到 2020 年，建立国家公园体制试点基本完成，整合设立一批国家公园，分级统一的管理体制基本建立，国家公园总体布局初步形成。到 2030 年，国家公园体制更加健全，分级统一的管理体制更加完善，保护管理效能明显提高”目标任务。

《建立国家公园体制总体方案》从树立正确国家公园理念、明确国家公园定位、确定国家公园空间布局和优化完善自然保护地体系等方面科学界定了国家公园内涵，通过建立统一管理机构、分级行使所有权、构建协同管理机制和建立健全监管机制等方面建立国家公园“统一事权、分级管理”体制，以建立财政投入为主的多元化资金保障机制、构建高效的资金使用管理机制等途径建立国家公园资金保障制度，采取健全严格保护管理制度、实施差别化保护管理方式、完善责任追究制度等完善国家公园自然生态系统保护制度，并通过建立社区共管机制、健全生态保护补偿制度、完善社会参与机制等方式构建国家公园社区协调发展制度。

第五节　严明生态环境保护追责惩处制度

严明的生态环境保护追责惩处制度不仅是对生态破坏行为后果的“秋后算账”，更是对生态环境保护的“未雨绸缪”。严明的生态环境保护追责惩处制度犹如一把高悬的“利剑”，能够时刻警醒党政领导干部转变错误的政绩观，倒逼党政领导干部在思想上强化生态环境保护意识，在行动上重视生态环境保护实践。同时，把严明生态环境保护追责惩处制度作为制度体系的“兜底性”制度，对于源头保护制度、资源高效利用制度、生态保护和修复制度也具有提质作用。

一、自然资源资产负债表

“探索编制自然资源资产负债表，对领导干部实行自然资源资产离任审计。建立生态环境损害责任终身追究制”是党的十八届三中全会做出的重大决定，也是国家健全自然资源资产管理制度的重要内容。这是加快生态文明建设的一项重大制度创新，对于科学考核各级领导干部的政绩具有重要作用，对于在全社会形成节约资源能源和保护生态环境的共识具有重要意义。11 月 17 日，《编制自然资源资产负债表试点方案》的出台标志着自然资源资产负债表编制试点工作正式全面启动。

（一）自然资源资产负债表概念

会计学中的资产负债表是反映会计主体在某一特定日期全部资产、负债和所有者权益情况的会计报表，它表明权益所有者在某一特定日期所拥有或控制的经济资源、所承担的现有义务和对净资产的要求权。通过资产负债表，可反映企业在特定日期的财务状况。即反映企业所掌握的经济资源以及这些资源的存在与分布的状况，如有多少流动资产、长期投资和固定资产等；反映企业所承担的现有债务，包括流动负债和长期负债；反映所有者所拥有的净资产的权益，包括投资者投入的资本、资本公积、盈余公积和未分配利润等。通过对该表的分析，还可了解企业的财务实力，如通过流动资产及流动负债的情况了解企业的短期偿债能力和支付能力；通过对资产负债表前后各期数据的对比，还可以分析财务状况发展的趋向。

自然资源资产负债表是生态责任主体在某个时刻的自然资源资产静态存量状况表，反映了一个记账期内，生态责任主体为发展经济所耗用的自然资源资产、生态环境破坏程度的状况，它包含资产量、消耗量、损害程度、结余量等各种项目的综合列表，与传统的资产负债表有着很大的差异。就是把自然资源资产进行量化，通过存量、消耗、结余（正或负）进行衡量，考核领导干部发展经济对资源和生态环境的破坏状况或修复程度。由于自然资源资产负债表编制时采用了会计学中的平衡等式记账方式，该表可以反映不同生态责任主体之间自然资产往来情况，因此能够用于界定不同责任主体的自然资源利用与保护责任。编制全国和地方的自然资源资产负债表，就是要以资产核算账户的形式，对全国或一个地区主要自然资源资产的存量及增减变化进行分类核算。

（二）自然资源资产负债表的基本形式

自然资源资产负债表应该包括以下内容：一是自然资源资产的状况，包括在某个时点的静态数量和某个期间的变动情况，以方便对领导干部进行离任审计；二是生态环境的状况，包括在某个时点的静态状况和某个期间的变化情况，以便能够明确生态环境在领导干部的任期之内是改善了还是恶化了，是保护了还是污染了；三是自然资源资产和生态环境空间的使用情况及其付费情况，以反映对自然资源使用或生态环境污染的经济补偿，作为领导任期审计的一种依据；四是自然资源保护、生态环境治理的成效和价值，以反映领导干部在该方面的投入及其治理效果。

自然资源资产负债表可分为实物表与价值表两种。自然资源种类繁多，诸如水资源、森林资源、矿产资源等在物理学意义上均有不同的实物计量单位。在编制自然资源资产负债表时，为了清晰地表现出某国或地区某一时期内自然资源的变化情况，可以采取对不同种类自然资源分类统计的方法，结合其特点进行实物计量。实物计量的自然资源资产负债表其优势在于能够通过分类管理，有效监控自然资源的使用情况，将人们生产生活对自然资源的影响以存量和流量变化的形式具体呈现出来。然而，实物计量的自然资源资产负债表也存在着无法横向比较、不能加总不同种类自然资源等问题，进而导致决策者在考虑出台一项政策时，无法从宏观层面进行成本效益核算，难以做出最优决策，在一定程度上限制了自然资源资产负债表的应用效果。

货币计量的自然资源资产负债表对不同类型自然资源进行价值评估，基于货币单位进行加总，可以很好地克服实物表存在的缺点。但是，同时也极大地增加了进行价值评估与货币核算的工作量与难度。自然资源资产负债表（价值表）的示例见表 11.6。

表 11.6　　　　　　　自然资源资产负债表（价值表）示例

项目	自然资源资产	自然资源所有者权益与负债		备注
	资产	所有者权益	负债	
自然资源 1	期初存量			
	当期流量			
	期末存量			
自然资源 2	期初存量			
	当期流量			
	期末存量			
…	…	…	…	…
自然资源 N	期初存量			
	当期流量			
	期末存量			

二、自然资源资产离任审计制度

自然资源资产离任审计，就是按照国家相关法律法规的要求，对领导干部任职期间内对自然资源资产的开发、利用、保护等受托管理行为的真实性、合法性进行审计，从而客观反映领导干部对自然资源资产受托管理责任的履行情况。开展自然资源资产离任审计可以有效增强领导干部的环境责任意识，使领导干部在对自然资源进行开发利用时，更加注重经济、社会、生态等效益的协调统一。《中共中央关于全面深化改革若干重大问题的决定》明确对领导干部实行自然资源资产离任审计，这是中央为推进生态文明建设做出的重大制度安排。《开展领导干部自然资源资产离任审计试点方案》的出台标志着此项试点工作正式拉开帷幕。

（一）自然资源资产离任审计制度的内涵

开展领导干部自然资源资产离任审计是审计机关落实党的十八大和十八届历次全会精神、促进我国生态文明建设的重要举措，是助推改革发展、完善国家治理和加强审计监督的现实需要，对于落实国家“五位一体”总体布局和“四个全面”战略布局具有重要的推动作用。

领导干部自然资源资产离任审计是审计机关为监督、检查、鉴证、评价领导干部任期内自然资源资产管理和生态环境保护责任履行情况，依法对政府及相关主管部门、企事业单位和个人保护、管理、开发、利用自然资源资产的活动，以及与自然资源资产和环境有关的财政收支等相关管理活动的合法性、效益性开展的审计。

审计对象是承担自然资源资产管理责任的领导干部，包括三个层面：一是地方各级党委、政府的主要领导干部；二是国务院和地方各级政府承担自然资源资产管理责任的有关部门（单位）的主要领导干部；三是承担自然资源资产管理责任的相关国有企业主要领导人员。

自然资源资产离任审计主要关注五个方面内容：一是贯彻落实自然资源资产相关法律法规、政策措施情况；二是自然资源资产管理、节约集约资源和生态环境保护约束性指标、目标责任制完成情况；三是自然资源资产管理重大决策及执行情况；四是自然资源资产管理相关资金征收管理使用和项目建设运行情况；五是自然资源资产管理预警机制建立及执行情况。

（二）自然资源资产离任审计的重点

明确领导干部自然资源资产离任审计的重点，找准审计的着力点和突破口，是有效实施自然资源资产离任审计的前提。应重点对领导干部任职前后区域内实物量发生较大变化的土地、水、森林、草原、湿地、湖泊、海域和海岛等自然资源资产进行审计，对大气、水和土壤污染、土地沙化防治以及矿山生态环境治理等重要环境保护领域进行审计，监督检查自然资源资产是否有序开发、节约集约利用，是否存在重大损失浪费、重大生态破坏和污染环境等问题。针对不同类型自然资源资产和重要生态环境保护事项，应分别确定审计的重点。

土地资源审计重点。检查领导干部任职前后区域内耕地、林地、草地、湿地实物量变化情况，客观分析变动受人为因素和自然因素的影响程度，对人为因素造成的数量严重减少、质量退化、土地沙化、土壤污染、草原破坏、草原综合植被覆盖度和面积不合理减少等问题进行审计。重点监督检查区域土地利用总体规划及执行情况，土地供应使用情况和土地征收转用情况，土地出让收入征收和支出管理情况等。揭露和查处违规审批、低价出（转）让土地使用权等问题，促进不断加强耕地保护和节约集约利用建设用地。

水资源审计重点。检查领导干部任职前后区域内地表水（主要指水库、河流、湖泊）、地下水资源量及水质等级分布变化情况，客观分析其变动受人为因素和自然因素的影响程度，对人为因素造成的水资源流量严重减少、面积严重缩小、水质严重下降等问题进行审计。重点监督检查水资源用水总量、用水效率和水功能区限制纳污“三条红线”，江河湖泊等环境保护规划及执行情况，水质现状及变化情况，水污染物排放总量目标完成情况，饮用水源地污染源治理情况，城镇污水处理设施建设情况，水污染防治专项资金、水资源费以及污水处理费的使用和管理情况等。揭露和查处污染防治规划等政策措施落实不到位，违规处置、排放污染物，水生态环境防治设施运营不正常，严重污染水生态环境等问题。通过审计水资源环境、经营权和资金管理，对水资源的开发、配置、使用、治理和保护等情况的监督检查，促进建立完善水源生态环境治理、生态保护经济补偿和生态保护约束机制，实现水资源的永续利用。

森林资源审计重点。检查领导干部任职前后区域内林地面积、森林覆盖率和森林蓄积量变化情况，客观分析其变动受人为因素和自然因素的影响程度，对人为因素造成的林木损毁和森林面积不合理减少、质量下降等问题进行审计。重点监督检查森林覆盖率和森林蓄积量情况，林地使用面积和总体管理情况，生态公益林管理及绩效情况；森林生态补偿（补助）资金筹集、管理和使用情况。揭露和查处滥伐森林等造成自然资源毁损、重大生态环境破坏等问题。通过审计摸清森林覆盖率、森林保育政策的制订与执行、林业专项资金的管理使用情况等，揭示森林生态保护工作中的薄弱环节和存在问题，规范林业专项资金的使用管理，确保森林资源保值增值。

矿山生态环境治理审计重点。检查领导干部任职前后区域内矿山生态环境变化情况，客观分析其变动受人为因素和自然因素的影响程度，对人为因素造成的矿山生态环境未得到改善、危害程度未得到减缓、污染继续加重等问题进行审计。重点监督检查矿产资源有关规划实施情况，勘查和开发利用情况，相关资金收支管理情况等。揭露和查处违规审批、低价出（转）让矿业权，滥挖滥采无序开发等问题。通过审计矿产资源存量、出让转让、开发利用与治理等，维护矿产资源安全，发挥审计在促进节能减排、矿产资源管理与环境保护中的积极作用。

海洋资源审计重点。检查领导干部任职前后区域内海洋资源环境变化情况，客观分析其变动受人为因素和自然因素的影响程度。重点监督检查海域资源环境保护管理体制机制落实情况，涉海工程建设、管理和运营情况；海岸线资源利用情况；海洋资源保护有关资金筹集、管理、使用和绩效情况。揭露和查处工程建设环境评估、海岸线利用、近岸海域环境保护中存在的问题。通过审计围填海管理、资源开发与利用、海洋环境保护等，检查分析海洋资源的配置效率，督促其提高对海洋资源科学管理与依法管理的水平，发挥审计在促进海洋经济可持续发展中的作用。

大气污染防治审计重点。检查领导干部任职前后区域内空气质量变化情况，客观分析其变动受人为因素和自然因素的影响程度，对人为因素造成的空气质量严重下降等问题进行审计。重点监督检查大气污染防治的监督管理、防治燃煤产生的大气污染、防治机动车船排放污染、防治废气、尘和恶臭污染等方面履职尽责情况。主要关注二氧化硫、二氧化氮、PM_{10}、$PM_{2.5}$、臭氧和一氧化碳等指标的变动，促进完善空气质量评价标准体系，建立大气污染防治的区域联防联控机制，协调解决区域气污染防治的重大问题。

三、生态环境损害责任终身追究制度

建立生态环境损害责任追究制度，对于增强各级领导干部保护生态环境、提升保护生态环境的责任意识和担当意识，保障生态文明建设顺利进行，都具有重大意义。《中共中央关于全面深化改革的若干重大问题作出的研究决定》提出“实行最严格的源头保护制度、损害赔偿制度、责任追究制度”。党的十八大以来，为完善该项制度建设，中央和地方纷纷出台文件，开展生态环境损害责任追究实践探索。2015 年 8 月，《党政领导干部生态环境损害责任追究办法（试行）》的出台标志着督促领导干部在生态环境领域正确履职用权的责任制度正式确立，对于引导党政领导建立正确的政绩观，对健全生态文明制度体系具有重要的现实意义。

《党政领导干部生态环境损害责任追究办法（试行）》是落实党的十八届四中全会“依法治国，用最严格的法律制度保护生态环境”的重要举措，也是我国生态文明制度建设的重大突破。《党政领导干部生态环境损害责任追究办法（试行）》主要内容包括：

追责主体、适用范围和责任清单。一是追责主体。将追责主体对象划分为党政主要领导、党政分管领导、政府工作部门领导和具有职务影响力的领导。二是适用范围为专门针对生态环境损害领域的追责，既包括重大环境突发应急事件，也包括常年累计的生态环境问题、生态破坏，环境质量恶化、GEP（生态系统生产总值）减少等内容。三是责任清单包括插手环境影响评价、主要污染物减排，指使下属做出不合法的审批行为等干预正常的环境管理工作；或者授意、指使下属修改或虚构环境监测或环境统计数据，以及干扰基层正常的环境执法行为，使违法者逃脱处罚等。

追责范围和类型。一是有权必责。适用于县级以上地方各级党委和政府及其有关工作部门的领导成员，中央和国家机关有关工作部门领导成员，以及上述工作部门的有关机构，包括内设机构、派出机构和有执法管理权的直属事业单位等领导人员。二是党政同责。将地方党委领导作为追责对象，体现了党委政府对生态文明和环境保护共同担责，落实了“两个主体”权责一致的原则。三是终身追责。明确规定了实行生态环境损害责任终身追究制。只要造成生态环境严重破坏和损害的，不论责任人是否已调离、提拔或者退休，都必须追责到底。

四、实行生态环境损害赔偿制度

生态环境损害赔偿制度是我国全面深化改革和生态文明建设的重要内容。《关于全面深化改革若干重大问题的决定》提出“对造成生态环境损害的责任者严格实行赔偿制度，依法追究刑事责任”。《关于加快推进生态文明建设的意见》提出“建立独立公正的生态环境损害评估制度。”2015 年 12 月，《生态环境损害赔偿制度改革试点方案》的出台意味着国家层面首次以制度化的方式对生态环境损害赔偿制度进行较系统和完善的规定。

（一）生态环境损害赔偿的概念

生态环境损害在国际上被界定为“对环境或生态系统的生物或非生物组分的任何影响”（《南极矿产资源活动管理公约》，1988）、“可能对环境所维系的活生物体造成伤害”（英国《环境保护法》第 107 条，1990）、“因环境污染而造成的引起自然生态系统退化和自然资源衰竭的环境不良变化”（《俄罗斯联邦环境保护法》第 1 条，2002）、“对受保护物种、自然栖息地、水体、土地等所造成的显著的不利影响或风险”（欧洲议会和欧盟理事会《关于预防和补救环境损害的环境责任指令》，2004）等。国际上，这一概念还被具体用于南极环境保护、海洋环境保护、油污损害、危险废物转移和处置造成的损害等方面，主要用于表达人类行为对生态环境本身的损害，而不包括由于环境因素导致的财产和人身的损害。

在我国，生态环境损害受到传统民法学科的影响，主要着眼于环境侵权损害赔偿，致力于对因生态环境危害行为而导致的财产损失、人身伤害的赔偿救济。我国法律法规尚未对生态环境损害的概念给出具体规定，但《环境损害鉴定评估推荐方法》（第Ⅰ版）、《生态环境损害赔偿制度改革试点方案》等规范性文件中给出了明确的定义。

《生态环境损害赔偿制度改革试点方案》将生态环境损害定义为：因污染环境、破坏生态造成大气、地表水、地下水、土壤等环境要素和植物、动物、微生物等生物要素的不利改变，及上述要素构成的生态系统功能的退化。

（二）生态环境损害赔偿制度改革试点内容

《生态环境损害赔偿制度改革试点方案》提出“通过试点逐步明确生态环境损害赔偿范围、责任主体、索赔主体和损害赔偿解决途径等，形成相应的鉴定评估管理与技术体系、资金保障及运行机制，探索建立生态环境损害的修复和赔偿制度，加快推进生态文明建设”等总体要求和“依法推进、鼓励创新，环境有价、损害担责，主动磋商、司法保障，信息共享、公众监督”等试点原则，以及“到2020年，力争在全国范围内初步构建责任明确、途径畅通、技术规范、保障有力、赔偿到位、修复有效的生态环境损害赔偿制度”目标任务。《生态环境损害赔偿制度改革试点方案》提出了具体的试点内容（见表11.7）。

表11.7　生态环境损害赔偿制度改革试点内容

领域	试点内容
明确赔偿范围	生态环境损害赔偿范围包括清除污染的费用、生态环境修复费用、生态环境修复期间服务功能的损失、生态环境功能永久性损害造成的损失以及生态环境损害赔偿调查、鉴定评估等合理费用。试点地方可根据生态环境损害赔偿工作进展情况和需要，提出细化赔偿范围的建议。鼓励试点地方开展环境健康损害赔偿探索性研究与实践
确定赔偿义务人	违反法律法规，造成生态环境损害的单位或个人，应当承担生态环境损害赔偿责任。现行民事法律和资源环境保护法律有相关免除或减轻生态环境损害赔偿责任规定的，按相应规定执行。试点地方可根据需要扩大生态环境损害赔偿义务人范围，提出相关立法建议
明确赔偿权利人	试点地方省级政府经国务院授权后，作为本行政区域内生态环境损害赔偿权利人，可指定相关部门或机构负责生态环境损害赔偿具体工作
开展赔偿磋商	经调查发现生态环境损害需要修复或赔偿的，赔偿权利人根据生态环境损害鉴定评估报告，就损害事实与程度、修复启动时间与期限、赔偿的责任承担方式与期限等具体问题与赔偿义务人进行磋商，统筹考虑修复方案技术可行性、成本效益最优化、赔偿义务人赔偿能力、第三方治理可行性等情况，达成赔偿协议。磋商未达成一致的，赔偿权利人应当及时提起生态环境损害赔偿民事诉讼。赔偿权利人也可以直接提起诉讼

续表

领域	试点内容
完善赔偿诉讼规则	试点地方法院要按照有关法律规定、依托现有资源，由环境资源审判庭或指定专门法庭审理生态环境损害赔偿民事案件；根据赔偿义务人主观过错、经营状况等因素试行分期赔付，探索多样化责任承担方式
加强生态环境修复与损害赔偿的执行和监督	赔偿权利人对磋商或诉讼后的生态环境修复效果进行评估，确保生态环境得到及时有效修复。生态环境损害赔偿款项使用情况、生态环境修复效果要向社会公开，接受公众监督
规范生态环境损害鉴定评估	试点地方要加快推进生态环境损害鉴定评估专业机构建设，推动组建符合条件的专业评估队伍，尽快形成评估能力。研究制定鉴定评估管理制度和工作程序，保障独立开展生态环境损害鉴定评估，并做好与司法程序的衔接。为磋商提供鉴定意见的鉴定评估机构应当符合国家有关要求；为诉讼提供鉴定意见的鉴定评估机构应当遵守司法行政机关等的相关规定规范
加强生态环境损害赔偿资金管理	经磋商或诉讼确定赔偿义务人的，赔偿义务人应当根据磋商或判决要求，组织开展生态环境损害的修复。赔偿义务人无能力开展修复工作的，可以委托具备修复能力的社会第三方机构进行修复。修复资金由赔偿义务人向委托的社会第三方机构支付。赔偿义务人自行修复或委托修复的，赔偿权利人前期开展生态环境损害调查、鉴定评估、修复效果后评估等费用由赔偿义务人承担

思考题

1. 何为生态文明制度？生态文明制度体系主要包括哪些内容？

2. 为什么说生态文明制度体系是开创新时代生态文明建设新局面的保障？

3. 源头保护制度在生态文明制度体系处于何种地位？应从哪些方面完善？

4. 谈谈资源高效利用制度与我国“碳达峰”目标实现之间的关系。

5. 在“美丽中国”建设中应实行哪些生态环境保护和修复制度？

6. 生态环境保护追责惩处制度与《民法典》中“环境污染和生态破坏责任”的相关规定有何关系？

第十二章　积极构建人类命运共同体

建设美丽家园是人类的共同梦想。面对生态环境挑战，人类是一荣俱荣、一损俱损的命运共同体，没有哪个国家能独善其身。唯有携手合作，我们才能有效应对气候变化、海洋污染、生物保护等全球性环境问题，实现联合国2030年可持续发展目标。只有并肩同行，才能让绿色发展理念深入人心、全球生态文明之路行稳致远。

——习近平在北京世界园艺博览会开幕式上的讲话（2019年4月28日）

新中国成立以来，党中央历代领导集体立足社会主义初级阶段基本国情，在领导中国人民摆脱贫穷、发展经济、建设现代化的历史进程中，深刻把握人类社会发展规律，持续关注人与自然关系，着眼不同历史时期社会主要矛盾发展变化，总结我国发展实践，借鉴国外发展经验，从提出“对自然不能只讲索取不讲投入、只讲利用不讲建设”到认识到“人与自然和谐相处”，从“协调发展”到“可持续发展”，从“科学发展观”到“新发展理念”和坚持“绿色发展”，都表明我国环境保护和生态文明建设，作为一种执政理念和实践形态，贯穿于中国共产党带领全国各族人民实现全面建成小康社会的奋斗目标过程中，贯穿于实现中华民族伟大复兴美丽中国梦的历史愿景中。正如习近平同志指出，中华人民共和国走过了光辉的历程。在以毛泽东同志为核心的党的第一代中央领导集体、以邓小平同志为核心的党的第二代中央领导集体、以江泽民同志为核心的党的第三代中央领导集体、以胡锦涛同志为总书记的党中央领导下，全国各族人民戮力同心、接力奋斗，战胜前进道路上的各种艰难险阻，取得了举世瞩目的辉煌成就。

党的十八大以来，以习近平同志为核心的党中央，谱就了中国特色社会主义生态文明新时代崭新的时代篇章，形成了习近平生态文明思想。习近平生态文明思想是迄今为止中国共产党人关于人与自然关系最为系统、最为全面、最为深邃、最为开放的理论体系和话语体系，是马克思主义人与自然关系思想史上具有里程碑意义的最大成就，为21世纪马克思主义生态文明学说的创立作出了历史性的贡献。习近平生态文明思想以中国特色社会主义进入新时代为时代总依据，紧扣新时代我国社会主要矛盾变化，把生态文明建设纳入中国特色社会主义“五位一体”总体布局和“四个全面”战略布局，坚持生态文明建设是关系中华民族永续发展的千年大计、根本大计的历史地位；以创新协调开放绿色共享的新发展理念为引领，将绿色发展、绿色化、产业生态化、生态产业化内化为生态文明建设融入经济建设、政治建设、文化建设和社会建设的全过程，全方位全过程立体化建设生态文明；以绿水青山就是金山银山为核心理念，不仅把“绿水青山就是金山”的理念写入党的十九大报告，在《中国共产党章程（修正案）》总纲中又明确写入“中国共产党领导人民建设社会主义生态文明。树立尊重自然、顺应自然、保护自然的生态文明理念，增强绿水青山就是金山银山的意识”；以着力推进供给侧结构性改革为主线，以建设高质量、现代化经济体系为目标，坚持绿色发展、低碳发展、循环发展的实践论，旨在实现党的十九大确立的“人与自然和谐共生的现代化”，为富强民主文明和谐美丽的社会主义现代化强国奠定生态产业基础；以生态文明体制改革、制度建设和法治建设为生态文明提供根本保障，坚持党政同责、一岗双责的责任体系，保持“利剑”高悬的高压态势，全面启动和完成生态环境保护督察，坚决打赢环境污染防治攻坚战，使我国环境保护和生态文明建设事业发展形成历史性、根本性和长远性转变；以强烈的问题意识、改革意识、人民意识和辩证意识，开辟了马克思主义人与自然观新境界，开辟了中国特色社会主义生态文明建设的世界观、价值观、方法论、认识论和实践论。

人类命运共同体思想的本质就是合作共赢的全球治理思想，是一种理论创新、制度创新和道路创新，是对当前西方资本主义国家在全球治理上的超越。可以说，人类命运共同体思想承载了对人类共同命运的思考，是对全球治理的现实回应，也是我国在新时代基于经济全球化、国际政治经济新秩序构建等提出的“中国方案”。人类命运共同体思想是在传承以往世界历史理念的基础上，形成的一种新的和平外交理念。它超越了“西方中心论”的狭隘性，集中关注人类整体命运和世界和平，致力于建构以合作共赢为核心的新型国际关系，超越了均势和霸权两种国际秩序观，形成了一种新型国际秩序观。

共谋全球生态文明建设、共建清洁美丽世界，是推动构建人类命运共同体的核心内容之一。由于生态系统不可切割、生态后果不分疆域，是真正的人类命运共同体，生态文明将是人类命运共同体时代的主体文明。习近平生态文明思想以其鲜明的全球视野和开放品格，揭示出工业文明社会发展到一定阶段后，人类社会必然走向“生态文明”共同体的特殊运行规律。习近平总书记曾多次阐述生态文明与人类命运共同体的关系。在《携手构建合作共赢、公平合理的气候变化治理机制》一文中，总书记指出，应对气候变化的全球努力给我们思考和探索未来全球治理模式、推动建设人类命运共同体带来宝贵启示。在《共同构建人类命运共同体》一文中，总书记指出，绿水青山就是金山银山。我们应该遵循天人合一、道法自然的理念，寻求永续发展之路。习近平生态文明思想与人类命运共同体理念相辅相成，是全球治理的中国方案的重要组成部分。共谋全球生态文明、推动构建人类命运共同体正是习近平生态文明思想对当代中国和世界文明发展的独特贡献。

第一节 生态文明建设与人类命运共同体

一、人类命运共同体

“人类命运共同体”是我们基于对当代国际关系及经济全球化形势的判断提出的一个具有中华文化特征的概念。2017 年 2 月、11 月，“构建人类命运共同体”的理念曾两次被写入联合国决议，这表明“人类命运共同体”的概念及其理念获得了国际社会的广泛认同。

（一）解读人类命运共同体

“人类命运共同体”这一概念包含三个关键词：人类、命运、共同体。共同体是对社会存在状态和社会组织关系的一种描述，强调因某种纽带而形成的整体性和不可分割性，是整体的落脚和归宿。但人类社会存在多范围、多类型、多层次的共同体，其广度和深度有着显著差异。“人类命运共同体”从广度上讲，涵盖了整个人类，而不局限于一个国家或一个区域；从深度上讲，拓展到了人类的命运，即国家兴衰、人类存亡等全局性和深层次的内容。与之相比，物质利益、思想观念、文化偏好等属于局部的、浅层次的。总之，“人类命运共同体”描述的是人类的一种存在状态和组织形态，在此状态和形态下，整个人类的兴衰存亡都紧密联系在一起，“有福同享、有难同当”是这种状态和形态的基本特性与真实写照。

在人类命运展开过程中，始终要面对和处理两个基本关系：一个是人与人的关系，另一个是人与自然的关系，而人与人的关系宏观上又体现为国家、群体、文明等的关系。人类能否形成命运共同体，取决于这些关系的基本准则和存在状态。从总体看，人类命运共同体，要求人与人之间、人与自然之间形成以“和谐共处”为主的关系格局。具体而言：

1. 人与自然之间要和谐共生、努力实现清洁美丽，是人类命运共同体的应有要义

人与自然是共生共荣的生命共同体。人类可以利用自然、改造自然，但归根结底是自然的一部分。人类对自然界的破坏，最终都会受到自然给予的相应报复。实现人与自然和谐共生、维护人类永续发展，是人类最大的命运所在，也是人类命运共同体的题中之义。要牢固树立尊重自然、顺应自然、保护自然的时代意识，坚持不懈地走绿色、低碳、循环、可持续发展之路。在这方面，发达国家要承担历史性责任，切实兑现减排承诺，并帮助发展中国家减缓和适应气候变化，有效应对人类发展面临的共同挑战。

2. 文明之间要交流互鉴、努力实现开放包容，是人类命运共同体的牢固纽带

文明的多样性和差异性是人类社会的基本特征。文明之间因互不了解而产生的排斥与冲突，成为人类社会进步的主要障碍。人类命运共同体要求促进各种文明之间交流互鉴、兼收并蓄，实现相互理解、彼此尊重，从精神层面扎紧牢固纽带。要以文明交流超越文明隔阂、文明互鉴超越文明冲突、文明共存超越文明优越，利用好世界多极化、经济全球化、社会信息化、文化多样化深入发展带来的有利条件，促进文明之间对话和交流，挖掘不同文明中包含的对人类繁荣发展具有重要作用、且能够成为人类普遍接受的基本价值理念，使之成为各种文明互鉴互融的基础，从而推动人类文明实现新的更大发展。

3. 主权之间要平等相待、努力实现持久和平，是人类命运共同体的重要基础

主权国家仍是人类社会最重要的组织单元，各国政府掌握着巨大的资源配置能力和规则构建权力，是影响人类命运共同体能否实现的最重要力量。国家之间是战是和，直接决定了人类社会发展大局和基本层面。人类命运共

同体要求遵循国家主权平等原则，核心是国家不分大小、强弱、贫富，主权和尊严必须得到尊重，内政不容干涉，都有权自主选择适合自己需要的社会制度和发展道路。遵循国家和平共处原则，核心是国家之间要相互尊重、平等协商，坚决摒弃冷战思维和强权政治，构建对话不对抗、结伴不结盟的伙伴关系。大国要尊重彼此核心利益和重大关切，管控矛盾分歧，努力构建不冲突不对抗、相互尊重、合作共赢的新型国际关系。大国对小国要平等相待，践行正确的义利观，做到义利相兼、义重于利。

4. 国家之间要共建共享、努力实现普遍安全，是人类命运共同体的强大保障

安全是人类最基本、最重要的需求，离开了安全保障，就根本谈不上命运共同体建设。人类命运共同体要求全世界树立共同、综合、合作、可持续安全的新观念，统筹应对传统与非传统安全威胁。对于传统安全威胁，核心是充分发挥联合国安理会在止战维和方面的核心作用，敦促各方通过协商谈判解决冲突。对于恐怖主义、难民危机、重大传染性疾病、气候变化等非传统安全威胁，核心是全面加强安全、经济、社会、生态等领域的国际合作，全面加强相关国际组织功能，全面建立安全统一战线。

5. 群体之间要包容普惠、努力实现共同繁荣，是人类命运共同体的关键支撑

历史和实践充分表明，充裕的财富总量与合理的财富分配，对于人类社会的和平与安宁缺一不可，后者甚至比前者更为重要，即“不患寡而患不均”。人类命运共同体要求通过加强创新驱动和深化结构性改革，实现新一轮科技革命和产业变革的新突破，强力推动世界经济摆脱疲弱态势，最终实现强劲、可持续、平衡、包容增长；同时，也要求切实解决经济全球化中的公平正义问题，不断缩小发达经济体与发展中国家之间、富裕人群与贫困人口之间的发展差距，让发展成果惠及更多国家、更广人群，从而推动经济全球化朝着更加开放、包容、普惠、平衡、共赢的方向发展。

（二）人类命运共同体的主要特征

1. 科学性

从逻辑起点看，人类命运共同体理念具有鲜明的问题导向，着眼于解决人类共同面临的和平与发展难题。从理论方法看，人类命运共同体包含政治、安全、经济、文化、生态等五大领域，是运用马克思主义哲学的辩证唯物主

义和历史唯物主义，对人类社会结构进行科学分析得到的基本结论，是国内“五位一体”总体布局思想在国际上的运用与拓展。从价值导向看，人类命运共同体倡导的价值理念，符合人类进步要求、符合社会发展方向，是破解当下和平与发展难题，正确处理人与人之间、人与自然之间关系的必然选择。从实践看，人类命运共同体理念提出后，得到国际社会热烈响应。2017 年 2 月 10 日，联合国社会发展委员会第 55 届会议协商一致通过“非洲发展新伙伴关系的社会层面”决议，“构建人类命运共同体”理念首次被写入联合国决议中。这表明构建人类命运共同体虽然具有理想色彩，但绝非漫天空想，而是牢固建立在对人类社会发展规律的深刻认识和准确把握基础上的科学判断。

2. 正义性

人类命运共同体建设着眼于解决人类共同面临的风险和挑战，高举和平、发展、合作、共赢旗帜，倡导和平、安全、包容、开放、绿色等新价值理念，强调对小国的平等相待，强调对难民、贫困人口、弱势群体的帮助与普惠，强调对自然的尊重与敬畏。这些都顺应了人类对和平与发展的期待、对公平与正义的诉求，牢牢占据了人类道义和时代发展的制高点。

3. 公共性

人类命运共同体理念源于中国，但属于世界。它是中国为破解世界和平发展难题而提供的中国方案和制度性公共品，具有非排他性与非竞争性两个最为关键的特征。就非排他性而言，世界各国、各地区、各群体皆可参与人类命运共同体建设，皆是人类命运共同体不可或缺的组成部分，因而它与其他共同体相比具有最强的合作性和包容性。从非竞争性而言，世界各国、各地区、各群体皆可从推进人类命运共同体建设中获取自身利益，不存在“先到得多、后到得少”的稀缺性问题。人类命运共同体建设是属于全人类的公共事务，搭建全人类合作共赢的公共平台，代表了全人类的公共利益，具有最显著的公共产品。

4. 渐进性

人类命运共同体涵盖了“人类”这个最广阔的范围，拓展到“命运”这个最深层的领域，因此，推进其建设不可能一蹴而就，必然是一个长期渐进的过程。从范围看，双边、多边、区域命运共同体是人类命运共同体建设的先行试验，将为人类命运共同体建设积累宝贵的正反两方面经验。我国在双边层面提出建设中巴命运共同体，在多边层面提出建设中非、中拉、中阿命运共同体，在区域层面提出建设周边命运共同体、亚洲命运共同体、“一带一路”命运共同体等，将为推动人类命运共同体建设提供积极有益的探索。从领域看，人类命运共同体涉及政治、安全、经济、文化、生态等诸多领域，各领域共同体建设不可能齐头并进，必然有快有慢、有先有后。从进程看，建成命运共同体之前至少存在利益共同体、责任共同体这两个阶段性的目标。利益共享、责任共担，是命运共同体的基本要义和重要基础，而命运共同体则处于最高层级，是对利益共同体和责任共同体的融合和升华。

二、人类命运共同体思想提出的时代背景和理论渊源

（一）从必要性看，全球治理先进理念缺失、迫切需要新理念新思想指引

1. 国际社会面临新的挑战和风险，美国等西方发达国家已经难以继续发挥对全球治理的引领作用

当今时代，人类物质文明、科技文明和精神文明发展实现的高度前所未有，但面临的挑战与风险也前所未有。和平赤字、发展赤字、治理赤字，是摆在全人类面前的严峻挑战。世界总体保持安宁，但地区冲突和动荡时有发生，霸权主义和强权政治仍持续威胁人类和平。共同安全问题日益突出，恐怖主义、大规模杀伤性武器、严重自然灾害、气候变化、能源资源安全、粮食安全、公共卫生安全等攸关人类生存发展的全球性问题日益增多。当前，世界经济虽然出现向好态势，但深层次的供给侧结构性问题并没有解决，增长动力仍然不足。全球发展需要更加互惠均衡，贫富差距鸿沟有待填补弥合。面对这种情形，国际社会迫切需要加强全球治理，以强有力的理念和行动推动全球合作，以应对各种风险和挑战。

然而，美国等西方发达国家对全球治理的领导力日益下降，甚至给世界和平发展“填堵”或带来新的问题。在国际金融危机和欧债危机的严重冲击下，美国等西方发达国家综合实力整体削弱，国家治理黑天鹅事件频发，政治社会乱象丛生。一些国家开始祭起民粹主义、民族主义、保护主义甚或孤立主义的大旗，对倡导自由化的“华盛顿共识”进行自我否定。英国全民公决启动脱欧程序，与欧盟展开旷日持久的谈判。特朗普总统上台后转向单边主义和孤立主义，奉行“美国优先”原则，相继退出 TPP 协定、巴黎气候协定、联合国教科文组织，还声称要退出北美自贸区。同时，美国等西方发达国家主导下的全球经济治理明显滞后，无法适应国际力量对比变化的需要，

无法为世界经济增长提供新的动力，也无法有效解决全球金融市场和大宗商品市场剧烈震荡等突出问题。从一定意义上讲，美国等西方发达国家无论是从理念上还是行动上，都难以继续为人类应对挑战和化解风险提供可行的解决方案。在此背景下，国际社会需要在全新的治理理念指导下，以合作共赢、共同发展为主线，努力寻求人类共同利益和共同价值的新内涵，努力寻求各国合作应对多样化挑战和实现包容性发展的新路径，努力寻求多样文明互学互鉴、互利共赢的新局面。

2. 我国已进入软实力发展的新阶段，且具备引领全球治理体系变革的基础条件

实现“两个一百年”奋斗目标要求我国加强软实力的影响力。如果说经济、军事等硬实力是一个国家和民族的血肉，那么由先进价值理念、先进文化构成的软实力就是国家和民族的灵魂。历史经验表明，一个国家硬实力发展到一定程度，软实力必须跟上去，在全球产生与硬实力相匹配的软实力影响力，才能实现国际地位的实质性跃升。否则，只是硬实力“硬”而软实力“软”，那就只能在二流国家水平徘徊。美国的工业生产能力早在19世纪70年代就已超过英国，但一直到“二战”后才取代英国成为西方世界的领导者，最根本的就是美国逐步形成并推广了在西方世界具有巨大影响力的价值体系。当前，我国已经是全球第二大经济体、第一贸易大国、对外投资大国，硬实力建设已经取得巨大成就。然而，要实现“两个一百年”奋斗目标和中华民族伟大复兴的中国梦，必须加强软实力影响力，逐步形成一套立足中华优秀传统文化、充分体现改革开放和社会主义现代化建设实践经验的理论体系和价值观念，将其中具备普适性的部分在国际社会积极宣传推广，持续增强我国对世界和平和人类进步的影响力和推动力。

我国具备了通过加强软实力影响力来引领全球治理的基础条件。中华民族五千多年连绵不断的文明历史，创造了博大精深的中华文化，形成了讲仁爱、重民本、守诚信、崇正义、尚和合、求大同的独特价值观，这些已经成为人类文明的宝贵遗产和精神财富。以习近平同志为主要代表的中国共产党人，将马克思主义理论和中国传统文化的先进理念有机结合，适当借鉴了西方文明中强调契约精神、遵守市场规则等有益成分，形成了新时代中国特色社会主义对外开放理论。这一理论强调遵循和平合作、开放包容、互学互鉴、互利共赢的合作理念，强调维护全球自由贸易体系和建设开放型世界经济，强调尊重各国发展模式和道路选择，强调在双边或多边灵活采用多样化、多

层次、多领域的合作模式，相较西方文明基于赢者通吃、零和博弈的全球治理理念具有明显优越性，完全可以成为打造公平、合理、透明的全球治理秩序的重要指导思想。

（二）从可行性看，世界正处于大发展大变革大调整时期，我国具备推动构建人类命运共同体的显著优势

1. 倡导构建人类命运共同体面临前所未有的历史机遇

和平与发展仍是时代主题，国际力量对比更趋平衡，和平发展大势不可逆转。当今世界各国利益依存度空前加深，交流与合作日益紧密，和平、发展合作、共赢已经成为大势所趋、人心所向的历史潮流。国际传统安全形势总体趋缓，较长时期内维持世界和平是可能的。以金砖国家为代表的发展中国家群体性崛起，要求提升在全球事务中的影响力，国际力量对比朝着平衡化和多极化方向演进，国际政治格局正从西方垄断国际事务向发展中国家广泛参与的方向转变，保持国际形势总体稳定具备较多有利条件。同时，发展经济、改善民生仍是大多数国家的首要任务。国家间相互联系、相互依存，利益交融程度前所未有，共同利益变得越来越广泛，互利合作对各国发展越来越不可缺失。以和平手段解决彼此争端，注重寻求共同利益的汇合点，加强相互合作与协调，正成为当代国际关系的主流。

以联合国为核心、以《联合国宪章》为基石的国际治理体系比较成熟。以联合国为核心的国际治理体系，是国际政治、经济、安全秩序建立和发展的基础性、稳定性和建设性力量。《联合国宪章》确立了以联合国为核心的多边主义国际秩序，在《联合国宪章》基础上形成的多边国际秩序、集体安全机制、基本行为规范、共同价值观念是当今世界安全的基本保障，在推动建立更加公平的国际政治和安全秩序方面发挥着不可替代的作用。尽管国际力量对比和国际关系格局发生重大变化，国际社会面临诸多新挑战，但《联合国宪章》的宗旨和原则仍是处理当今国际关系和解决各类问题的基石。同时，在以联合国为核心的国际治理体系下已经形成一整套全球治理的多边机制安排，几乎覆盖全球治理的方方面面，在维护国际关系总体和平稳定及推进全球治理过程中仍然发挥着主导作用。

经济全球化深入发展的大趋势不会改变，主要经济体已形成某种程度的利益共同体。国际金融危机爆发后，全球贸易投资增速显著下滑，保护主义日益抬头，逆全球化在美欧上升到社会和政治层面，使经济全球化面临着倒

退乃至中断的风险。但历史地看，经济全球化是市场经济条件下资本全球逐利的必然产物，是科技进步的必然结果，也是世界经济增长的强大动力，既符合经济规律又符合各方利益。因此，决不会因暂时困难而发生根本逆转。在经济全球化的大背景下，各国之间“一损俱损、一荣俱荣”的关系十分明显，已在一定程度上形成利益共同体，这为推进人类命运共同体建设打下坚实的基础。

2. 我国具备推动构建人类命运共同体的五大优势

人类命运共同体首倡者的理论优势。以习近平同志为核心的党中央基于唯物史观，准确把握经济全球化深入发展的大趋势，针对不同文明、不同国家之间已经不存在根本对抗性矛盾，且共同利益日趋增多的历史现实，深刻阐述了各国树立命运共同体意识、携手造福全世界的必然性和必要性，形成了科学系统的人类命运共同体理念。这一理念在世界上属于首次提出。我国作为该理念的创立者，在解读、宣传、应用、推广该理念方面具有先天优势和主动权，使我国在推进人类命运共同体建设中居于首倡者的有利地位。

中国特色社会主义的制度优势。我国经过40多年的改革开放，已经形成了一套既有效吸收了西方市场经济理论的有益成分，又具有鲜明中国特色的发展模式和体制机制，中国特色社会主义取得的巨大发展成就已经被国际社会所公认。当前，世界的目光正由“向西看”转向“向东看”，国际社会对中国理念、中国经验、中国道路、中国制度的认同程度大幅提高，对我国提出的“一带一路”、亚投行等新型国际合作倡议予以积极参与和支持。我国完全有能力有信心发挥好中国特色社会主义的制度优势，联合世界上大多数经济体，共同建立一套公平、合理、透明的人类命运共同体建设新纲领和行动指南，更好推动世界各国在合作共赢中共同发展显著提升的综合国力优势。改革开放40多年来，我国综合国力显著增强，已经成长为全球第二大经济体。2016年，我国经济总量达到11.4万亿美元，超过英、德、日三大发达经济体GDP的总和。在产业综合水平方面，我国是少数几个具备完整工业体系的大型经济体之一，制造业规模稳居全球首位，部分领域已经达到世界先进水平。在对外开放方面，2016年我国货物贸易规模居世界第二位，利用外资规模和对外投资规模均居世界前三位，是美国、欧盟日本、东盟等大型经济体主要的贸易伙伴、投资目的地和外资来源地。在人口总量、创新能力、政治稳定性等方面，我国也同样位居世界前列。近年来，随着综合国力日益提升，我国与世界各国间的经贸合作已成为经济全球化发展的主要动力之一，我国在全球经贸规则中的话语权和影响力明显提高。在美国等发达国家出现逆全球化势头时，我国完全有能力依托自身市场规模、产业水平、集成创新能力等形成的综合国力优势，进一步深化与美国、欧盟、日本东盟等主要经济体的务实合作，共同提出互利共赢的合理制度安排，为构建人类命运共同体发挥重要的建设性作用。

日渐形成的国际合作与竞争新优势。过去很长时期，我国主要依靠劳动力、土地等低要素成本参与国际竞争与合作，整体位势处于全球价值链中低端，主动参与国际合作竞争的能力较弱，难以将构建人类命运共同体的理念转化为互利共赢的合作实践。当前，我国参与国际合作竞争的优势已经出现明显变化，传统的低要素成本优势明显减弱，但广阔的市场空间、良好的人力资本、较强的集成创新能力和强大的产业配套水平等新优势正在加速形成。我国完全可以利用这些新优势，积极构建网络化、平等化的新型分工体系，通过基础设施互联互通带动相关产业合作，以及开发性跨国融资体系等合作模式创新，更好推动世界各国互惠互利、共享发展深厚的历史人文优势。长期以来，西方崇尚“文明与野蛮”的二元思维方式，以文化较量和一己利益考量作为处理国与国关系的准绳，这在原则上与人类命运共同体理念存在根本冲突。中华传统文化坚持“天人合一”的哲学理念、“天下为公”的政治理念及“和而不同”的文化理念，倡导义利兼顾、刚柔并济的“天下观”和王道思想，尊重和承认世界文化差异性，提倡与其他文化共荣共生。人类命运共同体理念吸收了中国传统精神价值和哲学观的思想精华，具有历史的传承性和当代的创新性。我国完全可以将这种宽厚、和谐、包容的传统文化与发展对外关系实践进行无缝对接和融合，为构建人类命运共同体注入深厚的文化内涵和历史底蕴。

（三）从理论渊源看，人类命运共同体理念是古今中外关于世界发展先进思想的传承和发展

1. 人类命运共同体理念植根于中国传统文化思想，但其时代内涵更加丰富更加深刻

中国传统哲学的自然观、国家观、财富观、文化观等，为人类命运共同体理念提供了丰富的理论养料。从自然观看，中华文化崇尚“天人合一”“道法自然”，认为人与万物都在自然界“浑然中处”，是自然不可分割的一部分。从国家观看，中华文化有超越国家的“天下”概念，在国际关系方面

崇和厌战。从财富观看，中华文化重视财富分配的普惠性与公正性，儒家“不患寡而患不均”思想历来是主流，道家将抑制两极分化上升到天道高度，认为“天之道，损有余而补不足”。

从文化观看，中华文化崇尚人类文明交流互鉴，对外来文化历来秉持开放包容态度，佛教来华和西学东渐这两次人类大的文化融合就是历史证明。应该说，这些传统文化思想都为构建人类命运共同体这一独特的价值理念提供了深厚的思想渊源。然而，中国传统文化毕竟有一个绕不开的理论和实践主题“华夷之辨”。在传统的主流文化中，虽然有着“天下”概念，但“天下”各个族群地位不是平等的，“贵华夏贱夷狄”一直是坚持的原则。而人类命运共同体理念倡导的是，国家不分大小、强弱、贫富一律平等，财富的公平分配、文化的交流互鉴都要在全人类范围内进行，真正体现了“天下”的广袤视野，赋予传统文化价值理念以更加丰富深刻的时代内涵。

2. 人类命运共同体理念借鉴国际关系的公认原则，形成一个严密完整的理论体系

17 世纪以来，随着资本主义生产方式在全球范围扩张，各国交往的广度和深度达到空前水平，冲突的程度和强度也达到空前水平，相继发生欧洲 30 年战争、第一次世界大战、第二次世界大战等带来严重破坏和灾难的战争，倒逼着国际社会寻求妥善处理国际关系的一些基本原则。1618 ~ 1648 年的欧洲 30 年战争催生了威斯特伐利亚体系，确定了以主权独立和主权平等为基础的国际关系准则，成为近代国际关系的基石。1859 年法意奥战争直接推动 1864 年日内瓦公约缔结，并于此后在日内瓦缔结一系列国际公约，确立了关于保护平民和战争受难者的国际人道主义精神，成为国际人道主义法的重要组成部分。第二次世界大战直接促使联合国成立，《联合国宪章》明确四大宗旨和七项原则，以和平与合作作为国际关系的基本准则。1955 年万隆会议倡导和平共处的五项原则。国际关系演变形成的这些公认原则和进步理念，已经成为构建人类命运共同体实践的基本遵循。同时，人类命运共同体理念从伙伴关系、安全格局、经济发展、文明交流、生态建设等五个方面全面阐释了国际关系应坚持的准则，形成一个逻辑更加严密、内容更加完整的理论体系。

3. 人类命运共同体理念是中国特色大国外交智慧的结晶

改革开放以前，我国提出“和平共处”五项原则，在“三个世界”理论

指导下加强与发展中国家团结合作。改革开放以来，党的几代领导集体先后提出和平与发展是时代主题的理论、建立公正合理国际政治经济新秩序的理论、建设和谐世界的理论，在构建全方位外交格局方面积累了丰富的实践经验。2010 年5 月和2011 年9 月，中方分别在第二轮中美战略与经济对话和关于促进中欧合作的论述中，提出了“命运共同体”思想。2011 年9 月的《中国和平发展》白皮书引入“命运共同体”的概念。中国特色大国外交的这些理论认识与实践经验，为推动构建人类命运共同体打下了深厚的基础。

三、生态文明建设与人类命运共同体的关系

（一）人与自然的生命共同体是构建人类命运共同体的坚实基础

习近平总书记指出，“人与自然是生命共同体，人类必须敬畏自然、尊重自然、顺应自然、保护自然”，提出了“人与自然和谐共生”与“山水林田湖草是生命共同体”等理念，要求像保护眼睛一样保护生态环境，像对待生命一样对待生态环境，统筹兼顾、整体施策、多措并举，全方位、全地域、全过程开展生态文明建设。马克思主义认为，对于自然而言，人是具有生命力的自然存在物；对于人而言，自然是表现和确证他的本质力量所不可缺少的、重要的对象。人与自然的相互关系表明人与自然从根本上说是生命共同体。人与自然的生命共同体建设是建设美丽中国、实现中华民族伟大复兴中国梦的重要内容。面向未来，中国将继续承担应尽的国际义务，同世界各国深入开展生态文明领域的交流合作，携手共建生态良好的地球美好家园。应该说，人与自然的生命共同体不仅关系中华民族永续发展的根本大计，而且还关乎全球生态安全。它是构建人类命运共同体的坚实基础。

形成绿色发展方式和生活方式与构建人类命运共同体具有内在一致性。马克思主义对资本主义工业文明的反思与批判是现代社会生态文明建设的起点。正如马克思恩格斯在《德意志意识形态》中指出的，“个人怎样表现自己的生活，他们自己也就是怎样。”① 绿色发展方式和生活方式的提出，正是我们党对生态文明建设认识不断深化的集中体现。习近平总书记提出“绿水青山就是金山银山”“用最严格制度最严密法治保护生态环境”等重要论断，强调了人与自然和谐共生的重要性。新时代推进生态文明建设，不仅需要贯

① 马克思恩格斯选集：第2 卷［M］. 北京：人民出版社，1972：25.

彻创新、协调、绿色、开放、共享的发展理念，而且还要让制度成为刚性约束和不可触碰的高压线。形成绿色发展方式和生活方式是新时代推进生态文明建设的必然选择。习近平总书记在联合国日内瓦总部发表演讲时，把“坚持绿色低碳，建设一个清洁美丽的世界”作为构建人类命运共同体的一个重要方面，并指出：“我们要倡导绿色、低碳、循环、可持续的生产生活方式，平衡推进2030年可持续发展议程，不断开拓生产发展、生活富裕、生态良好的文明发展道路。”由此可见，形成绿色发展方式和生活方式，与人类命运共同体理念致力构筑的尊崇自然、绿色发展的生态体系具有内在逻辑的一致性。

共谋全球生态文明建设是构建人类命运共同体的应有之义。自然物构成人类生存的自然条件，人类在同自然的互动中实现自身的发展。习近平总书记在纪念马克思诞辰200周年大会上提出的“自然是生命之母”“人类善待自然，自然也会馈赠人类”“让人民群众在绿水青山中共享自然之美、生命之美、生活之美”等重要论断，深刻表明了良好的生态环境是人类文明发展的持久力量，关系着民生福祉。针对现阶段我国社会的主要矛盾，习近平总书记在全国生态环境保护大会上创造性地提出“提供更多优质生态产品以满足人民日益增长的优美生态环境需要”，要求“坚持生态惠民、生态利民、生态为民”。可以说，良好生态环境是最普惠的民生福祉。经济全球化是全球环境治理的现实背景。经济全球化对人类生态环境产生了双重的影响，它一方面加剧了全球生态危机，另一方面又为全球环境治理提供了可能。随着我国国际影响力的进一步增强，中国作为最大发展中国家日益成为全球生态文明建设的重要参与者和贡献者，将有效连通起中国人民与世界人民的梦想，在人类命运共同体建设过程中为世界各国实现人与自然和谐共生、创造人类美好未来贡献中国智慧和中国方案。

（二）人类命运共同体内涵体现了生态文明的理念

人类命运共同体体现了“尊重自然、顺应自然、保护自然”的生态文明理念。“共同体”这一提法，在习近平总书记有关国际关系和国际合作的治国理念中出现过多次，如“周边命运共同体”“亚洲命运共同体”。从全人类共同价值的视角出发，详细阐述了人类命运共同体的内涵，主要包括两个层面：一是国家之间、人与人之间合作共赢；二是人类与自然之间和谐共生。前者涉及人与人之间的相互依赖、国与国之间的相互合作，后者则是人与自然之间的相互依存。因而，“尊重自然、顺应自然、保护自然”的生态文明理念是人类命运共同体的重中之重。

人类社会自工业文明时代便加紧了对自然的掠夺，特别是资本主义制度和生产方式使生态危机成为经济理性狂欢后各个国家面对的共同危机。中国共产党领导下的中国特色社会主义经济发展取得了举世瞩目的成就，然而这发展背后，我们也付出了巨大的环境代价。习近平总书记继承了马克思主义关于人与自然辩证关系思想，并在结合中国实际国情的基础上形成了系列具有高度指导意义的生态文明思想，提出中国生态文明建设应该在尊重自然的前提下进行，经济发展和环境保护同样重要，城市规划建设的每个细节都要考虑对自然的影响，更不要打破自然系统的平衡与规律，“杀鸡取卵、竭泽而渔”的发展不会长久，“人与自然共生共存，伤害自然最终将伤及人类”。“生态兴则文明兴，生态衰则文明衰”，生态文明是中国特色社会主义持续发展、繁荣稳定的重要基础，是中国梦实现的必然要求，在追求中国梦实现的道路上决不能走西方先污染，后治理的老路，我们要建设的现代化是人与自然和谐共生的现代化……要坚持节约优先、保护优先、自然恢复为主的方针，还自然以宁静、和谐、美丽。”为此必须要将生态文明建设融入中国特色社会主义建设的方方面面，纳入到社会发展总体布局，树立人类命运共同体意识，使得生态保护观念根植于我们的各项经济、政治、文化、社会生活中。

人类命运共同体开辟了共识合作、共赢共享的时代格局，“理念引领行动，方向决定出路”，构建人类命运共同体是习近平总书记对国际形势发展趋势与未来走向的客观分析基础上，以人类共同利益的立场，针对当前地球家园生态现状，为实现全人类和平与发展的共同愿望，对“世界怎么了，我们怎么办”而提出的中国方案，这使人们重新思考关于人类未来的长远大计，号召全人类携手共同面对生态危机、共建人类的美好家园。

当前的世界，是一个挑战层出不穷、风险日益增多的时代，经济增长、气候变化等非传统安全依然威胁着人类的可持续发展。每一个国家都应当承担全球环境治理的责任和义务，这是符合各个国家和人民的根本利益和长远利益的明智选择，任何国家都不应该也不能独善其身。通过广泛的国际合作和全社会参与，形成全球环境治理的合力，探索有助于人类可持续发展的合理、公正、均衡的治理方案，实现从经济理性向生态理性的价值观转向，构筑全球生态文明体系。

（三）生态文明是人类命运共同体的最高利益

1. 构建人类命运共同体是对全球生态恶化的现实思考

过去的中国，在历经百年沧桑巨变之后迫切需要通过经济的高速发展迅速恢复往日的雄姿，这使我们在摆脱贫困追求经济利润的过程中，彰显了经济理性，而忽视了生态理性，使我们赖以生存的环境遭到破坏。当前，如日中天表象下的工业文明已然危机四伏，深陷环境危机和生态危机，我们不得不正视一个问题，如果有一天，当自然所馈赠给人类维持基本生存活动的天然物质资料的获得都成了问题，那么我们的民族乃至人类也终将走向文明的尽头。面对全球性生态危机和我国生态环境恶化的警钟，中国共产党以一贯的责任与使命担当深刻反思在加快工业化进程中，长期忽视生态环境保护所导致的严重的生态环境问题，认真思考经济增长与生态保护的关系。习近平总书记更是提出了“绿水青山就是金山银山”的生态理念，在新的历史时期号召全国大力推进生态文明建设，加快向绿色经济增长方式转变，这也是中国为解决全球生态危机向世界贡献的中国范例。

生态危机已然不是一个国家成为局部地区的个别现象。如果我们仍然独善其身、推卸责任、事不关己，仍然不能破除冷战思维、加强合作、共担风险和挑战，仍然以种族、意识形态、政治制度等方面的差异为借口，那么等待人类的命运必将是全体生存的灾难。只有人类命运共同体理念的全面树立，才能指导人们正确处理人与自然的关系，走出符合全人类利益的可持续发展道路；也只有人类命运共同体作为凝聚全球力量的共识，才能促进世界各国深入开展生态文明领域的交流合作，携手共建生态良好的地球美好家园。

2. 构建人类命运共同体是对人类最高利益的深刻体悟

人民群众是历史的创造者，是社会变革的决定力量，是历史发展的真正动力。新时代中国特色社会主义生态文明建设就体现了当前形势下中国人民的最高利益，体现了以习近平同志为核心的党中央，始终坚持“人民的利益高于一切”。习近平总书记在2013年考察海南时就指出“良好的生态环境是最公平的公共产品，是最普惠的民生福祉。”保护生态环境，关系最广大人民的利益。这体现了我党代表中国最广大人民的根本利益的阶级属性，始终坚持以人为本，发展为了人民、发展依靠人民、发展成果由人民共享，并把解决生态民生问题作为我党执政为民的奋斗目标之一，同时也是新的历史条件下，对人民群众关于美好生活期待的现实回应。

构建人类命运共同体的提出，超越了国家的界限和地域的局限，立足中国而又面向全世界，体现出马克思主义政党为全人类谋幸福的博大胸怀和宽广的国际视野，代表了中国共产党人把民族繁荣、永续发展的千年大计置于国际大背景下的远见卓识与开放格局。世界是一个整体，中国梦的实现需要国际大环境的保障，构建人类命运共同体强调把世界机遇转变为中国机遇，把中国机遇转变为世界机遇，在建设生态文明过程中努力探索、勇于实践，给世界以中国借鉴。同时，以全人类的最高利益，即对于美好幸福生活的热切盼望为契机，敦促发达国家承担历史性责任，在实现人与自然和谐相处、共建美好人类家园的目标中多一些担当，利用资金和技术优势，与发展中国家加强合作，共同应对生态危机的挑战。与此同时，中国作为最大的发展中国家将展现坚持绿色发展的决心，把生态文明与人民幸福、民族未来相结合，在带领全体人民实现中国梦的道路上，为世界履行中国义务，贡献中国方案。

3. 构建人类命运共同体是对互惠共享国际关系的理念创新

中国的发展要顺应世界发展的潮流。当今的世界是一个机遇与挑战并存的不断变革的世界，中国也已经进入到实现中华民族伟大复兴的关键时期，中国与世界的关系变得空前紧密，彼此的影响在相互加深。坚持合作共赢，构建人类命运共同体是在对以往中国外交理念继承和发展的基础上，与其一道形成了具有中国风格的话语体系，把对人类可持续发展和共同繁荣的认识提升到了新境界。

全球化时代的到来使国家之间的交流合作更为密切与频繁，但在国际秩序中仍然存在诸多不平等、不公正的现象。资本主义国家在早期快速致富的资本原始积累中，为了追求经济增长而采取大量掠夺和消耗自然资源的发展模式，不惜任何代价，包括剥削和牺牲世界上绝大多数国家和人民的利益，同时又向环境排放大量工业废气，向发展中国家和欠发达地区转移污染物，这是典型的生态帝国主义行径。中国提出的人类命运共同体是基于整体、共存、忧患意识的价值理念，代表了人类长远、共同的利益。在国际关系的认识中加入生态维度的思考，是对国际关系理念的创新和拓展，着力于引导生态权益公平分享、生态责任共同分担的全球治理观。当前，中国特色社会主义进入新时代，中国必定会信守承诺，向世界展示中国建设生态文明的决心，中国也将与世界所有向往美好生活的人民一道，继续致力于促进国际公平、公正新秩序的形成。

4. 我国生态文明建设有利于推动人类命运共同体的构建

我国的生态文明建设理论与实践和构建人类命运共同体理念及其战略之间，其实存在着多重维度上的内在性关联，最关键之点则是尽可能呈现出或体制化对自然生态环境的全社会保护、尊重和顺应。尤其需要强调的是，像我国这样一个历史悠久、又处在迅速现代化进程中的发展中大国关于人类命运共同体的意识自觉，无论对于国内生态文明建设的中长期成果还是对于全球经济社会与文化发展的未来走势，都必将是影响深远的；而国内国际两个层面互为补充、相互促动的生态文明建设实践及其制度机制创新，则会成为我们打造或构建人类命运共同体努力的重要手段和路径。例如，我国自党的十八大以来全面铺开的生态文明示范区、先行区或试验区建设，就具有至少如下三个方面的人类命运共同体构建意义。

一是示范引领作用。自 2007 年起，在国务院相关部委和各级地方政府的大力推动下，我国先后出现了多种形式的生态文明建设示范（先行）区试点，尤其是自 2018 年初开始的福建、江西和贵州（以及海南）的国家生态文明试验区建设，以及近年来涌现出的像浙江安吉、山西右玉、陕西延安等地的生态文明建设区域典型。它们在生态环境治理、绿色经济发展、美丽乡村建设、生态社会与文化创新等方面，源源不断地提供着我国将生态文明建设融入经济建设、政治建设、社会建设、文化建设的生动案例。这些实例所彰显的是，一度受到非科学对待甚或严重破坏的生态环境，经过持续不懈的努力是可以得到有效恢复的，而那些拥有良好生态环境禀赋的经济相对落后地区，完全可以走出一条经济发展与环境保护双赢的绿色之路。其中党和政府的坚强领导统筹规划与不同社会主体的协同努力，比如国家近年来强力推动的精准扶贫和生态扶贫战略举措发挥了重要作用。很显然，这样一种生态文明建设模式与思路在世界范围内尤其是广大发展中国家具有重要的参考借鉴价值，并将会吸引越来越多的国家和地区加入其中。

二是交流对话作用。毋庸置疑，我国的生态文明建设理论与实践，只是当今世界为数众多的绿色变革思潮及其社会实践中的一个构成部分，而且主要是来自或依托于当代中国社会生态化变革的现实实践的。因而，我们既不能采取任何意义上的以自我为中心或自以为是的傲慢态度，在生态文明建设的思路与政策举措上向其他国家和地区（尤其是广大发展中国家）指手画脚，但与此同时，我们确实也需要花更大力气认真总结自己现实实践中的鲜活经验，在使得世界各国更好分享中国的绿色智慧的同时，做到博采众长，把自己的生态文明建设搞得更加扎实富有成效。为了增进国际间交流对话的效果，我国生态文明建设经验的总结要特别注重各种“绿色故事”的准确生动叙述与科学传播，既要做到因地因人因文化而异，又要遵循现代传媒的规律要求。而随着跨境性全球性生态文明建设交流对话的不断增加，一种真正意义上的“人类命运共同体”共同利益认知和情感认同，也将会逐渐萌生成长。

三是平台搭建作用。必须看到，国际或全球层面上的生态、经济、社会与文化复杂性，是远超过国内层面的。因而十分自然的是，我们不能指望自己关于生态文明建设的许多基础价值观念、制度体制创新和重大政策举措，都能（立即）得到世界各国政府、国际机构和非政府组织等的普遍支持、认可甚或理解。而且确实也不排除这样一种可能性，即我国生态文明建设实践中某些行之有效的做法或制度化尝试，是不具备超出我们的特定国情或现存的经济社会发展阶段的普遍性的。依此而论，我国的生态文明建设实践其实是一个多重意义上的综合性系统性绿色变革试验。而对于世界各国而言，我们率先从事的生态文明制度改革或重建努力所提供的，更像是搭建起了一个以中国为主角的生态环境治理公共产品供给或备选方案平台。虽然我们的产品或方案并不是唯一的，也未必会立即被广泛接受，但它却扮演了一个十分重要的功能，即把生态文明建设理论与实践这种全新的或激进的公共产品或方案彰显出来，而它的根本性理念支撑则是十九大报告所系统阐述的“社会主义生态文明观”和“人类命运共同体”。

第二节　“一带一路”生态文明建设

一、“一带一路”基本情况

“一带一路”是“丝绸之路经济带”和“21 世纪海上丝绸之路”的简称。中国国家主席习近平在 2013 年 9 月和 10 月先后提出共建“丝绸之路经济带”和“21 世纪海上丝绸之路”倡议。

2008 年金融危机以来，国际经济合作一直在聚焦发掘新增长点，探索新的经济发展模式。在这一背景下，中国提出了“一带一路”倡议，为全面解决可持续发展问题提出了中国方案。“一带一路”倡议秉持共商、共建、共享的原则，通过政策沟通、设施联通、贸易畅通、资金融通、民心相通，为各国共同发展和共享繁荣创造新机遇。随着当前全球性流行病的肆虐，人们已经清楚地意识到，以“一带一路”倡议为代表的各类重大国际合作项目有助于加强全球合作，共同抗击疫情，解决包括金融危机、气候变化、生物多样性丧失在内的各类全球挑战。

根据倡议和新形势下推进国际合作的需要，结合古代陆海丝绸之路的走向，共建“一带一路”确定了五大方向：丝绸之路经济带有三大走向：一是从中国西北、东北经中亚、俄罗斯至欧洲、波罗的海；二是从中国西北经中亚、西亚至波斯湾、地中海；三是从中国西南经中南半岛至印度洋。“21世纪海上丝绸之路”有两大走向：一是从中国沿海港口过南海，经马六甲海峡到印度洋，延伸至欧洲；二是从中国沿海港口过南海，向南太平洋延伸。

“一带一路”贯穿欧亚大陆，东边连接亚太经济圈西边进入欧洲经济圈，大致涉及65个国家和地区。“一带一路”倡议的提出和实施，具有重要意义。一是注重高速铁路、能源管道等基础设施建设，能够推动全球产业布局调整，深刻改变亚欧大陆的经济格局，不仅能推动沿线国家提高发展水平且也能让沿线民众广泛受益，切实减少国家内部和国家之间的不平等；二是强调沿线国家发展战略对接，有助于将中国在基础设施建设能力、资金实力等方面的优势与沿线国家在能源、劳动力等方面的优势结合起来，相互借力、相互给力，共同提升在全球产业链中的位置；三是倡导开放包容原则，是一种开放的区域经济合作框架，能够解决全球化与地区一体化之间的矛盾，推动二者彼此包容、相互促进。总之，“一带一路”将推动全球化深入发展，世界发展的均衡性和包容性将进一步提升。

二、“一带一路”生态文明建设进展

“一带一路”打造成绿色发展之路一直是中国政府的初心和愿望，这也是所有共建国家的共同需求和目标。近年来，中国以前所未有的力度推进生态文明建设，“生态优先、绿色发展”理念在全社会达成了广泛共识，经济发展正在从“先污染后治理”的传统模式向生态文明导向的高质量发展转型。共建绿色“一带一路”，为中国和有关国家交流互鉴促进绿色转型、实现可持续发展经验搭建了平台。在六年的“一带一路”建设实践中，中国与“一带一路”共建国家在生态环境治理、生物多样性保护和应对气候变化等领域积极开展双边和区域合作，不断推动绿色“一带一路”走实走深，共同推动落实2030年可持续发展议程，取得了积极成效。

迄今为止，“一带一路”倡议已取得令人瞩目的成绩。2013～2019年，中国与沿线国家货物贸易累计总额超过了7.8万亿美元，对沿线国家直接投资超过1100亿美元，新承包工程合同额接近8000亿美元。世界银行研究（2019）显示，“一带一路”倡议的实施，使得沿线经济体之间的贸易成本下降了3.5%；同时由于基础设施的外溢效应，这些沿线经济体与世界其他地区的贸易成本也下降了2.8%。截至2019年11月，中国企业在“一带一路”沿线国家建设的境外经贸合作区，已累计投资340亿美元，上缴东道国税费超过30亿美元，为当地创造就业岗位32万个。世界银行（2019）研究指出，“一带一路”倡议的实施可使沿线国家的收入提高3.4%，可使全球收入增加达2.9%。“一带一路”倡议已经被联合国认可为推动落实可持续发展议程的解决方案之一。

一是完善顶层设计，合作机制不断完善。2015年3月，国家发展和改革委员会、外交部、商务部联合发布的《推进丝绸之路经济带和21世纪海上丝绸之路的愿景与行动》中明确提出，要在投资贸易中突出生态文明理念，加强生态环境、生物多样性和应对气候变化合作，共建绿色丝绸之路。2017年，环境保护部发布《“一带一路”生态环境保护合作规划》，并联合外交部、国家发展和改革委员会、商务部共同发布《关于推进绿色“一带一路”建设的指导意见》，明确了绿色“一带一路”建设的路线图和施工图。

随着“一带一路”倡议的逐步推进，绿色“一带一路”已经得到越来越多国际合作伙伴的响应，目前，生态环境部已与共建国家和国际组织签署近50份双边和多边生态环境合作文件，并与中外合作伙伴共同发起成立了“一带一路”绿色发展国际联盟（以下简称“联盟”）。联盟由中国国家主席习近平在首届“一带一路”国际合作高峰论坛（以下简称“高峰论坛”）上提出，于第二届高峰论坛绿色之路分论坛上正式启动，并列为第二届高峰论坛圆桌峰会联合公报中专业领域多边合作倡议平台。联盟旨在打造一个促进实现“一带一路”绿色发展国际共识、合作与行动的多边合作倡议平台。截至目前，已有来自40多个国家的150余家机构成为联盟合作伙伴，其中包括共建国家的政府部门、国际组织、智库和企业等70余家外方机构。联盟建设各项工作进入全面启动阶段，政策对话、专题伙伴关系和示范项目等活动正逐步推进，并启动了

《“一带一路”绿色发展报告》《“一带一路”项目绿色发展指南》和《“一带一路”绿色发展案例研究报告》等联合研究项目。

二是丰富合作平台，合作模式更加务实。稳步推进中柬环境合作中心、中老环境合作办公室等重点平台建设，积极推动生态环保能力建设活动和示范项目等。建立“一带一路”环境技术交流与转移中心（深圳），聚焦产业发展优势资源，促进环境技术创新发展与国际转移。这些重点平台将成为区域和国家层面推动“一带一路”生态环保合作的重要依托。已启动“一带一路”生态环保大数据服务平台，并已开发并发布平台 app，完善“一张图”综合数据服务系统。大数据平台旨在借助“互联网 +”、大数据等信息技术，建设一个开放、共建、共享的生态环境信息交流平台，共享生态环保理念、法律法规与标准、环境政策和治理措施等信息。

三是深化政策沟通，绿色共识持续凝聚。充分利用现有国际和区域合作机制，积极参与联合国环境大会、中国—中东欧国家环保合作部长会等活动，分享中国生态文明和绿色发展的理念、实践和成效。主动搭建绿色“一带一路”政策对话和沟通平台，举办第二届高峰论坛绿色之路分论坛，在世界环境日全球主场活动、联合国气候行动峰会、中国—东盟环境合作论坛等活动下举办绿色“一带一路”主题交流活动，并在生物多样性保护、应对气候变化、生态友好城市等领域下，每年举办 20 余次专题研讨会，共建国家和地区超过 800 人参加交流。

四是务实合作成果，共建成效日渐显现。绿色丝路使者计划是中国政府为提升中国与“一带一路”共建国家环境管理能力而打造的重要绿色公共产品，已为共建国家培训环境官员、研究学者及技术人员 2000 余人次，遍布 120 多个国家。第二届高峰论坛成果清单中提出，未来三年将继续向“一带一路”国家环境部门官员提供 1500 个培训名额。中国政府还与有关国家共同实施“一带一路”应对气候变化南南合作计划，提高“一带一路”国家应对气候变化能力，促进《巴黎协定》的落实。结合共建国家绿色发展现状和需求，通过低碳示范区建设和能力建设活动等方式，帮助“一带一路”共建国家提升减缓和适应气候变化水平，推动共建国家能源转型，促进中国环保技术和标准、低碳节能和环保产品国际化。

“一带一路”倡议还有更大的潜力，尤其是通过高质量基础设施投资和全球合作来支持生物多样性保护。2019 年 4 月，第二届“一带一路”国际合作高峰论坛咨询委员会研究成果和建议报告（2019）中指出，“一带一路”

倡议与联合国2030年可持续发展议程在促进合作、执行手段、举措等很多方面有很多共同之处，有望形成合力。

三、“一带一路”生态文明建设实践

（一）东南亚清洁低碳能源合作实践

1. 中国对东南亚电力基础设施的政策支持

为了有效管理“走出去”所面临的环境、社会、财务、外交、文化等风险，推动绿色“一带一路”建设与发展，中国制定了一系列政策、指南和标准，以期中国企业在“走出去”获得财务收益的同时，能有效识别、分析和管理潜在风险并承担企业社会责任，为当地可持续发展和应对气候变化做出贡献，树立中国负责任大国的形象。

中国海外投资绿色化政策体系也在逐步形成和完善。2017年，环境保护部、外交部、国家发展和改革委员会、商务部联合发布《关于推进绿色“一带一路”建设的指导意见》，提出在“一带一路”建设中突出生态文明理念，推动绿色发展，加强生态环境保护，共建绿色丝绸之路。2018年，中国人民银行牵头的二十国集团（G20）可持续金融研究小组将以绿色金融为核心的可持续金融相关建议纳入《G20布宜诺斯艾利斯峰会公报》，在全球范围内持续推动绿色金融共识。中国同各方推进共建“一带一路”绿色发展国际联盟、可持续城市联盟、绿色发展国际联盟，制定《“一带一路”绿色投资原则》，启动共建“一带一路”生态环保大数据服务平台，实施“一带一路”应对气候变化南南合作计划等。2019年4月，27家国际金融机构共同签署了《“一带一路”绿色投资原则》，标志着绿色投资在“一带一路”框架下得到国际共识。

在绿色战略和政策规划指引下，中国金融监管机构、银行和企业也逐渐意识到通过绿色金融防范和管理对外投资活动中各类风险的重要性，开始积极制定政策并采取行动。如原中国银行业监督管理委员会于2012年发布了《绿色信贷指引》，要求投资者在对外投资中应关注其环境社会风险。国家开发银行、中国进出口银行和中国工商银行也制定了应对气候变化的战略目标和环境社会风险管理规定，但尚未细化到能源电力行业投融资业务的具体行动。

在建设绿色“一带一路”领域，尽管中国尚不具备全面的综合能力，但已经积累了大量的绿色低碳转型实践经验，可为其他发展中国家提供绿色转型经验借鉴，提升中国在全球绿色治理中的影响力，并以此撬动其他领域的全球影响力。

中国海外电力投资逐年增长，投资逐步趋向可再生能源。根据中国电力企业联合会2020年发布的《中国电力行业年度发展报告2020》，截至2019年底，中国主要电力企业境外累计实际投资总额878.5亿美元，对外工程承包新签合同额累计2848.5亿美元。同时，中国机电产品进出口商会对参与对外投资的中国电力企业的统计表明，2019年，中国电力企业参与境外电力项目投资并最终签约的项目共计563个，合同总金额为472亿美元，同比增长1.1%。在中国企业直接出口项目或直接对外承接的能源总承包、工程设计及安装和土建等项目（不含中国企业间签署的内部分包项目）中，签约额排名前三的企业分别为中国电建集团国际工程有限公司、中国葛洲坝国际集团工程有限公司和中国能源建设集团工程有限公司；境外新能源项目6个签约额排名前五名的企业包括中国电建集团国际工程有限公司、中国葛洲坝国际集团工程有限公司、中国机械设备工程股份有限公司、中国能源建设集团广东火电工程有限公司和中国电力工程有限公司。

在应对气候变化、能源转型和可持续发展背景下，全球正积极采取措施退出煤电投资而转向更为清洁低碳的可再生能源。同时，因可再生能源成本下降、政策风险较小，全球可再生能源投资产生了较大的机遇，中国能源电力企业越来越多地参与境外可再生能源投资与合作。根据普华永道2018年发布的《中国电力能源产业转型系列报告：海外电力投资机遇》，中国企业在海外电力市场的投资增长迅速，投资方向逐渐趋向于可再生清洁能源领域和发达国家市场。2019年3月，国家开发投资集团有限公司表示，该公司目前已完全退出煤炭业务，未来将主要投资新能源，成为第一家从煤炭业务整体退出的中央企业。

此外，中国私营企业的对外能源投资中，近2/3流入了可再生能源行业，如天合光能在泰国、越南投资了大型太阳能光伏设备制造厂和发电厂。

2. 中国支持东南亚电力基础设施建设发展的现状

东南亚已成为中国对外投资的热点区域。“一带一路”倡议的深入实施推动了中国对外基础设施投资与合作的迅猛发展，电力基础设施是其中的重点之一。商务部数据显示，2018年中国对外直接投资总计1430.4亿美元，已成为全球第二大对外投资国。2018年，中国在“一带一路”沿线直接投资流量为178.9亿美元，年末存量达1727.7亿美元，占比分别为12.5%和

8.7%。中国对外直接投资地域分布高度集中，存量前20位的国家和地区占投资总额的91.7%。安永会计师事务所发布的《2019年全年中国海外投资概览》指出，在“一带一路”倡议推动下，亚洲成为最受欢迎的中国企业海外投资并购地区，在2019年中国对外投资延续下降的趋势下依然保持增长的态势。其中，电力和公共事业等行业持续受到中国企业青睐，对外承包工程继续稳步发展，2019年同比增长7.6%。商务部公布的《2018年度中国对外直接投资统计公报》显示，中国对外投资以亚洲地区为主，东南亚是近几年投资的热点区域，中国对东南亚的投资在2017年占对外投资总量的8.9%，投资总额达到141.2亿美元。

工程总承包是中国海外电力市场最主要的传统参与方式，但是正在向股权投资转变。中国参与境外电力基础设施建设的主要形式为股权投资、金融支持、工程总承包（EPC）和设备出口等。每个电力项目可能涉及一种或多种参与方式，而主导参与方式决定中国企业和金融机构对项目是否具有决策权和长期经济收益。中国境外电力投资经历了从项目援助，到工程总承包，再到现在的项目“一体化”建设的发展进程，中国的设备、技术和资本由此也逐步深入拓展到海外电力市场中。总体来看，在2009~2018年的10年里，工程总承包仍为中国参与海外煤电项目的主要方式，这意味着中方企业对项目投资运营没有主导决策权，仅为施工方或设备提供方，对项目仅具有中短期的经济收益。随后，中国海外煤电投资正逐步由工程总承包向股权投资转变。从2012年开始，中国首批以股权投资形式参与的海外煤电项目投入运营。根据绿色和平统计，2018年中国企业以股权投资建成的项目装机容量首次超过工程总承包项目。

3. 中国积极参与东南亚和南亚可再生能源发展

中国也积极参与南亚和东南亚的可再生能源项目建设。2014~2018年，中国以股权投资形式参与建成的风电、光伏项目也主要位于南亚和东南亚地区，如中国企业在巴基斯坦、印度、马来西亚和泰国以股权投资形式参与建成的光伏项目装机总量为1185兆瓦，占同期在“一带一路”沿线国家投资总量的93%。在建或规划中的项目装机总量为996兆瓦，总计会为该区域贡献2181兆瓦装机容量的光伏项目。截至2018年底，中国在孟加拉国、阿富汗、越南和巴基斯坦已投资及计划投资的光伏项目装机总量更是超过了这些国家光伏装机总量的30%。2014~2018年，中国在“一带一路”沿线国家通过股权投资形式参与建成的风电项目中约80%位于南亚和东南亚，装机总量为397.5兆瓦，在建设或规划中得装机总量1362兆瓦，总计为该区域贡献1759.5兆瓦的风电装机容量。

除股权投资外，2014～2018年中国企业在“一带一路”沿线国家通过设备出口的方式参与建成的光伏电站装机总量约为8440兆瓦。中国光伏设备出口规模排名前五的国家中有三个位于南亚和东南亚地区，分别为印度（5800兆瓦）、泰国（1060兆瓦）和菲律宾（250兆瓦）。此外，中国光伏企业也将东南亚作为重要的海外光伏组件制造基地。在以越南、泰国等为代表的东南亚光伏基地群，共有12家中国光伏企业参与建设光伏组件工厂，公开信息显示，这些光伏组件工厂产能超过7吉瓦。

4. 中国与东南亚绿色能源合作

中国—东盟合作机制自1997年起便已确立，对双方的合作发挥了重要作用。随着中国与东盟经济社会的发展，环境保护已成为该机制的重要内容。中国—东盟环境保护合作的重要文件包括2017年2月签署的《中国—东盟环境保护合作战略（2016～2020）》、2011年12月签署的《中国—东盟环境合作行动计划（2011～2013）》和《中国—东盟环境保护合作战略（2009～2015）》、2018年11月签署的《中国—东盟战略伙伴关系2030年愿景》。其中，《中国—东盟战略伙伴关系2030年愿景》提到要深化中国与东盟金融合作，推动金融机构积极支持区域基础设施发展，并认识到新版“中国—东盟清洁能源能力建设计划”及“东盟清洁煤利用路线图研究”框架下，采取措施促进清洁能源发展的重要性，强调要加强环保、水资源管理、可持续发展、气候变化合作。

中国—东盟面临着共同的环境发展挑战，在各种多双边机制下开展绿色基础设施和环境气候合作。中国与东南亚发展历程相似，面临许多共同的环境与发展挑战，如全球化背景下的区域产业结构凸显环境风险、城市化与工业化进程加剧环境压力、区域生产与消费模式有待改进，以及全球环境问题加剧区域环境、气候、能源风险等问题。根据东盟共同体蓝图，结合中国—东盟环保合作的共性领域，未来合作重点领域为生物多样性保护、环境管理能力建设、全球环境问题、促进环境产品和服务业。随着中国东南亚贸易合作的不断发展，中国各省市和东南亚各国的合作及各种形式的次区域经济合作亦不断协同推进。中国与柬埔寨、老挝、缅甸、泰国和越南于2016年启动了澜湄合作机制，从互联互通、产能、跨境经济、水资源、农业和减贫六个领域拓展合作机会。中国和由文莱全国及马来西亚、印度尼西亚、菲律宾三国的部分地区构成的东盟东部增长区保持良好的双边关系，双方在农业、能源、渔业基础设施建设等领域合作较为密切。总规模为 100 亿美元的中国—东盟投资合作基金也于 2010 年 4 月成立运营，可通过基金的合理运作和政策引导，动员越来越多的社会资本投入到中国—东盟绿色电力基础设施合作中，解决东南亚电力基础设施绿色化的资金缺口。

中国—东盟在能源电力合作领域优势互补明显。2019 年，中国与东盟成员国领导人发表的《纪念中国—东盟建立战略伙伴关系 10 周年联合声明》中明确提出，双方将加强在能源领域的合作，制订“中国—东盟新能源与可再生能源合作行动计划”。中国和东盟通过各种多双边合作机制进行绿色能源电力战略规划和政策对接，同时，双方在可再生能源、能效等领域的优势互补也极为明显。在市场和商业机遇驱动下，中资企业已先于政策规划在东南亚电力基础设施投资中进行了多种尝试并积累了相当的市场份额和投资运营经验。而东南亚国家新能源和可再生能源资源丰富且急需外商投资弥补其资金缺口，双方在相关领域合作空间巨大。双方在政策和市场方面的合作可通过区域总体规划和具体国家合作分阶段进行，并在交流对话基础上定期进行调整和更新，以适应不同的政策和市场环境。

5. 马来西亚槟城太阳能电池片及太阳能组件生产线项目实践

（1）项目背景。马来西亚政府十分重视可再生能源的发展，专门制订了国家可再生能源计划，提出提升可再生能源占比，特别是光伏发电占比的目标。过去 10 余年里，马来西亚的太阳能光伏行业发展取得了显著进展。马来西亚工业发展局（MIDA）首席执行官（Dato' Azman Mahmud）表示，“事实上，马来西亚现在是世界第三大光伏电池和模块制造国。我们还拥有全球最大的薄膜生产基地，也是美国太阳能电池板出口最大的国家之一。”“我们正在逐步巩固作为最大太阳能电池板生产国之一的地位。”他指出，高技术和成熟的太阳能厂商对实现马来西亚太阳能产业的整个生态系统至关重要。

中国在清洁能源领域属于后起之秀。虽然起步较晚，但是发展迅速，已经成为全球清洁能源的引领者。以光伏为代表的中国新能源“名片”，经过多年发展，已具备很高的国际化水准，在产能与科研领域均处于全球领先地位。作为中马首个光伏太阳能产品制造合作项目，2015 年，晶科能源在马来西亚槟城投资建设太阳能电池片和组件生产厂。

（2）项目进展。2015 年 1 月，晶科能源控股有限公司在马来西亚槟城投资建设光伏电池工厂，同年 6 月项目基本建成投产。在 2015 年开工仪式上，马来西亚总理府部长马袖强、槟城州首席部长林冠英等马方官员出席。

马袖强表示，“晶科能源槟城工厂是马中双边关系发展的又一重要里程碑。中国光伏企业的研发、制造水平居世界前列，晶科能源在槟城投资建厂将有助于马来西亚太阳能产业的多元化发展。晶科能源技术先进、业务遍布全球，槟城工厂将雇用 1400 名当地工人，对槟城经济发展将做出重要贡献。”

2015 年 5 月底，位于马来西亚槟城的 500 兆瓦多晶电池片及 450 兆瓦组件厂正式投产，电池片转换率最高将达到 18.5%。二期项目于 2016 年 1 月开始动工建设，2016 年 6 月基本建成。2016 年下半年追加三期生产线项目，并持续进行技术改造，扩大产能。

（3）项目成效。截至 2017 年末，晶科能源马来西亚槟城项目电池片和组件产能分别达到 1700 兆瓦和 1300 兆瓦，对马来西亚提升清洁能源发电量占比具有积极作用。该工厂招工人数超过 5000 人，且近 80% 员工为本地招募，有力促进了当地就业。截至 2018 年末，晶科能源已在当地建设了 7 个工厂，电池片和组件产能已分别达到 3500 兆瓦和 3000 兆瓦，有效促进了马来西亚清洁能源发电量占比的提升。

晶科能源马来西亚的工厂已经成为光伏行业“走出去”最大规模的投资，1.5 吉瓦电池产能和 1.3 吉瓦组件产能，约占该公司产值的 15%。除了制造工厂之外，晶科能源还在马来西亚生产基地追加投资，设立光伏研发中心，从事光伏组件开发、试验和测试工作。

国际产能合作促进可再生能源的多赢发展槟城太阳能电池和组件生产厂是晶科能源在海外的第三个工厂，也是第一个电池厂。该厂采用世界上最先进的电池和组件制造设备以及晶科高效制程工艺，并配合全球主流的多晶硅技术。

企业负责人表示，该厂的建成投产不仅带动当地居民的就业，促进当地经济绿色可持续发展，同时也将中国先进的光伏技术带到马来西亚，提升马来西亚本土的光伏制造和应用水平。

（二）肯尼亚内马铁路保护生物多样性的实践

1. 基本情况

内马铁路是肯尼亚 2030 年远景规划的旗舰项目，起点位于内罗毕，终点位于肯尼亚与乌干达边境城市马拉巴，全长约 489.57 千米。项目建成后，将与蒙内铁路和乌干达境内铁路接轨，并逐步与坦桑尼亚、卢旺达、布隆迪、南苏丹等国家的铁路实现联网，构成东非公共交通的“大动脉”，进一步推动东非次区域互联互通和一体化进程。

作为蒙内铁路的延长线，内马铁路采用与蒙内铁路相同的技术标准和建设管理模式，由中国交建采用设计、施工、采购为一体的 EPC2 总承包方式实施，采用中国铁路一级标准设计。内马铁路将分三期实施，第一期内罗毕至纳瓦沙段施工线路全长 120.4 千米，为客货共线铁路，客运列车设计时速 120 千米，货运列车设计时速 80 千米。内马铁路一期于 2018 年 1 月正式开工建设，2019 年 10 月正式建成通车。

2019 年 10 月 16 日，肯尼亚总统肯雅塔在通车仪式上说，内马铁路一期将为肯尼亚内陆地区以及周边乌干达、南苏丹和布隆迪等内陆国家带来更多发展机遇，也会巩固肯尼亚作为地区交通和物流枢纽的地位。

2. 保护野生动物迁徙通道

为保护公园植被，项目施工过程中，采用分段施工的方式，边施工边复垦，保持土地及植物原貌。为将施工影响减少到最小，在总面积近 120 平方千米的内罗毕国家公园内，项目整个作业面宽度仅为 40 米。

为保证铁路建成后野生动物尤其是大型动物如长颈鹿的自由通行不受限制，内马铁路一期采用了长达 6.5 千米的大桥全程穿越公园方案，最低桥墩 7.5 米，最高桥墩 41.5 米。内罗毕国家公园大桥也成为东非铁路最长的单线铁路桥梁。此外，大桥还设置声屏障，降低列车通过时的噪声，最大程度降低对野生动物的影响。

3. 保护河流生态系统环境

砂是配置混凝土的重要原料。肯尼亚大部分地区常年干旱，河砂匮乏，且肯尼亚非常注重环境保护，河沙开采受到限制。为了保护生态环境，项目全部采用了机制砂，这又带来了另一个难题。中国国内生产机制砂大多数采用石灰岩，内马铁路沿线没有石灰岩，均为火成岩。面对这种情况，中国交建公司组织国内专家开展技术攻关，使得火成岩机制砂成功应用于铁路混凝土施工。火成岩机制砂在内马铁路的成功应用，大幅降低运输成本和能源消耗，节约了施工工期，保护了环境，降低了碳排放，经济、环境和社会效益重大。

肯尼亚影响力最大的媒体之一《旗帜报》报道称，内马铁路一期项目施工就地利用当地火成岩生产机制砂来代替传统“河砂”，既符合肯当地实际，又节能环保，值得在肯尼亚基础设施项目中推广。报道指出，肯裂谷地区火成岩资源丰富，但未得到有效开发利用。内马铁路研发的该工艺为当地开发利用原本闲置的火成岩资源提供了路径。而就地取材火成岩也为裂谷地区铁路、公路、建筑等项目施工提供了环保、高效、节能的用砂解决方案，有利于推动大批项目成本的降低和施工效率的提高。

（三）越南芹苴减少固废垃圾污染的实践

1. 芹苴市固废问题

芹苴市是越南五大直辖市之一，地处越南的南部，是湄公河三角洲上最大的城市，总人口 195 万人，距离胡志明市约 160 千米。近年来随着经济的高速发展和城市的持续扩张，生活垃圾不断增加，给当地居民生活和环境保护带来巨大压力。芹苴市生活垃圾清运量约为 650 吨/日，原有 2 家垃圾焚烧处理厂（焚烧不发电），日处理量共约 150～200 吨，在 2020 年关闭。越南芹苴垃圾焚烧发电项目有效地解决了当地垃圾清运能力短缺问题。

2. 项目合作概况

2016 年 7 月，由中国光大国际有限公司（以下简称光大国际）投资、建设和运营的芹苴垃圾焚烧发电项目正式开工建设，2018 年 11 月建成投产。芹苴项目是越南首座投产的现代化生活垃圾发电项目，为当地经济发展和环境保护提供助力，具有重要的示范效应。2018 年，芹苴项目获得芹苴市投资促进会颁发的“2018 年芹苴市优秀企业奖”。

南芹苴项目总投资约 4700 万美元，采用 EPC18 模式建设，项目经营期为 22 年（含 2 年建设期）。项目配置一台日处理生活垃圾 400 吨焚烧炉和一台 7.5 兆瓦的汽轮发电机组。目前，全厂垃圾处理量约占芹苴市每日总清运垃圾量的 70%。截至 2020 年 8 月底，累计处理生活垃圾 31.7 万吨，发电量 1.03 亿千瓦时。产生的电力一部分供厂内自用，另一部分送至当地的电网。

项目在处理每日新产生的生活垃圾基础上，进一步协助政府逐步处理原有垃圾填埋场的陈腐垃圾，协助解决全市生活垃圾露天堆放造成的诸多问题。

3. 环境保护成效

芹苴项目从建设到运营，严格执行与政府部门签订的《生活垃圾处理服务协议》，各项指标严格满足项目环评标准。项目建设过程中共设立了 5 项与环境相关的工程，包括：废水收集和处理工程、粉尘烟气处理工程、生活固体废物储存处理工程、储存危险废物工程，以及环境保护工程。目前，芹苴项目已获得越南环境资源部颁发的环保工程竣工证书，标志着该项目5项环保工程已全部验收完成。

越南的生活垃圾热值和成分与中国南方城市接近，光大国际采用“多级往复式顺推+翻动”机械炉排炉设备工艺、“SNCR+半干法+干法+活性炭吸附+布袋除尘”组合烟气处理工艺、“预处理+高效厌氧IOC+好氧A/O+超滤+化学软化+微滤+反渗透”的渗滤液处理工艺。该烟气处理工艺和渗滤液处理工艺已经在中国南方城市项目中广泛使用，为稳定成熟工艺。芹苴项目完全按照中国的标准建设，光大国际参照其在中国的安全环境管理体系，对“一进四出”（一进为生活垃圾，四出为炉渣、飞灰、渗滤液、烟气）严格管控。经越南有资质的第三方检测，项目各项数据全部符合越南现有国家标准，烟气在线监测指标日均值达到欧盟2010标准。

除了各项数据达标以外，厂区内绿化环境较好，厂房内整洁有序；厂房内负压控制有效，全厂无异味；采用封闭式厂房，噪声得以有效控制。项目也回收利用各种资源。如渗滤液全部集中处理，实现零排放重复利用；炉渣全部综合利用，用以路基材料和制砖。飞灰经安全收集后，交与政府进行处置。

（四）中埃·泰达苏伊士经贸合作区绿色生产的实践

1. 产业园区基本情况

产业园区已成为发展中国家推动经济增长、实现经济转型、促进工业化的重要政策工具。中埃·泰达苏伊士经贸合作区成立于2008年，地处“一带一路”和“苏伊士运河走廊经济带”交会点上，紧邻埃及苏伊士运河和因苏哈那港，位于亚非欧三大洲的三角地带，地理环境优越，交通便捷。

2015年，埃及政府提出“苏伊士运河走廊开发计划”，计划沿苏伊士运河建设“苏伊士运河走廊经济带”，包括修建公路、机场、港口等基础设施，预计建成后每年将为埃及创造高达1000亿美元收入，约占该国经济总量的1/3。“一带一路”倡议提出以来，契合埃及“苏伊士运河走廊开发计划”，泰达合作区的发展进入了“快车道”。2016年1月，中国国家主席习近平与埃及总统塞西为泰达合作区扩展区项目揭牌，标志着合作区已成为中国企业参与“一带一路”和“苏伊士运河走廊经济带”的新平台。合作区占地面积7.34平方千米，分为起步区和扩展区。其中，起步区面积1.34平方千米，已全部建设开发完成。扩展区面积6平方千米，扩展区一期2平方千米已完成基础设施建设并已有8家企业入驻，扩展区二期2平方千米土地已于2019年4月完成移交。合作区是埃及当前唯一完成全方位配套的、可以让企业直接入驻的工业园区。

2. 产业园区绿色生产实践

在推动当地绿色低碳可持续发展方面，合作区将绿色环保作为准入门槛之一，优先引进低碳、"环境友好型"企业。在扩展区一期2平方千米项目内的主干道全部安装了"风能+太阳能"路灯，成为埃及第一座大规模使用绿色能源路灯的园区。同时，泰达集团目前正积极探索"海水淡化"和"沙漠绿化"的属地化商业应用，力图让低碳可持续发展理念和中国优秀企业为驻在国的绿色发展提供帮助。

在项目推进过程中，合作区与苏伊士运河经济区总局、地方政府、埃方企业、劳工代表等进行沟通协作。10年来，仅就扩展区项目，合作区与埃方进行了24轮谈判，协商解决了33个重大分歧。一是在园区发展理念上，泰达提倡建设绿色生态的产业园区，做到绿色发展、生态宜居，营造区域人与自然和谐相处。随着时间的推移，埃及政府也认识到了环境保护的重要意义，特区管理局也将环保作为园区发展的理念之一。二是在园区设计理念上，泰达坚持产城融合的发展模式。以产兴城，城兴促产，产是园区核心竞争力的体现，城是园区生存活力的象征，二者不断牵引互动，促进创新升级。

经过双方共同努力，合作区已经与埃方基本形成了园区发展共识，埃方将绿色发展作为苏伊士经济区的发展理念之一，并将产城融合理念推广到经济区内其他园区的规划开发中。

3. 项目实践成效

泰达合作区经过十余年的发展，已成为两国企业投资合作的良好平台，其经济效益和社会效益成果均非常显著。截至2018年底，泰达合作区共有企业77家，实际投资额超10亿美元，销售额超10亿美元，上缴东道国税收超10亿埃镑，直接解决就业3500余人，被埃及政府誉为梦想开始的地方。

在培养人才和履行社会责任方面，泰达合作区定期举办各类培训，组织埃方优秀员工、管理者来华参观学习，近距离了解中国文化，为埃及培训和储备了一批优秀的管理人才和技术员工；多次与中国驻埃及大使馆以及埃及当地福利机构共同举办社会公益慈善活动。如今，泰达合作区已成为埃及政府和员工了解中国先进经验和中国文化的重要平台。

第三节　全球生态环境治理

中国高度重视生态文明建设，不仅全面加强国家生态环境保护事业，而且注重应对全球气候变化、生物多样性保护等全球环境治理。中国已经成为全球生态文明建设进程中的重要贡献者和引领者，受到国际社会的广泛认同和普遍赞誉。随着中国宣布努力争取2060年前实现碳中和并致力于加快建立健全绿色低碳循环发展经济体系，中欧领导人决定建立中欧绿色伙伴关系，共商共建绿色“一带一路”持续走深走实，后疫情时代全球绿色复苏方兴未艾，共谋全球生态文明进入一个大有作为的发展机遇期。共谋全球生态文明也将在落实联合国2030年可持续发展议程、《巴黎协定》和共建人类命运共同体等进程中发挥更重要的作用。

一、全力组织顶尖科研力量，坚持不懈为全球生态环境治理决策提供决策依据

为积极落实联合国2030年可持续发展议程，践行党的十九大关于“推进生态文明建设”的有关要求，坚持需求导向和问题导向、面向人类生命健康，中国启动了“全球生态环境遥感监测年度报告”工作，跨部门组织国内顶尖的科研力量，开展了全球及洲际尺度生态环境遥感专题产品研发及监测分析研究。年度报告工作分别成立了编委会、顾问组、专家组，并充分利用国家科技计划及相关部门的科研成果，从组织、人力和技术上保障了工作的有序、顺利开展。全球生态环境监测的成果公开对外发布，无偿向世界各国和国际组织共享，建设性地参与全球生态环境治理及引领地球观测数据国际共享所做出的贡献。

自2012年启动这项工作以来，“全球生态环境遥感监测年度报告”在保持继承性和强调发展性原则基础上，围绕全球生态环境典型要素、全球性生态环境热点问题和全球重点区域这3大类主题，拓展了10个专题系列，分8期陆续发布了22个专题报告。其中，全球生态环境典型要素类专题报告包括全球陆地植被、全球陆表水域和全球城乡建设与发展；全球性生态环境热点问题类专题报告包括全球大宗粮油作物生产形势、全球典型

重大灾害、大型国际重要湿地和全球碳源汇时空分布；全球重点区域类专题报告包括非洲土地覆盖、中国—东盟生态环境状况以及“一带一路”生态环境状况。

2020 年度全球生态环境监测报告持续关注全球生态环境热点问题以及重点区域，聚焦“南极冰盖变化”“全球大宗粮油作物生产与粮食安全形势”和“全球城市扩展与土地覆盖变化”3 个专题开展遥感监测与分析。这 3 个专题分别由武汉大学、中国科学院空天信息创新研究院、中国科学院地理科学与资源研究所具体承担，联合中山大学、北京师范大学、福建师范大学、东北农业大学、浙江农林大学、内蒙古财经大学、北京市气候中心、中国环境科学研究院等多家单位共同完成。

（一）南极冰盖变化科学研究为应对气候变化和参与全球治理提供科学支撑

南极冰盖是地球气候系统中最大的冷源。在全球变暖背景下，大气和海洋升温，南极冰盖融化加速，导致全球海平面上升，冰雪环境和生态系统发生着越来越显著的变化。海平面上升问题，是联合国 2030 年可持续发展目标中“气候行动”的核心内容；而南极冰盖变化则与目标“水下生物”和目标“陆地生物”密切相关。

南极冰盖表面融化和冰架崩解直接影响南极冰盖系统的稳定性，然而当前南极冰盖的物质损耗机制仍然不明确，导致对于未来海平面变化的预估存在很大的不确定性。同时，企鹅栖息地和企鹅数量的变化对揭示南极地区生态环境变化具有重要指示作用。因此，基于遥感监测定量揭示南极冰盖表面融化和冰架崩解以及与其相互关联的企鹅栖息地的时空变化特征，对于理解气候变化背景下南极环境和生态系统变化具有重要意义。

南极大陆面积约为 1392.4 万平方千米，其上覆盖着巨大的南极冰盖，冰盖面积约为 1229.5 万平方千米，平均厚度为 2126 米，最厚处可达 4897 米，总冰量约为 2654 万立方千米。南极冰盖占世界陆地冰量的 90%，淡水储量的 70%，若全部融化可使全球海平面上升 58.3 米。南极冰盖巨大的冷储和相变潜热，以及对海平面上升的潜在贡献，使其成为全球气候变化研究中最受关注的研究对象之一。

在全球变暖背景下，南极冰盖正发生着快速变化。2019 年 9 月，联合国政府间气候变化委员会（IPCC）发布的《气候变化中的海洋和冰冻圈特别报告》指出，南极冰盖物质加速损失，使其成为世界各国研究的热点区域。南极冰盖变化研究对于应对气候变化、倡导生态文明和建设海洋强国等国家战略都具有重大意义，同时与联合国2030年可持续发展目标密切相关。本年度报告选取对气候变化敏感的、直接体现南极冰盖变化的表面融化和崩解特征，以及与南极冰盖变化密切相关的企鹅栖息地分布特征进行监测，对于认识南极冰盖的演变及南极生态系统具有重要意义，并为我国应对气候变化和参与全球治理提供科学支撑。结果表明：

（1）1999～2019年，南极冰盖表面融化显著，融化面积占总面积的19%，融化多分布于南极冰盖边缘及南极半岛地区，向南可发展到85度的高纬地区。21世纪以来，南极冰盖融化总体呈增加趋势。南极半岛融化最为剧烈，且冬季焚风事件的增加和异常环流现象造成了融化趋势增强。根据本研究工作和气候模型预测，未来南极冰盖表面融化将会增加，尤其在西南极和南极半岛地区，融水径流造成物质损失增加，对海平面上升的影响将变得显著。

（2）2005年以来，南极冰架年均崩解面积3411.4平方千米，年均崩解质量771.1总吨，2016/2017年崩解质量最大，达到1832.6总吨。南极大型冰架持续向外扩张，崩解频次低；南极半岛、西南极和东南极威尔克斯地的中小型冰架退缩显著，崩解频繁，是南极崩解的主要贡献者。冰架底部融化加剧、冰盖表面融化加速和海冰减少使得崩解呈现明显加剧趋势，大气和海洋的增暖是主要驱动因素。

（3）企鹅被视为南极生态系统的指示物种。2000年、2014年和2018年，以南极固定冰为主要栖息地的帝企鹅栖息地数量相对稳定。相比于1983年、2012年和2018年罗斯海地区恩克斯堡岛阿德利企鹅数量显著增加，栖息地呈现向高海拔地区扩展的趋势；海冰范围和食物量的增加是恩克斯堡岛阿德利企鹅数量增加的主要驱动因素。

并提出建议：一是在地球观测组织（GEO）框架下，通过各成员国及国际组织共同努力，充分发挥南极地区国际对地观测遥感数据获取的潜在优势，进一步加强资源共享与合作研究，可以更加有效地提升人类对南极环境与气候变化的认知，为联合国2030年可持续发展目标的实现做出更大的贡献。二是目前对南极冰盖变化的认知还是初步的，建议各国通力合作，研制极地卫星，构建极地观测网络，实现对极地冰盖变化的高分辨率、多传感器的实时监测。

（二）全球农情遥感速报系统为世界制定政策、提供援助、保障粮食安全提供有效支持

中国科学院空天信息创新研究院于1998年建立了全球农情遥感速报系统（CropWatch）。该系统以遥感数据为主要数据源，以遥感农情指标监测预测为技术核心，结合有限的地面实测数据，构建了不同时空尺度的农情遥感监测多层次技术体系，利用多种原创方法及监测指标及时客观地监测评价实时和近期粮油作物生长环境、长势和大宗粮油作物生产形势，已经成为地球观测组织/全球农业监测计划（GeoGLAM）的主要组成部分和重要贡献者。CropWatch是一个独立的数据综合分析平台，开展全球大范围的作物生产形势监测与分析、粮食供应形势的预警，是制定政策、提供援助、保障粮食安全的有效支撑平台。

2020年围绕联合国可持续发展零饥饿目标，充分发挥遥感技术优势，利用全球多层级粮食生产形势监测与预警技术体系，开展了2019年全年和2020年1～8月的全球粮油作物生产形势的监测与评估，重点评估了旱灾、洪涝、沙漠蝗虫、新冠疫情等灾害对粮食生产的影响，并从粮食生产形势、区域粮食供需形势、进出口形势等多个角度剖析了全球、地中海以及中国的粮食安全形势。结果表明：

（1）2019～2020年全球农气条件整体正常，大宗粮油作物生产总体形势良好；但2020年区域性极端气候和农业灾害多发，对全球粮油作物产量有些影响。（2）2019～2020年全球大宗粮油作物供应形势良好，全球大宗粮油作物主要出口国供应量均呈增加态势，预计全球粮食市场总体稳定。但全球新冠疫情给粮食供应链带来影响，区域性粮食安全存在不确定性。（3）2004～2018年，地中海地区人口持续增长，粮食产量总体下滑，人均粮食产量呈显著下降趋势，表明该地区粮食自给水平逐渐下降，蕴含了粮食安全风险。

为应对全球粮食安全挑战，实现联合国零饥饿可持续发展，实现人类生态文明目标提出的建议：

（1）印度、尼日利亚等第三世界人口大国区域性极端气候和农业灾害多发，如尼日利亚旱灾、从东非扩展到印度的沙漠蝗虫灾害等，对当地农业生产产生了较大影响，粮食生产与供给属于紧平衡状况。建议相关国家加强粮食储备能力建设，增强减灾防灾能力，开拓粮食供给多元化渠道。

（2）受城市扩张、土地退化、气候变化等多因素影响，地中海区域粮食

总产量呈现波动下降趋势，作物种植结构与实际需求的不匹配也加剧了粮食供给的紧张态势。建议区域内各国从自身实际需求出发，优化土地资源利用政策，调整农业种植结构，提升农业生产管理水平，遏制粮食产量下滑态势，最大限度满足本国的粮食需求，应对可能出现的粮食供应风险。

（三）城市生态空间监测为全球建设可持续的城市和社区提供科学认知和决策依据

进入21世纪以来，全球城市快速发展。据联合国报告，2018年有42.2亿的人口居住在城市，占全球总人口的55%，预计2050年全球城市化率将达到68%。城市扩展与土地覆盖变化显著影响城市人居环境质量、生态系统服务，乃至人类福祉。全球范围内城市下垫面高精度遥感监测，可为实现联合国2030年可持续发展目标“建设包容、安全、弹性和可持续的城市和社区”提供科学认知和决策依据。

《全球城市扩展与土地覆盖变化》采用卫星遥感技术监测了近20年全球城市扩展与土地覆盖变化，辅以社会经济统计等资料，分析了全球9个超大城市群和1468个典型城市扩展的时空格局和分异规律，揭示了不同区域的城市土地覆盖分布特征及其变化态势，评价了不同土地资源禀赋和收入水平国家城市绿地空间的配置差异，提出了全球城市可持续发展建议。

结果表明，全球城市土地总面积由2000年的23.90万平方千米增加到2020年的51.98万平方千米，扩展了28.08万平方千米。全球城市不透水面快速增长，从2000年的15.30万平方千米增长到2020年的31.19万平方千米。全球城市绿地空间面积显著增加，从2000年的6.54万平方千米增加到2020年的17.16万平方千米，占城市土地面积比例由27.36%增加到33.01%。

一是21世纪全球城市持续扩展，各国城市人均土地面积差异显著。二是近20年全球城市土地覆盖组分结构有所优化。不同区域的城市土地覆盖差异明显，高收入国家具有更高的城市绿地空间配置，部分低收入国家落实全球可持续发展目标存在相当大的挑战。根据科学研究结果，进一步为全球城市生态文明建设提供主要建议：

（1）在保护全球生态空间与农业生产空间，确保人类家园的生态安全和粮食安全的前提下，统筹城市发展与生态保护和粮食供给之间的关系，适度控制城市扩展规模，遏制城市空间的无序蔓延，促进全球人居环境可持续发展。（2）以人与自然和谐为根本，持续优化城市土地覆盖组分结构，建设可持续绿色宜居的生态城市，支撑联合国 SDGs 2030 年“可持续城市和社区”目标在全球范围内的整体实现，特别关注低收入国家城市人居环境优化面临的挑战。（3）在地球观测组织、联合国人居署等国际组织合作框架下，鼓励更多具有卫星对地观测能力的国家积极参与，建立动态监测和定期评估发布的机制，加强全球信息与知识共享，提升全球城市高精度动态监测能力，有力支撑全球城市可持续发展。

二、共同谋划人与自然生命共同体的司法宣言，为实现地球生态文明保驾护航

2021 年 5 月 26 日，我国与联合国环境规划署共同举办世界环境司法大会在昆明开幕，国家主席习近平向世界环境司法大会致贺信。习近平指出，地球是我们的共同家园。世界各国要同心协力，抓紧行动，共建人与自然和谐的美丽家园。中国坚持创新、协调、绿色、开放、共享的新发展理念，全面加强生态环境保护工作，积极参与全球生态文明建设合作。中国持续深化环境司法改革创新，积累了生态环境司法保护的有益经验。中国愿同世界各国、国际组织携手合作，共同推进全球生态环境治理。

（一）推动构建人与自然生命共同体司法宣言

《昆明宣言》是在司法领域推动构建人与自然生命共同体的宣言。2021 年世界环境司法大会经过与会各方认真磋商，会议通过《昆明宣言》。《昆明宣言》以构建人与自然生命共同体为目标，倡导进一步深化环境司法国际交流合作，共同推动发展绿色低碳循环经济和可持续发展，为共建人与自然可持续发展的未来作出努力。《昆明宣言》倡议秉持生态文明理念，持续深化环境司法领域国际合作交流，携手应对全球环境危机。《昆明宣言》将成为国际环境司法领域的重要文件，为建设美丽世界、推动构建人类命运共同体发挥积极作用。

《昆明宣言》是国际环境权益保护的宣言。《昆明宣言》注重环境权益保护，提出应通过公开透明、公正高效、可获得、可负担的司法过程，确立裁判规则，维护公众环境权益，促进人类健康、生态安全和经济社会可持续发展。

《昆明宣言》是国际环境司法的法治宣言。《昆明宣言》贯彻创新、协调、绿色、开放、共享的新发展理念，在加强全球环境危机的司法应对方面，

提出了司法解决方案。《昆明宣言》体现了保护优先、预防为主、综合治理、公众参与、损害担责的环境法原则，倡导运用法治手段推进全球生态文明建设，努力推动构建公平合理、合作共赢的全球环境治理体系。

《昆明宣言》确立了三大原则。《昆明宣言》正文第一部分针对气候变化、生物多样性丧失和污染三大危机，提出司法遵循的基本原则。一是公平、共同但有区别的责任及各自能力原则。二是保护和可持续利用自然资源的原则。三是损害担责原则。《昆明宣言》第三条在防治环境污染领域，提出遵循损害担责原则，依法审理涉大气、水、土壤、海洋、固体废弃物污染等相关案件，遏制环境恶化趋势，促进维护人类健康和经济社会可持续发展。

（二）展现全球生态环境司法治理"中国担当"

旗帜鲜明向环境污染宣战，筑起坚不可摧的法治屏障。司法是环境治理体系的重要组成部分，在生态文明建设中承担着重要职责。党的十八大以来，以习近平同志为核心的党中央把生态环境保护摆在前所未有的高度，探寻人与自然和谐共生的高质量发展之路。人民法院深入贯彻习近平生态文明思想，充分发挥审判职能作用，全面加强环境资源审判工作，依法严惩环境污染、生态破坏违法行为，加大环境资源审判力度，用最严密的法治守卫生态资源，呵护蓝天碧水净土，为环境治理筑起坚不可摧的法治屏障。从三大污染防治攻坚战到生态文明建设持久战，守护美丽中国的司法"利剑"高悬，让法律制度成为刚性的约束和不可触碰的高压线。幼儿园"毒跑道"公益诉讼案、三清山巨蟒峰生态环境破坏案、危害珍贵濒危野生动物"绿孔雀"栖息地案……一批社会关注度高、影响大的环境资源案件得到妥善审理，彰显人民法院保障生态环境人民利益的决心和信心。

近年来，中国法院持续深化环境司法国际交流合作，积极构建环境司法信息共享和协调合作机制，持续拓展司法合作的广度和深度，共同提升环境司法专业化水平，推进国际环境法治发展，为推进全球生态环境治理贡献中国智慧、中国方案，为构建人与自然生命共同体、共建地球生命共同体贡献了中国力量，向国际社会宣示了中国保护生态环境的坚定信心，彰显了中国积极投身全球环境司法治理的大国担当。截至目前，最高人民法院与世界多个国家司法机关、国际组织开展常态化交流培训，并成功举办 2015 年博鳌亚洲论坛环境司法分论坛、环境司法国际研讨会、"新时代绿色丝绸之路"国际司法研讨会等环境领域重要国际性会议，在国际舞台上促进形成共赢的环境司法合作机制。

（三）向全世界分享中国生态环境司法经验

1. 加强生态环境司法保护

如重庆地处长江上游和三峡库区腹心，重庆生态环境司法首先是立足流域水生态核心，突出本色。妥善处理水资源开发利用和生态环境保护、群众合法权益的关系，实现流域内刑法裁量的统一，在全国率先制定非法捕捞犯罪量刑指引。其次是强化流域系统性保护，增添亮色。与周边高院签订协议共同加强长江司法保护，在 5 个辖区中院各确立一个基层法院对重要生态功能区环资案件实行跨行政区域集中管辖，将非法移栽红豆杉按非法采伐定罪处理。最后是践行恢复性司法理念，彰显特色。对积极修复生态环境的被告人在量刑时从宽处罚，实行原地修复与替代修复相结合，建设生态环境司法保护修复基地发挥法治教育功能。

2. 遵循生态环保规律完善裁判规则

如何遵循生态环境保护规律，探索完善环境案件裁判规则和执行方式，更加有效地保护各类生态环境权益，是当前摆在人民法院面前的重要课题。浙江在探索完善环境案件裁判规则方面，严格控制缓刑适用，近三年审结一审环境刑事案件 3469 件，适用实刑率 60% 以上；从严认定赔偿责任，对经两次以上行政处罚仍采取隐蔽手段非法排污的企业，适用民法典惩罚性赔偿的规定；贯彻公众参与原则，近三年审结环境公益诉讼案件 278 件。此外，还建立了刑事制裁、民事赔偿与生态补偿有机衔接的环境修复责任制度。江西在三清山巨蟒峰损毁案和浮梁倾倒废液污染环境案中，探索了“故意损毁名胜古迹罪如何正确适用”“如何认定侵权人污染环境造成了严重后果”和“如何确定惩罚性赔偿数额”等裁判规则。并通过审理相关案件，总结并推行“环境损失计算五结合法”裁判规则，改变了以往每案必鉴定的做法，减轻了当事人诉累、减少了鉴定费用支出，加快了审案进度。

三、加强应对气候变化、保护生物多样性、防治环境污染的力度

（一）大幅提升深度参与全球环境治理的能力和水平

党的十八大以来，我国在生态文明建设取得显著成效的同时，积极参与

全球环境治理，受到国际社会高度重视。目前，我国已与100多个国家开展了生态环境国际合作与交流，与60多个国家、国际及地区组织签署了约150项生态环境保护合作文件。我国率先发布《中国落实2030年可持续发展议程国别方案》，向联合国交存《巴黎协定》批准文书，支持开展气候变化南南合作，不断发挥着重要的建设性作用。大力推动绿色“一带一路”，同构“一带一路”绿色发展国际联盟，共筑“一带一路”生态环保大数据服务平台。

（二）坚定落实《巴黎协定》，积极参与全球气候治理

为全球生态文明建设树立新标杆。习近平主席出席联合国成立75周年系列高级别会议呼吁人类需要一场自我革命，加快形成绿色发展方式和生活方式。提出增强建设美丽世界动力、凝聚全球环境治理合力、培育疫后经济高质量复苏活力、提升应对环境挑战行动力等四条建议，就共谋全球生态文明建设作出精辟阐述。从推动达成气候变化《巴黎协定》到全面履行《联合国气候变化框架公约》，从大力推进绿色“一带一路”建设到深度参与全球生态环境治理，中国一直为建设一个清洁美丽的世界砥砺前行，筑起了一道道保护家园的“绿色长城”，创造了一个个“荒漠变绿洲”的绿色传奇。在提前两年完成2020年气候行动目标的基础上，习近平主席这次又郑重宣布，中国将提高国家自主贡献力度，采取更加有力的政策和措施，二氧化碳排放力争于2030年前达到峰值，努力争取2060年前实现碳中和，表明中国全力推进新发展理念的坚定意志，彰显中国为全球应对全球气候变化做出新贡献的明确态度，得到国际社会的普遍赞誉。

在美国宣布退出《巴黎协定》决定前后，习近平主席等国家领导人在多个场合重申了中国将与各方同心协力、共同坚守《巴黎协定》成果、共同推动《巴黎协定》实施、建设一个清洁美丽世界的坚强决心，也向世界释放出中国将坚定走绿色低碳发展道路、百分之百承担自己义务、引领全球生态文明建设的积极信号，及时巩固了全球应对气候变化的信心和决心，充分展示了中国作为负责任大国对构建人类命运共同体强烈的责任担当，为各方共同努力全面落实《巴黎协定》和各国自主贡献承诺奠定了主基调。

（三）将生态文明纳入中国主场外交

生态文明是中国向世界提供的一种新型的全球环境治理和绿色发展理念。

中国坚持人与自然和谐共生的本质要求，将生态文明建设融入经济建设、政治建设、文化建设、社会建设和国际合作等方面，推动生态文明建设在整体中、协调中推进。

习近平总书记多次在重要国际场合及会议上向世界分享生态文明理念，例如在2020年第七十五届联合国大会一般性辩论上的讲话、在联合国生物多样性峰会上的讲话和在2021年世界经济论坛“达沃斯议程”对话会上的特别致辞等，为国际社会应对气候变化、生物多样性保护、可持续发展等领域提供新理念、注入新动能。中国向全球发布《绿水青山就是金山银山：中国生态文明战略与行动》《共建地球生命共同体：中国在行动》等生态文明报告，为其他国家应对类似的环境与发展挑战提供了有益思考。在后疫情时代，绿色复苏、碳中和正在成为全球环境治理的主流化政策选项，推进生态文明建设的民心相通和国际合作，提高推动全球绿色低碳循环发展的能力和水平，将增强全球绿色化转型的动能。

第四节　国际公约履约及贡献

在国际环境公约框架下制定行动计划，全力推动履约取得成效。中国积极参与全球环境治理规则构建，深度参与环境国际公约谈判，配合推动国内履约工作，发布《联合国气候行动峰会：中方的立场和行动》，向联合国交存《巴黎协定》批准文书等。“十三五”期间，积极参与各公约框架下缔约方大会及重要议题磋商，深度参与环境国际公约、核安全国际公约及与环境相关的国际贸易投资协定等谈判，引导谈判进程向我有利方向发展。积极推动达成《蒙特利尔议定书》基加利修正案，推动全球三氯一氟甲烷（CFC－11）排放意外增长问题妥善解决，圆满完成《蒙特利尔议定书》规定的履约目标。成功获得2020年《生物多样性公约》第十五次缔约方大会（COP15）举办权，发布大会主题“生态文明：共建地球生命共同体”。推动《斯德哥尔摩公约》缔约方大会审议通过新增三批共七种/类持久性有机污染物，积极推动三公约协同增效。成功推动浙江“千村示范、万村整治”工程荣获“2018年地球卫士奖”、浙江省获得2019年世界环境日主场活动承办权，利用各种机会和场合宣传生态文明理念与实践，树立了中国负责任大国形象。

一、《蒙特利尔议定书》履约

（一）《蒙特利尔议定书》签署过程

国际社会于1985年签署《保护臭氧层维也纳公约》，于1987年签署了《关于消耗臭氧层物质的蒙特利尔议定书》，共同保护臭氧层、淘汰消耗臭氧层物质。

中国政府于1991年签署加入《蒙特利尔议定书》伦敦修正案，2003年加入了议定书哥本哈根修正案，2010年又加入了蒙特利尔修正案及北京修正案。在发达国家按照议定书要求淘汰主要消耗臭氧层物质之后，中国成为全球最大的消耗臭氧层物质生产国和使用国。

2007年，《蒙特利尔议定书》达成加速淘汰含氢氯氟烃（HCFC）调整案。根据调整后的时间表，我国应于2013年将HCFC的生产和消费冻结在基线水平上，2015年削减基线水平的10%，2020年削减基线水平的35%，2025年削减基线水平的67.5%，2030年削减基线水平的97.5%，2040年全部淘汰HCFC。

（二）提前完成《蒙特利尔议定书》阶段性目标及履约进展

1991年，我国成立了由环境保护部牵头，18个部委参加的国家保护臭氧层领导小组。作为中国政府跨部门间的协调机构，国家保护臭氧层领导小组负责履行《维也纳公约》和《蒙特利尔议定书》，组织实施《中国逐步淘汰消耗臭氧层物质国家方案》。2000年，我国成立了由环境保护部、商务部和海关总署联合组成的国家消耗臭氧层物质进出口管理办公室，全面负责消耗臭氧层物质进出口管理事宜。保护臭氧层多边基金项目管理办公室（PMO）设在环境保护部，负责保护臭氧层多边基金项目的选择、准备、报批、实施、协调和监督等工作。截至目前，我国共获得8亿多美元多边基金赠款，在国际机构的协助下在18个行业开展替代活动，共淘汰了10万多吨消耗臭氧层物质生产和11万多吨消耗臭氧层物质消费。此外，中国制定了100多项保护臭氧层的政策法规和管理制度，积极开展各种形式的宣传、教育和培训，企业和公众保护臭氧层意识有了较大提高。经过努力，我国于2007年7月1日全面停止全氯氟烃和哈龙两类物质的生产和进口，提前二年半实现议定书规定的目标。2010年1月1日又实现了四氯化碳和甲基氯仿的全面淘汰，从而圆满完成议定书2010年淘汰全氯氟烃、哈龙、四氯化碳和甲基氯仿四种主要消耗臭氧层物质的历史性目标。2010年6月，国务院颁布实施《消耗臭氧层物质管理条例》，为中国保护臭氧层事业的长期发展提供了有力的法律保障。

我国认真履行《保护臭氧层维也纳公约》《关于消耗臭氧层物质的蒙特利尔议定书》（以下简称议定书）规定的义务，高度重视消耗臭氧层物质（ODS）的监督管理，履约工作取得积极进展。

在完善政策法规方面，推动修订《消耗臭氧层物质管理条例》，加大对非法行为的处罚力度，提高法律震慑力。编制完成中国含氢氯氟烃生产和消费共7个行业的第二阶段（2021～2026年）淘汰管理计划，谋划“十四五”履约规划；在监督执法方面，继2018年、2019年后，2020年继续组织开展了全国ODS执法专项行动，始终保持对违法行为的高压态势；在源头管控方面，向全国所有在产的四氯化碳（CTC）副产企业持续派驻驻厂监督帮扶工作组，开展源头管控，目前所有在产企业均已全部安装可核查、可定量的CTC在线生产监控系统，并联网至国家监控平台，实现对CTC的国家在线生产监控；在检测监测方面，制定硬质聚氨酯泡沫、组合聚醚、气态制冷剂、液态制冷剂和工业清洗剂中ODS检测标准方法，完成9家工业产品ODS检测实验室建设。制定大气中ODS浓度监测规划，计划在2021年建设ODS背景浓度监测站点；在进出口管理方面，利用联合国环境署建立的“ODS出口前预先知情机制”，国家消耗臭氧层物质进出口管理办公室累计驳回55批出口审批单，防止约1984吨ODS的潜在非法贸易，得到国际机构和进口国的高度赞赏。

（三）不断推动《蒙特利尔议定书》履约能力建设

在履约过程中，中国不断加强履约机制，组建了国家保护臭氧层领导小组，生态环境部为领导小组组长单位，协调指导各部门履约行动；成立国家消耗臭氧层物质进出口管理办公室，对受控物质进出口实施有效监管；开展履约能力建设，通过国家牵头、省市县三级联动的履约管理机制，将履约工作覆盖到全国。在政策法规方面，出台了《消耗臭氧层物质管理条例》等100多项法规政策，以总量控制和配额许可管理制度为核心，实现消耗臭氧层物质生产、使用和进出口全过程管理。中国持续加大监督执法力度，为重点省市配置快速检测仪器，对执法人员进行专业培训，提升监督执法能力；开展了“补天行动”“国门之盾”等专项行动，有效打击非法贸易。2019年

3 月，生态环境部在京组织召开《蒙特利尔议定书》履约能力建设交流国际研讨会，中国不断与国际社会深入交流和探讨履约经验，推动国内履约能力建设，继续加强对受控物质的监督管理，确保履约成效。

（四）为全球臭氧层保护和应对气候变化做出新贡献

2021 年 6 月 17 日，中国常驻联合国代表团向联合国秘书长交存了中国政府接受《〈关于消耗臭氧层物质的蒙特利尔议定书〉基加利修正案》（以下简称《基加利修正案》）的接受书。该修正案将于 2021 年 9 月 15 日对我国生效（暂不适用于中国香港特别行政区）。

《基加利修正案》于 2016 年 10 月 15 日在卢旺达基加利通过，将氢氟碳化物（HFCs）纳入《关于消耗臭氧层物质的蒙特利尔议定书》（以下简称《蒙特利尔议定书》）管控范围。HFCs 是消耗臭氧层物质（ODS）的常用替代品，虽然本身不是 ODS，但 HFCs 是温室气体，具有高全球升温潜能值（GWP）。《基加利修正案》通过后，《蒙特利尔议定书》开启了协同应对臭氧层耗损和气候变化的历史新篇章。中国政府高度重视保护臭氧层履约工作，扎实开展履约治理行动，取得积极成效。作为最大的发展中国家，虽然面临很多困难，但中国决定接受《基加利修正案》，并将为全球臭氧层保护和应对气候变化做出新贡献。

二、《生物多样性公约》履约

（一）《生物多样性公约》签署的过程

1992 年，在巴西里约热内卢召开的联合国环境与发展大会上，中国签署了具有约束力的《生物多样性公约》。作为第一项生物多样性保护和可持续利用的全球协议，共有 150 多个国家在大会上签署了《生物多样性公约》，至今共有 196 个缔约方。依此来看，保护生物多样性的理念获得了世界范围内快速且广泛的接纳。自 2011 年以来，履约进入新时期，重点执行《2011 ~ 2020 年生物多样性战略计划》和“联合国生物多样性 2020 目标”（下文简称爱知目标），之后四次缔约方大会也充分体现了这个精神。但是，从全球现状来看，生物多样性下降趋势未得到根本遏制。生物多样性的持续急剧丧失，给自然和人类社会带来了严重的后果。同时，就目标的完成情况来看，专家们已经基本达成共识，认为 20 个目标中的大多数目标很难在 2020 年前如期实现。中国作为2020年第15次缔约方大会的主办方，将以举办大会为契机承担起为全球生物多样性保护做贡献的重任。因此，第15次缔约方大会不仅是《生物多样性公约》国际进程中承前启后的关键节点（即审议通过“2020年后全球生物多样性保护框架”），而且也与中国国内生物多样性保护的现实需求相契合，是中国成为更加积极主动且生态外向型的负责任环境大国的重要契机。

中国是最早签署和批准《生物多样性公约》的国家之一，尔后又于2005年6月8日和2016年6月8日分别批准了《生物多样性公约》项下的《卡塔赫纳生物安全议定书》和《名古屋议定书》，成为国际上保护生物多样性的重要力量之一。在加入公约的近30年中，中国一直履行公约义务，始终坚守公约责任，但中国的履约态度和角色不是一成不变的，而是经历了“追随者—参与者—贡献者”的角色转变。这种转变很难通过传统的履约意愿和履约能力框架予以解释和分析。实际上，在1992年、2000年和2012年这三个大时间节点上，中国的发展理念和模式、对环境利益的认识、经济技术水平、参与全球环境治理的态度都发生了巨大变化。这四种因素的共同作用，促成中国在履约过程中的角色转变。

（二）中国履行《生物多样性公约》的过程

（1）1992～2000年：作为追随者的履约阶段。中国在追随者阶段，更多地体现出对现有国际体系的认同。1992年6月，中国在联合国环境与发展大会上签署了《生物多样性公约》，并且于同年11月成为率先加入该公约的缔约国之一。并且中国开始根据该公约第六条即“为保护和可持续利用生物多样性制定国家战略、计划或方案，尽可能并酌情将生物多样性保护与可持续利用纳入有关的部门或跨部门计划、方案和政策内”的要求，制订了《中国生物多样性保护行动计划》。该份行动计划确定了优先保护的生态系统和物种，并且明确了7个具体保护领域和26个优先行动。

（2）2000～2012年：作为参与者的履约阶段。在这一时期，中国经济高速增长，重化工业加快发展，给生态环境带来了前所未有的压力，国家已经认识到环境问题制约社会经济发展的事实，并采取了一系列相应措施。为了改变整体环境污染问题，协调好经济发展和环境保护的关系，十六届五中全会将建设资源节约型和环境友好型社会确定为国民经济与社会发展中长期规划的一项战略任务。自20世纪90年代中期以来，中国政府适时提出了“做国际社会中负责任大国”的外交理念，并迅速为国际社会所熟知，这成为中国参与国际机制、回归国际社会的重要身份元素。这一时期中国在战略、计划、政策、法律、机制和国际合作层面所做出的调试和改变充分展现出中国已经转变成正面主动的积极态度。本阶段履约的核心特征是由被动应对转变为主动参与。

（3）2012 年至今：作为贡献者的履约阶段。中国在 2012 年提出大力推进生态文明建设，这标志着中国对生物多样性的保护进入了新的历史起点。2018 年 3 月，“生态文明”和“美丽中国”被写入《中华人民共和国宪法修正案》，这为生态文明建设提供了国家根本大法的支撑。2018 年 5 月，全国第八次生态环境保护大会正式确立了习近平生态文明思想，为环境战略政策改革与创新提供了思想指引和实践指南。2015 年，由中共中央、国务院印发的《生态文明体制改革总体方案》中明确提出“积极参与全球治理”，这标志着中国自发地承担治理责任，已渐有引领全球发展之势。故本阶段履约的核心特征表现为中国力量在全球治理中的重要性不断提升。

三、《斯德哥尔摩公约》履约

（一）《斯德哥尔摩公约》基本情况

持久性有机污染物（POPs）是人类生产合成或伴随人类生活和工业生产产生的一类化学物。由于其难降解、毒性大、可长距离迁移等特点，其生产、使用和排放对人民群众健康和生态环境构成严重威胁，成为全球关注的环境污染物。为避免环境和人类健康受到持久性有机污染物危害，国际社会于 2001 年 5 月共同通过了《关于持久性有机污染物的斯德哥尔摩公约》（简称“《斯德哥尔摩公约》”或“公约”），决定全球携手共同应对持久性有机污染物这一顽敌。

（二）《斯德哥尔摩公约》签署过程

中国于 2001 年 5 月 23 日签署《关于持久性有机污染物的斯德哥尔摩公约》（以下简称公约），2004 年 6 月 25 日第十届全国人民代表大会常务委员会第十次会议批准公约。公约自 2004 年 11 月 11 日对中国正式生效，并适用于香港特别行政区和澳门特别行政区。

2007 年 4 月，根据公约第七条，中国发布《国家实施计划》，针对首批列入公约的12种类持久性有机污染物，确定了分阶段、分行业和分区域的履约目标，制订了履约措施和具体行动计划，并详细规划了第一阶段（2010年前）和第二阶段（2011～2015年）的具体行动目标及后续长远目标。

（三）《斯德哥尔摩公约》履约主要进展

作为一个负责的政府，本着对人类社会高度负责的精神，中国政府在公约通过以后当即就签署了公约，承诺与国际社会一道逐步消除持久性有机污染物。公约签署以来，我国政府一直把履约工作作为维护人民身体健康，推动国家可持续发展，实现全球环境安全的重要举措抓紧抓好，专门成立了由环境保护部牵头、14个相关部委组成的国家履行斯德哥尔摩公约工作协调组，并在环境保护部设立履约工作协调组办公室，负责履约日常性、事务性和技术性支撑工作。

《国家实施计划》实施以来，中国履约取得了一系列积极进展，解决了一批严重威胁人民健康安全的POPs环境隐患：一是停止了首批有意生产POPs的生产、使用和进出口，其在环境和生物样品中含量水平总体呈下降趋势；二是铁矿石烧结、再生有色金属冶炼、废物焚烧等重点行业二噁英类排放强度下降超过15%；三是清理处置了历史遗留的5万余吨POPs废物。

2013年8月30日，第十二届全国人民代表大会常务委员会第四次会议批准《新增列九种持久性有机污染物修正案》《新增列硫丹修正案》。2016年7月2日，第十二届全国人民代表大会常务委员会第二十一次会议批准《新增列六溴环十二烷修正案》。2021年6月，生态环境部发文明确自2021年12月26日起，禁止六溴环十二烷的生产、使用和进出口。中国根据公约及其修正案须限控的POPs已由首批12种类增加到23种类。

我国政府还积极参加公约缔约方大会、新持久性有机污染物审查委员会、成效评估监测专家组会议以及《斯德哥尔摩公约》《巴塞尔公约》和《鹿特丹公约》三公约特别缔约方大会等公约相关会议，认真研究并及时回复公约秘书处各类征求意见函，积极开展公约信息交换和国际交流，科学推进公约进程，营造良好履约氛围。

中国政府郑重承诺履行《斯德哥尔摩公约》规定的相关责任，遵循国家可持续发展战略，将履约要求纳入国家相关规划，建立和完善相应的法律法规和标准体系，确保履约目标的实现，创建一个更加繁荣、安全、无持久性有机污染物危害的世界。

四、《关于汞的水俣公约》履约

(一)《关于汞的水俣公约》基本情况

“水俣病”事件引起世界各国对汞污染的广泛关注。大量汞及其化合物的生产、使用和排放造成全球范围内的汞污染。汞污染事件最具有代表性的是20世纪中期发生在日本水俣湾的汞污染事件，又被称“水俣病”事件。由于日本Chisso公司将含汞废水排入水俣湾，生活在周边的居民食用高甲基汞含量的水产品后发生了严重的汞中毒，轻者口齿不清、手足变形，重者精神失常甚至死亡。日本至少有5万人因此受到不同程度的影响，被确认“水俣病”病例达2000多例。“水俣病”事件造成了严重的环境与健康危害，引起了世界各国对汞污染的广泛关注。

《关于汞的水俣公约》旨在全球范围内控制和减少汞排放。为了在全球范围内控制和减少汞排放，减少汞对环境和人类健康造成的损害，联合国环境规划署经过5轮政府间谈判，于2013年1月19日达成具有全球法律约束力的汞文书——《水俣公约》。公约已于2017年8月16日正式生效。公约包括35条正文、5个附件，从全生命周期对汞提出管理要求，涵盖汞的供应和贸易、添汞产品、使用汞或汞化合物的生产工艺、土法炼金、点源排放、面源排放、汞废物以外的汞环境无害化临时储存、汞废物、污染场地、财政资源和财务机制、能力建设、技术援助和技术转让、健康、公共信息、认识和教育等方面。

《关于汞的水俣公约》对汞的生产、排放、使用、贸易等方面做出严格规定。《水俣公约》限定了汞的使用和排放，并确立减排时间表——要求各签约国要减少大气汞排放，尤其是燃煤电厂、燃煤工业锅炉、有色金属冶炼、垃圾焚烧和水泥制造等行业的汞排放。例如，要求各签约国将含汞电池、开关、继电器、化妆品、荧光灯、农药、气压计、体温计、血压计、温度计在内的多个产品在2020年之前退出市场，或是达到《水俣公约》规定的安全标准；要求逐步减少对牙科汞合金的使用；要求2018年淘汰使用汞及其化合物作为催化剂的乙醛生产，2025年淘汰氯碱生产，2020年聚氯乙烯生产的汞使用减少至2010年的50%；要求消除混汞法土法炼金，消除露天和居民区焚烧汞合金等。此外，《水俣公约》还针对汞暴露敏感人群的保护作出了具体规定：要求加强卫生保健专业人员的培训，提高医疗服务水平，更好地诊断和治疗与汞危害相关的疾病。

（二）《关于汞的水俣公约》签署过程

作为汞的生产、使用和排放大国，我国积极响应联合国环境规划署对改善全球汞污染问题做出的努力。2013 年 10 月 10 日，我国作为首批签约国签署关于汞的水俣公约》；2016 年 4 月 28 日，全国人民代表大会常务委员会正式审议并批准公约的决定；我国政府于 2016 年 8 月 31 日正式向联合国交存公约批准文书，2017 年 8 月 16 日，《关于汞的水俣公约》正式生效，这是国际化学品领域继《关于持久性有机污染物的斯德哥尔摩公约》后又一重要国际公约，中国是首批缔约方之一。

（三）《关于汞的水俣公约》履约主要进展

目前，我国正在开采的汞矿主要集中在陕西省。按照公约要求，我国将在公约生效 15 年后（即 2032 年）关闭境内所有汞矿，然而汞矿关闭之后将面临经济社会转型的难题。

我国使用汞最多的行业是聚氯乙烯的生产，其以汞为触媒、煤炭为主要原料来进行生产。在过去的 10 多年内，我国聚氯乙烯行业发展迅速，汞使用量巨大。因此，亟待研发无汞或者低汞新型催化剂，从原料质量、低汞触媒、工艺控制、设备质量与使用等各环节严格管控，以降低汞触媒单耗。我国第二大用汞行业是计量仪器制造业，主要用于体温计和血压计的生产。我国第三大用汞行业是电池生产。近年来，我国体温计、血压计和电池生产的用汞量已经开始大幅降低。

大气汞污染防治是我国履约工作的重中之重。我国人为源大气汞排放量居世界首位。在环境汞污染及《关于汞的水俣公约》履约压力下，汞排放控制成为我国大气治理中继脱硫、脱硝之后的下一目标。2019 年，吴清茹等建议明确燃煤电厂总量控制目标，从替代性措施和控制技术应用 2 个方面控制大气汞排放；推动燃煤电厂大气汞排放限值的修订；强化多污染物控制技术的协同脱汞效果并提高技术的稳定性，同时开展高效低价专门脱汞技术的研发。2009 年以来，水泥工业成为我国最大的人为汞排放源，2014 年汞排放量达到 145 吨，我国水泥工业控汞压力日益增大；亟待建立和完善控汞和汞减排标准体系，开发、应用和总结出优化可行的技术（BAT）和更好的环境实践（BEP），并在新建水泥厂应用。

我国一直采取积极措施进行环境汞污染研究和汞污染控制。科学技术部于 2013 年启动国家重点基础研究发展计划项目“我国汞污染特征、环境过程及减排技术原理”。该项目由中国科学院地球化学研究所联合国内6家优势单位进行攻关，针对我国产汞、用汞、排汞量大造成较严重的汞污染形势，以及《关于汞的水俣公约》履约需求，对我国汞污染的环境过程与效应、典型行业烟气汞控制与减排技术原理等进行了深入的研究；构建了基于工艺过程的大气汞排放因子模式，建立高分辨率的人为源分形态大气汞排放清单；全面开展不同地表系统（如海洋、森林和农田等）与大气间汞迁移的现场观测，建立了国际先进的自然源排汞模型和我国的自然源排汞清单；建立我国大气汞监测网络，对我国典型区域的大气汞形态和湿沉降通量进行长期同步连续监测。研究发现，三峡水库“汞活化效应”不明显，渤海汞污染风险较小，而贵州汞矿区存在一定的汞污染风险。项目开发出碳基和锰基氧化物为主的烟气汞高效吸附材料和高效零价汞催化材料，构建多效催化体系实现多污染物协同控制，开发出具有国际先进水平的复合烟气硫汞烟气一体化吸收回收技术。该项目研究成果为我国汞污染控制和履行《关于汞的水俣公约》提供了重要理论和技术支持。

我国已启动履行《关于汞的水俣公约》能力建设项目。在《关于汞的水俣公约》生效之前，环境保护部（现“生态环境部”）联合相关部委于2017年8月15日共同发布《关于汞的水俣公约》在我国生效的公告；并根据《关于汞的水俣公约》要求，发布了一系列有关汞生产、使用和排放的管理措施。为推动全面履约并提高我国的汞履约能力，环境保护部环境保护对外合作中心（现“生态环境部对外合作与交流中心”）与世界银行共同启动中国履行《关于汞的水俣公约》能力建设项目。该项目拟通过开展调查、监测和战略制定等活动，完成中国履约国家战略的编制，并在试点省市开展汞流向报告制度、含汞污染地块风险评估、含汞废物回收处置技术可行性研究、大气汞监测能力提高和成果宣传等试点活动，以提高试点省市和国家的履约能力。

思考题

1. 人类命运共同体的概念是什么？有哪些特点？与生态文明建设是什么关系？
2. 我国参与“一带一路”建设的目的和发展理念是什么？请举例说明。
3. 我国参与了哪些全球治理项目？请举例说明。
4. 我国履约推动国内生态环境治理主要体现在哪些方面？请举例说明。

第十三章　引领全球生态文明建设

作为全球生态文明建设的参与者、贡献者、引领者，中国坚定践行多边主义，努力推动构建公平合理、合作共赢的全球环境治理体系。

——习近平在领导人气候峰会上的重要讲话（2021 年 4 月 22 日）

生态兴则文明兴、生态衰则文明衰。生态文明之于中国，既古老，又现代。以生态文明为指引，实现人与自然和谐共存，彰显了对人类文明发展规律的深邃思考。“绿水青山就是金山银山”这一科学论断，正是树立生态文明观、引领中国走向绿色发展之路的理论之基。作为全球生态文明建设的参与者、贡献者、引领者，中国坚定践行多边主义，努力推动构建公平合理、合作共赢的全球环境治理体系。

第一节　推动全球生态文明建设的贡献与成效

中国在过去几十年里经济快速发展下环境问题愈加严重，尤其是大气污染、沙尘暴、旱涝灾害等极端天气现象频繁发生，对人类生存、发展与安全带来严峻挑战。坚持人与自然和谐共生，关乎人类生存发展。敬畏自然、尊重自然、顺应自然、保护自然，共同构建人与自然生命共同体，是维护地球生态系统平衡的必由之路。我国政府在自然资源保护、生态环境治理、应对气候变化、清洁能源供给等方面积极作出贡献，有力地推动全球生态文明建设，维护全球生态安全。

一、自然资源保护

中国是世界上最大的人工林贡献国。筑牢祖国北方重要的生态安全屏障，坚定不移走生态优先、绿色发展之路，努力打造青山常在、绿水长流、空气常新的美丽中国。国家林业和草原局最新数据显示，全国森林覆盖率22.96%，森林面积2.2亿公顷，森林蓄积175.6亿立方米。其中人工林面积0.8亿公顷，蓄积34.52亿立方米，中国人工林面积位居世界首位。在全球森林资源总体下降的大背景下，同时保持经济高速增长，中国实现了森林面积与森林蓄积量的连续性“双增长”。从东北、华北再到西北，我国实施了三北防护林体系建设工程。过去10年，中国森林资源增长面积超过7000万公顷，居全球首位；长时间、大规模治理沙化、荒漠化，有效保护修复湿地，中国生态文明建设取得举世瞩目的成就。作为全球生态文明建设的参与者、贡献者、引领者，中国以实际行动为构建人与自然生命共同体而不懈努力。

我国是全球植被变绿主要贡献者之一。基于卫星数据的研究发现，全球植被叶面积呈增加趋势，而这主要是由一系列的直接因素和间接因素造成的。其中，直接因素是指人为土地利用管理，这是导致地球变绿的重要原因，间接因素则包括气候变化、二氧化碳施肥作用、氮沉降以及植被遭受灾害之后的自我恢复。而在这些因素中，气候变化和二氧化碳施肥作用则被广泛认为是造成全球植被叶面积增加的最主要因素。最近的MODIS卫星数据显示(2000~2017年)，中国和印度的植被叶面积增加得最为明显，这两个世界上人口最多的国家，正在引领土地绿化的增长。中国占据了全球6.6%的植被面积，但却贡献了全球25%的绿叶面积增加量。其中，中国变绿的过程中，森林和农用地分别贡献了42%和32%。中国实施了很多浩大的生态环保工程来保护和扩张森林。这些工程初衷是为了减少土地退化、降低空气污染和应对气候变化。

近年来，长江经济带省市落实共抓大保护、不搞大开发，经济保持持续健康发展，实现了在发展中保护、在保护中发展。在水资源保护方面，近年来，我国大江大河水质有了明显提升。2020年，长江干流首次全线达到Ⅱ类水质。水质改善，江豚腾跃，长江母亲河正在重新焕发生机。珠江流域水质由良好改善为优，黄河、松花江和淮河流域水质改善。全国地表水国控断面水质优良断面比例为83.4%，同比上升8.5个百分点；劣Ⅴ类断面比例为0.6%，同比下降2.8个百分点。截至2020年底，全国地级及以上城市2914个黑臭水体消除比例达到98.2%，各地环境部门接到群众关于黑臭水体的投诉也越来越少。

二、生态环境治理

荒漠化防治是关系人类永续发展的伟大事业，是生态环境治理的重要组成部分。生态环境是人类生存和发展的根基，生态环境变化直接影响文明兴衰演替。办好荒漠化防治这件功在当代、利在千秋的伟大事业，必须依靠严格的制度和严密的法治。2001 年，《中华人民共和国防沙治沙法》出台，中国成为世界上第一个为荒漠化防治专门立法的国家。党的十八大以来，荒漠化防治的顶层设计不断完善。2015 年出台的《中共中央国务院关于加快推进生态文明建设的意见》中明确提出：到 2020 年，50% 以上可治理沙化土地得到治理。2016 年，《国家沙漠公园发展规划（2016～2025 年）》《沙化土地封禁保护修复制度方案》等一系列重大规划和制度方案出台。

河北塞罕坝林场的建设者把昔日沙漠荒原变为充满生机的绿洲林海，获得联合国环境大会授予的“地球卫士奖”，生动诠释了绿水青山就是金山银山的理念，彰显了当代中国生态文明建设的智慧。中国的库布奇，一个曾经的“死亡之海”沙漠，如今已经变成植被覆盖率超过 50% 的“全球沙漠生态经济示范区”。联合国秘书长古特雷斯曾这样评价：中国率先在世界范围内实现了土地退化“零增长”，荒漠化土地和沙化土地面积“双减少”，为全球实现联合国 2030 年土地退化零增长目标作出了巨大贡献。联合国副秘书长、环境规划署执行主任埃里克·索尔海姆为这个治沙模式“点赞”。“绿水青山就是金山银山。”近年来，绿色发展、生态保护成为中国展示给世界的一张新“名片”。中国正以自己的理念和行动探索新的发展模式，助力全球生态文明建设。

从 2021 年 1 月 1 日零时起，长江流域重点水域开始实行 10 年禁渔。长江曾是渔民的生计来源，也是重要的生物基因库和珍稀水生生物的天然宝库。近年来，长江生物多样性指数持续下降，珍稀特有物种资源衰退。禁渔是保护长江生灵的关键之举。“十年禁渔”只是我国全力打好长江保护修复攻坚战的任务之一。在生物多样性保护方面，中国为世界提供了一系列有益经验，包括自上而下的生物多样性保护机制、将生态保护纳入法治规章、民众广泛参与。

作为《生物多样性公约》198 个缔约方之一，中国的表现相对较好。20 个目标中有 16 个正常推进、有望达成，而且其中有 3 个目标（即保护提供基本服务功能的生态系统，增强生态系统恢复能力，实施全国生物多样性战略和行动计划）超出预期。首先，政府强大的主导性和领导力，确保了一种高效的自上而下机制，设定生物多样性保护重点领域，并制定具体政策以实现这些目标。保护区面积稳步增加，从2008年的148万平方千米增加到了2018年的173万平方千米，约占全国陆地（包括内陆水域）面积的18%。其次，中国将生态管理纳入国家法律和政策制度以及重点发展规划，为生物多样性保护提供了平台。生态文明理念已被写入中国宪法，作为国家环境政策、法律和教育的思想框架。全国和省级社会经济发展五年规划也将生态保护作为一项关键内容。再次，中国强调生物多样性保护对当地社区的效益。保护项目可为当地居民提供替代性生计，如生态产品、生态旅游等。可靠的可持续收入能够激励当地居民积极参与生态保护活动。最后，生物多样性及其相关生态系统可为人类带来巨大效益和大量服务功能，应予以重视。生物多样性和生态系统具有巨大的价值，可视为自然资本。

三、应对全球气候变化

应对气候变化是全球环境治理的一个重要组成部分，《京都议定书》和《巴黎协定》的基本目标就是要规范全球的环境秩序，要把发展放在环境的笼子里，每个国家都必须推动发展转型，即从资源依赖走向技术依赖。气候变化问题是全球性挑战，应对气候变化是全球各国的共同使命和责任，需要各国的普遍参与和共同努力。我国与世界各国一道共同推动《巴黎协定》全面有效实施，携手构建合作共赢、公平合理的气候治理体系，助力全球低碳转型和疫后绿色复苏。中国是世界上最大的发展中国家，我们的人口规模、经济体量、发展阶段决定了我们在全球气候治理中的特殊地位。我国积极节能减排、不断自我加压，积极应对气候变化，就是对全球气候治理最大的贡献。

在2016年签署的联合国应对气候变化《巴黎协定》中，明确规定到本世纪末，把全球平均气温升幅较工业革命前水平控制在2℃以内，并努力把升幅控制在1.5℃以内。为实现这一目标，我国接连宣示系列重大气候变化政策，采取了一系列与应对气候变化相关的政策和措施，提出二氧化碳排放力争于2030年前达到峰值和努力争取2060年前实现碳中和愿景，以及提高国家自主贡献力度的四项新举措，为减缓和适应气候变化作出了积极的贡献。

这些都是中国根据自身国情和能力作出的最大努力，展现了《巴黎协定》所要求的“反映尽可能大的力度”，体现了中国作为负责任大国积极应对全球气候变化的坚定决心，得到国际社会的广泛认可。根据生态环境部的消息，中国2020年碳排放强度比2015年下降了18.8%，超额完成了“十三五”约束性目标，而我国非化石能源占能源消费的比重达到15.9%，都超额完成了中国向国际社会承诺的2020年目标。

最近10年，中国在经济增长的同时减少了41亿吨的二氧化碳排放，做到应对气候变化与经济社会发展双赢。我国扭转了二氧化碳排放快速增长的局面，经济增长和碳排放脱钩的趋势初步显现，为实现2030年目标打下良好基础。中国政府将本着对中华民族福祉和人类长远发展高度负责的态度，积极应对气候变化，并承担与中国发展阶段、应负责任和实际能力相符的国际义务，采取有力度的行动，为保护全球气候环境作出贡献。

厦门市积极推进国家低碳城市建设，以实际行动当好生态文明建设排头兵，积极推进低碳绿色发展，为实现碳达峰、碳中和打下了良好基础。积极应对气候变化，走绿色低碳发展道路。厦门市制定实施《厦门市“十三五”控制温室气体排放工作方案》，大力推动产业低碳发展，积极发展低碳能源、低碳交通和绿色建筑，加强废弃物资源化利用，顺利完成省对市下达的“十三五”期间碳强度下降19%的目标。与此同时，厦门还编制温室气体排放清单，是控制温室气体排放、应对气候变化的一项基础性工作，对了解温室气体排放现状、预测未来减排潜力、推进节能低碳发展具有重要意义。

四、清洁能源供给

清洁能源供给是我国生态文明建设的重要任务之一。中国贯彻“四个革命、一个合作”能源安全新战略，能源生产和利用方式发生重大变革，能源发展取得的历史性成就。中国积极参与全球能源治理，携手应对全球气候变化，推动构建人类命运共同体的理念和行动。中国坚定不移地兑现承诺，将碳达峰、碳中和纳入生态文明建设整体布局，正在制定碳达峰行动计划，广泛深入开展碳达峰行动，支持有条件的地方和重点行业、重点企业率先达峰。中国将严控煤电项目，“十四五”时期严控煤炭消费增长、“十五五”时期逐步减少。尽管需要付出极为艰巨的努力，但中国选择迎难而上，展现出作为最大发展中国家的担当。

初步核算，2019 年中国一次能源生产总量达 39.7 亿吨标准煤，为世界能源生产第一大国；截至 2019 年底，在运在建核电装机容量 6593 万千瓦，居世界第二，在建核电装机容量世界第一；截至 2019 年底，水电、风电、光伏发电、生物质发电装机容量分别达 3.56 亿千瓦、2.1 亿千瓦、2.04 亿千瓦、2369 万千瓦，均位居世界首位；截至 2019 年底，全国电动汽车充电基础设施达 120 万处，建成世界最大规模充电网络。

同时，我国积极推动太阳能多元化利用，按照技术进步、成本降低、扩大市场、完善体系的原则，全面推进太阳能多方式、多元化利用。全面协调推进风电开发，积极开发中东部分散风能资源，积极稳妥发展海上风电。推进水电绿色发展，加大对实施河流生态修复的财政投入，促进河流生态健康。安全有序发展核电，强化核安保与核材料管制，严格履行核安保与核不扩散国际义务，始终保持着良好的核安保记录。因地制宜发展生物质能、地热能和海洋能，采用符合环保标准的先进技术发展城镇生活垃圾焚烧发电，推动生物质发电向热电联产转型升级。全面提升可再生能源利用率，发挥电网优化资源配置平台作用，促进源网荷储互动协调，完善可再生能源电力消纳考核和监管机制。2019 年，全国平均风电利用率达 96%、光伏发电利用率达 98%、主要流域水能利用率达 96%，可再生能源电力利用率显著提升。推进煤炭安全智能绿色开发利用，努力建设集约、安全、高效、清洁的煤炭工业体系。坚持清洁高效原则发展火电，推进煤电布局优化和技术升级，建立并完善煤电规划建设风险预警机制。提高天然气生产能力，加强科技创新、产业扶持，促进常规天然气增产，重点突破页岩气、煤层气等非常规天然气勘探开发，推动页岩气规模化开发，增加国内天然气供应。完善非常规天然气产业政策体系，促进页岩气、煤层气开发利用。以四川盆地、鄂尔多斯盆地、塔里木盆地为重点，建成多个百亿立方米级天然气生产基地。提升石油勘探开发与加工水平，以新疆地区、鄂尔多斯盆地等为重点，推进西部新油田增储上产。加强渤海、东海和南海等海域近海油气勘探开发，推进深海对外合作。

习近平总书记提出的新时代推进生态文明建设必须坚持的六项原则中，有一项是共谋全球生态文明建设。共谋全球生态文明建设，共建清洁美丽世界，是中国和世界各国人民的共同追求。在这个过程中，中国正发挥着越来越重要的作用。

第二节　角色转变，引领生态文明建设国际进程

一、国际环境治理历程与中国的角色转变

（一）环境和可持续发展议题的提出

联合国环境与发展大会于1992年在巴西里约热内卢召开。这是一次史无前例的盛会，共有179个国家的首脑或高级官员与会，会上通过了《21世纪议程》这一指导人类未来行为的全球性纲领。这一纲领使全世界的注意力都集中在当今地球所面临的最严重问题上，让各国共同面对环境与发展问题。

人类对客观世界的认识总是有一个过程的，这一过程随着社会的发展、自然的变化在实践中逐步深入。最初人类只是单纯地适应环境，向自然索取，逐渐发展到利用自然、改造自然、征服自然，甚至幻想主宰自然，直到受到大自然的报复之后才开始有所觉醒。第二次世界大战以后，西方发达国家的工业发展迅速，直到20世纪60~70年代发展达到高潮，但此时越来越多的危害出现之后，人们才认识到全球环境问题对人类生存和发展已构成威胁，并引起人们对前途和命运的普遍担忧与思考。

1968年4月，在意大利，数十个西方国家的三十几位专家开会讨论人类环境问题。这是首次关于全球性环境危机的重要国际性会议。会上就当代社会人口、粮食、资源、能源和环境等问题进行了跨学科的综合研究。对人类生存环境问题存在的具有代表性的悲观派与乐观派的辩论。尽管双方所持观点不同，研究得出的结论各异，但是，这两派都看到了环境问题对人类的危害，更重要的意义是唤起了全世界对未来前途的关注，为1972年的斯德哥尔摩大会打下了基础。

1972年，113个国家的代表云集瑞典斯德哥尔摩，召开了联合国人类环境大会，发表了《人类环境宣言》，确定了每年6月5日为"世界环境日"。这是首次讨论和解决环境问题的全球性会议。此次会议之际世界正处于冷战时期，使这样的科技大会也被涂上了浓重的政治色彩。会议上发展中国家强调美、苏"两霸"在发展工业时给环境造成了巨大污染。1972年，人类发展大会上只是强调发达国家造成的污染，并未把环境与人类经济和社会发展联系起来，因此各国在解决环境问题上未能达成共识。

此后的20年中，联合国为世界环境保护问题做了大量的工作：1982年肯尼亚大会，1983年联合国成立世界环境与发展委员会。1987年发表《我们共同的未来》的长篇报告中提出：全球经济发展要符合人类的需要和合理的欲望，但增长又要附和地球的生态极限。它还热烈地呼唤“环境与经济发展的新时代”的到来，并且指出“人类有能力实现持续发展——确保在满足当代需要的同时不损害后代满足他们自身需要的能力”。这是人类通过对人口、资源、环境与发展关系的深刻认识之后，首次在文件中正式使用“可持续发展”的概念。

（二）中国主动参与全球生态环境治理及其积极贡献

我国环境保护事业从新中国成立后开始孕育，20世纪70年代正式拉开帷幕。1973年，国务院召开第一次全国环境保护会议，审议通过了《关于保护和改善环境的若干规定》，将环境保护工作纳入各级政府的职能范围，成为我国环境保护事业的第一个里程碑。1978年，全国人大五届一次会议通过了《中华人民共和国宪法》，首次将“国家保护环境和自然资源，防治污染和其他公害”写入宪法，为我国环境法制建设和环境保护事业的发展奠定了基础。

从20世纪70年代末到21世纪初，随着工业生产和城市发展规模扩大，我国生态环境日益严峻，社会各界对环境问题愈发重视，国家及时制定出台了一系列环境保护政策和制度，环境保护事业步入有序发展时期。“六五”期间，环境保护首次被纳入国民经济和社会发展计划。1983年召开的第二次全国环境保护会议，正式把环境保护确定为我国的一项基本国策。“七五”期间，我国发布首个五年环境规划——《“七五”时期国家环境保护计划》，从此环境保护成为国民经济与发展计划的重要组成部分。“八五”期间，我国提出了《环境与发展十大对策》，明确指出走可持续发展道路是中国的必然选择。“九五”期间，国务院相继发布了《关于环境保护若干问题的决定》《污染物排放总量控制计划》《跨世纪绿色工程规划》，我国环境保护事业进入快速发展时期。“十五”期间，党中央提出树立科学发展观，构建和谐社会的重大战略思想，颁布了一系列环境保护方面的法律法规和规范性文件。2002年第一部循环经济立法《中华人民共和国清洁生产促进法》制定出台，标志着我国污染治理模式由末端治理开始向全过程控制转变。“十一五”期间，为深入贯彻落实科学发展观，国家提出要建设资源节约型、环境友好型社会，大力发展循环经济，加大自然生态和环境保护力度，强化资源管理，建立节能降耗、污染减排的统计监测及考核体系和相关制度。

20 世纪 80 年代以来，人类逐渐认识并日益重视气候变化问题。为应对气候变化，1992 年 5 月 9 日通过了《联合国气候变化框架公约》（以下简称《公约》）。《公约》核心内容是：确立应对气候变化的最终目标；确立国际合作应对气候变化的基本原则，主要包括“共同但有区别的责任”原则、公平原则、各自能力原则和可持续发展原则等；明确发达国家应承担率先减排和向发展中国家提供资金技术支持的义务；承认发展中国家有消除贫困、发展经济的优先需要。为加强《公约》实施，1997 年《公约》第三次缔约方会议通过《京都议定书》（以下简称《议定书》）。《议定书》内容主要包括附件部分国家应将其年均温室气体排放总量在 1990 年基础上至少减少 5%，另一部分发达国家在 2013～2020 年承诺期内将温室气体的全部排放量从 1990 年水平至少减少 18%；减排多种温室气体；发达国家可采取“排放贸易”“共同履行”“清洁发展机制”三种“灵活履约机制”作为完成减排义务的补充手段。中国主动参与到全球生态环境治理，并积极着手制定应对气候变化的中国方案。

（三）共建全球治理新秩序

2015 年 11 月 30 日至 12 月 12 日，《公约》第 21 次缔约方大会暨《议定书》第 11 次缔约方大会（气候变化巴黎大会）在法国巴黎举行。包括中国国家主席习近平在内的 150 多个国家领导人出席大会。巴黎大会最终达成《巴黎协定》，对 2020 年后应对气候变化国际机制作出安排，标志着全球应对气候变化进入新阶段。中国于 2016 年 4 月 22 日签署《巴黎协定》，并于当年 9 月 3 日批准《巴黎协定》。《巴黎协定》主要内容包括重申 2℃的全球温升控制目标，同时提出要努力实现 1.5℃的目标，并且提出在 21 世纪下半叶实现温室气体人为排放与清除之间的平衡等。我国逐步积极主动地参与到全球生态环境治理事务中，为世界环境改善贡献中国力量。

中国积极采取应对气候变化的政策行动，为全球生态文明建设贡献力量。据测算，2018 年中国单位 GDP 碳排放量比 2005 年下降了 45.8%，提前完成目标，基本扭转了温室气体排放快速增长的局面。非化石能源占一次能源消费比重达到 14.3%，同时，中国可再生能源投资位居世界第一，累计减少的二氧化碳排放也居世界首位。中国作为世界最大的发展中国家，取得这些成绩付出了艰苦卓绝的努力。通过淘汰落后产能、推动散煤替代、关停“散乱污”企业等强有力的措施，中国大力推动产业结构调整、能源结构优化、节能、提高能效、推进各地低碳转型。近年来，中国积极参与全球气候治理，坚持多边主义，坚持“共同但有区别的责任”等原则，在全球气候治理中发挥着重要的建设性作用。中国以切实行动支持区域和全球环境保护，已经从过去的参与者、贡献者，逐渐转变为引领者，尤其在应对气候变化方面发挥了全球引领作用，得到国际社会的高度评价。近年来，中国为全球环境治理作出了重要贡献，在应对气候变化领域起到了表率作用，在节能减排和绿色发展等领域的成功经验值得其他国家借鉴。中国将坚定不移实施积极应对气候变化国家战略，有效控制温室气体排放，积极参与全球气候治理，推动在共同但有区别的责任、公平、各自能力等原则基础上开展应对气候变化国际合作。

当前，全球环境治理面临挑战，国际社会瞩目中国“成绩单”。联合国前秘书长潘基文曾由衷称赞，“中国是可持续发展议程的带头人。”在《巴黎协定》危急关头，中国提出碳排放承诺赢得了世界的称赞。自 21 世纪初以来，地球新增的植被面积相当于一个亚马孙雨林，中国是重要贡献者之一。美国国家航空航天局（NASA）“地球观测站”网站刊文称，为了抑制土地退化、空气污染和气候变化，中国制定了雄心勃勃的保护和扩大森林的计划，并充分利用土地资源发展集约型农业。

在保护生物多样性上，中国同样行胜于言。中国是最早批准《生物多样性公约》的国家之一。自 2019 年以来，中国一直是《公约》及其各项议定书核心预算的最大捐助国。截至 2019 年底，中国各类自然保护地面积达到陆域国土面积的 18%，提前一年实现联合国提出的 17% 目标。2020 年 9 月 30 日，习近平主席在联合国生物多样性峰会上指出，加强生物多样性保护、推进全球环境治理需要各方持续坚韧努力。

中国长期以来积极参与并推动保护生物多样性的多边进程，积累的经验技术对各国，特别是发展中国家很有价值。中国为其他发展中国家避免走先污染后治理的老路提供了重要启示。对人类社会实现绿色发展、促进生态文明具有重要启示，并对疫情后经济的高质量复苏提供帮助。实实在在的中国贡献，掷地有声的中国承诺，无疑增强了国际社会共同应对环境问题的信心。中国建立起稳定、有效的碳排放权交易体系，其影响将不可估量，将激励其他国家提高自己的减排目标。中国在环境治理上的成就表明，经济社会发展并不必然以牺牲环境为代价。发展中国家完全可以走出一条绿色发展之路，而不必重走资本主义国家当年“先发展、再治理”的老路。绿色发展是真正的可持续发展，它能保证生态、经济和社会三者的和谐发展和有机统一。

从成为《联合国气候变化框架公约》《生物多样性公约》的首批缔约国，到倡议共建“绿色丝绸之路”、设立气候变化南南合作基金，为全球应对气候变化注入动力；从积极推进“2020 年后全球生物多样性框架”，到宣布中国碳排放及碳中和目标，国际社会有目共睹，中国可谓是全球生态文明建设的重要参与者、贡献者、引领者。中国认真对待气候变化问题，不仅承诺减少本国的碳排放，而且要帮助太平洋岛国减轻和控制气候变化的影响，全面落实《巴黎协定》。积极引导应对气候变化的国际合作，展现出中国正以“负责任大国”的身份向世界展示保护环境、应对气候变化问题的决心。在美国退出《巴黎协定》、破坏全球环境治理进程的情况下，中国提出基于构建人类命运共同体的全球环境治理方案，有利于凝聚全球共识，共同应对当前严峻的环境问题挑战。同时，中国强调遵循“共同但有区别的责任”原则，充分考虑了各国历史发展、现实情况及各自能力的区别。中国在这一阶段的国际行为再次转变，逐步过渡到中国主动引领。中国有关全球环境治理的主张，展示出大国应有的担当精神和责任意识。

二、积极引领生态文明建设国际进程

（一）引领全球性国际合作，贡献中国智慧

1. 联合国气候变化大会

联合国气候变化大会于 1995 年起每年在世界不同地区轮换举行。1997 年 12 月，大会通过的《京都议定书》对 2012 年前主要发达国家减排温室气体的种类、减排时间和额度等作出了具体规定，也是设定强制性减排目标的第一份国际协议。《京都议定书》于 2005 年开始生效。根据这份议定书，从 2008 ~2012 年，主要工业发达国家的温室气体排放量要在 1990 年基础上平均减少 5.2%。《京都议定书》遵循《联合国气候变化框架公约》制定的“共同但有区别的责任”原则，要求作为历史上温室气体排放大户的发达国家采取具体措施限制温室气体的排放，而发展中国家不承担有法律约束力的温室气体限控义务。

在 2009 年哥本哈根会议，中国饱尝误解和“指责”，如今，中国是当今

务实的低碳发展践行者，同时运用更加成熟自信的外交智慧，发挥了全球气候行动领袖的作用。中国逐渐形成一个不断完善的应对气候变化战略体系。2011 年，中国第一次在五年计划纲要中提出碳排放强度降低的约束性目标；2014 年，中美气候变化公告中提出要在 2030 年左右实现碳排放达到峰值。2015 年 12 月，在巴黎联合国气候变化大会上，中国最高领导人提出到 2030 年前碳排放减少 60% ~65% 等量化目标，随后又宣布将启动在发展中国家开展 10 个低碳示范区、100 个减缓和适应气候变化项目及 1000 个应对气候变化培训名额的合作项目。

2021 年 2 月 26 日，联合国气候变化委员会发表了《国家自定贡献初步综合报告》，报告显示，如果巴黎各国想要在 21 世纪末实现《巴黎协定》中全球温升限定 2℃的目标，更理想目标 1.5℃，就必须加倍努力，在 2021 年提交更强有力、更有雄心的《国家气候行动计划》。要将全球气温上升限定在 1.5℃，我们必须在 2030 年之前，在 2010 年的基础上减少 45% 的全球碳排放量。联合国气候变化框架公约的中期报告对我们的地球发出了红色警报。表明各国政府远未具备将气候变化控制在 1.5℃并实现《巴黎协定》的目标所需的雄心。

《国家自定贡献综合报告》明确指出，必须做出大量工作，特别是主要碳排放国。18 个最大的碳排放国中只有 2 个，英国和欧盟在 2020 年提交了一份最新的国家自定贡献目标，其中包含大幅提高温室气体减排目标。在气候雄心增强的同时，必须大力增加对发展中国家气候行动的支持，履行《巴黎协定》的一个关键要素。2021 年为世界在气候变化问题上取得重大进展提供了前所未有的机遇，并敦促所有国家从新冠疫情开始向前迈进，建立更具可持续性、更具气候适应能力的经济体。中国积极参与联合国气候变化大会是推动全球生态文明的重要途径，也是讲好中国故事、发挥大国作用的有效平台。

2. 《2030 年可持续发展议程》

《2030 年可持续发展议程》于 2015 年在联合国大会第七十届会议上通过，建立了全球可持续发展目标体系（Sustainable Development Goals, SDGs）。《2030 年可持续发展议程》于 2016 年 1 月 1 日正式启动。新议程呼吁各国采取行动，为今后 15 年实现 17 项可持续发展目标而努力。联合国 193 个会员国在 2015 年 9 月举行的历史性首脑会议上一致通过了可持续发展目标，这些目标述及发达国家和发展中国家人民的需求并强调不会落下任何一个人。新议程范围广泛，涉及可持续发展的三个层面：社会、经济和环境，以及与和平、正义和高效机构相关的重要方面。该议程还确认调动执行手段，包括财政资源、技术开发和转让以及能力建设，以及伙伴关系的作用至关重要。这 17 项可持续发展目标是人类的共同愿景，也是世界各国领导人与各国人民之间达成的社会契约。它们既是一份造福人类和地球的行动清单，也是谋求取得成功的一幅蓝图。17 项可持续发展目标（见图 13.1）包括：

图 13.1　联合国可持续发展目标 SDGs 17

（1）在世界各地消除一切形式的贫困。

（2）消除饥饿，实现粮食安全、改善营养和促进可持续农业。

（3）确保健康的生活方式、促进各年龄段人群的福祉。

（4）确保包容、公平的优质教育，促进全民享有终身学习机会。

（5）实现性别平等，为所有妇女、女童赋权。

（6）人人享有清洁饮水及用水是我们所希望生活的世界的一个重要组成部分。

（7）确保人人获得可负担、可靠和可持续的现代能源。

（8）促进持久、包容、可持续的经济增长，实现充分和生产性就业，确保人人有体面工作。

（9）建设有风险抵御能力的基础设施、促进包容的可持续工业，并推动创新。

（10）减少国家内部和国家之间的不平等。

（11）建设包容、安全、有风险抵御能力和可持续的城市及人类住区。

（12）确保可持续消费和生产模式。

（13）采取紧急行动应对气候变化及其影响。

（14）保护和可持续利用海洋及海洋资源以促进可持续发展。

（15）保护、恢复和促进可持续利用陆地生态系统、可持续森林管理、防治荒漠化、制止和扭转土地退化现象、遏制生物多样性的丧失。

（16）促进有利于可持续发展的和平和包容社会、为所有人提供诉诸司法的机会，在各层级建立有效、负责和包容的机构。

（17）加强执行手段、重振可持续发展全球伙伴关系。

中国的SDGs指数全球排名上升，17项可持续发展目标的排名表现差异较大。我国大力推进绿色“一带一路”建设，积极落实联合国2030年可持续发展议程。人类是一个休戚与共的命运共同体。唯有相互支持、团结合作才能有效应对气候变化等全球性挑战。中国在统筹推进疫情防控和经济社会发展过程中，坚持以习近平生态文明思想为指引，坚决落实绿水青山就是金山银山的重要理念，坚持走生态优先、绿色发展之路；坚持共谋全球生态文明建设，积极参与全球环境治理进程，大力推进绿色“一带一路”建设，以实际行动积极落实联合国2030年可持续发展议程。实现高质量发展和生态环境高水平保护，为推动构建更加公平合理的全球环境治理体系贡献智慧和力量。

联合国发布的《2019年可持续发展目标报告》指出，气候变化以及发展不平等问题是当今世界面临的两大主要挑战。中国高度重视生态文明建设和包容性发展，将生态文明建设写入宪法，“绿水青山就是金山银山”已成为全社会共识，2012年以来每年完成营造林近7万平方千米，治理沙化土地3万多平方千米。2000～2017年，全球新增绿化面积有1/4来自中国。中国大力实施精准脱贫、乡村振兴，积极推进普惠发展，努力不让一个人掉队，并取得显著成效。2012年以来连续6年年均减贫超过1300万人，对全球减贫贡献累计超过70%，并于2020年消除绝对贫困，提前10年实现第一项可持续发展目标；孕产妇和婴儿死亡率进一步降低，提前实现相关可持续发展目标；道路、互联网等基础设施的城乡和地区差距持续缩小，社会保障覆盖率不断提高，公共服务体系进一步健全。

作为最大的发展中国家，中国努力承担应尽的国际责任，积极参与全球气候治理，推动建立公平合理、合作共赢的全球气候治理体系；不断深化共建“一带一路”与2030年议程对接，推进南南合作，通过设立中国—联合国和平与发展基金、南南合作援助基金等务实举措及双边渠道，为其他发展中国家落实联合国2030年可持续发展议程提供力所能及的帮助。

（二）推动区域性合作，提供中国方案

1. 上海合作组织峰会

2001年6月15日，上合组织成员国元首理事会首次会议在中国上海举行。会上，六国元首签署了《上海合作组织成立宣言》，宣告上合组织正式成立。成员国为中国、俄罗斯、哈萨克斯坦、吉尔吉斯斯坦、塔吉克斯坦、乌兹别克斯坦、巴基斯坦、印度。上海合作组织自成立以来，逐步形成了以“互信、互利、平等、协商、尊重多样文明、谋求联合发展”为基本内容的“上海精神”，在政治、安全、经济、教育、法律等诸多领域中国与其他国家开展了广泛交流与合作。

2001年6月15日的《上海合作组织成立宣言》和2002年6月7日的《上海合作组织宪章》规定了上海合作组织的宗旨和原则。上海合作组织奉行对外开放的原则，致力于同其他国家和国际组织开展各种形式的对话、交流与合作。上海合作组织已与联合国、东盟、独联体、阿富汗建立了正式联系。上海合作组织作为一个年轻的地区性国际组织，经受住了国际风云变幻的考验，逐步走向成熟：通过了《上海合作组织宪章》等几十份文件，启动了秘书处和地区反恐机构，建立了较为完善的组织结构和法律体系；安全、经贸、文化等领域的务实合作蓬勃发展；给予蒙古国、印度、巴基斯坦和伊朗观察员国地位；与联合国、东盟、独联体等国际或地区组织建立了密切联系。通过5年的实践，上海合作组织赢得了广泛的国际承认，特别是互信、互利、平等、协商，尊重多样文明，谋求共同发展的“上海精神”已得到国际社会的承认和认可。上海合作组织已经在国际上赢得了举足轻重的地位，正在成为维护地区和平、促进地区发展的积极因素。这些成功的经验，为上海合作组织进一步发展奠定了坚实的基础。

2018年6月，上海合作组织峰会在青岛举行。习近平强调要提倡创新、协调、绿色、开放、共享的发展观，践行共同、综合、合作、可持续的安全观，秉持开放、融通、互利、共赢的合作观，树立平等、互鉴、对话、包容的文明观，坚持共商共建共享的全球治理观，不断改革完善全球治理体系，

推动各国携手建设人类命运共同体。会议通过了成果性文件《上海合作组织成员国元首理事会青岛宣言》，强调世界面临的不稳定性、不确定性因素不断增加，气候变化等威胁急剧上升引发的风险日益突出，国际社会迫切需要制定共同立场，有效应对全球挑战。中国通过多种方式不断宣传和推进全球生态文明建设，积极推动全球可持续发展事业。

2. 金砖国家峰会

金砖国家峰会是由巴西、俄罗斯、印度、南非和中国五个国家召开的会议。传统“金砖四国”引用了巴西、俄罗斯、印度和中国的英文首字母。由于该词与英语单词的砖类似，因此被称为“金砖四国”。南非加入后，其英文单词已变为“BRICS”，并改称为“金砖国家”。伴随着南非的加入，“金砖四国”即将成为历史，一个更具有广泛代表性的“金砖五国”将登上国际舞台。随着“金砖国家”合作机制的日趋成熟，今后或许会有更多的新兴经济体加入进来，“分量”大增的“金砖国家”将在国际政治经济事务中发挥更为重要的作用。

金砖国家不仅因为经济规模和经济活力为全球瞩目，更是作为上一轮全球化的得益者和后发国家中的优等生在全球治理议程中发挥着越来越重要的作用。根据国际货币基金组织2010年10月发布的《国际经济展望》，按照市场汇率估算，“金砖四国”的GDP总量将从2008年占世界份额的15%上升到2015年的22%，届时四国经济总量将超过美国，同时四国的GDP增量也将占世界增量的1/3。作为全球新兴经济体代表的“金砖四国”国际影响力也日益增强。

2017年9月3~5日，金砖国家领导人第九次会晤在福建厦门举行。《金砖国家领导人厦门宣言》，是厦门会晤的主要成果之一。该宣言强调金砖国家在清洁和可再生能源、应对气候变化、消除贫困、生态环境治理、农业发展以及反腐败等领域开展合作的重要性，倡导扩大绿色融资，关注非洲大陆在自主和可持续发展方面所面临的挑战。重申致力于全面落实2030年可持续发展议程。倡导公平、开放、全面、创新、包容发展，平衡协调推进经济、社会和环境可持续发展。我们支持联合国在协调、评估全球落实2030年可持续发展议程方面发挥重要作用，认为有必要通过改革联合国发展系统增强其支持成员国落实可持续发展议程的能力。敦促发达国家按时、足额履行官方发展援助承诺，为发展中国家提供更多发展资源。习近平强调，世界格局深刻复杂变化的背景下，金砖合作显得更加重要。我们应该再接再厉，全面深化金砖伙伴关系，开启金砖合作第二个“金色十年”。以落实2030年可持续发展议程为契机，谋求经济、社会、环境效益协调统一，实现联动包容发展。

3. 绿色“一带一路”

“一带一路”倡议是习近平主席于2013年提出的区域发展倡议，经过约6年的建设发展，共建“一带一路”完成了总体布局。“一带一路”倡议提出以来，中国致力于建设“绿色丝绸之路”。2015年国家发展和改革委员会、外交部、商务部发布了《推动共建丝绸之路经济带和21世纪海上丝绸之路的愿景与行动》，明确提出要突出生态文明理念，加强生态环境、生物多样性和应对气候变化合作。2016年6月22日，习近平主席在乌兹别克斯坦最高会议立法院演讲时强调，要“着力深化环保合作，践行绿色发展理念，加大生态环境保护力度，携手打造‘绿色丝绸之路’”。《“十三五”生态环境保护规划》中设置了“推进‘一带一路’绿色化建设”章节，统筹规划未来五年“一带一路”生态环保总体工作。2017年5月14日，习近平主席在“一带一路”国际合作高峰论坛开幕式发表主旨演讲，提出要“践行绿色发展的新理念，倡导绿色、低碳、循环、可持续的生产生活方式，加强生态环保合作，建设生态文明，共同实现2030年可持续发展目标”，“设立生态环保大数据服务平台，倡议建立‘一带一路’绿色发展国际联盟，并为相关国家应对气候变化提供援助”。

当前，全球环境容量趋紧、气候变化挑战加剧、逆全球化风险突出。2019年末新冠疫情的到来更是为人类敲响了警钟，迫使人们更深入地思考发展的问题。为推动解决世界面临的新挑战，中国将绿色发展理念贯穿“一带一路”倡议的始终，提升沿线国家和地区的生态环保能力，推动共建绿色“一带一路”。2021年6月23日在“一带一路”亚太区域国际合作高级别会议期间，共同发起“一带一路”绿色发展伙伴关系倡议。回顾联合国2030年可持续发展议程、《联合国气候变化框架公约》及其《巴黎协定》，强调人类只有一个地球，保护生态环境是各国的共同责任。各国需要齐心协力，共同促进绿色、低碳、可持续发展。重申气候变化是当今最大挑战之一，所有国家特别是发展中国家都受到气候变化的不利影响。各国应根据公平、共同但有区别的责任和各自能力原则，结合各自国情采取气候行动以应对气候变化。呼吁开展国际合作以实现绿色和可持续经济复苏，促进疫情后的低碳、有韧性和包容性经济增长。“一带一路”合作伙伴在自愿基础上建设绿色丝绸之路取得的进展，包括成立“一带一路”绿色发展国际联盟、发布《“一带一路”绿色投资原则》。

倡导“一带一路”合作伙伴聚焦以下合作：采取统筹兼顾的方式，从经济、社会和环境三个维度，继续努力实现2030年可持续发展目标。支持绿色低碳发展，包括落实气候变化《巴黎协定》和分享最佳实践。在尊重各国国情和法律及监管政策的基础上，就绿色发展加强政策沟通与协调，相互借鉴有益经验和良好实践。深化环境合作，加大生态和水资源保护力度，促进人与自然和谐共生，推进绿色和可持续发展。建设环境友好和抗风险的基础设施，包括加强项目的气候和环境风险评估，借鉴国际上公认的标准和最佳实践，鼓励相关企业承担社会责任，保护当地生态环境。推进清洁能源开发利用，加强可再生能源国际合作，确保发展中国家获得可负担、经济上可持续的能源。鼓励各国和国际金融机构开发有效的绿色金融工具，为环境友好型和低碳项目提供充足、可预测和可持续融资。在减缓和适应气候变化方面加强人力资源和机构能力建设。

“一带一路”绿色发展根植于我国绿色发展和生态文明实践，是我国重视生态、保护环境一以贯之的要求，是我国积极参与全球环境治理和可持续发展事业的生动体现，更是共谋全球生态文明建设的重要内容。让绿色发展和生态文明的理念和实践造福“一带一路”沿线各国人民是推进“一带一路”建设的要求。生态文明建设关乎人类未来，我国积极主张加快构筑尊崇自然、绿色发展的生态体系，共建清洁美丽的世界，这也是构建人类命运共同体的重要内容。

把绿色作为底色，推动绿色基础设施建设、绿色投资、绿色金融，保护好我们赖以生存的共同家园。截至2019年末，“一带一路”清洁能源和可再生能源项目数量为102个，总价值达1049.5亿美元，在资源绿色开发、污水处理、绿色基建等领域取得重大进展，发展势头迅猛。“一带一路”绿色投资在推进过程中仍存在亟须解决的问题。“一带一路”绿色投资处于初期阶段，资金缺口大。绿色投资的融资需求与绿色金融供给严重不匹配。要共建绿色“一带一路”，必须系统地推进“一带一路”绿色投资。完善“一带一路”绿色投资的政策法规体系和激励机制，建立统一的绿色投资规则和标准体系。搭建绿色投资信息服务平台，推动投资信息和环境信息共享。推进重点绿色投资项目，打造惠及沿线国家和地区的绿色产业链。加强绿色融资对绿色投资的支撑和引领，配套布局绿色资金链。

共建"一带一路"倡议源自中国，更属于世界。中国作为共建"一带一路"倡议发起方，长期致力于推动绿色低碳可持续发展，并在共建"一带一路"过程中加强绿色文明互鉴、拓展绿色合作维度，夯实共建绿色"一带一路"基础，与参与国家和地区一道为世界注入绿色发展动力。共建绿色"一带一路"强调兼顾经济发展与生态环保，倡导按照人口资源环境相均衡、经济社会生态效益相统一原则构建节约资源和保护环境新格局，推动产业结构转型升级和生产生活方式转变。共建绿色"一带一路"以资源节约、清洁能源、能效提升、低碳技术等为发展重点，是全球环境和气候治理的重要组成部分，为全球绿色低碳可持续发展提供动力。以生态环境和技术合作为着眼点，开展政策协调、拓展合作领域、落实合作项目，探索永续发展之路。共建绿色"一带一路"，促进团结合作、互利共赢。"一带一路"作为我国提出的重要合作倡议，体现了中国构建"人类命运共同体"的决心。

4. 博鳌亚洲论坛

博鳌亚洲论坛（Boao Forum for Asia，BFA）是一个总部设在中国的非官方、非营利性、定期、定址国际组织，由29个成员国共同发起，于2001年2月在海南省琼海市博鳌镇正式宣布成立。论坛成立的初衷是促进亚洲经济一体化。博鳌亚洲论坛为政府、企业及专家学者等提供一个共商经济、社会、环境及其他相关问题的高层对话平台。博鳌亚洲论坛规模和影响不断扩大，为凝聚各方共识、深化区域合作、促进共同发展、解决亚洲和全球问题发挥了独特作用，成为连接中国和世界的重要桥梁，成为兼具亚洲特色和全球影响的国际交流平台。

进入21世纪，在经济全球化和区域化不断发展，欧洲经济一体化进程日趋加快、北美自由贸易区进一步发展的新形势下，亚洲各国正面临巨大的机遇，也面临许多可以预见和难以预见的严峻挑战，一方面要求亚洲国家加强与世界其他地区的合作，另一方面也要求增进亚洲国家之间的交流与合作。如何应付全球化对本地区国家带来的挑战，保持本地区经济的健康发展，加强相互间的协调与合作已成为亚洲各国面临的共同课题。

亚洲国家和地区虽然已经参与了APEC、PECC等跨区域国际会议组织，但就整个亚洲区域而言，仍缺乏一个真正由亚洲人主导，从亚洲的利益和观点出发，专门讨论亚洲事务，旨在增进亚洲各国之间、亚洲各国与世界其他地区之间交流与合作的论坛组织。2018年举办的博鳌亚洲论坛将专题讨论生态文明建设，多个分论坛涉及生态环境保护议题。生态文明建设一直是博鳌论坛关注的议题之一。近年来，我国生态文明建设和生态环境保护取得重大进展，通过参与论坛讨论深入了解中国经验。党的十九大将污染防治列入决胜全面建成小康社会三大攻坚战，为打好污染防治攻坚战贡献智慧。2021 年 4 月 18 日，举行“博鳌亚洲论坛 2021 年年会新闻发布会暨旗舰报告发布会”，发布会上发布系列旗舰报告，其中包括《亚洲经济前景及一体化进程》《可持续发展的亚洲与世界》等。

5. 应对气候变化南南合作计划

为促进经济全球化的和谐发展，中国提出了新国际关系的倡议，充分重视中国的大国作用，发展新型国际关系。在新的国际关系背景下，南南合作面临着新的机遇和挑战。在过去几十年中，中国采取了新的形式，不断扩大南南合作和三边合作的范围，例如，促进区域、次区域和区域间的一体化，为集体行动提供创新办法，并增加对可持续发展的贡献。发展中国家在落实 2030 年可持续发展议程上依旧面临着严重的发展挑战和新兴挑战。气候变化及其对人类和地球的负面影响是当今世界各国面临的主要挑战之一。根据联合国政府间气候变化专门委员会的报告，到 21 世纪末，我们务必将全球气温升高控制在 1.5 摄氏度以内，2050 年实现“零净排放”，到 2030 年实现减排 45%。除全球变暖外，与气候相关的事件在近年来从未停止登上新闻头条。干旱、飓风、热浪、洪水和山体滑坡、自然灾害比以往任何时候都更频繁、更大规模地袭击我们的星球，造成高昂经济损失和伤亡，给国家和人民造成巨大的经济代价，并首先影响到最脆弱的群体。

气候合作是中国开展南南合作的优先和重点领域，面对气候变化这一全球问题，必须加强国际合作，依照“共同但有区别的责任”原则，实现全球可持续发展。中国在敦促发达国家履行国际义务的同时，将积极支持其他发展中国家应对气候变化。发展中国家基础薄弱，资金和技术短缺，抵御外来经济和金融风险的能力普遍较差，实现可持续发展的道路面临多重挑战。作为发展中国家，中国对这些困难和挑战感同身受，长期积极参与并致力于加强南南合作。南南合作在帮助发展中国家应对气候变化方面发挥独特作用。应对气候变化日益成为中国与发展中国家合作的优先和重点领域。中国将继续坚持创新、协调、绿色、开放、共享的发展理念，坚持“平等互利、注重实效、长期合作、共同发展”的原则，坚持把自身发展与发展中国家共同发展紧密联系。

我国一直主张构建人类命运共同体，愿就应对气候变化同法德加强合作。中国将力争于2030年前实现二氧化碳排放达到峰值、2060年前实现碳中和，这意味着中国作为世界上最大的发展中国家，将完成全球最高碳排放强度降幅，用全球历史上最短的时间实现从碳达峰到碳中和。中国已决定接受《〈蒙特利尔议定书〉基加利修正案》，加强氢氟碳化物等非二氧化碳温室气体管控。应对气候变化是全人类的共同事业，不应该成为地缘政治的筹码、攻击他国的靶子、贸易壁垒的借口。中国将坚持公平、共同但有区别的责任、各自能力原则，推动落实《联合国气候变化框架公约》及其《巴黎协定》，积极开展气候变化南南合作。

保护生态环境、实现绿色发展，事关全人类生存发展和长远利益。在生态环境挑战面前，人类是一荣俱荣、一损俱损的命运共同体，需要世界各国，特别是世界大国能够主动担起责任，展现出大国该有的样子。作为世界上最大的发展中国家，中国虽面临艰巨任务和重重挑战，但仍秉持人类命运共同体理念，主动为全球环境治理搭建新平台、建立“新群”。中国把绿色发展理念融入“一带一路”倡议，关注发展中国家的能力赤字，通过实施绿色丝路使者计划和“一带一路”应对气候变化南南合作计划等，帮助其提升环境治理能力。

思考题

1. 在习近平生态文明思想指引下，中国的生态文明建设取得了哪些令人瞩目的成就？

2. 中国的生态文明建设和实践在全球生态文明建设中具有哪些重大意义？

3. 中国作为全球生态文明建设的重要参与者、贡献者、引领者，中国应对气候变化取得哪些积极进展？

参考文献

[1] 北京市第二十中学附属实验学校．创建绿色生态，培育绿色未来——北京市第二十中学附属实验学校生态文明教育纪实［J］．环境教育，2021 (2)：98.

[2] 毕井泉．中国资源环境价格：市场与政府的功能［J］．中国经贸导刊，2021（4）：13－16.

[3] 财政部．关于发挥一事一议财政奖补作用推动美丽乡村建设试点的通知［EB/OL］．2013－7－1. http：//www. gov. cn/gzdt/2013－07/10/content_2444166. htm.

[4] 蔡昉，潘家华，王谋．新中国生态文明建设 70 年［M］．北京：中国社会科学出版社，2020.

[5] 蔡运龙．自然资源学原理［M］．科学出版社，2000：16.

[6] 蔡志昶．生态城市整体规划与设计［M］．南京：东南大学出版社，2014.

[7] 曹越，杨锐．美国国家荒野保护体系的建立与发展［J］．风景园林，2017（7）：30－36.

[8] 曾德才．赣江新区城乡环境综合整治长效管控机制完善研究［D］．南昌：南昌大学硕士论文，2020.

[9] 曾甜．赣南苏区农村生计变迁及其出路探讨——以瑞金市为例［D］．南昌：江西财经大学，2021.

[10] 曾咏辉．人类命运共同体视域下生态文明建设的中国智慧研究［J］．学习论坛，2021（2）：41－46.

[11] 陈鹤森．绿色生活［M］．羊城晚报出版社，2002.

[12] 陈红，孙雯．人类命运共同体：新时代中国特色社会主义生态文明的核心旨趣［J］．思想政治教育研究，2020，36（2）：78－82.

[13] 陈家宽，李琴．生态文明：人类历史发展的必然选择［M］．重

庆：重庆出版社，2014.

［14］陈健．习近平生态文明思想的历史、理论与实践逻辑［J］．财经问题研究，2020（5）：13－21.

［15］陈君．生态文明：可持续发展的重要基础［J］．中国人口·资源与环境，2001，11（52）：1－2.

［16］陈俊．习近平生态文明思想的十大特征［J］．中国矿业大学学报（社会科学版），2020，22（4）：1－16.

［17］陈娜．国家公园行政管理体制研究［D］．云南大学，2016.

［18］陈伟伟，杨悦．我国环境治理体系构建的逻辑思路［J］．环境保护，2020，48（9）：18－24.

［19］陈勇．生态城市：可持续发展的人居模式［J］．新建筑，1999（1）：12－14.

［20］陈钊娇，许亮文．国内外建设健康城市的实践与新进展［J］．卫生软科学，2013，27（4）：214－216.

［21］成金华，尤喆．“山水林田湖草是生命共同体”原则的科学内涵与实践路径［J］．中国人口·资源与环境，2019，29（2）：1－6.

［22］成亚威．真正的文明时代才刚刚起步：叶谦吉教授呼吁开展“生态文明建设”［N］．中国环境报，1987－06－23（1）.

［23］迟学芳．走向生态文明：人类命运共同体和生命共同体的历史和逻辑建构［J］．自然辩证法研究，2020，36（9）：107－112.

［24］崔莉．生态银行：生态产品价值实现机制的创新模式［N］．中国改革报，2021－6－15（6）.

［25］邓小平文选：第2卷［M］．北京：人民出版社，1994.

［26］邓小平文选：第3卷［M］．北京：人民出版社，1993.

［27］邓永芳，刘国和．新时代中国特色社会主义生态文明建设的理论体系——关于十九大报告生态文明建设的十个理论层面［J］．南京林业大学学报（人文社会科学版），2019，19（6）：1－10.

［28］邓玉琼．人类命运共同体的文化哲学研究［D］．中共中央党校，2019.

［29］丁威．习近平生态文明思想六大原则的深刻意蕴与时代价值［J］．理论视野，2019（2）：35－40.

［30］董成．习近平生态文明思想十大特征［J］．湖南社会科学，2020

(3)：26－31.

[31] 杜晓峰. 大气环境污染因素及其治理措施 [J]. 化工设计通讯，2021，47 (5)：160－161.

[32] 段文标，任翠梅. 山区典型小流域可持续发展评价——以北京三渡河小流域为例 [J]. 中国生态农业学报，2005 (4)：187－190.

[33] 凡勃伦. 有闲阶级论 [M]. 北京：商务印书馆，1964：139－140.

[34] 冯敏. 十八大以来中国生态文明建设实践新发展研究 [D]. 中国石油大学 (华东)，2017.

[35] 冯新斌，史建波，李平等. 我国汞污染研究与履约进展 [J]. 中国科学院院刊，2020，35 (11)：1344－1350.

[36] 符娜，李晓兵. 土地利用规划的生态红线区划分方法研究初探 [A]. 中国地理学会、南京师范大学、中国科学院南京地理与湖泊研究所、南京大学、中国科学院地理科学与资源研究所. 中国地理学会 2007 年学术年会论文摘要集 [C]. 中国地理学会、南京师范大学、中国科学院南京地理与湖泊研究所、南京大学、中国科学院地理科学与资源研究所：中国地理学会，2007：2.

[37] 付清松，李丽. 生态文明和人类命运共同体的时代相遇与交互式建构 [J]. 探索，2019 (4)：5－12.

[38] 高黑，吴佳雨，唐乐乐等. 自然保护地体系空间重构——政策背景、技术方法与规划实践 [M]. 北京：化学工业出版社，2020.

[39] 高晓龙，林亦晴，徐卫华等. 生态产品价值实现研究进展 [J]. 生态学报，2020，40 (1)：24－33.

[40] 宫丽彦，程磊磊，卢琦. 荒地的概念、分类及其生态功能解析 [J]. 自然资源学报，2015，30 (12)：1969－1981.

[41] 古晓兰. 人类命运共同体视域下共同价值的研究 [D]. 华南理工大学，2019.

[42] 顾啸流. 绿色生活衣食住行 [M]. 上海：上海科学普及出版社，2010.

[43] 郭承龙，张智光. 污染物排放量增长与经济增长脱钩状态评价研究 [J]. 地域研究与开发，2013，32 (3)：94－98，114.

[44] 郭金丰. 改革开放以来中国共产党生态文明建设思想的发展 [J]. 特区实践与理论，2018 (5)：16－22.

[45] 郭书海，李晓军，吴波等．生态修复工程原理与实践 [M]．北京：科学出版社，2020.

[46] 国家发展和改革委员会．中国开发区审核公告目录（2018 年版）[R]．北京：国家发展和改革委员会，2018.

[47] 国家履行斯德哥尔摩公约工作协调组办公室．中国 POPs 履约行动 [EB/OL]．http：//www.china－pops.org/.

[48] 韩民青．新工业化：一种新文明和一种新发展观 [J]．哲学研究，2005（8）：109－115.

[49] 韩拓．共同体危机——作为解决方案的中国道路和人类命运共同体 [D]．中央民族大学，2019.

[50] 贺克斌．生态文明与美丽中国建设 [J]．中国环境管理，2020，12（72）：7－8.

[51] 衡水高新区创建"国家级绿色园区"纪实 [EB/OL]．2019－08－09. http：//www.chinahightech.com/html/yuanqu/yqrd/2019/0809/538915.html.

[52] 侯玉莲．当前城乡人居环境综合整治中的问题与对策研究 [J]．科技资讯，2016（29）：61－63.

[53] 胡进军．城市水污染的现状及治理建议分析 [J]．工程建设与设计，2016（12）：57－58.

[54] 胡雪萍．绿色消费 [M]．中国环境出版有限责任公司，2016.

[55] 环境保护部．环境保护对外合作中心履约四处．中国限控汞行动网 [EB/OL]．http：//www.mercury.org.cn/.

[56] 擘画生态文明制度顶层设计 [EB/OL]．2015－12－31. http：//www.envir.gov.cn/info/2015/12/1231206.htm.

[57] 黄充宇，陈勇．生态城市概念及其规划设计方法研究 [J]．城市规划，1997（6）：17－20.

[58] 黄充宇．田园城市·绿心城市·生态城市 [J]．重庆建筑工程学院学报，1992（3）：63－71.

[59] 黄晶，彭雪婷，孙新章等．可持续革命——塑造人类文明发展新范式 [J]．中国人口·资源与环境，2021，31（1）：1－6.

[60] 黄晶．从 21 世纪议程到 2030 议程——中国可持续发展战略实施历程回顾 [J]．可持续发展经济导刊，2019（Z2）：14－16.

[61] 黄士霞，刘灿强．目前农村"三资"管理存在的问题及解决对策

分析 [J]. 北京农业, 2015 (31): 176 - 177.

[62] 黄燕, 梁新巍. 浙江小城镇环境综合整治问题研究——以衢州市为例 [J]. 农村经济与科技, 2017, 28 (11): 251 - 253.

[63] 黄肇义, 杨东援. 国内外生态城市理论研究综述 [J]. 城市规划, 2001, 25 (1): 59 - 66.

[64] 霍功. 中国生态伦理思想研究 [M]. 北京: 新华出版社, 2009.

[65] 纪爱华. 基于生态城市的城市最优规模研究 [M]. 南京: 东南大学出版社, 2016.

[66] 贾可忍. 新中国 70 年生态文明建设思想演进研究 [D]. 内蒙古民族大学, 2020.

[67] 江泽民. 论科学技术 [M]. 北京: 人民出版社, 2001.

[68] 将敏娟. 中国政府跨政府协同机制研究 [M]. 北京: 北京大学出版社, 2016.

[69] 姜璐, 陈兴鹏, 逯承鹏等. 浅析深层生态学对生态文明建设的启示 [J]. 生态学杂志, 2017, 36 (12): 3617 - 3622.

[70] 姜敏. 我国农村水污染治理现状及进展 [J]. 乡村科技, 2016 (20): 52 - 53.

[71] 蒋俊明. 西方生态现代化理论的产生及对我国的借鉴 [J]. 农业现代化研究, 2007 (4): 462 - 466.

[72] 蒋敏娟. 中国政府跨部门协同机制研究 [M]. 北京: 北京大学出版社, 2016.

[73] 教育部. 2017 年全国教育事业发展统计公报 [J]. 中国地质教育, 2018 (4): 96 - 100.

[74] 康芒斯. 制度经济学 (上卷) [M]. 北京: 商务印书馆, 1962: 87.

[75] 孔小禹. 关于大气污染问题的环境检测及对策研究 [J]. 环境与发展, 2019, 31 (8): 21 - 23.

[76] 黎元生. 生态产业化经营与生态产品价值实现 [J]. 中国特色社会主义研究, 2018 (4): 84 - 90.

[77] 李红卫. 生态文明——人类文明发展的必由之路 [J]. 社会主义研究, 2004 (6): 114 - 116.

[78] 李慧明. 生态现代化与气候谈判 [D]. 山东大学, 2011.

[79] 李劲. 新中国 70 年生态文明建设的发展实践探析 [J]. 特区实践

与理论，2019（6）：34－39.

［80］李景源，孙伟平，刘举科．生态城市绿皮书：中国生态城市建设发展报告（2012）［M］．北京：社会科学文献出版社，2012.

［81］李茂静．中国水污染现状及对策分析［J］．化工管理，2019（2）：16.

［82］李萌．中国生态文明建设：一路砥砺前行［J］．阅江学刊，2018，10（6）：36－44，134－135.

［83］李苗．十八大以来中国共产党生态文明建设理论新发展［D］．湖南师范大学，2015.

［84］李明华．建国以来中国共产党生态文明建设的理论与实践［D］．辽宁师范大学，2014.

［85］李平沙．探寻绿色学校创建的中国方案——专访教育部学校规划建设发展中心副主任邬国强［J］．环境教育，2018（9）：42－45.

［86］李维明，俞敏，谷树忠等．关于构建我国生态产品价值实现路径和机制的总体构想［J］．发展研究，2020（3）：66－71.

［87］李秀林，王于，李淮春．辩证唯物主义和历史唯物主义原理［M］．北京：中国人民大学出版社，1995.

［88］李永洁，王鹏，肖荣波．国土空间生态修复国际经验借鉴与广东实施路径［J］．生态学报，2021（19）：1－11.

［89］李长根，杨笋，牛仕婷．农村环境保护存在的问题及对策研究——基于山东省新泰市天宝镇10个村的问卷分析［J］．安徽农业科学，2013（8）：3609－3613.

［90］林丹．生态保护红线政策背景下的区域治理研究［M］．北京：中国社会科学出版社，2021.

［91］林同龙．杉木人工林近自然经营技术的应用效果研究［J］．中南林业科技大学学报，2012，32（3）：11－16.

［92］刘超．以国家公园为主体的自然保护地体系的法律表达［J］．吉首大学学报（社会科学版），2019，40（5）：81－92.

［93］刘冲．城步国家公园体制试点区运行机制研究［D］．中南林业科技大学，2016.

［94］刘德海．绿色发展［M］．南京：江苏人民出版社，2016.

［95］刘海娟，田启波．习近平生态文明思想的核心理念与内在逻辑

[J]. 山东大学学报（哲学社会科学版），2020（1）：1-9.

[96] 刘涵. 习近平生态文明思想研究 [D]. 湖南师范大学，2019.

[97] 刘经纬，郝佳婧. 习近平"人类命运共同体"理论的生态文明意蕴 [J]. 继续教育研究，2019（3）：5-10.

[98] 刘敏，牟俊山. 绿色消费与绿色营销 [M]. 北京：清华大学出版社，2012.

[99] 刘鹏. 给排水节能节水技术对水资源环境的防治作用研究 [J]. 环境科学与管理，2019，44（12）：30-34.

[100] 刘兴先. 生态文明：人类可持续发展的必由之路 [J]. 理论观察，2000（5）：7-9.

[101] 刘旭，闫益康，王海新等. "空天地"一体化监测技术在京津冀大气污染防治工作中的应用 [J]. 科技创新与应用，2019（19）：1-6.

[102] 刘雪华，程迁，刘琳等. 区域产业布局的生态红线区划定方法研究——以环渤海地区重点产业发展生态评价为例 [A]. 中国环境科学学会；2010 中国环境科学学会学术年会论文集（第一卷）[C]. 中国环境科学学会：中国环境科学学会，2010：6.

[103] 卢风. 论基于自然的解决方案（NBS）与生态文明 [J]. 福建师范大学学报（哲学社会科学版），2020（5）：44-53，169.

[104] 卢静，孙宁，夏建新等. 中国环境风险现状及发展趋势分析 [J]. 环境科学与管理，2012，37（1）：10-16.

[105] 卢黎歌，李华飞. 开全面建设社会主义国家新篇 谋二〇三五年远景目标——十九届五中全会《建议》的整体性解读 [J]. 探索，2021（1）：1-15.

[106] 罗明，应凌霄，周妍. 基于自然解决方案的全球标准之准则透析与启示 [J]. 中国土地，2020（4）：9-13.

[107] 吕忠梅，陈虹. 关于长江立法的思考 [J]. 环境保护，2016（18）：32-38.

[108] 绿色社区，构建居民美好生活 [EB/OL]. 2020-11-18. http://www.xtrb.cn/epaper/xtrb/html/2020-11/18/content_1191476.htm.

[109] 马克思恩格斯全集：第 1 卷 [M]. 北京：人民出版社，1972.

[110] 马克思恩格斯全集：第 20 卷 [M]. 北京：人民出版社，1971.

[111] 马克思恩格斯全集：第 23 卷 [M]. 北京：人民出版社，1972.

[112] 马克思恩格斯全集：第25卷 [M]. 北京：人民出版社，1974.

[113] 马克思恩格斯全集：第31卷 [M]. 北京：人民出版社，1972.

[114] 马克思恩格斯全集：第42卷 [M]. 北京：人民出版社，1972.

[115] 马克思恩格斯全集：第46卷（上） [M]. 北京：人民出版社，1979.

[116] 马克思恩格斯选集：第1卷 [M]. 北京：人民出版社，1972.

[117] 马克思恩格斯选集：第2卷 [M]. 北京：人民出版社，1972.

[118] 马克思恩格斯选集：第3卷 [M]. 北京：人民出版社，1972.

[119] 马克思恩格斯选集：第4卷 [M]. 北京：人民出版社，1995.

[120] 马克思恩格斯选集：第27卷 [M]. 北京：人民出版社，1972.

[121] 马克思.1844年经济学哲学手稿 [M]. 北京：中央编译局，2000.

[122] 马童慧，吕偲，雷光春. 中国自然保护地空间重叠分析与保护地体系优化整合对策 [J]. 生物多样性，2019，27（7）：758－771.

[123] 马永欢，黄宝荣，林慧等. 对我国自然保护地管理体系建设的思考 [J]. 生态经济，2019，35（9）：182－186.

[124] 毛泽东选集：第4卷 [M]. 北京：人民出版社，1991.

[125] 梅萨里维克. 人类处在转折点上 [M]. 北京：中国和平出版社，1987.

[126] 宁越敏，彭再德. 上海城市地域空间结构优化//谢觉民主编. 人文地理笔谈：自然·文化·人地关系 [C]. 北京：科学出版社，1999.

[127] 牛文元. 生态文明与绿色发展 [J]. 青海科技，2012（4）：40－43.

[128] 诺斯. 制度、制度变迁与经济绩效 [M]. 上海：格致出版社，2008：4－5.

[129] 潘岳. 以生态文明推动构建人类命运共同体 [J]. 人民论坛，2018（30）：16－17.

[130] 庞军，王俊儒，樊永强等. 谈如何提高大气污染治理的有效性 [J]. 中国资源综合利用，2018，36（10）：130－132.

[131] 彭杨靖，樊简，邢韶华等. 中国大陆自然保护地概况及分类体系构想 [J]. 生物多样性，2018，26（3）：315－325.

[132] 钱厚诚，韩晓阳. 生态文明建设、人类命运共同体意识与文明自觉 [J]. 理论视野，2017（10）：25－28.

[133] 钱易，何建坤，卢风．生态文明理论与实践 [M]．北京：清华大学出版社，2018.

[134] 钱易，何建坤，卢风．生态文明十五讲 [M]．北京：科学出版社，2015.

[135] 钱易．生态文明建设理论研究 [M]．北京：科学出版社，2020.

[136] 乔根·兰德斯．2052：未来四十年的中国与世界 [M]．秦学征，谭静，叶硕译．南京：译林出版社，2018：115 –116.

[137] 秦书生，王宽．马克思恩格斯生态文明思想及其传承与发展 [J]．理论探索，2014 (1)：39 –43.

[138] 秦天宝．中国履行《生物多样性公约》的过程及面临的挑战 [J]．武汉大学学报（哲学社会科学版），2021，74 (1)：95 –107.

[139] 全国干部培训教材编审指导委员会．推进生态文明　建设美丽中国 [M]．北京：人民出版社，2019.

[140] 沙占华，冯雪艳．习近平生态文明思想形成和发展的多维探究 [J]．沈阳干部学刊，2019，21 (1)：8 –11.

[141] 尚丽萍，王鹏．兰州市臭氧污染现状及防治对策建议 [J]．环境与发展，2019，31 (6)：64 –65.

[142] 沈满洪，谢慧明．跨界流域生态补偿的“新安江模式”及可持续制度安排 [J]．中国人口·资源与环境，2020，30 (9)：156 –163.

[143] 生态环境部．生态环境部 2019 年 7 月例行新闻发布会实录 [EB/OL]．2019 – 07 – 28. http：//www. cfej. net/bwzl/bwyw/201907/t20190730_712720. shtml.

[144] 生态环境部对外合作与交流中心．国际公约及履约 [EB/OL]．http：//www. fecomee. org. cn/gjgyjly/.

[145] 生态文明与人类命运共同体 [J]．人民论坛，2018 (30)：6 –9.

[146] 舒尔茨．制度与人的经济价值不断提高 [A]；科斯等．财产权利与制度变迁 [C]．上海：三联书店，1996：25 –26.

[147] 舒新城．辞海（第六版）[M]．上海：上海辞书出版社，2009.

[148] 苏利阳，马永欢，黄宝荣等．分级行使全民所有自然资源资产所有权的改革方案研究 [J]．环境保护，2017，45 (17)：32 –37.

[149] 孙经纬．新中国成立 70 年来生态文明建设的演进 [J]．中共南京市委党校学报，2020 (2)：90 –99.

[150] 孙沛. 不同类型土壤污染状况及其修复技术综述 [J]. 农业开发与装备, 2019 (8): 81-82.

[151] 唐芳林. 中国国家公园建设的理论与实践研究 [D]. 南京林业大学, 2010.

[152] 唐芳林. 国家公园体制下的自然公园保护管理 [J]. 林业建设, 2018 (4): 1-6.

[153] 唐小平, 蒋亚芳, 刘增力等. 中国自然保护地体系的顶层设计 [J]. 林业资源管理, 2019 (3): 1-7.

[154] 唐小平, 栾晓峰. 构建以国家公园为主体的自然保护地体系 [J]. 林业资源管理, 2017 (6): 1-8.

[155] 滕海键. 美国人荒野观与荒野保护的历史演变 [N]. 光明日报, 2016-09-15 (08).

[156] 田章琪, 杨斌, 椋埏渝. 论生态环境治理体系与治理能力现代化之建构 [J]. 环境保护, 2018 (12): 47-49.

[157] 同济大学. 中国产业园区持续发展蓝皮书 (2018) [M]. 上海: 同济大学出版社, 2018.

[158] 屠梅曾, 赵旭. 生态城市: 城市发展的大趋势 [J]. 城市经济. 区域经济, 1999 (3): 13.

[159] 汪冰, 余振国, 姚霖. 历史语境下生态文明内涵及其特征探析 [J]. 南京林业大学学报 (人文社会科学版), 2018 (2): 72-78.

[160] 汪希. 中国特色社会主义生态文明建设的实践研究 [D]. 电子科技大学, 2016.

[161] 王慧娟. 我国农村生态环境存在的问题及解决对策 [J]. 资源节约与环保, 2015 (10): 167-169.

[162] 王慧敏, 徐立中. 流域系统可持续发展分析 [J]. 水科学进展, 2000 (2): 165-172.

[163] 王金南, 刘桂环, 文一惠. 以横向生态保护补偿促进改善流域水环境质量——《关于加快建立流域上下游横向生态保护补偿机制的指导意见》解读 [J]. 环境保护, 2017, 45 (7): 14-18.

[164] 王蕾, 马有明, 苏杨. 体制机制角度的中国文化与自然遗产地管理体系发展状况和方向 [J]. 中国园林, 2013, 29 (12): 89-93.

[165] 王立端. 缔造绿色生活 [M]. 南京: 江苏凤凰美术出版社, 2016.

[166] 王猛. 构建现代生态环境治理体系 [N]. 中国社会科学报, 2015-07-22.

[167] 王如松. 高效·和谐: 城市生态调控原则与方法 [M]. 长沙: 湖南教育出版社, 1988.

[168] 王绍霞. 中国共产党生态文明思想的发展脉络 [J]. 中共山西省直机关党校学报, 2012 (3): 57-59.

[169] 王书明, 蔡萌萌. 基于新制度经济学视角的“河长制”评析 [J]. 中国人口·资源与环境, 2011, 21 (9): 8-13.

[170] 王维东. 我国当前土壤污染的现状及法律政策防治之道 [J]. 现代农业研究, 2021 (27): 38-39.

[171] 王伟光. 努力推进国家治理体系和治理能力现代化 [J]. 求是, 2014 (12): 5-9.

[172] 王卫星. 美丽乡村建设: 现状与对策 [J]. 华中师范大学学报: 人文社会科学版, 2014, 53 (1): 1-6.

[173] 王文婷. 十八大以来党的生态文明建设思想研究 [D]. 安徽工程大学, 2019.

[174] 王彦鑫. 生态城市建设: 理论与实证 [M]. 北京: 中国致公出版社, 2011.

[175] 王燕. 我国建筑业生态现代化发展模式与评价研究 [D]. 大连理工大学, 2008.

[176] 王奕文, 唐晓岚, 徐君萍等. 大数据在自然保护地中的运用 [J]. 中国林业经济, 2019 (4): 16-20, 27.

[177] 王雨辰, 李芸. 我国学术界对生态文明理论研究的回顾与反思 [J]. 马克思主义与现实, 2020 (3): 76-82.

[178] 王雨辰. 我国生态文明理论研究和建设实践中的四个问题 [J]. 吉首大学学报 (社会科学版), 2020, 41 (6): 1-9.

[179] 王震洪, 朱晓柯. 国内外生态修复研究综述 [A]; 中国水土保持学会. 发展水土保持科技、实现人与自然和谐——中国水土保持学会第三次全国会员代表大会学术论文集 [C]. 中国水土保持学会, 2006: 7.

[180] 王正平. 社会生态学的环境哲学理念及其启示 [J]. 上海师范大学学报 (哲学社会科学版), 2004, 33 (6): 1-8.

[181] 王忠诚, 王淮永, 华华等. 鹰嘴界自然保护区不同森林类型

固碳释氧功能研究［J］. 中南林业科技大学学报，2012，33（7）：98－101，130.

［182］魏科技，宋永会，彭剑峰. 环境风险源及其分类方法研究［J］. 安全与环境学报，2010，10（1）：85－89.

［183］翁鸣. 社会主义新农村建设实践和创新的典范——“湖州中国美丽乡村建设（湖州模式）研讨会”综述［J］. 中国农村经济，2011（2）：93－96.

［184］邬晓燕. 中共生态修复的进展与前景［M］. 北京：经济科学出版社，2017.

［185］吴涧生，杨长涌等. 在合作共赢中推动构建人类命运共同体［M］. 北京：中国言实出版社，2018：181.

［186］吴江海. 新安江试点给我们带来什么？［N］. 安徽日报，2018－04－23.

［187］吴瑾菁，祝黄河. “五位一体”视域下的生态文明建设［J］. 马克思主义与现实，2013（1）：157－162.

［188］吴理财，吴孔凡. 美丽乡村建设四种模式及比较——基于安吉、永嘉、高淳、江宁四地的调查［J］. 华中农业大学学报（社会科学版），2014，33（1）：15－22.

［189］习近平. 坚决打好污染防治攻坚战　推动生态文明建设迈上新台阶［N］. 人民日报，2018－5－20.

［190］习近平谈治国理政：第2卷［M］. 北京：外文出版社，2017.

［191］习近平：建设美丽乡村不是“涂脂抹粉”［EB/OL］. 中国城市低碳经济网［2013－07－23］.

［192］肖文海，邵慧琳. 建立健全生态产品价值实现机制［N］. 中国社会科学报（理论版），2018－5－29.

［193］肖文海. 发展江西绿色金融的思路与对策思考［J］. 江财智库专报，2018（13）.

［194］肖玉明. 习近平生态文明思想十四论［J］. 党政干部论坛，2020（Z1）：57－60.

［195］谢鹏宇. 土壤污染现状与修复方法［J］. 农业与技术，2021，41（3）：55－57.

［196］新华网. 生态文明体制改革总体方案情况发布会［EB/OL］. 2015－

09 – 17. http：//www. xinhuanet. com/live/20150917ylindex. html.

［197］新华网．中共中央办公厅、国务院办公厅印发《关于构建现代环境治理体系的指导意见》［EB/OL］．2020 – 3 – 03. www. xinhuanet. com/2020 – 03/03/c_1125657740. html.

［198］许广月．构建与普及理性低碳生活方式——人类文明社会演进的应然逻辑［J］．西部论坛，2017，27（5）：20 – 26.

［199］郇庆治．生态文明建设与人类命运共同体构建［J］．中央社会主义学院学报，2019（4）：33 – 40.

［200］杨帆．人类命运共同体视域下的全球生态保护与治理研究［D］．吉林大学马克思主义发展史，2019.

［201］杨慧．我国水污染现状及治理对策分析［J］．山西水利，2017（7）：6 – 7.

［202］杨娟．人类文明发展视域下人与自然关系的历史演进［J］．实事求是，2019（3）：32 – 37.

［203］杨莉，刘媛婷．人类命运共同体视阈下的生态文明建设［J］．沈阳大学学报（社会科学版），2021，23（2）：128 – 132.

［204］杨锐，曹越．“再野化”：山水林田湖草生态保护修复的新思路［J］．生态学报，2019，39（23）：8763 – 8770.

［205］杨锐．国家公园与自然保护地理论与实践研究［M］．北京：中国建筑工业出版社，2019.

［206］杨宜勇．生态文明与人类命运共同体建设的理论与实践［J］．人民论坛，2018（30）：19.

［207］杨玉凤．习近平生态文明思想的发展逻辑、理论特色与实践向度［J］．龙岩学院学报，2019，37（6）：1 – 11.

［208］叶谦吉文集［M］．北京：社会科学文献出版社，2014：80 – 81.

［209］一带一路绿色发展国际联盟．“一带一路”绿色发展案例研究报告［R］．2020.

［210］殷京生．绿色城市［M］．南京：东南大学出版社，2004.

［211］于阔成．马克思生态哲学思想的新时代价值研究［J］．教育教学论坛，2020（22）：125 – 127.

［212］俞孔坚，李迪华，袁弘等．“海绵城市”理论与实践［J］．城市规划，2015，39（6）：26 – 36.

[213] 张锋. 建国后中国共产党生态文明建设理论的形成和发展 [J]. 长江论坛, 2015 (3): 26-29.

[214] 张高丽. 保护生态环境必须依靠制度 [EB/OL]. 2013-11-13. http//www. chinanews. com/gn/2013/1113/5499167. shtml.

[215] 张和平. 筑梦美丽中国　打造“江西样板”——江西生态文明建设实践与探索 [M]. 北京: 中国环境出版社, 2018.

[216] 张红丽. 生态文明思想在当代中国的发展与创新 [D]. 河北工业大学, 2015.

[217] 张军, 徐畅, 戴梦雅等. 生态文明视域下可持续设计理念的演进与转型思考 [J]. 生态经济, 2021, 37 (5): 215-221.

[218] 张文明. “多元共治”环境治理体系内涵与路径探析 [J]. 行政管理改革, 2017 (2): 31-35.

[219] 张雪溪, 董玮秦, 国伟. 生态资本、生态产品的形态转换与价值实现——基于马克思资本循环理论的扩展分析 [J]. 2020, 36 (10): 213-218.

[220] 张云飞. 习近平生态文明思想的标志性成果 [J]. 湖湘论坛, 2019, 32 (4): 5-14.

[221] 张志宏. 中国文化发展论要　从“人文化成”到“和而不同” [M]. 上海: 上海人民出版社, 2018: 215.

[222] 张智光, 张颖泉. 基于层次结构模型的城市特色化战略与CI系统研究 [J]. 中国人口·资源与环境, 2010, 20 (5): 80-86

[223] 张智光. 绿色中国 (第二卷): 绿色共生型供应链模式 [M]. 北京: 中国环境科学出版社, 2011.

[224] 赵海霞, 桑阳. 大气污染防治面临的挑战及对策 [J]. 中国资源综合利用, 2019, 37 (10): 119-121.

[225] 赵若楠, 马中, 乔琦等. 中国工业园区绿色发展政策对比分析及对策研究 [J]. 环境科学研究, 2020, 33 (2): 511-518.

[226] 赵卫东. 大气污染成因、治理现状及优化对策 [J]. 中国新技术新产品, 2020 (8): 101-103.

[227] 赵杏根. 中国古代生态思想史 [M]. 南京: 东南大学出版社, 2014: 19.

[228] 赵智聪, 杨锐. 论国土空间规划中自然保护地规划之定位 [J].

中国园林，2019，35（8）：5-11.

［229］中共中央办公厅、国务院办公厅印发《关于建立健全生态产品价值实现机制的意见》.

［230］中共中央办公厅、国务院办公厅印发《关于统筹推进自然资源资产产权制度改革的指导意见》.

［231］中共中央文献研究室，国家林业局．毛泽东论林业［M］．北京：中央文献出版社，2003.

［232］中国共产党第十九次全国代表大会文件汇编［M］．北京：人民出版社，2017.

［233］中国环境与发展国际合作委员会．政策研究［EB/OL］．http：//www.cciced.net/zcyj/yjkt/.

［234］中华人民共和国生态环境部．履约动态［EB/OL］．https：//www.mee.gov.cn/ywgz/gjjlhz/lydt/index_1.shtml.

［235］中华人民共和国中央人民政府．中共中央关于坚持和完善中国特色社会主义制度 推进国家治理体系和治理能力现代化若干重大问题的决定［M］．北京：人民出版社，2019.

［236］中央政府门户网站．发展改革委主任徐绍史解读《关于加快推进生态文明建设的意见》［EB/OL］．2015-05-06. http：//www.gov.cn/xinwen/2015-05/06/content2857592.html.

［237］中央政府门户网站．专家解读生态文明体制改革总体方案［EB/OL］．2015-09-11. http：//www.gov.cn/zhengce/2015-09711/content2929926.htm.

［238］钟茂初．“人类命运共同体”视野下的生态文明［J］．河北学刊，2017，37（3）：112-119.

［239］周宏春，姚震．构建现代环境治理体系，努力建设美丽中国［J］．环境保护，2020，48（9）：12-17.

［240］周宏春．现代环境治理体系的内在逻辑［J］．中国发展观察，2020（1/2）：68-70.

［241］周立华，刘洋．中国生态建设的回顾与展望［J］．生态学报，2021（8）：1-9.

［242］周全，潘若曦，董战峰等．中国落实《2030年可持续发展议程》进展分析［J］．生态经济，2020，36（10）：179-184.

［243］周仕凭．无锡“河长制”：走向绿色中国的明道［J］．绿叶，2008（9）：46－57.

［244］周杨．习近平生态文明思想的逻辑架构研究［J］．科学社会主义，2019（2）：91－98.

［245］朱菊一．新时代背景下大气污染防治面临的挑战及对策研究［J］．低碳世界，2018（4）：34－35.

［246］卓全录．现代化环境治理体系构建探讨［J］．绿色科技，2020（24）：151－153.

［247］邹敏．两江新区大气污染现状及防治对策建议［J］．环境与发展，2019，31（6）：50－51.

［248］［法］基佐．欧洲文明史［M］．程洪逵，沅芷译．北京：商务印书馆，1998：4－5.

［249］［美］阿兰·兰德尔．资源经济学：从经济角度对自然资源和环境政府的探讨［M］．施以正译．北京：商务印书馆，1989：12.

［250］［美］艾伦·杜宁著．多少算够——消费社会与地球的未来［M］．毕聿译．吉林：吉林人民出版社，1997.

［251］［日］福泽谕吉．文明论概略［M］．北京编译社译．北京：商务印书馆，1995：30－33.

［252］［英］汤因比．历史研究（上）［M］．曹未风等译．上海：上海人民出版社，1997：60.

［253］［英］朱迪·丽丝．自然资源分配、经济学与政策［M］．蔡运龙等译．北京：商务印书馆，2002：12.

［254］Faivre N.，Fritz M.，Freitas T.，et al. Nature-Based Solutions in the EU：Innovating with nature to address social，economic and environmental challenges［J］．Environmental Research，2017（159）：509－518.

［255］Gaffron P.，Huismanns G.，Skala F. Ecocity Book I：A better place to live［M］．Hamburg Utrecht Wien，2005.

［256］Iring Fetscher. Conditions for the survival of humanity：On the dialectics of progress［J］．Universitas，1978，20（3）：161－172.

［257］John C. Mowen，Michael S. Minor. Consumer behavior：A framework［M］．Pearson Prentice Hall，2011：266.

［258］Maes J.，Jacobs S. Nature-based solutions for Europe's sustainable development [J]. Conservation Letters, 2017, 10 (1): 121 – 124.

[259] Perion A., Pereira H. M., Navarro L. M., et al. Rewilding complex ecosystem [J]. Science, 2019, 364 (6438): 351.

[260] Rewilding Europe. Explore our rewilding areas. [2019 – 06 – 17]. https://rewildingeurope.com/areas/.

[261] The United Nation. Global sustainable development report [R]. 2019.

[262] Wang S. South-South Cooperation in the context of new international relations [J]. Scientific and Social Research, 2021, 3 (2): 40 – 43.